高等学校数学类专业基础课教材

高等代数与解析几何

马盈仓 张娟娟 董亚莹 李巧艳 编著

西安电子科技大学出版社

内 容 简 介

本书主要内容包括多项式理论、行列式、矩阵、空间解析几何、矩阵的秩与线性方程组、线性空间、线性变换、内积空间、二次型以及高等代数与解析几何实验(运用 MATLAB)软件。本书每章都配有一定数量的习题，部分章节还给出了相关理论知识的应用案例，有助于读者进一步训练及提高.

本书可作为高等院校数学类专业高等代数与解析几何课程的教材或参考书，也可供其他相关专业师生和工程技术人员参考.

图书在版编目(CIP)数据

高等代数与解析几何 / 马盈仓等编著. —西安：西安电子科技大学出版社，2023.4
ISBN 978 - 7 - 5606 - 6773 - 7

Ⅰ. ①高…　Ⅱ. ①马…　Ⅲ. ①高等代数 ②解析几何　Ⅳ. ①O15②O182

中国国家版本馆 CIP 数据核字(2023)第 020954 号

策　　划　戚文艳
责任编辑　雷鸿俊
出版发行　西安电子科技大学出版社(西安市太白南路 2 号)
电　　话　(029)88202421　88201467　　邮　　编　710071
网　　址　www.xduph.com　　电子邮箱　xdupfxb001@163.com
经　　销　新华书店
印刷单位　咸阳华盛印务有限责任公司
版　　次　2023 年 4 月第 1 版　2023 年 4 月第 1 次印刷
开　　本　787 毫米×1092 毫米　1/16　印张 19.5
字　　数　462 千字
印　　数　1～2000 册
定　　价　50.00 元
ISBN 978 - 7 - 5606 - 6773 - 7/O
XDUP 7075001 - 1

前　言

高等代数与解析几何是高等学校数学类各专业一门重要的专业基础理论课，是数学类专业最重要的基础课程之一，在数学类专业学习中具有不可替代的重要地位．对其基本知识和内容的掌握程度将直接影响到后续课程(如离散数学、微分方程等)的学习．

本书是编者在多年从事高等代数与解析几何教学的基础上，总结教学改革与实践经验编写而成的．本书力求叙述通俗易懂，语言简洁明了，层次清晰，论证严谨，将空间解析几何与高等代数密切地联系在一起．本书特别考虑内容的编排顺序，致力实现高等代数与解析几何交叉、重叠内容的有机整合，同时保持各自内容体系的完整性．

本书系统地介绍了高等代数与解析几何的基本理论、方法和一些应用案例以及MATLAB在高等代数与解析几何中的实验，目的在于将理论计算与软件编程有机结合，加深读者对高等代数与解析几何课程基本理论的认识和理解，培养读者利用MATLAB软件解决相关问题的能力以及相应的软件编程和动手能力，为进一步利用数学知识解决实际问题打下基础．本书每章都配有一定数量的习题，有利于学生进一步训练和巩固所学内容．

本书便于教学和自学，可作为高等院校数学类专业高等代数与解析几何课程的教材及参考书，也可供其他相关专业师生和工程技术人员参考．

在编写本书的过程中，我们得到了有关人员的大力支持，西安电子科技大学出版社的编辑对本书提出了一些很好的建议，在此表示衷心的感谢．

本书第1章、第10章由马盈仓编写，第2章、第3章及第5章由李巧艳编写，第6章、第7章由董亚莹编写，第4章、第8章及第9章由张娟娟编写，全书由马盈仓、张娟娟统稿．

由于编者水平有限，书中可能还存在一些不足之处，恳请读者批评指正．

编　者

2022年10月

目　录

第1章　多项式理论

多项式是近代数学的基本研究对象之一，它不仅与高次方程的讨论有关，而且在进一步学习代数学、其他数学分支及运用数学知识解决实际问题等方面发挥着极其重要的作用.本章将对给定数域中的多项式做比较深入的讨论，对多项式理论中的一些问题，如整除性与因式分解理论等进行比较系统的探讨.

1.1　数　　域

数是数学中的一个最基本的概念，人们对数的认识经历了自然数、整数、有理数、实数再到复数的发展历程. 这个发展历程实际上就是人们对数学基本知识的完善过程，也是人们不断深入认识客观世界，不断解决实践中遇到的各种问题的过程.

由数组成的集合，称为数集. 自然数的全体称为自然数集，用$\mathbb{N}$表示. 整数集、有理数集、实数集、复数集分别用$\mathbb{Z}$、$\mathbb{Q}$、$\mathbb{R}$、$\mathbb{C}$来表示.

在实际问题中，不仅涉及数的范围，而且涉及数的运算. 比如方程 $x^2+1=0$ 在实数集内没有根，但在复数集内有两个根. 对于自然数集，可以进行加法、乘法运算，但不可以进行减法和除法运算，而在有理数集上可以进行加法、减法、乘法、除法四种运算. 因此，在数的不同范围内同一个问题的回答可能是不同的.

我们通常所用到的有理数集、实数集复数集具有一些不同的性质，也具有很多共同的性质，在代数中经常是将具有共同性质的对象统一进行讨论.

数的加法、减法、乘法、除法等运算的性质通常称为数的代数性质. 代数所研究的问题主要涉及数的代数性质，这方面的大部分性质是有理数集、实数集、复数集所共有的. 为了在讨论中能够把它们统一起来，引入下面的概念.

定义 1.1　设$\mathbb{F}$是一个非空数集，若

(1) $(\forall a, b\in\mathbb{F})\ a+b\in\mathbb{F}$，则称$\mathbb{F}$对加法封闭；

(2) $(\forall a, b\in\mathbb{F})\ a-b\in\mathbb{F}$，则称$\mathbb{F}$对减法封闭；

(3) $(\forall a, b\in\mathbb{F})\ ab\in\mathbb{F}$，则称$\mathbb{F}$对乘法封闭；

(4) $(\forall a, b\in\mathbb{F}, b\neq 0)\ a/b\in\mathbb{F}$，则称$\mathbb{F}$对除法封闭.

例 1.1　$\mathbb{N}$对加法与乘法封闭，但对减法与除法不封闭；$\mathbb{Z}$对加法、减法及乘法封闭，但对除法不封闭；$\mathbb{Q}$、$\mathbb{R}$、$\mathbb{C}$对加法、减法、乘法和除法(除数不为零)均封闭.

定义 1.2　设$\mathbb{F}$是含有非零数的数集，若$\mathbb{F}$关于加法、减法、乘法和除法(除数不为零)均封闭，则$\mathbb{F}$称为一个数域.

由例 1.1 知，$\mathbb{Q}$、$\mathbb{R}$、$\mathbb{C}$都是数域，分别称为有理数域、实数域、复数域.

例 1.2　令$\mathbb{F}=\mathbb{Q}(\sqrt{5})=\{a+b\sqrt{5}\mid a, b\in\mathbb{Q}\}$，证明$\mathbb{F}$是一个数域.

证明　取 $a=1$，$b=0$，从而 $1+0\sqrt{5}=1\in\mathbb{F}$，故$\mathbb{F}$是含有非零数的数集.

设 a、b、c、$d\in\mathbb{Q}$，则

$$(a+b\sqrt{5})\pm(c+d\sqrt{5})=(a\pm c)+(b\pm d)\sqrt{5}\in\mathbb{F}$$

$$(a+b\sqrt{5})(c+d\sqrt{5})=(ac+5bd)+(ad+bc)\sqrt{5}\in\mathbb{F}$$

又设 $c+d\sqrt{5}\neq0$，若 $d=0$，则 $c\neq0$，于是 $c-d\sqrt{5}\neq0$. 若 $d\neq0$，由 $\sqrt{5}$ 是无理数知 $c-d\sqrt{5}\neq0$. 总之，若 $c+d\sqrt{5}\neq0$，则 $c-d\sqrt{5}\neq0$. 于是

$$\frac{a+b\sqrt{5}}{c+d\sqrt{5}}=\frac{(a+b\sqrt{5})(c-d\sqrt{5})}{c^2-5d^2}\in\mathbb{F}$$

综上，$\mathbb{F}$关于四则运算封闭，从而它为数域. 显然 $\mathbb{Q}\subseteq\mathbb{Q}(\sqrt{5})\subseteq\mathbb{R}$.

例 1.3 所有可以表示成形如 $\dfrac{a_0+a_1\pi+\cdots+a_n\pi^n}{b_0+b_1\pi+\cdots+b_m\pi^m}$ 的数组成一个数域，其中 n，m 为任意非负整数，a_i，b_j $(i=0, 1, 2, \cdots, n; j=0, 1, 2, \cdots, m)$ 为整数. 验证留给读者自行完成.

定理 1.1 任何数域都包含有理数域，即最小的数域为有理数域.

证明 设$\mathbb{F}$是任意一个数域，由数域的定义，$\mathbb{F}$中存在数 $a\neq0$，则 $a-a=0\in\mathbb{F}$，$\dfrac{a}{a}=1\in\mathbb{F}$. 于是

$$1+1=2,\ 2+1=3,\ 3+1=4,\ \cdots,\ 0-1=-1,\ 0-2=-2,\ 0-3=-3,\ \cdots$$

都属于$\mathbb{F}$，即 $\mathbb{Z}\subseteq\mathbb{F}$. 对于任意 a，$b\in\mathbb{Z}$，当 $b\neq0$ 时，$\dfrac{a}{b}\in\mathbb{F}$，因此$\mathbb{F}$包含了一切有理数，即 $\mathbb{Q}\subseteq\mathbb{F}$.

定理 1.2 在实数域和复数域之间没有别的数域.

证明 设存在数域$\mathbb{F}$，$\mathbb{R}\subseteq\mathbb{F}\subseteq\mathbb{C}$，$\mathbb{F}\neq\mathbb{R}$，则有数 $\alpha\in\mathbb{F}$，且 $\alpha\notin\mathbb{R}$，因而

$$\alpha=a+b\mathrm{i}$$

其中 a，$b\in\mathbb{R}$，$b\neq0$. 由于 a，$b\in\mathbb{R}\subset\mathbb{F}$，$\mathbb{F}$对四则运算封闭，故 $(\alpha-a)/b=\mathrm{i}\in\mathbb{F}$，从而$\mathbb{F}=\mathbb{C}$.

1.2 一元多项式

在中学数学中，我们学过关于未知数的多项式. 为了统一研究未知数和其他数学对象的多项式，我们对多项式进行形式化定义，它总是可以在预先给定的一个数域$\mathbb{F}$上进行的.

定义 1.3 设 n 是一非负整数，$\mathbb{F}$为一数域，a_0，a_1，$\cdots$，$a_n\in\mathbb{F}$，x 是一个符号(或称文字)，形式表达式

$$a_nx^n+a_{n-1}x^{n-1}+\cdots+a_1x+a_0 \tag{1-1}$$

称为系数在数域$\mathbb{F}$中的一元多项式，或者称为数域$\mathbb{F}$上的一元多项式，简称为多项式，通常用 $f(x)$，$g(x)$，$\cdots$或 f，g，$\cdots$来表示.

在多项式(1-1)中，a_ix^i 称为 i 次项，a_i 称为 i 次项的系数，系数 a_0 又叫常数项；若 $a_n\neq0$，则称 a_nx^n 为首项(最高项)，a_n 为首项系数，n 称为该多项式的次数. 系数全为零的多项式称为零多项式，记为 0. 不规定零多项式的次数(也有规定零多项式的次数为 $-\infty$)，记 $f(x)$的次数为 $\deg(f(x))$.

设 $\deg(f(x))=n$，且 $f(x)=\sum_{i=0}^{n}a_ix^i$，$a_n\neq 0$. 如果 $i>n$，我们约定 $f(x)$的 i 次项的系数为 0，于是又有 $f(x)=\sum_{i=0}^{\infty}a_ix^i$. 这样，$f(x)$的系数构成一个无穷序列 a_0，a_1，…，a_n，…，在此序列中只有有限项不为零. 反过来，我们通过这样一个序列可以构造出一个多项式.

数域$\mathbb{F}$上的一元多项式的全体记为$\mathbb{F}[x]$，特别地，$\mathbb{F}\subseteq\mathbb{F}[x]$.

定义 1.4　$\mathbb{F}[x]$中的两个多项式 $f(x)=\sum_{i=0}^{\infty}a_ix^i$，$g(x)=\sum_{i=0}^{\infty}b_ix^i$ 称为相等，如果它们的同次幂的系数分别相等，即 $a_i=b_i(i=1,2,\cdots)$，则可记为 $f(x)=g(x)$.

显然，如果 $f(x)\neq 0$ 且 $f(x)=g(x)$，则 $\deg(f(x))=\deg(g(x))$.

定义 1.5　$\mathbb{F}[x]$中的多项式 $f(x)=\sum_{i=0}^{\infty}a_ix^i$，$g(x)=\sum_{i=0}^{\infty}b_ix^i$ 的和定义为

$$f(x)+g(x)=\sum_{i=0}^{\infty}(a_i+b_i)x^i$$

显然，序列 a_0+b_0，…，a_i+b_i，…中只有有限项不为零，故 $f(x)+g(x)$仍为多项式.

设 $f(x)=\sum_{i=0}^{\infty}a_ix^i$，记 $-f(x)=\sum_{i=0}^{\infty}(-a_i)x^i$.

定义 1.6　$\mathbb{F}[x]$中多项式 $f(x)$，$g(x)$的差定义为 $f(x)-g(x)=f(x)+(-g(x))$，即如果 $f(x)=\sum_{i=0}^{\infty}a_ix^i$，$g(x)=\sum_{i=0}^{\infty}b_ix^i$，则

$$f(x)-g(x)=\sum_{i=0}^{\infty}(a_i-b_i)x^i$$

定义 1.7　$\mathbb{F}[x]$中多项式 $f(x)=\sum_{i=0}^{\infty}a_ix^i$，$g(x)=\sum_{j=0}^{\infty}b_jx^j$ 的积定义为

$$f(x)g(x)=\sum_{k=0}^{\infty}c_kx^k=\sum_{k=0}^{\infty}\Big(\sum_{i+j=k}a_ib_j\Big)x^k$$

其中 $c_k=\sum_{i+j=k}a_ib_j=a_kb_0+a_{k-1}b_1+\cdots+a_1b_{k-1}+a_0b_k$.

如果 $\deg(f(x))=m$，$a_i=0(i>m)$，$\deg(g(x))=n$，$b_j=0(j>n)$，那么，当 $k>m+n$ 时，若 $i+j=k$，则必有 $i>m$ 或 $j>n$，故 $a_ib_j=0$. 因此，$\forall k>m+n$，有 $c_k=0$，故$f(x)g(x)\in\mathbb{F}[x]$.

例 1.4　设 $f(x)=x^3-1$，$g(x)=5x^2+x-1$，求 $f(x)+g(x)$，$f(x)g(x)$.

解　由题意可得

$$\begin{aligned}f(x)+g(x)&=(1+0)x^3+(0+5)x^2+(1+0)x+(-1+(-1))\\&=x^3+5x^2+x-2\\f(x)g(x)&=(1\times 5)x^5+(1\times 1)x^4+(-1\times 1)x^3+(-1\times 5)x^2+\\&\quad(-1\times 1)x+(-1\times(-1))\\&=5x^5+x^4-x^3-5x^2-x+1\end{aligned}$$

例 1.5　求 k，l，使$(x^2+kx+1)(x^2+lx+1)=x^4+x^2+1$.

解　由于$(x^2+kx+1)(x^2+lx+1)=x^4+(k+l)x^3+(2+kl)x^2+(k+l)x+1$，比较等

式两端的同次项系数，得

$$\begin{cases} k+l=0 \\ 2+kl=1 \end{cases}$$

解得 $\begin{cases} k=1 \\ l=-1 \end{cases}$ 或 $\begin{cases} k=-1 \\ l=1 \end{cases}$.

定理 1.3 多项式的运算满足以下规律：

(1)（加法交换律）$f(x)+g(x)=g(x)+f(x)$；

(2)（加法结合律）$(f(x)+g(x))+h(x)=f(x)+(g(x)+h(x))$；

(3) $0+f(x)=f(x)$；

(4) $f(x)+(-f(x))=0$，$-(-f(x))=f(x)$；

(5)（乘法交换律）$f(x)g(x)=g(x)f(x)$；

(6)（乘法结合律）$(f(x)g(x))h(x)=f(x)(g(x)h(x))$；

(7) $1\cdot f(x)=f(x)$，$0\cdot f(x)=0$；

(8)（乘法对加法的分配律）$(f(x)+g(x))h(x)=f(x)h(x)+g(x)h(x)$；

(9)（乘法消去律）若 $f(x)g(x)=f(x)h(x)$ 且 $f(x)\neq 0$，则 $g(x)=h(x)$.

证明 下面仅证明乘法的结合律，其他留给读者自行验证.

事实上，设 $f(x)=\sum\limits_{i=0}^{\infty}a_ix^i$，$g(x)=\sum\limits_{i=0}^{\infty}b_ix^i$，$h(x)=\sum\limits_{i=0}^{\infty}c_ix^i$，于是

$$\begin{aligned}(f(x)g(x))h(x) &= \sum_{m=0}^{\infty}\Big[\sum_{l+k=m}\Big(\sum_{i+j=l}a_ib_j\Big)c_k\Big]x^m = \sum_{m=0}^{\infty}\Big(\sum_{i+j+k=m}a_ib_jc_k\Big)x^m \\ &= \sum_{m=0}^{\infty}\Big[\sum_{i+n=m}a_i\Big(\sum_{j+k=n}b_jc_k\Big)\Big]x^m = f(x)(g(x)h(x))\end{aligned}$$

定理 1.4 设 $f(x)$，$g(x)\in\mathbb{F}[x]$，且 $f(x)$ 与 $g(x)$ 均为非零多项式，则

(1) 当 $f(x)\pm g(x)\neq 0$ 时，$\deg(f(x)\pm g(x))\leqslant\max\{\deg(f(x)),\deg(g(x))\}$；

(2) $\deg(f(x)g(x))=\deg(f(x))+\deg(g(x))$.

证明 (1) 设 $\deg(f(x))=n$，$\deg(g(x))=m$，令 $f(x)=a_nx^n+\cdots+a_0$，$g(x)=b_mx^m+\cdots+b_0$，其中 $a_n\neq 0$，$b_m\neq 0$.

通常分 $n\geqslant m$，$n<m$ 两种情况分别讨论，这里仅讨论 $n\geqslant m$ 的情形. 由多项式加法、减法的定义可知，$f(x)\pm g(x)=\sum\limits_{i=0}^{\infty}(a_i\pm b_i)x^i$，由于系数不为零的最高次数是 n，因此

$$\deg(f(x)\pm g(x))\leqslant\max\{\deg(f(x)),\deg(g(x))\}$$

(2) 由多项式乘法的定义可知，$f(x)g(x)$ 的首项系数为 $a_nb_m\neq 0$，故

$$\deg(f(x)g(x))=m+n=\deg(f(x))+\deg(g(x))$$

定义 1.8 所有系数在数域$\mathbb{F}$中的一元多项式的全体，连同加法与乘法运算，称为数域$\mathbb{F}$上的一元多项式环，记为$\mathbb{F}[x]$，$\mathbb{F}$称为$\mathbb{F}[x]$的系数域.

1.3 带余除法

由 1.2 节多项式运算的定义可以看出，在一元多项式环中，可以作加法、减法、乘法

三种运算，但是一般是不能进行除法运算的. 下面介绍一种常用的方法——带余除法.

定义 1.9　设$\mathbb{F}$是数域，$f(x)$，$g(x)\in\mathbb{F}[x]$，且 $g(x)\neq 0$. 如果 $q(x)$，$r(x)\in\mathbb{F}[x]$，满足下列条件：

(1) $f(x)=g(x)q(x)+r(x)$，

(2) $r(x)=0$ 或 $\deg(r(x))<\deg(g(x))$，

则 $q(x)$称为 $g(x)$除 $f(x)$的商式，$r(x)$称为 $g(x)$除 $f(x)$的余式，$f(x)$，$g(x)$分别称为被除式和除式.

例 1.6　设 $f(x)=x^4-4x^3+1$，$g(x)=x^2-3x-1$，求 $g(x)$除 $f(x)$所得的商式及余式.

解　用 $g(x)$除 $f(x)$可以按照下列格式进行

$$
\begin{array}{r|l|l}
x^2-3x-1 & x^4-4x^3\qquad\quad +1 & x^2-x-2 \\
 & x^4-3x^3-x^2 & \\
\cline{2-2}
 & \quad -x^3+x^2\quad +1 & \\
 & \quad -x^3+3x^2+x & \\
\cline{2-2}
 & \qquad -2x^2-\ x+1 & \\
 & \qquad -2x^2+6x+2 & \\
\cline{2-2}
 & \qquad\quad -7x-1 &
\end{array}
$$

因此 $g(x)$除 $f(x)$所得的商式为 $q(x)=x^2-x-2$，余式为 $r(x)=-7x-1$.

定理 1.5　对于$\mathbb{F}[x]$中任意两个多项式 $f(x)$与 $g(x)$，其中 $g(x)\neq 0$，一定有$\mathbb{F}[x]$中的多项式 $q(x)$，$r(x)$存在，使 $f(x)=q(x)g(x)+r(x)$成立，其中 $r(x)=0$ 或 $\deg(r(x))<\deg(g(x))$.

证明　首先证明商式 $q(x)$及余式 $r(x)$的存在性.

如果 $f(x)=0$ 或者 $\deg(f(x))<\deg(g(x))$，则取 $q(x)=0$，$r(x)=f(x)$即可. 下面讨论 $\deg(f(x))\geqslant\deg(g(x))$的情形.

由于 $\deg(f(x))<\deg(g(x))$的情况已经成立. 故可对 $f(x)$的次数用第二数学归纳法来证明. 设 $f(x)=a_nx^n+a_{n-1}x^{n-1}+\cdots+a_0$，$g(x)=b_mx^m+b_{m-1}x^{m-1}+\cdots+b_0$.

令 $f_1(x)=f(x)-g(x)\dfrac{a_n}{b_m}x^{n-m}$，则 $f_1(x)=0$ 或者 $\deg(f_1(x))<\deg(f(x))$(已证). 由归纳假设，存在 $q_1(x)$，$r(x)\in\mathbb{F}[x]$，使得 $f_1(x)=g(x)q_1(x)+r(x)$，$r(x)=0$ 或者 $\deg(r(x))<\deg(g(x))$. 整理后可得

$$f(x)=g(x)\left[\frac{a_n}{b_m}x^{n-m}+q_1(x)\right]+r(x)$$

于是$\dfrac{a_n}{b_m}x^{n-m}+q_1(x)$，$r(x)$分别为 $g(x)$除 $f(x)$的商式和余式.

再证明唯一性. 设 $q(x)$，$r(x)$与 $p(x)$，$s(x)$都是 $g(x)$除 $f(x)$的商式与余式，则

$$f(x)=g(x)q(x)+r(x)=g(x)p(x)+s(x)$$

因此

$$r(x)-s(x)=g(x)[p(x)-q(x)]$$

如果$p(x)\neq q(x)$，由于 $g(x)\neq 0$，故 $r(x)-s(x)\neq 0$. 但

$$\deg(r(x)-s(x))<\deg(g(x))\leqslant\deg(g(x)(p(x)-q(x)))$$
$$=\deg(r(x)-s(x))$$

这是矛盾的，故 $p(x)=q(x)$，从而 $r(x)=s(x)$.

下面介绍综合除法. 综合除法是用一次多项式除任一多项式的一种简便的方法.

设

$$f(x)=a_nx^n+a_{n-1}x^{n-1}+\cdots+a_0\quad(a_n\neq 0)$$

由次数公式可知，$f(x)$除以 $x-c$ 的商式是一个 $n-1$ 次多项式. 设

$$q(x)=b_{n-1}x^{n-1}+\cdots+b_1x+b_0$$

记余数为 r，于是 $f(x)=(x-c)q(x)+r$，即

$$a_nx^n+a_{n-1}x^{n-1}+\cdots+a_0=(x-c)(b_{n-1}x^{n-1}+\cdots b_0)+r$$

比较上式两端同次项的系数可得

$$\begin{cases}b_{n-1}=a_n\\ b_{n-2}-cb_{n-1}=a_{n-1}\\ \qquad\vdots\\ b_0-cb_1=a_1\\ r-cb_0=a_0\end{cases}\quad 或者\quad\begin{cases}b_{n-1}=a_n\\ b_{n-2}=a_{n-1}+cb_{n-1}\\ \qquad\vdots\\ b_0=a_1+cb_1\\ r=a_0+cb_0\end{cases}$$

即

c	a_n	a_{n-1}	$\cdots$	a_1	a_0
		cb_{n-1}	$\cdots$	cb_1	cb_0
	b_{n-1}	b_{n-2}	$\cdots$	b_0	r

由上面的关系可以看出，综合除法的一般方法为：把 a_n，a_{n-1}，…，a_0 写在第一行，把 c 写在右边，然后按照上面的递推关系逐次算出 $b_i(i=0,1,2,\cdots,n-1)$及 r.

例 1.7　用综合除法求 $x-3$ 除 $2x^5-x^4-3x^3+x-3$ 的商式及余式.

解　用综合除法列表如下：

3	2	-1	-3	0	1	-3
		6	15	36	108	327
	2	5	12	36	109	324

从而商式为 $q(x)=2x^4+5x^3+12x^2+36x+109$，余式为 $r(x)=324$.

注：若 $f(x)$缺少某一项，在作综合除法时该项系数的位置要补上零. 当除式为一般的一次因式 $ax-b$ $(a\neq 0)$时有以下结论.

定理 1.6　如果 $x-c$ 除 $f(x)$所得的商式为 $q(x)$，余式为 $r(x)$，那么 $a(x-c)(a\neq 0)$除 $f(x)$所得的商式为$\frac{1}{a}q(x)$，余数仍为 r.

证明　已知 $x-c$ 除 $f(x)$所得的商式为 $q(x)$，余式为 $r(x)$，从而

$$f(x)=(x-c)q(x)+r=a(x-c)\left[\frac{1}{a}q(x)\right]+r$$

即 $a(x-c)$ $(a\neq 0)$除 $f(x)$所得的商式为$\frac{1}{a}q(x)$，余数为 r.

例 1.8 求 $2x-3$ 除 $2x^4-5x^3+4x^2-3x+1$ 所得的商式及余式.

解 设 $f(x)=2x^4-5x^3+4x^2-3x+1$，由于 $2x-3=2\left(x-\frac{3}{2}\right)$，因此先对 $x-\frac{3}{2}$ 除 $f(x)$ 作综合除法

$\frac{3}{2}$	2	-5	4	-3	1
		3	-3	$\frac{3}{2}$	$-\frac{9}{4}$
	2	-2	1	$-\frac{3}{2}$	$-\frac{5}{4}$

得到的商式除以 2，而余数不变，即 $2x-3$ 除 $f(x)$ 的商式为 $q(x)=x^3-x^2+\frac{1}{2}x-\frac{3}{4}$，余式为 $r(x)=-\frac{5}{4}$.

作为综合除法的一个应用，下面介绍将一个多项式 $f(x)$ 表示成一次多项式 $x-c$ 的方幂和的方法. 设

$$f(x)=b_n(x-c)^n+b_{n-1}(x-c)^{n-1}+\cdots+b_1(x-c)+b_0$$

上述问题就是如何求系数 b_n，b_{n-1}，…，b_1，b_0，把上式改写为

$$f(x)=[b_n(x-c)^{n-1}+b_{n-1}(x-c)^{n-2}+\cdots+b_1](x-c)+b_0$$

可以看出，b_0 是 $x-c$ 除 $f(x)$ 所得的余数，而 $b_n(x-c)^{n-1}+b_{n-1}(x-c)^{n-2}+\cdots+b_1$ 就是 $x-c$ 除 $f(x)$ 所得的商式，记为 $q_1(x)$. 又因为

$$q_1(x)=[b_n(x-c)^{n-2}+\cdots+b_2](x-c)+b_1$$

b_1 又是 $x-c$ 除商式 $q_1(x)$ 所得到的余数. 同理，逐次用 $x-c$ 除所得到的余数就是 b_0，b_1，…，b_{n-1}，b_n，如此可将 $f(x)$ 表示成 $x-c$ 的方幂和.

例 1.9 将 $f(x)=x^4-3x^2+3$ 表示成 $x-1$ 的方幂和.

解 用综合除法列表如下：

1	1	0	-3	0	3
		1	1	-2	-2
	1	1	-2	-2	1
		1	2	0	
	1	2	0	-2	
		1	3		
	1	3	3		
		1			
	1	4			

则

$$f(x)=(x-1)^4+4(x-1)^3+3(x-1)^2-2(x-1)+1$$

1.4 最大公因式

定义 1.10 数域$\mathbb{F}$上的多项式 $g(x)$称为整除 $f(x)$，如果有数域$\mathbb{F}$上的多项式 $h(x)$使等式 $f(x)=g(x)h(x)$成立. 用“$g(x)\mid f(x)$”表示 $g(x)$整除 $f(x)$，用“$g(x)\nmid f(x)$”表示 $g(x)$不能整除 $f(x)$.

当 $g(x)\mid f(x)$ 时，$g(x)$称为 $f(x)$的因式，$f(x)$称为 $g(x)$的倍式.

当 $g(x)\neq 0$ 时，带余除法给出了整除的一个判别条件.

定理 1.7 对数域$\mathbb{F}$上的任意两个多项式 $f(x)$，$g(x)$，其中 $g(x)\neq 0$，$g(x)\mid f(x)$的充分必要条件是 $g(x)$除 $f(x)$的余式为零.

需要注意的是，带余除法中 $g(x)$必须不为零. 但 $g(x)\mid f(x)$中，$g(x)$可以为零，这时 $f(x)=g(x)h(x)=0h(x)=0$.

定理 1.8 整除具有如下的性质：

(1) 任一多项式 $f(x)$一定整除它自身.

(2) 任一多项式 $f(x)$都能整除零多项式.

(3) 零次多项式，即非零常数，能整除任意一个多项式.

(4) 若 $f(x)\mid g(x)$，$g(x)\mid f(x)$，则 $f(x)=cg(x)$，其中 c 为非零常数.

(5) 若 $f(x)\mid g(x)$，$g(x)\mid h(x)$，则 $f(x)\mid h(x)$.

(6) 若 $f(x)\mid g_i(x)$ $(i=1, 2, \cdots, r)$，则 $f(x)\mid(u_1(x)g_1(x)+\cdots+u_r(x)g_r(x))$，其中 $u_i(x)(i=1, 2, \cdots, r)$是数域$\mathbb{F}$上的任意多项式. 通常，将 $u_1(x)g_1(x)+\cdots+u_r(x)g_r(x)$称为 $g_i(x)(i=1, 2, \cdots, r)$的一个组合.

(7) $f_1(x)\equiv f_2(x)(\bmod g(x))\Leftrightarrow f_1(x)-f_2(x)\equiv 0(\bmod g(x))$. 其中 $f_1(x)\equiv f_2(x)$ $(\bmod g(x))$ 表示 $g(x)$除 $f_1(x)$，$f_2(x)$的余式相同.

(8) 设 $f_i(x)\equiv h_i(x)(\bmod g(x))$ $(i=1, 2)$，则 $f_1(x)\pm f_2(x)\equiv h_1(x)\pm h_2(x)$ $(\bmod g(x))$，$f_1(x)f_2(x)\equiv h_1(x)h_2(x)(\bmod g(x))$.

证明 下面仅证明(4)，其余留给读者自行完成.

事实上，若 $f(x)=0$，则结论成立. 若 $f(x)\neq 0$，由已知，存在 $h_1(x)$，$h_2(x)$，使

$$g(x) = h_1(x)f(x),\ f(x) = h_2(x)g(x)$$

从而 $f(x)=h_2(x)h_1(x)f(x)$，消去 $f(x)$有 $h_1(x)h_2(x)=1$，则

$$\deg(h_1(x)) = \deg(h_2(x)) = 0$$

即 $h_1(x)$，$h_2(x)$为非零常数，故命题得证.

注：两个多项式之间的整除关系不因系数域的扩大而改变，即若 $f(x)$，$g(x)$是$\mathbb{F}[x]$中的两个多项式，则$\overline{\mathbb{F}}$是包含$\mathbb{F}$的一个较大的数域，当然，$f(x)$，$g(x)$也可以看成是$\overline{\mathbb{F}}$中的多项式. 由带余除法可以看出，不论把 $f(x)$，$g(x)$看成是$\mathbb{F}[x]$中的还是$\overline{\mathbb{F}}[x]$中的多项式，用 $g(x)$去除 $f(x)$所得的商式及余式都是一样的. 因此，若在 $\mathbb{F}[x]$中 $g(x)$不能整除$f(x)$，则在$\overline{\mathbb{F}}[x]$中，$g(x)$也不能整除 $f(x)$.

例 1.10 x^2+1 能否整除 x^4-2?

解 因为 $x^4-2=(x^2+1)(x^2-1)-1$，所以 x^2+1 不能整除 x^4-2.

例 1.11 求 k，l 使 $x^2+x+l\mid x^3+kx+1$.

解　由于 $x^3+kx+1=(x-1)(x^2+x+l)+(k-l+1)x+1+l$，由定理 1.7 知余式为零，则 $\begin{cases}k-l+1=0\\1+l=0\end{cases}$，解得 $k=-2$，$l=-1$.

例 1.12　证明：$x^d-1\mid x^n-1$ 当且仅当 $d\mid n$，其中 d，n 为非负整数.

证明　(充分性) 若 $d\mid n$，设 $n=dt$，由于

$$x^n-1=(x^d)^t-1=(x^d-1)(x^{d(t-1)}+x^{d(t-2)}+\cdots+1)$$

故 $x^d-1\mid x^n-1$.

(必要性) 若 $x^d-1\mid x^n-1$，设 $n=dt+r$，$0\leqslant r<d$，则

$$x^n-1=x^{dt+r}-1=(x^{dt}-1)x^r+(x^r-1)$$

因为 $x^d-1\mid x^n-1$，$x^d-1\mid x^{dt}-1$，利用整除的性质知 $x^d-1\mid x^r-1$，由 $0\leqslant r<d$，则必有 $x^r-1=0$，即 $r=0$，所以 $d\mid n$.

定义 1.11　如果多项式 $\phi(x)$既是 $f(x)$的因式，又是 $g(x)$的因式，那么 $\phi(x)$就称为 $f(x)$与 $g(x)$的一个公因式.

定义 1.12　设 $f(x)$与 $g(x)$是$\mathbb{F}[x]$中的两个多项式. $\mathbb{F}[x]$中的多项式 $d(x)$称为 $f(x)$，$g(x)$的一个最大公因式，如果它满足下面两个条件：

(1) $d(x)$是 $f(x)$与 $g(x)$的公因式，即 $d(x)\mid f(x)$，$d(x)\mid g(x)$；

(2) $f(x)$，$g(x)$的公因式全是 $d(x)$的因式，即若 $h(x)\mid f(x)$，$h(x)\mid g(x)$，则$h(x)\mid d(x)$.

例 1.13　易知 $x-1$，$x+1$，x^2-1 都是 x^4-2x^2+1，x^4-1 的因式，x^2-1 是它们的最大公因式.

性质 1.1　最大公因式具有以下性质：

(1) 若 $d(x)$是 $f(x)$与 $g(x)$的一个最大公因式，则 $d_1(x)$为 $f(x)$与 $g(x)$的最大公因式的充分必要条件是 $d_1(x)=cd(x)$ ($c\in\mathbb{F}$，$c\neq0$).

(2) 设 $h(x)$，$d(x)$分别是 $f(x)$，$g(x)$的公因式和最大公因式，则

$$\deg(h(x))\leqslant\deg(d(x))$$

而且，当且仅当 $h(x)$也是 $f(x)$，$g(x)$的最大公因式时等号成立.

(3) 若 $g(x)\mid f(x)$，则 $g(x)$是 $f(x)$与 $g(x)$的一个最大公因式，$f(x)$是 $f(x)$与 0 的一个最大公因式；若 $f(x)$与 $g(x)$均为零，则它们的公因式为零.

(4) 如果 $d_1(x)$，$d_2(x)$是 $f(x)$，$g(x)$的两个最大公因式，那么一定有 $d_1(x)\mid d_2(x)$且 $d_2(x)\mid d_1(x)$. 这就是说，两个多项式的最大公因式在可以相差一个非零常数倍的意义下是唯一确定的. 两个不全为零的多项式的最大公因式总是一个非零多项式. 在这个情形下，我们约定，用$(f(x), g(x))$来表示首项系数是 1 的最大公因式.

证明　下面仅证明(1)，其余留给读者自行完成.

(必要性) 已知 $d(x)$，$d_1(x)$都是 $f(x)$与 $g(x)$的最大公因式，从而 $d_1(x)\mid d(x)$，$d(x)\mid d_1(x)$，因此 $d_1(x)=cd(x)$ ($c\in\mathbb{F}$，$c\neq0$).

(充分性) 若 $d_1(x)=cd(x)$ ($c\in\mathbb{F}$，$c\neq0$)，则 $d_1(x)\mid d(x)$，故

$$d_1(x)\mid f(x),\ d_1(x)\mid g(x)$$

因 $d_1(x)$是 $f(x)$与 $g(x)$的公因式. 若 $h(x)$也是 $f(x)$与 $g(x)$的公因式，因为 $d(x)$是$f(x)$与 $g(x)$的一个最大公因式，所以 $h(x)\mid d(x)$；又因为 $d(x)\mid d_1(x)$，所以 $h(x)\mid d_1(x)$，即

$d_1(x)$也是 $f(x)$与 $g(x)$的一个最大公因式.

引理 1.1 设 $g(x)$除 $f(x)$所得的余式，商式分别为 $r(x)$、$q(x)$. 又$(g(x), r(x))$存在，则$(f(x), g(x))$存在，且$(f(x), g(x))=(g(x), r(x))$.

证明 只要证明 $f(x)$和 $g(x)$的最大公因式构成的集合 S_1 与 $g(x)$和 $r(x)$的最大公因式构成的集合 S_2 相同.

设 $h(x)\mid f(x)$，$h(x)\mid g(x)$，已知 $f(x)=g(x)q(x)+r(x)$，于是

$$h(x) \mid (f(x)-g(x)q(x)) = r(x)$$

即 $h(x)\mid g(x)$，$h(x)\mid r(x)$，即 $S_1\subseteq S_2$.

反之，设 $k(x)\mid g(x)$，$k(x)\mid r(x)$，则

$$k(x) \mid (g(x)q(x)+r(x)) = f(x)$$

即 $k(x)\mid f(x)$，$k(x)\mid g(x)$，即 $S_2\subseteq S_1$，从而 $S_1=S_2$，故命题得证.

推论 1.1 设 $g(x)$除 $f(x)$所得的余式为 $r(x)$，且 $r(x)\mid g(x)$，则 $r(x)$为 $f(x)$与$g(x)$的最大公因式.

实际上，此时 $r(x)$是 $g(x)$与 $r(x)$的最大公因式，由引理 1.1，它也是 $f(x)$与 $g(x)$的最大公因式.

定理 1.9 对于$\mathbb{F}[x]$中的任意两个多项式 $f(x)$，$g(x)$，在$\mathbb{F}[x]$中存在一个最大公因式 $d(x)$，且 $d(x)$可以表示成 $f(x)$，$g(x)$的一个组合，即存在$\mathbb{F}[x]$中的多项式 $u(x)$，$v(x)$，使得 $d(x)=u(x)f(x)+v(x)g(x)$.

证明 如果 $f(x)$，$g(x)$有一个为零，比如 $g(x)=0$，那么 $f(x)$就是一个最大公因式，且 $f(x)=1\cdot f(x)+1\cdot 0$.

下面来看一般的情形. 不妨设 $g(x)\neq 0$，由带余除法，设 $g(x)$除 $f(x)$的商为 $q_1(x)$，余式为 $r_1(x)$；如果 $r_1\neq 0$，再用 $r_1(x)$除 $g(x)$，得到的商为 $q_2(x)$，余式为 $r_2(x)$；如此辗转相除下去，显然所得余式的次数不断降低，因此在有限次后，必然有余式为零. 于是得到下列等式：

$$\begin{aligned}
f(x) &= q_1(x)g(x)+r_1(x),\\
g(x) &= q_2(x)r_1(x)+r_2(x),\\
&\ \vdots\\
r_{i-2}(x) &= q_i(x)r_{i-1}(x)+r_i(x),\\
&\ \vdots\\
r_{s-3}(x) &= q_{s-1}(x)r_{s-2}(x)+r_{s-1}(x),\\
r_{s-2}(x) &= q_s(x)r_{s-1}(x)+r_s(x),\\
r_{s-1}(x) &= q_{s+1}(x)r_s(x)+0.
\end{aligned}$$

$r_s(x)$与 0 的最大公因式是 $r_s(x)$. 由引理 1.1 知 $r_s(x)$也是 $r_s(x)$与 $r_{s-1}(x)$的一个最大公因式，逐步推理可知，$r_s(x)$就是 $f(x)$与 $g(x)$的一个最大公因式.

由上面的倒数第二个等式可知，$r_s(x)=r_{s-2}(x)-q_s(x)r_{s-1}(x)$，依次向上带入可得 $r_s(x)=u(x)f(x)+v(x)g(x)$.

定理 1.9 证明中用来求最大公因式的方法通常称为辗转相除法.

定理 1.9 的逆命题不成立. 例如，令 $f(x)=x$，$g(x)=x+1$，则

$$x(x+2)+(x+1)(x-1) = 2x^2+2x-1$$

但 $2x^2+2x-1$ 显然不是 $f(x)$ 与 $g(x)$ 的最大公因式. 但是当

$$d(x)=u(x)f(x)+v(x)g(x)$$

成立，而 $d(x)$ 是 $f(x)$ 与 $g(x)$ 的公因式时，则 $d(x)$ 一定是 $f(x)$ 与 $g(x)$ 的一个最大公因式.

例 1.14　设 $f(x)=3x^5+5x^4-16x^3-6x^2-5x-6$，$g(x)=3x^4-4x^3-x^2-x-2$，求 $(f(x), g(x))$，并求 $u(x)$，$v(x)$，使得 $(f(x), g(x))=u(x)f(x)+v(x)g(x)$.

解　对 $f(x)$，$g(x)$ 按以下方式进行辗转相除法：

$q_2(x)=-x+2$	$g(x)=3x^4-4x^3-x^2-x-2$	$f(x)=3x^5+5x^4-16x^3-6x^2-5x-6$	$x+1=q_1(x)$
	$3x^4+2x^3$	$3x^5-4x^4-x^3-x^2-2x$	
	$-6x^3-x^2-x-2$	$9x^4-15x^3-5x^2-3x-6$	
	$-6x^3-4x^2$	$9x^4-12x^3-3x^2-3x-6$	
	$r_2(x)=3x^2-x-2$	$r_1(x)=-3x^3-2x^2$	$-x-1=q_3(x)$
	$3x^2+2x$	$-3x^3+x^2+2x$	
	$-3x-2$	$-3x^2-2x$	
	$-3x-2$	$-3x^2+x+2$	
	$r_4(x)=0$	$r_3(x)=-3x-2$	

故 $r_3(x)=-3x-2$ 是 $f(x)$，$g(x)$ 的一个最大公因式，从而 $(f(x), g(x))=x+\frac{2}{3}$，再由

$f(x)=q_1(x)g(x)+r_1(x)$，$g(x)=q_2(x)r_1(x)+r_2(x)$，$r_1(x)=q_3(x)r_2(x)+r_3(x)$ 可得

$$\begin{aligned}r_3(x) &= r_1(x)-q_3(x)r_2(x)=r_1(x)-q_3(x)(g(x)-q_2(x)r_1(x))\\ &= (1+q_2(x)q_3(x))r_1(x)-q_3(x)g(x)\\ &= (1+q_2(x)q_3(x))(f(x)-q_1(x)g(x))-q_3(x)g(x)\\ &- (1+q_2(x)q_3(x))f(x)+(-q_1(x)-q_3(x)-q_1(x)q_2(x)q_3(x))g(x)\end{aligned}$$

从而

$$\begin{aligned}(f(x), g(x)) &= -\frac{1}{3}r_3(x)\\ &= -\frac{1}{3}(1+q_2(x)q_3(x))f(x)-\frac{1}{3}(-q_1(x)-q_3(x)\\ &\quad -q_1(x)q_2(x)q_3(x))g(x)\\ &= -\frac{1}{3}(x^2-x-1)f(x)-\frac{1}{3}(x^3+2x^2-5x-4)g(x)\end{aligned}$$

故 $u(x)=-\frac{1}{3}(x^2-x-1)$，$v(x)=-\frac{1}{3}(x^3+2x^2-5x-4)$.

定义 1.13　$\mathbb{F}[x]$ 中的两个多项式 $f(x)$，$g(x)$ 称为互素(也称为互质)，如果 $(f(x), g(x))=1$.

显然，两个多项式互素，那么它们除去零次多项式外没有其他的公因式，反之亦然.

定理 1.10　$\mathbb{F}[x]$ 中的两个多项式 $f(x)$，$g(x)$ 互素的充分必要条件是存在 $\mathbb{F}[x]$ 中的多

项式 $u(x)$，$v(x)$，使得 $u(x)f(x)+v(x)g(x)=1$.

证明　（必要性）由定理 1.9 易得.

（充分性）若 $u(x)f(x)+v(x)g(x)=1$，由 $(f(x), g(x))\mid f(x)$，$(f(x), g(x))\mid g(x)$ 知 $(f(x), g(x))\mid 1$，故 $(f(x), g(x))\in\mathbb{F}$. 又因为 $(f(x), g(x))$ 的首项为 1，所以 $(f(x), g(x))=1$.

定理 1.11　如果 $(f(x), g(x))=1$ 且 $f(x)\mid g(x)h(x)$，那么 $f(x)\mid h(x)$.

证明　由 $(f(x), g(x))=1$，故存在 $u(x)$，$v(x)$ 使得 $u(x)f(x)+v(x)g(x)=1$. 因此，$h(x)=u(x)f(x)h(x)+v(x)g(x)h(x)$，于是 $f(x)\mid u(x)f(x)h(x)$，$f(x)\mid v(x)g(x)h(x)$，故 $f(x)\mid h(x)$.

定理 1.11 如果没有互素的条件，结论不一定成立. 例如 $x^2-1\mid(x+1)^2(x-1)^2$，但 $x^2-1\nmid(x+1)^2$，且 $x^2-1\nmid(x-1)^2$.

推论 1.2　如果 $f_1(x)\mid g(x)$，$f_2(x)\mid g(x)$，且 $(f_1(x), f_2(x))=1$，那么

$$f_1(x)f_2(x)\mid g(x)$$

证明　由 $f_1(x)\mid g(x)$ 知存在 $q(x)\in\mathbb{F}[x]$，使得 $g(x)=f_1(x)q(x)$，于是 $f_2(x)\mid f_1(x)q(x)$，又已知 $(f_1(x), f_2(x))=1$，利用定理 1.11 知 $f_2(x)\mid q(x)$，故存在 $h(x)$，使得 $q(x)=f_2(x)h(x)$，从而 $g(x)=f_1(x)f_2(x)h(x)$，即 $f_1(x)f_2(x)\mid g(x)$.

推论 1.2 如果没有互素的条件，则结论不一定成立. 若

$$g(x)=x^2-1,\ f_1(x)=x+1,\ f_2(x)=(x+1)(x-1)$$

则 $f_1(x)\mid g(x)$、$f_2(x)\mid g(x)$，但 $f_1(x)f_2(x)\mid g(x)$.

定义 1.14　对于任意多个多项式 $f_1(x)$，$f_2(x)$，…，$f_s(x)$ $(s\geqslant 2)$，如果 $d(x)$ 具有下面的性质：

(1) $d(x)\mid f_i(x)$ $(i=1, 2, \cdots, s)$；

(2) 若 $\phi(x)\mid f_i(x)$ $(i=1, 2, \cdots, s)$，则 $\phi(x)\mid d(x)$，

那么 $d(x)$ 称为 $f_1(x)$，$f_2(x)$，…，$f_s(x)$ $(s\geqslant 2)$ 的一个最大公因式.

仍用 $(f_1(x), f_2(x), \cdots, f_s(x))$ 来表示 $f_1(x)$，$f_2(x)$，…，$f_s(x)$ $(s\geqslant 2)$ 首项系数为 1 的最大公因式. 当 $(f_1(x), f_2(x), \cdots, f_s(x))=1$ 时，称多项式 $f_1(x)$，$f_2(x)$，…，$f_s(x)$ 互素.

定理 1.12　设 $f_1(x)$，$f_2(x)$，…，$f_k(x)\in\mathbb{F}[x]$ $(k\geqslant 2)$，则

(1) $(f_1(x), f_2(x), \cdots, f_k(x))$ 存在，且

$$(f_1(x), f_2(x), \cdots, f_k(x))=((f_1(x), f_2(x), \cdots, f_{k-1}(x)), f_k(x))$$

(2) 存在多项式 $u_i(x)$ $(i=1, 2, \cdots, k)$，使

$$u_1(x)f_1(x)+u_2(x)f_2(x)+\cdots+u_k(x)f_k(x)=(f_1(x), f_2(x), \cdots, f_k(x))$$

(3) $(f_1(x), f_2(x), \cdots, f_k(x))=1$ 充分必要条件是存在 $u_i(x)\in\mathbb{F}[x]$ $(1\leqslant i\leqslant k)$，使得

$$\sum_{i=1}^{k}u_i(x)f_i(x)=1$$

证明　对 k 作数学归纳. 当 $k=2$ 时，定理成立. 假设 $k-1$ 时结论成立，记 $d_1(x)=(f_1(x), f_2(x), \cdots, f_{k-1}(x))$.

(1) 若 $h(x)\mid f_i(x)$ $(1\leqslant i\leqslant k)$，则 $h(x)\mid d_1(x)$，$h(x)\mid f_k(x)$. 反之，若

$$h(x) \mid d_1(x),\ h(x) \mid f_k(x)$$

则 $h(x) | f_i(x)$ $(1 \leqslant i \leqslant k-1)$ 及 $h(x) | f_k(x)$，因而$(d_1(x), f_k(x))$为 $f_1(x), f_2(x), \cdots, f_k(x)$的最大公因式. 故

$$(f_1(x), f_2(x), \cdots, f_k(x)) = ((f_1(x), f_2(x), \cdots, f_{k-1}(x)), f_k(x))$$

(2) 由于$(d_1(x), f_k(x))$是 $d_1(x)$与 $f_k(x)$的组合，$d_1(x)$是 $f_1(x), f_2(x), \cdots, f_{k-1}(x)$的组合，因此$((f_1(x), f_2(x), \cdots, f_{k-1}(x)), f_k(x))$是 $f_1(x), f_2(x), \cdots, f_k(x)$的组合.

(3)（必要性）由(2)易得.

（充分性）由于$(f_1(x), f_2(x), \cdots, f_k(x)) | f_i(x)$ $(1 \leqslant i \leqslant k)$，因此

$$(f_1(x), f_2(x), \cdots, f_k(x)) \Big| \sum_{i=1}^{k} u_i(x) f_i(x)$$

又因为 $\sum\limits_{i=1}^{k} u_i(x) f_i(x) = 1$，所以 $(f_1(x), f_2(x), \cdots, f_k(x)) = 1$.

结论成立，故此命题得证.

多个多项式互素时，它们并不一定两两互素. 例如，多项式

$$f_1(x) = x^2 - 3x + 2,\ f_2(x) = x^2 - 5x + 6,\ f_3(x) = x^2 - 4x + 3$$

是互素的，但$(f_1(x), f_2(x)) = x-2$.

例 1.15 证明：$(f(x), g(x)) = (f(x), f(x)-g(x)) = (f(x), f(x)+g(x))$.

证明 设$(f(x), g(x)) = d(x)$，从而存在 $u(x), v(x)$，使得

$$\begin{aligned} d(x) &= f(x)u(x) + g(x)v(x) \\ &= f(x)u(x) + f(x)v(x) - f(x)v(x) + g(x)v(x) \\ &= f(x)(u(x)+v(x)) + (f(x)-g(x))(-v(x)) \end{aligned}$$

由定理 1.9 知，$d(x) = (f(x), f(x)-g(x))$. 类似的，也可得到

$$d(x) = (f(x), f(x)+g(x))$$

例 1.16 （最小公倍式）如果多项式 $m(x)$满足条件：

(1) $f(x), g(x)$都可整除 $m(x)$；

(2) $f(x)$与 $g(x)$任一公倍式都是 $m(x)$的倍式，则 $m(x)$称为 $f(x)$与 $g(x)$的一个最小公倍式. 用$[f(x), g(x)]$表示首项系数为 1 的最小公倍式.

证明：若 $f(x), g(x)$不全为零，且 $f(x), g(x)$首项系数为 1，则

$$[f(x), g(x)] = \frac{f(x)g(x)}{(f(x), g(x))}$$

证明 设$(f(x), g(x)) = d(x)$，且 $f(x) = f_1(x)d(x)$，$g(x) = g_1(x)d(x)$，则

$$\frac{f(x)g(x)}{(f(x), g(x))} = f(x)g_1(x) = g(x)f_1(x)$$

这表明$\dfrac{f(x)g(x)}{(f(x), g(x))}$是 $f(x)$与 $g(x)$的一个公倍式.

其次，设 $h(x)$是 $f(x)$与 $g(x)$的任一公倍式，即存在多项式 $s(x), t(x)$，使得

$$h(x) = f(x)s(x),\ h(x) = g(x)t(x)$$

从而 $f_1(x)d(x)s(x) = g_1(x)d(x)t(x)$，消去 $d(x)$，得 $f_1(x)s(x) = g_1(x)t(x)$. 于是

$$g_1(x) \mid f_1(x)s(x),\ f_1(x) \mid g_1(x)t(x)$$

由于$(f_1(x), g_1(x)) = 1$，从而有 $g_1(x) | s(x)$，即存在 $q(x)$，使得 $s(x) = g_1(x)q(x)$. 于是

$$h(x)=f(x)s(x)=f(x)g_1(x)q(x)$$

即 $h(x)$ 是 $f(x)g_1(x)$ 的倍式，因此 $h(x)$ 是 $\frac{f(x)g(x)}{(f(x),\ g(x))}$ 的倍式. 故 $\frac{f(x)g(x)}{(f(x),\ g(x))}$ 是 $f(x)$，$g(x)$ 的最小公倍式.

1.5 因式分解定理

在中学代数中，我们学过对多项式进行因式分解的一些具体方法，用于把一个多项式分解为不能再分的因式的乘积. 这里所说的不能再分实际上是相对于多项式系数所在的数域而言的. 例如在有理数域$\mathbb{Q}$上，可以将多项式 x^4-25 分解成

$$x^4-25=(x^2-5)(x^2+5)$$

x^2-5，x^2+5 在有理数域$\mathbb{Q}$上不能再分. 如果是在实数域$\mathbb{R}$上，x^4-25 还有分解式 $x^4-25=(x-\sqrt{5})(x+\sqrt{5})(x^2+5)$.

在复数域$\mathbb{C}$上，x^4-25 有分解式：

$$x^4-25=(x-\sqrt{5})(x+\sqrt{5})(x-\sqrt{5}\mathrm{i})(x+\sqrt{5}\mathrm{i})$$

由此可以看出，在讨论多项式的因式分解时，首先要明确多项式的系数域.

定义 1.15 数域$\mathbb{F}$上次数$\geqslant 1$ 的多项式 $p(x)$ 称为域$\mathbb{F}$上的不可约多项式，如果它不能表示成数域$\mathbb{F}$上的两个次数比 $p(x)$ 的次数低的多项式的乘积. 如果 $p(x)$ 可以表示成两个次数较低的多项式的乘积，则 $p(x)$ 称为可约的.

根据定义 1.15，一次多项式总是不可约多项式. 一个多项式是否可约是依赖于系数域的.

显然，不可约多项式 $p(x)$ 的因式只有非零常数与它自身的非零常数倍 $cp(x)(c\neq 0)$ 这两种. 反过来，具有这个性质的次数$\geqslant 1$ 的多项式一定是不可约的. 由此可知，不可约多项式 $p(x)$ 与任一多项式 $f(x)$ 之间只可能有两种关系：$p(x)\mid f(x)$ 或者 $(p(x),\ g(x))=1$.

定理 1.13 如果 $p(x)$ 是不可约多项式，那么对于任意两个多项式 $f(x)$，$g(x)$，由 $p(x)\mid f(x)g(x)$ 一定推出 $p(x)\mid f(x)$ 或者 $p(x)\mid g(x)$.

证明 如果 $p(x)\mid f(x)$，那么结论已经成立.

如果 $p(x)\nmid f(x)$，那么可知 $(p(x),\ f(x))=1$，且由已知 $p(x)\mid f(x)g(x)$，于是 $p(x)\mid g(x)$.

利用数学归纳法，定理 1.13 可以推广为：如果不可约多项式 $p(x)$ 整除有限个多项式 $f_1(x)$，$f_2(x)$，…，$f_s(x)$ 的乘积 $f_1(x)f_2(x)\cdots f_s(x)$，那么 $p(x)$ 一定整除这些多项式的其中之一.

定理 1.14 （因式分解及唯一性定理）数域$\mathbb{F}$上次数$\geqslant 1$ 的多项式 $f(x)$ 都可以唯一地分解成数域$\mathbb{F}$上一些不可约多项式的乘积. 所谓唯一性是指，如果有两个分解式 $f(x)=p_1(x)p_2(x)\cdots p_s(x)=q_1(x)q_2(x)\cdots q_t(x)$，那么必有 $s=t$，并且适当排列因式的次序后有 $p_i(x)=c_iq_i(x)(i=1,\ 2,\ \cdots,\ s)$，其中 $c_i(i=1,\ 2,\ \cdots,\ s)$ 是非零常数.

证明 先证明分解式的存在. 对 $f(x)$ 的次数作数学归纳法. 因为一次多项式都是不可约的，所以 $n=1$ 时结论成立.

设 $\deg(f(x))=n$，并设结论对于次数低于 n 的多项式已经成立.

如果 $f(x)$ 是不可约多项式，结论是显然的．不妨设 $f(x)$ 是可约的，即有 $f(x)=f_1(x)f_2(x)$，其中 $f_1(x)$，$f_2(x)$ 的次数都低于 n．

由归纳假设，二者均可以分解成数域𝔽上一些不可约多项式的乘积，合起来得到 $f(x)$ 的一个分解式．由归纳原理，结论成立．

再证唯一性．设 $f(x)$ 可以分解成不可约多项式的乘积 $f(x)=p_1(x)\cdots p_s(x)$，另外一个不可约分解式 $f(x)=q_1(x)\cdots q_t(x)$，则

$$f(x)=p_1(x)\cdots p_s(x)=q_1(x)\cdots q_t(x)$$

再对 s 作归纳法．当 $s=1$ 时，$f(x)$ 是不可约多项式，必有 $s=t=1$，且 $f(x)=p_1(x)=q_1(x)$．

设不可约因式的个数为 $s-1$ 时唯一性已证．由于 $p_1(x)\mid q_1(x)\cdots q_t(x)$，因此 $p_1(x)$ 必能整除 $q_1(x)$，…，$q_t(x)$ 其中之一，不妨设 $p_1(x)\mid q_1(x)$，有 $p_1(x)=c_1q_1(x)$．从而

$$p_2(x)\cdots p_s(x)=c_1^{-1}q_2(x)\cdots q_t(x)$$

由归纳假设，有 $s-1=t-1$，即 $s=t$，并且适当排列次序之后有

$$p_i(x)=c_iq_i(x)\ (i=1,2,\cdots,s)$$

即命题得证．

需要指出，因式分解定理虽然在理论上有其重要性，但是它并没有给出一个具体的分解多项式的方法．实际上，对于一般的情形，普遍可行的分解多项式的方法是不存在的．

在多项式的分解式中，可以把每一个不可约因式的首项系数提出来，使它们成为首项系数为 1 的多项式，再把相同的不可约因式合并．于是 $f(x)$ 的分解式成为 $f(x)=cp_1^{r_1}(x)\cdot p_2^{r_2}(x)\cdots p_s^{r_s}(x)$，其中 c 是 $f(x)$ 的首项系数，$p_1(x)$，$p_2(x)$，…，$p_s(x)$ 是不同的首项系数为 1 的不可约多项式，而 r_1，r_2，…，r_s 是正整数．这种分解式称为 $f(x)$ 的标准分解式．

如果已经有了两个多项式的标准分解式，就可以直接写出两个多项式的最大公因式．多项式 $f(x)$ 与 $g(x)$ 的最大公因式就是那些同时在 $f(x)$ 与 $g(x)$ 的标准分解式中出现的不可约多项式方幂的乘积，所带的方幂的指数等于它在 $f(x)$ 与 $g(x)$ 中所带的方幂中较小的一个．

由以上讨论可以看出，带余除法是一元多项式因式分解理论的基础．若 $f(x)$ 与 $g(x)$ 的标准分解式中没有共同的不可约多项式，则 $f(x)$ 与 $g(x)$ 互素．

注：上述求最大公因式的方法不能代替辗转相除法，因为在一般情况下，没有分解多项式为不可约多项式的乘积的方法，即使要判断数域𝔽上一个多项式是否可约一般都是很困难的．

例 1.17　设 $f(x)=(x-1)^2(x-2)^2(x-3)^2$，$g(x)=(x-1)(x-2)^4(x-5)^2$，则

$$(f(x),g(x))=(x-1)(x-2)^2$$

例 1.18　证明：次数 >0 且首项系数为 1 的多项式 $f(x)$ 是不可约多项式 $p(x)$ 的方幂，当且仅当对任意的多项式 $g(x)$，必有 $(p(x),g(x))=1$ 或者对某正整数 m，$p(x)\mid g^m(x)$．

证明　(必要性) 设 $f(x)=p^m(x)$，其中 $p(x)$ 为不可约多项式．对任意的 $g(x)\in\mathbb{F}[x]$，则 $(p(x),g(x))=1$ 或者 $p(x)\mid g(x)$．

(1) 若 $(p(x),g(x))=1$，则 $f(x)=p^m(x)$ 与 $g(x)$ 一定互素．

(2) 若 $p(x)\mid g(x)$，则 $p^n(x)\mid g^n(x)$．得证．

(充分性)(反证法) 假设 $f(x)$ 不是不可约多项式的方幂，由因式分解定理，

$$f(x)=p_1^{r_1}(x)\cdots p_s^{r_s}(x)\ (s>1)$$

取 $g(x)=p_1(x)$，从而 $(f(x),g(x))=p_1(x)\neq 1$ 且 $f(x)\nmid g^m(x)$，产生矛盾，故充分性得证.

例 1.19 证明：次数 >0 且首项系数为 1 的多项式 $f(x)$ 是一个不可约多项式的方幂，当且仅当对任意的多项式 $g(x)$，$h(x)$，由 $f(x)\mid g(x)h(x)\Rightarrow f(x)\mid g(x)$ 或者对某一正整数 m，$f(x)\mid h^m(x)$.

证明 （必要性）设 $f(x)=p^m(x)$，对任意的 $h(x)$，则 $(p(x),h(x))=1$ 或者 $p(x)\mid h(x)$.

(1) 当 $(p(x),h(x))=1$ 时，$(f(x),h(x))=1$，从而 $f(x)\mid g(x)$；

(2) 当 $p(x)\mid h(x)$ 时，$f(x)\mid h^m(x)$.

（充分性）（反证法）设 $f(x)=p_1^{r_1}(x)\cdots p_s^{r_s}(x)\ (s>1)$. 取

$$g(x)=p_1^{r_1}(x)p_3^{r_3}(x)\cdots p_s^{r_s}(x),\ h(x)=p_2^{r_2}(x)\cdots p_s^{r_s}(x)$$

即可.

定义 1.16 设 $f(x)=\sum\limits_{k=0}^{n}a_kx^k\in\mathbb{F}[x]$，称多项式 $\sum\limits_{k=1}^{n}ka_kx^{k-1}$ 为 $f(x)$ 的导数（也称微商），记为 $f'(x)$ 或 $\dfrac{\mathrm{d}(f(x))}{\mathrm{d}x}$.

导数具有以下性质：

(1) 当 $\deg(f(x))\geqslant 1$ 时，$\deg(f'(x))=\deg(f(x))-1$；

(2) $f'(x)=0\Leftrightarrow f(x)=c\in\mathbb{F}$；

(3) $(f(x)+g(x))'=f'(x)+g'(x)$；

(4) $(f(x)g(x))'=f'(x)g(x)+g'(x)f(x)$；

(5) $(cf(x))'=cf'(x)$；

(6) $(f^m(x))'=mf^{m-1}(x)f'(x)$；

(7) 若 $p(x)$ 不可约，则 $(p(x),p'(x))=1$.

同样可以定义高阶导数的概念. 导数 $f'(x)$ 称为 $f(x)$ 的一阶导数；$f'(x)$ 的导数 $f''(x)$ 称为 $f(x)$ 的二阶导数；以此类推，$f(x)$ 的 k 阶导数记为 $f^{(k)}(x)$. 一个 n 次多项式的导数是一个 $n-1$ 次多项式；它的 n 阶导数是一个常数；它的 $n+1$ 阶导数等于零.

例 1.20 证明：数域 $\mathbb{F}$ 上一个 $n(>0)$ 次多项式 $f(x)$ 能被它的导数 $f'(x)$ 整除当且仅当 $f(x)=a(x-b)^n$，其中 $a,b\in F$.

证明 （充分性）若 $f(x)=a(x-b)^n$，则 $f'(x)=na(x-b)^{n-1}$，显然，$f'(x)\mid f(x)$.

（必要性）设 $f(x)=ap_1^{r_1}(x)p_2^{r_2}(x)\cdots p_s^{r_s}(x)$，其中 $p_i(x)$ 为首项系数为 1 的不可约多项式，则

$$f'(x)=p_1^{r_1-1}(x)p_2^{r_2-1}(x)\cdots p_s^{r_s-1}(x)g(x)$$

此处 $p_i(x)\nmid g(x)$. 因为 $f'(x)\mid f(x)$，所以 $p_1^{r_1-1}(x)p_2^{r_2-1}(x)\cdots p_s^{r_s-1}(x)g(x)\mid f(x)$，因此 $g(x)\mid p_1(x)\cdots p_s(x)$. 又由于 $g(x)$ 可能的因式为非零常数及 $p_i(x)$，但 $p_i(x)\nmid g(x)$，故 $g(x)=c(c\neq 0)$.

设 $\deg(p_i(x))=m_i(i=1,2,\cdots,s)$，则 $r_1m_1+\cdots+r_sm_s=n$，同理

$$m_i(r_i-1)+\cdots+m_s(r_s-1)=n-1$$

即得 $r_1m_1+\cdots+r_sm_s-m_1-\cdots-m_s=n-1$，因此 $m_1+\cdots+m_s=1$，这时有 $m_1=1$，$s=1$，$r_1=n$成立，故而 $f(x)=a(x-b)^n$.

1.6 重因式

现在讨论多项式中的一个重要问题，即判断一个多项式是否有重因式.

定义 1.17 不可约多项式 $p(x)$称为多项式 $f(x)$的 k 重因式，如果 $p^k(x)\mid f(x)$，但 $p^{k+1}(x)\nmid f(x)$.

如果 $k=0$，那么 $p(x)$不是 $f(x)$的因式；

如果 $k=1$，那么 $p(x)$称为 $f(x)$的单因式；

如果 $k>1$，那么 $p(x)$称为 $f(x)$的重因式.

注： k 重因式和重因式是两个不同的概念，不要混淆.

显然，如果 $f(x)$的标准分解式为 $f(x)=cp_1^{r_1}(x)p_2^{r_2}(x)\cdots p_s^{r_s}(x)$，那么 $p_1(x)$，$p_2(x)$，$\cdots$，$p_s(x)$分别是 $f(x)$的 r_1 重，r_2 重，$\cdots$，r_s 重因式. 指数 $r_i=1$ 的那些不可约因式是单因式；指数 $r_i>1$ 的那些不可约因式是重因式.

不可约多项式 $p(x)$是多项式 $f(x)$的 k 重因式的充分必要条件是存在多项式 $g(x)$，使得 $f(x)=p^k(x)g(x)$，且 $p(x)\nmid g(x)$.

定理 1.15 如果不可约多项式 $p(x)$是多项式 $f(x)$的一个 k 重因式，那么 $p(x)$ 是导数 $f'(x)$的 $k-1$ 重因式.

证明 因为 $f(x)=p^k(x)g(x)$，$(p(x),\ g(x))=1$，所以

$$f'(x)=p^{k-1}(x)(p(x)g'(x)+kp'(x)g(x))$$

由$(p(x),\ g(x))=1$，$(p(x),\ p'(x))=1$ 知 $p(x)\nmid kp'(x)g(x)$，因此 $p^{k-1}(x)\mid f'(x)$.

令 $h(x)=p(x)g'(x)+kp'(x)g(x)$，那么 $p(x)$整除等式右端的第一项，但不能整除第二项，因此 $p(x)$不能整除 $h(x)$，从而 $p^k(x)$不能整除 $f'(x)$. 这就说明 $p(x)$是 $f'(x)$的 $k-1$ 重因式.

注： 定理 1.15 的逆命题不成立. 如

$$f(x)=x^3-3x^2+3x+3,\quad f'(x)=3x^2-6x+3=3(x-1)^2$$

$x-1$ 是 $f'(x)$的二重因式，但不是 $f(x)$的因式，当然更不是 $f(x)$的三重因式.

推论 1.3 如果不可约多项式 $p(x)$是多项式 $f(x)$的一个 $k(k\geqslant 1)$重因式，那么 $p(x)$是 $f(x)$，$f'(x)$，$\cdots$，$f^{(k-1)}(x)$的因式，但不是 $f^{(k)}(x)$的因式.

证明 根据定理 1.15，对 k 作数学归纳法即得.

推论 1.4 不可约多项式 $p(x)$是多项式 $f(x)$的重因式的充分必要条件是 $p(x)$是 $f(x)$与 $f'(x)$的公因式.

证明 $f(x)$的重因式必是 $f'(x)$的因式；反过来，如果 $f(x)$的不可约因式也是 $f'(x)$的因式，它必不是 $f(x)$的单因式.

推论 1.5 多项式 $f(x)$没有重因式$\Leftrightarrow(f(x),\ f'(x))=1$.

推论 1.5 表明，判别一个多项式有无重因式可以通过代数运算——辗转相除法来解决，这个方法是机械的. 因为多项式的导数以及两个多项式互素与否的事实在由数域$\mathbb{F}$过渡到含$\mathbb{F}$的数域$\overline{\mathbb{F}}$时都不改变，所以有以下结论：

若多项式 $f(x)$在$\mathbb{F}[x]$中没有重因式，那么把 $f(x)$看成含$\mathbb{F}$的某一数域$\overline{\mathbb{F}}$上的多项式时，$f(x)$也没有重因式.

例 1.21 求 $f(x)=x^4-6x^2+8x-3$ 的重因式.

解 求得 $f'(x)=4x^3-12x+8$. 对 $f(x)$与 $f'(x)$作辗转相除法得

$$(f(x),\ f'(x))=(x-1)^2$$

因此 $x-1$ 是 $f(x)$的三重因式，并由此可得 $f(x)$的标准分解式为

$$f(x)=(x-1)^3(x+3)$$

例 1.22 证明：多项式 $f(x)=x^3+px+q$ 有重因式的充分必要条件是 $4p^3+27q^2=0$.

证明 由 $f(x)$有重因式的充分必要条件是$(f(x),\ f'(x))\neq 1$，即

$$\deg(f(x),\ f'(x))=1 \text{ 或 } 2$$

(1) 若 $\deg(f(x),\ f'(x))=2$，由于 $f'(x)=3x^2+p$，则 $f'(x)\mid f(x)$. 用 $f'(x)$除$f(x)$的余式为 $r(x)=\dfrac{2}{3}px+q$. 令 $r(x)=0$，则 $p=q=0$.

(2) 若 $\deg(f(x),\ f'(x))=1$，由于 $f'(x)=3x^2+p$，应用带余除法得

$$f(x)=\frac{1}{3}xf'(x)+\left(\frac{2}{3}px+q\right)$$

故$\dfrac{2}{3}px+q\mid f'(x)$. 当 $p\neq 0$ 时，进行带余除法得

$$f'(x)=\left(\frac{9}{2p}x-\frac{1}{4p^2}\right)\left(\frac{2}{3}px+q\right)+\left(p+\frac{27q^2}{4p^2}\right)$$

故 $p+\dfrac{27q^2}{4p^2}=0$，即 $4p^3+27q^2=0$.

例 1.23 证明：$1+x+\dfrac{x^2}{2!}+\cdots+\dfrac{x^n}{n!}$没有重因式.

证明 设 $f(x)=1+x+\dfrac{x^2}{2!}+\cdots+\dfrac{x^n}{n!}$，因为

$$(f(x),\ f'(x))=\left(f'(x)+\frac{x^n}{n!},\ f'(x)\right)=\left(\frac{x^n}{n!},\ f'(x)\right)=1$$

所以 $f(x)$没有重因式.

有时，特别是在讨论与解方程有关的问题时，我们希望所考虑的多项式没有重因式. 为此，下面介绍去掉重因式的方法.

设 $f(x)$有重因式，其标准分解式为

$$f(x)=cp_1^{r_1}(x)p_2^{r_2}(x)\cdots p_s^{r_s}(x)$$

那么由定理 1.15 知

$$f'(x)=p_1^{r_1-1}(x)p_2^{r_2-1}(x)\cdots p_s^{r_s-1}(x)g(x)$$

此处 $g(x)$不能被每个 $p_i(x)(i=1,\ 2,\ \cdots,\ s)$整除. 于是

$$(f(x),\ f'(x))=p_1^{r_1-1}(x)p_2^{r_2-1}(x)\cdots p_s^{r_s-1}(x)$$

故

$$\frac{f(x)}{(f(x),\ f'(x))}=cp_1(x)p_2(x)\cdots p_s(x)$$

这样就得到一个没有重因式的多项式$\dfrac{f(x)}{(f(x),\ f'(x))}$，且若不计重数，它与 $f(x)$含有完全

相同的不可约因式. 这是一种去掉重因式的有效方法.

例 1.24 设 $f(x)=x^5-6x^4+16x^3-24x^2+20x-8$，求多项式与 $f(x)$ 具有相同的根，但无重根.

解 求得 $f'(x)=5x^4-24x^3+48x^2-48x+20$，应用辗转相除法得

$$(f(x),\ f'(x)) = x^2-2x+2$$

于是多项式 $\dfrac{f(x)}{(f(x),\ f'(x))}=x^3-4x^2+6x-4=(x-2)(x^2-2x+2)$ 即为所求.

1.7 多项式函数

到目前为止，我们只是从形式上讨论多项式，也就是把多项式看作形式表达式. 在这一节，将从函数的观点来考察多项式.

设

$$f(x) = a_n x^n + a_{n-1}x^{n-1} + \cdots + a_1 x + a_0 \tag{1-2}$$

是 $\mathbb{F}[x]$ 中的多项式，a 是 $\mathbb{F}$ 中的数. 在式(1-2)中用 a 代替 x 所得的数

$$a_n a^n + a_{n-1}a^{n-1} + \cdots + a_1 a + a_0$$

称为 $f(x)$ 当 $x=a$ 时的值，记为 $f(a)$. 这样，多项式 $f(x)$ 定义了一个数域 $\mathbb{F}$ 上的函数. 可以由一个多项式来定义的函数称为数域上的多项式函数.

因为 x 在与数域 $\mathbb{F}$ 中的数进行运算时与数的运算有相同的运算有规律，所以不难看出，如果

$$h_1(x) = f(x) + g(x),\ h_2(x) = f(x)g(x)$$

那么

$$h_1(a) = f(a) + g(a),\ h_2(a) = f(a)g(a)$$

定理 1.16 （余数定理）用一次多项式 $x-a$ 去除多项式 $f(x)$，所得的余式是一个常数，这个常数等于函数值 $f(a)$.

如果 $f(x)$ 在 $x=a$ 时函数值 $f(a)=0$，那么 a 称为 $f(x)$ 的一个根或零点. 由余数定理即可得到根与一次因式的关系

推论 1.6 a 是 $f(x)$ 的根的充分必要条件是 $(x-a)\mid f(x)$.

由这个关系，可以定义重根的概念. a 称为 $f(x)$ 的 k 重根，如果 $(x-a)$ 是 $f(x)$ 的 k 重因式. 当 $k=1$ 时，a 称为单根；当 $k>1$ 时，a 称为重根.

例 1.25 求 a，b 使得 $(x+1)^2\mid(ax^4+bx^2+1)$.

解 设 $f(x)=ax^4+bx^2+1$，$f'(x)=4ax^3+2bx$. 因为 $x+1$ 是 $f(x)$ 的二重因式，所以 $(x+1)\mid f(x)$，$(x+1)\mid f'(x)$，由推论 1.6 知

$$f(-1) = a+b+1 = 0,\ f'(-1) = -4a-2b = 0$$

求解可得 $a=1$，$b=-2$.

例 1.26 当 k 为何值时，多项式 $f(x)=x^3-3x+k$ 有重因式.

解 求得 $f'(x)=3x^2-3=3(x-1)(x+1)$ 的根为 ±1，故 $f(x)$ 有重根 $\Leftrightarrow f(\pm1)=0$，代入可求得 $k=\pm2$.

例 1.27 证明：$1+x+\dfrac{x^2}{2!}+\cdots+\dfrac{x^n}{n!}$ 没有重因式.

证明 设 $f(x)=1+x+\frac{x^2}{2!}+\cdots+\frac{x^n}{n!}$，$f'(x)=1+x+\frac{x^2}{2!}+\cdots+\frac{x^{n-1}}{(n-1)!}$，即证明 $f(x)$ 与 $f'(x)$ 无公共根即可.

(反证法)假设 $f(x)$ 与 $f'(x)$ 有公共根 a，则 $f(a)=f'(a)=0$，即

$$f(a)-f'(a)=\frac{a^n}{n!}=0$$

故 $a=0$. 但 $a=0$ 不是 $f(x)$ 的根，从而假设错误，故 $f(x)$ 没有重因式.

定理 1.17 $\mathbb{F}[x]$ 中 $n(n\geqslant 0)$ 次多项式 $f(x)$ 在数域 $\mathbb{F}$ 中的根不可能多于 n 个，重根按重数计算.

证明 对零次多项式结论显然成立.

设 $f(x)$ 是次数大于零的多项式，把 $f(x)$ 分解成不可约多项式的乘积. 由推论 1.6 与根的重数的定义，显然 $f(x)$ 在数域 $\mathbb{F}$ 中根的个数等于因式分解中一次因式的个数，这个数目显然不超过 n.

例 1.28 设 $f(x)$ 为 n 次多项式，若存在常数 $c\neq 0$，使得 $f(x-c)=f(x)$，则 $f(x)$ 为常数.

证明 (反证法) 设 a 为 $f(x)$ 的根，那么 a，$a-c$，$a-2c$，…都为 $f(x)$ 的根. 由于 $f(x)$ 只有 n 个根，故存在整数 $s\neq t$，使得 $a-sc=a-tc$，于是 $(s-t)c=0$，由于 $s\neq t$，故 $c=0$，与已知产生矛盾，因此 $f(x)$ 必为常数.

从上面得到，每个多项式函数都可以由一个多项式来定义. 不同的多项式会不会定义出相同的函数呢? 也就是说，是否可能有 $f(x)\neq g(x)$ 而对于 $\mathbb{F}$ 中所有的数 a 都有 $f(a_i)=g(a_i)$.

由下面定理不难对这个问题给出否定的回答.

定理 1.18 如果多项式 $f(x)$，$g(x)$ 的次数都不超过 n，而它们对 $n+1$ 个不同的数有相同的值，即 $f(\alpha_i)=g(\alpha_i)(i=1, 2, \cdots, n+1)$，那么 $f(x)=g(x)$.

证明 由已知得 $f(\alpha_i)-g(\alpha_i)=0$ $(i=1, 2, \cdots, n+1)$. 这就是说，多项式 $f(x)-g(x)$ 有 $n+1$ 个不同的根. 如果 $f(x)-g(x)\neq 0$，那么它就是一个次数不超过 n 的多项式，由定理 1.17，它不可能有 $n+1$ 个根，因此 $f(x)=g(x)$.

借助定理 1.18，我们可以解决一些实际问题. 比如，我们常常用 $y=F(x)$ 来表示某种规律的数量关系，但在许多问题中，函数 $F(x)$ 往往是通过实验或观测数据得到的. 一般只给出了 $F(x)$ 在一些点 x_i 上的函数值

$$y_i=F(x_i)\quad(i=1, 2, \cdots, n+1)$$

有些函数 $F(x)$ 虽然有解析表达式，但是如果表达式比较复杂，计算起来就比较麻烦，使用起来也不方便，因此，希望根据给定点 x_i 上的函数值 $F(x_i)$，求出一个既能反映 $F(x)$ 的特性，又便于计算的简单函数 $f(x)$，用 $f(x)$ 来近似地代替 $F(x)$. $f(x)$ 称为 $F(x)$ 的插值函数，x_1，x_2，…，x_n 称为插值节点，求插值函数的方法称为插值法.

由于多项式是一类简单的初等函数，而且任意给定两组数

$$c_1, c_2, \cdots, c_{n+1};\ b_1, b_2, \cdots, b_{n+1}$$

其中 c_1，c_2，…，c_{n+1} 各不相同，总有唯一的一个次数不超过 n 的多项式 $f(x)$ 使得 $f(c_i)=b_i(i=1, 2, \cdots, n+1)$，因此在实际应用中常常取多项式作为插值函数，称为插值多项式.

例 1.29 求一个多项式 $f(x)$，使得满足

$$f(0)=-1,\ f(1)=2,\ f(-1)=-2,\ f(2)=19$$

分析 由定理 1.18 知，要保证 $f(x)$在四个点处值相同，$f(x)$的次数不能超过 3，下面用 3 种不同的对 $f(x)$表达的方式来求解 $f(x)$.

解法一 设 $f(x)=a_3x^3+a_2x^2+a_1x+a_0$，代入数值，可得方程组(此时，只要插值点互不相同，由范德蒙行列式(见例 2.14)可知，一定有唯一解)，解得

$$a_3=2,\ a_2=1,\ a_1=0,\ a_0=-1$$

即 $f(x)=2x^3+x^2-1$.

解法二 设 $f(x)=a_0+a_1x+a_2x(x-1)+a_3x(x-1)(x+1)$，代入数值确定系数，得

$$a_3=2,\ a_2=1,\ a_1=3,\ a_0=-1$$

于是 $f(x)=-1+3x+x(x-1)+2x(x-1)(x+1)=2x^3+x^2-1$.

一般的，可设 $f(x)=a_0+a_1(x-c_1)+\cdots+a_n(x-c_1)(x-c_2)\cdots(x-c_n)$.

解法三 拉格朗日(Lagrange)插值法. 设

$$f(x)=k_1(x-1)(x+1)(x-2)+k_2x(x+1)(x-2)+\\k_3x(x-1)(x-2)+k_4x(x-1)(x+1)$$

代入数值可确定系数，得 $k_3=2$，$k_2=1$，$k_1=0$，$k_0=-1$，即 $f(x)=2x^3+x^2-1$.

一般地，已知次数$\leqslant n$ 的多项式 $f(x)$在 $x=c_i(i=1,2,\cdots,n+1)$中的值

$$f(c_i)=b_i\quad(i=1,2,\cdots,n+1)$$

设 $f(x)=\sum_{i=1}^{n+1}k_i(x-c_1)\cdots(x-c_{i-1})(x-c_{i+1})\cdots(x-c_{n+1})$，依次令 $x=c_i$ 代入 $f(x)$，得

$$k_i=\frac{b_i}{(c_i-c_1)\cdots(c_i-c_{i-1})(c_i-c_{i+1})\cdots(c_i-c_{n+1})}$$

$$f(x)=\sum_{i=1}^{n+1}\frac{b_i(x-c_1)\cdots(x-c_{i-1})(x-c_{i+1})\cdots(x-c_{n+1})}{(c_i-c_1)\cdots(c_i-c_{i-1})(c_i-c_{i+1})\cdots(c_i-c_{n+1})}$$

这个公式叫作拉格朗日(Lagrange)插值公式.

1.8 复系数、实系数多项式

下面我们讨论复数域$\mathbb{C}$和实数域$\mathbb{R}$上的多项式的因式分解及根的问题. 显然，一般数域$\mathbb{F}$上多项式的结论在复数域$\mathbb{C}$和实数域$\mathbb{R}$上均成立，但由于这两个数域的特殊性，多项式的一些结果可以进一步具体化.

定理 1.19 (代数基本定理) 每个 n ($n\geqslant1$)次复系数多项式在复数域中至少有一个根.

利用根与一次因式的关系，代数基本定理可以等价地叙述为每个次数$\geqslant1$ 的复系数多项式在复数域上至少有一个一次因式. 由此可知，在复数域上所有次数大于 1 的多项式都是可约的，换句话说，不可约多项式只有一次多项式. 于是，因式分解定理在复数域上可以叙述成以下结论.

定理 1.20 (复系数多项式因式分解定理) 每个次数$\geqslant1$ 的复系数多项式在复数域上都可以唯一地分解成一次因式的乘积.

因此，n 次复系数多项式具有标准分解式

$$f(x)=a_n(x-\alpha_1)^{l_1}(x-\alpha_2)^{l_2}\cdots(x-\alpha_s)^{l_s}$$

其中α_1，α_2，…，α_s是不同的复数，l_1，l_2，…，l_s是正整数，$l_1+l_2+\cdots+l_s=n$. 标准分解式说明了每个n次复系数多项式恰有n个复根(重根按重数计算).

例 1.30　求复系数多项式$f(x)=x^8-1$的标准分解式.

解　$f(x)=(x^4-1)(x^4+1)$

$$=(x^2-1)(x^2+1)(x^2-\mathrm{i})(x^2+\mathrm{i})$$

$$=(x+1)(x-1)(x+\mathrm{i})(x-\mathrm{i})\cdot$$

$$\left(x+\frac{\sqrt{2}}{2}+\frac{\sqrt{2}}{2}\mathrm{i}\right)\left(x+\frac{\sqrt{2}}{2}-\frac{\sqrt{2}}{2}\mathrm{i}\right)\left(x-\frac{\sqrt{2}}{2}+\frac{\sqrt{2}}{2}\mathrm{i}\right)\left(x-\frac{\sqrt{2}}{2}-\frac{\sqrt{2}}{2}\mathrm{i}\right)$$

对于实系数多项式，有以下基本事实：如果a是实系数多项式$f(x)$的复根，那么a的共轭数$\bar{a}$也是$f(x)$的根，并且a与$\bar{a}$具有相同的重数，即实系数多项式的非实的复数根总是两两成对出现的.

定理 1.21　(实系数多项式因式分解定理) 每个次数$\geqslant1$的实系数多项式在实数域上都可以唯一地分解成一次因式与含一对非实共轭复数根的二次因式的乘积，实数域上不可约多项式，除一次多项式外，只有含非实共轭复数根的二次多项式.

因此，实系数多项式具有标准分解式

$$f(x)=a_n(x-c_1)^{l_1}(x-c_2)^{l_2}\cdots(x-c_s)^{l_s}(x^2+p_1x+q_1)^{k_1}\cdots(x^2+p_rx+q_r)^{k_r}$$

其中c_1，…，c_s，p_1，…，p_r，q_1，…，q_r全是实数，l_1，l_2，…，l_s，k_1，…，k_r是正整数，并且

$$x^2+p_ix+q_i\quad(i=1,2,\cdots,r)$$

是不可约的，也就是适合条件$p_i^2-4q_i<0$ $(i=1,2,\cdots,r)$.

例 1.31　奇数次实系数多项式一定有实根.

由定理 1.21 可知，证明留给读者自行完成.

例 1.32　求一个以 1，0，i，−i，1−i，1+i 为根，次数尽可能低的实系数多项式.

解　由定理 1.21 知，设所求多项式为$f(x)$，又 i 为$f(x)$的 2 重根，从而−i 也为其二重根；1−i 为其单根，1+i 也为其单根，从而$f(x)$至少含有因子$x-1$，x，$(x-\mathrm{i})^2(x+\mathrm{i})^2=(x^2+1)^2$，$(x-1+\mathrm{i})^2(x-1-\mathrm{i})^2=x^2-2x+2$，从而包含以上各项次数最低的实系数多项式为$f(x)=x(x-1)(x^2+1)^2(x^2-2x+2)$.

代数基本定理虽然确定了n次方程有n个复根，但是并没有给出根的一个具体的求法，高次方程求根的问题还远远没有解决. 特别是应用方面，方程求根是一个重要的问题，这个问题是相当复杂的，它构成了计算数学的一个分支. 下面讨论多项式的根与系数之间的关系.

令

$$f(x)=x^n+a_1x^{n-1}+\cdots+a_n \tag{1-3}$$

是一个$n(>0)$次多项式，那么在复数域$\mathbb{C}$中$f(x)$有n个根α_1，α_2，…，α_n，因而在$\mathbb{C}[x]$中$f(x)$完全分解为一次因式的乘积：

$$f(x)=(x-\alpha_1)(x-\alpha_2)\cdots(x-\alpha_n)$$

展开等式的右端，合并同次项，比较所得出的系数与式(1-3)右端的系数，得到根与系数的关系：

$$
\begin{aligned}
a_1 &= -(\alpha_1+\alpha_2+\cdots+\alpha_n),\\
a_2 &= (\alpha_1\alpha_2+\alpha_1\alpha_3+\cdots+\alpha_{n-1}\alpha_n),\\
a_3 &= -(\alpha_1\alpha_2\alpha_3+\alpha_1\alpha_2\alpha_4+\cdots+\alpha_{n-2}\alpha_{n-1}\alpha_n),\\
&\vdots\\
a_{n-1} &= (-1)^{n-1}(\alpha_1\alpha_2\cdots\alpha_{n-1}+\alpha_1\alpha_3\cdots\alpha_n+\cdots+\alpha_2\alpha_3\cdots\alpha_n),\\
a_n &= (-1)^n\alpha_1\alpha_2\cdots\alpha_n
\end{aligned}
$$

其中第 $k(k=1, 2, \cdots, n)$个等式的右端是一切可能的 k 个根的乘积之和，乘以$(-1)^k$.

若多项式

$$f(x)=a_0x^n+a_1x^{n-1}+\cdots+a_n$$

的首项系数 $a_0\neq 0$，那么应用根与系数的关系时须先用 a_0 除所有的系数，这样多项式的根并不改变. 这时根与系数的关系有以下形式：

$$
\begin{aligned}
\frac{a_1}{a_0} &= -(\alpha_1+\alpha_2+\cdots+\alpha_n),\\
\frac{a_2}{a_0} &= \alpha_1\alpha_2+\alpha_1\alpha_3+\cdots+\alpha_{n-1}\alpha_n,\\
&\vdots\\
\frac{a_n}{a_0} &= (-1)^n\alpha_1\alpha_2\cdots\alpha_n
\end{aligned}
$$

例 1.33　已知 $1-\mathrm{i}$ 是方程 $x^4-4x^3+5x^2-2x-2=0$ 的一个根，解此方程.

解　下面用两种方法来求解方程.

解法一　设 $f(x)=x^4-4x^3+5x^2-2x-2$，因为 $1-\mathrm{i}$ 是方程 $f(x)=0$ 的一个根，所以 $1+\mathrm{i}$ 也是方程 $f(x)=0$ 的一个根. 由于$(x-1+\mathrm{i})(x-1-\mathrm{i})=x^2-2x+2$，记为 $g(x)$，用 $f(x)$除 $g(x)$得 x^2-2x-1，因此得 $f(x)$的另外两根为 $1\pm\sqrt{2}$.

解法二　设 $f(x)=x^4-4x^3+5x^2-2x-2$，因为 $1-\mathrm{i}$ 是方程 $f(x)=0$ 的一个根，所以 $1+\mathrm{i}$ 也是 $f(x)=0$ 的一个根. 设 α，β 为 $f(x)=0$ 其余的两个根，则

$$\alpha+\beta+1-\mathrm{i}+1+\mathrm{i}=4,\ \alpha\beta(1-\mathrm{i})(1+\mathrm{i})=-2$$

解此得另外两根为 $1\pm\sqrt{2}$.

例 1.34　k 为何值时，方程 $x^3-13x^2-65x+k=0$ 有一个根是另一个根的 3 倍，并解此方程.

解　设方程的三个根分别为 α_1，α_2，α_3，且 $\alpha_2=3\alpha_1$，则由根与系数关系得

$$
\begin{aligned}
\alpha_1+\alpha_2+\alpha_3 &= 4\alpha_1+\alpha_3=13\\
\alpha_1\alpha_2+\alpha_2\alpha_3+\alpha_1\alpha_3 &= 3\alpha_1^2+4\alpha_1\alpha_3=-65\\
\alpha_1\alpha_2\alpha_3 &= 3\alpha_1^2\alpha_3=-k
\end{aligned}
$$

由前两个式子解得$(\alpha_1-5)(\alpha_1+1)=0$，即 $\alpha_1=5$ 或 $\alpha_1=-1$.

当 $\alpha_1=5$ 时，代入可得 $\alpha_2=15$，$\alpha_3=-7$，$k=525$；

当 $\alpha_1=-1$ 时，代入可得 $\alpha_2=-3$，$\alpha_3=17$，$k=-51$.

例 1.35　设 α_1，α_2，α_3 为方程 $x^3+px^2+qx+r=0$ 的根，其中 $r\neq 0$. 求下列各式的值.

(1) $\dfrac{1}{\alpha_1}+\dfrac{1}{\alpha_2}+\dfrac{1}{\alpha_3}$；

(2) $\alpha_1^2+\alpha_2^2+\alpha_3^2$；

(3) $\frac{1}{\alpha_1\alpha_2}+\frac{1}{\alpha_1\alpha_3}+\frac{1}{\alpha_2\alpha_3}$.

解 由已知得 $\alpha_1+\alpha_2+\alpha_3=-p$，$\alpha_1\alpha_2+\alpha_2\alpha_3+\alpha_1\alpha_3=q$，$\alpha_1\alpha_2\alpha_3=-r$，于是

$$\frac{1}{\alpha_1}+\frac{1}{\alpha_2}+\frac{1}{\alpha_3}=\frac{\alpha_1\alpha_2+\alpha_2\alpha_3+\alpha_1\alpha_3}{\alpha_1\alpha_2\alpha_3}=-\frac{q}{r}$$

$$\begin{aligned}\alpha_1^2+\alpha_2^2+\alpha_3^2&=(\alpha_1+\alpha_2+\alpha_3)^2-2(\alpha_1\alpha_2+\alpha_2\alpha_3+\alpha_1\alpha_3)\\&=(-p)^2-2q=p^2-2q\end{aligned}$$

$$\frac{1}{\alpha_1\alpha_2}+\frac{1}{\alpha_1\alpha_3}+\frac{1}{\alpha_2\alpha_3}=\frac{\alpha_1+\alpha_2+\alpha_3}{\alpha_1\alpha_2\alpha_3}=\frac{p}{r}$$

1.9 有理系数多项式

以 $\mathbb{Z}[x]$，$\mathbb{Q}[x]$分别表示所有整系数多项式和有理系数多项式. 类似地，也有多项式的可分解的和不可分解的(可约与不可约).

定义 1.18 如果一个非零的整系数多项式 $g(x)=b_nx^n+b_{n-1}x^{n-1}+\cdots+b_0$ 的系数 b_n，b_{n-1}，…，b_0 没有异于 ±1 的公因子，也就是说它们是互素的，则 $g(x)$ 称为一个本原多项式.

定理 1.22 任何一个非零的有理系数多项式 $f(x)$都可以表示成一个有理数 r 与一个本原多项式 $g(x)$的乘积，即 $f(x)=rg(x)$. 可以证明，这种表示法除了差一个正负号之外是唯一的. 亦即，如果 $f(x)=rg(x)=r_1g_1(x)$，其中 $g(x)$，$g_1(x)$都是本原多项式，那么必有

$$r=\pm r_1,\ g(x)=\pm g_1(x)$$

证明 设

$$f(x)=a_nx^n+a_{n-1}x^{n-1}+\cdots+a_0$$

是一个有理系数多项式. 选取适当的整数 c 乘以 $f(x)$，总可以使 $cf(x)$是一个整系数多项式. 如果 $cf(x)$的各项系数有公因子，就可以提出来，得到 $cf(x)=dg(x)$，也就是

$$f(x)=\frac{d}{c}g(x)$$

其中 $g(x)$是整系数多项式，且各项系数没有异于±1 的公因子.

可以证明，若 $g(x)\neq\pm g_1(x)$，即 $rg(x)=g_1(x)$，这与 $g_1(x)$是本原多项式产生矛盾，进而有 $r=\pm r_1$.

例 1.36 举例说明有理系数多项式可以化为数与本原多项式的乘积.

因为 $f(x)$与 $g(x)$只差一个常数倍，所以 $f(x)$的因式分解问题，可以归结为本原多项式 $g(x)$的因式分解问题. 进一步，一个本原多项式能否分解成两个次数较低的有理系数多项式的乘积与它能否分解成两个次数较低的整系数多项式的乘积的问题是一致的.

定理 1.23 (Gauss 引理) 两个本原多项式的乘积还是本原多项式.

证明 设

$$f(x)=a_nx^n+a_{n-1}x^{n-1}+\cdots+a_0,\ g(x)=b_mx^m+b_{m-1}x^{m-1}+\cdots+b_0$$

是两个本原多项式，而

$$h(x) = f(x)g(x) = d_{n+m}x^{n+m} + \cdots + d_0$$

是它们的乘积.

可以用反证法来证. 假设 $h(x)$不是本原的. 也就是说, $h(x)$的系数有一异于± 1的公因子, 那么就有一个素数 p 能整除$h(x)$的每一个系数. 因为 $f(x)$是本原的, 所以 p 不能整除 $f(x)$的每一个系数. 令 a_i 是第一个不能被 p 整除的素数, 即

$$p \mid a_0, \cdots, p \mid a_{i-1}, p \nmid a_i$$

同样的, $g(x)$也是本原的, 令 b_j 是第一个不能被 p 整除的系数, 即

$$p \mid b_0, \cdots, p \mid b_{j-1}, p \nmid b_j$$

下面来看 $h(x)$的系数 d_{i+j}, 由多项式乘积的定义可得

$$d_{i+j} = a_i b_j + a_{i+1} b_{j-1} + \cdots + a_{i-1} b_{j+1} + a_{i-2} b_{j+2} + \cdots$$

由上面的假设, p 整除等式左端的 d_{i+j}, p 整除 $a_i b_j$ 以外的每一项, 但是 p 不能整除 $a_i b_j$, 这是不可能的. 这就证明了 $h(x)$一定是本原多项式.

定理 1.24　如果一非零的整系数多项式能够分解成两个次数较低的有理系数多项式的乘积, 那么它一定可以分解成两个次数较低的整系数多项式的乘积.

证明　设整系数多项式 $f(x)$有分解式 $f(x)=g(x)h(x)$, 其中 $g(x)$, $h(x)$是有理系数多项式, 且 $\deg(g(x))<\deg(f(x))$, $\deg(h(x))<\deg(f(x))$.

令 $f(x)=af_1(x)$, $g(x)=rg_1(x)$, $h(x)=sh_1(x)$, 这里 $f_1(x)$, $g_1(x)$, $h_1(x)$都是本原多项式, a 是整数, r, s 是有理数, 于是 $af_1(x)=rsg_1(x)h_1(x)$. 由于 $g_1(x)h_1(x)$是本原多项式, 从而 $rs=\pm a$, 这就是说, rs 是一整数. 因此, $f(x)=(rsg_1(x))h_1(x)$, 这里 $rsg_1(x)$与 $h_1(x)$都是整系数多项式, 且次数都低于 $f(x)$的次数.

以上定理把有理系数多项式在有理数域上是否可约的问题归结到整系数多项式能否分解成次数较低的整系数多项式的乘积的问题.

推论 1.7　设 $f(x)$, $g(x)$是整系数多项式, 且 $g(x)$是本原多项式, 如果 $f(x)=g(x)h(x)$, 其中 $h(x)$是有理系数多项式, 那么 $h(x)$一定是整系数多项式.

证明　设 $h(x)=rh_1(x)$, $r\in\mathbb{Q}$, $h_1(x)$是本原多项式. 同理 $f(x)=cf_1(x)$, $f_1(x)$ 是本原多项式. 于是, $f(x)=cf_1(x)=rg(x)h_1(x)$, 由于 $g(x)h_1(x)$也是本原多项式, 由本原多项式的唯一性可知 $r=\pm c$, 从而 $h(x)$一定是整系数多项式.

推论 1.7 提供了一个求整系数多项式的全部有理根的方法.

定理 1.25　设

$$f(x) = a_n x^n + a_{n-1}x^{n-1} + \cdots + a_0$$

是一个整系数多项式. 如果$\frac{r}{s}$是它的一个有理根, 其中 r, s 互素, 那么

(1) $s|a_n$, $r|a_0$. 如果 $f(x)$的首项系数 $a_n=1$, 那么 $f(x)$的有理根都是整根, 而且是 a_0 的因子;

(2) $f(x)=\left(x-\frac{r}{s}\right)q(x)$, 其中 $q(x)$是一个整系数多项式.

证明　因为$\frac{r}{s}$是 $f(x)$的一个有理根, 所以在有理数域上有$\left(x-\frac{r}{s}\right)\Big| f(x)$, 从而 $(sx-r)|f(x)$. 又因为 r, s 互素, 所以 $sx-r$ 是一个本原多项式. 根据推论 1.7 $f(x)=(sx-r)(b_{n-1}x^{n-1}+\cdots+b_0)$, 式中系数都为整数. 比较等式两端的系数可得 $a_n=sb_{n-1}$, $a_0=$

$-rb_0$，因此 $s|a_n$，$r|a_0$.

给定一个整系数多项式 $f(x)$，设它的最高次项系数的因数是 v_1，v_2，…，v_k，常数项的因数是 u_1，u_2，…，u_l. 那么根据定理 1.25，欲求 $f(x)$的有理根，只需对有限个有理数 $\frac{u_i}{v_j}$应用综合除法来进行验算.

例 1.37　求方程 $2x^4-x^3+2x-3=0$ 的有理根.

解　这个方程的有理根只可能是±1，±3，$\pm\frac{1}{2}$，$\pm\frac{3}{2}$. 利用综合除法可以得到，除去 1 以外全不是它的根，因而这个方程的有理根只有 $x=1$.

例 1.38　证明：$f(x)=x^3-3x+1$ 在有理数域上不可约.

证明　如果 $f(x)$在有理数域上可约，那么它至少有一个一次因式，也就是至少有一个有理根. 但是 $f(x)$的有理根只可能是±1，经验算可知±1 都不是 $f(x)$的有理根，从而 $f(x)$在有理数域上不可约.

定理 1.26　（艾森斯坦(Eisenstein)判别法）设 $f(x)=a_nx^n+a_{n-1}x^{n-1}+\cdots+a_0$ 是一个整系数多项式，若有一个素数 p，满足以下条件：

(1) $p\nmid a_n$；

(2) $p|a_{n-1}$，a_{n-2}，…，a_0；

(3) $p^2\nmid a_0$，

则多项式 $f(x)$在有理数域上不可约.

证明　假设 $f(x)$在有理数域上可约，那么 $f(x)$可以分解成两个次数较低的整系数多项式的乘积

$$f(x)=(b_lx^l+\cdots+b_0)(c_mx^m+\cdots+c_0)$$

其中 l，$m<n$，$l+m=n$，因此 $a_n=b_lc_m$，$a_0=b_0c_0$. 因为 $p|a_0$，所以 p 能整除 b_0 或 c_0，但是 $p^2\nmid a_0$，因此 p 不能同时整除 b_0 及 c_0，不妨假定 $p|b_0$，$p\nmid c_0$.

另一方面，因为 $p\nmid a_n$，所以 $p\nmid b_l$，假设 b_0，b_1，…，b_l中第一个不能被 p 整除的是 b_k，比较 $f(x)$中 x^k 的系数，得等式

$$a_k=b_kc_0+b_{k-1}c_1+\cdots+b_0c_k$$

上式中 a_k，b_{k-1}，…，b_0 都能被 p 整除，因此 b_kc_0 也能被 p 整除. 但是 p 是一个素数，因此 b_k 与 c_0 中至少有一个能被 p 整除，产生矛盾，故多项式 $f(x)$在有理数域上不可约.

由艾森斯坦判断法得到：有理数域上存在任意次数的不可约多项式. 例如 $f(x)=x^n+2$，其中 n 是任意正整数.

艾森斯坦判别法的条件只是一个充分条件. 当 $n\geqslant2$ 时，p 为素数，但是$\sqrt[n]{p}$是无理数. 事实上，x^n-p 为$\mathbb{Q}[x]$中的不可约多项式，故当 $n\geqslant2$ 时无有理根，则$\sqrt[n]{p}$是无理数.

例 1.39　证明 $x^4-8x^3+12x^2+2$ 在$\mathbb{Q}$上不可约.

证明　令 $f(x)=x^4-8x^3+12x^2+2$，其中 $a_4=1$，$a_3=-8$，$a_2=12$，$a_1=0$，$a_0=2$，则取 $p=2$，则 $p\nmid a_4$，$p|a_0$，$p|a_1$，$p|a_2$，$p^2\nmid a_0$，由艾森斯坦判别法知，$f(x)$在有理数域上不可约.

例 1.40　设 $f(x)$为有理系数多项式，证明：$f(x)$在有理系数上不可约当且仅当多项式 $g(x)=f(ax+b)$ $(\forall a\neq0, b\in\mathbb{Q})$在有理数域上不可约.

证明　（必要性）已知 $f(x)$不可约，假设 $g(x)=f(ax+b)=g_1(x)g_2(x)$，取 x 为 $\frac{1}{a}x-\frac{b}{a}$，则 $f(x)=g_1\left(\frac{1}{a}x-\frac{b}{a}\right)g_2\left(\frac{1}{a}x-\frac{b}{a}\right)$，与 $f(x)$不可约产生矛盾，故假设错误，于是 $g(x)$在有理数域上不可约.

（充分性）已知 $g(x)$不可约，假设 $f(x)$可约，即 $f(x)=f_1(x)f_2(x)$，取 x 为 $ax+b$，则 $f(ax+b)=f_1(ax+b)f_2(ax+b)$，与 $g(x)$不可约产生矛盾，故假设错误，于是 $f(x)$在有理数域上不可约.

例 1.41　证明：x^6+x^3+1 在$\mathbb{Q}$上不可约.

证明　令 $x=y+1$，则

$$x^6+x^3+1=y^6+6y^5+15y^4+21y^3+18y^2+9y+3$$

取 $p=3$，由艾森斯坦判别法可知，$g(y)=y^6+6y^5+15y^4+21y^3+18y^2+9y+3$ 在$\mathbb{Q}$ 上不可约，从而 x^6+x^3+1 在$\mathbb{Q}$上不可约.

习　题

1. 证明：$\mathbb{Q}(\sqrt{p})=\{a+b\sqrt{p}\mid a,\ b\in\mathbb{Q}\}$是一个数域，其中 p 为任意素数.

2. 当 a，b，c 为何值时，多项式 $f(x)=a(x-2)^2+b(x+1)+c(x^2-x+2)$与 $g(x)=x-5$ 相等.

3. 用 $g(x)$除 $f(x)$，求商 $q(x)$与余式 $r(x)$，其中

(1) $f(x)=x^3-3x^2-x-1$，$g(x)=3x^2-2x+1$；

(2) $f(x)=x^4-2x+5$，$g(x)=x^2-x+2$.

4. m，p，q 满足什么条件时，有

(1) $x^2+mx-1\mid x^3+px+q$；

(2) $x^2+mx+1\mid x^4+px^2+q$.

5. 设 $f(x)=2x^5-5x^3-8x$，$g(x)=x+3$，用综合除法求 $g(x)$除 $f(x)$的商 $q(x)$与余式 $r(x)$.

6. 设 $f(x)=x^4-2x^2+3$，$x_0=-2$，将 $f(x)$表示为 $x-x_0$ 的方幂和.

7. 求 $f(x)=x^4+x^3-3x^2-4x-1$，$g(x)=x^3+x^2-x-1$ 的最大公因式.

8. 已知 $f(x)=x^4-4x^3+x+2$，$g(x)=x^3-2x+1$，求$(f(x),\ g(x))$.

9. 设 $f(x)=x^4+2x^3-x^2-4x-2$，$g(x)=x^4+x^3-x^2-2x-2$. 求 $u(x)$、$v(x)$使得

$$u(x)f(x)+v(x)g(x)=(f(x),\ g(x))$$

10. 证明：

(1) $(f(x)h(x),\ g(x)h(x))=(f(x),\ g(x))h(x)$（$h(x)$的首项系数为 1）；

(2) 如果 $f(x)$，$g(x)$不全为零，且 $u(x)f(x)+v(x)g(x)=(f(x),\ g(x))$，那么$(u(x),\ v(x))=1$；

(3) 如果$(f(x),\ g(x))=1$，$(f(x),\ h(x))=1$，那么$(f(x),\ g(x)h(x))=1$.

11. 求 $g(x)=x^3-x+1$ 除 $f(x)=x^5+3x^4-3x^3+kx^2+5x+l$ 所得的商式及余式，并确定 k、l，使 $g(x)\mid f(x)$.

12. 求多项式 x^3+px+q 有重因式的条件.

13. 判别下列多项式有无重因式：

(1) $f(x)=x^5-5x^4+7x^3-2x^2+4x-8$；

(2) $f(x)=x^4+4x^2-4x-3$.

14. 求 t，使得 $f(x)=x^3-3x^2+tx-1$ 有重因式.

15. 证明：$1+x+\frac{x^2}{2!}+\cdots+\frac{x^{n-1}}{(n-1)!}$不可能有重因式.

16. 设 $p(x)$是 $f'(x)$的 k 重因式，证明：

(1) $p(x)$不一定是 $f(x)$的因式(举例说明)；

(2) 若 $p(x)|f(x)$，则 $p(x)$是 $f(x)$的 $k+1$ 重因式.

17. 求 k，l，m，使得$(2x^2+lx-1)(x^2-kx+1)=2x^4+5x^3+mx^2-x-1$.

18. 已知 x^2+x-2 能整除 x^4+x^3+lx+m，求 l，m.

19. 求多项式 $f(x)=x^3+2x^2+2x+1$ 与 $g(x)=x^4+x^3+2x^2+x+1$ 的公共根.

20. 若$(x-1)^2|ax^4+bx+1$，求 a，b.

21. 如果 a 是 $f'''(x)$的一个 k 重根，证明：a 是

$$g(x)=\frac{x-a}{2}[f'(x)+f'(a)]-f(x)+f(a)$$

的一个 $k+3$ 重根.

22. 证明：如果$(x-1)|f(x^n)$，那么$(x^n-1)|f(x^n)$.

23. 证明：如果$(x^2+x+1)|[f_1(x^3)+xf_2(x^3)]$，那么$(x-1)|f_1(x)$，$(x-1)|f_2(x)$.

24. 设 $f(x)$是一 n 次多项式. 证明：如果 $f'(x)|f(x)$，那么 $f(x)$有 n 重根.

25. 证明：$x^3-3x^2+3x+a^2$ 没有重因式.

26. 求 a，使多项式 $f(x)=x^3-3x+a$ 有重根，并求出重根及其系数.

27. 求多项式 x^3-1 在复数域内和实数域内的因式分解.

28. 求下列多项式的有理根：

(1) $f(x)=x^3-6x^2+15x-14$；

(2) $f(x)=4x^3-7x^2-5x-1$；

(3) $f(x)=6x^4-x^3+5x^2-x-1$.

29. 判别下列多项式在有理数域上是否可约：

(1) x^2+1；

(2) $x^4-8x^3+12x^2+2$.

30. 设 $f(x)$是一个整系数多项式，证明：如果 $f(0)$，$f(1)$都是奇数，则 $f(x)$不能有整数根.

31. 设 $f(x)=a_nx^n+a_{n-1}x^{n-1}+\cdots+a_1x+a_0$ 是整系数多项式，证明：如果 a_n，a_0 都是奇数，而且 $f(1)$与 $f(-1)$中至少有一个是奇数，则 $f(x)$没有有理根.

第 2 章　行　列　式

行列式产生于解线性方程组. 它不仅是解线性方程组的一个基本工具，也是线性代数及其他数学分支和物理学中常用的工具. 本章先从解二元、三元线性方程组引进二阶、三阶行列式，再将它推广到 n 阶行列式，介绍行列式的性质与计算方法，最后给出求解非齐次线性方程组的克拉默(Gramer)法则.

2.1　n 阶行列式的定义

在中学代数中我们已经知道，二元线性方程组的一般形式是

$$\begin{cases} a_{11}x_1 + a_{12}x_2 = b_1 \\ a_{21}x_1 + a_{22}x_2 = b_2 \end{cases} \tag{2-1}$$

用消元法解此方程组，当 $a_{11}a_{22}-a_{12}a_{21}\neq 0$ 时，得方程组的解为

$$x_1 = \frac{b_1a_{22} - a_{12}b_2}{a_{11}a_{22} - a_{12}a_{21}},\ x_2 = \frac{a_{11}b_2 - a_{21}b_1}{a_{11}a_{22} - a_{12}a_{21}} \tag{2-2}$$

式(2 - 2)中的分子、分母都是四个数分两对相乘再相减而得，其中分母 $a_{11}a_{22}-a_{12}a_{21}$ 是由方程组(2 - 1)的四个系数确定的，把这四个数按它们在方程组(2 - 1)中的位置，排成二行二列(横排称行，竖排称列)的数表

$$\begin{matrix} a_{11} & a_{12} \\ a_{21} & a_{22} \end{matrix} \tag{2-3}$$

表达式 $a_{11}a_{22}-a_{12}a_{21}$ 称为数表(2 - 3)所确定的二阶行列式，并记作

$$\begin{vmatrix} a_{11} & a_{12} \\ a_{21} & a_{22} \end{vmatrix} \tag{2-4}$$

即

$$\begin{vmatrix} a_{11} & a_{12} \\ a_{21} & a_{22} \end{vmatrix} = a_{11}a_{22} - a_{12}a_{21} \tag{2-5}$$

a_{ij} $(i,\ j=1,\ 2)$ 称为行列式(2 - 4)的元素，元素 a_{ij} 的第一个下标 i 称为行标，表示该元素位于第 i 行，第二个下标 j 称为列标，表明该元素位于第 j 列. 于是上述方程组的解可以用二阶行列式叙述为：

当二阶行列式 $\begin{vmatrix} a_{11} & a_{12} \\ a_{21} & a_{22} \end{vmatrix} \neq 0$ 时，该方程组有唯一解，即

$$x_1 = \frac{\begin{vmatrix} b_1 & a_{12} \\ b_2 & a_{22} \end{vmatrix}}{\begin{vmatrix} a_{11} & a_{12} \\ a_{21} & a_{22} \end{vmatrix}},\ x_2 = \frac{\begin{vmatrix} a_{11} & b_1 \\ a_{21} & b_2 \end{vmatrix}}{\begin{vmatrix} a_{11} & a_{12} \\ a_{21} & a_{22} \end{vmatrix}}$$

为了类似地求解三元线性方程组，下面首先给出三阶行列式的定义.

定义 2.1 设有 3×3 个数排成 3 行 3 列的数表

$$\begin{matrix} a_{11} & a_{12} & a_{13} \\ a_{21} & a_{22} & a_{23} \\ a_{31} & a_{32} & a_{33} \end{matrix} \tag{2-6}$$

记

$$\begin{vmatrix} a_{11} & a_{12} & a_{13} \\ a_{21} & a_{22} & a_{23} \\ a_{31} & a_{32} & a_{33} \end{vmatrix} = a_{11}a_{22}a_{33} + a_{12}a_{23}a_{31} + a_{13}a_{21}a_{32} - a_{13}a_{22}a_{31} - a_{12}a_{21}a_{33} - a_{11}a_{23}a_{32}$$

上式称为数表(2-6)所确定的三阶行列式.

定义 2.1 表明三阶行列式含有 6 项，每项均为不同行不同列的三个元素的乘积再冠以正负号，三项为正，三项为负，它是六项的代数和，其规律遵循图 2-1 所示的对角线法则：图中有三条实线看作是平行于主对角线的连线，三条虚线看作是平行于副对角线的连线，实线上三元素的乘积冠以正号，虚线上三元素的乘积冠以负号.

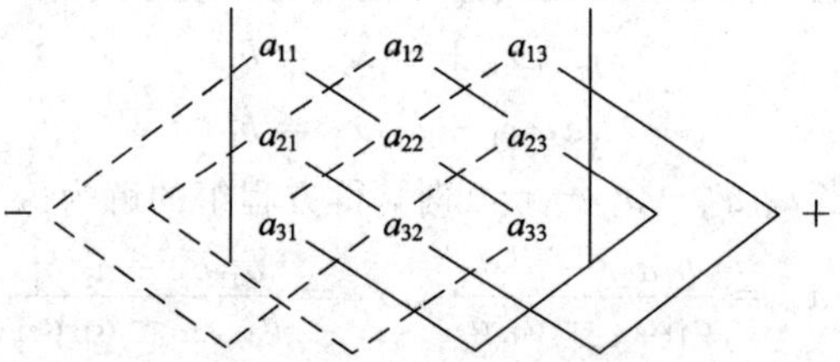

图 2-1

对于三元线性方程组 $\begin{cases} a_{11}x_1 + a_{12}x_2 + a_{13}x_3 = b_1 \\ a_{21}x_1 + a_{22}x_2 + a_{23}x_3 = b_2 \\ a_{31}x_1 + a_{32}x_2 + a_{33}x_3 = b_3 \end{cases}$ 有相似的结论. 当三阶行列式

$$d = \begin{vmatrix} a_{11} & a_{12} & a_{13} \\ a_{21} & a_{22} & a_{23} \\ a_{31} & a_{32} & a_{33} \end{vmatrix} \neq 0$$

时，上述三元线性方程组有唯一解，其解为

$$x_1 = \frac{d_1}{d},\ x_2 = \frac{d_2}{d},\ x_3 = \frac{d_3}{d}$$

其中

$$d_1 = \begin{vmatrix} b_1 & a_{12} & a_{13} \\ b_2 & a_{22} & a_{23} \\ b_3 & a_{32} & a_{33} \end{vmatrix},\ d_2 = \begin{vmatrix} a_{11} & b_1 & a_{13} \\ a_{21} & b_2 & a_{23} \\ a_{31} & b_3 & a_{33} \end{vmatrix},\ d_3 = \begin{vmatrix} a_{11} & a_{12} & b_1 \\ a_{21} & a_{22} & b_2 \\ a_{31} & a_{32} & b_3 \end{vmatrix}$$

下面把这个结果推广到 n 元线性方程组

$$\begin{cases} a_{11}x_1 + a_{12}x_2 + \cdots + a_{1n}x_n = b_1 \\ a_{21}x_1 + a_{22}x_2 + \cdots + a_{2n}x_n = b_2 \\ \qquad\vdots \\ a_{n1}x_1 + a_{n2}x_2 + \cdots + a_{nn}x_n = b_n \end{cases}$$

的情形. 为此, 给出 n 阶行列式的定义. 作为准备, 下面先介绍排列及其逆序数.

定义 2.2　由 1, 2, …, n 组成的一个有序数组称为一个 n 元排列.

所有 n 元排列的种数为 $n!$ 个. 显然 $12\cdots n$ 也是一个 n 元排列, 这个排列具有自然数的顺序, 就是按递增的顺序排起来的. 其他的排列或多或少地破坏了自然顺序.

定义 2.3　在一个排列中, 如果一对数的前后位置与大小顺序相反, 即前面的数大于后面的数, 那么它们就称为一个逆序, 一个排列中逆序的总数称为这个排列的逆序数. 排列 $j_1j_2\cdots j_n$ 的逆序数记为 $\tau(j_1j_2\cdots j_n)$.

例 2.1　求排列 4132 和排列 645312 的逆序数.

解　由于 $\tau(4132)=0+1+1+2=4$, 因此排列 4132 的逆序数是 4.

$\tau(645312)=0+1+1+3+4+4=13$, 因此排列 645312 的逆序数是 13.

例 2.2　设 $i_2i_3\cdots i_n$ 是 1, 2, …, $j-1$, $j+1$, …, n 的一个排列, 则

$$\tau(ji_2i_3\cdots i_n)=j-1+\tau(i_2i_3\cdots i_n)$$

定义 2.4　逆序数为偶数的排列称为偶排列, 逆序数为奇数的排列称为奇排列.

定义 2.5　把一个排列中某两个数的位置互换, 而其余的数不动, 得到另一个排列, 这样一个变换称为一个对换.

定理 2.1　对换改变排列的奇偶性. 这就是说, 经过一次对换, 奇排列变成偶排列, 偶排列变成奇排列.

证明　先证相邻对换的情形.

设排列为 $a_1\cdots a_labb_1\cdots b_m$, 对换 a 与 b, 变为 $a_1\cdots a_lbab_1\cdots b_m$, 显然

$$a_1, \cdots, a_l;\ b_1, \cdots, b_m$$

这些元素的逆序数经过对换并不改变, 仅仅是 a 与 b 的次序改变了. 因此, 当 $a>b$ 时, 经过对换后 a 的逆序数不变, 而 b 的逆序数减少 1; 当 $a<b$ 时, 经过对换后 a 的逆序数增加 1, 而 b 的逆序数不变. 因此排列 $a_1\cdots a_labb_1\cdots b_m$ 与 $a_1\cdots a_lbab_1\cdots b_m$ 的奇偶性不同.

再证一般对换的情形.

设排列为 $a_1\cdots a_lab_1\cdots b_mbc_1\cdots c_s$, 将数 a 与数 b 对换, 得到新排列

$$a_1\cdots a_lbb_1\cdots b_mac_1\cdots c_s$$

此排列可看作是由原排列中的数 a 依次与数 b_1, b_2, …, b_m, b 作 $m+1$ 次相邻对换, 调成 $a_1\cdots a_lb_1\cdots b_mbac_1\cdots c_s$, 再将数 b 依次与数 b_m, b_{m-1}, …, b_1 作 m 次相邻对换得到

$$a_1\cdots a_lbb_1\cdots b_mac_1\cdots c_s$$

由于一次相邻对换改变排列的奇偶性, 因此经过 $2m+1$ 次相邻对换仍改变原排列的奇偶性.

推论 2.1　奇排列调成标准排列的对换次数为奇数, 偶排列调成标准排列的对换次数为偶数.

证明　由定理 2.1 知对换的次数就是排列奇偶性的变化次数, 而标准排列为偶排列(逆序数为 0), 因此推论成立.

推论 2.2　在全部 n 元排列中, 奇、偶排列的个数相等, 各有 $\frac{n!}{2}$ 个.

证明　设在 n 元排列中有 s 个奇排列, t 个偶排列, 下面证明 $s=t$.

将这 s 个奇排列都施行同一个对换 (i, j), 则这 s 个奇排列变成了 s 个偶排列, 于是

$s \leqslant t$. 同理可得 $t \leqslant s$，因此 $s=t$. 而 $s+t=n!$，即 $s=t=\frac{n!}{2}$.

定理 2.2 任意一个 n 元排列与排列 $12\cdots n$ 都可以经过一系列对换互变，并且所作对换的次数与这个排列具有相同的奇偶性.

证明 对 n 用数学归纳法. 下面证明 n 元排列 $j_1 j_2 \cdots j_n$ 可经一系列对换变成 $12\cdots n$.

当 $n=1$，2 时，结论显然成立.

假设结论对 $n-1$ 元排列成立，下面证明结论对 n 元排列也成立.

若 $j_n=n$，则 $j_1 j_2 \cdots j_{n-1}$ 是一个 $n-1$ 元排列，由归纳假设，$j_1 j_2 \cdots j_{n-1}$ 可经过一系列对换变成 $12\cdots(n-1)$，于是 $j_1 j_2 \cdots j_n$ 可经一系列对换变成 $12\cdots n$.

若 $j_n \neq n$，那么对 $j_1 j_2 \cdots j_n$ 施行一次对换(j_n, n)，则排列变为 $j_1' j_2' \cdots j_{n-1}' n$，这就归纳为上面的情形，因此结论成立.

同样，对 $12\cdots n$ 也可经过一系列对换变成 $j_1 j_2 \cdots j_n$. 因为 $12\cdots n$ 是偶排列，所以根据定理 2.1 知，所做的对换个数与排列 $j_1 j_2 \cdots j_n$ 有相同的奇偶性.

在给出 n 阶行列式的定义之前，先来看一下二阶和三阶行列式的定义. 我们有

$$\begin{vmatrix} a_{11} & a_{12} \\ a_{21} & a_{22} \end{vmatrix} = a_{11}a_{22} - a_{12}a_{21}$$

$$\begin{vmatrix} a_{11} & a_{12} & a_{13} \\ a_{21} & a_{22} & a_{23} \\ a_{31} & a_{32} & a_{33} \end{vmatrix} = a_{11}a_{22}a_{33} + a_{12}a_{23}a_{31} + a_{13}a_{21}a_{32} - a_{11}a_{23}a_{32} - a_{12}a_{21}a_{33} - a_{13}a_{22}a_{31}$$

从二阶和三阶行列式的定义中可以看出，它们都是一些乘积的代数和，而每一项乘积都是由行列式中位于不同行和不同列的元素构成的，并且展开式恰恰就是由所有这种可能的乘积组成. 另一方面，每一项乘积都带有符号，这符号是按什么原则决定的呢？在三阶行列式的展开式中，项的一般形式可以写成

$$a_{1j_1} a_{2j_2} a_{3j_3} \tag{2-7}$$

其中 $j_1 j_2 j_3$ 是 1，2，3 的一个排列. 可以看出，当 $j_1 j_2 j_3$ 是偶排列时，对应的项在(2-7)中带有正号，当 $j_1 j_2 j_3$ 是奇排列时，对应的项在(2-7)中带有负号.

综上所述，三阶行列式可以写成

$$\begin{vmatrix} a_{11} & a_{12} & a_{13} \\ a_{21} & a_{22} & a_{23} \\ a_{31} & a_{32} & a_{33} \end{vmatrix} = \sum (-1)^t a_{1p_1} a_{2p_2} a_{3p_3}$$

其中 $\sum$ 表示对 1，2，3 三个数的所有排列 $p_1 p_2 p_3$ 求和，t 为 $p_1 p_2 p_3$ 的逆序数.

仿此，可以给出 n 阶行列式的定义.

定义 2.6 设有 n^2 个数，排成 n 行 n 列的数表，并用两条竖的直线段框起来，即

$$\begin{vmatrix} a_{11} & a_{12} & \cdots & a_{1n} \\ a_{21} & a_{22} & \cdots & a_{2n} \\ \vdots & \vdots & & \vdots \\ a_{n1} & a_{n2} & \cdots & a_{nn} \end{vmatrix} \tag{2-8}$$

称为 n 阶行列式. 这 n^2 个数称为行列式的元素，a_{ij} 称为行列式第 i 行第 j 列的元素，i 称为

a_{ij} 的行标，j 称为 a_{ij} 的列标. n 阶行列式是一个数，这个数等于所有取自不同行不同列的 n 个数的乘积的代数和，这个代数和的一般项为

$$(-1)^t a_{1p_1} a_{2p_2} \cdots a_{np_n}$$

其中 $p_1 p_2 \cdots p_n$ 为自然数 1，2，…，n 的某一个排列，t 为这个排列的逆序数. 此处行标按标准排列进行排列，列标 $p_1 p_2 \cdots p_n$ 取遍所有的 n 元排列时，便得到 n 阶行列式表示的代数和中的所有项，这样的项共有 $n!$ 项，即

$$\begin{vmatrix} a_{11} & a_{12} & \cdots & a_{1n} \\ a_{21} & a_{22} & \cdots & a_{2n} \\ \vdots & \vdots & & \vdots \\ a_{n1} & a_{n2} & \cdots & a_{nn} \end{vmatrix} = \sum (-1)^t a_{1p_1} a_{2p_2} \cdots a_{np_n} \tag{2-9}$$

其中 $\sum$ 表示对所有的 n 元排列 $p_1 p_2 \cdots p_n$ 求和.

行列式(2-8)可简记作 $\det(a_{ij})$ 或 $\Delta(a_{ij})$.

当 $n=2$ 或 3 时，分别得到二阶或三阶行列式，它们与用对角线法则定义的二阶、三阶行列式是一致的.

当 $n=1$ 时，一阶行列式 $|a|=a$，注意不要与绝对值记号相混淆.

在上面 n 阶行列式(2-9)定义中的一般项为

$$(-1)^t a_{1p_1} a_{2p_2} \cdots a_{np_n}$$

这里乘积 $a_{1p_1} a_{2p_2} \cdots a_{np_n}$ 中的 n 个元素的行标是按自然顺序排列的，前面的正负号由列标 n 元排列 $p_1 p_2 \cdots p_n$ 的逆序数的奇偶性确定，但数的乘法运算是可以交换的. 因此，这里 n 个元素相乘的次序是可以任意的. 一般地，可以证明 n 阶行列式(2-9)的一般项可以写成 $(-1)^{t_1+t_2} a_{q_1 p_1} a_{q_2 p_2} \cdots a_{q_n p_n}$，其中 t_1 为 $q_1 \cdots q_n$ 的逆序数，t_2 为 $p_1 \cdots p_n$ 的逆序数.

事实上，对于行列式的一般项

$$(-1)^t a_{1p_1} \cdots a_{ip_i} \cdots a_{jp_j} \cdots a_{np_n}$$

其中 $1 \cdots i \cdots j \cdots n$ 为自然排列，t 为排列 $p_1 \cdots p_i \cdots p_j \cdots p_n$ 的逆序数，对换元素 a_{ip_i} 与 a_{jp_j} 成

$$(-1)^t a_{1p_1} \cdots a_{jp_j} \cdots a_{ip_i} \cdots a_{np_n}$$

这一项的值不变，而行标排列与列标排列同时作了一次相应的对换. 设新的行标排列 $1 \cdots j \cdots i \cdots n$ 的逆序数为 t_1，则 t_1 为奇数，设新的列标排列 $p_1 \cdots p_j \cdots p_i \cdots p_n$ 的逆序数为 t_2，则 $(-1)^{t_2} = -(-1)^t$，故 $(-1)^t = (-1)^{t_1+t_2}$，于是

$$(-1)^t a_{1p_1} \cdots a_{ip_i} \cdots a_{jp_j} \cdots a_{np_n} = (-1)^{t_1+t_2} a_{1p_1} \cdots a_{jp_j} \cdots a_{ip_i} \cdots a_{np_n}$$

上式表明，对换乘积中两元素的次序，从而行标排列与列标排列同时作了相应的对换，则行标排列与列标排列的逆序数之和并不改变奇偶性. 经过一次对换是如此，经过多次对换当然还是如此. 于是，经过若干次对换，使列标排列 $p_1 p_2 \cdots p_n$(逆序数为 t)变为自然排列(逆序数为 0)；行标排列相应地从自然排列变为某个新的排列：$q_1 q_2 \cdots q_n$(逆序数设为 s)，则

$$(-1)^t a_{1p_1} a_{2p_2} \cdots a_{np_n} = (-1)^s a_{q_1 1} a_{q_2 2} \cdots a_{q_n n}$$

由此可得 n 阶行列式的另外一种形式的定义.

定理 2.3　n 阶行列式也可定义为

$$D=\begin{vmatrix} a_{11} & a_{12} & \cdots & a_{1n} \\ a_{21} & a_{22} & \cdots & a_{2n} \\ \vdots & \vdots & & \vdots \\ a_{n1} & a_{n2} & \cdots & a_{nn} \end{vmatrix}=\sum(-1)^t a_{p_1 1}a_{p_2 2}\cdots a_{p_n n} \tag{2-10}$$

式中 t 为行标排列 $p_1p_2\cdots p_n$ 的逆序数.

例 2.3　在函数 $f(x)=\begin{vmatrix} 2x & x & 1 & 2 \\ 1 & x & 1 & -1 \\ 3 & 2 & x & 1 \\ 1 & 1 & 1 & x \end{vmatrix}$ 中，求 x^3 和 x^4 的系数.

解　根据行列式的定义，仅当 $a_{12}a_{21}a_{33}a_{44}$ 四个元素相乘才能出现 x^3 项，这时该项列标排列的逆序数为 $\tau(2134)=1$，故 x^3 的系数为 -1；同理，x^4 的系数为 2.

例 2.4　计算

$$D=\begin{vmatrix} a_{11} & a_{12} & a_{13} & a_{14} & a_{15} \\ a_{21} & a_{22} & a_{23} & a_{24} & a_{25} \\ a_{31} & a_{32} & 0 & 0 & 0 \\ a_{41} & a_{42} & 0 & 0 & 0 \\ a_{51} & a_{52} & 0 & 0 & 0 \end{vmatrix}$$

解　根据行列式的定义，$D=\sum\limits_{p_1p_2\cdots p_5}(-1)^{\tau}a_{1p_1}a_{2p_2}\cdots a_{5p_5}$，而在 $a_{3p_3}a_{4p_4}a_{5p_5}$ 中必有一个元素为零，因此 $D=0$.

例 2.5　主对角线以下(上)元素都为零的行列式叫上(下)三角行列式. 证明：上三角行列式

$$D=\begin{vmatrix} a_{11} & a_{12} & \cdots & a_{1n} \\ 0 & a_{22} & \cdots & a_{2n} \\ \vdots & \vdots & & \vdots \\ 0 & 0 & \cdots & a_{nn} \end{vmatrix}=a_{11}a_{22}\cdots a_{nn}$$

即上三角行列式等于主对角线上各元素的乘积.

证明　行列式 D 中有许多元素为 0，因此它的展开式中有很多项是 0，现把那些不可能是 0 的项找出来.

由定理 2.3 知，$D=\sum(-1)^t a_{p_1 1}a_{p_2 2}\cdots a_{p_n n}$，其任一项 $a_{p_1 1}$ 中取自第 1 列，但第 1 列中只有元素 $a_{11}\neq 0$，故知 $p_1=1$，即 D 中只有含元素 a_{11} 的那些项不是 0，其余的项全是 0. D 中任一项中的 $a_{p_2 2}$ 取自第 2 列，而第 2 列中只有元素 $a_{12}\neq 0$，$a_{22}\neq 0$，但是因为 a_{11} 已取自第 1 行，所以 $a_{p_2 2}$ 不能再取第 1 行的元素 a_{12}，因此应有 $p_2=2$，即 D 中只有含乘积 $a_{11}a_{22}$ 的那些项不是 0，其余的项全是 0.

依次类推下去，可得 $p_3=3$，$p_4=4$，…，$p_n=n$，即 D 的展开式中只有 $a_{11}a_{22}\cdots a_{nn}$ 一项不为 0，其余的项全是 0. 又由于 $p_1p_2\cdots p_n=12\cdots n$，其逆序数为 0，故得证.

同理可证下三角行列式

$$D=\begin{vmatrix} a_{11} & 0 & \cdots & 0 \\ a_{21} & a_{22} & \cdots & 0 \\ \vdots & \vdots & & \vdots \\ a_{n1} & a_{n2} & \cdots & a_{nn} \end{vmatrix}=a_{11}a_{22}\cdots a_{nn}$$

作为特殊情况，对角行列式(其中对角线上的元素是 λ_i，未写出的元素全为 0)，即

$$D=\begin{vmatrix} \lambda_1 & & & \\ & \lambda_2 & & \\ & & \ddots & \\ & & & \lambda_n \end{vmatrix}=\lambda_1\lambda_2\cdots\lambda_n$$

例 2.6 证明

$$D=\begin{vmatrix} a_{11} & a_{12} & \cdots & a_{1n} \\ a_{21} & a_{22} & \cdots & 0 \\ \vdots & \vdots & & \vdots \\ a_{n-1,1} & a_{n-1,2} & \cdots & 0 \\ a_{n1} & 0 & \cdots & 0 \end{vmatrix}=(-1)^{\frac{n(n-1)}{2}}a_{1n}a_{2,n-1}\cdots a_{n-1,2}a_{n1}$$

上面行列式中副对角线以下的元素全是 0.

证明 由 n 阶行列式的定义知，$D=\sum(-1)^t a_{1p_1}a_{2p_2}\cdots a_{n-1,p_{n-1}}a_{np_n}$，其任一项中 a_{np_n} 取自第 n 行，但第 n 行中只有元素 $a_{n1}\neq 0$，故知 $p_n=1$，即 D 中只有含元素 a_{n1} 的那些项不是 0，其余的项全是 0. D 中的任一项中的 $a_{n-1,p_{n-1}}$ 取自第 $n-1$ 行，而第 $n-1$ 行中只有元素 $a_{n-1,1}\neq 0$，$a_{n-1,2}\neq 0$，但是因为 a_{n1} 已取自第 1 列，所以 $a_{n-1,p_{n-1}}$ 不能再取第 1 列元素 $a_{n-1,1}$，因此应有 $p_{n-1}=2$，即 D 中只有含乘积 $a_{n-1,2}a_{n1}$ 的那些项不是 0，其余项全是 0.

依次类推下去，可得 $p_{n-2}=3$，$p_{n-3}=4$，…，$p_2=n-1$，$p_1=n$，即 D 的展开式中只有 $a_{1n}a_{2,n-1}\cdots a_{n-1,2}a_{n1}$ 这一项不为 0，其余的项全是 0. 又由于

$$p_1p_2\cdots p_{n-1}p_n=n(n-1)\cdots 21$$

其逆序数为 $\frac{n(n-1)}{2}$，故 $D=(-1)^{\frac{n(n-1)}{2}}a_{1n}a_{2,n-1}\cdots a_{n-1,2}a_{n1}$.

作为特殊情况，得

$$D=\begin{vmatrix} & & & \lambda_1 \\ & & \lambda_2 & \\ & ⋰ & & \\ \lambda_n & & & \end{vmatrix}=(-1)^{\frac{n(n-1)}{2}}\lambda_1\lambda_2\cdots\lambda_n$$

未写出的元素全为 0.

2.2 行列式的性质

直接用行列式的定义计算行列式，在一般情况下是比较烦琐的. 因此，本节从定义推导出行列式的一些性质，以简化行列式的计算.

设

$$D=\begin{vmatrix} a_{11} & a_{12} & \cdots & a_{1n} \\ a_{21} & a_{22} & \cdots & a_{2n} \\ \vdots & \vdots & & \vdots \\ a_{n1} & a_{n2} & \cdots & a_{nn} \end{vmatrix}$$

记

$$D^{\mathrm{T}}=\begin{vmatrix} a_{11} & a_{21} & \cdots & a_{n1} \\ a_{12} & a_{22} & \cdots & a_{n2} \\ \vdots & \vdots & & \vdots \\ a_{1n} & a_{2n} & \cdots & a_{nn} \end{vmatrix}$$

行列式 D^{T} 称为行列式 D 的转置行列式.

性质 2.1　行列式 D 与它的转置行列式 D^{T} 相等，即 $D=D^{\mathrm{T}}$.

证明　记 $D=\det(a_{ij})$的转置行列式为

$$D^{\mathrm{T}}=\begin{vmatrix} b_{11} & b_{12} & \cdots & b_{1n} \\ b_{21} & b_{22} & \cdots & b_{2n} \\ \vdots & \vdots & & \vdots \\ b_{n1} & b_{n2} & \cdots & b_{nn} \end{vmatrix}$$

即 $b_{ij}=a_{ji}(i,\ j=1,\ 2,\ \cdots,\ n)$.

由 n 阶行列式的定义

$$D^{\mathrm{T}}=\sum(-1)^t b_{1p_1}b_{2p_2}\cdots b_{np_n}=\sum(-1)^t a_{p_1 1}a_{p_2 2}\cdots a_{p_n n}$$

由定理 2.3 知 $D^{\mathrm{T}}=D$.

由性质 2.1 可知，行列式中的行与列具有同等地位，行列式的性质凡是对行成立的对列也同样成立，反之亦然.

性质 2.2　互换行列式的某两行(列)，行列式变号.

证明　设行列式

$$D_1=\begin{vmatrix} b_{11} & b_{12} & \cdots & b_{1n} \\ b_{21} & b_{22} & \cdots & b_{2n} \\ \vdots & \vdots & & \vdots \\ b_{n1} & b_{n2} & \cdots & b_{nn} \end{vmatrix}$$

是由行列式 $D=\det(a_{ij})$交换 i，j 两行得到的，即

当 $k\neq i$、j 时，$b_{kp}=a_{kp}$ ($p=1,\ 2,\ \cdots,\ n$)；当 $k=i$、j 时，$b_{ip}=a_{jp}$，$b_{jp}=a_{ip}$ ($p=1,\ 2,\ \cdots,\ n$)，于是

$$\begin{aligned} D_1&=\sum(-1)^t b_{1p_1}\cdots b_{ip_i}\cdots b_{jp_j}\cdots b_{np_n} \\ &=\sum(-1)^t a_{1p_1}\cdots a_{jp_i}\cdots a_{ip_j}\cdots a_{np_n} \\ &=\sum(-1)^t a_{1p_1}\cdots a_{ip_j}\cdots a_{jp_i}\cdots a_{np_n} \end{aligned}$$

其中 $1\cdots i\cdots j\cdots n$ 为标准排列，t 为排列 $p_1\cdots p_i\cdots p_j\cdots p_n$ 的逆序数.

设排列 $p_1\cdots p_j\cdots p_i\cdots p_n$ 的逆序数为 t_1，则

$$(-1)^t=-(-1)^{t_1}$$

$$D_1=-\sum(-1)^{t_1}a_{1p_1}\cdots a_{ip_j}\cdots a_{jp_i}\cdots a_{np_n}=-D$$

以 r_i 表示行列式的第 i 行，以 c_i 表示行列式的第 i 列，交换 i，j 两行记作 $r_i\leftrightarrow r_j$，交换 i，j 两列记作 $c_i\leftrightarrow c_j$.

性质 2.3 若行列式有两行(列)完全相同，则此行列式等于零.

证明 把相等两行互换，有 $D=-D$，即 $2D=0$，故 $D=0$.

性质 2.4 用数 k 乘行列式某一行(列)中的所有元素等于用数 k 乘行列式，即

$$\begin{vmatrix} a_{11} & a_{12} & \cdots & a_{1n} \\ \vdots & \vdots & & \vdots \\ ka_{i1} & ka_{i2} & \cdots & ka_{in} \\ \vdots & \vdots & & \vdots \\ a_{n1} & a_{n2} & \cdots & a_{nn} \end{vmatrix}=k\begin{vmatrix} a_{11} & a_{12} & \cdots & a_{1n} \\ \vdots & \vdots & & \vdots \\ a_{i1} & a_{i2} & \cdots & a_{in} \\ \vdots & \vdots & & \vdots \\ a_{n1} & a_{n2} & \cdots & a_{nn} \end{vmatrix}$$

证明 设 n 阶行列式 $D=\begin{vmatrix} a_{11} & a_{12} & \cdots & a_{1n} \\ a_{21} & a_{22} & \cdots & a_{2n} \\ \vdots & \vdots & & \vdots \\ a_{n1} & a_{n2} & \cdots & a_{nn} \end{vmatrix}=\sum(-1)^{\tau(j_1j_2\cdots j_n)}a_{1j_1}a_{2j_2}\cdots a_{nj_n}$，则

$$\begin{aligned} D_1&=\begin{vmatrix} a_{11} & a_{12} & \cdots & a_{1n} \\ \vdots & \vdots & & \vdots \\ ka_{i1} & ka_{i2} & \cdots & ka_{in} \\ \vdots & \vdots & & \vdots \\ a_{n1} & a_{n2} & \cdots & a_{nn} \end{vmatrix} \\ &=\sum(-1)^{\tau(j_1j_2\cdots j_n)}a_{1j_1}a_{2j_2}\cdots(ka_{ij_i})\cdots a_{nj_n} \\ &=k\sum(-1)^{\tau(j_1j_2\cdots j_n)}a_{1j_1}a_{2j_2}\cdots a_{ij_i}\cdots a_{nj_n} \\ &=k\begin{vmatrix} a_{11} & a_{12} & \cdots & a_{1n} \\ \vdots & \vdots & & \vdots \\ a_{i1} & a_{i2} & \cdots & a_{in} \\ \vdots & \vdots & & \vdots \\ a_{n1} & a_{n2} & \cdots & a_{nn} \end{vmatrix} \end{aligned}$$

以后第 i 行或第 i 列乘以 k，记作 $r_i\times k$ 或 $c_i\times k$.

推论 2.3 行列式中某一行(列)的所有元素的公因子可以提到行列式符号的外面.

第 i 行(或列)提出公因子 k，记作 $r_i\div k$(或 $c_i\div k$).

推论 2.4 行列式中某一行(列)的所有元素全为零，则行列式为零.

性质 2.5 行列式中若有两行(列)元素成比例，则行列式等于零.

证明 由性质 2.4 和性质 2.3 易得.

性质 2.6 若行列式的某一行(列)的元素都是两数之和，例如第 i 行的元素都是两数

之和

$$D=\begin{vmatrix} a_{11} & a_{12} & \cdots & a_{1n} \\ \vdots & \vdots & & \vdots \\ a_{i1}+a'_{i1} & a_{i2}+a'_{i2} & \cdots & a_{in}+a'_{in} \\ \vdots & \vdots & & \vdots \\ a_{n1} & a_{n2} & \cdots & a_{nn} \end{vmatrix}$$

则

$$D=\begin{vmatrix} a_{11} & a_{12} & \cdots & a_{1n} \\ \vdots & \vdots & & \vdots \\ a_{i1} & a_{i2} & \cdots & a_{in} \\ \vdots & \vdots & & \vdots \\ a_{n1} & a_{n2} & \cdots & a_{nn} \end{vmatrix}+\begin{vmatrix} a_{11} & a_{12} & \cdots & a_{1n} \\ \vdots & \vdots & & \vdots \\ a'_{i1} & a'_{i2} & \cdots & a'_{in} \\ \vdots & \vdots & & \vdots \\ a_{n1} & a_{n2} & \cdots & a_{nn} \end{vmatrix}$$

性质 2.7　行列式的某一列(行)的各元素乘以同一数加到另一列(行)对应的元素上去，行列式不变.

例如：以数 k 乘第 j 列加到第 i 列上(记作 c_i+kc_j)，有

$$D=\begin{vmatrix} a_{11} & \cdots & a_{1i} & \cdots & a_{1j} & \cdots & a_{1n} \\ a_{21} & \cdots & a_{2i} & \cdots & a_{2j} & \cdots & a_{2n} \\ \vdots & & \vdots & & \vdots & & \vdots \\ a_{n1} & \cdots & a_{ni} & \cdots & a_{nj} & \cdots & a_{nn} \end{vmatrix}$$

$$\xlongequal{c_i+kc_j}\begin{vmatrix} a_{11} & \cdots & (a_{1i}+ka_{1j}) & \cdots & a_{1j} & \cdots & a_{1n} \\ a_{21} & \cdots & (a_{2i}+ka_{2j}) & \cdots & a_{2j} & \cdots & a_{2n} \\ \vdots & & \vdots & & \vdots & & \vdots \\ a_{n1} & \cdots & (a_{ni}+ka_{nj}) & \cdots & a_{nj} & \cdots & a_{nn} \end{vmatrix}\quad (i\neq j)$$

(以数 k 乘第 j 行加到第 i 行上，记作 r_i+kr_j).

性质 2.6，2.7 留给读者自行证明.

利用行列式的性质可以较为方便地计算行列式的值.

例 2.7　计算行列式

$$D=\begin{vmatrix} -3 & -1 & 2 \\ 706 & 502 & 399 \\ 7 & 5 & 4 \end{vmatrix}$$

解　$$D=\begin{vmatrix} -3 & -1 & 2 \\ 700+6 & 500+2 & 400-1 \\ 7 & 5 & 4 \end{vmatrix}=\begin{vmatrix} -3 & -1 & 2 \\ 700 & 500 & 400 \\ 7 & 5 & 4 \end{vmatrix}+\begin{vmatrix} -3 & -1 & 2 \\ 6 & 2 & -1 \\ 7 & 5 & 4 \end{vmatrix}$$

$$=0+\begin{vmatrix} -3 & -1 & 2 \\ 6 & 2 & -1 \\ 7 & 5 & 4 \end{vmatrix}=24$$

例 2.8　计算行列式

$$D=\begin{vmatrix}0 & a_1 & a_2 & a_3 & a_4\\ -a_1 & 0 & b_1 & b_2 & b_3\\ -a_2 & -b_1 & 0 & c_1 & c_2\\ -a_3 & -b_2 & -c_1 & 0 & d\\ -a_4 & -b_3 & -c_2 & -d & 0\end{vmatrix}$$

解　$D\xlongequal[i=1,2,\cdots,5]{r_i\div(-1)}(-1)^5\begin{vmatrix}0 & -a_1 & -a_2 & -a_3 & -a_4\\ a_1 & 0 & -b_1 & -b_2 & -b_3\\ a_2 & b_1 & 0 & -c_1 & -c_2\\ a_3 & b_2 & c_1 & 0 & -d\\ a_4 & b_3 & c_2 & d & 0\end{vmatrix}=-D^{\mathrm{T}}=-D$，故 $D=0$.

例 2.9　设

$$D=\begin{vmatrix}a_{11} & \cdots & a_{1k} & 0 & \cdots & 0\\ \vdots & & \vdots & \vdots & & \vdots\\ a_{k1} & \cdots & a_{kk} & 0 & \cdots & 0\\ c_{11} & \cdots & c_{1k} & b_{11} & \cdots & b_{1n}\\ \vdots & & \vdots & \vdots & & \vdots\\ c_{n1} & \cdots & c_{nk} & b_{n1} & \cdots & b_{nn}\end{vmatrix}$$

$$D_1=\det(a_{ij})=\begin{vmatrix}a_{11} & \cdots & a_{1k}\\ \vdots & & \vdots\\ a_{k1} & \cdots & a_{kk}\end{vmatrix},\ D_2=\det(b_{ij})=\begin{vmatrix}b_{11} & \cdots & b_{1n}\\ \vdots & & \vdots\\ b_{n1} & \cdots & b_{nn}\end{vmatrix}$$

证明：$D=D_1D_2$.

证明　对 D_1 作一系列行的性质的运用(如果作行的互换，则将负号乘在行列式某一行上)，总能把 D_1 化为下三角行列式，设为

$$D_1=\begin{vmatrix}p_{11} & & 0\\ \vdots & \ddots & \\ p_{k1} & \cdots & p_{kk}\end{vmatrix}=p_{11}\cdots p_{kk}$$

对 D_2 作一系列列的性质的运用(如果作列的互换，则将负号乘在行列式某一列上)，总能把 D_2 化为下三角行列式，设为

$$D_2=\begin{vmatrix}q_{11} & & 0\\ \vdots & \ddots & \\ q_{n1} & \cdots & q_{nn}\end{vmatrix}=q_{11}\cdots q_{nn}$$

于是，先对 D 的前 k 行作与 D_1 相对应(即相同)的一系列行的性质的运用，再对后 n 列作与 D_2 相对应(即相同)的一系列列的性质的运用，把 D 化为下三角行列式

$$D=\begin{vmatrix}p_{11} & & 0 & 0 & \cdots & 0\\ \vdots & \ddots & \vdots & \vdots & & \vdots\\ p_{k1} & \cdots & p_{kk} & 0 & \cdots & 0\\ c_{11} & \cdots & c_{1k} & q_{11} & \cdots & 0\\ \vdots & & \vdots & \vdots & \ddots & \vdots\\ c_{n1} & \cdots & c_{nk} & q_{n1} & \cdots & q_{nn}\end{vmatrix}$$

故 $D=p_{11}\cdots p_{kk}q_{11}\cdots q_{mm}=D_1D_2$.

2.3 行列式的计算

行列式的性质 2.2，2.4，2.7 介绍了行列式关于行的 3 种运算 $r_i\leftrightarrow r_j$，$r_i\times k$，r_j+kr_i 和列的 3 种运算 $c_i\leftrightarrow c_j$，$c_i\times k$，c_j+kc_i. 如果能利用这些运算将所给行列式化为上(或下)三角行列式，而上(或下)三角行列式的值等于其主对角线上各元素的乘积，于是便可求得行列式的值. 这是计算行列式的基本方法之一.

例 2.10 计算

$$D=\begin{vmatrix} x & 1 & 1 & 1 \\ 1 & x & 1 & 1 \\ 1 & 1 & x & 1 \\ 1 & 1 & 1 & x \end{vmatrix}$$

解 这个行列式的特点是各行(或各列)4 个数之和都是 $3+x$，先把第 2，3，4 行同时加到第 1 行，提出公因子 $3+x$，然后将第 1 行的 -1 倍加到其余各行，则

$$D\xlongequal[i=2,3,4]{r_1+r_i}\begin{vmatrix} 3+x & 3+x & 3+x & 3+x \\ 1 & x & 1 & 1 \\ 1 & 1 & x & 1 \\ 1 & 1 & 1 & x \end{vmatrix}\xlongequal{r_1\div(3+x)}(3+x)\begin{vmatrix} 1 & 1 & 1 & 1 \\ 1 & x & 1 & 1 \\ 1 & 1 & x & 1 \\ 1 & 1 & 1 & x \end{vmatrix}$$

$$\xlongequal[i=2,3,4]{r_i-r_1}(3+x)\begin{vmatrix} 1 & 1 & 1 & 1 \\ 0 & x-1 & 0 & 0 \\ 0 & 0 & x-1 & 0 \\ 0 & 0 & 0 & x-1 \end{vmatrix}=(3+x)(x-1)^3$$

仿照上述方法可得到更一般的结果：

$$\begin{vmatrix} a & b & b & \cdots & b \\ b & a & b & \cdots & b \\ \vdots & \vdots & \vdots & & \vdots \\ b & b & b & \cdots & a \end{vmatrix}=[a+(n-1)b](a-b)^{n-1}$$

一般地，低阶行列式的计算比高阶行列式的计算要简单，于是，我们自然地考虑用低阶行列式来表示高阶行列式. 下面要介绍的行列式按行(列)展开法则就解决了此问题. 首先以三阶行列式为例来说明行列式的这一性质.

三阶行列式可以通过二阶行列式表示：

$$\begin{vmatrix} a_{11} & a_{12} & a_{13} \\ a_{21} & a_{22} & a_{23} \\ a_{31} & a_{32} & a_{33} \end{vmatrix}=a_{11}\begin{vmatrix} a_{22} & a_{23} \\ a_{32} & a_{33} \end{vmatrix}-a_{12}\begin{vmatrix} a_{21} & a_{23} \\ a_{31} & a_{33} \end{vmatrix}+a_{13}\begin{vmatrix} a_{21} & a_{22} \\ a_{31} & a_{33} \end{vmatrix}$$

容易看出上式右端的第一个二阶行列式是左端三阶行列式划去所在的第一行第一列后余下的元素按照原来的相对位置构成的二阶行列式，且右端其余两个二阶行列式也是这样得到的；并且右端出现的三个元素正好是左端三阶行列式的第一行，可以看成三阶行列式按第一行展开. 将这一性质推广，引入下面的概念.

定义 2.7　在 n 阶行列式

$$\begin{vmatrix} a_{11} & \cdots & a_{1j} & \cdots & a_{1n} \\ \vdots & & \vdots & & \vdots \\ a_{i1} & \cdots & a_{ij} & \cdots & a_{in} \\ \vdots & & \vdots & & \vdots \\ a_{n1} & \cdots & a_{nj} & \cdots & a_{nn} \end{vmatrix}$$

中划去元素 a_{ij} 所在的第 i 行与第 j 列，剩下的 $(n-1)^2$ 个元素按原来的排列方法构成一个 $n-1$ 阶行列式

$$\begin{vmatrix} a_{11} & \cdots & a_{1,\,j-1} & a_{1,\,j+1} & \cdots & a_{1n} \\ \vdots & & \vdots & \vdots & & \vdots \\ a_{i-1,\,1} & \cdots & a_{i-1,\,j-1} & a_{i-1,\,j+1} & \cdots & a_{i-1,\,n} \\ a_{i+1,\,1} & \cdots & a_{i+1,\,j-1} & a_{i+1,\,j+1} & \cdots & a_{i+1,\,n} \\ \vdots & & \vdots & \vdots & & \vdots \\ a_{n1} & \cdots & a_{n,\,j-1} & a_{n,\,j+1} & \cdots & a_{nn} \end{vmatrix}$$

称为元素 a_{ij} 的余子式，记作 M_{ij}. 记 $A_{ij}=(-1)^{i+j}M_{ij}$，A_{ij} 称为元素 a_{ij} 的代数余子式.

例如，四阶行列式

$$D=\begin{vmatrix} a_{11} & a_{12} & a_{13} & a_{14} \\ a_{21} & a_{22} & a_{23} & a_{24} \\ a_{31} & a_{32} & a_{33} & a_{34} \\ a_{41} & a_{42} & a_{43} & a_{44} \end{vmatrix}$$

中元素 a_{13} 与 a_{32} 的余子式分别为

$$M_{13}=\begin{vmatrix} a_{21} & a_{22} & a_{24} \\ a_{31} & a_{32} & a_{34} \\ a_{41} & a_{42} & a_{44} \end{vmatrix},\quad M_{32}=\begin{vmatrix} a_{11} & a_{13} & a_{14} \\ a_{21} & a_{23} & a_{24} \\ a_{41} & a_{43} & a_{44} \end{vmatrix}$$

元素 a_{13} 与 a_{32} 的代数余子式分别为

$$A_{13}=(-1)^{1+3}M_{13}=M_{13},\ A_{32}=(-1)^{3+2}M_{32}=-M_{32}$$

引理 2.1　一个 n 阶行列式，如果其中第 i 行所有元素除 a_{ij} 外都为零，那么这个行列式等于 a_{ij} 与它的代数余子式 A_{ij} 的乘积，即 $D=a_{ij}A_{ij}$.

证明　先证 a_{ij} 位于第 1 行第 1 列的情形，此时

$$D=\begin{vmatrix} a_{11} & 0 & \cdots & 0 \\ a_{21} & a_{22} & \cdots & a_{2n} \\ \vdots & \vdots & & \vdots \\ a_{n1} & a_{n2} & \cdots & a_{nn} \end{vmatrix}$$

这是例 2.9 中当 $k=1$ 时的特殊情形，按例 2.9 的结论，即有 $D=a_{11}M_{11}$，又

$$A_{11}=(-1)^{1+1}M_{11}=M_{11}$$

从而 $D=a_{11}A_{11}$.

再证一般情形，此时

$$D=\begin{vmatrix} a_{11} & \cdots & a_{1j} & \cdots & a_{1n} \\ \vdots & & \vdots & & \vdots \\ 0 & \cdots & a_{ij} & \cdots & 0 \\ \vdots & & \vdots & & \vdots \\ a_{n1} & \cdots & a_{nj} & \cdots & a_{nn} \end{vmatrix}$$

为了利用前面的结果，把 D 的行列作如下互换：把 D 的第 i 行依次与第 $i-1$ 行、第 $i-2$ 行、…、第 1 行互换，这样 a_{ij} 就换到$(1, j)$元的位置上，互换的次数为 $i-1$；再把第 j 列依次与第 $j-1$ 列、第 $j-2$ 列、…、第 1 列互换，这样 a_{ij} 就换到$(1, 1)$元的位置上，互换的次数为 $j-1$. 总之，经过 $i+j-2$ 次互换，把 a_{ij} 互换到左上角，所得的行列式为 D_1，$D=(-1)^{i+j-2}D_1=(-1)^{i+j}D_1$，而元素 a_{ij} 在 D_1 中的余子式仍然是 a_{ij} 在 D 中的余子式 M_{ij}.

由于 a_{ij} 位于 D_1 的左上角，因此利用前面的结果，有

$$D=(-1)^{i+j}D_1=(-1)^{i+j}a_{ij}M_{ij}=a_{ij}A_{ij}$$

定理 2.4 （行列式按行(列)展开法则）行列式等于它的任一行(列)的各元素与其对应的代数余子式乘积之和，即

$$D=a_{i1}A_{i1}+a_{i2}A_{i2}+\cdots+a_{in}A_{in}\quad (i=1, 2, \cdots, n)$$

或

$$D=a_{1j}A_{1j}+a_{2j}A_{2j}+\cdots+a_{nj}A_{nj}\quad (j=1, 2, \cdots, n)$$

证明 由行列式的性质 2.6 及引理 2.1 的结果，有

$$D=\begin{vmatrix} a_{11} & a_{12} & \cdots & a_{1n} \\ \vdots & \vdots & & \vdots \\ a_{i1}+0+\cdots+0 & 0+a_{i2}+\cdots+0 & \cdots & 0+0+\cdots+a_{in} \\ \vdots & \vdots & & \vdots \\ a_{n1} & a_{n2} & \cdots & a_{nn} \end{vmatrix}$$

$$=\begin{vmatrix} a_{11} & a_{12} & \cdots & a_{1n} \\ \vdots & \vdots & & \vdots \\ a_{i1} & 0 & \cdots & 0 \\ \vdots & \vdots & & \vdots \\ a_{n1} & a_{n2} & \cdots & a_{nn} \end{vmatrix}+\begin{vmatrix} a_{11} & a_{12} & \cdots & a_{1n} \\ \vdots & \vdots & & \vdots \\ 0 & a_{i2} & \cdots & 0 \\ \vdots & \vdots & & \vdots \\ a_{n1} & a_{n2} & \cdots & a_{nn} \end{vmatrix}+\cdots+\begin{vmatrix} a_{11} & a_{12} & \cdots & a_{1n} \\ \vdots & \vdots & & \vdots \\ 0 & 0 & \cdots & a_{in} \\ \vdots & \vdots & & \vdots \\ a_{n1} & a_{n2} & \cdots & a_{nn} \end{vmatrix}$$

$$=a_{i1}A_{i1}+a_{i2}A_{i2}+\cdots+a_{in}A_{in}\quad (i=1, 2, \cdots, n)$$

类似地，按列证明，可得

$$D=a_{1j}A_{1j}+a_{2j}A_{2j}+\cdots+a_{nj}A_{nj}\quad (j=1, 2, \cdots, n)$$

推论 2.5 行列式某一行(列)的元素与另一行(列)的对应元素的代数余子式乘积之和等于零，即

$$a_{i1}A_{j1}+a_{i2}A_{j2}+\cdots+a_{in}A_{jn}=0\quad (i\neq j)$$

或

$$a_{1i}A_{1j}+a_{2i}A_{2j}+\cdots+a_{ni}A_{nj}=0\quad (i\neq j)$$

证明 把行列式 $D=\det(a_{ij})$ 按第 j 行展开，有

$$a_{j1}A_{j1}+a_{j2}A_{j2}+\cdots+a_{jn}A_{jn}=\begin{vmatrix} a_{11} & \cdots & a_{1n} \\ \vdots & & \vdots \\ a_{i1} & \cdots & a_{in} \\ \vdots & & \vdots \\ a_{j1} & \cdots & a_{jn} \\ \vdots & & \vdots \\ a_{n1} & \cdots & a_{nn} \end{vmatrix}$$

在上式中，把 a_{jk} 换成 $a_{ik}(k=1, 2, \cdots, n)$，可得

$$a_{i1}A_{j1}+a_{i2}A_{j2}+\cdots+a_{in}A_{jn}=\begin{vmatrix} a_{11} & \cdots & a_{1n} \\ \vdots & & \vdots \\ a_{i1} & \cdots & a_{in} \\ \vdots & & \vdots \\ a_{i1} & \cdots & a_{in} \\ \vdots & & \vdots \\ a_{n1} & \cdots & a_{nn} \end{vmatrix}\begin{matrix} \\ \\ \leftarrow 第\ i\ 行 \\ \\ \leftarrow 第\ j\ 行 \\ \\ \\ \end{matrix}$$

当 $i\neq j$ 时，上式右端行列式中有两行对应元素相同，故行列式等于零，即得

$$a_{i1}A_{j1}+a_{i2}A_{j2}+\cdots+a_{in}A_{jn}=0 \quad (i\neq j)$$

按列进行上述证法，即可得

$$a_{1i}A_{1j}+a_{2i}A_{2j}+\cdots+a_{ni}A_{nj}=0 \quad (i\neq j)$$

直接应用按行(列)展开法则计算行列式，运算量较大，尤其是高阶行列式.因此，计算行列式时，一般先用行列式的性质将行列式中某一行(列)化为仅含有一个非零元素，再按此行(列)展开，依次继续下去，直到化为三阶或二阶行列式.

例 2.11 计算

$$D=\begin{vmatrix} 1 & 1 & 2 & 3 & 1 \\ 3 & -1 & -1 & 2 & 2 \\ 2 & 3 & -1 & -1 & 0 \\ 1 & 2 & 3 & 0 & 1 \\ -2 & 2 & 1 & 1 & 0 \end{vmatrix}$$

解

$$D\xlongequal{r_5+r_3}\begin{vmatrix} 1 & 1 & 2 & 3 & 1 \\ 3 & -1 & -1 & 2 & 2 \\ 2 & 3 & -1 & -1 & 0 \\ 1 & 2 & 3 & 0 & 1 \\ 0 & 5 & 0 & 0 & 0 \end{vmatrix}\xlongequal{(r_5)}-5\begin{vmatrix} 1 & 2 & 3 & 1 \\ 3 & -1 & 2 & 2 \\ 2 & -1 & -1 & 0 \\ 1 & 3 & 0 & 1 \end{vmatrix}$$

$$\xlongequal[r_2-2r_4]{r_1-r_4}-5\begin{vmatrix} 0 & -1 & 3 & 0 \\ 1 & -7 & 2 & 0 \\ 2 & -1 & -1 & 0 \\ 1 & 3 & 0 & 1 \end{vmatrix}\xlongequal{(c_4)}-5\begin{vmatrix} 0 & -1 & 3 \\ 1 & -7 & 2 \\ 2 & -1 & -1 \end{vmatrix}=-170$$

用降阶法(行列式按行(列)展开)时，一般应先利用行列式的性质，将某一行或某一列

化为零元素较多后，再按该行或该列展开.

例 2.12 计算行列式

$$D_n = \begin{vmatrix} a_1 & a_2 & a_3 & \cdots & a_{n-2} & a_{n-1} & a_n \\ -1 & x & 0 & \cdots & 0 & 0 & 0 \\ 0 & -1 & x & \cdots & 0 & 0 & 0 \\ \vdots & \vdots & \vdots & & \vdots & \vdots & \vdots \\ 0 & 0 & 0 & \cdots & -1 & x & 0 \\ 0 & 0 & 0 & \cdots & 0 & -1 & x \end{vmatrix}$$

解 从 D_n 的第一列开始，每列都乘 x 加到下一列，然后再按照最后一列展开，可得

$$D_n = \sum_{i=1}^{n} a_i x^{n-i} (-1)^{1+n} \begin{vmatrix} -1 & 0 & \cdots & 0 \\ 0 & -1 & \cdots & 0 \\ \vdots & \vdots & & \vdots \\ 0 & 0 & \cdots & -1 \end{vmatrix}_{n-1}$$

$$= \sum_{i=1}^{n} a_i x^{n-i} (-1)^{1+n} \cdot (-1)^{n-1} = \sum_{i=1}^{n} a_i x^{n-i}$$

例 2.13 证明：范德蒙德(Vandermonde)行列式

$$D_n = \begin{vmatrix} 1 & 1 & \cdots & 1 \\ x_1 & x_2 & \cdots & x_n \\ x_1^2 & x_2^2 & \cdots & x_n^2 \\ \vdots & \vdots & & \vdots \\ x_1^{n-1} & x_2^{n-1} & \cdots & x_n^{n-1} \end{vmatrix} = \prod_{n\geqslant i>j\geqslant 1} (x_i - x_j)$$

其中记号“Π”表示全体同类因子的乘积，即

$$\prod_{n\geqslant i>j\geqslant 1} (x_i - x_j) = (x_2 - x_1)(x_3 - x_1)\cdots(x_n - x_1)(x_3 - x_2)\cdots(x_n - x_2)\cdots \times$$
$$(x_{n-1} - x_{n-2})(x_n - x_{n-2})(x_n - x_{n-1})$$

是满足条件 $1\leqslant j<i\leqslant n$ 的所有因子 $(x_i - x_j)$ 的乘积.

证明 （用数学归纳法）当 $n=2$ 时

$$D_2 = \begin{vmatrix} 1 & 1 \\ x_1 & x_2 \end{vmatrix} = x_2 - x_1 = \prod_{2\geqslant i>j\geqslant 1} (x_i - x_j)$$

结论成立.

现在假设对于 $n-1$ 阶范德蒙德行列式结论成立，要证对 n 阶范德蒙德行列式结论也成立. 为此，设法将 D_n 降阶：从第 n 行开始，后一行减去前一行的 x_1 倍，得

$$D_n = \begin{vmatrix} 1 & 1 & 1 & \cdots & 1 \\ 0 & x_2 - x_1 & x_3 - x_1 & \cdots & x_n - x_1 \\ 0 & x_2(x_2 - x_1) & x_3(x_3 - x_1) & \cdots & x_n(x_n - x_1) \\ \vdots & \vdots & \vdots & & \vdots \\ 0 & x_2^{n-2}(x_2 - x_1) & x_3^{n-2}(x_3 - x_1) & \cdots & x_n^{n-2}(x_n - x_1) \end{vmatrix}$$

按第一列展开，并把每列的公因子$(x_i-x_1)(i=2, 3, \cdots, n)$提出，则

$$D_n=(x_2-x_1)(x_3-x_1)\cdots(x_n-x_1)\begin{vmatrix}1 & 1 & \cdots & 1\\ x_2 & x_3 & \cdots & x_n\\ \vdots & \vdots & & \vdots\\ x_2^{n-2} & x_3^{n-2} & \cdots & x_n^{n-2}\end{vmatrix}$$

上式右端的行列式是 $n-1$ 阶范德蒙德行列式. 利用归纳假设，它等于所有(x_i-x_j)因子的乘积，其中 $n\geqslant i>j\geqslant 2$，故

$$\begin{aligned}D_n&=(x_2-x_1)(x_3-x_1)\cdots(x_n-x_1)\prod_{n\geqslant i>j\geqslant 2}(x_i-x_j)\\&=\prod_{n\geqslant i>j\geqslant 1}(x_i-x_j)\end{aligned}$$

例 2.14　设 4 阶行列式

$$D=\begin{vmatrix}1 & 0 & 2 & -1\\ 2 & -1 & 0 & 0\\ 3 & 2 & -1 & 2\\ 0 & 1 & 2 & 1\end{vmatrix}$$

求：(1) $A_{31}+A_{32}+A_{33}+A_{34}$；

(2) $M_{12}-M_{22}+2M_{42}$，其中 A_{ij}，$M_{ij}(i, j=1, 2, 3, 4)$分别是行列式 D 中(i, j)元的代数余子式和余子式.

解　(1) 利用行列式按行展开法则，$A_{31}+A_{32}+A_{33}+A_{34}$等于将 D 中的第 3 行元素用 1，1，1，1 代替后所得的 4 阶行列式，即

$$A_{31}+A_{32}+A_{33}+A_{34}=\begin{vmatrix}1 & 0 & 2 & -1\\ 2 & -1 & 0 & 0\\ 1 & 1 & 1 & 1\\ 0 & 1 & 2 & 1\end{vmatrix}=7$$

(2) 由余子式和代数余子式的关系可得，$M_{12}-M_{22}+2M_{42}=-A_{12}-A_{22}+2A_{42}$. 利用行列式按列展开法则，$-A_{12}-A_{22}+2A_{42}$等于将 D 中的第 2 列元素用-1，-1，0，2 代替后所得的 4 阶行列式，即

$$M_{12}-M_{22}+2M_{42}=-A_{12}-A_{22}+2A_{42}=\begin{vmatrix}1 & -1 & 2 & -1\\ 2 & -1 & 0 & 0\\ 3 & 0 & -1 & 2\\ 0 & 2 & 2 & 1\end{vmatrix}=-5$$

例 2.15　计算 n 阶行列式

$$D=\begin{vmatrix}1+a_1 & 1 & \cdots & 1 & 1\\ 1 & 1+a_2 & \cdots & 1 & 1\\ \vdots & \vdots & & \vdots & \vdots\\ 1 & 1 & \cdots & 1+a_{n-1} & 1\\ 1 & 1 & \cdots & 1 & 1+a_n\end{vmatrix}\quad(a_1a_2\cdots a_n\neq 0)$$

解　$$D \xlongequal[i=2,3,\cdots,n]{r_i-r_1} \begin{vmatrix} 1+a_1 & 1 & \cdots & 1 & 1 \\ -a_1 & a_2 & \cdots & 0 & 0 \\ \vdots & \vdots & & \vdots & \vdots \\ -a_1 & 0 & \cdots & a_{n-1} & 0 \\ -a_1 & 0 & \cdots & 0 & a_n \end{vmatrix}$$

$$\xlongequal[i=1,2,\cdots,n]{c_i \div a_i} a_1a_2\cdots a_n \begin{vmatrix} 1+\frac{1}{a_1} & \frac{1}{a_2} & \cdots & \frac{1}{a_{n-1}} & \frac{1}{a_n} \\ -1 & 1 & \cdots & 0 & 0 \\ \vdots & \vdots & & \vdots & \vdots \\ -1 & 0 & \cdots & 1 & 0 \\ -1 & 0 & \cdots & 0 & 1 \end{vmatrix}$$

$$\xlongequal[k=2,3,\cdots,n]{c_1+c_k} a_1a_2\cdots a_n \begin{vmatrix} 1+\sum\limits_{k=1}^{n}\frac{1}{a_k} & \frac{1}{a_2} & \cdots & \frac{1}{a_{n-1}} & \frac{1}{a_n} \\ 0 & 1 & \cdots & 0 & 0 \\ \vdots & \vdots & & \vdots & \vdots \\ 0 & 0 & \cdots & 1 & 0 \\ 0 & 0 & \cdots & 0 & 1 \end{vmatrix}$$

$$= a_1a_2\cdots a_n\left(1+\sum_{k=1}^{n}\frac{1}{a_k}\right)$$

例 2.16　计算 n 阶行列式

$$D_n = \begin{vmatrix} \lambda & b & b & \cdots & b \\ c & x & a & \cdots & a \\ c & a & x & \cdots & a \\ \vdots & \vdots & \vdots & & \vdots \\ c & a & a & \cdots & x \end{vmatrix}$$

解　利用行列式的性质 5，将 D_n 按第一列拆成两个行列式的和，即 $\lambda=c+(\lambda-c)$，则

$$D_n = c\begin{vmatrix} 1 & b & b & \cdots & b \\ 1 & x & a & \cdots & a \\ 1 & a & x & \cdots & a \\ \vdots & \vdots & \vdots & & \vdots \\ 1 & a & a & \cdots & x \end{vmatrix} + \begin{vmatrix} \lambda-c & b & b & \cdots & b \\ 0 & x & a & \cdots & a \\ 0 & a & x & \cdots & a \\ \vdots & \vdots & \vdots & & \vdots \\ 0 & a & a & \cdots & x \end{vmatrix}$$

$$= c\begin{vmatrix} 1 & b & b & \cdots & b \\ 0 & x-b & a-b & \cdots & a-b \\ 0 & a-b & x-b & \cdots & a-b \\ \vdots & \vdots & \vdots & & \vdots \\ 0 & a-b & a-b & \cdots & x-b \end{vmatrix} + (\lambda-c)\begin{vmatrix} x & a & \cdots & a \\ a & x & \cdots & a \\ \vdots & \vdots & & \vdots \\ a & a & \cdots & x \end{vmatrix}_{n-1}$$

$$= (x-a)^{n-2}[\lambda x+\lambda(n-2)a-(n-1)bc]$$

注：此题所用的方法是拆边法.

例 2.17　求 n 阶行列式

$$F_n=\begin{vmatrix}\lambda & 0 & 0 & \cdots & 0 & a_n\\ -1 & \lambda & 0 & \cdots & 0 & a_{n-1}\\ 0 & -1 & \lambda & \cdots & 0 & a_{n-2}\\ \vdots & \vdots & \vdots & & \vdots & \vdots\\ 0 & 0 & 0 & \cdots & \lambda & a_2\\ 0 & 0 & 0 & \cdots & -1 & \lambda+a_1\end{vmatrix}$$

解 下面用三种方法求解.

方法一 （利用行列式按行展开法则）将 F_n 按第1行展开，得

$$F_n=\lambda F_{n-1}+(-1)^{1+n}(-1)^{n-1}a_n=\lambda F_{n-1}+a_n$$

反复利用此关系式，可得

$$F_n=\lambda^n+a_1\lambda^{n-1}+\cdots+a_n$$

方法二 （利用行列式按列展开法则）将 F_n 按第 n 列展开，得

$$F_n=(-1)^{1+n}a_n\begin{vmatrix}-1 & \lambda & 0 & \cdots & 0\\ 0 & -1 & \lambda & \cdots & 0\\ \vdots & \vdots & \vdots & & \vdots\\ 0 & 0 & 0 & \cdots & \lambda\\ 0 & 0 & 0 & \cdots & -1\end{vmatrix}+(-1)^{2+n}a_{n-1}\begin{vmatrix}\lambda & 0 & 0 & \cdots & 0\\ 0 & -1 & \lambda & \cdots & 0\\ \vdots & \vdots & \vdots & & \vdots\\ 0 & 0 & 0 & \cdots & \lambda\\ 0 & 0 & 0 & \cdots & -1\end{vmatrix}$$

$$+\cdots+(\lambda+a_1)\begin{vmatrix}\lambda & 0 & \cdots & 0\\ -1 & \lambda & \cdots & 0\\ \vdots & \vdots & & \vdots\\ 0 & 0 & \cdots & 0\\ 0 & 0 & \cdots & \lambda\end{vmatrix}$$

$$=(-1)^{1+n}(-1)^{n-1}a_n+(-1)^{2+n}(-1)^{n-2}\lambda a_{n-1}+\cdots+(\lambda+a_1)\lambda^{n-1}$$

$$=a_n+a_{n-1}\lambda+\cdots+a_1\lambda^{n-1}+\lambda^n$$

方法三 （利用行列式的性质）从最后一行开始，依次将后一行的 λ 倍加到前一行，得

$$F_n=\begin{vmatrix}\lambda & 0 & 0 & \cdots & 0 & 0 & a_n\\ -1 & \lambda & 0 & \cdots & 0 & 0 & a_{n-1}\\ 0 & -1 & \lambda & \cdots & 0 & 0 & a_{n-2}\\ \vdots & \vdots & \vdots & & \vdots & \vdots & \vdots\\ 0 & 0 & 0 & \cdots & \lambda & 0 & a_3\\ 0 & 0 & 0 & \cdots & -1 & 0 & a_2+(\lambda+a_1)\lambda\\ 0 & 0 & 0 & \cdots & 0 & -1 & \lambda+a_1\end{vmatrix}=\cdots$$

$$=\begin{vmatrix}0 & & & & a_n+a_{n-1}\lambda+\cdots+a_1\lambda^{n-1}+\lambda^n\\ -1 & 0 & & & \vdots\\ & -1 & \ddots & & \vdots\\ & & \ddots & 0 & a_2+a_1\lambda+\lambda^2\\ & & & -1 & \lambda+a_1\end{vmatrix}$$

再将行列式按第 1 行展开，得

$$F_n = (-1)^{n-1}(-1)^{n+1}(a_n + a_{n-1}\lambda + \cdots + a_1\lambda^{n-1} + \lambda^n)$$
$$= a_n + a_{n-1}\lambda + \cdots + a_1\lambda^{n-1} + \lambda^n$$

例 2.18　设 $a_i \neq 0 (0 \leqslant i \leqslant n)$，求

$$D = \begin{vmatrix} a_0 & b_1 & \cdots & b_n \\ c_1 & a_1 & & \vdots \\ \vdots & & \ddots & \\ c_n & & & a_n \end{vmatrix}$$

解　（利用行列式的性质）将第 $j(j=2, 3, \cdots, n+1)$ 列的 $-\dfrac{c_{j-1}}{a_{j-1}}$ 倍加到第 1 列，得

$$D = \begin{vmatrix} a_0 - \sum\limits_{i=1}^{n} \dfrac{b_i c_i}{a_i} & b_1 & \cdots & b_n \\ & a_1 & & \vdots \\ & & \ddots & \\ & & & a_n \end{vmatrix} = \left(\prod_{i=1}^{n} a_i\right)\left(a_0 - \sum_{i=1}^{n} \frac{b_i c_i}{a_i}\right)$$

例 2.19　计算 n 阶行列式

$$D_n = \begin{vmatrix} a+b & ab & \cdots & 0 & 0 \\ 1 & a+b & \cdots & 0 & 0 \\ \vdots & \vdots & & \vdots & \vdots \\ 0 & 0 & \cdots & a+b & ab \\ 0 & 0 & \cdots & 1 & a+b \end{vmatrix}$$

解　易知 $D_1 = \dfrac{a^2-b^2}{a-b}$，$D_2 = \dfrac{a^3-b^3}{a-b}$.

当 $n \geqslant 3$ 时，将 D_n 按第 1 列展开，可得 $D_n = (a+b)D_{n-1} - abD_{n-2}$，即

$$D_n - bD_{n-1} = a(D_{n-1} - bD_{n-2})$$

反复利用上述递推关系式，可得

$$D_n - bD_{n-1} = a(D_{n-1} - bD_{n-2})$$
$$= a^2(D_{n-2} - bD_{n-3}) = \cdots$$
$$= a^{n-2}(D_2 - bD_1) = a^n$$

类似地，可得 $D_n - aD_{n-1} = b^n$，于是 $D_n = \dfrac{a^{n+1}-b^{n+1}}{a-b}$.

例 2.20　证明：

$$D_n = \begin{vmatrix} 2\cos\theta & 1 & 0 & \cdots & 0 & 0 \\ 1 & 2\cos\theta & 1 & \cdots & 0 & 0 \\ 0 & 1 & 2\cos\theta & \cdots & 0 & 0 \\ \vdots & \vdots & \vdots & & \vdots & \vdots \\ 0 & 0 & 0 & \cdots & 1 & 2\cos\theta \end{vmatrix} = \frac{\sin(n+1)\theta}{\sin\theta}$$

证明　显然 $D_1 = 2\cos\theta = \dfrac{\sin 2\theta}{\sin\theta}$；假设 $D_{n-1} = \dfrac{\sin n\theta}{\sin\theta}$，将 D_n 按第 1 列展开得

$$D_n = 2\cos\theta D_{n-1} - D_{n-2} = 2\cos\theta\frac{\sin n\theta}{\sin\theta} - \frac{\sin(n-1)\theta}{\sin\theta}$$

$$= \frac{2\cos\theta\sin n\theta - \sin(n-1)\theta}{\sin\theta}$$

$$= \frac{\sin(n+1)\theta}{\sin\theta}$$

由数学归纳法可知，结论成立.

例 2.21　计算 n 阶行列式

$$D_n = \begin{vmatrix} 1 & 2 & 3 & \cdots & n \\ 2 & 3 & 4 & \cdots & 1 \\ 3 & 4 & 5 & \cdots & 2 \\ \vdots & \vdots & \vdots & & \vdots \\ n & 1 & 2 & \cdots & n-1 \end{vmatrix}$$

解　在 D_n 中，从最后一行开始，将上一行的 -1 倍加到该行，则

$$D_n = \begin{vmatrix} 1 & 2 & 3 & \cdots & n \\ 1 & 1 & 1 & \cdots & 1-n \\ 1 & 1 & 1 & \cdots & 1 \\ \vdots & \vdots & \vdots & & \vdots \\ 1 & 1-n & 1 & \cdots & 1 \end{vmatrix} \xlongequal[j=2,3,\cdots,n]{c_1+c_j} \begin{vmatrix} n(n+1)/2 & 2 & 3 & \cdots & n \\ 0 & 1 & 1 & \cdots & 1-n \\ 0 & 1 & 1 & \cdots & 1 \\ \vdots & \vdots & \vdots & & \vdots \\ 0 & 1-n & 1 & \cdots & 1 \end{vmatrix}$$

再按第 1 列展开，得

$$D_n = \frac{n(n+1)}{2}\begin{vmatrix} 1 & 1 & \cdots & 1 & 1-n \\ 1 & 1 & \cdots & 1-n & 1 \\ \vdots & \vdots & & \vdots & \vdots \\ 1 & 1-n & \cdots & 1 & 1 \\ 1-n & 1 & \cdots & 1 & 1 \end{vmatrix}_{n-1}$$

$$\xlongequal[j=2,3,\cdots,n-1]{c_1+c_j} \frac{n(n+1)}{2}\begin{vmatrix} -1 & 1 & \cdots & 1 & 1-n \\ -1 & 1 & \cdots & 1-n & 1 \\ \vdots & \vdots & & \vdots & \vdots \\ -1 & 1-n & \cdots & 1 & 1 \\ -1 & 1 & \cdots & 1 & 1 \end{vmatrix}_{n-1}$$

再将第 1 列加到其余各列，得

$$D_n = \frac{n(n+1)}{2}\begin{vmatrix} -1 & 0 & \cdots & 0 & -n \\ -1 & 0 & \cdots & -n & 0 \\ \vdots & \vdots & & \vdots & \vdots \\ -1 & -n & \cdots & 0 & 0 \\ -1 & 0 & \cdots & 0 & 0 \end{vmatrix}_{n-1}$$

$$= \frac{n(n+1)}{2}(-1)^{n-1}(-1)^{\frac{(n-1)(n-2)}{2}}n^{n-2}$$

$$= (-1)^{\frac{n(n-1)}{2}}\frac{n^{n-1}(n+1)}{2}$$

2.4 拉普拉斯定理

前面介绍过行列式行(或列)展开，下面考虑更为复杂的展开.

定义 2.8 在 n 阶行列式 D 中任意选定 k 行 k 列($k\leqslant n$)，位于这些行和列的交点上的 k^2 个元素按照原来的次序组成一个 k 阶行列式 M，称为行列式 D 的一个 k 阶子式. 在 D 中划去这 k 行 k 列后余下的元素按照原来的次序组成的 $n-k$ 阶行列式 M' 称为 k 阶子式 M 的余子式.

特别地，a_{ij} 是其一阶子式. 从定义 2.8 可以看出，M 也是 M' 的余子式，因此 M 和 M' 可以称为 D 的一对互余的子式.

例 2.22 在四阶行列式 $D=\begin{vmatrix}1 & 2 & 1 & 4\\ 0 & -1 & 2 & 1\\ 0 & 0 & 2 & 1\\ 0 & 0 & 1 & 3\end{vmatrix}$ 中，选取第一行、第四行、第一列、第四列得到一个二阶子式 $M=\begin{vmatrix}1 & 4\\ 0 & 3\end{vmatrix}$，$M$ 的余子式是 $M'=\begin{vmatrix}-1 & 2\\ 0 & 2\end{vmatrix}$.

定义 2.9 设 D 的 k 阶子式 M 在 D 中所在的行、列指标分别是 $i_1, i_2, \cdots, i_k$；$j_1, j_2, \cdots, j_k$ 则 M 的余子式 M' 前面加上符号 $(-1)^{(i_1+i_2+\cdots+i_k)+(j_1+j_2+\cdots+j_k)}$ 后称做 M 的代数余子式.

结合行列式按行(或列)展开，引出拉普拉斯(Laplace)定理.

定理 2.5 设在行列式 D 中任意取定 $k(1\leqslant k\leqslant n-1)$ 行，由这 k 行元素所组成的一切 k 阶子式 $N_1, N_2, \cdots N_t(t=C_n^k)$ 与它们相对应的代数余子式 $A_1, A_2, \cdots A_t$ 的乘积的和等于行列式，即 $D=N_1A_1+N_2A_2+\cdots+N_tA_t$.

证明 (1) 证明上式右端 N_iA_i 中的每一项都是 D 的展开式中的一项，且符号也相同. 设 k 阶子式 N 位于 D 的左上角，即

$$D=\begin{vmatrix}a_{11} & \cdots & a_{1k} & \vdots & a_{1,k+1} & \cdots & a_{1n}\\ \vdots & N & \vdots & \vdots & \vdots & & \vdots\\ a_{k1} & \cdots & a_{kk} & \vdots & a_{k,k+1} & \cdots & a_{kn}\\ \vdots & & \vdots & \vdots & \vdots & & \vdots\\ a_{k+1,1} & \cdots & a_{k+1,k} & \vdots & a_{k+1,k+1} & \cdots & a_{k+1,n}\\ \vdots & & \vdots & \vdots & \vdots & M & \vdots\\ a_{n1} & \cdots & a_{nk} & \vdots & a_{n,k+1} & \cdots & a_{nn}\end{vmatrix}$$

此时 N 的余子式即是右下角的 M，其代数余子式为

$$A=(-1)^{(1+2+\cdots+k)+(1+2+\cdots+k)}M=M$$

N 中的任一项具有形式：$(-1)^{\tau(j_1j_2\cdots j_k)}a_{1j_1}a_{2j_2}\cdots a_{kj_k}$，而 M 中的任一项具有形式：$(-1)^{\tau(j_{k+1}j_{k+2}\cdots j_k)}a_{k+1j_{k+1}}a_{k+2j_{k+2}}\cdots a_{nj_n}$，因此 NA 即 NM 中的任一项具有下列形式：

$$(-1)^{\tau(j_1j_2\cdots j_k)+\tau(j_{k+1}j_{k+2}\cdots j_n)}a_{1j_1}a_{2j_2}\cdots a_{kj_k}a_{k+1j_{k+1}}\cdots a_{nj_n} \tag{2-11}$$

其中$(j_1, j_2, \cdots, j_k)$是 $1, 2, \cdots, k$ 的一个排列，而$(j_{k+1}, j_{k+2}, \cdots j_n)$是 $k+1, k+2, \cdots, n$ 的一个排列. 于是有 $\tau(j_1j_2\cdots j_k)+\tau(j_{k+1}j_{k+2}\cdots j_n)=\tau(j_1j_2\cdots j_kj_{k+1}j_{k+2}\cdots j_n)$，因此式(2-11)也是 D 中的某一项，且符号也相同.

再看一般情形，即 k 阶子式 N 位于 D 的 $(i_1, i_2, \cdots, i_k)$ 行与 $(j_1, j_2, \cdots, j_k)$ 列，其中 $i_1<i_2<\cdots<i_k$，$j_1<j_2<\cdots<j_k$. 为了将其归为上述特殊情况，可将第 i_1 行依次与 i_1-1，$\cdots$，2，1 行交换，这样经过 i_1-1 次对换，可把 i_1 调到第一行. 同样经过 i_2-2 次对换，将 i_2 调到第二行，继续下去，共经过

$$i_1-1+i_2-2+\cdots+i_k-k=i_1+i_2+\cdots+i_k-(1+2+\cdots+k)$$

次对换可把 i_1，i_2，$\cdots$，i_k 行调到前 k 行. 同理经过

$$j_1-1+j_2-2+\cdots+j_k-k=j_1+j_2+\cdots+j_k-(1+2+\cdots+k)$$

次对换可把 j_1，j_2，$\cdots$，j_k 列调到前 k 列. 即将 D 经过 $\sum_{s=1}^{k} i_s+\sum_{s=1}^{k} j_s-2(1+2+\cdots+k)$ 次对换得到一个新行列式 D_1，且 N 位于 D_1 的左上角，N 在 D_1 中的余子式 M 位于 D_1 的右下角.

由上述证明可知 NM 中的任一项都是 D_1 的一项，且在 NM 中的符号与在 D_1 中的符号也相同. 但是 $D_1=(-1)^{i_1+i_2+\cdots+i_k+j_1+j_2+\cdots+j_k-2(1+2+\cdots+k)}D=(-1)^{i_1+i_2+\cdots+i_k+j_1+j_2+\cdots+j_k}D$，由此可见 D 与 D_1 的展开式中的项是一样的，只是每一项都差一个符号 $(-1)^{i_1+i_2+\cdots+i_k+j_1+j_2+\cdots+j_k}$. 于是 $NA=N(-1)^{i_1+i_2+\cdots+i_k+j_1+j_2+\cdots+j_k}M$ 的每一项都是 D 的一项，且在 NA 中的符号与在 D 中的符号一致.

(2) 当 i_1，i_2，$\cdots$，i_k 固定时，对不同的 $j_1<j_2<\cdots<j_k$，N_i 与 $N_j\,(i\neq j)$ 至少有一列不同，因此 N_iA_i 与 N_jA_j 的展开式中没有相同的项.

(3) 每个 N_i 有 $k!$ 项，A_i 有 $(n-k)!$ 项，因此 $N_1A_1+N_2A_2+\cdots+N_tA_t$ 共有 $k!(n-k)!C_n^k=k!(n-k)!\dfrac{n!}{k!\,(n-k)!}=n!$ 项，定理得证.

例 2.23 在 4 阶行列式 $D=\begin{vmatrix}1&2&1&4\\0&-1&2&1\\1&0&1&3\\0&1&3&1\end{vmatrix}$ 中，取定第一行、第二行，得到六个二阶子式，$N_1=\begin{vmatrix}1&2\\0&-1\end{vmatrix}$，$N_2=\begin{vmatrix}1&1\\0&2\end{vmatrix}$，$N_3=\begin{vmatrix}1&4\\0&1\end{vmatrix}$，$N_4=\begin{vmatrix}2&1\\-1&2\end{vmatrix}$，$N_5=\begin{vmatrix}2&4\\-1&1\end{vmatrix}$，$N_6=\begin{vmatrix}1&4\\2&1\end{vmatrix}$，它们对应的代数余子式分别为

$$A_1=(-1)^{(1+2)+(1+2)}\begin{vmatrix}1&3\\3&1\end{vmatrix},\ A_2=(-1)^{(1+2)+(1+3)}\begin{vmatrix}0&3\\1&1\end{vmatrix}$$

$$A_3=(-1)^{(1+2)+(1+4)}\begin{vmatrix}0&1\\1&3\end{vmatrix},\ A_4=(-1)^{(1+2)+(2+3)}\begin{vmatrix}1&3\\0&1\end{vmatrix}$$

$$A_5=(-1)^{(1+2)+(2+4)}\begin{vmatrix}1&1\\0&3\end{vmatrix},\ A_6=(-1)^{(1+2)+(3+4)}\begin{vmatrix}1&0\\0&1\end{vmatrix}$$

根据拉普拉斯定理

$$\begin{aligned}D&=N_1A_1+N_2A_2+\cdots+N_6A_6\\&=(-1)\times(-8)-2\times(-3)+1\times(-1)+5\times1-6\times3+(-7)\times1\\&=-7\end{aligned}$$

例 2.24　计算 5 阶行列式

$$D=\begin{vmatrix} -1 & 1 & 1 & 2 & -1 \\ 0 & -1 & 0 & 1 & 2 \\ 2 & 1 & 1 & 3 & -1 \\ 1 & 2 & 2 & 1 & 0 \\ 0 & 3 & 0 & 1 & 3 \end{vmatrix}$$

解　第 1，3 列有较多零元素，在此两列上作 Laplace 展开，则

$$D=\begin{vmatrix} -1 & 1 \\ 2 & 1 \end{vmatrix}\cdot(-1)^{1+3+1+3}\begin{vmatrix} -1 & 1 & 2 \\ 2 & 1 & 0 \\ 3 & 1 & 3 \end{vmatrix}+\begin{vmatrix} -1 & 1 \\ 1 & 2 \end{vmatrix}\cdot$$

$$(-1)^{1+4+1+3}\begin{vmatrix} -1 & 1 & 2 \\ 1 & 3 & -1 \\ 3 & 1 & 3 \end{vmatrix}+\begin{vmatrix} 2 & 1 \\ 1 & 2 \end{vmatrix}\cdot(-1)^{3+4+1+3}$$

$$=\begin{vmatrix} 1 & 2 & -1 \\ -1 & 1 & 2 \\ 3 & 1 & 3 \end{vmatrix}$$

$$=-132$$

例 2.25　求 $2n$ 阶行列式的值(空缺处为零)

$$D_{2n}=\begin{vmatrix} a & & & & & b \\ & \ddots & & & \iddots & \\ & & a & b & & \\ & & b & a & & \\ & \iddots & & & \ddots & \\ b & & & & & a \end{vmatrix}_{2n}$$

解　在第 1，$2n$ 行作 Laplace 展开，则

$$D_{2n}=(-1)^{1+2n+1+2n}\begin{vmatrix} a & b \\ b & a \end{vmatrix}\begin{vmatrix} a & & & & & b \\ & \ddots & & & \iddots & \\ & & a & b & & \\ & & b & a & & \\ & \iddots & & & \ddots & \\ b & & & & & a \end{vmatrix}_{2n-2}$$

$$=\begin{vmatrix} a & b \\ b & a \end{vmatrix}D_{2n-2}=(a^2-b^2)^2D_{2(n-2)}$$

$$=\cdots=(a^2-b^2)^{n-1}D_2$$

$$=(a^2-b^2)^n$$

例 2.26　求 n 阶行列式

$$D=\begin{vmatrix} a_{11} & \cdots & a_{1k} & 0 & \cdots & 0 \\ \vdots & & \vdots & \vdots & & \vdots \\ a_{k1} & \cdots & a_{kk} & 0 & \cdots & 0 \\ a_{k+1,1} & \cdots & a_{k+1,k} & a_{k+1,k+1} & \cdots & a_{k+1,n} \\ \vdots & & \vdots & \vdots & & \vdots \\ a_{n1} & \cdots & a_{nk} & a_{n,k+1} & \cdots & a_{nn} \end{vmatrix}$$

解 将 D 按前 k 行展开，则

$$D=\begin{vmatrix} a_{11} & \cdots & a_{1k} \\ \vdots & & \vdots \\ a_{k1} & \cdots & a_{kk} \end{vmatrix}\begin{vmatrix} a_{k+1,k+1} & \cdots & a_{k+1,n} \\ \vdots & & \vdots \\ a_{n,k+1} & \cdots & a_{nn} \end{vmatrix}$$

2.5 克拉默法则

本节主要讨论用行列式表示线性方程组解的问题，这里只限于讨论方程的个数与未知量的个数相等的情形，一般情形留在后面章节讨论.

设含有 n 个未知量 x_1，x_2，…，x_n 的 n 个线性方程的方程组为

$$\begin{cases} a_{11}x_1+a_{12}x_2+\cdots+a_{1n}x_n=b_1 \\ a_{21}x_1+a_{22}x_2+\cdots+a_{2n}x_n=b_2 \\ \qquad\vdots \\ a_{n1}x_1+a_{n2}x_2+\cdots+a_{nn}x_n=b_n \end{cases} \tag{2-12}$$

与二、三元线性方程组相类似，它的解可以用 n 阶行列式表示.

定理 2.6 （克拉默法则）如果线性方程组(2-12)的系数行列式不等于零，即

$$D=\begin{vmatrix} a_{11} & \cdots & a_{1n} \\ \vdots & & \vdots \\ a_{n1} & \cdots & a_{nn} \end{vmatrix}\neq 0$$

那么，方程组(2-12)有唯一解

$$x_1=\frac{D_1}{D},\ x_2=\frac{D_2}{D},\ \cdots,\ x_n=\frac{D_n}{D} \tag{2-13}$$

其中 $D_j(j=1, 2, \cdots, n)$是把系数行列式 D 中的第 j 列元素用方程组右端的常数项代替后所得到的 n 阶行列式，即

$$D_j=\begin{vmatrix} a_{11} & \cdots & a_{1,j-1} & b_1 & a_{1,j+1} & \cdots & a_{1n} \\ a_{21} & \cdots & a_{2,j-1} & b_2 & a_{2,j+1} & \cdots & a_{2n} \\ \vdots & & \vdots & \vdots & \vdots & & \vdots \\ a_{n1} & \cdots & a_{n,j-1} & b_n & a_{n,j+1} & \cdots & a_{nn} \end{vmatrix}$$

说明：克拉默法则有三个结论，即

(1) 方程组有解；

(2) 解是唯一的；

(3) 解可由式(2-13)给出.

证明 先证解的存在性. 为此，只需证明式(2-13)是方程组(2-12)的解即可. 也就

是要证明

$$a_{i1}\frac{D_1}{D}+a_{i2}\frac{D_2}{D}+\cdots+a_{in}\frac{D_n}{D}=b_i \quad (i=1,\ 2,\ \cdots,\ n)$$

将式(2-13)式代入方程组(2-12)的左端，有

$$a_{i1}\frac{D_1}{D}+a_{i2}\frac{D_2}{D}+\cdots+a_{in}\frac{D_n}{D}=\frac{1}{D}(a_{i1}D_1+a_{i2}D_2+\cdots+a_{in}D_n) \quad (i=1,2,\cdots,n)$$

因为

$$D_j=b_1A_{1j}+b_2A_{2j}+\cdots+b_nA_{nj} \quad (j=1,\ 2,\ \cdots,\ n)$$

所以

$$\begin{aligned}&\frac{1}{D}(a_{i1}D_1+a_{i2}D_2+\cdots+a_{in}D_n)\\ &=\frac{1}{D}[a_{i1}(b_1A_{11}+b_2A_{21}+\cdots+b_nA_{n1})+a_{i2}(b_1A_{12}+b_2A_{22}+\cdots+b_nA_{n2})+\cdots\\ &\quad +a_{in}(b_1A_{1n}+b_2A_{2n}+\cdots+b_nA_{nn})]\\ &=\frac{1}{D}[(a_{i1}A_{11}+a_{i2}A_{12}+\cdots+a_{in}A_{1n})b_1+(a_{i1}A_{21}+a_{i2}A_{22}+\cdots+a_{in}A_{2n})b_2+\cdots\\ &\quad +(a_{i1}A_{n1}+a_{i2}A_{n2}+\cdots+a_{in}A_{nn})b_n]\end{aligned}$$

根据定理 2.4 及推论 2.5 可知，上式右边方括号中只有第 i 项

$$(a_{i1}A_{i1}+a_{i2}A_{i2}+\cdots+a_{in}A_{in})b_i=Db_i$$

其余各项均为零. 于是

$$\frac{1}{D}(a_{i1}D_1+a_{i2}D_2+\cdots+a_{in}D_n)=\frac{1}{D}Db_i=b_i \quad (i=1,\ 2,\ \cdots,\ n)$$

这与线性方程组(2-12)的右边相同. 这表明式(2-13)满足方程组(2-12)，因而式(2-13)是该方程组(2-12)的解. 即证明了解的存在性，且其解为式(2-13).

再证解的唯一性. 设 $x_1=\lambda_1$，$x_2=\lambda_2$，…，$x_n=\lambda_n$ 是方程组的一个解，即有

$$a_{i1}\lambda_1+a_{i2}\lambda_2+\cdots+a_{in}\lambda_n=b_i \quad (i=1,\ 2,\ \cdots,\ n) \tag{2-14}$$

为此，只需证明

$$\lambda_1=\frac{D_1}{D},\ \lambda_2=\frac{D_2}{D},\ \cdots,\ \lambda_n=\frac{D_n}{D}$$

用 D 中第 j 列元素的代数余子式 A_{1j}，A_{2j}，…，A_{nj} 依次乘式(2-14)中的 n 个等式，再把它们两边分别相加，得

$$\left(\sum_{k=1}^{n}a_{k1}A_{kj}\right)\lambda_1+\cdots+\left(\sum_{k=1}^{n}a_{kj}A_{kj}\right)\lambda_j+\cdots+\left(\sum_{k=1}^{n}a_{kn}A_{kj}\right)\lambda_n=\sum_{k=1}^{n}b_kA_{kj}$$

根据定理 2.4 及推论 2.5 可知，上式中 λ_j 的系数等于 D，而其余 $\lambda_i(i\neq j)$的系数均为 0；等式右边即是 D_j，于是 $D\lambda_j=D_j(j=1,\ 2,\ \cdots,\ n)$. 当 $D\neq 0$ 时，由上式解得 $\lambda_j=\dfrac{D_j}{D}$ $(j=1,\ 2,\ \cdots,\ n)$. 这就证明了解的唯一性.

例 2.27 求解线性方程组

$$\begin{cases}2x_1+x_2-5x_3+x_4=8\\ x_1-3x_2+6x_4=9\\ 2x_2-x_3+2x_4=1\\ x_1+4x_2-7x_3+6x_4=0\end{cases}$$

解 此线性方程组的系数行列式为

$$D=\begin{vmatrix}2&1&-5&1\\1&-3&0&6\\0&2&-1&2\\1&4&-7&6\end{vmatrix}=\begin{vmatrix}0&7&-5&13\\1&-3&0&-6\\0&2&-1&2\\0&7&-7&12\end{vmatrix}=-\begin{vmatrix}7&-5&13\\2&-1&2\\7&-7&12\end{vmatrix}$$

$$=-\begin{vmatrix}-3&-5&3\\0&-1&0\\-7&-7&-2\end{vmatrix}=\begin{vmatrix}-3&3\\-7&-2\end{vmatrix}=27\neq 0$$

同理求得

$$D_1=\begin{vmatrix}8&1&-5&1\\9&-3&0&6\\-5&2&-1&2\\0&4&-7&6\end{vmatrix}=81,\quad D_2=\begin{vmatrix}2&8&-5&1\\1&9&0&6\\0&-5&-1&2\\1&0&-7&6\end{vmatrix}=-108$$

$$D_3=\begin{vmatrix}2&1&8&1\\1&-3&9&6\\0&2&-5&2\\1&4&0&6\end{vmatrix}=-27,\quad D_4=\begin{vmatrix}2&1&-5&8\\1&-3&0&9\\0&2&-1&-5\\1&4&-7&0\end{vmatrix}=27$$

于是线性方程组的解为

$$x_1=\frac{D_1}{D}=3,\ x_2=\frac{D_2}{D}=-4,\ x_3=\frac{D_3}{D}=-1,\ x_4=\frac{D_4}{D}=1$$

例 2.28 已知方程组

$$\begin{cases}x+y+z=1\\x+y-z=3\\x+ay+bz=0\end{cases}$$

试问 a、b 满足什么条件时，方程组有唯一解？并求其解.

解 方程组的系数行列式为

$$D=\begin{vmatrix}1&1&1\\1&1&-1\\1&a&b\end{vmatrix}=\begin{vmatrix}1&1&1\\0&0&-2\\0&a-1&b-1\end{vmatrix}=2(a-1)$$

因此当 $a\neq1$ 时，方程组有唯一解.

$$D_x=\begin{vmatrix}1&1&1\\3&1&-1\\0&a&b\end{vmatrix}\xlongequal{r_2-3r_1}\begin{vmatrix}1&1&1\\0&-2&-4\\0&a&b\end{vmatrix}=\begin{vmatrix}-2&-4\\a&b\end{vmatrix}=4a-2b$$

$$D_y=\begin{vmatrix}1&1&1\\1&3&-1\\1&0&b\end{vmatrix}\xlongequal{r_2-3r_1}\begin{vmatrix}1&1&1\\-2&0&-4\\1&0&b\end{vmatrix}=-\begin{vmatrix}-2&-4\\1&b\end{vmatrix}=2b-4$$

$$D_z=\begin{vmatrix}1&1&1\\1&1&3\\1&a&0\end{vmatrix}\xlongequal{r_2-3r_1}\begin{vmatrix}1&1&1\\-2&-2&0\\1&a&0\end{vmatrix}=\begin{vmatrix}-2&-2\\1&a\end{vmatrix}=2-2a$$

于是，当 $a\neq 1$ 时，方程组的唯一解为

$$x=\frac{D_x}{D}=\frac{2a-b}{a-1},\ y=\frac{D_y}{D}=\frac{b-2}{a-1},\ z=\frac{D_z}{D}=-1$$

当线性方程组(2-12)右边的常数项 $b_1, b_2, \cdots, b_n$ 不全为零时，线性方程组(2-12)叫做非齐次线性方程组；当 $b_1, b_2, \cdots, b_n$ 全为零时，线性方程组(2-12)叫做齐次线性方程组.

对于齐次线性方程组

$$\begin{cases}a_{11}x_1+a_{12}x_2+\cdots+a_{1n}x_n=0\\ a_{21}x_1+a_{22}x_2+\cdots+a_{2n}x_n=0\\ \qquad\vdots\\ a_{n1}x_1+a_{n2}x_2+\cdots+a_{nn}x_n=0\end{cases}\tag{2-15}$$

$x_1=x_2=\cdots=x_n=0$ 一定是它的解，此解叫做齐次线性方程组(2-15)的零解. 如果有一组不全为零的数是齐次线性方程组(2-15)的解，则它叫做齐次线性方程组(2-15)的非零解. 齐次线性方程组(2-15)一定有零解，但不一定有非零解. 把定理 2.6 应用于齐次线性方程组(2-15)可得：

定理 2.7　如果齐次线性方程组(2-15)的系数行列式 $D\neq 0$，则齐次线性方程组(2-15)没有非零解.

定理 2.8　如果齐次线性方程组(2-15)有非零解，则它的系数行列式必为零.

定理 2.7(或定理 2.8)说明系数行列式 $D=0$ 是齐次线性方程组有非零解的必要条件，以后还将证明这个条件也是充分的.

例 2.29　问 λ 取何值时，齐次线性方程组

$$\begin{cases}\lambda x_1+2x_2+2x_3=0\\ 2x_1+\lambda x_2+2x_3=0\\ 2x_1+2x_2+\lambda x_3=0\end{cases}$$

有非零解？

解　由定理 2.8 可知，若齐次线性方程组有非零解，则系数行列式 $D=0$，而

$$D=\begin{vmatrix}\lambda & 2 & 2\\ 2 & \lambda & 2\\ 2 & 2 & \lambda\end{vmatrix}=(\lambda+4)(\lambda-2)^2$$

由 $D=0$，得 $\lambda=2$ 或者 $\lambda=-4$.

不难验证，当 $\lambda=2$ 或者 $\lambda=-4$ 时，齐次线性方程组确有非零解.

习　题

1. 选择 i, k 使得：

(1) $1274i56k9$ 成偶排列；

(2) $1i25k4897$ 成奇排列.

2. 确定排列 $n(n-1)\cdots 21$ 的逆序数，并讨论它的奇偶性.

3. 设 $x_1x_2\cdots x_n$ 的逆序数为 k，求 $x_nx_{n-1}\cdots x_1$ 的逆序数.

4. 在 6 阶行列式中，$a_{23}a_{31}a_{42}a_{56}a_{14}a_{65}$；$a_{32}a_{43}a_{14}a_{51}a_{66}a_{25}$ 这两项应该分别带有什么符号？

5. 按定义计算下列行列式：

(1) $\begin{vmatrix} 0 & 0 & \cdots & 0 & 1 \\ 0 & 0 & \cdots & 2 & 0 \\ \vdots & \vdots & & \vdots & \vdots \\ 0 & n-1 & \cdots & 0 & 0 \\ n & 0 & \cdots & 0 & 0 \end{vmatrix}$；　(2) $\begin{vmatrix} 0 & \cdots & 0 & 1 & 0 \\ 0 & \cdots & 2 & 0 & 0 \\ \vdots & & \vdots & \vdots & \vdots \\ n-1 & \cdots & 0 & 0 & 0 \\ 0 & \cdots & 0 & 0 & n \end{vmatrix}$.

6. 利用行列式的定义计算 $f(x)=\begin{vmatrix} 2x & x & 1 & 2 \\ 1 & x & 1 & -1 \\ 3 & 2 & x & 1 \\ 1 & 1 & 1 & x \end{vmatrix}$ 中 x^4 与 x^3 的系数，并说明理由.

7. 计算下列行列式：

(1) $\begin{vmatrix} 246 & 427 & 327 \\ 1014 & 543 & 443 \\ -342 & 721 & 621 \end{vmatrix}$；　(2) $\begin{vmatrix} x & y & x+y \\ y & x+y & x \\ x+y & x & y \end{vmatrix}$；

(3) $\begin{vmatrix} 1 & 2 & 3 & 4 \\ 2 & 3 & 4 & 1 \\ 3 & 4 & 1 & 2 \\ 4 & 1 & 2 & 3 \end{vmatrix}$；　(4) $\begin{vmatrix} a^2 & (a+1)^2 & (a+2)^2 & (a+3)^2 \\ b^2 & (b+1)^2 & (b+2)^2 & (b+3)^2 \\ c^2 & (c+1)^2 & (c+2)^2 & (c+3)^2 \\ d^2 & (d+1)^2 & (d+2)^2 & (d+3)^2 \end{vmatrix}$.

8. 证明：$\begin{vmatrix} b+c & c+a & a+b \\ b_1+c_1 & c_1+a_1 & a_1+b_1 \\ b_2+c_2 & c_2+a_2 & a_2+b_2 \end{vmatrix}=2\begin{vmatrix} a & b & c \\ a_1 & b_1 & c_1 \\ a_2 & b_2 & c_2 \end{vmatrix}$.

9. 计算行列式 $\begin{vmatrix} 1 & 1 & 2 & 3 \\ 1 & 2-x^2 & 2 & 3 \\ 2 & 3 & 1 & 5 \\ 2 & 3 & 1 & 9-x^2 \end{vmatrix}$.

10. 计算 n 阶行列式 $\begin{vmatrix} x_1-m & x_2 & \cdots & x_n \\ x_1 & x_2-m & \cdots & x_n \\ \vdots & \vdots & & \vdots \\ x_1 & x_2 & \cdots & x_n-m \end{vmatrix}$.

11. 计算下列 n 阶行列式：

(1) $\begin{vmatrix} x & y & 0 & \cdots & 0 \\ 0 & x & y & \cdots & 0 \\ \vdots & \vdots & \vdots & & \vdots \\ 0 & 0 & 0 & \cdots & y \\ y & 0 & 0 & \cdots & x \end{vmatrix}$；　(2) $\begin{vmatrix} a_1-b_1 & a_1-b_2 & \cdots & a_1-b_n \\ a_2-b_1 & a_2-b_2 & \cdots & a_2-b_n \\ \vdots & \vdots & & \vdots \\ a_n-b_1 & a_n-b_2 & \cdots & a_n-b_n \end{vmatrix}$；

(3) $\begin{vmatrix} 1 & 2 & \cdots & n-1 & n \\ 1 & -1 & \cdots & 0 & 0 \\ 0 & 2 & \cdots & 0 & 0 \\ \vdots & \vdots & & \vdots & \vdots \\ 0 & 0 & \cdots & n-1 & 1-n \end{vmatrix}$；

(4) $\begin{vmatrix} 1 & 2 & 2 & \cdots & 2 \\ 2 & 2 & 2 & \cdots & 2 \\ 2 & 2 & 3 & \cdots & 2 \\ \vdots & \vdots & \vdots & & \vdots \\ 2 & 2 & 2 & \cdots & n \end{vmatrix}$.

12. 证明以下各题：

(1) $\begin{vmatrix} a_0 & 1 & 1 & \cdots & 1 \\ 1 & a_1 & 0 & \cdots & 0 \\ 1 & 0 & a_2 & \cdots & 0 \\ \vdots & \vdots & \vdots & & \vdots \\ 1 & 0 & 0 & \cdots & a_n \end{vmatrix} = a_1 a_2 \cdots a_n \left(a_0 - \sum_{i=1}^{n} \frac{1}{a_i} \right)$；

(2) $\begin{vmatrix} x & 0 & 0 & \cdots & 0 & a_0 \\ -1 & x & 0 & \cdots & 0 & a_1 \\ 0 & -1 & x & \cdots & 0 & a_2 \\ \vdots & \vdots & \vdots & & \vdots & \vdots \\ 0 & 0 & 0 & \cdots & x & a_{n-2} \\ 0 & 0 & 0 & \cdots & -1 & x+a_{n-1} \end{vmatrix} = x^n + a_{n-1}x^{n-1} + \cdots + a_1 x + a_0$；

(3) $\begin{vmatrix} \alpha+\beta & \alpha\beta & 0 & \cdots & 0 & 0 \\ 1 & \alpha+\beta & \alpha\beta & \cdots & 0 & 0 \\ 0 & 1 & \alpha+\beta & \cdots & 0 & 0 \\ \vdots & \vdots & \vdots & & \vdots & \vdots \\ 0 & 0 & 0 & \cdots & 1 & \alpha+\beta \end{vmatrix} = \frac{\alpha^{n+1}-\beta^{n+1}}{\alpha-\beta}$；

(4) $\begin{vmatrix} \cos\alpha & 1 & 0 & \cdots & 0 & 0 \\ 1 & 2\cos\alpha & 1 & \cdots & 0 & 0 \\ 0 & 1 & 2\cos\alpha & \cdots & 0 & 0 \\ \vdots & \vdots & \vdots & & \vdots & \vdots \\ 0 & 0 & 0 & \cdots & 1 & 2\cos\alpha \end{vmatrix} = \cos n\alpha$；

13. 用克拉默法则求解下列线性方程组：

(1) $\begin{cases} 2x_1 - x_2 + 3x_3 + 2x_4 = 6 \\ 3x_1 - 3x_2 + 3x_3 + 2x_4 = 5 \\ 3x_1 - x_2 - x_3 + 2x_4 = 3 \\ 3x_1 - x_2 + 3x_3 - x_4 = 4 \end{cases}$；

(2) $\begin{cases} x_1+2x_2+3x_3-2x_4=6 \\ 2x_1-x_2-2x_3-3x_4=8 \\ 3x_1+2x_2-x_3+2x_4=4 \\ 2x_1-3x_2+2x_3+x_4=-8 \end{cases}$.

14. 计算行列式 $D=\begin{vmatrix} 1 & 2 & 1 & 4 \\ 0 & -1 & 2 & 1 \\ 0 & 0 & 2 & 1 \\ 0 & 0 & 0 & 3 \end{vmatrix}$ 的全部代数余子式.

第3章 矩 阵

矩阵是线性代数主要的研究对象，也是数学各分支不可缺少的工具. 在处理许多实际问题时，矩阵都起到了非常重要的作用. 本章将详细讨论矩阵的基本知识和理论，特别强调矩阵的初等行变换的作用，并给出利用矩阵的初等变换求解线性方程组的一种方法(高斯消元法).

3.1 矩阵的定义

矩阵不仅是解线性方程组的重要工具，而且许多问题都可以用矩阵来描述、研究和解决；有些性质完全不同，表面上完全没有联系的问题，转换成矩阵问题以后却可能是相同的问题. 这就使得矩阵成为数学中一个极其重要且应用广泛的工具和研究对象. 矩阵不仅在代数学有着广泛的应用，而且在数学的其他分支及物理学、经济学、社会科学等诸多领域都有广泛的应用.

定义 3.1 由 $m\times n$ 个数 $a_{ij}(i=1,2,\cdots,m;j=1,2,\cdots,n)$ 排成的 m 行 n 列的数表

$$\begin{matrix} a_{11} & a_{12} & \cdots & a_{1n} \\ a_{21} & a_{22} & \cdots & a_{2n} \\ \vdots & \vdots & & \vdots \\ a_{m1} & a_{m2} & \cdots & a_{mn} \end{matrix}$$

称为 m 行 n 列矩阵，简称 $m\times n$ 矩阵. 为了表示它是一个整体，总是加一个括弧，并用大写黑体字母表示，记作

$$\boldsymbol{A}=\begin{bmatrix} a_{11} & a_{12} & \cdots & a_{1n} \\ a_{21} & a_{22} & \cdots & a_{2n} \\ \vdots & \vdots & & \vdots \\ a_{m1} & a_{m2} & \cdots & a_{mn} \end{bmatrix}$$

这 $m\times n$ 个数称为矩阵 $\boldsymbol{A}$ 的元素，简称为元，数 a_{ij} 位于矩阵 $\boldsymbol{A}$ 的第 i 行第 j 列，称为矩阵 $\boldsymbol{A}$ 的 (i, j) 元. 以数 a_{ij} 为 (i, j) 元的矩阵可简记为 (a_{ij}) 或 $(a_{ij})_{m\times n}$，$m\times n$ 矩阵 $\boldsymbol{A}$ 也记作 $\boldsymbol{A}_{m\times n}$.

元素都是实数的矩阵称为实矩阵，元素是复数的矩阵称为复矩阵. 行数与列数都等于 n 的矩阵 $\boldsymbol{A}$ 称为 n 阶矩阵或 n 阶方阵. n 阶矩阵 $\boldsymbol{A}$ 也记作 $\boldsymbol{A}_n$.

只有一行的矩阵

$$\boldsymbol{A}=[a_1 \quad a_2 \quad \cdots \quad a_n]$$

称为行矩阵，又称行向量. 为避免元素间的混淆，行矩阵也记作

$$\boldsymbol{A}=[a_1, a_2, \cdots, a_n] \quad 或者 \quad \boldsymbol{A}=(a_1, a_2, \cdots, a_n)$$

只有一列的矩阵

$$\boldsymbol{B}=\begin{bmatrix}b_1\\b_2\\\vdots\\b_m\end{bmatrix}$$

称为列矩阵，又称列向量.

当两个矩阵的行数相等、列数也相等时，称它们是同型矩阵. 如果 $\boldsymbol{A}=(a_{ij})$ 与 $\boldsymbol{B}=(b_{ij})$ 是同型矩阵，并且它们的对应元素相等，即

$$a_{ij}=b_{ij}\quad(i=1,2,\cdots,m;\ j=1,2,\cdots,n)$$

那么称矩阵 $\boldsymbol{A}$ 与矩阵 $\boldsymbol{B}$ 相等，记作

$$\boldsymbol{A}=\boldsymbol{B}$$

元素都是零的矩阵称为零矩阵，记作 $\boldsymbol{O}$. 注意不同型的零矩阵是不同的.

矩阵的应用非常广泛，下面仅举几例.

例 3.1 日常生活中的数学问题常用到矩阵. 例如，某一网络营销某种商品，商品的产地和营销地分别为 A_1，A_2，…，A_t 和 B_1，B_2，…，B_s，那么，一个调运方案就可以用矩阵

$$\boldsymbol{A}=\begin{bmatrix}a_{11}&a_{12}&\cdots&a_{1s}\\a_{21}&a_{22}&\cdots&a_{2s}\\\vdots&\vdots&&\vdots\\a_{t1}&a_{t2}&\cdots&a_{ts}\end{bmatrix}$$

来表示，其中 $a_{ij}(i=1,\ 2,\ \cdots,\ t;\ j=1,\ 2,\ \cdots,\ s)$ 为此商品从产地 A_i 运到营销地 B_j 的数量.

例 3.2 设有 n 个未知量的线性方程组

$$\begin{cases}a_{11}x_1+a_{12}x_2+\cdots+a_{1n}x_n=b_1\\a_{21}x_1+a_{22}x_2+\cdots+a_{2n}x_n=b_2\\\qquad\qquad\vdots\\a_{m1}x_1+a_{m2}x_2+\cdots+a_{mn}x_n=b_m\end{cases}$$

其未知量的系数构成一个矩阵：

$$\boldsymbol{A}=\begin{bmatrix}a_{11}&a_{12}&\cdots&a_{1n}\\a_{21}&a_{22}&\cdots&a_{2n}\\\vdots&\vdots&&\vdots\\a_{m1}&a_{m2}&\cdots&a_{mn}\end{bmatrix}$$

常数项构成一个矩阵：

$$\boldsymbol{b}=\begin{bmatrix}b_1\\b_2\\\vdots\\b_m\end{bmatrix}$$

未知量构成一个矩阵：

$$X = \begin{bmatrix} x_1 \\ x_2 \\ \vdots \\ x_n \end{bmatrix}$$

下面介绍几种特殊的矩阵.

如果方阵 $\boldsymbol{A}$ 不在主对角线上的元素全为零，则 $\boldsymbol{A}$ 称为对角阵. 对角阵

$$\boldsymbol{A} = \begin{bmatrix} \lambda_1 & 0 & \cdots & 0 \\ 0 & \lambda_2 & \cdots & 0 \\ \vdots & \vdots & & \vdots \\ 0 & 0 & \cdots & \lambda_n \end{bmatrix}$$

也记作 $\boldsymbol{A}=\mathrm{diag}(\lambda_1, \lambda_2, \cdots, \lambda_n)$.

(1) 若 n 阶对角阵中的主对角线元素都是 1，则称该方阵为 n 阶单位阵，记为 $\boldsymbol{E}_n$ 或$\boldsymbol{E}$，即

$$\begin{bmatrix} 1 & 0 & \cdots & 0 \\ 0 & 1 & \cdots & 0 \\ \vdots & \vdots & & \vdots \\ 0 & 0 & \cdots & 1 \end{bmatrix} = \boldsymbol{E}_n$$

(2) 在 n 阶方阵中，如果主对角线左下方的元素全为零，即 $i>j$ 时，$a_{ij}=0$ $(j=1, 2, \cdots, n-1)$，则这种矩阵称为上三角矩阵. 如

$$\begin{bmatrix} -1 & 1 & 0 & 1 \\ 0 & 2 & 1 & 3 \\ 0 & 0 & -1 & 2 \\ 0 & 0 & 0 & 4 \end{bmatrix}$$

若主对角线右上方元素全为零，即 $i<j$ 时，$a_{ij}=0$ $(j=2, 3, \cdots, n)$，则称此矩阵为下三角矩阵. 如

$$\begin{bmatrix} x & 0 & 0 \\ 0 & 1 & 0 \\ 2 & 1 & -1 \end{bmatrix}$$

3.2 矩阵的运算

定义 3.2 设有同型矩阵 $\boldsymbol{A}=(a_{ij})_{m\times n}$，$\boldsymbol{B}=(b_{ij})_{m\times n}$，若矩阵

$$\boldsymbol{C} = (c_{ij})_{m\times n} = (a_{ij}+b_{ij})_{m\times n}$$

则 $\boldsymbol{C}$ 称为矩阵 $\boldsymbol{A}$ 与 $\boldsymbol{B}$ 的和，记为 $\boldsymbol{C}=\boldsymbol{A}+\boldsymbol{B}$.

应该注意，只有两个同型矩阵才能进行加法运算.

例 3.3 设 $\boldsymbol{A}=\begin{bmatrix} -1 & 2 & 1 \\ 0 & 1 & -1 \end{bmatrix}$，$\boldsymbol{B}=\begin{bmatrix} 2 & 0 & -1 \\ 2 & 1 & 3 \end{bmatrix}$，求 $\boldsymbol{A}+\boldsymbol{B}$.

解 $$A+B=\begin{bmatrix}-1+2 & 2+0 & 1+(-1)\\ 0+2 & 1+1 & -1+3\end{bmatrix}=\begin{bmatrix}1 & 2 & 0\\ 2 & 2 & 2\end{bmatrix}$$

矩阵加法满足下列运算规律(设 $\boldsymbol{A}$, $\boldsymbol{B}$, $\boldsymbol{C}$ 都是 $m\times n$ 矩阵):

(1) $\boldsymbol{A}+\boldsymbol{B}=\boldsymbol{B}+\boldsymbol{A}$;

(2) $(\boldsymbol{A}+\boldsymbol{B})+\boldsymbol{C}=\boldsymbol{A}+(\boldsymbol{B}+\boldsymbol{C})$.

设矩阵 $\boldsymbol{A}=(a_{ij})$,记

$$-\boldsymbol{A}=(-a_{ij})$$

$-\boldsymbol{A}$ 称为矩阵 $\boldsymbol{A}$ 的负矩阵. 显然有

$$\boldsymbol{A}+(-\boldsymbol{A})=\boldsymbol{O}$$

由此,规定矩阵的减法为

$$\boldsymbol{A}-\boldsymbol{B}=\boldsymbol{A}+(-\boldsymbol{B})$$

定义 3.3 数 λ 与矩阵 $\boldsymbol{A}$ 的乘积记作 $\lambda\boldsymbol{A}$ 或 $\boldsymbol{A}\lambda$,规定为

$$\lambda\boldsymbol{A}=\boldsymbol{A}\lambda=\begin{bmatrix}\lambda a_{11} & \lambda a_{12} & \cdots & \lambda a_{1n}\\ \lambda a_{21} & \lambda a_{22} & \cdots & \lambda a_{2n}\\ \vdots & \vdots & & \vdots\\ \lambda a_{m1} & \lambda a_{m2} & \cdots & \lambda a_{mn}\end{bmatrix}$$

数乘矩阵满足下列运算规律(设 $\boldsymbol{A}$, $\boldsymbol{B}$ 为 $m\times n$ 矩阵,λ, μ 为数):

(1) $(\lambda\mu)\boldsymbol{A}=\lambda(\mu\boldsymbol{A})$;

(2) $(\lambda+\mu)\boldsymbol{A}=\lambda\boldsymbol{A}+\mu\boldsymbol{A}$;

(3) $\lambda(\boldsymbol{A}+\boldsymbol{B})=\lambda\boldsymbol{A}+\lambda\boldsymbol{B}$.

矩阵相加与数乘矩阵,统称为矩阵的线性运算.

在给出矩阵乘法定义之前,先看一个引出矩阵乘法的问题.

设 x_1, x_2, x_3, x_4 和 y_1, y_2, y_3 是两组变量,它们之间的关系为

$$\begin{cases}x_1=a_{11}y_1+a_{12}y_2+a_{13}y_3\\ x_2=a_{21}y_1+a_{22}y_2+a_{23}y_3\\ x_3=a_{31}y_1+a_{32}y_2+a_{33}y_3\\ x_4=a_{41}y_1+a_{42}y_2+a_{43}y_3\end{cases}\tag{3-1}$$

又如 z_1, z_2 是第三组变量,它们与 y_1, y_2, y_3 的关系为

$$\begin{cases}y_1=b_{11}z_1+b_{12}z_2\\ y_2=b_{21}z_1+b_{22}z_2\\ y_3=b_{31}z_1+b_{32}z_2\end{cases}\tag{3-2}$$

由方程组(3-1)与方程组(3-2)不难看出 x_1, x_2, x_3, x_4 与 z_1, z_2 的关系:

$$\begin{aligned}x_i&=\sum_{k=1}^{3}a_{ik}y_k=\sum_{k=1}^{3}a_{ik}\Big(\sum_{j=1}^{2}b_{kj}z_j\Big)=\sum_{k=1}^{3}\sum_{j=1}^{2}a_{ik}b_{kj}z_j\\ &=\sum_{j=1}^{2}\sum_{k=1}^{3}a_{ik}b_{kj}z_j\\ &=\sum_{j=1}^{2}\Big(\sum_{k=1}^{3}a_{ik}b_{kj}\Big)z_j\quad(i=1,2,3,4)\end{aligned}\tag{3-3}$$

如果我们用

$$x_i = \sum_{j=1}^{2} c_{ij} z_j \quad (i = 1, 2, 3, 4) \tag{3-4}$$

来表示 x_1，x_2，x_3，x_4 与 z_1，z_2 的关系，比较式(3-3)，式(3-4)，就有

$$c_{ij} = \sum_{k=1}^{3} a_{ik} b_{kj} \quad (i = 1, 2, 3, 4;\ j = 1, 2) \tag{3-5}$$

用矩阵来表示，如果矩阵

$$\boldsymbol{A} = (a_{ik})_{4\times3},\ \boldsymbol{B} = (b_{kj})_{3\times2}$$

分别表示变量 x_1，x_2，x_3，x_4 与 y_1，y_2，y_3 以及 y_1，y_2，y_3 与 z_1，z_2 之间的关系，那么表示 x_1，x_2，x_3，x_4 与 z_1，z_2 之间关系的矩阵

$$\boldsymbol{C} = (c_{ij})_{4\times2}$$

就由公式(3-5)决定. 矩阵 $\boldsymbol{C}$ 称为矩阵 $\boldsymbol{A}$ 与 $\boldsymbol{B}$ 的乘积，记为

$$\boldsymbol{C} = \boldsymbol{AB}$$

一般地，我们有：

定义 3.4 设 $\boldsymbol{A}=(a_{ij})_{m\times s}$，$\boldsymbol{B}=(b_{ij})_{s\times n}$，规定

$$\boldsymbol{C} = (c_{ij})_{m\times n}$$

其中

$$c_{ij}=a_{i1}b_{1j}+a_{i2}b_{2j}+\cdots+a_{is}b_{sj} \quad (i=1, 2, \cdots, m;\ j=1, 2, \cdots, n)$$

则矩阵 $\boldsymbol{C}$ 称为矩阵 $\boldsymbol{A}$ 与 $\boldsymbol{B}$ 的乘积，记作

$$\boldsymbol{C} = \boldsymbol{AB}$$

由定义 3.4 可见：

(1) 只有当左边矩阵 $\boldsymbol{A}$ 的列数与右边矩阵 $\boldsymbol{B}$ 的行数相同时，两矩阵才能相乘；

(2) 乘积 $\boldsymbol{AB}$ 的行数等于 $\boldsymbol{A}$ 的行数，列数等于 $\boldsymbol{B}$ 的列数；

(3) 乘积矩阵 $\boldsymbol{AB}$ 的第 i 行第 j 列的元素 c_{ij} 等于 $\boldsymbol{A}$ 的第 i 行的元素与 $\boldsymbol{B}$ 的第 j 列对应元素的乘积之和.

例 3.4 设 $\boldsymbol{A}=\begin{bmatrix}0 & 1 & 1\\ 3 & -1 & 2\end{bmatrix}$，$\boldsymbol{B}=\begin{bmatrix}-1\\ 2\\ 4\end{bmatrix}$，求 $\boldsymbol{AB}$.

解

$$\begin{aligned}\boldsymbol{AB} &= \begin{bmatrix}0 & 1 & 1\\ 3 & -1 & 2\end{bmatrix}\begin{bmatrix}-1\\ 2\\ 4\end{bmatrix}\\ &= \begin{bmatrix}0\times(-1)+1\times2+1\times4\\ 3\times(-1)+(-1)\times2+2\times4\end{bmatrix}=\begin{bmatrix}6\\ 3\end{bmatrix}\end{aligned}$$

例 3.5 设矩阵 $\boldsymbol{A}=\begin{bmatrix}2 & -3\\ 4 & -6\end{bmatrix}$，$\boldsymbol{B}=\begin{bmatrix}2 & -1\\ -2 & 1\end{bmatrix}$，求矩阵 $\boldsymbol{AB}$ 和 $\boldsymbol{BA}$.

解

$$\boldsymbol{AB} = \begin{bmatrix}2 & -3\\ 4 & -6\end{bmatrix}\begin{bmatrix}2 & -1\\ -2 & 1\end{bmatrix}=\begin{bmatrix}10 & -5\\ 20 & -10\end{bmatrix}$$

$$\boldsymbol{BA} = \begin{bmatrix}2 & -1\\ -2 & 1\end{bmatrix}\begin{bmatrix}2 & -3\\ 4 & -6\end{bmatrix}=\begin{bmatrix}0 & 0\\ 0 & 0\end{bmatrix}$$

从例3.5可以看出，矩阵的乘法不满足交换律. 例3.5还表明，矩阵 $\boldsymbol{A}\neq\boldsymbol{O}$, $\boldsymbol{B}\neq\boldsymbol{O}$，但却有 $\boldsymbol{BA}=\boldsymbol{O}$. 从而，若有两个矩阵 $\boldsymbol{A}$，$\boldsymbol{B}$ 满足 $\boldsymbol{AB}=\boldsymbol{O}$，不能得出 $\boldsymbol{A}=\boldsymbol{O}$ 或 $\boldsymbol{B}=\boldsymbol{O}$ 的结论；若 $\boldsymbol{A}\neq\boldsymbol{O}$ 而 $\boldsymbol{A}(\boldsymbol{X}-\boldsymbol{Y})=\boldsymbol{O}$，也不能得出 $\boldsymbol{X}=\boldsymbol{Y}$ 的结论；由 $\boldsymbol{AC}=\boldsymbol{BC}$ 不能推出 $\boldsymbol{A}=\boldsymbol{B}$. 例如

$$\begin{bmatrix}2 & -2\\-1 & 1\end{bmatrix}\begin{bmatrix}2 & 4\\1 & 2\end{bmatrix}=\begin{bmatrix}1 & 0\\0 & -1\end{bmatrix}\begin{bmatrix}2 & 4\\1 & 2\end{bmatrix}$$

但 $\begin{bmatrix}2 & -2\\-1 & 1\end{bmatrix}\neq\begin{bmatrix}1 & 0\\0 & -1\end{bmatrix}$.

矩阵的乘积虽然不满足交换律，但是仍满足下列运算规律(假设运算都是可行的)：

(1) $(\boldsymbol{AB})\boldsymbol{C}=\boldsymbol{A}(\boldsymbol{BC})$；

(2) $\lambda(\boldsymbol{AB})=(\lambda\boldsymbol{A})\boldsymbol{B}=\boldsymbol{A}(\lambda\boldsymbol{B})$ (其中 λ 为数)；

(3) $\boldsymbol{A}(\boldsymbol{B}+\boldsymbol{C})=\boldsymbol{AB}+\boldsymbol{AC}$，$(\boldsymbol{B}+\boldsymbol{C})\boldsymbol{A}=\boldsymbol{BA}+\boldsymbol{CA}$.

对于单位矩阵 $\boldsymbol{E}$，容易验证

$$\boldsymbol{E}_m\boldsymbol{A}_{m\times n}=\boldsymbol{A}_{m\times n},\quad \boldsymbol{A}_{m\times n}\boldsymbol{E}_n=\boldsymbol{A}_{m\times n}$$

或简写成

$$\boldsymbol{EA}=\boldsymbol{AE}=\boldsymbol{A}$$

可见单位矩阵 $\boldsymbol{E}$ 在矩阵乘法中的作用类似于数1在数的乘法中的作用.

有了矩阵的乘法，就可以定义矩阵的幂. 设 $\boldsymbol{A}$ 是 n 阶方阵，定义

$$\boldsymbol{A}^1=\boldsymbol{A},\ \boldsymbol{A}^2=\boldsymbol{A}^1\boldsymbol{A}^1,\ \cdots,\ \boldsymbol{A}^{k+1}=\boldsymbol{A}^k\boldsymbol{A}^1$$

其中 k 为正整数，即 $\boldsymbol{A}^k$ 就是 k 个 $\boldsymbol{A}$ 连乘. 显然只有 $\boldsymbol{A}$ 为方阵时，它的幂才有意义.

由于矩阵的乘法满足结合律，因此

$$\boldsymbol{A}^k\boldsymbol{A}^l=\boldsymbol{A}^{k+l},\quad (\boldsymbol{A}^k)^l=\boldsymbol{A}^{kl}$$

其中 k，l 为正整数. 又因为矩阵乘法一般不满足交换律，所以对于两个 n 阶矩阵 $\boldsymbol{A}$ 与 $\boldsymbol{B}$，一般说来 $(\boldsymbol{AB})^k\neq\boldsymbol{A}^k\boldsymbol{B}^k$.

根据矩阵乘法的定义，上节例3.2中的线性方程组可写为 $\boldsymbol{AX}=\boldsymbol{b}$.

设 $f(x)=a_0+a_1x+a_2x^2+\cdots+a_mx^m$ 为 m 次多项式，$\boldsymbol{A}$ 为一 n 阶方阵，则称

$$f(\boldsymbol{A})=a_0\boldsymbol{E}_n+a_1\boldsymbol{A}+\cdots+a_m\boldsymbol{A}^m$$

为方阵 $\boldsymbol{A}$ 的多项式.

例 3.6 已知矩阵 $\boldsymbol{A}=\begin{bmatrix}1 & -2\\1 & 4\end{bmatrix}$，$f(x)=x^2-5x+4$，计算 $f(\boldsymbol{A})$.

解 由题意知

$$\begin{aligned}f(\boldsymbol{A})&=\boldsymbol{A}^2-5\boldsymbol{A}+4\boldsymbol{E}\\&=\begin{bmatrix}1 & -2\\1 & 4\end{bmatrix}^2-5\begin{bmatrix}1 & -2\\1 & 4\end{bmatrix}+4\begin{bmatrix}1 & 0\\0 & 1\end{bmatrix}\\&=\begin{bmatrix}-1 & -10\\5 & 14\end{bmatrix}-\begin{bmatrix}5 & -10\\5 & 20\end{bmatrix}+\begin{bmatrix}4 & 0\\0 & 4\end{bmatrix}\\&=\begin{bmatrix}-2 & 0\\0 & -2\end{bmatrix}\end{aligned}$$

例 3.7 计算$\begin{bmatrix}1 & -1\\0 & 1\end{bmatrix}^n$.

解 由题意得

$$\begin{bmatrix}1 & -1\\0 & 1\end{bmatrix}^2=\begin{bmatrix}1 & -1\\0 & 1\end{bmatrix}\begin{bmatrix}1 & -1\\0 & 1\end{bmatrix}=\begin{bmatrix}1 & -2\\0 & 1\end{bmatrix}$$

$$\begin{bmatrix}1 & -1\\0 & 1\end{bmatrix}^3=\begin{bmatrix}1 & -1\\0 & 1\end{bmatrix}^2\begin{bmatrix}1 & -1\\0 & 1\end{bmatrix}=\begin{bmatrix}1 & -2\\0 & 1\end{bmatrix}\begin{bmatrix}1 & -1\\0 & 1\end{bmatrix}=\begin{bmatrix}1 & -3\\0 & 1\end{bmatrix}$$

一般地，用数学归纳法可证

$$\begin{bmatrix}1 & -1\\0 & 1\end{bmatrix}^n=\begin{bmatrix}1 & -n\\0 & 1\end{bmatrix}$$

例 3.8 求满足$\boldsymbol{A}^2=\boldsymbol{E}$的一切二阶方阵$\boldsymbol{A}$.

解 设$\boldsymbol{A}=\begin{bmatrix}a & b\\c & d\end{bmatrix}$，由$\boldsymbol{A}^2=\boldsymbol{E}$，即$\begin{bmatrix}a & b\\c & d\end{bmatrix}\begin{bmatrix}a & b\\c & d\end{bmatrix}=\begin{bmatrix}1 & 0\\0 & 1\end{bmatrix}$，即

$$\begin{cases}a^2+bc=1\\ab+bd=0\\ac+cd=0\\bc+d^2=1\end{cases}$$

得出$a^2=d^2$，$a=\pm d$.

分情况讨论：

(1) 当$a=d$时，即$ab=0$，$ac=0$，

① 当$a=0$时，$\boldsymbol{A}$为形如$\begin{bmatrix}0 & b\\c & 0\end{bmatrix}$，$bc=1$；

② 当$a\neq 0$时，$\boldsymbol{A}$为形如$\begin{bmatrix}\pm 1 & 0\\0 & \pm 1\end{bmatrix}$，$a^2=1$.

(2) 当$a=-d$时，即$\boldsymbol{A}$为形如$\begin{bmatrix}a & b\\c & -a\end{bmatrix}$，$a^2+bc=1$，最后合并即可.

定义 3.5 把矩阵$\boldsymbol{A}$的行换成同序数的列得到一个新矩阵，叫做$\boldsymbol{A}$的转置矩阵，记作$\boldsymbol{A}^{\mathrm{T}}$. 例如矩阵

$$\boldsymbol{A}=\begin{bmatrix}1 & 2 & 0\\4 & -1 & 1\end{bmatrix}$$

的转置矩阵为

$$\boldsymbol{A}^{\mathrm{T}}=\begin{bmatrix}1 & 4\\2 & -1\\0 & 1\end{bmatrix}$$

矩阵的转置也是一种运算，满足下述运算规律(假设运算都是可行的)：

(1) $(\boldsymbol{A}^{\mathrm{T}})^{\mathrm{T}}=\boldsymbol{A}$；

(2) $(\boldsymbol{A}+\boldsymbol{B})^{\mathrm{T}}=\boldsymbol{A}^{\mathrm{T}}+\boldsymbol{B}^{\mathrm{T}}$；

(3) $(\lambda\boldsymbol{A})^{\mathrm{T}}=\lambda\boldsymbol{A}^{\mathrm{T}}$；

(4) $(\boldsymbol{A}\boldsymbol{B})^{\mathrm{T}}=\boldsymbol{B}^{\mathrm{T}}\boldsymbol{A}^{\mathrm{T}}$.

这里仅证明(4). 设 $A=(a_{ij})_{m\times s}$, $B=(b_{ij})_{s\times n}$, 记 $AB=C=(c_{ij})_{m\times n}$, $B^TA^T=D=(d_{ij})_{n\times m}$. 于是利用矩阵乘法的定义, 有

$$c_{ji}=\sum_{k=1}^{s}a_{jk}b_{ki}$$

而 B^T 的第 i 行为$(b_{1i}, \cdots, b_{si})$, A^T 的第 j 列为$(a_{j1}, \cdots, a_{js})^T$, 因此

$$d_{ij}=\sum_{k=1}^{s}b_{ki}a_{jk}=\sum_{k=1}^{s}a_{jk}b_{ki}$$

故而
$$d_{ij}=c_{ji}\quad (i=1, 2, \cdots, n;\ j=1, 2, \cdots, m)$$

即 $D=C^T$, 亦即

$$B^TA^T=(AB)^T$$

设 A 为 n 阶方阵, 如果满足 $A^T=A$, 即

$$a_{ij}=a_{ji}\quad (i, j=1, 2, \cdots, n)$$

那么 A 称为对称矩阵;

如果满足 $A^T=-A$, 即

$$a_{ij}=-a_{ji}\quad (i, j=1, 2, \cdots, n)$$

那么 A 称为反对称矩阵.

对称矩阵的特点是:它的元素以主对角线为对称轴对应相等. 反对称矩阵的特点是:以主对角线为对称轴的对应元素绝对值相等, 符号相反, 且主对角线上各元素为 0. 例如

$$A=\begin{bmatrix}1 & -2 & 3\\ -2 & 1 & 0\\ 3 & 0 & 1\end{bmatrix},\quad B=\begin{bmatrix}0 & 1 & -2\\ 1 & 0 & -1\\ -2 & -1 & 0\end{bmatrix}$$

均为对称矩阵.

例 3.9 设 A 是 n 阶方阵, 证明: AA^T 是对称矩阵.

证明 由转置矩阵的性质得

$$(AA^T)^T=(A^T)^TA^T=AA^T$$

故 AA^T 是对称矩阵.

例 3.10 设 A 与 B 是两个 n 阶反对称矩阵, 证明: 当且仅当 $AB=-BA$ 时, AB 是反对称矩阵.

证明 因为 A 与 B 是 n 阶反对称矩阵, 所以 $A^T=-A$, $B^T=-B$. 若 $AB=-BA$, 则 $(AB)^T=B^TA^T=-B(-A)=BA=-AB$, 即 AB 是反对称矩阵. 反之, 若 AB 是反对称矩阵, 即 $(AB)^T=-AB$, 则 $AB=-(AB)^T=-B^TA^T=-(-B)(-A)=-BA$.

定义 3.6 由 n 阶方阵 A 的元素所构成的行列式(各元素的位置不变), 称为方阵 A 的行列式, 记作 $|A|$ 或 $\det A$.

应该注意, 方阵与行列式是两个不同的概念, n 阶方阵是 n^2 个数按一定方式排成的数表, 而 n 阶行列式则是这些数(也就是数表 A)按一定的运算法则所确定的一个数.

例 3.11 设 $A=\begin{bmatrix}1 & 2\\ -1 & 0\end{bmatrix}$, $B=\begin{bmatrix}3 & 1\\ -1 & 2\end{bmatrix}$, 求 $|A||B|$, $|AB|$.

解 因为

$$|A|=\begin{vmatrix}1 & 2\\ -1 & 0\end{vmatrix}=2,\quad |B|=\begin{vmatrix}3 & 1\\ -1 & 2\end{vmatrix}=7$$

所以，$|\boldsymbol{A}||\boldsymbol{B}|=14$. 又因为

$$\boldsymbol{AB}=\begin{bmatrix}1 & 2\\ -1 & 0\end{bmatrix}\begin{bmatrix}3 & 1\\ -1 & 2\end{bmatrix}=\begin{bmatrix}1 & 5\\ -3 & -1\end{bmatrix}$$

所以
$$|\boldsymbol{AB}|=\begin{vmatrix}1 & 5\\ -3 & -1\end{vmatrix}=14$$

从此例可观察到

$$|\boldsymbol{AB}|=|\boldsymbol{A}||\boldsymbol{B}|$$

对于 n 阶矩阵 $\boldsymbol{A}$，$\boldsymbol{B}$，一般来说 $\boldsymbol{AB}\neq\boldsymbol{BA}$，但总有 $|\boldsymbol{AB}|=|\boldsymbol{BA}|$.

由 $\boldsymbol{A}$ 确定 $|\boldsymbol{A}|$ 的这个运算满足下述运算规律(设 $\boldsymbol{A}$，$\boldsymbol{B}$ 为 n 阶方阵，λ 为数)

(1) $|\boldsymbol{A}^{\mathrm{T}}|=|\boldsymbol{A}|$(行列式性质 1)；

(2) $|\lambda\boldsymbol{A}|=\lambda^n|\boldsymbol{A}|$；

(3) $|\boldsymbol{AB}|=|\boldsymbol{A}||\boldsymbol{B}|$.

例 3.12 设 $\boldsymbol{A}$ 为奇数阶反对称矩阵，证明：$|\boldsymbol{A}|=0$.

证明 由假设知 $\boldsymbol{A}^{\mathrm{T}}=-\boldsymbol{A}$，那么当 n 为奇数时，有

$$|\boldsymbol{A}^{\mathrm{T}}|=|-\boldsymbol{A}|=(-1)^n|\boldsymbol{A}|=-|\boldsymbol{A}|$$

又因为 $|\boldsymbol{A}^{\mathrm{T}}|=|\boldsymbol{A}|$，所以 $|\boldsymbol{A}|=-|\boldsymbol{A}|$，从而 $|\boldsymbol{A}|=0$.

当 $\boldsymbol{A}=(a_{ij})$ 为复矩阵时，用 $\overline{a_{ij}}$ 表示 a_{ij} 的共轭复数，记

$$\overline{\boldsymbol{A}}=(\overline{a_{ij}})$$

$\overline{\boldsymbol{A}}$ 称为 $\boldsymbol{A}$ 的共轭矩阵.

共轭矩阵满足下述运算规律(设 $\boldsymbol{A}$，$\boldsymbol{B}$ 为复矩阵，λ 为复数，且运算都是可行的)：

(1) $\overline{\boldsymbol{A}+\boldsymbol{B}}=\overline{\boldsymbol{A}}+\overline{\boldsymbol{B}}$；

(2) $\overline{\lambda\boldsymbol{A}}=\overline{\lambda}\,\overline{\boldsymbol{A}}$；

(3) $\overline{\boldsymbol{AB}}=\overline{\boldsymbol{A}}\,\overline{\boldsymbol{B}}$.

3.3 逆 矩 阵

在数的乘法中，若 $a\neq0$，则必有唯一的数 $a^{-1}\neq0$，使 $a^{-1}a=aa^{-1}=1$. 在矩阵的运算中也有类似情形.

定义 3.7 对于 n 阶矩阵 $\boldsymbol{A}$，如果存在 n 阶矩阵 $\boldsymbol{B}$，使

$$\boldsymbol{AB}=\boldsymbol{BA}=\boldsymbol{E}$$

则称矩阵 $\boldsymbol{A}$ 是可逆的，并把矩阵 $\boldsymbol{B}$ 称为矩阵 $\boldsymbol{A}$ 的逆矩阵.

如果矩阵 $\boldsymbol{A}$ 是可逆的，那么 $\boldsymbol{A}$ 的逆矩阵是唯一的. 这是因为：设 $\boldsymbol{B}$，$\boldsymbol{C}$ 都是 $\boldsymbol{A}$ 的逆矩阵，则

$$\boldsymbol{AB}=\boldsymbol{BA}=\boldsymbol{E},\ \boldsymbol{AC}=\boldsymbol{CA}=\boldsymbol{E}$$

那么

$$\boldsymbol{B}=\boldsymbol{BE}=\boldsymbol{B}(\boldsymbol{AC})=(\boldsymbol{BA})\boldsymbol{C}=\boldsymbol{EC}=\boldsymbol{C}$$

所以 $\boldsymbol{A}$ 的逆矩阵是唯一的.

若 $\boldsymbol{A}$ 可逆，则 $\boldsymbol{A}$ 的逆矩阵记作 $\boldsymbol{A}^{-1}$，即若 $\boldsymbol{AB}=\boldsymbol{BA}=\boldsymbol{E}$，则 $\boldsymbol{B}=\boldsymbol{A}^{-1}$.

定理 3.1　若矩阵 $\boldsymbol{A}$ 可逆，则 $|\boldsymbol{A}|\neq 0$.

证明　若 $\boldsymbol{A}$ 可逆，即 $\boldsymbol{A}^{-1}$ 存在，使 $\boldsymbol{AA}^{-1}=\boldsymbol{E}$，故 $|\boldsymbol{A}|\cdot|\boldsymbol{A}^{-1}|=|\boldsymbol{E}|=1$，因此 $|\boldsymbol{A}|\neq 0$.

对于方阵 $\boldsymbol{A}$，$|\boldsymbol{A}|$ 的各元素的代数余子式 A_{ij} 所构成的如下方阵

$$\boldsymbol{A}^* = \begin{bmatrix} A_{11} & A_{21} & \cdots & A_{n1} \\ A_{12} & A_{22} & \cdots & A_{n2} \\ \vdots & \vdots & & \vdots \\ A_{1n} & A_{2n} & \cdots & A_{nn} \end{bmatrix}$$

称为方阵 $\boldsymbol{A}$ 的伴随矩阵.

例 3.13　求 $\boldsymbol{A}=\begin{bmatrix} 2 & 5 \\ 1 & 8 \end{bmatrix}$ 的伴随矩阵 $\boldsymbol{A}^*$.

解　因为

$$A_{11}=8, \quad A_{21}=-5, \quad A_{12}=-1, \quad A_{22}=2$$

所以

$$\boldsymbol{A}^* = \begin{bmatrix} 8 & -5 \\ -1 & 2 \end{bmatrix}$$

定理 3.2　若 $|\boldsymbol{A}|\neq 0$，则矩阵 $\boldsymbol{A}$ 可逆，且

$$\boldsymbol{A}^{-1} = \frac{1}{|\boldsymbol{A}|}\boldsymbol{A}^*$$

其中 $\boldsymbol{A}^*$ 为矩阵 $\boldsymbol{A}$ 的伴随矩阵.

证明　设 $\boldsymbol{A}=(a_{ij})$，记 $\boldsymbol{AA}^*=(b_{ij})$，则

$$b_{ij} = a_{i1}A_{j1}+a_{i2}A_{j2}+\cdots+a_{in}A_{jn} = |\boldsymbol{A}|\delta_{ij}$$

其中 $\delta_{ij}=\begin{cases} 1, & i=j, \\ 0, & i\neq j. \end{cases}$

故

$$\boldsymbol{AA}^* = (|\boldsymbol{A}|\delta_{ij}) = |\boldsymbol{A}|(\delta_{ij}) = |\boldsymbol{A}|\boldsymbol{E}$$

类似地

$$\boldsymbol{A}^*\boldsymbol{A} = |\boldsymbol{A}|\boldsymbol{E}$$

因为 $|\boldsymbol{A}|\neq 0$，故

$$\boldsymbol{A}\left(\frac{1}{|\boldsymbol{A}|}\boldsymbol{A}^*\right) = \left(\frac{1}{|\boldsymbol{A}|}\boldsymbol{A}^*\right)\boldsymbol{A} = \boldsymbol{E}$$

所以，由逆矩阵的定义知 $\boldsymbol{A}$ 可逆，且

$$\boldsymbol{A}^{-1} = \frac{1}{|\boldsymbol{A}|}\boldsymbol{A}^*$$

通过上面的证明过程可知 $\boldsymbol{AA}^*=\boldsymbol{A}^*\boldsymbol{A}=|\boldsymbol{A}|\boldsymbol{E}$. 定理 3.2 也给出了求逆矩阵的公式.

由定理 3.2 可知，当 $ad-bc\neq 0$ 时，

$$\begin{bmatrix} a & b \\ c & d \end{bmatrix}^{-1} = \frac{1}{ad-bc}\begin{bmatrix} d & -b \\ -c & a \end{bmatrix}$$

当 $|\boldsymbol{A}|=0$ 时，$\boldsymbol{A}$ 称为奇异矩阵，否则称非奇异矩阵. 由定理 3.1，定理 3.2 可知：$\boldsymbol{A}$ 是可逆矩阵的充分必要条件是 $|\boldsymbol{A}|\neq 0$，即可逆矩阵就是非奇异矩阵.

例 3.14 设$\boldsymbol{A}=\begin{bmatrix}0 & 2 & -1\\ 1 & 1 & 2\\ -1 & -1 & -1\end{bmatrix}$，求$\boldsymbol{A}^{-1}$.

解 由于

$$|\boldsymbol{A}|=\begin{vmatrix}0 & 2 & -1\\ 1 & 1 & 2\\ -1 & -1 & -1\end{vmatrix}=\begin{vmatrix}0 & 2 & -1\\ 0 & 0 & 1\\ -1 & -1 & -1\end{vmatrix}=-2\neq 0$$

故$\boldsymbol{A}$可逆.

$$A_{11}=\begin{vmatrix}1 & 2\\ -1 & -1\end{vmatrix}=1;\ A_{12}=-\begin{vmatrix}1 & 2\\ -1 & -1\end{vmatrix}=-1;\ A_{13}=\begin{vmatrix}1 & 1\\ -1 & -1\end{vmatrix}=0$$

$$A_{21}=-\begin{vmatrix}2 & -1\\ -1 & -1\end{vmatrix}=3;\ A_{22}=\begin{vmatrix}0 & -1\\ -1 & -1\end{vmatrix}=-1;\ A_{23}=-\begin{vmatrix}0 & 2\\ -1 & -1\end{vmatrix}=-2$$

$$A_{31}=\begin{vmatrix}2 & -1\\ 1 & 2\end{vmatrix}=5;\ A_{32}=-\begin{vmatrix}0 & -1\\ 1 & 2\end{vmatrix}=-1;\ A_{33}=\begin{vmatrix}0 & 2\\ 1 & 1\end{vmatrix}=-2$$

于是

$$\boldsymbol{A}^{-1}=-\frac{1}{2}\begin{bmatrix}1 & 3 & 5\\ -1 & -1 & -1\\ 0 & -2 & -2\end{bmatrix}$$

由定理 3.2，可得下述推论.

推论 3.1 设$\boldsymbol{A}$、$\boldsymbol{B}$均为n阶方阵，且$\boldsymbol{AB}=\boldsymbol{E}$(或$\boldsymbol{BA}=\boldsymbol{E}$)，则$\boldsymbol{A}$、$\boldsymbol{B}$均可逆，且$\boldsymbol{A}^{-1}=\boldsymbol{B}$，$\boldsymbol{B}^{-1}=\boldsymbol{A}$.

证明 先证$\boldsymbol{A}$、$\boldsymbol{B}$可逆. 由$|\boldsymbol{A}||\boldsymbol{B}|=|\boldsymbol{AB}|=|\boldsymbol{E}|=1$，得$|\boldsymbol{A}|\neq 0$，$|\boldsymbol{B}|\neq 0$，因此$\boldsymbol{A}$、$\boldsymbol{B}$均可逆.

再证$\boldsymbol{A}^{-1}=\boldsymbol{B}$，用$\boldsymbol{A}^{-1}$左乘$\boldsymbol{AB}=\boldsymbol{E}$，得$\boldsymbol{B}=\boldsymbol{A}^{-1}$，同理$\boldsymbol{B}^{-1}=\boldsymbol{A}$.

推论 3.1 表明：要验证方阵$\boldsymbol{B}$是方阵$\boldsymbol{A}$的逆矩阵，只要验证$\boldsymbol{AB}=\boldsymbol{E}$或$\boldsymbol{BA}=\boldsymbol{E}$中的一个就可以了.

方阵的逆矩阵满足下述运算规律：

(1) 若$\boldsymbol{A}$可逆，则$\boldsymbol{A}^{-1}$亦可逆，且$(\boldsymbol{A}^{-1})^{-1}=\boldsymbol{A}$；

(2) 若$\boldsymbol{A}$可逆，数$\lambda\neq 0$，则$\lambda\boldsymbol{A}$可逆，且$(\lambda\boldsymbol{A})^{-1}=\frac{1}{\lambda}\boldsymbol{A}^{-1}$；

(3) 若$\boldsymbol{A}$，$\boldsymbol{B}$为同阶可逆矩阵，则$\boldsymbol{AB}$亦可逆，且$(\boldsymbol{AB})^{-1}=\boldsymbol{B}^{-1}\boldsymbol{A}^{-1}$；

(4) 若$\boldsymbol{A}$可逆，则$\boldsymbol{A}^{\mathrm{T}}$亦可逆，且$(\boldsymbol{A}^{\mathrm{T}})^{-1}=(\boldsymbol{A}^{-1})^{\mathrm{T}}$.

证明 (1)，(2)，(4)显然，下面证明(3).

由于

$$(\boldsymbol{AB})(\boldsymbol{B}^{-1}\boldsymbol{A}^{-1})=\boldsymbol{A}(\boldsymbol{BB}^{-1})\boldsymbol{A}^{-1}=\boldsymbol{AEA}^{-1}=\boldsymbol{AA}^{-1}=\boldsymbol{E}$$

故$\boldsymbol{AB}$可逆，且$(\boldsymbol{AB})^{-1}=\boldsymbol{B}^{-1}\boldsymbol{A}^{-1}$.

当$|\boldsymbol{A}|\neq 0$时，还可以定义

$$\boldsymbol{A}^{0}=\boldsymbol{E},\ \boldsymbol{A}^{-k}=(\boldsymbol{A}^{-1})^{k}$$

其中k为正整数.

这样，当 $|\boldsymbol{A}|\neq 0$，λ，μ 为整数时，

$$\boldsymbol{A}^{\lambda}\boldsymbol{A}^{\mu}=\boldsymbol{A}^{\lambda+\mu},\ (\boldsymbol{A}^{\lambda})^{\mu}=\boldsymbol{A}^{\lambda\mu}$$

例 3.15　设 $\boldsymbol{A}^3=3\boldsymbol{A}(\boldsymbol{A}-\boldsymbol{E})$，试证 $\boldsymbol{E}-\boldsymbol{A}$ 可逆，并求其逆矩阵.

解　由已知 $\boldsymbol{A}^3=3\boldsymbol{A}(\boldsymbol{A}-\boldsymbol{E})$ 可得，$\boldsymbol{A}^3-3\boldsymbol{A}^2+3\boldsymbol{A}=\boldsymbol{O}$，即

$$\boldsymbol{A}^3-3\boldsymbol{A}^2+3\boldsymbol{A}-\boldsymbol{E}=-\boldsymbol{E}$$

从而 $(\boldsymbol{E}-\boldsymbol{A})^3=\boldsymbol{E}$，因此，$\boldsymbol{E}-\boldsymbol{A}$ 可逆，且 $(\boldsymbol{E}-\boldsymbol{A})^{-1}=(\boldsymbol{E}-\boldsymbol{A})^2$.

例 3.16　若 $\boldsymbol{A}$，$\boldsymbol{B}$，$\boldsymbol{A}+\boldsymbol{B}$ 是可逆阵，则 $\boldsymbol{A}^{-1}+\boldsymbol{B}^{-1}$ 也可逆，并求其逆矩阵.

证明　由 $\boldsymbol{A}$，$\boldsymbol{B}$，$\boldsymbol{A}+\boldsymbol{B}$ 可逆，可得 $\boldsymbol{B}(\boldsymbol{A}^{-1}+\boldsymbol{B}^{-1})\boldsymbol{A}(\boldsymbol{A}+\boldsymbol{B})^{-1}=\boldsymbol{E}$，因此

$$(\boldsymbol{A}^{-1}+\boldsymbol{B}^{-1})\boldsymbol{A}(\boldsymbol{A}+\boldsymbol{B})^{-1}\boldsymbol{B}=\boldsymbol{E}$$

由推论 3.1 知 $\boldsymbol{A}^{-1}+\boldsymbol{B}^{-1}$ 可逆，且 $(\boldsymbol{A}^{-1}+\boldsymbol{B}^{-1})^{-1}=\boldsymbol{A}(\boldsymbol{A}+\boldsymbol{B})^{-1}\boldsymbol{B}$.

例 3.17　设 $\boldsymbol{A}=\begin{bmatrix}2&5\\1&3\end{bmatrix}$，$\boldsymbol{B}=\begin{bmatrix}4&-6\\2&1\end{bmatrix}$，求矩阵 $\boldsymbol{X}$ 满足 $\boldsymbol{AX}=\boldsymbol{B}$.

解　由于 $|\boldsymbol{A}|=1\neq 0$，故 $\boldsymbol{A}$ 可逆，且

$$\boldsymbol{A}^{-1}=\begin{bmatrix}3&-5\\-1&2\end{bmatrix}$$

故

$$\boldsymbol{X}=\boldsymbol{A}^{-1}\boldsymbol{B}=\begin{bmatrix}3&-5\\-1&2\end{bmatrix}\begin{bmatrix}4&-6\\2&1\end{bmatrix}=\begin{bmatrix}2&-23\\0&8\end{bmatrix}$$

3.4　矩阵的初等变换与初等矩阵

矩阵的初等变换是矩阵的又一种基本运算，它有着广泛的应用.

定义 3.8　下面三种变换称为矩阵的初等行变换：

(1) 对调两行(对调 i，j 两行，记作 $r_i\leftrightarrow r_j$)；

(2) 以数 $k\neq 0$ 乘某一行中的所有元素(第 i 行乘 k，记作 $r_i\times k$)；

(3) 把某一行所有元素的 k 倍加到另一行对应的元素上去(第 j 行的 k 倍加到第 i 行上，记作 r_i+kr_j).

把定义 3.8 中的“行”换成“列”，即得矩阵的初等列变换的定义(所用记号是把“r”换成“c”). 矩阵的初等行变换与初等列变换，统称为矩阵的初等变换.

如果矩阵 $\boldsymbol{A}$ 经过有限次初等变换变成矩阵 $\boldsymbol{B}$，那么称矩阵 $\boldsymbol{A}$ 与 $\boldsymbol{B}$ 等价，记作 $\boldsymbol{A}\sim\boldsymbol{B}$.

矩阵之间的等价具有如下性质：

(1) 反身性：$\boldsymbol{A}\sim\boldsymbol{A}$；

(2) 对称性：若 $\boldsymbol{A}\sim\boldsymbol{B}$，则 $\boldsymbol{B}\sim\boldsymbol{A}$；

(3) 传递性：若 $\boldsymbol{A}\sim\boldsymbol{B}$，$\boldsymbol{B}\sim\boldsymbol{C}$，则 $\boldsymbol{A}\sim\boldsymbol{C}$.

数学中把具有上述三条性质的关系称为等价关系.

定义 3.9　由单位矩阵 $\boldsymbol{E}$ 经过一次初等变换得到的矩阵称为初等矩阵.

三种初等变换对应着三种初等矩阵.

1. 对调两行或对调两列

把单位矩阵中第 i, j 两行对调(或第 i, j 两列对调), 得初等矩阵

$$
\boldsymbol{E}(i,\ j)=\begin{bmatrix}
1 & & & & & & & & \\
 & \ddots & & & & & & & \\
 & & 1 & & & & & & \\
 & & & 0 & \cdots & 1 & & & \\
 & & & & 1 & & & & \\
 & & & \vdots & \ddots & \vdots & & & \\
 & & & & 1 & & & & \\
 & & & 1 & \cdots & 0 & & & \\
 & & & & & & 1 & & \\
 & & & & & & & \ddots & \\
 & & & & & & & & 1
\end{bmatrix}
\begin{matrix} \\ \\ \\ \leftarrow \text{第 } i \text{ 行} \\ \\ \\ \\ \leftarrow \text{第 } j \text{ 行} \\ \\ \\ \\ \end{matrix}
$$

用 m 阶初等矩阵 $\boldsymbol{E}_m(i,\ j)$左乘矩阵 $\boldsymbol{A}=(a_{ij})_{m\times n}$, 得

$$
\boldsymbol{E}_m(i,\ j)\boldsymbol{A}=\begin{bmatrix}
a_{11} & a_{12} & \cdots & a_{1n} \\
\vdots & \vdots & & \vdots \\
a_{j1} & a_{j2} & \cdots & a_{jn} \\
\vdots & \vdots & & \vdots \\
a_{i1} & a_{i2} & \cdots & a_{in} \\
\vdots & \vdots & & \vdots \\
a_{m1} & a_{m2} & \cdots & a_{mn}
\end{bmatrix}
\begin{matrix} \\ \\ \leftarrow \text{第 } i \text{ 行} \\ \\ \leftarrow \text{第 } j \text{ 行} \\ \\ \\ \end{matrix}
$$

其结果相当于对矩阵 $\boldsymbol{A}$ 施行第一种初等行变换: 把 $\boldsymbol{A}$ 的第 i 行与第 j 行对调($r_i\leftrightarrow r_j$). 类似地, 以 n 阶初等矩阵 $\boldsymbol{E}_n(i,\ j)$右乘矩阵 $\boldsymbol{A}$, 其结果相当于对矩阵 $\boldsymbol{A}$ 施行第一种初等列变换: 把 $\boldsymbol{A}$ 的第 i 列与第 j 列对调($c_i\leftrightarrow c_j$).

2. 以数 $k\neq 0$ 乘某行或某列

以数 $k\neq 0$ 乘单位矩阵的第 i 行(或第 i 列), 得初等矩阵

$$
\boldsymbol{E}(i(k))=\begin{bmatrix}
1 & & & & & & \\
 & \ddots & & & & & \\
 & & 1 & & & & \\
 & & & k & & & \\
 & & & & 1 & & \\
 & & & & & \ddots & \\
 & & & & & & 1
\end{bmatrix}
\begin{matrix} \\ \\ \\ \leftarrow \text{第 } i \text{ 行} \\ \\ \\ \\ \end{matrix}
$$

可以验证, 以 $\boldsymbol{E}_m(i(k))$左乘矩阵 $\boldsymbol{A}$, 其结果相当于以数 k 乘 $\boldsymbol{A}$ 的第 i 行($r_i\times k$); 以 $\boldsymbol{E}_n(i(k))$右乘矩阵 $\boldsymbol{A}$, 其结果相当于以数 k 乘 $\boldsymbol{A}$ 的第 i 列($c_i\times k$).

3. 以数 k 乘某行(列)加到另一行(列)上去

以数 k 乘 $\boldsymbol{E}$ 的第 j 行加到 i 行上(r_i+kr_j)或以数 k 乘 $\boldsymbol{E}$ 的第 i 列加到 j 列上(c_j+kc_i),

得初等矩阵

$$\boldsymbol{E}(ij(k)) = \begin{bmatrix} 1 & & & & & & \\ & \ddots & & & & & \\ & & 1 & \cdots & k & & \\ & & & \ddots & \vdots & & \\ & & & & 1 & & \\ & & & & & \ddots & \\ & & & & & & 1 \end{bmatrix} \begin{matrix} \\ \\ \leftarrow 第\ i\ 行 \\ \\ \leftarrow 第\ j\ 行 \\ \\ \\ \end{matrix}$$

可以验证，以 $\boldsymbol{E}_m(ij(k))$左乘矩阵 $\boldsymbol{A}$，其结果相当于把 $\boldsymbol{A}$ 的第 j 行乘 k 加到第 i 行(r_i+kr_j)；以 $\boldsymbol{E}_n(ij(k))$右乘矩阵 $\boldsymbol{A}$，其结果相当于把 $\boldsymbol{A}$ 的第 i 列乘 k 加到第 j 列上(c_j+kc_i).

综上所述，可得下述定理：

定理 3.3 设 $\boldsymbol{A}$ 是一个 $m\times n$ 矩阵，对 $\boldsymbol{A}$ 施行一次初等行变换，相当于在 $\boldsymbol{A}$ 的左边乘以相应的 m 阶初等矩阵；对 $\boldsymbol{A}$ 施行一次初等列变换，相当于在 $\boldsymbol{A}$ 的右边乘以相应的 n 阶初等矩阵.

初等变换对应初等矩阵，由初等变换可逆，可知初等矩阵可逆，且此初等变换的逆变换也就对应此初等矩阵的逆矩阵：由变换 $r_i\leftrightarrow r_j$ 的逆变换就是其本身，知 $\boldsymbol{E}^{-1}(i, j)=\boldsymbol{E}(i, j)$；由变换 $r_i\times k$ 的逆变换为 $r_i\times\dfrac{1}{k}$，知 $\boldsymbol{E}^{-1}(i(k))=\boldsymbol{E}\left(i\left(\dfrac{1}{k}\right)\right)$；由变换 r_i+kr_j 的逆变换为 $r_i+(-k)r_j$，知 $\boldsymbol{E}^{-1}(ij(k))=\boldsymbol{E}(ij(-k))$.

用初等变换可以将矩阵化为一些简单形式. 例如，设

$$\boldsymbol{A} = \begin{bmatrix} 1 & -2 & -1 & -2 \\ 4 & 1 & 2 & 1 \\ 2 & 5 & 4 & -1 \\ 1 & 1 & 1 & 1 \end{bmatrix}$$

则

$$\boldsymbol{A} \xrightarrow[r_4-r_1]{\substack{r_2-4r_1 \\ r_3-2r_1}} \begin{bmatrix} 1 & -2 & -1 & -2 \\ 0 & 9 & 6 & 9 \\ 0 & 9 & 6 & 3 \\ 0 & 3 & 2 & 3 \end{bmatrix}$$

$$\xrightarrow[r_4-\frac{1}{3}r_2]{r_3-r_2} \begin{bmatrix} 1 & -2 & -1 & -2 \\ 0 & 9 & 6 & 9 \\ 0 & 0 & 0 & -6 \\ 0 & 0 & 0 & 0 \end{bmatrix} = \boldsymbol{B}_1$$

$$\xrightarrow[-\frac{1}{6}r_3]{\frac{1}{9}r_2} \begin{bmatrix} 1 & -2 & -1 & -2 \\ 0 & 1 & \frac{2}{3} & 1 \\ 0 & 0 & 0 & 1 \\ 0 & 0 & 0 & 0 \end{bmatrix} = \boldsymbol{B}_2$$

$$\xrightarrow[r_2-r_3]{r_1+2r_2}\begin{bmatrix}1&0&\frac{1}{3}&0\\0&1&\frac{2}{3}&0\\0&0&0&1\\0&0&0&0\end{bmatrix}=\boldsymbol{B}_3$$

$$\xrightarrow[\substack{c_3-\frac{2}{3}c_2\\ c_3\leftrightarrow c_4}]{c_3-\frac{1}{3}c_1}\begin{bmatrix}1&0&0&0\\0&1&0&0\\0&0&1&0\\0&0&0&0\end{bmatrix}=\boldsymbol{B}_4$$

矩阵 $\boldsymbol{B}_1$ 和 $\boldsymbol{B}_2$ 都具有特点：可画出一条阶梯线，线的下方全为零；每个台阶只有一行，台阶数即是非零行的行数，阶梯线的竖线后面的第一个元素为非零元，也就是非零行的第一个非零元，这种形式的矩阵称为行阶梯形矩阵.

矩阵 $\boldsymbol{B}_3$ 除了是行阶梯形矩阵外，还称为行最简形矩阵，其特点是：非零行的第一个非零元是 1，且这些非零元所在列的其他元素都为零.

矩阵 $\boldsymbol{B}_4$ 的特点是：其左上角为一个单位阵，其余元素均为零，这种形式的矩阵称为标准形.

对于 $m\times n$ 矩阵 $\boldsymbol{A}$ 总可经过初等变换把它化为标准形

$$\begin{bmatrix}\boldsymbol{E}_r&\boldsymbol{O}\\\boldsymbol{O}&\boldsymbol{O}\end{bmatrix}_{m\times n}$$

其中 r 就是行阶梯形矩阵中非零行的行数，它是一个确定的数，即 $\boldsymbol{A}$ 的标准形是唯一的.

对于可逆矩阵 $\boldsymbol{A}$，其标准形一定是同阶单位矩阵. 事实上，设可逆矩阵 $\boldsymbol{A}$ 的标准形为 $\boldsymbol{I}$，由初等变换与初等矩阵的关系可知，矩阵 $\boldsymbol{A}$ 经过有限次初等变换可变为标准形 $\boldsymbol{I}$，即存在有限个初等矩阵 $\boldsymbol{P}_1$，$\boldsymbol{P}_2$，…，$\boldsymbol{P}_s$，$\boldsymbol{H}_1$，$\boldsymbol{H}_2$，…，$\boldsymbol{H}_t$，使

$$P_s\cdots\boldsymbol{P}_2\boldsymbol{P}_1\boldsymbol{A}\boldsymbol{H}_1\boldsymbol{H}_2\cdots\boldsymbol{H}_t=\boldsymbol{I}$$

由于初等矩阵 $\boldsymbol{P}_i(i=1,2,\cdots,s)$ 和 $\boldsymbol{H}_i(i=1,2,\cdots,t)$ 及 $\boldsymbol{A}$ 都是非奇异阵，故必有 $|\boldsymbol{I}|\neq 0$，即

$$\boldsymbol{I}=\boldsymbol{E}$$

上述情况也说明 $\boldsymbol{A}\sim\boldsymbol{E}$.

定理 3.4 设 $\boldsymbol{A}$ 为可逆矩阵，则存在有限个初等矩阵 $\boldsymbol{P}_1$，$\boldsymbol{P}_2$，…，$\boldsymbol{P}_l$，使

$$\boldsymbol{A}=\boldsymbol{P}_1\boldsymbol{P}_2\cdots\boldsymbol{P}_l$$

证明 由于 $\boldsymbol{A}\sim\boldsymbol{E}$，故 $\boldsymbol{E}$ 经过有限次初等变换可变为 $\boldsymbol{A}$，即存在有限个初等矩阵 $\boldsymbol{P}_1$，$\boldsymbol{P}_2$，…，$\boldsymbol{P}_l$，使

$$\boldsymbol{P}_1\boldsymbol{P}_2\cdots\boldsymbol{P}_r\boldsymbol{E}\boldsymbol{P}_{r+1}\cdots\boldsymbol{P}_l=\boldsymbol{A}$$

即

$$\boldsymbol{A}=\boldsymbol{P}_1\boldsymbol{P}_2\cdots\boldsymbol{P}_l$$

由定理 3.4 可得一种用初等变换求可逆矩阵的逆矩阵的方法.

$$\boldsymbol{P}_l^{-1}\boldsymbol{P}_{l-1}^{-1}\cdots\boldsymbol{P}_1^{-1}\boldsymbol{A}=\boldsymbol{E},\quad \boldsymbol{P}_l^{-1}\boldsymbol{P}_{l-1}^{-1}\cdots\boldsymbol{P}_1^{-1}\boldsymbol{E}=\boldsymbol{A}^{-1}$$

上面第一个式子表明 $\boldsymbol{A}$ 经一系列初等行变换可变成 $\boldsymbol{E}$，第二个式子表明 $\boldsymbol{E}$ 经同一系列初等行变换即变成 $\boldsymbol{A}^{-1}$. 因此得到用初等行变换求逆矩阵的方法：

将 $\boldsymbol{E}$ 放在 $\boldsymbol{A}$ 的右边，构成一个 $n\times 2n$ 矩阵 $[\boldsymbol{A} \vdots \boldsymbol{E}]$，对 $[\boldsymbol{A} \vdots \boldsymbol{E}]$ 进行一系列初等行变换，当 $\boldsymbol{A}$ 化为 $\boldsymbol{E}$ 时，则 $\boldsymbol{A}$ 可逆，且 $\boldsymbol{E}$ 就化作 $\boldsymbol{A}^{-1}$，即

$$[\boldsymbol{A} \vdots \boldsymbol{E}] \xrightarrow{\text{初等行变换}} [\boldsymbol{E} \vdots \boldsymbol{A}^{-1}]$$

推论 3.2　$m\times n$ 矩阵 $\boldsymbol{A}\sim\boldsymbol{B}$ 的充分必要条件是：存在 m 阶可逆矩阵 $\boldsymbol{P}$ 和 n 阶可逆矩阵 $\boldsymbol{Q}$，使 $\boldsymbol{PAQ}=\boldsymbol{B}$.

例 3.18　设 $\boldsymbol{A}=\begin{bmatrix}1&1&0&0\\2&3&1&3\\0&0&1&-1\\0&0&1&0\end{bmatrix}$，求 $\boldsymbol{A}^{-1}$.

解

$$(\boldsymbol{A} \vdots \boldsymbol{E})=\left[\begin{array}{cccc|cccc}1&1&0&0&1&0&0&0\\2&3&1&3&0&1&0&0\\0&0&1&-1&0&0&1&0\\0&0&1&0&0&0&0&1\end{array}\right]$$

$$\xrightarrow{r_2-2r_1}\left[\begin{array}{cccc|cccc}1&1&0&0&1&0&0&0\\0&1&1&3&-2&1&0&0\\0&0&1&-1&0&0&1&0\\0&0&1&0&0&0&0&1\end{array}\right]$$

$$\xrightarrow{r_1-r_2}\left[\begin{array}{cccc|cccc}1&0&-1&-3&3&-1&0&0\\0&1&1&3&-2&1&0&0\\0&0&1&-1&0&0&1&0\\0&0&1&0&0&0&0&1\end{array}\right]$$

$$\xrightarrow[\substack{r_2-r_3\\r_4-r_3}]{r_1+r_3}\left[\begin{array}{cccc|cccc}1&0&0&-4&3&-1&1&0\\0&1&0&4&-2&1&-1&0\\0&0&1&-1&0&0&1&0\\0&0&0&1&0&0&-1&1\end{array}\right]$$

$$\xrightarrow[\substack{r_2-4r_4\\r_3+r_4}]{r_1+4r_4}\left[\begin{array}{cccc|cccc}1&0&0&0&3&-1&-3&4\\0&1&0&0&-2&1&3&-4\\0&0&1&0&0&0&0&1\\0&0&0&1&0&0&-1&1\end{array}\right]$$

故

$$\boldsymbol{A}^{-1}=\begin{bmatrix}3&-1&-3&4\\-2&1&3&-4\\0&0&0&1\\0&0&-1&1\end{bmatrix}$$

设 $\boldsymbol{A}$ 是 $m\times s$ 矩阵，$\boldsymbol{B}$ 是 $m\times n$ 矩阵，则

$$\boldsymbol{AX}=\boldsymbol{B}$$

称为矩阵方程，其中 $\boldsymbol{X}$ 是 $s\times n$ 未知矩阵.

当 $\boldsymbol{A}$ 可逆时，利用初等行变换也可以解矩阵方程 $\boldsymbol{AX}=\boldsymbol{B}$.

若 $\boldsymbol{A}$ 可逆，则 $\boldsymbol{X}=\boldsymbol{A}^{-1}\boldsymbol{B}$. 若初等行变换将 $\boldsymbol{A}$ 化成了 $\boldsymbol{E}$，则同样的初等行变换将 $\boldsymbol{B}$ 化成了 $\boldsymbol{X}$，故

$$[\boldsymbol{A} \mid \boldsymbol{B}] \xrightarrow{\text{初等行变换}} [\boldsymbol{E} \mid \boldsymbol{X}]$$

例 3.19　求解矩阵方程

$$\begin{bmatrix} 2 & 1 & -1 \\ 0 & 4 & 1 \\ 3 & -1 & -2 \end{bmatrix}\boldsymbol{X}=\begin{bmatrix} 5 & 3 \\ 1 & -6 \\ 8 & 8 \end{bmatrix}$$

解　设 $\boldsymbol{A}=\begin{bmatrix} 2 & 1 & -1 \\ 0 & 4 & 1 \\ 3 & -1 & -2 \end{bmatrix}$，$\boldsymbol{B}=\begin{bmatrix} 5 & 3 \\ 1 & -6 \\ 8 & 8 \end{bmatrix}$，构造矩阵 $\boldsymbol{M}=(\boldsymbol{A} \mid \boldsymbol{B})$，对 $\boldsymbol{M}$ 进行一系列初等行变换，则

$$\begin{aligned}
[\boldsymbol{A} \mid \boldsymbol{B}] &= \left[\begin{array}{ccc:cc} 2 & 1 & -1 & 5 & 3 \\ 0 & 4 & 1 & 1 & -6 \\ 3 & -1 & -2 & 8 & 8 \end{array}\right] \\
&\xrightarrow[r_3-2r_2]{r_2+r_1} \left[\begin{array}{ccc:cc} 2 & 1 & -1 & 5 & 3 \\ 2 & 5 & 0 & 6 & -3 \\ -1 & -3 & 0 & -2 & 2 \end{array}\right] \\
&\xrightarrow[r_2+2r_2]{r_1-r_2} \left[\begin{array}{ccc:cc} 0 & -4 & -1 & -1 & 6 \\ 0 & -1 & 0 & 2 & 1 \\ 1 & -3 & 0 & -2 & 2 \end{array}\right] \\
&\xrightarrow[r_3-3r_2]{r_1-4r_2} \left[\begin{array}{ccc:cc} 0 & 0 & -1 & -9 & 2 \\ 0 & -1 & 0 & 2 & 1 \\ -1 & 0 & 0 & -8 & -1 \end{array}\right] \\
&\xrightarrow[r_1 \leftrightarrow r_3]{(-1)r_i(i=1,\ 2,\ 3)} \left[\begin{array}{ccc:cc} 1 & 0 & 0 & 8 & 1 \\ 0 & 1 & 0 & -2 & -1 \\ 0 & 0 & 1 & 9 & -2 \end{array}\right]
\end{aligned}$$

故

$$\boldsymbol{X}=\begin{bmatrix} 8 & 1 \\ -2 & -1 \\ 9 & -2 \end{bmatrix}$$

3.5　分块矩阵

对于行数和列数较大的矩阵我们常常把它分割成一些较小的矩阵(称为子块)来进行讨论，然后把每个子块当作元素，由此构成的以块为元素的新矩阵"阶数"迅速减少，这就是矩阵的分块. 这种方法在矩阵理论中常常使问题变得简明扼要.

先看一个例子. 在矩阵

$$A=\begin{bmatrix}1&0&0&0\\0&1&0&0\\-1&2&1&0\\1&1&0&1\end{bmatrix}=\begin{bmatrix}E_2&O\\A_1&E_2\end{bmatrix}$$

中，E_2 表示 2 阶单位矩阵，$A_1=\begin{bmatrix}-1&2\\1&1\end{bmatrix}$，$O=\begin{bmatrix}0&0\\0&0\end{bmatrix}$.

在矩阵

$$B=\begin{bmatrix}1&0&3&2\\-1&2&0&1\\1&0&4&1\\-1&-1&2&0\end{bmatrix}=\begin{bmatrix}B_{11}&B_{12}\\B_{21}&B_{22}\end{bmatrix}$$

中，

$$B_{11}=\begin{bmatrix}1&0\\-1&2\end{bmatrix},\ B_{12}=\begin{bmatrix}3&2\\0&1\end{bmatrix},\ B_{21}=\begin{bmatrix}1&0\\-1&-1\end{bmatrix},\ B_{22}=\begin{bmatrix}4&1\\2&0\end{bmatrix}$$

在计算 $A+B$，AB 时，把 A，B 都看成是由这些小矩阵组成的，即按 2 阶矩阵来运算. 于是

$$A+B=\begin{bmatrix}E_2&O\\A_1&E_2\end{bmatrix}+\begin{bmatrix}B_{11}&B_{12}\\B_{21}&B_{22}\end{bmatrix}$$

$$AB=\begin{bmatrix}E_2&O\\A_1&E_2\end{bmatrix}\begin{bmatrix}B_{11}&B_{12}\\B_{21}&B_{22}\end{bmatrix}=\begin{bmatrix}B_{11}&B_{12}\\A_1B_{11}+B_{21}&A_1B_{12}+B_{22}\end{bmatrix}$$

其中

$$A_1B_{11}+B_{21}=\begin{bmatrix}-1&2\\1&1\end{bmatrix}\begin{bmatrix}1&0\\-1&2\end{bmatrix}+\begin{bmatrix}1&0\\-1&-1\end{bmatrix}=\begin{bmatrix}-2&4\\-1&1\end{bmatrix}$$

$$A_1B_{12}+B_{22}=\begin{bmatrix}-1&2\\1&1\end{bmatrix}\begin{bmatrix}3&2\\0&1\end{bmatrix}+\begin{bmatrix}4&1\\2&0\end{bmatrix}=\begin{bmatrix}1&1\\5&3\end{bmatrix}$$

则

$$AB=\begin{bmatrix}1&0&3&2\\-1&2&0&1\\-2&4&1&1\\-1&1&5&3\end{bmatrix}$$

可以验证一下，直接按矩阵的定义来计算，结果是一样的.

将矩阵分块的方法很多，例如

$$A=\begin{bmatrix}a_{11}&a_{12}&a_{13}\\a_{21}&a_{22}&a_{23}\end{bmatrix}$$

可以划分为

$$A=\left[\begin{array}{ccc}a_{11}&a_{12}&a_{13}\\\hdashline a_{21}&a_{22}&a_{23}\end{array}\right]=\begin{bmatrix}A_1\\A_2\end{bmatrix}$$

其中 $A_1=[a_{11}\quad a_{12}\quad a_{13}]$，$A_2=[a_{21}\quad a_{22}\quad a_{23}]$. 也可划分为

$$A=\left[\begin{array}{c:cc}a_{11}&a_{12}&a_{13}\\a_{21}&a_{22}&a_{23}\end{array}\right]=[B_1\quad B_2]$$

其中 $\boldsymbol{B}_1=\begin{bmatrix} a_{11} \\ a_{21} \end{bmatrix}$, $\boldsymbol{B}_2=\begin{bmatrix} a_{12} & a_{13} \\ a_{22} & a_{23} \end{bmatrix}$.

分块矩阵的运算规则与普通矩阵的运算规则相类似，分别说明如下：

(1) 设矩阵 $\boldsymbol{A}$ 与 $\boldsymbol{B}$ 是同型矩阵，采用相同的分块法，有

$$\boldsymbol{A}=\begin{bmatrix} \boldsymbol{A}_{11} & \cdots & \boldsymbol{A}_{1r} \\ \vdots & & \vdots \\ \boldsymbol{A}_{s1} & \cdots & \boldsymbol{A}_{sr} \end{bmatrix}, \boldsymbol{B}=\begin{bmatrix} \boldsymbol{B}_{11} & \cdots & \boldsymbol{B}_{1r} \\ \vdots & & \vdots \\ \boldsymbol{B}_{s1} & \cdots & \boldsymbol{B}_{sr} \end{bmatrix}$$

其中，$\boldsymbol{A}_{ij}$ 与 $\boldsymbol{B}_{ij}$ 的行数相同、列数相同，那么

$$\boldsymbol{A}+\boldsymbol{B}=\begin{bmatrix} \boldsymbol{A}_{11}+\boldsymbol{B}_{11} & \cdots & \boldsymbol{A}_{1r}+\boldsymbol{B}_{1r} \\ \vdots & & \vdots \\ \boldsymbol{A}_{s1}+\boldsymbol{B}_{s1} & \cdots & \boldsymbol{A}_{sr}+\boldsymbol{B}_{sr} \end{bmatrix}$$

(2) 设 $\boldsymbol{A}=\begin{bmatrix} \boldsymbol{A}_{11} & \cdots & \boldsymbol{A}_{1r} \\ \vdots & & \vdots \\ \boldsymbol{A}_{s1} & \cdots & \boldsymbol{A}_{sr} \end{bmatrix}$，$\lambda$ 为数，那么 $\lambda\boldsymbol{A}=\begin{bmatrix} \lambda\boldsymbol{A}_{11} & \cdots & \lambda\boldsymbol{A}_{1r} \\ \vdots & & \vdots \\ \lambda\boldsymbol{A}_{s1} & \cdots & \lambda\boldsymbol{A}_{sr} \end{bmatrix}$.

(3) 设 $\boldsymbol{A}$ 为 $m\times l$ 矩阵，$\boldsymbol{B}$ 为 $l\times n$ 矩阵，分块成

$$\boldsymbol{A}=\begin{bmatrix} \boldsymbol{A}_{11} & \cdots & \boldsymbol{A}_{1t} \\ \vdots & & \vdots \\ \boldsymbol{A}_{s1} & \cdots & \boldsymbol{A}_{st} \end{bmatrix}, \boldsymbol{B}=\begin{bmatrix} \boldsymbol{B}_{11} & \cdots & \boldsymbol{B}_{1r} \\ \vdots & & \vdots \\ \boldsymbol{B}_{t1} & \cdots & \boldsymbol{B}_{tr} \end{bmatrix}$$

其中，$\boldsymbol{A}_{i1}, \boldsymbol{A}_{i2}, \cdots, \boldsymbol{A}_{it}$ 的列数分别等于 $\boldsymbol{B}_{1j}, \boldsymbol{B}_{2j}, \cdots, \boldsymbol{B}_{tj}$ 的行数，那么

$$\boldsymbol{AB}=\begin{bmatrix} \boldsymbol{C}_{11} & \cdots & \boldsymbol{C}_{1r} \\ \vdots & & \vdots \\ \boldsymbol{C}_{s1} & \cdots & \boldsymbol{C}_{sr} \end{bmatrix}$$

其中 $\boldsymbol{C}_{ij}=\sum_{k=1}^{t}\boldsymbol{A}_{ik}\boldsymbol{B}_{kj}\ (i=1, 2, \cdots, s;\ j=1, 2, \cdots, r)$.

(4) 设 $\boldsymbol{A}=\begin{bmatrix} \boldsymbol{A}_{11} & \cdots & \boldsymbol{A}_{1r} \\ \vdots & & \vdots \\ \boldsymbol{A}_{s1} & \cdots & \boldsymbol{A}_{st} \end{bmatrix}$，则 $\boldsymbol{A}^{\mathrm{T}}=\begin{bmatrix} \boldsymbol{A}_{11}^{\mathrm{T}} & \cdots & \boldsymbol{A}_{s1}^{\mathrm{T}} \\ \vdots & & \vdots \\ \boldsymbol{A}_{1r}^{\mathrm{T}} & \cdots & \boldsymbol{A}_{st}^{\mathrm{T}} \end{bmatrix}$.

(5) 设 $\boldsymbol{A}$ 为 n 阶矩阵，若 $\boldsymbol{A}$ 的分块矩阵只有在主对角线上有非零子块，其余子块都为零矩阵，且非零子块都是方阵，即

$$\boldsymbol{A}=\begin{bmatrix} \boldsymbol{A}_1 & & & \boldsymbol{O} \\ & \boldsymbol{A}_2 & & \\ & & \ddots & \\ \boldsymbol{O} & & & \boldsymbol{A}_s \end{bmatrix}$$

其中，$\boldsymbol{A}_i\ (i=1, 2, \cdots, s)$ 都是方阵，那么 $\boldsymbol{A}$ 称为分块对角矩阵.

分块对角矩阵的行列式具有下述性质：

$$|\boldsymbol{A}|=|\boldsymbol{A}_1||\boldsymbol{A}_2|\cdots|\boldsymbol{A}_s|$$

由此性质可知，若$|\boldsymbol{A}_i|\neq 0(i=1, 2, \cdots, s)$，则$|A|\neq 0$，并且

$$\boldsymbol{A}^{-1}=\begin{bmatrix} \boldsymbol{A}_1^{-1} & & & \boldsymbol{O} \\ & \boldsymbol{A}_2^{-1} & & \\ & & \ddots & \\ \boldsymbol{O} & & & \boldsymbol{A}_s^{-1} \end{bmatrix}$$

例 3.20 设$\boldsymbol{A}=\begin{bmatrix} 1 & 3 & 0 \\ -1 & -2 & 0 \\ 0 & 0 & 7 \end{bmatrix}$，求$\boldsymbol{A}^{-1}$.

解 令$\boldsymbol{A}=\begin{bmatrix} \boldsymbol{A}_1 & \boldsymbol{O} \\ \boldsymbol{O} & \boldsymbol{A}_2 \end{bmatrix}$，其中$\boldsymbol{A}_1=\begin{bmatrix} 1 & 3 \\ -1 & -2 \end{bmatrix}$，$\boldsymbol{A}_2=[7]$，则

$$\boldsymbol{A}_1^{-1}=\begin{bmatrix} -2 & -3 \\ 1 & 1 \end{bmatrix},\ \boldsymbol{A}_2^{-1}=\begin{bmatrix} \frac{1}{7} \end{bmatrix}$$

于是

$$\boldsymbol{A}^{-1}=\begin{bmatrix} \boldsymbol{A}_1^{-1} & \boldsymbol{O} \\ \boldsymbol{O} & \boldsymbol{A}_2^{-1} \end{bmatrix}=\begin{bmatrix} -2 & -3 & 0 \\ 1 & 1 & 0 \\ 0 & 0 & \frac{1}{7} \end{bmatrix}$$

例 3.21 设$\boldsymbol{X}=\begin{bmatrix} \boldsymbol{O} & \boldsymbol{A} \\ \boldsymbol{C} & \boldsymbol{O} \end{bmatrix}$，已知$\boldsymbol{A}^{-1}$，$\boldsymbol{C}^{-1}$存在，求$\boldsymbol{X}^{-1}$.

解 设$\boldsymbol{X}^{-1}=\begin{bmatrix} \boldsymbol{A}_{11} & \boldsymbol{A}_{12} \\ \boldsymbol{A}_{21} & \boldsymbol{A}_{22} \end{bmatrix}$，则

$$\boldsymbol{X}\boldsymbol{X}^{-1}=\begin{bmatrix} \boldsymbol{O} & \boldsymbol{A} \\ \boldsymbol{C} & \boldsymbol{O} \end{bmatrix}\begin{bmatrix} \boldsymbol{A}_{11} & \boldsymbol{A}_{12} \\ \boldsymbol{A}_{21} & \boldsymbol{A}_{22} \end{bmatrix}=\begin{bmatrix} \boldsymbol{A}\boldsymbol{A}_{21} & \boldsymbol{A}\boldsymbol{A}_{22} \\ \boldsymbol{C}\boldsymbol{A}_{11} & \boldsymbol{C}\boldsymbol{A}_{12} \end{bmatrix}=\boldsymbol{E}=\begin{bmatrix} \boldsymbol{E}_r & \boldsymbol{O} \\ \boldsymbol{O} & \boldsymbol{E}_s \end{bmatrix}$$

其中，r为$\boldsymbol{A}$的阶数，s为$\boldsymbol{C}$的阶数. 因此

$$\boldsymbol{A}\boldsymbol{A}_{21}=\boldsymbol{E}_r,\ \boldsymbol{A}\boldsymbol{A}_{22}=\boldsymbol{O},\ \boldsymbol{C}\boldsymbol{A}_{11}=\boldsymbol{O},\ \boldsymbol{C}\boldsymbol{A}_{12}=\boldsymbol{E}_s$$

故

$$\boldsymbol{A}_{21}=\boldsymbol{A}^{-1}\boldsymbol{E}_r=\boldsymbol{A}^{-1},\ \boldsymbol{A}_{22}=\boldsymbol{A}^{-1}\boldsymbol{O}=\boldsymbol{O}$$

$$\boldsymbol{A}_{11}=\boldsymbol{C}^{-1}\boldsymbol{O}=\boldsymbol{O},\ \boldsymbol{A}_{12}=\boldsymbol{C}^{-1}\boldsymbol{E}_s=\boldsymbol{C}^{-1}$$

于是

$$\boldsymbol{X}^{-1}=\begin{bmatrix} \boldsymbol{O} & \boldsymbol{C}^{-1} \\ \boldsymbol{A}^{-1} & \boldsymbol{O} \end{bmatrix}$$

3.6 线性方程组的求解

前面借助克拉默法则解决了一类特殊的线性方程组(方程的个数与未知数的个数相等，且系数行列式不为零)的求解问题. 本节给出解决一般线性方程组的一种解法：高斯消元法.

现在讨论一般线性方程组. 所谓一般线性方程组是指形式为：

$$\begin{cases} a_{11}x_1+a_{12}x_2+\cdots+a_{1n}x_n=b_1 \\ a_{21}x_1+a_{22}x_2+\cdots+a_{2n}x_n=b_2 \\ \qquad\vdots \\ a_{s1}x_1+a_{s2}x_2+\cdots+a_{sn}x_n=b_s \end{cases} \tag{3-6}$$

的方程组，其中 $x_1, x_2, \cdots, x_n$ 代表 n 个未知量，s 是方程的个数，$a_{ij}(i=1, 2, \cdots, s; j=1, 2, \cdots, n)$称为线性方程组的系数，$b_j$ 称为常数项. 方程组中未知量的个数 n 与方程的个数 s 不一定相等. 系数 a_{ij} 的第一个指标 i 表示它在第 i 个方程，第二个指标 j 表示它是未知量 x_j 的系数.

所谓方程组的一个解是指由 n 个数 $k_1, k_2, \cdots, k_n$ 组成的有序数组$(k_1, k_2, \cdots, k_n)$，当 $x_1, x_2, \cdots, x_n$ 分别用$k_1, k_2, \cdots, k_n$ 代入后，方程组中每个等式都变成恒等式. 方程组的解的全体称为它的解集合.

解方程组实际上就是找出它全部的解，或者说，求出它的解的集合. 如果两个方程组有相同的解集合，它们就称为同解的方程组.

例如，解方程组

$$\begin{cases} 2x_1-x_2+3x_3=1 \\ 4x_1+2x_2+5x_3=4 \\ 2x_1+x_2+2x_3=5 \end{cases}$$

第二个方程减去第一个方程的 2 倍，第三个方程减去第一个方程，方程组就变成

$$\begin{cases} 2x_1-x_2+3x_3=1 \\ \qquad 4x_2-x_3=2 \\ \qquad 2x_2-x_3=4 \end{cases}$$

第二个方程再减去第三个方程的 2 倍，把第二、第三两个方程的次序互换，即得

$$\begin{cases} 2x_1-x_2+3x_3=1 \\ \qquad 2x_2-x_3=4 \\ \qquad\qquad x_3=-6 \end{cases}$$

这样，就容易求出方程组的解为$[9, -1, -6]$.

分析一下消元法，不难看出，所用的变换也只是由以下三种基本的变换所构成：

(1) 用一个非零数乘某一方程；

(2) 把一个方程的倍数加到另一个方程；

(3) 互换两个方程的位置.

定义 3.10 变换(1)，(2)，(3)称为线性方程组的初等变换.

定理 3.5 线性方程组的初等变换不改变方程组的解.

证明思路 说明变换后的方程组与原方程组同解，即证明原方程组的解一定是新方程组的解，新方程组的解一定是原方程组的解. 详细证明过程由读者自行完成.

下面我们来说明，如何利用初等变换来解一般的线性方程组，并讨论线性方程组解的情况.

对于方程组(3-6)，首先检查 x_1 的系数. 如果 x_1 的系数 $a_{11}, a_{21}, \cdots, a_{s1}$ 全为零，那么方程组(3-6)对 x_1 没有任何限制，就可以取任何值，而方程组(3-6)可以看作 $x_2, \cdots, x_n$

的方程组来解. 如果 x_1 的系数不全为零，那么利用初等变换(3)，可以设 $a_{11}\neq 0$. 利用初等变换(2)，分别把第一个方程的 $-\frac{a_{i1}}{a_{11}}$ 倍加到第 i 个方程. 于是方程组(3-6)就变成

$$\begin{cases} a_{11}x_1+a_{12}x_2+\cdots+a_{1n}x_n=b_1 \\ \qquad a'_{22}x_2+\cdots+a'_{2n}x_n=b'_2 \\ \qquad\qquad \vdots \\ \qquad a'_{s2}x_2+\cdots+a'_{sn}x_n=b'_s \end{cases} \tag{3-7}$$

其中 $a'_{ij}=a_{ij}-\frac{a_{i1}}{a_{11}}\cdot a_{1j}(i=2, \cdots, s; j=2, \cdots, n)$.

这样，解方程组(3-6)的问题就归结为解方程组

$$\begin{cases} a'_{22}x_2+\cdots+a'_{2n}x_n=b'_2 \\ \qquad \vdots \\ a'_{s2}x_2+\cdots+a'_{sn}x_n=b'_n \end{cases} \tag{3-8}$$

的问题. 显然方程组(3-8)的一个解，代入方程组(3-7)的第一个方程就能确定出 x_1 的值，这就得出方程组(3-7)的一个解：方程组(3-7)的解显然都是方程组(3-8)的解. 这就是说，方程组(3-7)有解的充要条件为方程组(3-8)有解，而方程组(3-7)与方程组(3-6)是同解的，因此，方程组(3-6)有解的充分必要条件为方程组(3-8)有解.

对方程组(3-8)再按上面的方法进行变换，并且这样一步步做下去，最后就得到一个阶梯形方程组. 为了讨论起来方便，不妨设所得的方程组为

$$\begin{cases} c_{11}x_1+c_{12}x_2+\cdots+c_{1r}x_r+\cdots+c_{1n}x_n=d_1 \\ \qquad c_{22}x_2+\cdots+c_{2r}x_r+\cdots+c_{2n}x_n=d_2 \\ \qquad\qquad \vdots \\ \qquad\qquad c_{rr}x_r+\cdots+c_{rn}x_n=d_r \\ \qquad\qquad 0=d_{r+1} \\ \qquad\qquad 0=0 \\ \qquad\qquad \vdots \\ \qquad\qquad 0=0 \end{cases} \tag{3-9}$$

其中 $c_{ii}\neq 0$ $(i=1, 2, \cdots, r)$. 方程组(3-9)中的“$0=0$”这样一些恒等式可能不出现，也可能出现，这时去掉它们并不影响方程组(3-9)的解，而且方程组(3-6)与方程组(3-9)是同解的.

现在考虑方程组(3-9)的解的情况. 如方程组(3-9)中有方程 $0=d_{r+1}$，而 $d_{r+1}\neq 0$. 这时不管 $x_1, x_2, \cdots, x_n$ 取什么值都不能使它成为等式，故方程组(3-9)无解，因而方程组(3-6)无解. 当 d_{r+1} 是零或方程组(3-9)中根本没有“$0=0$”的方程时，分两种情况：

(1) $r=n$. 这时阶梯形方程组为

$$\begin{cases} c_{11}x_1+c_{12}x_2+\cdots+c_{1n}x_n=d_1 \\ \qquad c_{22}x_2+\cdots+c_{2n}x_n=d_2 \\ \qquad\qquad \vdots \\ \qquad\qquad c_{nn}x_n=d_n \end{cases} \tag{3-10}$$

其中 $c_{ii}\neq 0\ (i=1, 2, \cdots, n)$. 由最后一个方程开始，$x_n$，$x_{n-1}$，…，$x_1$ 的值就可以逐个地唯一确定了. 在这种情形下，方程组(3-10)也就是方程组(3-6)有唯一解.

(2) $r<n$. 这时阶梯形方程组为

$$\begin{cases} c_{11}x_1+c_{12}x_2+\cdots+c_{1r}x_r+c_{1,r+1}x_{r+1}+\cdots+c_{1n}x_n=d_1 \\ \qquad c_{22}x_2+\cdots+c_{2r}x_r+c_{2,r+1}x_{r+1}+\cdots+c_{2n}x_n=d_2 \\ \qquad\qquad \vdots \\ \qquad\qquad c_{rr}x_r+c_{r,r+1}x_{r+1}+\cdots+c_{rn}x_n=d_r \end{cases} \tag{3-11}$$

其中 $c_{ii}\neq 0\ (i=1, 2, \cdots, r)$. 把它改写成

$$\begin{cases} c_{11}x_1+c_{12}x_2+\cdots+c_{1r}x_r=d_1-c_{1,r+1}x_{r+1}-\cdots-c_{1n}x_n \\ \qquad c_{22}x_2+\cdots+c_{2r}x_r=d_2-c_{2,r+1}x_{r+1}-\cdots-c_{2n}x_n \\ \qquad\qquad \vdots \\ \qquad\qquad c_{rr}x_r=d_r-c_{r,r+1}x_{r+1}-\cdots-c_{rn}x_n \end{cases} \tag{3-12}$$

由此可见，任给 x_{r+1}，…，x_n 一组值，就唯一地确定出 x_1，x_2，…，x_r 的值，也就是确定出方程组(3-12)的一个解. 一般地，由方程组(3-12)我们可以把 x_1，x_2，…，x_r 通过 x_{r+1}，…，x_n 表示出来，这样一组表达式称为方程组(3-6)的一般解，而 x_{r+1}，…，x_n 称为一组自由未知量.

以上就是用消元法解线性方程组的整个过程. 也就是说，首先用初等变换化线性方程组为阶梯形方程组，把最后的一些恒等式"0=0"(如果出现的话)去掉. 如果剩下的方程当中最后的一个等式是零等于一非零的数，那么方程组无解，否则有解. 在有解的情况下，如果阶梯形方程组中方程的个数 r 等于未知量的个数，那么方程组有唯一的解；如果阶梯形方程组中方程的个数 r 小于未知量的个数，那么方程组就有无穷多个解.

定理 3.6 在齐次线性方程组

$$\begin{cases} a_{11}x_1+a_{12}x_2+\cdots+a_{1n}x_n=0 \\ a_{21}x_1+a_{22}x_2+\cdots+a_{2n}x_n=0 \\ \qquad\vdots \\ a_{s1}x_1+a_{s2}x_2+\cdots+a_{sn}x_n=0 \end{cases}$$

中，如果 $s<n$，那么它必有非零解.

显然，如果知道了一个线性方程组的全部系数和常数项，那么这个线性方程组就完全确定了. 前面介绍的线性方程组的初等变换实际上就是矩阵的初等行变换. 线性方程组化为阶梯形方程组的过程在矩阵中对应化为阶梯形矩阵. 因此二者是对应的. 下面通过一个例子来阐述如何用矩阵的初等行变换来求解线性方程组.

例 3.22 解线性方程组

$$\begin{cases} 2x_1-2x_2+3x_3-4x_4=1 \\ x_1+3x_2-3x_4=1 \\ x_2-x_3+x_4=-3 \\ 7x_2-3x_3-x_4=3 \end{cases}$$

解

$$[\boldsymbol{A}\mid\boldsymbol{b}]=\begin{bmatrix}1&-2&3&-4&4\\1&3&0&-3&1\\0&1&-1&1&-3\\0&7&-3&-1&3\end{bmatrix}\xrightarrow[r_4-7r_3]{r_2-r_1}\begin{bmatrix}1&-2&3&-4&4\\0&5&-3&1&-3\\0&1&-1&1&-3\\0&0&4&-8&24\end{bmatrix}$$

$$\xrightarrow[r_2\leftrightarrow r_3]{r_2-5r_3}\begin{bmatrix}1&-2&3&-4&4\\0&1&-1&1&-3\\0&0&2&-4&12\\0&0&4&-8&24\end{bmatrix}\xrightarrow[r_4-4r_3]{\frac{1}{2}\times r_3}\begin{bmatrix}1&-2&3&-4&4\\0&1&-1&1&-3\\0&0&1&-2&6\\0&0&0&0&0\end{bmatrix}$$

$$\xrightarrow[r_1+2r_2]{\substack{r_2+r_3\\r_1-3r_3}}\begin{bmatrix}1&0&0&0&-8\\0&1&0&-1&3\\0&0&1&-2&6\\0&0&0&0&0\end{bmatrix}$$

故与原方程组同解的方程组为

$$\begin{cases}x_1=-8\\x_2=x_4+3\\x_3=2x_4+6\end{cases}$$

其中 x_4 是自由变量，则原方程组有无穷多解.

习 题

1. 设 $\boldsymbol{A}=\begin{bmatrix}a&b&c\\c&b&a\\1&1&1\end{bmatrix}$，$\boldsymbol{B}=\begin{bmatrix}1&a&c\\1&b&b\\1&c&a\end{bmatrix}$. 计算 $\boldsymbol{AB}$，$\boldsymbol{AB}-\boldsymbol{BA}$，$\boldsymbol{B}^{\mathrm{T}}\boldsymbol{A}^{\mathrm{T}}$.

2. 求 $\boldsymbol{X}$，使得 $\begin{bmatrix}a&b&c\\2b&3c-a&a-b\\1&2+a&3-c\end{bmatrix}+\boldsymbol{X}=\begin{bmatrix}1-a&b+c&c-3\\2a&3b+c&3\\2&-a&c\end{bmatrix}$.

3. 计算下列各题：

(1) $\begin{bmatrix}1&1\\0&1\end{bmatrix}^n$；(2) $\begin{bmatrix}\cos\phi&-\sin\phi\\\sin\phi&\cos\phi\end{bmatrix}^n$；(3) $[2,3,-1]\begin{bmatrix}1\\-1\\-1\end{bmatrix}$，$\begin{bmatrix}1\\-1\\-1\end{bmatrix}[2,3,-1]$；

(4) $\begin{bmatrix}1&-1&-1&-1\\-1&1&-1&-1\\-1&1&1&-1\\-1&1&-1&1\end{bmatrix}^2$，$\begin{bmatrix}1&-1&-1&-1\\-1&1&-1&-1\\-1&1&1&-1\\-1&1&-1&1\end{bmatrix}^n$.

4. 计算下列所给方阵的多项式 $f(\boldsymbol{A})$：

(1) $f(\lambda)=\lambda^2-\lambda-1$，$\boldsymbol{A}=\begin{bmatrix}2&1&1\\3&1&2\\1&-1&0\end{bmatrix}$；

(2) $f(\lambda)=\lambda^2-5\lambda+3$，$\boldsymbol{A}=\begin{bmatrix} 2 & -1 \\ -3 & 3 \end{bmatrix}$.

5. 求所有与矩阵 $\boldsymbol{A}=\begin{bmatrix} 0 & 1 & 0 \\ 0 & 0 & 1 \\ 0 & 0 & 0 \end{bmatrix}$ 可交换的矩阵.

6. 如果 $\boldsymbol{A}=\frac{1}{2}(\boldsymbol{B}+\boldsymbol{E})$，证明：$\boldsymbol{A}^2=\boldsymbol{A}$ 当且仅当 $\boldsymbol{B}^2=\boldsymbol{E}$.

7. 求下列矩阵的逆矩阵：

(1) $\begin{bmatrix} 1 & 1 & -1 \\ 2 & 1 & 0 \\ 1 & -1 & 0 \end{bmatrix}$；　(2) $\begin{bmatrix} 1 & 1 & 1 & 1 \\ 1 & 1 & -1 & -1 \\ 1 & -1 & 1 & -1 \\ 1 & -1 & -1 & 1 \end{bmatrix}$.

8. (1) 设 $\boldsymbol{X}=\begin{bmatrix} 0 & \boldsymbol{A} \\ \boldsymbol{C} & 0 \end{bmatrix}$，已知 $\boldsymbol{A}^{-1}$，$\boldsymbol{C}^{-1}$ 存在，求 $\boldsymbol{X}^{-1}$.

(2) 设

$$\boldsymbol{X}=\begin{bmatrix} 0 & a_1 & 0 & \cdots & 0 & 0 \\ 0 & 0 & a_2 & \cdots & 0 & 0 \\ \vdots & \vdots & \vdots & & \vdots & \vdots \\ 0 & 0 & 0 & \cdots & 0 & a_{n-1} \\ a_n & 0 & 0 & \cdots & 0 & 0 \end{bmatrix}$$

其中 $a_i\neq 0(i=1, 2, \cdots, n)$. 求 $\boldsymbol{X}^{-1}$.

9. 设 $r+s$ 阶方阵 $\boldsymbol{A}=\begin{bmatrix} \boldsymbol{B} & \boldsymbol{D} \\ \boldsymbol{O} & \boldsymbol{C} \end{bmatrix}$，其中 $\boldsymbol{B}$，$\boldsymbol{C}$ 分别是 r，s 阶可逆矩阵，求 $\boldsymbol{A}^{-1}$.

10. 设 $\boldsymbol{A}$，$\boldsymbol{B}$，$\boldsymbol{C}$，$\boldsymbol{D}$ 都是 $n\times n$ 矩阵，且 $|\boldsymbol{A}|\neq 0$，$\boldsymbol{AC}=\boldsymbol{CA}$，证明：

$$\begin{vmatrix} \boldsymbol{A} & \boldsymbol{B} \\ \boldsymbol{C} & \boldsymbol{D} \end{vmatrix}=|\boldsymbol{AD}-\boldsymbol{CB}|$$

11. 求解矩阵方程 $\begin{bmatrix} 1 & 1 & -1 \\ 0 & 2 & 2 \\ 1 & -1 & 0 \end{bmatrix}\boldsymbol{X}=\begin{bmatrix} 1 & -1 & 1 \\ 1 & 1 & 0 \\ 2 & 1 & 1 \end{bmatrix}$.

12. 设 $\boldsymbol{A}$，$\boldsymbol{B}$，$\boldsymbol{AB}-\boldsymbol{E}$ 可逆. 证明：

(1) $\boldsymbol{A}-\boldsymbol{B}^{-1}$ 可逆，并求其逆矩阵；

(2) $(\boldsymbol{A}-\boldsymbol{B}^{-1})^{-1}-\boldsymbol{A}^{-1}$ 也可逆，并求其逆矩阵.

13. 证明：如果 $\boldsymbol{A}^k=\boldsymbol{0}$，则 $(\boldsymbol{E}-\boldsymbol{A})^{-1}=\boldsymbol{E}+\boldsymbol{A}+\boldsymbol{A}^2+\cdots+\boldsymbol{A}^{k-1}$.

14. 设 $\boldsymbol{A}=\begin{bmatrix} \boldsymbol{A}_1 \\ \boldsymbol{A}_2 \\ \vdots \\ \boldsymbol{A}_s \end{bmatrix}$，其中 $\boldsymbol{A}_i=(a_{i1}, a_{i2}, \cdots, a_{in})$ $(i=1, 2, \cdots, s)$. 证明：

$$\boldsymbol{A}^{\mathrm{T}}\boldsymbol{A}=\sum_{i=1}^{n}\boldsymbol{A}_i^{\mathrm{T}}\boldsymbol{A}_i$$

15. 设 $\boldsymbol{A}=\begin{bmatrix} 0 & 1 & 0 & \cdots & 0 \\ 0 & 0 & 1 & \cdots & 0 \\ \vdots & \vdots & \vdots & & \vdots \\ 0 & 0 & 0 & \cdots & 1 \\ 0 & 0 & 0 & \cdots & 0 \end{bmatrix}_{n\times n}$，证明：$\boldsymbol{A}^n=\boldsymbol{0}$.

16. 化下列矩阵为简化阶梯形矩阵：

(1) $\begin{bmatrix} 2 & -1 & 3 & 1 \\ 4 & 2 & 5 & 4 \\ 2 & 0 & 2 & 6 \end{bmatrix}$； (2) $\begin{bmatrix} 1 & 1 & -1 \\ 0 & 2 & 2 \\ 1 & -1 & 0 \end{bmatrix}$.

17. 设 $\boldsymbol{A}=\begin{bmatrix} \boldsymbol{0} & \boldsymbol{E}_{n-1} \\ 1 & \boldsymbol{0} \end{bmatrix}$，证明：$\boldsymbol{A}^k=\begin{bmatrix} \boldsymbol{0} & \boldsymbol{E}_{n-k} \\ \boldsymbol{E}_k & \boldsymbol{0} \end{bmatrix}(k=1, 2, \cdots, n-1)$；$\boldsymbol{A}^n=\boldsymbol{E}_n$.

18. 用高斯消元法求解下列线性方程组：

(1) $\begin{cases} x_1+3x_2+5x_3-4x_4=1 \\ x_1+3x_2+2x_3-2x_4+x_5=-1 \\ x_1-2x_2+x_3-x_4-x_5=3 \\ x_1-4x_2+x_3+x_4-x_5=3 \\ x_1+2x_2+x_3-x_4+x_5=-1 \end{cases}$；

(2) $\begin{cases} x_1+2x_2-3x_4+2x_5=1 \\ x_1-x_2-3x_3+x_4-3x_5=2 \\ 2x_1-3x_2+4x_3-5x_4+2x_5=7 \\ 9x_1-9x_2+6x_3-16x_4+2x_5=25 \end{cases}$；

(3) $\begin{cases} x_1-2x_2+3x_3-4x_4=4 \\ x_2-x_3+x_4=-3 \\ x_1+3x_2+x_4=1 \\ -7x_2+3x_3+x_4=-3 \end{cases}$；

(4) $\begin{cases} 3x_1+4x_2-5x_3+7x_4=0 \\ 2x_1-3x_2+3x_3-2x_4=0 \\ 4x_1+11x_2-13x_3+16x_4=0 \\ 7x_1-2x_2+x_3+3x_4=0 \end{cases}$.

第 4 章　空间解析几何

解析几何就是用代数的方法来研究几何图形，解决几何问题. 解析几何在代数分析、力学、物理和一些工程技术方面都有着广泛的应用，它是学习其他课程和解决某些实际问题的基础. 本章将讨论空间坐标系、平面、直线及其位置关系，最后介绍几种常见的曲面和重要的二次曲面.

4.1　向量及其线性运算

向量是数学中的一个基本概念. 向量作为一种重要的数学工具，在数学及其他学科中都有重要应用.

最简单的量是在取定单位后可以完全用一个实数来表示，例如距离、时间、体积、温度等，这种只有大小的量称为数量；另外还有一些比较复杂的量，它们不仅有大小而且还有方向，例如力、速度、力矩等.

定义 4.1　既有大小又有方向的量称为向量. 通常用黑体字母来表示，例如 $\boldsymbol{\alpha}$, $\boldsymbol{\beta}$, $\boldsymbol{\gamma}$；也可用 $\vec{\alpha}$, $\vec{\beta}$, $\vec{\gamma}$ 表示. 用 $|\boldsymbol{\alpha}|$ 表示向量 $\boldsymbol{\alpha}$ 的大小，有时也称为 $\boldsymbol{\alpha}$ 的长度，它是一个非负实数.

长度为 1 的向量称为单位向量. 长度为 0 的向量称为零向量，记为 $\mathbf{0}$. 与向量 $\boldsymbol{\alpha}$ 的长度相同方向相反的向量称为 $\boldsymbol{\alpha}$ 的负向量，记为 $-\boldsymbol{\alpha}$.

注：零向量的方向不定.

向量有两个特征：大小和方向. 方向是向量的几何特征，它反映两点之间从点 M 到点 P 的顺序关系；向量的大小反映两点之间的距离，因此常用有向线段 $\overrightarrow{MP}$ 来表示向量.

定义 4.2　对于向量 $\boldsymbol{\alpha}$, $\boldsymbol{\beta}$, 作有向线段 $\overrightarrow{AB}=\boldsymbol{\alpha}$, $\overrightarrow{BC}=\boldsymbol{\beta}$, 把 $\overrightarrow{AC}$ 表示的向量 γ 称为 $\boldsymbol{\alpha}$ 与 $\boldsymbol{\beta}$ 的和，记为 $\gamma=\boldsymbol{\alpha}+\boldsymbol{\beta}$, 或 $\overrightarrow{AB}+\overrightarrow{BC}=\overrightarrow{AC}$, 由此公式表示的向量加法法则称为三角形法则. 也可以用平行四边形法则来定义向量的加法. 定义向量的减法为

$$\boldsymbol{\alpha}-\boldsymbol{\beta}=\boldsymbol{\alpha}+(-\boldsymbol{\beta})$$

定义 4.3　设 $\boldsymbol{\alpha}$ 为向量，λ 为实数，则数 λ 与向量 $\boldsymbol{\alpha}$ 的乘积，记作 $\lambda\boldsymbol{\alpha}$ 或 $\boldsymbol{\alpha}\lambda$. $\lambda\boldsymbol{\alpha}$ 是一个向量，它的长度为 $|\lambda\boldsymbol{\alpha}|=|\lambda|\cdot|\boldsymbol{\alpha}|$，它的方向规定如下：当 $\lambda>0$ 时，$\lambda\boldsymbol{\alpha}$ 与 $\boldsymbol{\alpha}$ 同方向；当 $\lambda<0$ 时，$\lambda\boldsymbol{\alpha}$ 与 $\boldsymbol{\alpha}$ 反方向.

注：

(1) 当 $k=0$ 或 $\boldsymbol{\alpha}=\mathbf{0}$ 时，$|\lambda\boldsymbol{\alpha}|=0$，即 $\lambda\boldsymbol{\alpha}=\mathbf{0}$；

(2) $\lambda\boldsymbol{\alpha}$ 与 $\boldsymbol{\alpha}$ 是共线向量. 特别地，$(-1)\boldsymbol{\alpha}=-\boldsymbol{\alpha}$.

4.2 坐　标　系

1. 空间坐标系的建立

1）直角坐标

定义 4.4　设 L_1，L_2，L_3 是相交于一点但不在同一平面上的 3 条实数轴，则 L_1，L_2，L_3 构成了一个空间笛卡尔坐标系，其交点称为坐标原点，记为 O；L_1，L_2，L_3 称为坐标轴，分别称为 x 轴，y 轴，z 轴；L_1，L_2 所在的平面称为 xOy 面，L_2，L_3 所在的平面称为 yOz 面，L_1，L_3 所在的平面称为 xOz 面，这些平面统称为坐标面.

注：

（1）如图 4－1 所示，设 M 是空间上一点，过点 M 分别作与 yOz 面，xOz 面，xOy 面平行的平面，它们分别与 x 轴，y 轴，z 轴交于 M_1，M_2，M_3，对应于实数轴上的 3 个实数. 显然点 M 与按照上述方法所对应的有序数组(x_0，y_0，z_0)是一一对应的，(x_0，y_0，z_0)称为点 M 的坐标，记为 $M(x_0, y_0, z_0)$，其中 x_0 称为 M 的 x 坐标(横坐标)，y_0 称为 M 的 y 坐标(纵坐标)，z_0 称为 M 的 z 坐标(竖坐标).

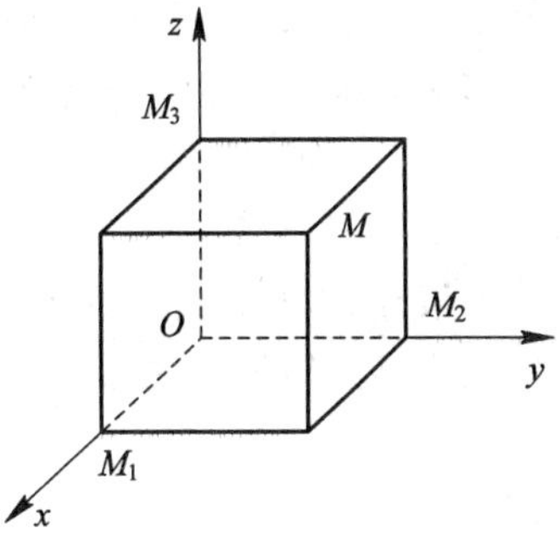

图 4－1

（2）三个坐标面把空间分成 8 个部分，每个部分称为一个卦限.

（3）若选取的 3 条实数轴是互相垂直的，并且其单位长度相等，则此坐标系称为直角坐标系. 若直角坐标系中 x 轴，y 轴，z 轴满足右手法则(即用右手由 x 轴的正向向 y 轴的正向握拳，拇指正好指向 z 轴的方向)，则此直角坐标系是右手系的(本章中假定笛卡尔坐标系是右手系的直角坐标系).

2）柱面坐标

对于空间中的点 M，过点 M 作 xOy 面的垂线，垂足为 N，N 与 O 的距离记为 r_0，将 x 轴正向与线段 ON 的逆时针夹角记为 θ_0，z_0 为点 M 的 z 坐标，如图 4－2 所示. 这样，对于空间上的点 M 就有一个有序数组(r_0，θ_0，z_0)与它对应，(r_0，θ_0，z_0)称为点 M 的柱面坐标.

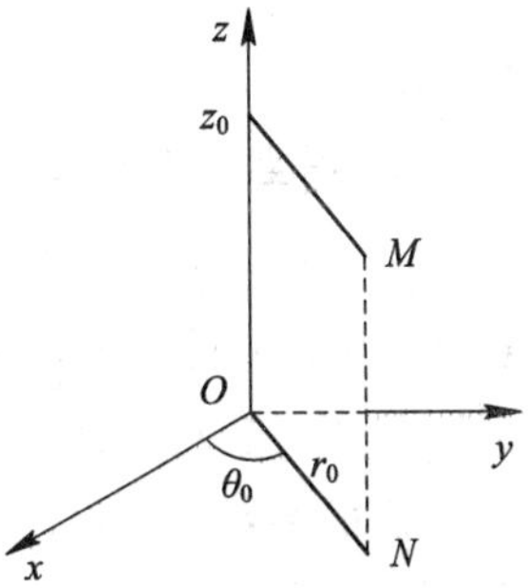

图 4－2

（1）点 M 不在 z 轴上，则点 M 与它的柱面坐标(r_0，θ_0，z_0)是一一对应的.

（2）点 M 在 z 轴上，则点 M 的柱面坐标为(0，θ_0，z_0)，z_0 由 M 唯一确定，而 θ_0 可以是大于等于 0 且小于 2π 的任意数.

设点 M 的直角坐标为(x_0，y_0，z_0)，M 的柱面坐标为(r_0，θ_0，z_0)，则它的直角坐标与柱面坐标的转换公式为

$$\begin{cases} x_0 = r_0\cos\theta_0 \\ y_0 = r_0\sin\theta_0 \\ z_0 = z_0 \end{cases} \quad \text{或者} \quad \begin{cases} r_0 = \sqrt{x_0^2 + y_0^2} \\ \theta_0 = \arcsin\dfrac{y_0}{\sqrt{x_0^2 + y_0^2}} \\ z_0 = z_0 \end{cases}$$

3) 球面坐标

设点 M 是空间一点，将 M 与 O 的距离记为 r_0，将 z 轴正向与线段 OM 的夹角记为 φ_0，将 x 轴正向与线段 OM 在 xOy 面上投影 ON 的逆时针夹角记为 θ_0，如图 4-3 所示. 这样，对于空间上的点 M 就有一个有序数组$(r_0, \theta_0, \varphi_0)$与它对应，$(r_0, \theta_0, \varphi_0)$称为点 M 的球面坐标.

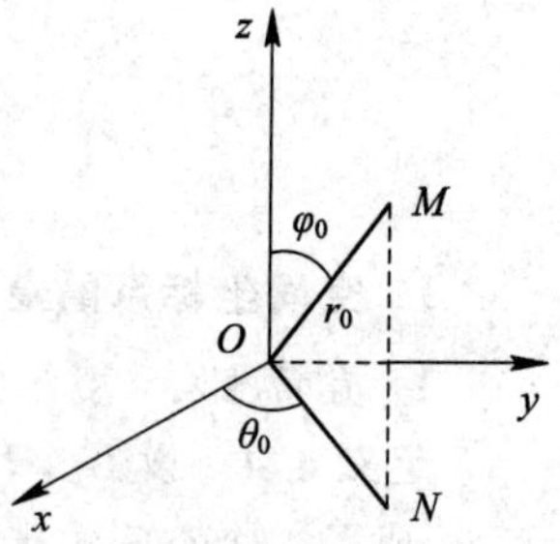

图 4-3

(1) 点 M 不在 z 轴上，则点 M 与它的球面坐标

$$(r_0, \theta_0, \varphi_0)\ (r_0>0,\ 0\leqslant\theta_0<2\pi,\ 0<\varphi_0<\pi)$$

是一一对应的；

(2) 点 M 在 z 轴上，但不是原点，则点 M 的球面坐标$(r_0, \theta_0, \varphi_0)$中 r_0 和 φ_0 由 M 唯一确定，而 θ_0 可以是大于等于 0 小于 2π 的任意数；

(3) 点 M 是原点，则点 M 的球面坐标为$(0, \theta_0, \varphi_0)$，而 θ_0，φ_0 可以是满足条件 $0\leqslant\theta_0<2\pi$，$0\leqslant\varphi_0\leqslant\pi$ 的任意数.

设点 M 的直角坐标为(x_0, y_0, z_0)，M 的球面坐标为$(r_0, \theta_0, \varphi_0)$，则它的直角坐标与球面坐标的转换公式为

$$\begin{cases} x_0 = r_0\sin\varphi_0\cos\theta_0 \\ y_0 = r_0\sin\varphi_0\sin\theta_0 \\ z_0 = r_0\cos\varphi_0 \end{cases}$$

或者

$$\begin{cases} r_0 = \sqrt{x_0^2+y_0^2+z_0^2} \\ \theta_0 = \arcsin\dfrac{y_0}{\sqrt{x_0^2+y_0^2}} = \arccos\dfrac{x_0}{\sqrt{x_0^2+y_0^2}} \\ \varphi_0 = \arccos\dfrac{z_0}{\sqrt{x_0^2+y_0^2+z_0^2}} \end{cases}$$

2. 用坐标作向量的运算

对于任一向量 $\boldsymbol{\alpha}=\overrightarrow{OP}$，将它的起点放在坐标原点 O 上，则它的终点坐标 $P(a_x, a_y, a_z)$由 $\boldsymbol{\alpha}$ 唯一确定；反过来，给定三个数 a_x，a_y，a_z，则在直角坐标系中有唯一的点 $P(a_x, a_y, a_z)$与之对应，由此可以得到一个向量 $\boldsymbol{\alpha}=\overrightarrow{OP}$. 这样，有序数组$(a_x, a_y, a_z)$与向量 $\boldsymbol{\alpha}$ 建立了一一对应的关系. 因此，一个向量可以由有序的三元数组来表示，(a_x, a_y, a_z)称为向量 $\boldsymbol{\alpha}$ 的坐标，记为 $\boldsymbol{\alpha}=(a_x, a_y, a_z)$.

定理 4.1 设向量 $\boldsymbol{\alpha}=(a_x, a_y, a_z)$、$\boldsymbol{\beta}=(b_x, b_y, b_z)$，$\boldsymbol{\theta}_1$，$\boldsymbol{\theta}_2$，$\boldsymbol{\theta}_3$ 分别是 $\boldsymbol{\alpha}$ 与 x 轴正向，y 轴正向，z 轴正向的夹角，$0\leqslant\boldsymbol{\theta}_i\leqslant\pi$ $(i=1, 2, 3)$，则以下命题成立：

(1) $\|\boldsymbol{\alpha}\|=\sqrt{a_x^2+a_y^2+a_z^2}$；

(2) $\boldsymbol{\alpha}+\boldsymbol{\beta}=(a_x+b_x, a_y+b_y, a_z+b_z)$；

(3) $k\boldsymbol{\alpha}=(ka_x, ka_y, ka_z)$；

(4) $\cos\theta_1=\dfrac{a_x}{\sqrt{a_x^2+a_y^2+a_z^2}}$，$\cos\theta_2=\dfrac{a_y}{\sqrt{a_x^2+a_y^2+a_z^2}}$，$\cos\theta_3=\dfrac{a_z}{\sqrt{a_x^2+a_y^2+a_z^2}}$，这里$(\cos\theta_1, \cos\theta_2, \cos\theta_3)$称为 $\boldsymbol{\alpha}$ 的方向余弦. 显然$\cos^2\theta_1+\cos^2\theta_2+\cos^2\theta_3=1$.

4.3　向量的内积

1. 向量的投影

定义 4.5　设 $\boldsymbol{\alpha}$, $\boldsymbol{\beta}$ 是两个向量，且 $\boldsymbol{\beta}\neq 0$，过向量 $\boldsymbol{\alpha}$ 的起点 A 和终点 B 分别作平面与 $\boldsymbol{\beta}$ 垂直，且交 $\boldsymbol{\beta}$ 所在直线于 A'，B' 两点，则称向量 $\overrightarrow{A'B'}$ 为 $\boldsymbol{\alpha}$ 在 $\boldsymbol{\beta}$ 上的射影向量，记为 $\overrightarrow{\mathrm{Prj}_\beta \boldsymbol{\alpha}}$.

用 $\boldsymbol{\beta}^0$ 表示与 $\boldsymbol{\beta}$ 同向的长度为 1 的向量. 显然 $\overrightarrow{A'B'}$ 与 $\boldsymbol{\beta}^0$ 共线，若 $\overrightarrow{A'B'}=x\boldsymbol{\beta}^0$，则实数 x 称为 $\boldsymbol{\alpha}$ 在 $\boldsymbol{\beta}$ 上的射影，记为 $\mathrm{Prj}_\beta \boldsymbol{\alpha}$，从而 $\overrightarrow{\mathrm{Prj}_\beta \boldsymbol{\alpha}}=(\mathrm{Prj}_\beta \boldsymbol{\alpha})\boldsymbol{\beta}^0$.

命题 4.1　$Prj_\beta\, \boldsymbol{\alpha}=|\boldsymbol{\alpha}|\cos\langle\boldsymbol{\alpha}, \boldsymbol{\beta}\rangle$.

证明　如图 4-4 所示，过 A 作直线平行 $\boldsymbol{\beta}$ 交平面 $\boldsymbol{\beta}$ 于 B''，则 $\overrightarrow{A'B'}=\overrightarrow{AB''}$. 在直角三角形 $\triangle ABB''$ 中，$|\overrightarrow{A'B'}|=|\overrightarrow{AB''}|=|\boldsymbol{\alpha}|\cos\varphi$，其中 $0<\varphi<\frac{\pi}{2}$.

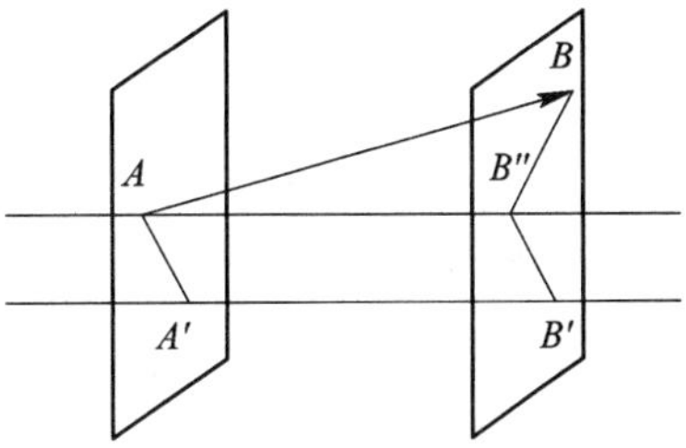

图 4-4

当 $\overrightarrow{A'B'}$ 与 $\boldsymbol{\beta}$ 同向时，$\varphi=\langle\boldsymbol{\alpha}, \boldsymbol{\beta}\rangle$，即 $\cos\varphi=\cos\langle\boldsymbol{\alpha}, \boldsymbol{\beta}\rangle$，此时

$$\mathrm{Prj}_\beta \boldsymbol{\alpha} = |\overrightarrow{\boldsymbol{A'B'}}| = |\boldsymbol{\alpha}|\cos\varphi = |\boldsymbol{\alpha}|\cos\langle\boldsymbol{\alpha}, \boldsymbol{\beta}\rangle$$

当 $\overrightarrow{A'B'}$ 与 $\boldsymbol{\beta}$ 反向时，$\varphi=\pi-\langle\boldsymbol{\alpha}, \boldsymbol{\beta}\rangle$，即 $\cos\varphi=-\cos\langle\boldsymbol{\alpha}, \boldsymbol{\beta}\rangle$，此时

$$\mathrm{Prj}_\beta \boldsymbol{\alpha} =-|\overrightarrow{\boldsymbol{A'B'}}| =-|\boldsymbol{\alpha}|\cos\varphi = |\boldsymbol{\alpha}|\cos\langle\boldsymbol{\alpha}, \boldsymbol{\beta}\rangle$$

故 $\mathrm{Prj}_\beta \boldsymbol{\alpha}=|\boldsymbol{\alpha}|\cos\langle\boldsymbol{\alpha}, \boldsymbol{\beta}\rangle$.

性质 4.1　设 $\boldsymbol{\alpha}_1$，$\boldsymbol{\alpha}_2$，$\boldsymbol{\beta}$ 为空间的 3 个向量，则

(1) $\mathrm{Prj}_\beta(\boldsymbol{\alpha}_1+\boldsymbol{\alpha}_2)=\mathrm{Prj}_\beta \boldsymbol{\alpha}_1+\mathrm{Prj}_\beta \boldsymbol{\alpha}_2$；

(2) $\mathrm{Prj}_\beta(\lambda\boldsymbol{\alpha})=\lambda\, \mathrm{Prj}_\beta \boldsymbol{\alpha}$.

2. 向量内积的定义与性质

定义 4.6　设 $\boldsymbol{\alpha}$, $\boldsymbol{\beta}$ 为空间两个向量，则 $|\boldsymbol{\alpha}|\cdot|\boldsymbol{\beta}|\cos\langle\boldsymbol{\alpha}, \boldsymbol{\beta}\rangle$ 称为 $\boldsymbol{\alpha}$ 与 $\boldsymbol{\beta}$ 的内积(数量积或者点积)，记为 $(\boldsymbol{\alpha}, \boldsymbol{\beta})$ 或者 $\boldsymbol{\alpha}\cdot\boldsymbol{\beta}$.

显然 $\boldsymbol{\alpha}\cdot\boldsymbol{\beta}=|\boldsymbol{\beta}|\mathrm{Prj}_\beta \boldsymbol{\alpha}=|\boldsymbol{\alpha}|\mathrm{Prj}_\alpha \boldsymbol{\beta}$.

注：

(1) 两个向量的内积是一个数；

(2) 若两个向量中有一个是零向量，则它们的内积为零. 若二者均不为零向量，则 $\cos\langle\boldsymbol{\alpha}, \boldsymbol{\beta}\rangle=\dfrac{\boldsymbol{\alpha}\cdot\boldsymbol{\beta}}{|\boldsymbol{\alpha}|\cdot|\boldsymbol{\beta}|}$. 特别地，$\boldsymbol{\alpha}\perp\boldsymbol{\beta}\Leftrightarrow\boldsymbol{\alpha}\cdot\boldsymbol{\beta}=\boldsymbol{0}$；

(3) $|\boldsymbol{\alpha}|=\sqrt{\boldsymbol{\alpha}\cdot\boldsymbol{\alpha}}$.

定理 4.2　设 $\boldsymbol{\alpha}$, $\boldsymbol{\beta}$, $\boldsymbol{\gamma}$ 是三个向量，$\lambda\in\mathbb{R}$，则

(1) $\boldsymbol{\alpha}\cdot\boldsymbol{\beta}=\boldsymbol{\beta}\cdot\boldsymbol{\alpha}$；

(2) $\lambda\boldsymbol{\alpha}\cdot\boldsymbol{\beta}=\lambda(\boldsymbol{\alpha}\cdot\boldsymbol{\beta})=\boldsymbol{\alpha}\cdot(\lambda\boldsymbol{\beta})$；

(3) $\boldsymbol{\alpha}\cdot(\boldsymbol{\beta}+\boldsymbol{\gamma})=\boldsymbol{\alpha}\cdot\boldsymbol{\beta}+\boldsymbol{\alpha}\cdot\boldsymbol{\gamma}$；

(4) $\boldsymbol{\alpha}\cdot\boldsymbol{\alpha}\geqslant 0$，等号成立当且仅当 $\boldsymbol{\alpha}=\boldsymbol{0}$.

3. 用坐标计算向量的内积

设$\{O;\ \boldsymbol{e}_1,\ \boldsymbol{e}_2,\ \boldsymbol{e}_3\}$为直角坐标系，向量$\boldsymbol{\alpha}$的坐标为$(a_1,\ a_2,\ a_3)$，则

$$\boldsymbol{\alpha}=a_1\boldsymbol{e}_1+a_2\boldsymbol{e}_2+a_3\boldsymbol{e}_3$$

命题 4.1 设$\{O;\ \boldsymbol{e}_1,\ \boldsymbol{e}_2,\ \boldsymbol{e}_3\}$是直角坐标系，$\boldsymbol{\alpha}$，$\boldsymbol{\beta}$的坐标分别是$(a_1,\ a_2,\ a_3)$，$(b_1,\ b_2,\ b_3)$，则$\boldsymbol{\alpha}\cdot\boldsymbol{\beta}=a_1b_1+a_2b_2+a_3b_3$. 即在直角坐标系中，两个向量的内积等于它们对应坐标的乘积之和.

证明 由于$\boldsymbol{\alpha}=a_1\boldsymbol{e}_1+a_2\boldsymbol{e}_2+a_3\boldsymbol{e}_3$，$\boldsymbol{\beta}=b_1\boldsymbol{e}_1+b_2\boldsymbol{e}_2+b_3\boldsymbol{e}_3$，从而

$$\begin{aligned}\boldsymbol{\alpha}\cdot\boldsymbol{\beta}&=(a_1\boldsymbol{e}_1+a_2\boldsymbol{e}_2+a_3\boldsymbol{e}_3)\cdot(b_1\boldsymbol{e}_1+b_2\boldsymbol{e}_2+b_3\boldsymbol{e}_3)\\&=a_1b_1\boldsymbol{e}_1\cdot\boldsymbol{e}_1+a_1b_2\boldsymbol{e}_1\cdot\boldsymbol{e}_2+a_1b_3\boldsymbol{e}_1\cdot\boldsymbol{e}_3+a_2b_1\boldsymbol{e}_2\cdot\boldsymbol{e}_1+a_2b_2\boldsymbol{e}_2\cdot\boldsymbol{e}_2\\&\quad+a_2b_3\boldsymbol{e}_2\cdot\boldsymbol{e}_3+a_3b_1\boldsymbol{e}_3\cdot\boldsymbol{e}_1+a_3b_2\boldsymbol{e}_3\cdot\boldsymbol{e}_2+a_3b_3\boldsymbol{e}_3\cdot\boldsymbol{e}_3\\&=a_1b_1+a_2b_2+a_3b_3\end{aligned}$$

命题 4.2 设$\{O;\ \boldsymbol{e}_1,\ \boldsymbol{e}_2,\ \boldsymbol{e}_3\}$是直角坐标系，非零向量$\boldsymbol{\alpha}$，$\boldsymbol{\beta}$的坐标分别是$(a_1,\ a_2,\ a_3)$，$(b_1,\ b_2,\ b_3)$，则$\cos\langle a,\ b\rangle=\dfrac{a_1b_1+a_2b_2+a_3b_3}{\sqrt{a_1^2+a_2^2+a_3^2}\cdot\sqrt{b_1^2+b_2^2+b_3^2}}$.

例 4.1 利用向量的内积证明：柯西-施瓦茨不等式$\left(\sum\limits_{i=1}^{3}a_ib_i\right)^2\leqslant\sum\limits_{i=1}^{3}a_i^2\cdot\sum\limits_{i=1}^{3}b_i^2$.

证明 取$\{O;\ \boldsymbol{e}_1,\ \boldsymbol{e}_2,\ \boldsymbol{e}_3\}$为直角坐标系，$\boldsymbol{\alpha}$，$\boldsymbol{\beta}$的坐标分别是$(a_1,\ a_2,\ a_3)$，$(b_1,\ b_2,\ b_3)$，由于$\boldsymbol{\alpha}\cdot\boldsymbol{\beta}=|\boldsymbol{\alpha}|\cdot|\boldsymbol{\beta}|\cos\langle\boldsymbol{\alpha},\ \boldsymbol{\beta}\rangle$，又$|\cos\langle\boldsymbol{\alpha},\ \boldsymbol{\beta}\rangle|\leqslant 1$，因此

$$(\boldsymbol{\alpha}\cdot\boldsymbol{\beta})^2=|\boldsymbol{\alpha}|^2\cdot|\boldsymbol{\beta}|^2\cos^2\langle\boldsymbol{\alpha},\ \boldsymbol{\beta}\rangle\leqslant|\boldsymbol{\alpha}|^2\cdot|\boldsymbol{\beta}|^2$$

故$(a_1b_1+a_2b_2+a_3b_3)^2\leqslant(a_1^2+a_2^2+a_3^2)\cdot(b_1^2+b_2^2+b_3^2)$，即$\left(\sum\limits_{i=1}^{3}a_ib_i\right)^2\leqslant\sum\limits_{i=1}^{3}a_i^2\cdot\sum\limits_{i=1}^{3}b_i^2$.

例 4.2 设$|\boldsymbol{\alpha}+\boldsymbol{\beta}|=|\boldsymbol{\alpha}-\boldsymbol{\beta}|$，又$\boldsymbol{\alpha}=(3,\ -5,\ 8)$，$\boldsymbol{\beta}=(-1,\ 1,\ z_0)$，求$z_0$.

解 由于$|\boldsymbol{\alpha}+\boldsymbol{\beta}|=|\boldsymbol{\alpha}-\boldsymbol{\beta}|$，从而$|\boldsymbol{\alpha}+\boldsymbol{\beta}|^2=|\boldsymbol{\alpha}-\boldsymbol{\beta}|^2$，即

$$|\boldsymbol{\alpha}|^2+|\boldsymbol{\beta}|^2+2\boldsymbol{\alpha}\cdot\boldsymbol{\beta}=|\boldsymbol{\alpha}|^2+|\boldsymbol{\beta}|^2-2\boldsymbol{\alpha}\cdot\boldsymbol{\beta}$$

于是$4\boldsymbol{\alpha}\cdot\boldsymbol{\beta}=0$，即$\boldsymbol{\alpha}\cdot\boldsymbol{\beta}=0$，又$\boldsymbol{\alpha}\cdot\boldsymbol{\beta}=-8+8z_0$，故$z_0=1$.

4.4 向量的外积和混合积

1. 向量的外积的定义和性质

定义 4.5 设$\boldsymbol{\alpha}$，$\boldsymbol{\beta}$是空间的两个向量，$\boldsymbol{\alpha}$，$\boldsymbol{\beta}$的外积(向量积或者叉积)$\boldsymbol{\alpha}\times\boldsymbol{\beta}$仍是一个向量，它的长度规定为$|\boldsymbol{\alpha}\times\boldsymbol{\beta}|=|\boldsymbol{\alpha}||\boldsymbol{\beta}|\sin\langle\boldsymbol{\alpha},\ \boldsymbol{\beta}\rangle$，它的方向规定为与$\boldsymbol{\alpha}$，$\boldsymbol{\beta}$均垂直，并且使$(\boldsymbol{\alpha},\ \boldsymbol{\beta},\ \boldsymbol{\alpha}\times\boldsymbol{\beta})$的方向符合右手法则，即用右手四指从$\boldsymbol{\alpha}$弯向$\boldsymbol{\beta}$(转角小于$\pi$)时，拇指的指向就是$\boldsymbol{\alpha}\times\boldsymbol{\beta}$的方向.

注：

(1) 若$\boldsymbol{\alpha}$，$\boldsymbol{\beta}$中有一个是零向量，则规定$\boldsymbol{\alpha}\times\boldsymbol{\beta}=\boldsymbol{0}$；

(2) 空间两个非零向量共线的充分必要条件是$\boldsymbol{\alpha}\times\boldsymbol{\beta}=\boldsymbol{0}$；

(3) 若$\boldsymbol{\alpha}\times\boldsymbol{\beta}=\boldsymbol{0}$，不能断定$\boldsymbol{\alpha}$，$\boldsymbol{\beta}$中必有一个为零向量；

(4) (外积的几何意义) 当$\boldsymbol{\alpha}$，$\boldsymbol{\beta}$不共线时，则$|\boldsymbol{\alpha}\times\boldsymbol{\beta}|$表示以$\boldsymbol{\alpha}$，$\boldsymbol{\beta}$为邻边的平行四边形

的面积.

定理 4.1　设 $\boldsymbol{\alpha}$, $\boldsymbol{\beta}$, $\boldsymbol{\gamma}$ 是三个向量，$\lambda\in\mathbb{R}$，则

(1) $\boldsymbol{e}_1\times\boldsymbol{e}_2=\boldsymbol{e}_3$，$\boldsymbol{e}_2\times\boldsymbol{e}_3=\boldsymbol{e}_1$，$\boldsymbol{e}_3\times\boldsymbol{e}_1=\boldsymbol{e}_2$；

(2) $\boldsymbol{\alpha}\times\boldsymbol{\beta}=-\boldsymbol{\beta}\times\boldsymbol{\alpha}$；

(3) $(\lambda\boldsymbol{\alpha})\times\boldsymbol{\beta}=\lambda(\boldsymbol{\alpha}\times\boldsymbol{\beta})=\boldsymbol{\alpha}\times(\lambda\boldsymbol{\beta})$；

(4) $\boldsymbol{\alpha}\times(\boldsymbol{\beta}+\boldsymbol{\gamma})=\boldsymbol{\alpha}\times\boldsymbol{\beta}+\boldsymbol{\alpha}\times\boldsymbol{\gamma}$；$(\boldsymbol{\beta}+\boldsymbol{\gamma})\times\boldsymbol{\alpha}=\boldsymbol{\beta}\times\boldsymbol{\alpha}+\boldsymbol{\gamma}\times\boldsymbol{\alpha}$.

2. 用坐标计算向量的外积

定理 4.2　设 $\{O;\boldsymbol{e}_1,\boldsymbol{e}_2,\boldsymbol{e}_3\}$ 是右手直角坐标系，$\boldsymbol{\alpha}$, $\boldsymbol{\beta}$ 的坐标分别是 (a_1, a_2, a_3)，(b_1, b_2, b_3)，则 $\boldsymbol{\alpha}\times\boldsymbol{\beta}$ 的坐标是 $\left(\begin{vmatrix} a_2 & a_3 \\ b_2 & b_3 \end{vmatrix}, -\begin{vmatrix} a_1 & a_3 \\ b_1 & b_3 \end{vmatrix}, \begin{vmatrix} a_1 & a_2 \\ b_1 & b_2 \end{vmatrix}\right)$. 即

$$\boldsymbol{\alpha}\times\boldsymbol{\beta}=\begin{vmatrix} \boldsymbol{e}_1 & \boldsymbol{e}_2 & \boldsymbol{e}_3 \\ a_1 & a_2 & a_3 \\ b_1 & b_2 & b_3 \end{vmatrix}=\begin{vmatrix} a_2 & a_3 \\ b_2 & b_3 \end{vmatrix}\boldsymbol{e}_1-\begin{vmatrix} a_1 & a_3 \\ b_1 & b_3 \end{vmatrix}\boldsymbol{e}_2+\begin{vmatrix} a_1 & a_2 \\ b_1 & b_2 \end{vmatrix}\boldsymbol{e}_3$$

证明　由于 $\boldsymbol{\alpha}=a_1\boldsymbol{e}_1+a_2\boldsymbol{e}_2+a_3\boldsymbol{e}_3$，$\boldsymbol{\beta}=b_1\boldsymbol{e}_1+b_2\boldsymbol{e}_2+b_3\boldsymbol{e}_3$，则

$$\begin{aligned}\boldsymbol{\alpha}\times\boldsymbol{\beta}&=(a_1\boldsymbol{e}_1+a_2\boldsymbol{e}_2+a_3\boldsymbol{e}_3)\times(b_1\boldsymbol{e}_1+b_2\boldsymbol{e}_2+b_3\boldsymbol{e}_3)\\&=(a_1b_2-a_2b_1)\boldsymbol{e}_1\times\boldsymbol{e}_2+(a_1b_3-a_3b_1)\boldsymbol{e}_1\times\boldsymbol{e}_3+(a_2b_3-a_3b_2)\boldsymbol{e}_2\times\boldsymbol{e}_3\\&=(a_2b_3-a_3b_2)\boldsymbol{e}_1-(a_1b_3-a_3b_1)\boldsymbol{e}_2+(a_1b_2-a_2b_1)\boldsymbol{e}_3\end{aligned}$$

于是 $\boldsymbol{\alpha}\times\boldsymbol{\beta}$ 的坐标是 $\left(\begin{vmatrix} a_2 & a_3 \\ b_2 & b_3 \end{vmatrix}, -\begin{vmatrix} a_1 & a_3 \\ b_1 & b_3 \end{vmatrix}, \begin{vmatrix} a_1 & a_2 \\ b_1 & b_2 \end{vmatrix}\right)$.

例 4.3　在空间直角坐标系中，已知三角形△ABC 的顶点为分别 $A(1, 2, 3)$，$B(3, 4, 5)$，$C(2, 4, 7)$，求三角形△ABC 的面积.

解　由于 $\overrightarrow{AB}=(2, 2, 2)$，$\overrightarrow{AC}=(1, 2, 4)$，因此

$$\overrightarrow{AB}\times\overrightarrow{AC}=\begin{vmatrix} \boldsymbol{e}_1 & \boldsymbol{e}_2 & \boldsymbol{e}_3 \\ 2 & 2 & 2 \\ 1 & 2 & 4 \end{vmatrix}=4\boldsymbol{e}_1-6\boldsymbol{e}_2+2\boldsymbol{e}_3$$

于是三角形△ABC 的面积为 $S_{\triangle ABC}=\dfrac{1}{2}|\overrightarrow{AB}\times\overrightarrow{AC}|=\sqrt{14}$.

定理 4.3　(二重外积) 对任意的向量 $\boldsymbol{\alpha}$, $\boldsymbol{\beta}$, $\boldsymbol{\gamma}$，则 $\boldsymbol{\alpha}\times(\boldsymbol{\beta}\times\boldsymbol{\gamma})=(\boldsymbol{\alpha}\cdot\boldsymbol{\gamma})\boldsymbol{\beta}-(\boldsymbol{\alpha}\cdot\boldsymbol{\beta})\boldsymbol{\gamma}$.

证明　取 $\{O;\boldsymbol{e}_1,\boldsymbol{e}_2,\boldsymbol{e}_3\}$ 为右手直角坐标系，设 $\boldsymbol{a}$, $\boldsymbol{b}$, $\boldsymbol{c}$ 的坐标分别是 (a_1, a_2, a_3)，(b_1, b_2, b_3)，(c_1, c_2, c_3)，$\boldsymbol{\beta}\times\boldsymbol{\gamma}$ 的坐标为 (d_1, d_2, d_3)，$\boldsymbol{\alpha}\times(\boldsymbol{\beta}\times\boldsymbol{\gamma})$ 的坐标为 (h_1, h_2, h_3)，则

$$\boldsymbol{\alpha}\times(\boldsymbol{\beta}\times\boldsymbol{\gamma})=\begin{vmatrix} \boldsymbol{e}_1 & \boldsymbol{e}_2 & \boldsymbol{e}_3 \\ a_1 & a_2 & a_3 \\ d_1 & d_2 & d_3 \end{vmatrix}=(h_1, h_2, h_3)$$

$$\boldsymbol{\beta}\times\boldsymbol{\gamma}=\begin{vmatrix} \boldsymbol{e}_1 & \boldsymbol{e}_2 & \boldsymbol{e}_3 \\ b_1 & b_2 & b_3 \\ c_1 & c_2 & c_3 \end{vmatrix}=(b_2c_3-b_3c_2, b_3c_1-b_1c_3, b_1c_2-b_2c_1)$$

其中

$$h_1=\begin{vmatrix}a_2 & a_3\\ d_2 & d_3\end{vmatrix}=a_2d_3-a_3d_2=a_2(b_1c_2-b_2c_1)-a_3(b_3c_1-b_1c_3)$$
$$=b_1(a_2c_2+a_3c_3)-c_1(a_2b_2+a_3b_3)$$
$$=b_1(\boldsymbol{\alpha}\cdot\boldsymbol{\gamma}-a_1c_1)-c_1(\boldsymbol{\alpha}\cdot\boldsymbol{\beta}-a_1b_1)=(\boldsymbol{\alpha}\cdot\boldsymbol{\gamma})b_1-(\boldsymbol{\alpha}\cdot\boldsymbol{\beta})c_1$$

类似地，$h_2=(\boldsymbol{\alpha}\cdot\boldsymbol{\gamma})b_2-(\boldsymbol{\alpha}\cdot\boldsymbol{\beta})c_2$，$h_3=(\boldsymbol{\alpha}\cdot\boldsymbol{\gamma})b_3-(\boldsymbol{\alpha}\cdot\boldsymbol{\beta})c_3$，从而

$$\boldsymbol{\alpha}\times(\boldsymbol{\beta}\times\boldsymbol{\gamma})=(\boldsymbol{\alpha}\cdot\boldsymbol{\gamma})\boldsymbol{\beta}-(\boldsymbol{\alpha}\cdot\boldsymbol{\beta})\boldsymbol{\gamma}$$

利用定理 4.5 知$(\boldsymbol{\alpha}\times\boldsymbol{\beta})\times\boldsymbol{\gamma}=-\boldsymbol{\gamma}\times(\boldsymbol{\alpha}\times\boldsymbol{\beta})=-(\boldsymbol{\gamma}\cdot\boldsymbol{\beta})\boldsymbol{\alpha}+(\boldsymbol{\gamma}\cdot\boldsymbol{\alpha})\boldsymbol{\beta}$，从而在一般情况下，有

$$\boldsymbol{\alpha}\times(\boldsymbol{\beta}\times\boldsymbol{\gamma})\neq(\boldsymbol{\alpha}\times\boldsymbol{\beta})\times\boldsymbol{\gamma}$$

即向量的外积不适合结合律.

3. 向量的混合积的定义和性质

定义 4.6 设 $\boldsymbol{\alpha}$，$\boldsymbol{\beta}$，$\boldsymbol{\gamma}$ 为三个向量，定义 $\boldsymbol{\alpha}$，$\boldsymbol{\beta}$，$\boldsymbol{\gamma}$ 的混合积为$[\boldsymbol{\alpha},\boldsymbol{\beta},\boldsymbol{\gamma}]=(\boldsymbol{\alpha}\times\boldsymbol{\beta})\cdot\boldsymbol{\gamma}$.

注：$\boldsymbol{\alpha}$，$\boldsymbol{\beta}$，$\boldsymbol{\gamma}$ 的混合积为$[\boldsymbol{\alpha},\boldsymbol{\beta},\boldsymbol{\gamma}]=(\boldsymbol{\alpha}\times\boldsymbol{\beta})\cdot\boldsymbol{\gamma}$ 是一个数.

设$\{O;\ \boldsymbol{e}_1, \boldsymbol{e}_2, \boldsymbol{e}_3\}$为右手直角坐标系，平行六面体 $ABCD-A'B'C'D'$ 的三条棱分别为 $\overrightarrow{AB}=\boldsymbol{\alpha}_1$，$\overrightarrow{AD}=\boldsymbol{\alpha}_2$，$\overrightarrow{AA'}=\boldsymbol{\alpha}_3$，则平行六面体的底面积为$|\boldsymbol{\alpha}_1\times\boldsymbol{\alpha}_2|$，设高为$|\overrightarrow{AH}|$，其中 $\overrightarrow{AH}$是 $\boldsymbol{\alpha}_3$ 在 $\boldsymbol{\alpha}_1\times\boldsymbol{\alpha}_2$ 上的投影向量，故$\overrightarrow{AH}=\mathrm{Prj}_{\alpha_1\times\alpha_2}\boldsymbol{\alpha}_3$，即$|\overrightarrow{AH}|=|\mathrm{Prj}_{\alpha_1\times\alpha_2}\boldsymbol{\alpha}_3|$，从而平行六面体 $ABCD-A'B'C'D'$ 的体积为

$$V=|\boldsymbol{\alpha}_1\times\boldsymbol{\alpha}_2|\cdot|\mathrm{Prj}_{\alpha_1\times\alpha_2}\boldsymbol{\alpha}_3|=||\boldsymbol{\alpha}_1\times\boldsymbol{\alpha}_2|\cdot\mathrm{Prj}_{\alpha_1\times\alpha_2}\boldsymbol{\alpha}_3|$$
$$=|(\boldsymbol{\alpha}_1\times\boldsymbol{\alpha}_2)\cdot\boldsymbol{\alpha}_3|=|[\boldsymbol{\alpha}_1,\boldsymbol{\alpha}_2,\boldsymbol{\alpha}_3]|$$

即混合积的绝对值$|[\boldsymbol{\alpha}_1,\boldsymbol{\alpha}_2,\boldsymbol{\alpha}_3]|$表示以 $\boldsymbol{\alpha}_1$，$\boldsymbol{\alpha}_2$，$\boldsymbol{\alpha}_3$ 为棱的平行六面体的体积. 由此可得，空间上三个向量 $\boldsymbol{\alpha}_1$，$\boldsymbol{\alpha}_2$，$\boldsymbol{\alpha}_3$ 共面的充分必要条件是$[\boldsymbol{\alpha}_1,\boldsymbol{\alpha}_2,\boldsymbol{\alpha}_3]=0$.

性质 4.2 设 $\boldsymbol{\alpha}$，$\boldsymbol{\beta}$，$\boldsymbol{\gamma}$ 为三个向量，则

(1) $[\boldsymbol{\alpha},\boldsymbol{\beta},\boldsymbol{\gamma}]=[\boldsymbol{\beta},\boldsymbol{\gamma},\boldsymbol{\alpha}]=[\boldsymbol{\gamma},\boldsymbol{\alpha},\boldsymbol{\beta}]$，即轮换混合积的三个因子，不改变它的值；

(2) $\boldsymbol{\alpha}\times\boldsymbol{\beta}\cdot\boldsymbol{\gamma}=\boldsymbol{\alpha}\cdot\boldsymbol{\beta}\times\boldsymbol{\gamma}$，即三个有序向量 $\boldsymbol{\alpha}$，$\boldsymbol{\beta}$，$\boldsymbol{\gamma}$ 的混合积与$\times$和$\cdot$的位置无关.

注：$\boldsymbol{\alpha}\times\boldsymbol{\beta}\cdot\boldsymbol{\gamma}$ 是先作外积 $\boldsymbol{\alpha}\times\boldsymbol{\beta}$，再与 $\boldsymbol{\gamma}$ 作内积$(\boldsymbol{\alpha}\times\boldsymbol{\beta})\cdot\boldsymbol{\gamma}$，反之没有意义.

定理 4.4 设$\{O;\ \boldsymbol{e}_1, \boldsymbol{e}_2, \boldsymbol{e}_3\}$是右手直角坐标系，向量 $\boldsymbol{a}$，$\boldsymbol{b}$，$\boldsymbol{c}$ 的坐标分别是(a_1, a_2, a_3)，(b_1, b_2, b_3)，(c_1, c_2, c_3)，则

$$[\boldsymbol{\alpha},\boldsymbol{\beta},\boldsymbol{\gamma}]=\begin{vmatrix}a_1 & a_2 & a_3\\ b_1 & b_2 & b_3\\ c_1 & c_2 & c_3\end{vmatrix}$$

证明 由于$\boldsymbol{\alpha}\times\boldsymbol{\beta}=(a_2b_3-a_3b_2)\boldsymbol{e}_1-(a_1b_3-a_3b_1)\boldsymbol{e}_2+(a_1b_2-a_2b_1)\boldsymbol{e}_3$，则

$$[\boldsymbol{\alpha},\boldsymbol{\beta},\boldsymbol{\gamma}]=\boldsymbol{\alpha}\times\boldsymbol{\beta}\cdot\boldsymbol{\gamma}$$
$$=[(a_2b_3-a_3b_2)\boldsymbol{e}_1-(a_1b_3-a_3b_1)\boldsymbol{e}_2+(a_1b_2-a_2b_1)\boldsymbol{e}_3]\cdot(c_1\boldsymbol{e}_1+c_2\boldsymbol{e}_2+c_3\boldsymbol{e}_3)$$
$$=c_1(a_2b_3-a_3b_2)+c_2(a_3b_1-a_1b_3)+c_3(a_1b_2-a_2b_1)$$
$$=\begin{vmatrix}a_1 & a_2 & a_3\\ b_1 & b_2 & b_3\\ c_1 & c_2 & c_3\end{vmatrix}$$

例 4.4　在直角坐标系下，求以 $A(1, 2, 3)$，$B(2, 4, 1)$，$C(1, -3, 5)$，$D(4, -2, 3)$为顶点的四面体体积.

解　这个四面体的体积是以$\overrightarrow{AB}$，$\overrightarrow{AC}$，$\overrightarrow{AD}$为棱的平行六面体体积的$\frac{1}{6}$. 由于$\overrightarrow{AB}=(1, 2, -2)$，$\overrightarrow{AC}=(0, -5, 2)$，$\overrightarrow{AD}=(3, -4, 0)$，故

$$\overrightarrow{AB}\times\overrightarrow{AC}\cdot\overrightarrow{AD}=\begin{vmatrix}1 & 2 & -2\\0 & -5 & 2\\3 & -4 & 0\end{vmatrix}=-10$$

于是四面体的体积为

$$\frac{1}{6}|\overrightarrow{AB}\times\overrightarrow{AC}\cdot\overrightarrow{AD}|=\frac{10}{6}=\frac{5}{3}$$

例 4.5　利用向量运算将向量 $\boldsymbol{\beta}$ 表示成三个不共面向量 $\boldsymbol{\alpha}_1$，$\boldsymbol{\alpha}_2$，$\boldsymbol{\alpha}_3$ 的线性组合.

解　将 $\boldsymbol{\beta}$ 表示成三个不共面向量 $\boldsymbol{\alpha}_1$，$\boldsymbol{\alpha}_2$，$\boldsymbol{\alpha}_3$ 的线性组合，即存在数 k_1，k_2，k_3，使得 $\boldsymbol{\beta}=k_1\boldsymbol{\alpha}_1+k_2\boldsymbol{\alpha}_2+k_3\boldsymbol{\alpha}_3$，只需求出数 k_1，k_2，k_3 即可.

要解出 k_1，也就是要消去 k_2，k_3，为此，用一个与 $\boldsymbol{\alpha}_2$ 和 $\boldsymbol{\alpha}_3$ 都垂直的向量 $\boldsymbol{\alpha}_2\times\boldsymbol{\alpha}_3$ 与上式作数量积得 $\boldsymbol{\beta}\cdot(\boldsymbol{\alpha}_2\times\boldsymbol{\alpha}_3)=k_1\boldsymbol{\alpha}_1\cdot(\boldsymbol{\alpha}_2\times\boldsymbol{\alpha}_3)$. 由于 $\boldsymbol{\alpha}_1$，$\boldsymbol{\alpha}_2$，$\boldsymbol{\alpha}_3$ 是空间中三个不共面的向量，因此$[\boldsymbol{\alpha}_1, \boldsymbol{\alpha}_2, \boldsymbol{\alpha}_3]\neq 0$，故 $k_1=\frac{[\boldsymbol{\beta}, \boldsymbol{\alpha}_2, \boldsymbol{\alpha}_3]}{[\boldsymbol{\alpha}_1, \boldsymbol{\alpha}_2, \boldsymbol{\alpha}_3]}$.

同样可以解出

$$k_2=\frac{[\boldsymbol{\alpha}_1, \boldsymbol{\beta}, \boldsymbol{\alpha}_3]}{[\boldsymbol{\alpha}_1, \boldsymbol{\alpha}_2, \boldsymbol{\alpha}_3]},\quad k_3=\frac{[\boldsymbol{\alpha}_1, \boldsymbol{\alpha}_2, \boldsymbol{\beta}]}{[\boldsymbol{\alpha}_1, \boldsymbol{\alpha}_2, \boldsymbol{\alpha}_3]}$$

因此

$$\boldsymbol{\beta}=\frac{[\boldsymbol{\beta}, \boldsymbol{\alpha}_2, \boldsymbol{\alpha}_3]}{[\boldsymbol{\alpha}_1, \boldsymbol{\alpha}_2, \boldsymbol{\alpha}_3]}\boldsymbol{\alpha}_1+\frac{[\boldsymbol{\alpha}_1, \boldsymbol{\beta}, \boldsymbol{\alpha}_3]}{[\boldsymbol{\alpha}_1, \boldsymbol{\alpha}_2, \boldsymbol{\alpha}_3]}\boldsymbol{\alpha}_2+\frac{[\boldsymbol{\alpha}_1, \boldsymbol{\alpha}_2, \boldsymbol{\beta}]}{[\boldsymbol{\alpha}_1, \boldsymbol{\alpha}_2, \boldsymbol{\alpha}_3]}\boldsymbol{\alpha}_3$$

4.5 平面的方程

定义 4.7　设 $F(x, y, z)$是关于 x，y，z 的三元函数，则点集

$$\Sigma=\{(x, y, z) \mid F(x, y, z)=0\}$$

称为空间曲面，方程 $F(x, y, z)=0$ 称为空间曲面的方程.

如果 $F(x, y, z)$是关于 x，y，z 的多项式函数，则称该曲面为代数曲面.

如果一个多项式可以表示成一些不同类的单项式之和，那么系数不为零的单项式的最高次数称为该多项式的次数，例如 $3x^2y^2+2xy^2z+z^3$ 的次数为 4. 如果 $F(x, y, z)$的次数为 d，则称相应的曲面为 d 次曲面. 空间曲线可以看成是两个空间曲面的交线.

定义 4.8　设 $F(x, y, z)$，$G(x, y, z)$是关于 x，y，z 的两个三元函数，如果点集

$$\Gamma=\{(x, y, z) \mid F(x, y, z)=0, G(x, y, z)=0\}$$

是一个"一维"点集，则 Γ 称为空间曲线，方程$\begin{cases}F(x, y, z)=0\\G(x, y, z)=0\end{cases}$称为空间曲线 Γ 的方程.

例如，球心在原点 O 且半径为 1 的球面方程为 $x^2+y^2+z^2=1$，它是二次曲面；坐标面

xOz 的方程为 $y=0$，它是一次曲面，方程 $\begin{cases} x^2+y^2+z^2=1 \\ y=0 \end{cases}$，表示 xOz 面上的一个圆.

1. 直角坐标系下平面的方程

确定一个平面的条件可以是：不在一条直线上的三个点；一条直线和此直线外的一点；两条相交直线；两条平行直线；一个点和一个与该平面垂直的非零向量.

与一个平面垂直的非零向量称为该平面的法向量.

取 $\{O; \boldsymbol{e}_1, \boldsymbol{e}_2, \boldsymbol{e}_3\}$ 为直角坐标系，求过点 $M_0(x_0, y_0, z_0)$，且法向量为

$$\boldsymbol{n}=(A, B, C) \neq \mathbf{0}$$

的平面 π 的方程.

设点 M 的坐标为 (x, y, z)，则点 M 在平面 π 上的充分必要条件是 $\overrightarrow{M_0M} \perp \boldsymbol{n}$，从而 $\overrightarrow{M_0M} \cdot \boldsymbol{n}=0$，于是

$$A(x-x_0)+B(y-y_0)+C(z-z_0)=0 \tag{4-1}$$

方程(4-1)是由平面上一个点和平面的法向量所确定的，因而方程(4-1)称为平面的点法式方程.

注：

(1) 由方程(4-1)可以看出，平面是一次曲面；反之，设 Σ 为一次代数曲面，则它的方程可以设为

$$Ax+By+Cz+D=0 \tag{4-2}$$

在 Σ 上取定点 $M_0(x_0, y_0, z_0)$，则 $Ax_0+By_0+Cz_0+D=0$，从而

$$A(x-x_0)+B(y-y_0)+C(z-z_0)=0$$

由此推出 Σ 是与固定点 M_0 的连线垂直于向量 (A, B, C) 的点的集合，因此 Σ 是平面，即一次代数曲面就是平面.

(2) 方程(4-2)称为平面的一般式方程. 方程(4-2)的系数组成的向量 (A, B, C) 就是该平面的法向量.

定理 4.5 设平面 π 的方程为 $Ax+By+Cz+D=0$，则向量 $\boldsymbol{v}=(X, Y, Z)$ 平行于平面 π 的充要条件是 $AX+BY+CZ=0$.

证明 由于平面 π 的方程为 $Ax+By+Cz+D=0$，则平面 π 的法向量为 $\boldsymbol{n}=(A, B, C)$，而向量 $\boldsymbol{v}=(X, Y, Z)$ 平行于平面 $\pi \Leftrightarrow \boldsymbol{v} \perp \boldsymbol{n} \Leftrightarrow \boldsymbol{v} \cdot \boldsymbol{n}=0$，即

$$AX+BY+CZ=0$$

推论 4.1 设平面 π 的方程为 $Ax+By+Cz+D=0$，则平面 π 平行于 x 轴(y 轴或 z 轴)的充要条件是 $A=0$ ($B=0$ 或 $C=0$)；平面 π 过原点的充要条件是 $D=0$.

例 4.6 设空间不在同一条直线上的三个点的坐标为

$$A(x_1, y_1, z_1),\ B(x_2, y_2, z_2),\ C(x_3, y_3, z_3),$$

求通过 A, B, C 的平面方程.

解 设过 A, B, C 三点的平面为 π，则平面 π 的法向量为 $\boldsymbol{n}=\overrightarrow{AB} \times \overrightarrow{AC}$. 令 $M(x, y, z)$ 为平面 π 上的任意一点，又

$$\overrightarrow{AM}=(x-x_1, y-y_1, z-z_1),\ \overrightarrow{AB}=(x_2-x_1, y_2-y_1, z_2-z_1)$$

$$\overrightarrow{AC}=(x_3-x_1, y_3-y_1, z_3-z_1)$$

由于$\overrightarrow{AM}\perp \boldsymbol{n}$，即

$$\overrightarrow{AM}\cdot \boldsymbol{n}=\overrightarrow{AM}\cdot(\overrightarrow{AB}\times\overrightarrow{AC})=[\overrightarrow{AM},\overrightarrow{AB},\overrightarrow{AC}]=0$$

即

$$\begin{vmatrix} x-x_1 & y-y_1 & z-z_1 \\ x_2-x_1 & y_2-y_1 & z_2-z_1 \\ x_3-x_1 & y_3-y_1 & z_3-z_1 \end{vmatrix}=0 \tag{4-3}$$

故通过 A，B，C 的平面 π 方程为式(4-3)所示.

注：方程(4-3)称为平面的三点式方程. 若已知三点坐标为$(a, 0, 0)$，$(0, b, 0)$，$(0, 0, c)$，且 $abc\neq 0$，代入方程(4-3)化简可得

$$\begin{vmatrix} x-a & y & z \\ -a & b & 0 \\ -a & 0 & c \end{vmatrix}=bcx+acy+abz-abc=0$$

即 $bcx+acy+abz=abc$，于是

$$\frac{x}{a}+\frac{y}{b}+\frac{z}{c}=1 \tag{4-4}$$

方程(4-4)称为平面的截距式方程.

例 4.7　求通过点 $M_1(3, 2, 1)$，$M_2(-1, 0, 2)$，且与 z 轴平行的平面方程.

解：设平面 π 的方程为 $Ax+By+Cz+D=0$，由于 π 与 z 轴平行，则 $C=0$. 又由于平面 π 经过点 M_1、M_2，即$\begin{cases}3A+2B+D=0\\ -A+D=0\end{cases}$，从而$\begin{cases}B=-2A\\ D=A\end{cases}$，故平面 π 的方程为

$$x-2y+1=0$$

2. 两相交平面的夹角

定义 4.9　两个相交平面 π_1 与 π_2 之间的夹角是指它们所构成的锐二面角.

注：设 θ 为平面 π_1：$A_1x+B_1y+C_1z+D_1=0$ 和 π_2：$A_2x+B_2y+C_2z+D_2=0$ 的夹角，$\boldsymbol{n}_1$，$\boldsymbol{n}_2$ 分别为平面 π_1，π_2 的法向量，θ 为$\langle \boldsymbol{n}_1, \boldsymbol{n}_2\rangle$或它的补角，则

$$\cos\theta=\cos\langle \boldsymbol{n}_1, \boldsymbol{n}_2\rangle \text{ 或者 } \cos\theta=\cos(\pi-\langle \boldsymbol{n}_1, \boldsymbol{n}_2\rangle)=-\cos\langle \boldsymbol{n}_1, \boldsymbol{n}_2\rangle$$

于是

$$\cos\theta=\frac{|\boldsymbol{n}_1\cdot \boldsymbol{n}_2|}{|\boldsymbol{n}_1|\cdot|\boldsymbol{n}_2|}=\frac{|A_1A_2+B_1B_2+C_1C_2|}{\sqrt{A_1^2+B_1^2+C_1^2}\cdot\sqrt{A_2^2+B_2^2+C_2^2}}$$

因此，两平面 π_1 与 π_2 垂直的充分必要条件是 $\boldsymbol{n}_1\cdot \boldsymbol{n}_2=0\Leftrightarrow A_1A_2+B_1B_2+C_1C_2=0$.

3. 点到平面的距离

命题 4.3　在直角坐标系中，点 $P_1(x_1, y_1, z_1)$是平面 π：$Ax+By+Cz+D=0$ 外的一点，则点 P_1 到平面 π 的距离为 $d=\dfrac{|Ax_1+By_1+Cz_1+D|}{\sqrt{A^2+B^2+C^2}}$.

证明　作点 P_1 到平面 π 的垂线，设垂足为 $P_0(x_0, y_0, z_0)$，则点 P_1 到平面 π 的距离为 $d=|\overrightarrow{P_0P_1}|$，平面 π 的法向量为 $\boldsymbol{n}=(A, B, C)$，由于$\overrightarrow{P_0P_1}$平行于 $\boldsymbol{n}$，从而$\overrightarrow{P_0P_1}=k\boldsymbol{n}^0$，于是

$$\begin{aligned}k &= k\boldsymbol{n}^0 \cdot \boldsymbol{n}^0 = \overrightarrow{P_0P_1} \cdot \boldsymbol{n}^0 \\ &= (x_1 - x_0,\ y_1 - y_0,\ z_1 - z_0) \cdot \frac{(A,\ B,\ C)}{\sqrt{A^2 + B^2 + C^2}} \\ &= \frac{1}{\sqrt{A^2 + B^2 + C^2}}[A(x_1 - x_0) + B(y_1 - y_0) + C(z_1 - z_0)] \\ &= \frac{Ax_1 + By_1 + Cz_1 + D}{\sqrt{A^2 + B^2 + C^2}}\end{aligned}$$

于是 $d = |\overrightarrow{P_0P_1}| = |k\boldsymbol{n}^0| = |k| = \dfrac{|Ax_1 + By_1 + Cz_1 + D|}{\sqrt{A^2 + B^2 + C^2}}$.

设平面 π 的方程为 $Ax+By+Cz+D=0$，点 $P_1(x_1,\ y_1,\ z_1)$是平面 π 外的一点，下面确定点 P_1 在平面 π 的哪一侧.

设点 $M_0(x_0,\ y_0,\ z_0)$在平面 π 上，平面 π 的法向量为 $\boldsymbol{n}=(A,\ B,\ C)$，则点 P_1 在平面 π 的法向量 $\boldsymbol{n}$ 指向的一侧$\Leftrightarrow\langle \boldsymbol{n},\ \overrightarrow{M_0P_1}\rangle$是锐角

$$\Leftrightarrow \boldsymbol{n} \cdot \overrightarrow{M_0P_1} = |\boldsymbol{n}| \cdot |\overrightarrow{M_0P_1}| \cos < \boldsymbol{n},\ \overrightarrow{M_0P_1} > \text{大于零，而}$$

$$\begin{aligned}\boldsymbol{n} \cdot \overrightarrow{M_0P_1} &= A(x_1 - x_0) + B(y_1 - y_0) + C(z_1 - z_0) \\ &= Ax_1 + By_1 + Cz_1 - (Ax_0 + By_0 + Cz_0) \\ &= Ax_1 + By_1 + Cz_1 + D\end{aligned}$$

于是，当 $Ax_1+By_1+Cz_1+D>0$ 时，点 P_1 在平面 π 的法向量 $\boldsymbol{n}$ 指向的一侧；当 $Ax_1+By_1+Cz_1+D<0$ 时，点 P_1 在平面 π 的法向量 $\boldsymbol{n}$ 指向的另一侧.

4.6 空间直线的方程

1. 直角坐标系下直线的方程

一个点和一个非零向量决定一条直线. 取$\{O;\ \boldsymbol{e}_1,\ \boldsymbol{e}_2,\ \boldsymbol{e}_3\}$为右手直角坐标系，已知点 $M_0(x_0,\ y_0,\ z_0)$和非零向量 $\boldsymbol{s}(a,\ b,\ c)$，求过点 M_0 且方向向量为 $\boldsymbol{s}$(即与直线共线的非零向量)的直线 L 的方程.

点 $M(x,\ y,\ z)$在直线 L 上$\Leftrightarrow\overrightarrow{M_0M}$平行于 $\boldsymbol{s}$，即存在 $t\in\mathbb{R}$，使得$\overrightarrow{M_0M}=t\boldsymbol{s}$，于是

$$\begin{cases}x = x_0 + at \\ y = y_0 + bt \\ z = z_0 + ct\end{cases}$$

称为直线 L 的参数方程，参数 t 可取任意实数.

直线 L 可以看成是到定点的连线平行于定向量的点的集合. 设定点为 $M_0(x_0,\ y_0,\ z_0)$，定向量为 $\boldsymbol{s}(a,\ b,\ c)$，点 $M(x,\ y,\ z)$是直线 L 上任意一点$\Leftrightarrow\overrightarrow{M_0M}$平行于 $\boldsymbol{s}$，即

$$\frac{x - x_0}{a} = \frac{y - y_0}{b} = \frac{z - z_0}{c}$$

称为直线的点向式方程(对称式方程).

若 $M_1(x_1,\ y_1,\ z_1)$，$M_2(x_2,\ y_2,\ z_2)$为直线 L 上不同的两点，则$\overrightarrow{M_1M_2}$为 L 的一个方向向量，由直线的点向式方程知，L 的方程

$$\frac{x-x_1}{x_2-x_1}=\frac{y-y_1}{y_2-y_1}=\frac{z-z_1}{z_2-z_1}$$

称为直线的两点式方程.

任意一条直线可以看成是某两个相交平面的交线. 设直线 L 是相交平面 π_1 和 π_2 的交线，$\pi_i(i=1, 2)$的方程为 $A_ix+B_iy+C_iz+D_i=0$，它们的一次项系数不成比例，则

$$\begin{cases}A_1x+B_1y+C_1z+D_1=0\\A_2x+B_2y+C_2z+D_2=0\end{cases}$$

是直线 L 的方程，称为直线的一般式方程.

注：

(1) 由直线的对称式方程可以写出它的一般式方程. 若 $a\neq 0$，则$\frac{x-x_0}{a}=\frac{y-y_0}{b}$表示平行于 z 轴的平面；$\frac{x-x_0}{a}=\frac{z-z_0}{c}$表示平行于 y 轴的平面，于是$\begin{cases}\frac{x-x_0}{a}=\frac{y-y_0}{b}\\\frac{x-x_0}{a}=\frac{z-z_0}{c}\end{cases}$，就是直线 L 的一般式方程. 对于 $a=0$，且 $b\neq 0$(或 $c\neq 0$)的情况可类似讨论.

(2) 由直线的一般式方程可以写出它的对称式方程和参数方程，具体求解过程通过下面的例题说明.

例 4.8　求直线 L：

$$\begin{cases}3x-2y+z+1=0 & (1)\\2x+y-z-2=0 & (2)\end{cases}$$

的对称式方程和参数方程.

解法一(加减消元法)　由式(1)＋式(2)得 $5x-y-1=0$，即 $y=5x-1$；由式(1)＋式(2)×2得 $7x-z-3=0$，即 $z=7x-3$，因此直线 L 的参数方程为

$$\begin{cases}x=t\\y=5t-1, \quad t\in\mathbb{R}\\z=7t-3\end{cases}$$

对称式方程为$\frac{x}{1}=\frac{y+1}{5}=\frac{z+3}{7}$.

解法二(利用点向式方程)　在直线 L 的方程$\begin{cases}3x-2y+z+1=0\\2x+y-z-2=0\end{cases}$中，令 $x=0$，可得 $y=-1$，$z=-3$，即点 $M_0(0, -1, -3)$在直线 L 上，又两平面

$$\pi_1: 3x-2y+z+1=0, \ \pi_2: 2x+y-z-2=0$$

过直线 L，设平面的法向量分别为 $\boldsymbol{n}_1$，$\boldsymbol{n}_2$，从而直线的方向向量 $\boldsymbol{s}$ 与 $\boldsymbol{n}_1$，$\boldsymbol{n}_2$ 同时垂直，故 $\boldsymbol{s}/\!/\boldsymbol{n}_1\times\boldsymbol{n}_2$，即 $\boldsymbol{s}=k(\boldsymbol{n}_1\times\boldsymbol{n}_2)$，不妨设 $\boldsymbol{s}=\boldsymbol{n}_1\times\boldsymbol{n}_2$，又因为

$$\boldsymbol{n}_1\times\boldsymbol{n}_2=\begin{vmatrix}\boldsymbol{e}_1 & \boldsymbol{e}_2 & \boldsymbol{e}_3\\3 & -2 & 1\\2 & 1 & -1\end{vmatrix}=(1, 5, 7)$$

所以直线的对称式方程为$\frac{x}{1}=\frac{y+1}{5}=\frac{z+3}{7}$.

令$\frac{x}{1}=\frac{y+1}{5}=\frac{z+3}{7}=t$，从而直线 L 的参数方程为$\begin{cases}x=t\\ y=5t-1\\ z=7t-3\end{cases}$，$t\in\mathbb{R}$.

解法三（利用两点式方程） 在直线的方程$\begin{cases}3x-2y+z+1=0\\ 2x+y-z-2=0\end{cases}$中，令 $x=0$，可得 $y=-1$，$z=-3$，令 $x=1$，可得 $y=4$，$z=4$，即点 $M_1(0,-1,-3)$，点 $M_2(1,4,4)$在直线 L 上，由直线的两点式方程可得$\frac{x}{1}=\frac{y+1}{5}=\frac{z+3}{7}$为 L 的对称式方程. 令

$$\frac{x}{1}=\frac{y+1}{5}=\frac{z+3}{7}=t$$

从而直线 L 的参数方程为

$$\begin{cases}x=t\\ y=5t-1,\quad t\in\mathbb{R}\\ z=7t-3\end{cases}$$

2. 点到直线的距离

设直线 L 过点 M_0，方向向量为 $\boldsymbol{s}$，点 M 为空间中不在 L 上的点，从而点 M 到直线 L 的距离 d 是以$\overrightarrow{M_0M}$，$\boldsymbol{s}$ 为邻边的平行四边形的底边 $\boldsymbol{s}$ 上的高，则

$$d=\frac{|\overrightarrow{M_0M}\times\boldsymbol{s}|}{|\boldsymbol{s}|}$$

3. 两条直线之间的距离

定义 4.10 两条直线上点之间的最短距离称为这两条直线间的距离.

显然，两条相交或重合的直线间的距离是零；两条平行直线间的距离等于其中一条直线上的任一点到另一条直线的距离. 下面讨论两条异面直线之间的距离.

定义 4.11 分别与两条异面直线 L_1，L_2 垂直相交的直线 L 称为 L_1 与 L_2 的公垂线；两垂足的连线段称为公垂线段.

命题 4.4 (1) 两条异面直线的公垂线存在且唯一.

(2) 两条异面直线 L_1 与 L_2 的公垂线段的长就是 L_1 与 L_2 之间的距离.

设

$$L_1:\frac{x-x_1}{a_1}=\frac{y-y_1}{b_1}=\frac{z-z_1}{c_1},\quad L_2:\frac{x-x_2}{a_2}=\frac{y-y_2}{b_2}=\frac{z-z_2}{c_2}$$

是两条直线，$M_1(x_1,y_1,z_1)$，$M_2(x_2,y_2,z_2)$分别是 L_1，L_2 上的点，则 L_1，L_2 的方向向量分别为 $\boldsymbol{s}_1(a_1,b_1,c_1)$，$\boldsymbol{s}_2(a_2,b_2,c_2)$，$\overrightarrow{M_1M_2}=(x_2-x_1,y_2-y_1,z_2-z_1)$，由三个向量共面的充分必要条件则有以下结论.

命题 4.5 L_1 与 L_2 是异面直线的充分必要条件是$[\overrightarrow{M_1M_2},\boldsymbol{s}_1,\boldsymbol{s}_2]\neq 0$，即

$$\begin{vmatrix}x_2-x_1 & y_2-y_1 & z_2-z_1\\ a_1 & b_1 & c_1\\ a_2 & b_2 & c_2\end{vmatrix}\neq 0$$

命题 4.6 设两条异面直线 L_1，L_2 分别过点 M_1，M_2，方向向量分别为 $\boldsymbol{s}_1$，$\boldsymbol{s}_2$，则 L_1 与 L_2 之间的距离为

$$d=\frac{|\overrightarrow{M_1M_2}\cdot \boldsymbol{s}_1\times \boldsymbol{s}_2|}{|\boldsymbol{s}_1\times \boldsymbol{s}_2|}$$

证明　设 L_1 与 L_2 的公垂线为 L_0，L_1 与 L_2 的公垂线段为 P_1P_2. 由于公垂线 L_0 与 L_1，L_2 同时垂直，则公垂线 L_0 的方向向量 $\boldsymbol{s}_0$ 与 $\boldsymbol{s}_1$，$\boldsymbol{s}_2$ 同时垂直，于是不妨取 $\boldsymbol{s}_0=\boldsymbol{s}_1\times\boldsymbol{s}_2$，又 $\overrightarrow{P_1P_2}$ 平行于 $\boldsymbol{s}_0$，则

$$\begin{aligned}d&=|\overrightarrow{P_1P_2}|=|\overrightarrow{P_1P_2}\cdot(\boldsymbol{s}_1\times\boldsymbol{s}_2)^0|\\&=|(\overrightarrow{P_1M_1}+\overrightarrow{M_1M_2}+\overrightarrow{M_2P_2})\cdot(\boldsymbol{s}_1\times\boldsymbol{s}_2)^0|\\&=\left|\overrightarrow{M_1M_2}\cdot\frac{\boldsymbol{s}_1\times\boldsymbol{s}_2}{|\boldsymbol{s}_1\times\boldsymbol{s}_2|}\right|=\frac{|\overrightarrow{M_1M_2}\cdot\boldsymbol{s}_1\times\boldsymbol{s}_2|}{|\boldsymbol{s}_1\times\boldsymbol{s}_2|}\end{aligned}$$

上述公式的几何意义：两条异面直线 L_1 与 L_2 之间的距离等于以 $\overrightarrow{M_1M_2}$，$\boldsymbol{s}_1$，$\boldsymbol{s}_2$ 为棱的平行六面体的体积除以以 $\boldsymbol{s}_1$，$\boldsymbol{s}_2$ 为邻边的平行四边形的面积.

下面讨论如何求两条异面直线的公垂线方程.

设 L_1，L_2 是两条异面直线，$M_i(x_i, y_i, z_i)$ $(i=1, 2)$是 L_i 上的点，L_1 与 L_2 的公垂线为 L_0，则 L_0 的方向向量可以取作 $\boldsymbol{s}_0=\boldsymbol{s}_1\times\boldsymbol{s}_2$，其中 $\boldsymbol{s}_i(i=1, 2)$是 L_i 的方向向量. 设 L_0 与 L_1 确定的平面为 π_1，其法向量为 $\boldsymbol{n}_1$；L_0 与 L_2 确定的平面为 π_2，其法向量为 $\boldsymbol{n}_2$，则可取 $\boldsymbol{n}_1=\boldsymbol{s}_0\times\boldsymbol{s}_1=(\boldsymbol{s}_1\times\boldsymbol{s}_2)\times\boldsymbol{s}_1=(A_1, B_1, C_1)$，类似地取

$$\boldsymbol{n}_2=\boldsymbol{s}_0\times\boldsymbol{s}_2=(\boldsymbol{s}_1\times\boldsymbol{s}_2)\times\boldsymbol{s}_2=(A_2, B_2, C_2)$$

由于 L_0 既在平面 π_1 上又在平面 π_2 上，即 L_0 为平面 π_1 与 π_2 的交线. 因此，L_1 与 L_2 的公垂线 L_0 的方程为

$$\begin{cases}A_1(x-x_1)+B_1(y-y_1)+C_1(z-z_1)=0\\A_2(x-x_2)+B_2(y-y_2)+C_2(z-z_2)=0\end{cases}$$

例 4.9　已知两条直线

$$L_1: \frac{x-1}{3}=\frac{y-7}{-1}=\frac{z+4}{2},\quad L_2: \frac{x-1}{1}=\frac{y+2}{-2}=\frac{z}{2}$$

证明：L_1 与 L_2 是异面直线，并求 L_1 与 L_2 之间的距离及公垂线方程.

解　由已知 $M_1(1, 7, -4)$，$M_2(1, -2, 0)$分别在 L_1，L_2 上，L_1，L_2 的方向向量分别为 $\boldsymbol{s}_1=(3, -1, 2)$，$\boldsymbol{s}_2=(1, -2, 2)$. 又由于 $\overrightarrow{M_1M_2}=(0, -9, 4)$，因此

$$[\overrightarrow{M_1M_2}, \boldsymbol{s}_1, \boldsymbol{s}_2]=\begin{vmatrix}0 & -9 & 4\\3 & -1 & 2\\1 & -2 & 2\end{vmatrix}=16\neq 0$$

即向量 $\overrightarrow{M_1M_2}$，$\boldsymbol{s}_1$，$\boldsymbol{s}_2$ 不共面，从而 L_1 与 L_2 是异面直线，进而 L_1 与 L_2 的距离为

$$d=\frac{|\overrightarrow{M_1M_2}\cdot\boldsymbol{s}_1\times\boldsymbol{s}_2|}{|\boldsymbol{s}_1\times\boldsymbol{s}_2|}$$

而

$$|\overrightarrow{M_1M_2}\cdot\boldsymbol{s}_1\times\boldsymbol{s}_2|=|[\overrightarrow{M_1M_2}, \boldsymbol{s}_1, \boldsymbol{s}_2]|=16$$

$$\boldsymbol{s}_1\times\boldsymbol{s}_2=\begin{vmatrix}\boldsymbol{e}_1 & \boldsymbol{e}_2 & \boldsymbol{e}_3\\3 & -1 & 2\\1 & -2 & 2\end{vmatrix}=(2, -4, -5)$$

故 $d=\dfrac{16}{3\sqrt{5}}$.

设 L_1 与 L_2 的公垂线为 L_0，L_0 与 L_1 确定的平面为 π_1，其法向量取作

$$\boldsymbol{n}_1=(\boldsymbol{s}_1\times\boldsymbol{s}_2)\times\boldsymbol{s}_1=\begin{vmatrix}\boldsymbol{e}_1 & \boldsymbol{e}_2 & \boldsymbol{e}_3\\ 2 & -4 & -5\\ 3 & -1 & 2\end{vmatrix}=(-13,-19,10)$$

L_0 与 L_2 确定的平面为 π_2，其法向量取作

$$\boldsymbol{n}_2=(\boldsymbol{s}_1\times\boldsymbol{s}_2)\times\boldsymbol{s}_2=\begin{vmatrix}\boldsymbol{e}_1 & \boldsymbol{e}_2 & \boldsymbol{e}_3\\ 2 & -4 & -5\\ 1 & -2 & 2\end{vmatrix}=(-18,-9,0)$$

于是由平面的点法式方程得平面 π_1 与 π_2 的方程分别为

$$\pi_1: 13x+19y-10z-186=0$$
$$\pi_2: 2x+y=0$$

而 L_0 是 π_1 与 π_2 的交线，故公垂线 L_0 的方程为

$$\begin{cases}13x+19y-10z-186=0\\ 2x+y=0\end{cases}$$

4.7 线性图形的位置关系

1. 平面与平面的位置关系

定理 4.6 设平面

$$\pi_1: A_1x+B_1y+C_1z+D_1=0$$
$$\pi_2: A_2x+B_2y+C_2z+D_2=0$$

其中 π_1 与 π_2 的法向量分别为 $\boldsymbol{n}_1=(A_1, B_1, C_1)$，$\boldsymbol{n}_2=(A_2, B_2, C_2)$，则

(1) π_1 与 π_2 平行$\Leftrightarrow\boldsymbol{n}_1$ 与 $\boldsymbol{n}_2$ 平行$\Leftrightarrow\dfrac{A_1}{A_2}=\dfrac{B_1}{B_2}=\dfrac{C_1}{C_2}$，但是$\dfrac{D_1}{D_2}\neq\dfrac{A_1}{A_2}$. 此时，$\pi_1$ 与 π_2 之间的距离为 $d=\dfrac{|D_1-kD_2|}{\sqrt{A_1^2+B_1^2+C_1^2}}$，其中 $k=\dfrac{A_1}{A_2}=\dfrac{B_1}{B_2}=\dfrac{C_1}{C_2}$；

(2) π_1 与 π_2 重合$\Leftrightarrow\dfrac{A_1}{A_2}=\dfrac{B_1}{B_2}=\dfrac{C_1}{C_2}=\dfrac{D_1}{D_2}$；

(3) π_1 与 π_2 相交但不重合$\Leftrightarrow\boldsymbol{n}_1\times\boldsymbol{n}_2\neq\boldsymbol{0}\Leftrightarrow\begin{vmatrix}\boldsymbol{e}_1 & \boldsymbol{e}_2 & \boldsymbol{e}_3\\ A_1 & B_1 & C_1\\ A_2 & B_2 & C_2\end{vmatrix}\neq\boldsymbol{0}$；此时 π_1 与 π_2 夹角 θ 的余弦为 $\cos\theta=\dfrac{|\boldsymbol{n}_1\cdot\boldsymbol{n}_2|}{|\boldsymbol{n}_1|\cdot|\boldsymbol{n}_2|}=\dfrac{|A_1A_2+B_1B_2+C_1C_2|}{\sqrt{A_1^2+B_1^2+C_1^2}\sqrt{A_2^2+B_2^2+C_2^2}}$；

(4) π_1 与 π_2 垂直$\Leftrightarrow\boldsymbol{n}_1\cdot\boldsymbol{n}_2=0\Leftrightarrow A_1A_2+B_1B_2+C_1C_2=0$.

2. 直线与平面的位置关系

定理 4.7 设直线 L 的方程为$\dfrac{x-x_1}{a}=\dfrac{y-y_1}{b}=\dfrac{z-z_1}{c}$，其方向向量为 $\boldsymbol{s}=(a, b, c)$，

$M_1(x_1, y_1, z_1)$在 L 上，平面 π 的方程为 $Ax+By+Cz+D=0$，其法向量为 $\boldsymbol{n}=(A, B, C)$，则

(1) L 在 π 上$\Leftrightarrow M_1\in\pi$ 且 $\boldsymbol{s}\cdot\boldsymbol{n}=0\Leftrightarrow Ax_1+By_1+Cz_1+D=0$ 且 $aA+bB+cC=0$；

(2) L 平行于 π，但 L 不在 π 上$\Leftrightarrow M_1\notin\pi$ 且 $\boldsymbol{s}\cdot\boldsymbol{n}=0\Leftrightarrow Ax_1+By_1+Cz_1+D\neq 0$ 且 $aA+bB+cC=0$；

(3) L 与 π 相交于一点$\Leftrightarrow \boldsymbol{s}\cdot\boldsymbol{n}\neq 0\Leftrightarrow aA+bB+cC\neq 0$；此时，$L$ 与 π(L 不垂直于 π)的夹角 θ 规定为 L 与它在 π 上的投影所构成的锐角，则

$$\sin\theta=\frac{|\boldsymbol{n}\cdot\boldsymbol{s}|}{|\boldsymbol{n}|\cdot|\boldsymbol{s}|}=\frac{|aA+bB+cC|}{\sqrt{A^2+B^2+C^2}\sqrt{a^2+b^2+c^2}}$$

当 L 垂直于 π 时，L 与 π 的夹角规定为$\frac{\pi}{2}$.

例 4.10　试求 m，n，使直线 L：$\begin{cases}x-2y+z+2m=0\\3x+ny+z-6=0\end{cases}$，在平面 π：$z=0$ 上.

解　设直线 L 的方向向量为 $\boldsymbol{s}$，则 $\boldsymbol{s}=\begin{vmatrix}\boldsymbol{e}_1 & \boldsymbol{e}_2 & \boldsymbol{e}_3\\1 & -2 & 1\\3 & n & 1\end{vmatrix}=(-2-n, 2, n+6)$，平面 π 的法向量为 $\boldsymbol{n}=(0, 0, 1)$. 由于 L 在 π 上，则 $\boldsymbol{s}\cdot\boldsymbol{n}=0$，即 $\boldsymbol{s}\cdot\boldsymbol{n}=n+6=0$，故 $n=-6$.

令 $x=0$，即$\begin{cases}-2y+z+2m=0\\-6y+z-6=0\end{cases}$，则 $z=-3(m+1)$，即点 $M_0(0, y_0, -3(m+1))$在 L 上，又由于 L 在 π 上，即 M_0 在 π 上，因此 $-3(m+1)=0$，即 $m=-1$.

3. 直线与直线的位置关系

定理 4.8　设

$$L_1:\frac{x-x_1}{a_1}=\frac{y-y_1}{b_1}=\frac{z-z_1}{c_1}$$

$$L_2:\frac{x-x_2}{a_2}=\frac{y-y_2}{b_2}=\frac{z-z_2}{c_2}$$

是两条直线，L_1，L_2 的方向向量分别为 $\boldsymbol{s}_1(a_1, b_1, c_1)$，$\boldsymbol{s}_2(a_2, b_2, c_2)$，$M_1(x_1, y_1, z_1)$，$M_2(x_2, y_2, z_2)$分别在 L_1，L_2 上，则

(1) L_1 与 L_2 平行$\Leftrightarrow\boldsymbol{s}_1$ 与 $\boldsymbol{s}_2$ 平行，但是 $\boldsymbol{s}_1$ 与$\overrightarrow{M_1M_2}$不共线

$\Leftrightarrow$存在 $\lambda\in\mathbb{R}$，使得 $\boldsymbol{s}_1=\lambda\boldsymbol{s}_2$，而对任意的 $\mu\in\mathbb{R}$，$s_1\neq\mu\overrightarrow{M_1M_2}$；

(2) L_1 与 L_2 重合$\Leftrightarrow\boldsymbol{s}_1$，$s_2$，$\overrightarrow{M_1M_2}$分别平行

$\Leftrightarrow$存在 λ，$\mu\in\mathbb{R}$，使得 $\boldsymbol{s}_1=\lambda\boldsymbol{s}_2$，$\boldsymbol{s}_1=\mu\overrightarrow{M_1M_2}$；

(3) L_1 与 L_2 相交$\Leftrightarrow\boldsymbol{s}_1$，$\boldsymbol{s}_2$，$\overrightarrow{M_1M_2}$共面，但是 $\boldsymbol{s}_1$ 与 $\boldsymbol{s}_2$ 不共线

$\Leftrightarrow[\boldsymbol{s}_1, \boldsymbol{s}_2, \overrightarrow{M_1M_2}]=0$，但是对任意的 $\mu\in\mathbb{R}$，$\boldsymbol{s}_1\neq\mu\boldsymbol{s}_2$；此时 L_1 与 L_2 夹角的余弦为 $\cos\theta=|\cos\langle\boldsymbol{s}_1, \boldsymbol{s}_2\rangle|=\frac{|\boldsymbol{s}_1\cdot\boldsymbol{s}_2|}{|\boldsymbol{s}_1|\cdot|\boldsymbol{s}_2|}$；

(4) L_1 与 L_2 异面$\Leftrightarrow\boldsymbol{s}_1$，$\boldsymbol{s}_2$，$\overrightarrow{M_1M_2}$不共面$\Leftrightarrow[\boldsymbol{s}_1, \boldsymbol{s}_2, \overrightarrow{M_1M_2}]\neq 0$.

例 4.11　求与直线 $L_0:\begin{cases}x-3y+z=0\\x+y-z+4=0\end{cases}$ 平行，且与直线

$$L_1:\begin{cases}x=3+t\\y=-1+2t\\z=4t\end{cases}\qquad L_2:\begin{cases}x=-2+3t\\y=-1\\z=4-t\end{cases}$$

相交的直线方程.

解　下面用两种方法求解.

方法一(利用直线的点向式方程)　设所求直线为 L，其方向向量为 $\boldsymbol{s}$，由题意知 L_0 的方向向量为

$$\boldsymbol{s}_0=\begin{vmatrix}\boldsymbol{e}_1 & \boldsymbol{e}_2 & \boldsymbol{e}_3\\1 & -3 & 1\\1 & 1 & -1\end{vmatrix}=2(1,1,2)$$

由于 L 与 L_0 平行，从而 $\boldsymbol{s}$ 可以取作 $\boldsymbol{s}=(1,1,2)$. 设 L 与 L_1，L_2 分别相交于点

$$P_1(3+t_1,-1+2t_1,4t_1),\ P_2(-2+3t_2,-1,4-t_2)$$

从而

$$\overrightarrow{P_1P_2}=(-t_1+3t_2-5,-2t_1,-4t_1-t_2+4)$$

又由于 $\overrightarrow{P_1P_2}$ 与 $\boldsymbol{s}$ 平行，因此 $\dfrac{-t_1+3t_2-5}{1}=\dfrac{-2t_1}{1}=\dfrac{-4t_1-t_2+4}{2}$，解得 $t_1=-7$，$t_2=4$，则过点 $P_2(10,-1,0)$ 且方向向量为 $\boldsymbol{s}=(1,1,2)$ 的直线 L 的方程为 $\dfrac{x-10}{1}=\dfrac{y+1}{1}=\dfrac{z}{2}$.

方法二(利用直线的一般式方程)　设所求直线为 L，$P(x,y,z)$ 为 L 上任意一点，L 的方向向量可取作 $\boldsymbol{s}=(1,1,2)$(同方法一)，L_1，L_2 的方向向量分别为 $\boldsymbol{s}_1$，$\boldsymbol{s}_2$，点 $M_1(3,-1,0)$，$M_2(-2,-1,4)$ 分别在 L_1，L_2 上，由于 L 与 L_1 相交，从而 $\overrightarrow{M_1P}$，$\boldsymbol{s}$，$\boldsymbol{s}_1$ 共面，即 $\begin{vmatrix}x-3 & y+1 & z\\1 & 1 & 2\\1 & 2 & 4\end{vmatrix}=0$，即 $2y-z+2=0$ 为 L 与 L_1 所确定的平面 π_1；类似地，由于 L 与 L_2 相交，于是 L 与 L_2 所确定的平面 π_2 的方程为 $x-7y+3z-17=0$，又由于 L 为 π_1 与 π_2 的交线，因此 L 的方程为

$$\begin{cases}2y-z+2=0\\x-7y+3z-17=0\end{cases}$$

4. 有轴平面束

定义 4.12　空间中通过同一条直线的平面的集合称为有轴平面束.

定理 4.9　设 L 的方程为 $\begin{cases}A_1x+B_1y+C_1z+D_1=0\\A_2x+B_2y+C_2z+D_2=0\end{cases}$，则以 L 为轴的平面束中任一平面的方程为 $\lambda(A_1x+B_1y+C_1z+D_1)+\mu(A_2x+B_2y+C_2z+D_2)=0$，其中 λ，μ 不全为零.

例 4.12　求经过直线 $L_1:\begin{cases}x+y-z+2=0\\4x-3y+z+2=0\end{cases}$，且与直线 $L_2:\begin{cases}y=3\\z=-x+1\end{cases}$ 平行的平面方程.

解　设所求平面 π 的方程为 $\lambda(x+y-z+2)+\mu(4x-3y+z+2)=0$，又由于平面 π 与 L_2 平行，因此 π 的法向量与 L_2 的方向向量 $\boldsymbol{s}=(1,0,-1)$ 垂直，于是

$$(\lambda+4\mu, \lambda-3\mu, -\lambda+\mu)\cdot(1, 0, -1)=2\lambda+3\mu=0$$

故 $\lambda=-\dfrac{3}{2}\mu$.

因此平面 π 的方程为

$$-\frac{3}{2}\mu(x+y-z+2)+\mu(4x-3y+z+2)=0$$

即 $5x-9y+5z-2=0$.

例 4.13　设直线 $L:\begin{cases}x+y-z=1\\x-y+z=-1\end{cases}$，平面 π 的方程为 $x+y+z=0$，求直线 L 在平面 π 上的投影方程.

解　设过直线 L 且垂直于平面 π 的平面 π_1 的方程为

$$\lambda(x+y-z-)+\mu(x-y+z+1)=0$$

由于平面 π 垂直于平面 π_1，$\boldsymbol{n}$，$\boldsymbol{n}_1$ 分别为平面 π，π_1 的法向量，则 $\boldsymbol{n}\cdot\boldsymbol{n}_1=0$，即

$$(1, 1, 1)(\lambda+\mu, \lambda-\mu, -\lambda+\mu)=0$$

于是 $\lambda=-\mu$，故平面 π_1 的方程为

$$-\mu(x+y-z-1)+\mu(x-y+z+1)=0$$

即 $y-z-1=0$. 由于 L 的投影为 π 与 π_1 的交线，于是 L 在平面 π 上的投影的方程为

$$\begin{cases}x+y+z=0\\y-z-1=0\end{cases}$$

4.8　球面与旋转曲面

1. 空间球面方程的一般表示

给定空间直角坐标系，点与其对应的坐标(三维数组)之间是一一对应的，点的轨迹所形成的图形(线、面)与其方程也是一一对应的. 由此产生以下两个基本问题：

(1) 给定曲线、曲面，建立其方程；

(2) 给定关于坐标变量 x，y，z 的方程，确定对应的曲线或曲面.

定义 4.13(球面)　在空间中，到定点的距离等于定长的点的轨迹称为球面，定点称为球心，定长称为半径.

直角坐标系下建立球面的方程——求球心为 $M_0(x_0, y_0, z_0)$，半径为 R 的球面方程. $M(x, y, z)$在此球面上$\Leftrightarrow|\overrightarrow{M_0M}|=R$，即

$$(x-x_0)^2+(y-y_0)^2+(z-z_0)^2=R^2 \tag{4-5}$$

为所求球面方程.

注：

(1) 式(4-5)展开得 $x^2+y^2+z^2-2x_0x-2y_0y-2z_0z-R^2=0$，它是一个三元二次方程，平方项系数相等且不含交叉项；

(2) 反过来，下列形式的三元二次方程

$$K(x^2+y^2+z^2)+Ax+By+Cz+D=0, K\neq 0$$

经配方，可写成$(x+a)^2+(y+b)^2+(z+c)^2=d$.

当$d>0$时，它表示一个球心在$(-a, -b, -c)$，半径为$\sqrt{d}$的球面；

当$d=0$时，它表示一点$(-a, -b, -c)$；

当$d<0$时，无实图形或表示一个虚球面.

结论：在直角坐标系下，球面方程是一个平方项系数相等而无交叉项的三元二次方程;反之，任何一个三元二次方程，如果它的平方项系数非零且相等，不含交叉项，那么它都可以表示一个球面(实球面、点或虚球面).

例 4.14　求过四点$P(1, 0, 0)$，$Q(0, 1, 0)$，$R(0, 0, 1)$，$O(0, 0, 0)$的球面方程，并指出球面的球心和半径.

解　设所求球面方程为$x^2+y^2+z^2+Ax+By+Cz+D=0$，由于点P, Q, R, O在球面上，则它们的坐标满足上述方程，即

$$\begin{cases}1+A+D=0\\1+B+D=0\\1+C+D=0\\D=0\end{cases}$$

解之得$A=B=C=-1$，$D=0$. 从而球面方程为$x^2+y^2+z^2-x-y-z=0$，配方得

$$\left(x-\frac{1}{2}\right)^2+\left(y-\frac{1}{2}\right)^2+\left(z-\frac{1}{2}\right)^2=\left(\frac{\sqrt{3}}{2}\right)^2$$

即球心为$\left(\frac{1}{2}, \frac{1}{2}, \frac{1}{2}\right)^2$，半径为$\frac{\sqrt{3}}{2}$.

注：

(1) 球面与直线的位置关系有三种情况：相离(无公共点)、相切(只有一个公共点)、相割(有两个不同的交点).

(2) 球面和平面的位置关系有三种不同的情形：相离(无公共点)、相切(只有一个公共点)、相交(交集是一个圆).

例 4.15　求与平面$\pi: x+2y+2z+3=0$相切于点$M(1, 1, -3)$，且半径为$R=3$的球面方程.

解　设所求球面的球心为$M_0(x_0, y_0, z_0)$，由于$|\overrightarrow{MM_0}|=3$，因此

$$(x_0-1)^2+(y_0-1)^2+(z_0+3)^2=3^2 \tag{4-6}$$

又由于π与球面相切于M，即$\overrightarrow{MM_0}$与$\boldsymbol{n}$平行，其中$\boldsymbol{n}=(1, 2, 2)$为π的法向量，于是

$$\frac{x_0-1}{1}=\frac{y_0-1}{2}=\frac{z_0+3}{2} \tag{4-7}$$

由式(4-6)、式(4-7)结合解得$\begin{cases}x_0=0\\y_0=-1\\z_0=-5\end{cases}$或者$\begin{cases}x_0=2\\y_0=3\\z_0=-1\end{cases}$，从而球面方程为

$$x^2+(y+1)^2+(z+5)^2=9 \text{ 或者 } (x-2)^2+(y-3)^2+(z+1)^2=9$$

2. 旋转曲面

定义 4.14　一条曲线Γ绕一条直线L旋转一周所得的曲面称为旋转面，L称为轴，Γ

称为母线.

母线 Γ 上每个点绕 L 旋转得到一个圆，称为纬圆，纬圆与轴 L 垂直. 过 L 的半平面与旋转面的交线称为经线. 经线可以作为母线，但母线不一定是经线.

1）一般情形

已知母线 Γ 的方程为 $\begin{cases} F(x, y, z)=0 \\ G(x, y, z)=0 \end{cases}$，轴 L 过点 $M_0(x_0, y_0, z_0)$，方向向量为 $\boldsymbol{s}(l, m, n)$，求旋转曲面的方程.

设点 $M(x, y, z)$ 在旋转面上 $\Leftrightarrow M$ 在经过母线 Γ 上某一点 $M_1(x_1, y_1, z_1)$ 的纬圆上，即有母线上一点 M_1，使得 M 和 M_1 到轴 L 的距离相等(或到轴上一点 M_0 的距离相等)，并且 $\overrightarrow{M_1M}$ 垂直于 L，因此满足

$$\begin{cases} F(x_1, y_1, z_1) = 0 \\ G(x_1, y_1, z_1) = 0 \\ |\overrightarrow{MM_0}| = |\overrightarrow{M_1M_0}| \\ l(x - x_1) + m(y - y_1) + n(z - z_1) = 0 \end{cases}$$

由此方程组中消去参数 x_1，y_1，z_1，得到关于 x，y，z 的方程即为所求旋转面方程.

例 4.16　求直线 Γ：$\dfrac{x-1}{1}=\dfrac{y}{2}=\dfrac{z}{2}$ 绕 L：$x=y=z$ 旋转所得的旋转曲面方程.

解　设点 $M(x, y, z)$ 在旋转面上 $\Leftrightarrow$ 母线 Γ 上有一点 $M_1(x_1, y_1, z_1)$，使得 M 和 M_1 到 L 上一点 $O(0, 0, 0)$ 的距离相等，且 $\overrightarrow{MM_1}$ 垂直于 $\boldsymbol{s}$，其中 $\boldsymbol{s}=(1, 1, 1)$ 为 L 的方向向量，因此

$$\begin{cases} \dfrac{x_1 - 1}{1} = \dfrac{y_1}{2} = \dfrac{z_1}{2} \\ x^2 + y^2 + z^2 = x_1^2 + y_1^2 + z_1^2 \\ 1(x - x_1) + 1(y - y_1) + 1(z - z_1) = 0 \end{cases}$$

由此方程组中消去参数 x_1，y_1，z_1，从而所求旋转曲面的方程为

$$x^2 + y^2 + z^2 = \frac{1}{25}(x + y + z + 4)^2 + \frac{8}{25}(x + y + z - 1)^2$$

2）特殊情形(坐标面上的曲线绕坐标轴旋转)

设母线 Γ 的方程为 $\begin{cases} f(y, z)=0 \\ x=0 \end{cases}$，旋转轴为 z 轴，求旋转面的方程.

点 $M(x, y, z)$ 在旋转面上 $\Leftrightarrow$ 有母线上一点 $M_1(x_1, y_1, z_1)$，使得 M 和 M_1 到 z 轴距离相等，且 $\overrightarrow{MM_1}$ 垂直于 z 轴，因此

$$\begin{cases} f(y_1, z_1) = 0 \\ x_1 = 0 \\ x^2 + y^2 + z^2 = x_1^2 + y_1^2 + z_1^2 \\ 1(z - z_1) = 0 \end{cases}$$

由此方程组中消去参数 x_1，y_1，z_1，从而所求旋转曲面的方程为

$$f(\pm\sqrt{x^2 + y^2}, z) = 0$$

同理，Γ 绕 y 轴旋转所得旋转面的方程为 $f(y, \pm\sqrt{x^2+z^2})=0$.

注：坐标平面 yOz 上的曲线 Γ 绕 z 轴旋转所得旋转面方程，只要将母线 Γ 在 yOz 平面上的方程中 y 改写成 $\pm\sqrt{x^2+y^2}$，z 不动. 坐标平面上的曲线绕坐标轴旋转所得旋转面方程都有类似的规律(绕哪个轴旋转哪个变量不动，将另一个变量改写成其余两个变量的平方和的正负平方根). 例如，

(1) 设 $b>c$，椭圆 Γ：$\begin{cases}\dfrac{y^2}{b^2}+\dfrac{z^2}{c^2}=1\\ x=0\end{cases}$ 绕 y 轴旋转所得旋转面方程为 $\dfrac{y^2}{b^2}+\dfrac{x^2+z^2}{c^2}=1$(椭球面)；椭圆 Γ 绕 z 轴旋转所得旋转面方程为 $\dfrac{x^2+y^2}{b^2}+\dfrac{z^2}{c^2}=1$(椭球面).

(2) 将双曲线 Γ：$\begin{cases}\dfrac{y^2}{b^2}-\dfrac{z^2}{c^2}=1\\ x=0\end{cases}$ 绕 z 轴旋转所得旋转面方程为 $\dfrac{x^2+y^2}{b^2}-\dfrac{z^2}{c^2}=1$(旋转单叶双曲面)；双曲线 Γ 绕 y 轴旋转所得旋转面方程为 $\dfrac{y^2}{b^2}-\dfrac{x^2+z^2}{c^2}=1$(旋转双叶双曲面).

(3) 将抛物线 Γ：$\begin{cases}y^2=2pz\\ x=0\end{cases}$ $(p\neq 0)$绕 z 轴旋转所得旋转面方程为 $x^2+y^2=2pz$(旋转抛物面).

4.9 柱面与锥面

1. 柱面方程的建立

定义 4.15　一条直线 L 沿着一条空间曲线 C 平行移动时所形成的曲面称为柱面. L 称为母线，C 称为准线.

由定义知，平面也是柱面. 对于一个柱面，它的准线和母线都不唯一，但母线方向唯一(除去平面外). 与每一条母线都相交的曲线均可作为准线.

设一个柱面的准线 C 的方程为 $\begin{cases}F(x, y, z)=0\\ G(x, y, z)=0\end{cases}$，母线的方向向量为 $\boldsymbol{v}(l, m, n)$，求此柱面的方程.

由于点 $M(x, y, z)$ 在柱面上，即 M 在某一条母线上，于是有准线 C 上一点 $M_1(x_1, y_1, z_1)$，使得 M 在过 M_1 且方向向量为 $\boldsymbol{v}$ 的直线上，因此

$$\begin{cases}F(x_1, y_1, z_1)=0\\ G(x_1, y_1, z_1)=0\\ x=x_1+lt\\ y=y_1+mt\\ z=z_1+nt\end{cases}$$

由此方程组中消去参数 x_1，y_1，z_1，t，得到关于 x，y，z 的一个方程，即为所求柱面的方程.

例 4.17　设柱面准线 C 的方程为 $\begin{cases}x=y^2+z^2\\ x=2z\end{cases}$，母线 L 垂直于准线 C 所在的平面，求此柱面方程.

解　点 $M(x, y, z)$在柱面上⇔有准线 C 上一点 $M_1(x_1, y_1, z_1)$，使得$\overrightarrow{M_1M}/\!/ \boldsymbol{v}$，其中取 $\boldsymbol{s}=(1, 0, -2)$为母线 L 的方向向量，于是

$$\begin{cases} x_1 = y_1^2 + z_1^2 \\ x_1 = 2z_1 \\ x = x_1 + t \\ y = y_1 \\ z = z_1 - 2t \end{cases}$$

由此方程组中消去参数 x_1，y_1，z_1，t，得 $4x^2+25y^2+z^2+4xz-20x-10z=0$，即为所求柱面的方程.

2. 圆柱面

定义 4.16　到定直线 L 的距离为定长的点的轨迹称为圆柱面，定直线称为圆柱面的轴，定长称为圆柱面的半径.

(1) 圆柱面的准线可以取作一个圆，它的母线方向与准线圆垂直. 若已知圆柱面准线圆的方程和母线方向，则可用例 4.17 求解的方法求出圆柱面的方程.

(2) 若已知圆柱面的半径为 r，母线方向向量为 $\boldsymbol{s}(l, m, n)$，圆柱面的轴 L 过点 $M_0(x_0, y_0, z_0)$，则点 $M(x, y, z)$在圆柱面上⇔M 到轴 L 的距离为 r，利用点到直线的距离公式得$\dfrac{|\overrightarrow{M_0M}\times\boldsymbol{s}|}{|\boldsymbol{s}|}=r$，由此可得圆柱面的方程.

(3) 若圆柱面的半径为 r，对称轴为 z 轴，求此圆柱面方程. 此时，取 z 轴上一点 $O(0, 0, 0)$，其方向向量为 $\boldsymbol{s}=(0, 0, 1)$，则点 $M(x, y, z)$在圆柱面上⇔$\dfrac{|\overrightarrow{OM}\times\boldsymbol{s}|}{|\boldsymbol{s}|}=r$，

即$|(y, -x, 0)|=\left\|\begin{vmatrix} \boldsymbol{i} & \boldsymbol{j} & \boldsymbol{k} \\ x & y & z \\ 0 & 0 & 1 \end{vmatrix}\right\|=r$，$x^2+y^2=r^2$，故圆柱面的方程为

$$x^2+y^2=r^2$$

从上述情形可以看出，母线平行于 z 轴的圆柱面的方程中不含变量 z，这个结论对于一般的柱面也成立.

定理 4.10　若一个柱面的母线平行于 z 轴(或者 x 轴，y 轴)，则它的方程中不含变量 z(或者 x，y)；反之，一个三元方程如果不含变量 z(或者 x，y)，则它一定表示一个母线平行于 z 轴(或者 x 轴，y 轴)的柱面.

例如，三元方程$\dfrac{x^2}{a^2}+\dfrac{y^2}{b^2}-1=0$ 表示母线平行于 z 轴的椭圆柱面；$\dfrac{x^2}{a^2}-\dfrac{y^2}{b^2}+1=0$ 表示母线平行于 z 轴的双曲柱面；$y^2=2pz$ 表示母线平行于 x 轴的抛物柱面.

3. 锥面

定义 4.17　过定点且与定曲线相交的一族直线组成的曲面称为锥面，定点称为锥面的顶点，定曲线称为锥面的准线. 准线上的点与定点的连线称为母线.

设锥面的顶点为 $M_0(x_0, y_0, z_0)$，准线 C 的方程为$\begin{cases} F(x, y, z)=0 \\ G(x, y, z)=0 \end{cases}$，求此锥面方程.

由于点 $M(x, y, z)$ 在锥面上 $\Leftrightarrow M$ 在某一条母线上，即有准线上一点 $M_1(x_1, y_1, z_1)$，使得 M_1 在直线 M_0M 上，因此

$$\begin{cases} F(x_1, y_1, z_1)=0 \\ G(x_1, y_1, z_1)=0 \\ x_1-x_0=(x-x_0)t \\ y_1-y_0=(y-y_0)t \\ z_1-z_0=(z-z_0)t \end{cases}$$

由此方程组中消去参数 x_1，y_1，z_1，t，得到一个关于 x，y，z 的方程，即为所求锥面的方程.

定义 4.18 过直线 L 上一点 M_0 且与该直线交于定锐角 α 的动直线的轨迹称为圆锥面，L 称为轴，点 M_0 称为顶点，定锐角称为半顶角. 用与轴垂直的平面截圆锥面所得的截线显然是圆.

选取直角坐标系，使坐标原点 O 为圆锥面顶点 M_0，z 轴为直线 L，因而 L 的方向向量可选为 $\boldsymbol{k}=(0, 0, 1)$. 点 $P(x, y, z)$ 在圆锥面上的充分必要条件是向量 $\overrightarrow{OP}$ 与 $\boldsymbol{k}$ 的夹角等于 α 或 $\pi-\alpha$，因而 $|\cos\angle(\overrightarrow{OP}, \boldsymbol{k})|=\cos\alpha$，由此可得到圆锥面的方程为

$$x^2+y^2-\tan^2\alpha \cdot z^2=0$$

该方程的左边是 x，y，z 的二次齐次函数，因而方程是二次齐次方程. 下面引入一般的齐次方程.

如果函数 $F(x, y, z)$ 中的 x，y，z 分别以 tx，ty，tz 代替，总有

$$F(tx, ty, tz)=t^nF(x, y, z)$$

其中 t 为任意实数，n 为正整数，那么 $F(x, y, z)$ 叫作 n 次齐次函数，$F(x, y, z)=0$ 叫作 n 次齐次方程.

命题 4.7 在取定的空间直角坐标系下，x，y，z 的 n 次齐次方程的图像是顶点在原点的锥面.

推论 4.2 在取定的空间直角坐标系下，关于 $x-x_0$，$y-y_0$，$z-z_0$ 的 n 次齐次方程表示 (x_0, y_0, z_0) 为顶点的锥面.

例 4.18 已知锥面顶点为 $(3, -1, -2)$，准线的方程为 $\begin{cases} x^2+y^2-z^2=1 \\ x-y+z=0 \end{cases}$，求此锥面方程.

解 设 $P_1(x_1, y_1, z_1)$ 为准线上任意点，连接点 P_1 与顶点 $(3, -1, -2)$ 的母线为

$$\frac{x-3}{x_1-3}=\frac{y+1}{y_1+1}=\frac{z+2}{z_1+2}$$

将它们的比值记为 $\frac{1}{t}$，得

$$\begin{cases} x_1=3+t(x-3) \\ y_1=-1+t(y+1) \\ z_1=-2+t(z+2) \end{cases}$$

代入 x_1，y_1，z_1 所满足的方程 $\begin{cases} x_1^2+y_1^2-z_1^2=1 \\ x_1-y_1+z_1=0 \end{cases}$，得

$$\begin{cases}[3+t(x-3)]^2+[-1+t(y+1)]^2-[-2+t(z+2)]^2=1\\ t[(x-3)-(y+1)+(z+2)]+2=0\end{cases}$$

由上式中的第二式解得 $t=\dfrac{2}{-(x-3)+(y+1)-(z+2)}$，再将 t 的表达式代入第一式，经化简整理得锥面的一般方程为

$$\begin{aligned}3(x-3)^2-5(y+1)^2+7(z+2)^2-6(x-3)(y+1)\\ +10(x-3)(z+2)-2(y+1)(z+2)=0\end{aligned}$$

4.10　曲面、曲线的参数方程和投影曲线

1. 空间曲线、曲面的参数方程

在解析几何中，曲线常常表现为动点运动的轨迹. 在运动的不同时刻 t，动点处于不同的位置，每个位置都确定曲线上的一个点，因此曲线上点的坐标可表示为 t 的函数. 具体来说，曲线 Γ 的参数方程是含有一个参数的方程组

$$\begin{cases}x=x(t)\\ y=y(t)\\ z=z(t)\end{cases},\ t\in I \tag{4-8}$$

其中 I 为定义域，对于 t 的每个值，由式(4-8)确定的点 (x, y, z) 在曲线 Γ 上，而曲线 Γ 上任一点的坐标都可以由 t 的某个值通过式(4-8)得到.

如果曲面 S 上的点的坐标表示成两个参数 u，v 的函数，由它们给出的方程组

$$\begin{cases}x=x(u, v)\\ y=y(u, v)\\ z=z(u, v)\end{cases},\quad (u, v)\in D \tag{4-9}$$

(D 为 uv 平面上的区域)称为曲面 S 的参数方程，其中对于 (u, v) 的每一对值，由式(4-9)确定的点 (x, y, z) 在 S 上，且 S 上任一点的坐标都可由 (u, v) 的某一对值通过式(4-9)得到. 于是，通过曲面的参数方程，曲面 S 上的点(可能要除去某些点)便可由 (u, v) 来确定，将 (u, v) 称为曲面 S 上的点的曲面坐标.

2. 空间曲线在坐标平面上的投影曲线

空间中任一点 M 以及它在 xOy，yOz，xOz 三个坐标面上的投影点 M_1，M_2，M_3，这四个点中，只要已知其中两个点，就可以画出另外两个点. 例如，若已知 M_2、M_3 两个点，则只要分别过 M_2，M_3 画出投影线(分别平行于 x 轴和 y 轴的直线)，它们的交点就是点 M，再过点 M 画投影线(平行于 z 轴)，它与 xOy 面的交点就是 M_1.

根据上述原理，为了画出两个曲面的交线 Γ，只要先画出 Γ 上每个点在某两个坐标面上的投影即可.

定义 4.19　以空间曲线 Γ 为准线，母线平行于 z 轴的柱面称为 Γ 对 xOy 面的投影柱面. 投影柱面与 xOy 面的交线称为 Γ 在 xOy 面上的投影曲线. 类似地，可以定义曲线 Γ 在 xOz 面和 yOz 面上的投影曲线.

例 4.19　求曲线

$$\Gamma: \begin{cases} x^2+y^2+z^2=4 & (1) \\ x^2+y^2-2x=0 & (2) \end{cases}$$

在各坐标面上的投影的方程.

解　Γ 沿 z 轴的投影柱面的方程应当不含 z，且 Γ 上的点应满足这个方程，显然方程(2)就符合要求. 但是要注意，一般说来，投影柱面可能只是柱面(2)的一部分，这要根据曲线 Γ 上点的坐标有哪些限制来决定. 对于本题来说，由方程(1)知，Γ 上的点应满足

$$|x|\leqslant 2,\ |y|\leqslant 2,\ |z|\leqslant 2$$

显然满足方程(2)的点均满足这些要求，因此整个柱面(2)都是 Γ 沿 z 轴的投影柱面，从而 Γ 在 xOy 面上的投影的方程是

$$\begin{cases} x^2+y^2-2x=0 \\ z=0 \end{cases}$$

为了求 Γ 沿 y 轴的投影柱面，应当从 Γ 的方程中设法得到一个不含 y 的方程. 用方程(1)减去方程(2)即得

$$z^2+2x=4 \tag{3}$$

由于 Γ 上的点应满足 $|z|\leqslant 2$，因此 Γ 沿 y 轴的投影柱面只是柱面(3)中满足 $|z|\leqslant 2$ 的那一部分，于是 Γ 在 xOz 面上的投影的方程是

$$\begin{cases} z^2+2x=4 \\ y=0 \end{cases}$$

其中 $|z|\leqslant 2$.

类似地，可得 Γ 在 yOz 面上的投影的方程为

$$\begin{cases} 4y^2+(z^2-2)^2=4 \\ x=0 \end{cases}$$

4.11　椭球面与双曲面

1. 椭球面

在直角坐标系中，方程

$$\frac{x^2}{a^2}+\frac{y^2}{b^2}+\frac{z^2}{c^2}=1 \tag{4-10}$$

的图像叫作椭球面，方程(4-10)叫作椭球面的标准方程，其中 a，b，c 为任意正常数，称为椭球面的半轴. 显然，球面、旋转椭球面都是椭球面的特殊情形.

下面从椭球面方程(4-10)来进一步分析它的几何性质与曲面形状.

(1) 对称性. 如果点(x, y, z)在式(4-10)表示的椭球面 S 上，则它关于 xOy 面的对称点$(x, y, -z)$也在 S 上，即 S 关于 xOy 面对称；同样 S 关于 yOz 面及 xOz 面也对称，因此三个坐标面是椭球面的对称平面.

因为用 $-y$，$-z$ 分别代替 y，z，方程(4-10)形式不变，所以 S 关于 x 轴对称，类似地，S 关于 y 轴和 z 轴也对称，因此三条坐标轴是椭球面 S 的对称轴，又叫主轴.

用 $-x$，$-y$，$-z$ 分别代替 x，y，z，方程(4-10)形式不变，这说明椭球面 S 关于坐标原点对称，因此原点是椭球面 S 的对称中心. 椭球面 S 的顶点(曲面与对称轴的交点)有六个，即$(\pm a, 0, 0)$，$(0, \pm b, 0)$，$(0, 0, \pm c)$.

椭球面 S 与三个对称平面（即坐标平面）的交线是三个椭圆，称为椭球面的主截线，它们分别是

$$\Gamma_1:\begin{cases}\dfrac{x^2}{a^2}+\dfrac{y^2}{b^2}=1\\ z=0\end{cases},\quad \Gamma_2:\begin{cases}\dfrac{y^2}{b^2}+\dfrac{z^2}{c^2}=1\\ x=0\end{cases},\quad \Gamma_3:\begin{cases}\dfrac{x^2}{a^2}+\dfrac{z^2}{c^2}=1\\ y=0\end{cases}$$

(2) 分布范围．由方程(4－10)可以看出，$|x|\leqslant a$，$|y|\leqslant b$，$|z|\leqslant c$，即椭球面 S 在六个平面 $x=\pm a$，$y=\pm b$，$z=\pm c$ 所围成的长方体内，因此曲面 S 是有界的，这是椭球面在二次曲面中最为突出的特点．

(3) 截口．用平面 $z=h$ 截曲面 S 得到的交线方程是

$$\begin{cases}\dfrac{x^2}{a^2}+\dfrac{y^2}{b^2}=1-\dfrac{h^2}{c^2}\\ z=h\end{cases}$$

当 $|h|<c$ 时，交线是椭圆，中心为$(0,0,h)$，它的半轴分别是 $a\sqrt{1-\dfrac{h^2}{c^2}}$，$b\sqrt{1-\dfrac{h^2}{c^2}}$，顶点坐标为$\left(\pm a\sqrt{1-\dfrac{h^2}{c^2}},0,h\right)$和$\left(0,\pm b\sqrt{1-\dfrac{h^2}{c^2}},h\right)$，它们分别在椭圆 Γ_3 和 Γ_2 上．

当 $|h|=c$ 时，交线退化为一点$(0,0,c)$或点$(0,0,-c)$．

当 $|h|>c$ 时，没有交线．

因此椭球面可以看作是由一个长、短轴可变的椭圆（所在平面与 xOy 面平行）沿椭圆 Γ_2 与 Γ_3 运动的轨迹，并且这个变动的椭圆的两对顶点分别在椭圆 Γ_2 与 Γ_3 上．

用同样的方法，可以得到平面 $x=h$ 或 $y=h$ 与椭球面的交线．

根据以上的讨论，可以得到式(4－10)表示的椭球面的图形如图 4－5 所示．

椭球面除了用标准方程(4－10)表示外，也可用参数方程表示，例如

$$\begin{cases}x=a\cos\varphi\cos\theta\\ y=b\cos\varphi\sin\theta,\quad 0\leqslant\theta<2\pi,\ -\dfrac{\pi}{2}\leqslant\varphi\leqslant\dfrac{\pi}{2}\\ z=c\sin\varphi\end{cases}$$

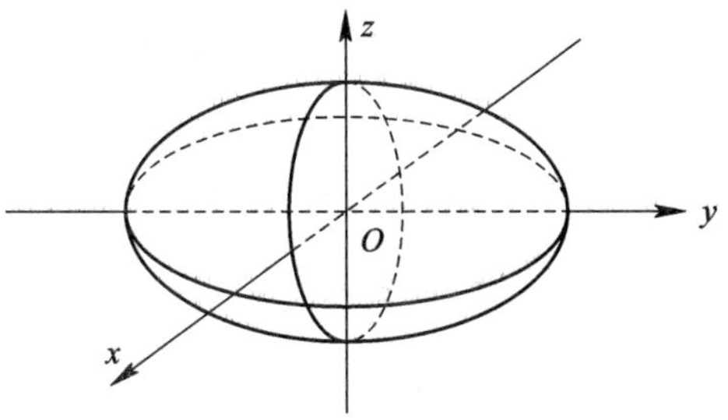

图 4－5

2. 单叶双曲面

在直角坐标系中，方程

$$\frac{x^2}{a^2}+\frac{y^2}{b^2}-\frac{z^2}{c^2}=1\quad(a,b,c>0)\tag{4-11}$$

的图像叫作单叶双曲面，方程(4-11)叫作单叶双曲面的标准方程. 当 $a=b$ 时，它表示旋转单叶双曲面.

下面从单叶双曲面方程(4-11)来进一步分析它的几何性质与曲面形状.

(1) 对称性. 由方程(4-11)可知，它表示的曲面关于三个坐标平面、三条坐标轴及坐标原点都是对称的，因此原点是它的对称中心，坐标轴是它的对称轴，坐标平面是它的对称平面.

单叶双曲面 S 有四个顶点：$(\pm a, 0, 0)$，$(0, \pm b, 0)$.

曲面 S 与三个坐标平面的交线分别是主截线

$$\Gamma_1:\begin{cases}\dfrac{x^2}{a^2}+\dfrac{y^2}{b^2}=1\\ z=0\end{cases}\quad \Gamma_2:\begin{cases}\dfrac{y^2}{b^2}-\dfrac{z^2}{c^2}=1\\ x=0\end{cases}\quad \Gamma_3:\begin{cases}\dfrac{x^2}{a^2}-\dfrac{z^2}{c^2}=1\\ y=0\end{cases}$$

Γ_1 称为腰椭圆，Γ_2 与 Γ_3 是两条双曲线.

(2) 分布范围. 由方程(4-11)知，$\dfrac{x^2}{a^2}+\dfrac{y^2}{b^2}\geqslant 1$，因此曲面 S 上的点在椭圆柱面 $\dfrac{x^2}{a^2}+\dfrac{y^2}{b^2}=1$ 的外部或柱面上.

(3) 截口. 用平面 $z=h$ 截曲面 S 得到的交线是椭圆 $\begin{cases}\dfrac{x^2}{a^2}+\dfrac{y^2}{b^2}=1+\dfrac{h^2}{c^2}\\ z=h\end{cases}$，它的两对顶点分别在 Γ_2 与 Γ_3 上，因此单叶双曲面 S 可以看作是由一个长、短轴可变的椭圆(所在平面平行于 xOy 平面)沿两条双曲线 Γ_2 与 Γ_3 运动的轨迹，这个椭圆的两对顶点分别在这两条双曲线上，如图 4-6 所示.

用平面 $y=k$ 截曲面 S 得到的交线为

$$\begin{cases}\dfrac{x^2}{a^2}-\dfrac{z^2}{c^2}=1-\dfrac{k^2}{b^2}\\ y=k\end{cases}$$

当 $|k|<b$ 时，交线是双曲线，它的实轴平行于 x 轴，虚轴平行于 z 轴；

当 $|k|>b$ 时，交线是双曲线，它的实轴平行于 z 轴，虚轴平行于 x 轴；

当 $|k|=b$ 时，交线为两条直线，它们的方程分别为

$$\begin{cases}\dfrac{x}{a}\pm\dfrac{z}{c}=0\\ y=b\end{cases}\quad 或 \quad \begin{cases}\dfrac{x}{a}\pm\dfrac{z}{c}=0\\ y=-b\end{cases}$$

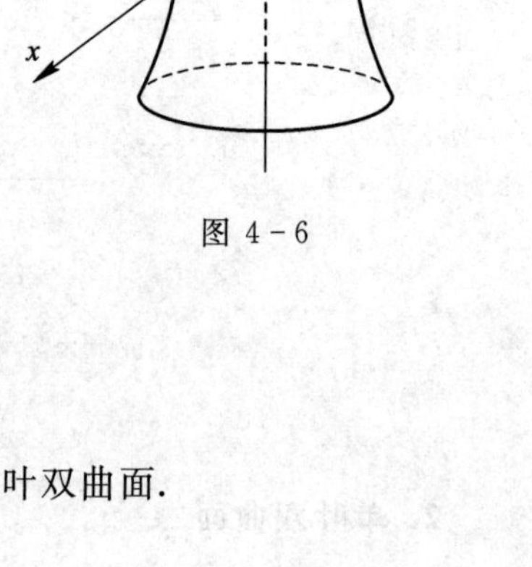

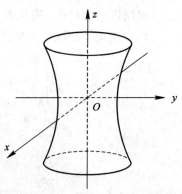

图 4-6

用同样的方法可以得到平面 $x=k$ 与曲面 S 的交线.

方程 $\dfrac{x^2}{a^2}-\dfrac{y^2}{b^2}+\dfrac{z^2}{c^2}=1$ 及 $-\dfrac{x^2}{a^2}+\dfrac{y^2}{b^2}+\dfrac{z^2}{c^2}=1$ 的图像均为单叶双曲面.

3. 双叶双曲面

在直角坐标系中，方程

$$\frac{x^2}{a^2}+\frac{y^2}{b^2}-\frac{z^2}{c^2}=-1 \quad (a, b, c>0) \tag{4-12}$$

的图像叫作双叶双曲面，方程(4-12)叫作双叶双曲面的标准方程.

下面从双叶双曲面方程(4-12)来进一步分析它的几何性质与曲面形状.

(1) 对称性. 由方程(4-12)可知它表示的曲面关于三个坐标平面、三条坐标轴及坐标原点都是对称的. 曲面与 x 轴、y 轴没有交点，与 z 轴交于$(0, 0, \pm c)$，因此曲面的顶点只有两个.

(2) 分布范围. 由方程(4-12)知曲面上的点满足 $z^2\geqslant c^2$，因此曲面分成两叶 $z\geqslant c$ 与 $z\leqslant -c$，一叶在平面 $z=c$ 的上方，另一叶在平面 $z=-c$ 的下方.

(3) 截口. 用平面 $z=h$ ($|h|\geqslant c$)截曲面 S 得到的交线方程为

$$\begin{cases}\dfrac{x^2}{a^2}+\dfrac{y^2}{b^2}=\dfrac{h^2}{c^2}-1\\ z=h\end{cases}$$

当 $|h|=c$ 时，交线退化为一点$(0, 0, c)$或点$(0, 0, -c)$；

当$|h|>c$ 时，交线是椭圆，它的四个顶点分别在另两个坐标平面 $x=0$ 和 $y=0$ 上. 但曲面在这两个对称平面上的截线都是双曲线 Γ_1：$\begin{cases}\dfrac{y^2}{b^2}-\dfrac{z^2}{c^2}=-1\\ x=0\end{cases}$ 和 Γ_2：$\begin{cases}\dfrac{x^2}{a^2}-\dfrac{z^2}{c^2}=-1\\ y=0\end{cases}$，由此可见，双叶双曲面可以看作是由一个长、短半轴可变的椭圆(所在平面垂直于 z 轴)沿这两条双曲线运动的轨迹，这个椭圆的两对顶点分别在这两条双曲线上(如图 4-7 所示).

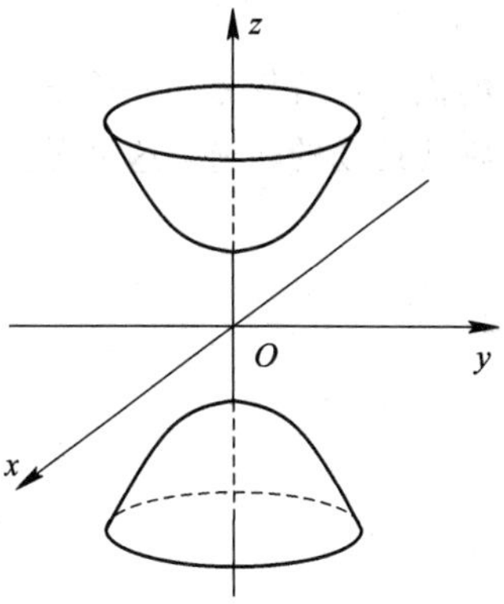

图 4-7

用平面 $y=k$ 截曲面 S 得到的交线是双曲线

$$\begin{cases}\dfrac{x^2}{a^2}-\dfrac{z^2}{c^2}=-1-\dfrac{k^2}{b^2}\\ y=k\end{cases}$$

它的实轴平行于 z 轴，虚轴平行于 x 轴. 用同样的方法可以得到平面 $x=k$ 与曲面的交线.

方程$\dfrac{x^2}{a^2}-\dfrac{y^2}{b^2}+\dfrac{z^2}{c^2}=-1$ 和$-\dfrac{x^2}{a^2}+\dfrac{y^2}{b^2}+\dfrac{z^2}{c^2}=-1$ 的图像也都是双叶双曲面. 单叶双曲面与双叶双曲面统称为双曲面.

4.12　抛物面与二次直纹面

1. 椭圆抛物面

在直角坐标系中，方程

$$\frac{x^2}{a^2}+\frac{y^2}{b^2}=2z \quad (a, b>0) \tag{4-13}$$

的图像叫作椭圆抛物面，方程(4-13)叫作椭圆抛物面的标准方程.

下面从椭圆抛物面方程(4-13)来进一步分析它的几何性质与曲面形状.

(1) 对称性. 由方程(4-13)可知，xOz 面、yOz 面是它的对称平面；z 轴是它的对称轴，无对称中心，顶点是 $O(0, 0, 0)$.

(2) 分布范围. 由方程(4-13)知，曲面上的点满足 $z^2 \geqslant 0$，因此曲面图形在 xOy 面的上方.

(3) 截口. 用平面 $z=h(h\geqslant 0)$ 截曲面 S 得交线的方程为

$$\begin{cases}\dfrac{x^2}{a^2}+\dfrac{y^2}{b^2}=2h\\ z=h\end{cases}$$

当 $h=0$ 时，交线退化为一点 $(0, 0, 0)$；

当 $h>0$ 时，交线是椭圆，并且随着 h 的增大，椭圆的半轴也增大. 它的四个顶点分别在坐标平面 $y=0$ 和 $x=0$ 上. 曲面在这两个对称平面上的截线都是抛物线 Γ_1：$\begin{cases}x^2=2a^2z\\ y=0\end{cases}$ 和 Γ_2：$\begin{cases}y^2=2b^2z\\ x=0\end{cases}$，它们的对称轴都是 z 轴，顶点和开口方向均相同. 因此椭圆抛物面可以看作是由一个长、短半轴可变的椭圆(所在平面平行于 xOy 平面)沿上述两条抛物线运动的轨迹，这个椭圆的两对顶点分别在这两条抛物线上(如图 4-8 所示).

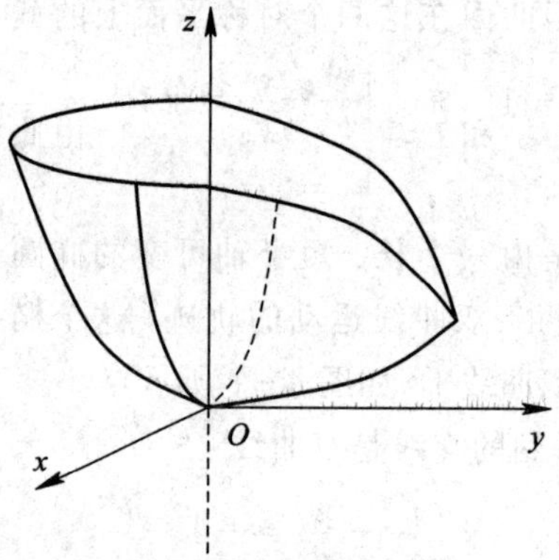

图 4-8

曲面与平面 $y=k$ 的交线是抛物线 $\begin{cases}x^2=2a^2\left(z-\dfrac{k^2}{2b^2}\right)\\ y=k\end{cases}$，这些抛物线都与抛物线 Γ_1 全等(因有相同的焦参数)，顶点 $\left(0, k, \dfrac{k^2}{2b^2}\right)$ 在 Γ_2 上，因而椭圆抛物面又可以看成是抛物线 Γ_1 平行移动产生的曲面，抛物线 Γ_1 移动时，所在平面平行于 xOz 平面，其顶点始终在抛物线 Γ_2 上.

2. 双曲抛物面

在直角坐标系中，方程

$$\frac{x^2}{a^2}-\frac{y^2}{b^2}=2z \quad (a, b>0) \tag{4-14}$$

的图像叫作双曲抛物面，方程(4-14)叫做双曲抛物面的标准方程.

下面从双曲抛物面方程(4-14)来进一步分析它的几何性质与曲面形状.

(1) 对称性. 由方程(4－14)可知，xOz 面、yOz 面是它的对称平面；z 轴是它的对称轴，无对称中心，顶点是 $O(0, 0, 0)$，也叫作双曲抛物面的鞍点.

(2) 分布范围. 方程(4－14)表示的曲面是无界的.

(3) 截口. 用平面 $z=h$ 截曲面 S 得交线的方程为

$$\begin{cases} \dfrac{x^2}{a^2}-\dfrac{y^2}{b^2}=2h \\ z=h \end{cases}$$

当 $h>0$ 时，交线是双曲线，它的实轴平行于 x 轴，虚轴平行于 y 轴；

当 $h<0$ 时，交线是双曲线，它的实轴平行于 y 轴，虚轴平行于 x 轴；

当 $h=0$ 时，交线是两条相交直线

$$\begin{cases} \dfrac{x}{a}+\dfrac{y}{b}=0 \\ z=0 \end{cases}$$

与

$$\begin{cases} \dfrac{x}{a}-\dfrac{y}{b}=0 \\ z=0 \end{cases}$$

用 $x=k$ 截曲面 S 的交线是抛物线

$$\begin{cases} y^2=-2b^2\left(z-\dfrac{k^2}{2a^2}\right) \\ x=k \end{cases}$$

它与抛物线 Γ_1 全等，且顶点$\left(k, 0, \dfrac{k^2}{2a^2}\right)$在 Γ_2 上. 因此双曲抛物面可以看成是抛物线 Γ_1 平行移动产生的曲面，抛物线 Γ_1 移动时，所在平面平行于 yOz 平面，其顶点始终在抛物线 Γ_2 上(如图 4－9 所示).

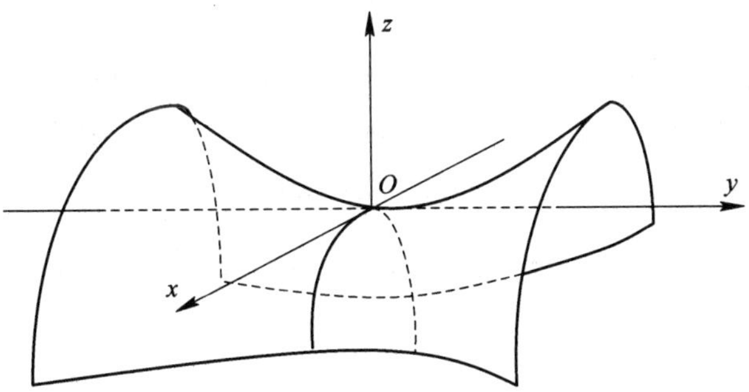

图 4－9

椭圆抛物面与双曲抛物面统称为抛物面，它们无对称中心，称为无心二次曲面. 而椭球面和双曲面均有唯一的对称中心，因而叫作中心二次曲面.

3. 二次曲面的直纹性

可以看到，二次柱面和二次锥面都可由一族直线生成，这样的曲面称为直纹面，确切地说，有以下的定义.

定义 4.20　一曲面 S 称为直纹面，如果存在一族直线使得这一族中的每一条直线全在 S 上；并且 S 上的每个点都在这一族的某一条直线上，这样一族直线称为 S 的一族直母线. 二次曲面中的二次柱面和二次锥面是直纹面. 对于其他类型的二次曲面有下面的结论.

定理 4.11　双曲抛物面和单叶双曲面是直纹面.

证明　设单叶双曲面 S 的标准方程为

$$\frac{x^2}{a^2}+\frac{y^2}{b^2}-\frac{z^2}{c^2}=1 \tag{4-15}$$

把它改写成

$$\left(\frac{x}{a}+\frac{z}{c}\right)\cdot\left(\frac{x}{a}-\frac{z}{c}\right)=\left(1+\frac{y}{b}\right)\left(1-\frac{y}{b}\right)$$

作方程组

$$\begin{cases}\lambda_1\left(\dfrac{x}{a}+\dfrac{z}{c}\right)=\lambda_2\left(1+\dfrac{y}{b}\right)\\ \lambda_2\left(\dfrac{x}{a}-\dfrac{z}{c}\right)=\lambda_1\left(1-\dfrac{y}{b}\right)\end{cases} \tag{4-16}$$

其中 λ_1，λ_2 是不同时为零的任意实数. 对于 $\lambda_1:\lambda_2$ 的每一个值，方程组(4-16)表示一条直线，因此方程组(4-16)表示一族直线，称为 λ 族直线. 现在证明，λ 族直线可以构成整个曲面，从而它是单叶双曲面的一族直母线. 为此需要证明下面两点：

(1) λ 族直线中的每一条直线在单叶双曲面上.

当 $\lambda_1\lambda_2\neq0$ 时，将式(4-16)中的两式相乘得到方程(4-15)，这说明当 $\lambda_1\lambda_2\neq0$ 时，式(4-16)表示的直线在曲面 S 上. 当 $\lambda_1\lambda_2=0$ 时，如 $\lambda_1\neq0$，$\lambda_2=0$，则方程(4-16)变为

$$\begin{cases}\dfrac{x}{a}+\dfrac{z}{c}=0\\ 1-\dfrac{y}{b}=0\end{cases}$$

显然这一条直线也在曲面 S 上. 同理可证，当 $\lambda_1=0$，$\lambda_2\neq0$ 时相应的直线也在曲面 S 上.

(2) 在曲面 S 上的每一点处，必有直线族(方程组(4-16))中的一条直线经过该点.

设 $P_0(x_0, y_0, z_0)$是曲面 S 上的任意一点，则有

$$\left(\frac{x_0}{a}+\frac{z_0}{c}\right)\cdot\left(\frac{x_0}{a}-\frac{z_0}{c}\right)=\left(1+\frac{y_0}{b}\right)\left(1-\frac{y_0}{b}\right) \tag{4-17}$$

作方程组

$$\begin{cases}\lambda_1\left(\dfrac{x_0}{a}+\dfrac{z_0}{c}\right)=\lambda_2\left(1+\dfrac{y_0}{b}\right)\\ \lambda_2\left(\dfrac{x_0}{a}-\dfrac{z_0}{c}\right)=\lambda_1\left(1-\dfrac{y_0}{b}\right)\end{cases}$$

这是一个关于 λ_1，λ_2 的二元一次齐次方程组. 由式(4-17)知，系数行列式等于零，从而上述方程组有非零解，因而可唯一确定比值 $\lambda_1:\lambda_2$，于是在直线族(方程组(4-16))中有唯一的一条直线通过 P_0 点.

同理，可以证明直线族

$$\begin{cases}\mu_1\left(\dfrac{x}{a}+\dfrac{z}{c}\right)=\mu_2\left(1-\dfrac{y}{b}\right)\\ \mu_2\left(\dfrac{x}{a}-\dfrac{z}{c}\right)=\mu_1\left(1+\dfrac{y}{b}\right)\end{cases}$$

也是单叶双曲面 S 上的一族直母线，该族直母线称为 μ 族直母线.

对于双曲抛物面 $\dfrac{x^2}{a^2}-\dfrac{y^2}{b^2}=2z$，同样可以证明它有两族直母线，它们的方程分别是

$$\begin{cases}\dfrac{x}{a}+\dfrac{y}{b}=2\lambda,\\ \lambda\left(\dfrac{x}{a}-\dfrac{y}{b}\right)=z\end{cases}\quad \text{和} \quad \begin{cases}\dfrac{x}{a}-\dfrac{y}{b}=2\mu\\ \mu\left(\dfrac{x}{a}+\dfrac{y}{b}\right)=z\end{cases}$$

定理 4.12　椭圆抛物面、双叶双曲面和椭球面都不是直纹面.

证明　由直纹面的定义可知，直纹面至少包含一整条直线，因此只要证明上面三种二次曲面都不包含整条直线就可以了. 因为椭球面是有界的，所以它不可能包含整条直线.

对于椭圆抛物面和双叶双曲面，可以用平行于坐标面 xOy 的平面 $z=z_0$ 去截，截得的截线要么是一点，要么是椭圆，或者没有截线，总之这些截线都是有界的，因此这种曲面不可能包含与坐标面 xOy 平行的直线. 凡是不平行于坐标面 xOy 的直线，必然与平行于坐标面 xOy 的平面相交. 由于双叶双曲面与平面 $z=0$ 不相交，椭圆抛物面与平面 $z=-1$ 不相交，因此它们不包含不平行于坐标面 xOy 的直线. 这就证明了这两种曲面不是直纹面.

4. 简图

几个曲面或平面所围成的空间的区域可用几个不等式联立起来表示. 要画出这个区域，关键是要画出相应曲面的交线.

例 4.20　用不等式组表示出下列曲面或平面所围成的区域，并画草图.

$$x^2+y^2=2z,\ x^2+y^2=4x,\ z=0$$

解　$x^2+y^2=2z$ 是椭圆抛物面，$x^2+y^2=4x$ 是圆柱面，$z=0$ 是 xOy 面. 因此它们所围成的区域应当是在 xOy 面上方，在椭圆抛物面下方，在圆柱面里面. 于是这个区域可表示成

$$\begin{cases}z\geqslant 0\\ x^2+y^2\geqslant 2z\\ x^2+y^2\leqslant 4x\end{cases}$$

为了画出这个区域，关键是要画出椭圆抛物面与圆柱面的交线 Γ：$\begin{cases}x^2+y^2=2z,\\ x^2+y^2=4x\end{cases}$，

Γ 在 xOy 面上的投影为 $\begin{cases}x^2+y^2=4x\\ z=0\end{cases}$，

Γ 在 xOz 面上的投影为 $\begin{cases}z=2x\\ y=0\end{cases}$，　$0\leqslant x\leqslant 4$.

由 Γ 的两个投影可画出 Γ，再画出圆柱面和椭圆抛物面，则所求的区域就画出来了，如图 4－10 所示.

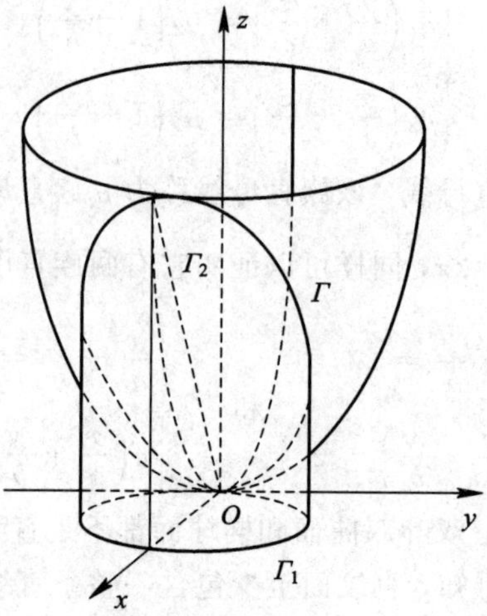

图 4-10

习　题

1. 设点 C 分线段 AB 为 $5:2$，点 A 的坐标为(3, 7, 4)，点 C 的坐标为(8, 2, 3)，求点 B 的坐标.

2. 已知向量 $\boldsymbol{\alpha}=2\boldsymbol{i}-3\boldsymbol{j}+\boldsymbol{k}$、$\boldsymbol{\beta}=\boldsymbol{i}-\boldsymbol{j}+3\boldsymbol{k}$ 和 $\boldsymbol{\gamma}=\boldsymbol{i}-2\boldsymbol{j}$，计算：

(1) $(\boldsymbol{\alpha}\cdot\boldsymbol{\beta})\boldsymbol{\gamma}-(\boldsymbol{\alpha}\cdot\boldsymbol{\gamma})\boldsymbol{\beta}$；　　(2) $(\boldsymbol{\alpha}+\boldsymbol{\beta})\times(\boldsymbol{\beta}+\boldsymbol{\gamma})$；

(3) $(\boldsymbol{\alpha}\times\boldsymbol{\beta})\cdot\boldsymbol{\gamma}$；　　(4) $(\boldsymbol{\alpha}\times\boldsymbol{\beta})\times\boldsymbol{\gamma}$.

3. 试导出平面上三点 $A(x_1, y_1)$，$B(x_2, y_2)$，$C(x_3, y_3)$所组成的三角形面积公式，并计算顶点为 $A(0, 0)$，$B(3, 1)$，$C(1, 3)$的三角形面积.

4. 一个四面体的顶点为 $P_1(1, 2, 0)$，$P_2(-1, 3, 4)$，$P_3(-1, -2, -3)$，$P_4(0, -1, 3)$，求它的体积.

5. 已知三角形顶点为 $A(0, -7, 0)$，$B(2, -1, 1)$，$C(2, 2, 2)$，求此三角形所在平面的平面方程.

6. 一平面与平面 $x+3y+2z=0$ 平行且与三坐标面围成的四面体体积为 6，求这个平面方程.

7. 求一平面，它通过直线 $\begin{cases}6x+2y+3z-6=0\\-x+y+z+1=0\end{cases}$ 且与三个坐标面构成的四面体体积为 3.

8. 求下列平面的方程：

(1) 过点 $M_1(2, -1, 1)$和 $M_2(3, -2, 1)$且分别平行于三个坐标轴的三个平面；

(2) 过点 $M_1(3, -5, 1)$和 $M_2(4, 1, 2)$且垂直于平面 $x-8y+3z+1=0$ 的平面.

9. 求过直线 $\begin{cases}x+5y+z=0\\x-z+4=0\end{cases}$ 且与平面 $x-4y-8z+12=0$ 成 $\dfrac{\pi}{4}$ 角的平面方程.

10. 求过点 $P(2, 1, 0)$且与直线 $\begin{cases}2x-2y+z+3=0\\3x-2y+2z+17=0\end{cases}$ 的距离和垂线方程.

11. 求过直线 $L_1:\begin{cases}3x-4y+5z-10=0\\2x+2y-3z-4=0\end{cases}$ 且与直线 $L_2: x=2y=3z$ 平行的平面方程.

12. 求通过点 $P(1, 0, -2)$ 而与平面 $3x-y+2z-1=0$ 平行且又与直线

$$\frac{x-1}{4}=\frac{y-3}{-2}=\frac{z}{1}$$

相交的直线方程.

13. 已知两直线

$$L_1: \frac{x}{1}=\frac{y}{-1}=\frac{z+1}{0},\quad L_2: \frac{x-1}{1}=\frac{y-1}{1}=\frac{z-1}{0}$$

试证 L_1 与 L_2 异面，并且求它们的最短距离和公垂线方程.

14. 求过点 $P(4, 0, -1)$ 且与两直线

$$L_1: \begin{cases}x+y+z=1\\2x-y-z=2\end{cases},\quad L_2: \begin{cases}x-y-z=3\\2x+4y-z=4\end{cases}$$

相交的直线方程.

15. 设柱面的准线为 $\begin{cases}x^2=y^2+z^2\\x=2z\end{cases}$，母线垂直于准线所在平面，求该柱面的方程.

16. 求过三条平行直线 $x=y=z$，$x+1=y=z-1$ 与 $x-1=y+1=z-2$ 的圆柱面方程.

17. 求顶点为 $P(1, 2, 4)$，轴与平面 $2x+2y+z=0$ 垂直且经过点 $M(3, 2, 1)$ 的圆锥面方程.

18. 求曲线 $\begin{cases}x^2+y^2=1\\z=x^2\end{cases}$ 绕 z 轴旋转所得曲面的方程.

19. 求下列曲线在 xOy，yOz 面上的投影曲线：

(1) $\begin{cases}x^2+y^2+z^2=1\\x+z=1\end{cases}$；　　(2) $\begin{cases}z=x^2+y^2\\x+y+z=1\end{cases}$.

第 5 章 矩阵的秩与线性方程组

线性方程组出现在科学研究的各个领域，其最基本和最重要的问题之一就是求解线性方程组. 本章主要利用向量和矩阵的知识讨论线性方程组的解的结构和解法. 首先介绍向量的概念、向量组的线性相关性、向量组的秩、矩阵的秩等基本知识，然后讨论齐次线性方程组的解的结构和解法，最后讨论非齐次线性方程组的解的结构和解法.

5.1 n 维向量

1. n 维向量的概念

实际问题中，有许多事物可以用有序数组来刻画，例如一个 n 元方程

$$a_1x_1+a_2x_2+\cdots+a_nx_n=b$$

可以用 $n+1$ 元有序数组

$$(a_1, a_2, \cdots, a_n, b)$$

来表示. 所谓方程之间的关系实际上就是表示它们的 $n+1$ 元有序数组之间的关系. 因此，我们先来讨论多元有序数组.

定义 5.1 数域$\mathbb{F}$上 n 个有次序的数 $a_1, a_2, \cdots, a_n$ 所组成的有序数组叫作数域$\mathbb{F}$上的 n 维向量. 通常用 $\boldsymbol{\alpha}$, $\boldsymbol{\beta}$, $\boldsymbol{\gamma}$ 等表示一个 n 维向量. 如果向量以行的形式出现：

$$(a_1, a_2, \cdots, a_n)$$

则称为行向量. 如果以列的形式出现：

$$\begin{pmatrix} a_1 \\ a_2 \\ \vdots \\ a_n \end{pmatrix}$$

则称为列向量. 这 n 个数称为该向量的 n 个分量，a_j 称为该向量的第 j 个分量.

分量全为实数的向量称为实向量，分量为复数的向量称为复向量.

在解析几何中，以坐标原点 O 为起点，以点 $P(x, y, z)$为终点的有向线段所表示的向量为$\overrightarrow{OP}=(x, y, z)$，就是 3 维向量. n 维向量可以认为是几何中 3 维向量的推广，3 维向量可以用有向线段直观的表示，而 n 维向量($n>3$ 时)就没有这种直观的几何意义，只是沿用几何的术语罢了.

定义 5.2 设 $\boldsymbol{\alpha}=(a_1, a_2, \cdots, a_n)$，$\boldsymbol{\beta}=(b_1, b_2, \cdots, b_n)$都是 n 维向量，当且仅当它们各个对应的分量都相等，即 $a_i=b_i(i=1, 2, \cdots, n)$时，称向量 $\boldsymbol{\alpha}$ 与 $\boldsymbol{\beta}$ 相等，记作 $\boldsymbol{\alpha}=\boldsymbol{\beta}$.

定义 5.3 分量都是 0 的向量$(0, 0, \cdots, 0)$，叫作零向量，记作 $\mathbf{0}$. 设向量 $\boldsymbol{\alpha}=(a_1, a_2, \cdots, a_n)$，则$(-a_1, -a_2, \cdots, -a_n)$称为向量 $\boldsymbol{\alpha}$ 的负向量，记作$-\boldsymbol{\alpha}$.

注意，维数不同的零向量是不相同的.

定义 5.4　以数域$\mathbb{F}$中的数作为分量的 n 维向量的全体，同时考虑到定义在它们上面的加法和数量乘法，称为数域$\mathbb{F}$上的 n 维向量空间.

同维数的向量所组成的集合称为向量组.

按矩阵的记号，n 维列向量

$$\alpha = \begin{pmatrix} a_1 \\ a_2 \\ \vdots \\ a_n \end{pmatrix}$$

的转置 $\boldsymbol{\alpha}^{\mathrm{T}}=(a_1, a_2, \cdots, a_n)$即为行向量，$n$ 维向量$\boldsymbol{\alpha}$ 与$\boldsymbol{\alpha}^{\mathrm{T}}$ 作为向量是一样的，但作为矩阵是不同的. 对向量进行运算时，按矩阵的运算进行.

给定 $m\times n$ 矩阵$\boldsymbol{A}$，$\boldsymbol{A}$ 的行向量组是含 m 个 n 维行向量的向量组，同时 A 的列向量组是含 n 个 m 维列向量的向量组.

反过来，向量组

$$\boldsymbol{\alpha}_i = (a_{i1}, a_{i2}, \cdots, a_{in}) \ (i = 1, 2, \cdots, m)$$

可以构成矩阵

$$\boldsymbol{A} = \begin{pmatrix} \boldsymbol{\alpha}_1 \\ \boldsymbol{\alpha}_2 \\ \vdots \\ \boldsymbol{\alpha}_m \end{pmatrix}$$

例 5.1　设 $\boldsymbol{\alpha}=(-1, 1, 0, 3)$，$\boldsymbol{\beta}=(2, 1, 4, 1)$，计算$-\boldsymbol{\alpha}$，$3\boldsymbol{\beta}$，$4\boldsymbol{\alpha}-3\boldsymbol{\beta}$.

解　由题意可得

$$-\boldsymbol{\alpha}=(1, -1, 0, -3),\ 3\boldsymbol{\beta}=(6, 3, 12, 3)$$

$$4\boldsymbol{\alpha}-3\boldsymbol{\beta}=(-4, 4, 0, 12)-(6, 3, 12, 3)=(-10, 1, -12, 9)$$

2. 向量组的线性表示

对于线性方程组

$$\boldsymbol{Ax} = \boldsymbol{b}$$

设$\boldsymbol{A}$ 的列向量组为$\boldsymbol{\alpha}_1$，$\boldsymbol{\alpha}_2$，$\cdots$，$\boldsymbol{\alpha}_n$，则其可表示为

$$x_1\boldsymbol{\alpha}_1 + x_2\boldsymbol{\alpha}_2 + \cdots + x_n\boldsymbol{\alpha}_n = \boldsymbol{b}$$

定义 5.5　向量$\boldsymbol{\alpha}$称为向量组$\boldsymbol{\beta}_1$，$\boldsymbol{\beta}_2$，$\cdots$，$\boldsymbol{\beta}_s$ 的一个线性组合，如果存在数域$\mathbb{F}$中的数 λ_1，λ_2，$\cdots$，λ_s，使 $\boldsymbol{\alpha}=\lambda_1\boldsymbol{\beta}_1+\lambda_2\boldsymbol{\beta}_2+\cdots+\lambda_s\boldsymbol{\beta}_s$，其中 λ_1，λ_2，$\cdots$，λ_s 叫做这个线性组合的系数. 当向量$\boldsymbol{\alpha}$ 是向量组$\boldsymbol{\beta}_1$，$\boldsymbol{\beta}_2$，$\cdots$，$\boldsymbol{\beta}_s$ 的一个线性组合时，也称向量$\boldsymbol{\alpha}$ 可以由向量组$\boldsymbol{\beta}_1$，$\boldsymbol{\beta}_2$，$\cdots$，$\boldsymbol{\beta}_s$ 线性表示.

容易看出，零向量是任意向量组的线性组合.

任意一个 n 维向量$\boldsymbol{\alpha}=(a_1, a_2, \cdots, a_n)$都是向量组

$$\boldsymbol{\varepsilon}_1 = (1, 0, \cdots, 0),\ \boldsymbol{\varepsilon}_2 = (0, 1, \cdots, 0),\ \cdots,\ \boldsymbol{\varepsilon}_n = (0, 0, \cdots, 1)$$

的线性组合. $\boldsymbol{\varepsilon}_1$，$\boldsymbol{\varepsilon}_2$，$\cdots$，$\boldsymbol{\varepsilon}_n$ 称为 n 维基本单位向量组.

向量$\boldsymbol{\alpha}$能由向量$\boldsymbol{\alpha}_1$，$\boldsymbol{\alpha}_2$，$\cdots$，$\boldsymbol{\alpha}_n$ 线性表示的充分必要条件是线性方程组

$$x_1\boldsymbol{\alpha}_1+x_2\boldsymbol{\alpha}_2+\cdots+x_n\boldsymbol{\alpha}_n=\boldsymbol{\alpha}$$

有解.

例 5.2 设 $\boldsymbol{\beta}=(1,6,7)$, $\boldsymbol{\alpha}_1=(2,2,4)$, $\boldsymbol{\alpha}_2=(-1,0,2)$, $\boldsymbol{\alpha}_3=(3,2,5)$, 试问 $\boldsymbol{\beta}$ 是否为 $\boldsymbol{\alpha}_1$, $\boldsymbol{\alpha}_2$, $\boldsymbol{\alpha}_3$ 的线性组合?

解 设 $\boldsymbol{\beta}=k_1\boldsymbol{\alpha}_1+k_2\boldsymbol{\alpha}_2+k_3\boldsymbol{\alpha}_3$, 即

$$(1,6,7)=(2k_1-k_2+3k_3,\ 2k_1+2k_3,\ 4k_1+2k_2+5k_3)$$

则 k_1, k_2, k_3 满足线性方程组

$$\begin{cases}2k_1-k_2+3k_3=1\\2k_1+2k_3=6\\4k_1+2k_2+5k_3=7\end{cases}$$

容易解得 $k_1=8$, $k_2=0$, $k_3=-5$, 则 $\boldsymbol{\beta}=8\boldsymbol{\alpha}_1+0\boldsymbol{\alpha}_2-5\boldsymbol{\alpha}_3$, 因此 $\boldsymbol{\beta}$ 是 $\boldsymbol{\alpha}_1$, $\boldsymbol{\alpha}_2$, $\boldsymbol{\alpha}_3$ 的线性组合.

定义 5.6 如果向量组 $\boldsymbol{\alpha}_1$, $\boldsymbol{\alpha}_2$, …, α_s 中每一个向量 $\boldsymbol{\alpha}_i(i=1,2\cdots,s)$都可以由向量组 $\boldsymbol{\beta}_1$, $\boldsymbol{\beta}_2$, …, $\boldsymbol{\beta}_t$ 线性表示, 那么称向量组 $\boldsymbol{\alpha}_1$, $\boldsymbol{\alpha}_2$, …, $\boldsymbol{\alpha}_s$ 可由向量组 $\boldsymbol{\beta}_1$, $\boldsymbol{\beta}_2$, …, $\boldsymbol{\beta}_t$ 线性表示. 如果两个向量组可以相互线性表示, 则称它们为等价的.

由定义 5.6 可以得到向量组之间的等价具有以下性质:

(1) **反身性**. 每个向量组都与它自身等价;

(2) **对称性**. 如果向量组 $\boldsymbol{\alpha}_1$, $\boldsymbol{\alpha}_2$, …, $\boldsymbol{\alpha}_s$ 与向量组 $\boldsymbol{\beta}_1$, $\boldsymbol{\beta}_2$, …, $\boldsymbol{\beta}_t$ 等价, 则向量组 $\boldsymbol{\beta}_1$, $\boldsymbol{\beta}_2$, …, $\boldsymbol{\beta}_t$ 与向量组 $\boldsymbol{\alpha}_1$, $\boldsymbol{\alpha}_2$, …, $\boldsymbol{\alpha}_s$ 等价;

(3) **传递性**. 如果向量组 $\boldsymbol{\alpha}_1$, $\boldsymbol{\alpha}_2$, …, $\boldsymbol{\alpha}_s$ 与向量组 $\boldsymbol{\beta}_1$, $\boldsymbol{\beta}_2$, …, $\boldsymbol{\beta}_t$ 等价, 向量组 $\boldsymbol{\beta}_1$, $\boldsymbol{\beta}_2$, …, $\boldsymbol{\beta}_t$ 与向量组 γ_1, γ_2, …, γ_m 等价, 则向量组 $\boldsymbol{\alpha}_1$, $\boldsymbol{\alpha}_2$, …, $\boldsymbol{\alpha}_s$ 与向量组 γ_1, γ_2, …, γ_m 等价.

5.2 向量组的线性相关性

1. 向量组的线性相关、线性无关的概念

以下讨论中如无特别说明, 向量均指列向量.

向量组 $\boldsymbol{\alpha}_1$, $\boldsymbol{\alpha}_2$, …, $\boldsymbol{\alpha}_m$ 中有无某个向量能由其余向量线性表示, 这是向量组的一个重要性质, 称为向量组的线性相关性. 为了叙述方便, 我们给出下面的定义.

定义 5.7 设有 n 维向量组 $\boldsymbol{\alpha}_1$, $\boldsymbol{\alpha}_2$, …, $\boldsymbol{\alpha}_m$, 如果存在一组不全为零的数 k_1, k_2, …, k_m, 使得

$$k_1\boldsymbol{\alpha}_1+k_2\boldsymbol{\alpha}_2+\cdots+k_m\boldsymbol{\alpha}_m=\boldsymbol{0}$$

则称向量组 $\boldsymbol{\alpha}_1$, $\boldsymbol{\alpha}_2$, …, $\boldsymbol{\alpha}_m$ 线性相关, 否则称它线性无关.

由定义 5.7, 易知 n 维单位向量组 $\boldsymbol{\varepsilon}_1$, $\boldsymbol{\varepsilon}_2$, …, $\boldsymbol{\varepsilon}_n$ 线性无关.

向量组 $\boldsymbol{\alpha}_1$, $\boldsymbol{\alpha}_2$, …, $\boldsymbol{\alpha}_m$ 线性相关的充分必要条件是齐次线性方程组 $x_1\boldsymbol{\alpha}_1+x_2\boldsymbol{\alpha}_2+\cdots+x_m\boldsymbol{\alpha}_m=\boldsymbol{0}$ 有非零解, 而向量组 $\boldsymbol{\alpha}_1$, $\boldsymbol{\alpha}_2$, …, $\boldsymbol{\alpha}_m$ 线性无关的充分必要条件是齐次线性方程组 $x_1\boldsymbol{\alpha}_1+x_2\boldsymbol{\alpha}_2+\cdots+x_m\boldsymbol{\alpha}_m=\boldsymbol{0}$ 只有零解.

例 5.3 设向量组 $\boldsymbol{\alpha}_1$, $\boldsymbol{\alpha}_2$, $\boldsymbol{\alpha}_3$ 线性无关, $\boldsymbol{\beta}_1=\boldsymbol{\alpha}_1+\boldsymbol{\alpha}_2$, $\boldsymbol{\beta}_2=\boldsymbol{\alpha}_2+2\boldsymbol{\alpha}_3$, $\boldsymbol{\beta}_3=\boldsymbol{\alpha}_3+2\boldsymbol{\alpha}_1$, 试证明: 向量组 $\boldsymbol{\beta}_1$, $\boldsymbol{\beta}_2$, $\boldsymbol{\beta}_3$ 线性无关.

证明 设存在一组数 x_1, x_2, x_3, 使得

$$x_1\boldsymbol{\beta}_1+x_2\boldsymbol{\beta}_2+x_3\boldsymbol{\beta}_3=\mathbf{0}$$

即

$$x_1(\boldsymbol{\alpha}_1+\boldsymbol{\alpha}_2)+x_2(\boldsymbol{\alpha}_2+2\boldsymbol{\alpha}_3)+x_3(\boldsymbol{\alpha}_3+2\boldsymbol{\alpha}_1)=\mathbf{0}$$
$$(x_1+2x_3)\boldsymbol{\alpha}_1+(x_1+x_2)\boldsymbol{\alpha}_2+(2x_2+x_3)\boldsymbol{\alpha}_3=\mathbf{0}$$

由于 $\boldsymbol{\alpha}_1$，$\boldsymbol{\alpha}_2$，$\boldsymbol{\alpha}_3$ 线性无关，则

$$\begin{cases}x_1+2x_3=0\\x_1+x_2=0\\2x_2+x_3=0\end{cases}$$

由于此齐次线性方程组的系数行列式

$$\begin{vmatrix}1&0&2\\1&1&0\\0&2&1\end{vmatrix}=5\neq 0$$

故方程组只有零解 $x_1=x_2=x_3=0$，因此 $\boldsymbol{\beta}_1$，$\boldsymbol{\beta}_2$，$\boldsymbol{\beta}_3$ 线性无关.

由定义 5.7 可以得到

(1) 任意一个包含零向量的向量组一定是线性相关的；

(2) 单独一个向量形成的向量组 $\{\boldsymbol{\alpha}\}$ 线性相关当且仅当 $\boldsymbol{\alpha}=\mathbf{0}$；

(3) 向量组 $\boldsymbol{\alpha}_1$，$\boldsymbol{\alpha}_2$ 线性相关当且仅当 $\boldsymbol{\alpha}_1$，$\boldsymbol{\alpha}_2$ 对应分量成比例.

2. 向量组的线性相关、线性无关的判别

定理 5.1　向量组 $\boldsymbol{\alpha}_1$，$\boldsymbol{\alpha}_2$，…，$\boldsymbol{\alpha}_m$ $(m\geqslant 2)$ 线性相关的充分必要条件是 $\boldsymbol{\alpha}_1$，$\boldsymbol{\alpha}_2$，…，$\boldsymbol{\alpha}_m$ 中至少有一个向量可由其余 $m-1$ 个向量线性表示.

证明　(充分性) 设向量组中有一个向量(譬如 $\boldsymbol{\alpha}_m$)能由其余向量线性表示，即有

$$\boldsymbol{\alpha}_m=\lambda_1\boldsymbol{\alpha}_1+\lambda_2\boldsymbol{\alpha}_2+\cdots+\lambda_{m-1}\boldsymbol{\alpha}_{m-1}$$

故

$$\lambda_1\boldsymbol{\alpha}_1+\lambda_2\boldsymbol{\alpha}_2+\cdots+\lambda_{m-1}\boldsymbol{\alpha}_{m-1}+(-1)\boldsymbol{\alpha}_m=\mathbf{0}$$

因为 λ_1，λ_2，…，λ_{m-1}，-1 不全为零，所以 $\boldsymbol{\alpha}_1$，$\boldsymbol{\alpha}_2$，…，$\boldsymbol{\alpha}_m$ 线性相关.

(必要性) 设 $\boldsymbol{\alpha}_1$，$\boldsymbol{\alpha}_2$，…，$\boldsymbol{\alpha}_m$ 线性相关，即有一组不全为零的数 k_1，k_2，…，k_m，使 $k_1\boldsymbol{\alpha}_1+k_2\boldsymbol{\alpha}_2+\cdots+k_m\boldsymbol{\alpha}_m=\mathbf{0}$，由于 k_1，k_2，…，k_m 中至少有一个不为零，不妨设 $k_m\neq 0$，则

$$\boldsymbol{\alpha}_m=\left(-\frac{k_1}{k_m}\right)\boldsymbol{\alpha}_1+\left(-\frac{k_2}{k_m}\right)\boldsymbol{\alpha}_2+\cdots+\left(-\frac{k_{m-1}}{k_m}\right)\boldsymbol{\alpha}_{m-1}$$

即 $\boldsymbol{\alpha}_m$ 能由其余向量线性表示.

定理 5.2　如果向量组 $\boldsymbol{\alpha}_1$，$\boldsymbol{\alpha}_2$，…，$\boldsymbol{\alpha}_r$ 线性相关，则对于任意向量 $\boldsymbol{\alpha}_{r+1}$，…，$\boldsymbol{\alpha}_s$，向量组 $\boldsymbol{\alpha}_1$，$\boldsymbol{\alpha}_2$，…，$\boldsymbol{\alpha}_r$，$\boldsymbol{\alpha}_{r+1}$，…，$\boldsymbol{\alpha}_s$ 也是线性相关的.

证明　已知向量组 $\boldsymbol{\alpha}_1$，$\boldsymbol{\alpha}_2$，…，$\boldsymbol{\alpha}_r$ 线性相关，则存在不全为零的 r 个数 k_1，k_2，…，k_r，使得

$$k_1\boldsymbol{\alpha}_1+k_2\boldsymbol{\alpha}_2+\cdots+k_r\boldsymbol{\alpha}_r=\mathbf{0}$$

选取 $k_{r+1}=\cdots=k_s=0$，仍有 k_1，k_2，…，k_r，k_{r+1}，…，k_s 不全为零，使

$$k_1\boldsymbol{\alpha}_1+k_2\boldsymbol{\alpha}_2+\cdots+k_r\boldsymbol{\alpha}_r+k_{r+1}\boldsymbol{\alpha}_{r+1}+\cdots+k_s\boldsymbol{\alpha}_s=\mathbf{0}$$

成立，于是 $\boldsymbol{\alpha}_1$，$\boldsymbol{\alpha}_2$，…，$\boldsymbol{\alpha}_r$，$\boldsymbol{\alpha}_{r+1}$，…，$\boldsymbol{\alpha}_s$ 是线性相关.

推论 5.1　如果向量组 $\boldsymbol{\alpha}_1$，$\boldsymbol{\alpha}_2$，…，$\boldsymbol{\alpha}_s$ 线性无关，则它的任一非空的部分组也是线性

无关的.

定理 5.3 设$\boldsymbol{\alpha}_1, \boldsymbol{\alpha}_2, \cdots, \boldsymbol{\alpha}_m$线性无关，而$\boldsymbol{\alpha}_1, \boldsymbol{\alpha}_2, \cdots, \boldsymbol{\alpha}_m, \boldsymbol{\beta}$线性相关，则$\boldsymbol{\beta}$能由$\boldsymbol{\alpha}_1, \boldsymbol{\alpha}_2, \cdots, \boldsymbol{\alpha}_m$线性表示，且表示式是唯一的.

证明 由于$\boldsymbol{\alpha}_1, \boldsymbol{\alpha}_2, \cdots, \boldsymbol{\alpha}_m, \boldsymbol{\beta}$线性相关，故存在一组不全为零的数$k_1, k_2, \cdots, k_{m+1}$，使得

$$k_1\boldsymbol{\alpha}_1 + \cdots + k_m\boldsymbol{\alpha}_m + k_{m+1}\boldsymbol{\beta} = \mathbf{0}$$

下证$k_{m+1} \neq 0$. 用反证法，假设$k_{m+1}=0$，则$k_1, k_2, \cdots, k_m$不全为零，且

$$k_1\boldsymbol{\alpha}_1 + k_2\boldsymbol{\alpha}_2 + \cdots + k_m\boldsymbol{\alpha}_m = \mathbf{0}$$

这与$\boldsymbol{\alpha}_1, \boldsymbol{\alpha}_2, \cdots, \boldsymbol{\alpha}_m$线性无关产生矛盾，故有$k_{m+1} \neq 0$. 由此

$$\boldsymbol{\beta} = \left(-\frac{k_1}{k_{m+1}}\right)\boldsymbol{\alpha}_1 + \left(-\frac{k_2}{k_{m+1}}\right)\boldsymbol{\alpha}_2 + \cdots + \left(-\frac{k_m}{k_{m+1}}\right)\boldsymbol{\alpha}_m$$

即$\boldsymbol{\beta}$能由$\boldsymbol{\alpha}_1, \boldsymbol{\alpha}_2, \cdots, \boldsymbol{\alpha}_m$线性表示.

再证表示式的唯一性. 设有两个表示式

$$\boldsymbol{\beta} = \lambda_1\boldsymbol{\alpha}_1 + \cdots + \lambda_m\boldsymbol{\alpha}_m, \quad \boldsymbol{\beta} = \mu_1\boldsymbol{\alpha}_1 + \cdots + \mu_m\boldsymbol{\alpha}_m$$

两式相减得

$$(\lambda_1 - \mu_1)\boldsymbol{\alpha}_1 + \cdots + (\lambda_m - \mu_m)\boldsymbol{\alpha}_m = \mathbf{0}$$

已知$\boldsymbol{\alpha}_1, \boldsymbol{\alpha}_2, \cdots, \boldsymbol{\alpha}_m$线性无关，则$\lambda_i - \mu_i = 0$，即$\lambda_i = \mu_i (i=1, 2, \cdots, m)$，故表示式唯一.

定理 5.4 设r维向量组$\boldsymbol{\alpha}_i = (a_{i1}, a_{i2}, \cdots, a_{ir})\ (i=1, 2, \cdots, m)$线性无关，则$r+1$维向量组$\boldsymbol{\alpha}_i = (a_{i1}, a_{i2}, \cdots, a_{ir}, a_{i,r+1})\ (i=1, 2, \cdots, m)$也线性无关.

证明 令$\boldsymbol{\beta}_i = (\boldsymbol{\alpha}_i, a_{r+1})\ (i=1, 2, \cdots, m)$，设存在一组数$k_1, k_2, \cdots, k_m$，使得

$$k_1\boldsymbol{\beta}_1 + k_2\boldsymbol{\beta}_2 + \cdots + k_m\boldsymbol{\beta}_m = \mathbf{0}$$

即$\sum\limits_{i=1}^{m} k_i\boldsymbol{\beta}_i = \left(\sum\limits_{i=1}^{m} k_i\boldsymbol{\alpha}_i, \sum\limits_{i=1}^{m} k_i a_{i,r+1}\right) = \mathbf{0}$，则$\sum\limits_{i=1}^{m} k_i\boldsymbol{\alpha}_i = \mathbf{0}$. 由于$\boldsymbol{\alpha}_1, \boldsymbol{\alpha}_2, \cdots, \boldsymbol{\alpha}_m$线性无关，故$k_1 = \cdots = k_m = 0$，因此$\boldsymbol{\beta}_1, \boldsymbol{\beta}_2, \cdots, \boldsymbol{\beta}_m$线性无关.

推论 5.2 r维向量组的每个向量添上$n-r$个分量使之成为n维向量组，如果r维向量组是线性无关的，则n维向量组也是线性无关的.

5.3 向量组的秩

记$\boldsymbol{A} = (\boldsymbol{\alpha}_1, \boldsymbol{\alpha}_2, \cdots, \boldsymbol{\alpha}_m)$和$\boldsymbol{B} = (\boldsymbol{\beta}_1, \boldsymbol{\beta}_2, \cdots, \boldsymbol{\beta}_s)$，$\boldsymbol{B}$组能由$\boldsymbol{A}$组线性表示，即对每个向量$\boldsymbol{\beta}_j (j=1, 2, \cdots, s)$存在数$k_{1j}, k_{2j}, \cdots, k_{mj}$，使得

$$\boldsymbol{\beta}_j = (\boldsymbol{\alpha}_1, \boldsymbol{\alpha}_2, \cdots, \boldsymbol{\alpha}_m)\begin{pmatrix} k_{1j} \\ k_{2j} \\ \vdots \\ k_{mj} \end{pmatrix}$$

从而有矩阵$\boldsymbol{K} = (k_{ij})_{m\times s}$，使

$$\boldsymbol{B} = \boldsymbol{AK}$$

对于行向量组$\boldsymbol{A}: \boldsymbol{\alpha}_1, \boldsymbol{\alpha}_2, \cdots, \boldsymbol{\alpha}_m$及$\boldsymbol{B}: \boldsymbol{\beta}_1, \boldsymbol{\beta}_2, \cdots, \boldsymbol{\beta}_s$，记

$$A=\begin{pmatrix}\boldsymbol{\alpha}_1\\ \boldsymbol{\alpha}_2\\ \vdots\\ \boldsymbol{\alpha}_m\end{pmatrix},\quad B=\begin{pmatrix}\boldsymbol{\beta}_1\\ \boldsymbol{\beta}_2\\ \vdots\\ \boldsymbol{\beta}_s\end{pmatrix}$$

$\boldsymbol{B}$ 组能由 $\boldsymbol{A}$ 组线性表示，也就是存在矩阵 $\boldsymbol{K}_{s\times m}$，使得

$$\boldsymbol{B}=\boldsymbol{K}\boldsymbol{A}$$

设矩阵 $\boldsymbol{A}$ 经初等行变换变成矩阵 $\boldsymbol{B}$，则有可逆矩阵 $\boldsymbol{K}$，使 $\boldsymbol{B}=\boldsymbol{K}\boldsymbol{A}$，故 $\boldsymbol{B}$ 的行向量组能由 $\boldsymbol{A}$ 的行向量组线性表示，又因为 $\boldsymbol{A}=\boldsymbol{K}^{-1}\boldsymbol{B}$，所以 $\boldsymbol{A}$ 的行向量组也能由 $\boldsymbol{B}$ 的行向量组线性表示，于是 $\boldsymbol{A}$ 的行向量组与 $\boldsymbol{B}$ 的行向量组等价.

类似可知，若矩阵 $\boldsymbol{A}$ 经初等列变换变成矩阵 $\boldsymbol{B}$，则 $\boldsymbol{A}$ 的列向量组与 $\boldsymbol{B}$ 的列向量组等价.

定理 5.5　设有两个 n 维向量组

$$\boldsymbol{A}:\boldsymbol{\alpha}_1,\boldsymbol{\alpha}_2,\cdots,\boldsymbol{\alpha}_r;\ \boldsymbol{B}:\boldsymbol{\beta}_1,\boldsymbol{\beta}_2,\cdots,\boldsymbol{\beta}_s$$

如果向量组 $\boldsymbol{A}$ 可由向量组 $\boldsymbol{B}$ 线性表示，而且 $r>s$，则向量组 $\boldsymbol{A}$ 线性相关.

证明　因为向量组 $\boldsymbol{A}$ 可由向量组 $\boldsymbol{B}$ 线性表示，所以存在一个 $s\times r$ 矩阵 $\boldsymbol{C}$ 使得

$$(\boldsymbol{\alpha}_1,\boldsymbol{\alpha}_2,\cdots,\boldsymbol{\alpha}_r)=(\boldsymbol{\beta}_1,\boldsymbol{\beta}_2,\cdots,\boldsymbol{\beta}_s)\boldsymbol{C}$$

由于在齐次线性方程组 $\boldsymbol{C}\boldsymbol{k}=\boldsymbol{0}$ 中，未知量的个数 r 大于方程个数 s，由定理 3.6 可知，齐次线性方程组 $\boldsymbol{C}\boldsymbol{k}=\boldsymbol{0}$ 有非零解，即存在不全为零的数 k_1，k_2，…，k_r，$\boldsymbol{k}=(k_1,k_2,\cdots,k_r)^{\mathrm{T}}\neq\boldsymbol{0}$，$\boldsymbol{C}\boldsymbol{k}=\boldsymbol{0}$. 于是

$$k_1\boldsymbol{\alpha}_1+k_2\boldsymbol{\alpha}_2+\cdots+k_r\boldsymbol{\alpha}_r=(\boldsymbol{\alpha}_1,\boldsymbol{\alpha}_2,\cdots,\boldsymbol{\alpha}_r)\boldsymbol{k}=(\boldsymbol{\beta}_1,\boldsymbol{\beta}_2,\cdots,\boldsymbol{\beta}_s)\boldsymbol{C}\boldsymbol{k}=\boldsymbol{0}$$

因此 $\boldsymbol{\alpha}_1,\boldsymbol{\alpha}_2,\cdots,\boldsymbol{\alpha}_r$ 线性相关.

推论 5.3　如果向量组 $\boldsymbol{A}$：$\boldsymbol{\alpha}_1,\boldsymbol{\alpha}_2,\cdots,\boldsymbol{\alpha}_r$ 可由向量组 $\boldsymbol{B}$：$\boldsymbol{\beta}_1,\boldsymbol{\beta}_2,\cdots,\boldsymbol{\beta}_s$ 线性表示，而且向量组 $\boldsymbol{A}$ 线性无关，则 $r\leqslant s$.

推论 5.4　任意 $n+1$ 个 n 维向量必线性相关.

推论 5.5　两个线性无关的等价的向量组，必含有相同个数的向量.

定义 5.8　设有向量组 $\boldsymbol{A}$，如果在 $\boldsymbol{A}$ 中能选出 r 个向量 $\boldsymbol{\alpha}_1,\boldsymbol{\alpha}_2,\cdots,\boldsymbol{\alpha}_r$ 满足

(1) 向量组 $\boldsymbol{A}_0$：$\boldsymbol{\alpha}_1,\boldsymbol{\alpha}_2,\cdots,\boldsymbol{\alpha}_r$ 线性无关；

(2) 向量组 $\boldsymbol{A}$ 中任意 $r+1$ 个向量(如果 $\boldsymbol{A}$ 中有 $r+1$ 个向量的话)都线性相关，那么称向量组 $\boldsymbol{A}_0$ 是向量组 $\boldsymbol{A}$ 的一个极大线性无关组(简称极大无关组).

需要指出，向量组 $\boldsymbol{A}$ 的极大线性无关组也称为最大线性无关组(简称最大无关组).

容易看到，一个线性无关向量组的极大线性无关组就是这个向量组本身.

由定义 5.8 可知，任意一个极大线性无关组都与向量组本身等价，而由等价关系的对称性和传递性，一个向量组的任意两个极大线性无关组都是等价的.

定理 5.6　一个向量组的极大无关组都含有相同个数的向量.

证明　由于一个向量组的极大无关组相互等价，由推论 5.5 即知定理成立.

定义 5.9　一个向量组 $\boldsymbol{A}$ 的极大无关组中所含向量个数 r 称为向量组 $\boldsymbol{A}$ 的秩. 记为 $\mathrm{R}(\boldsymbol{A})$.

只含零向量的向量组没有极大无关组，规定它的秩为 0.

定理 5.7　等价的向量组有相同的秩.

证明　因为每一个向量组都与它的极大无关组等价，所以由等价关系的传递性，任意

两个等价向量组的极大无关组也等价，由推论 5.5 即知定理成立.

一个线性无关向量组的极大线性无关组就是这个向量组本身，因此，向量组线性无关的充要条件是它的秩等于它所含向量的个数.

例 5.4 求向量组 $\boldsymbol{\alpha}_1=(2,2,7,-1)$，$\boldsymbol{\alpha}_2=(3,-1,2,4)$，$\boldsymbol{\alpha}_3=(1,1,3,1)$的秩.

解 令 $k_1\boldsymbol{\alpha}_1+k_2\boldsymbol{\alpha}_2+k_3\boldsymbol{\alpha}_3=0$，即

$$(2k_1+3k_2+k_3,\ 2k_1-k_2+k_3,\ 7k_1+2k_2+3k_3,\ -k_1+4k_2+k_3)=(0,0,0,0)$$

则

$$\begin{cases}2k_1+3k_2+k_3=0\\2k_1-k_2+k_3=0\\7k_1+2k_2+3k_3=0\\-k_1+4k_2+k_3=0\end{cases}$$

该方程组只有零解，即 $k_1=k_2=k_3=0$，故 $\boldsymbol{\alpha}_1$，$\boldsymbol{\alpha}_2$，$\boldsymbol{\alpha}_3$ 线性无关，从而 $\mathrm{R}(\boldsymbol{\alpha}_1,\boldsymbol{\alpha}_2,\boldsymbol{\alpha}_3)=3$.

5.4 矩阵的秩

1. 矩阵的秩的概念

在 5.1 节中，我们已经看到，如果把矩阵的每一行看成一个向量，那么矩阵就可以认为是由这些行向量组成的. 同样，如果把每一列看成一个向量，那么矩阵也可以认为是由这些列向量组成的.

定义 5.10 矩阵的行向量组的秩称为矩阵的行秩；矩阵的列向量组的秩称为矩阵的列秩.

例 5.5 设

$$\boldsymbol{A}=\begin{bmatrix}1&1&3&1\\0&2&-1&4\\0&0&0&5\\0&0&0&0\end{bmatrix}$$

它的行向量组是

$$\boldsymbol{\alpha}_1=(1,1,3,1),\ \boldsymbol{\alpha}_2=(0,2,-1,4),\ \boldsymbol{\alpha}_3=(0,0,0,5),\ \boldsymbol{\alpha}_4=(0,0,0,0)$$

它的秩是 3.

它的列向量组是

$$\boldsymbol{\beta}_1=(1,0,0,0)^{\mathrm{T}},\ \boldsymbol{\beta}_2=(1,2,0,0)^{\mathrm{T}},\ \boldsymbol{\beta}_3=(3,-1,0,0)^{\mathrm{T}},\ \boldsymbol{\beta}_4=(1,4,5,0)^{\mathrm{T}}$$

它的秩也是 3. 矩阵 $\boldsymbol{A}$ 的行秩等于矩阵的列秩，这不是偶然的.

引理 5.1 设

$$\boldsymbol{A}=(a_{ij})_{s\times n},\ \boldsymbol{x}=(x_1,x_2\cdots,x_n)^{\mathrm{T}}$$

如果 $\boldsymbol{A}$ 的行秩 $r<n$，则齐次线性方程组 $\boldsymbol{Ax}=\boldsymbol{0}$ 有非零解.

证明 以 $\boldsymbol{\alpha}_1,\boldsymbol{\alpha}_2,\cdots,\boldsymbol{\alpha}_s$ 表示矩阵 $\boldsymbol{A}$ 的行向量组，因为它的秩为 r，所以极大无关组是由 r 个向量组成. 不妨设 $\boldsymbol{\alpha}_1,\boldsymbol{\alpha}_2,\cdots,\boldsymbol{\alpha}_r$ 是一个极大无关组. 由于 $\boldsymbol{\alpha}_1,\boldsymbol{\alpha}_2,\cdots,\boldsymbol{\alpha}_s$ 与 $\boldsymbol{\alpha}_1,\boldsymbol{\alpha}_2,\cdots,\boldsymbol{\alpha}_r$ 等价，故 $\boldsymbol{Ax}=\boldsymbol{0}$ 与 $\boldsymbol{Bx}=\boldsymbol{0}$ 同解，其中 $\boldsymbol{B}=(a_{ij})_{r\times n}$.

显然，方程组 $\boldsymbol{Bx}=\boldsymbol{0}$ 在化成阶梯形方程组之后，方程的个数 r_1 不会超过原方程组中方程的个数，即 $r_1 \leqslant r < n$. 由于 $r_1 < n$，方程组的解不唯一，因而 $\boldsymbol{Bx}=\boldsymbol{0}$ 必有非零解，从而 $\boldsymbol{Ax}=\boldsymbol{0}$必有非零解.

由引理 5.1 可知，如果 $\boldsymbol{A}$ 的行秩 $r<n$，则 $\boldsymbol{A}$ 的行向量组线性相关.

定理 5.8　矩阵的行秩与列秩相等.

证明　设

$$\boldsymbol{A} = (a_{ij})_{s\times n}$$

$\boldsymbol{A}$ 的行秩为 r，列秩为 r_1. 为证 $r=r_1$，先来证 $r\leqslant r_1$.

以 $\boldsymbol{\alpha}_1, \boldsymbol{\alpha}_2, \cdots, \boldsymbol{\alpha}_s$ 表示矩阵 $\boldsymbol{A}$ 的行向量组，不妨设 $\boldsymbol{\alpha}_1, \boldsymbol{\alpha}_2, \cdots, \boldsymbol{\alpha}_r$ 是一个极大无关组. 因为 $\boldsymbol{\alpha}_1, \boldsymbol{\alpha}_2, \cdots, \boldsymbol{\alpha}_r$ 线性无关，所以方程组

$$x_1\boldsymbol{\alpha}_1 + x_2\boldsymbol{\alpha}_2 + \cdots + x_r\boldsymbol{\alpha}_r = \boldsymbol{0}$$

只有零解，即 $x_1\boldsymbol{\alpha}_1^{\mathrm{T}} + x_2\boldsymbol{\alpha}_2^{\mathrm{T}} + \cdots + x_r\boldsymbol{\alpha}_r^{\mathrm{T}} = \boldsymbol{0}$ 只有零解. 由引理 5.1，这个方程组的系数矩阵 $(\boldsymbol{\alpha}_1^{\mathrm{T}}, \boldsymbol{\alpha}_2^{\mathrm{T}}, \cdots, \boldsymbol{\alpha}_r^{\mathrm{T}})$ 的行秩大于等于 r. 因此在它的行向量组中可以找到 r 个线性无关的向量组，譬如说，$(a_{11}, a_{21}, \cdots, a_{r1})$，$(a_{12}, a_{22}, \cdots, a_{r2})$，$\cdots$，$(a_{1r}, a_{2r}, \cdots, a_{rr})$线性无关. 由推论 5.2 知这些向量添上 $s-r$ 个分量所得向量组

$$(a_{11}, a_{21}, \cdots, a_{r1}, \cdots, a_{s1}), (a_{12}, a_{22}, \cdots, a_{r2}, \cdots, a_{s2}), \cdots, (a_{1r}, a_{2r}, \cdots, a_{rr}, \cdots, a_{sr})$$

也线性无关. 它们正好是矩阵 $\boldsymbol{A}$ 的 r 个列向量，由它们的线性无关性可知矩阵 $\boldsymbol{A}$ 的列秩 r_1 至少是 r，也就是说 $r_1 \geqslant r$.

用同样的方法可证 $r \geqslant r_1$. 于是矩阵的行秩与列秩相等.

因为矩阵 $\boldsymbol{A}$ 的行秩等于列秩，所以我们将它们统称为矩阵 $\boldsymbol{A}$ 的秩，记为 $\mathrm{R}(\boldsymbol{A})$.

显然，$\mathrm{R}(\boldsymbol{A})=0$ 的充分必要条件是 $\boldsymbol{A}=\boldsymbol{0}$.

定理 5.9　$n\times n$ 矩阵 $\boldsymbol{A}$ 的行列式为零的充要条件是 $\boldsymbol{A}$ 的秩小于 n.

证明　(充分性) 因为 $\boldsymbol{A}$ 的秩小于 n，所以 $\boldsymbol{A}$ 的 n 个行向量线性相关，则 $\boldsymbol{Ax}=\boldsymbol{0}$ 有非零解，于是 $|\boldsymbol{A}|=0$.

(必要性) 对 n 作数学归纳法.

当 $n=1$ 时，由 $|\boldsymbol{A}|=0$ 可知，$\boldsymbol{A}$ 的仅有的一个元素就是零，因而 $\mathrm{R}(\boldsymbol{A})=0$.

假设结论对于 $n-1$ 阶矩阵成立，现在来证明 n 阶矩阵的情形. 用 $\boldsymbol{\alpha}_1, \boldsymbol{\alpha}_2, \cdots, \boldsymbol{\alpha}_n$ 表示 $\boldsymbol{A}$ 的行向量组. 检查 $\boldsymbol{A}$ 的第一列元素 $a_{11}, a_{21}, \cdots, a_{n1}$，如果它们全为零，那么 $\boldsymbol{A}$ 的列向量组中含有零向量，显然 $\mathrm{R}(\boldsymbol{A})<n$. 如果这 n 个元素中有一个不为零，譬如说 $a_{11}\neq 0$，那么从第二行直到第 n 行减去第一行的适当倍数，把 $a_{21}, \cdots, a_{n1}$ 消成零，即得

$$|\boldsymbol{A}| = \begin{vmatrix} a_{11} & a_{12} & \cdots & a_{1n} \\ 0 & a'_{22} & \cdots & a'_{2n} \\ \vdots & \vdots & & \vdots \\ 0 & a'_{n2} & \cdots & a'_{nn} \end{vmatrix} = a_{11}\begin{vmatrix} a'_{22} & \cdots & a'_{2n} \\ \vdots & & \vdots \\ a'_{n2} & \cdots & a'_{nn} \end{vmatrix}$$

其中

$$(0, a'_{i2}, \cdots, a'_{in}) = \boldsymbol{\alpha}_i - \frac{a_{i1}}{a_{11}}\boldsymbol{\alpha}_1 \quad (i = 2, \cdots, n)$$

由 $|\boldsymbol{A}|=0$ 可知 $n-1$ 阶行列式

$$\begin{vmatrix} a'_{22} & \cdots & a'_{2n} \\ \vdots & & \vdots \\ a'_{n2} & \cdots & a'_{nn} \end{vmatrix} = 0$$

根据归纳法假定，$n-1$ 阶矩阵

$$\begin{bmatrix} a'_{22} & \cdots & a'_{2n} \\ \vdots & & \vdots \\ a'_{n2} & \cdots & a'_{nn} \end{bmatrix}$$

的行向量组线性相关，即

$$\boldsymbol{\alpha}_i - \frac{a_{i1}}{a_{11}}\boldsymbol{\alpha}_1 \quad (i = 2, \cdots, n)$$

线性相关，也就是说，存在不全为零的数 k_2，…，k_n 使

$$k_2\left(\boldsymbol{\alpha}_2 - \frac{a_{i1}}{a_{11}}\boldsymbol{\alpha}_1\right) + \cdots + k_n\left(\boldsymbol{\alpha}_n - \frac{a_{i1}}{a_{11}}\boldsymbol{\alpha}_1\right) = \mathbf{0}$$

即
$$-\left(\frac{a_{21}}{a_{11}}k_2 + \cdots + \frac{a_{n1}}{a_{11}}k_n\right)\boldsymbol{\alpha}_1 + k_2\boldsymbol{\alpha}_2 + \cdots + k_n\boldsymbol{\alpha}_n = \mathbf{0}$$

$-\left(\frac{a_{21}}{a_{11}}k_2+\cdots+\frac{a_{n1}}{a_{11}}k_n\right)$，$k_2$，…，$k_n$ 这组数当然也不全为零，从而向量组 $\boldsymbol{\alpha}_1$，$\boldsymbol{\alpha}_2$，…，$\boldsymbol{\alpha}_n$ 线性相关，它的秩小于 n.

根据归纳法原理，必要性得证.

推论 5.6　齐次线性方程组 $\mathbf{A}_{n\times n}\boldsymbol{x}=0$ 有非零解的充分必要条件是系数矩阵 $\mathbf{A}_{n\times n}$ 的行列式等于零.

证明　条件的充分性由定理 5.9 及引理 5.1 直接得出.

条件的必要性是克拉默法则的直接推论.

2. 矩阵的秩的计算

定义 5.11　在 $s\times n$ 矩阵 $\mathbf{A}$ 中，任取 k 行与 k 列($k\leqslant s$，$k\leqslant n$)，位于这些行列交叉处的 k^2 个元素，不改变它们在 $\mathbf{A}$ 中所处的位置次序而得的 k 阶行列式，称为矩阵 $\mathbf{A}$ 的 k 阶子式.

$s\times n$ 矩阵 $\mathbf{A}$ 的 k 阶子式共有 $\mathrm{C}_s^k \cdot \mathrm{C}_n^k$ 个.

定理 5.10　矩阵 $\mathbf{A}$ 的秩为 r 的充分必要条件为矩阵 $\mathbf{A}$ 中有一个 r 阶子式不为零，同时所有 $r+1$ 阶子式(如果存在的话)全为零.

证明　(必要性) 设矩阵 $\mathbf{A}$ 的秩为 r. 这时，矩阵 $\mathbf{A}$ 中任意 $r+1$ 个行向量线性相关，矩阵 $\mathbf{A}$ 的任意 $r+1$ 阶子式的行向量也线性相关. 由定理 5.9，这些子式全为零.

现在来证矩阵 $\mathbf{A}$ 中至少有一个 r 阶子式不为零. 因为 $\mathbf{A}=(a_{ij})_{s\times n}$ 的秩为 r，所以在 $\mathbf{A}$ 中有 r 个行向量线性无关，譬如说，就是前 r 个行向量. 把这 r 行取出来，作一新的矩阵

$$\mathbf{A}_1 = (a_{ij})_{r\times n}$$

显然，矩阵 $\mathbf{A}_1$ 的行秩为 r，因而它的列秩也是 r，这就是说，在 $\mathbf{A}_1$ 中有 r 个列线性无关. 不妨设前 r 个列线性无关，因此，行列式

$$\begin{vmatrix} a_{11} & \cdots & a_{1r} \\ \vdots & & \vdots \\ a_{r1} & \cdots & a_{rr} \end{vmatrix} \neq 0$$

它就是矩阵 $\boldsymbol{A}$ 中一个 r 阶子式. 这就证明了必要性.

(充分性) 设在矩阵 $\boldsymbol{A}$ 中有一个 r 阶子式不为零，而所有 $r+1$ 阶子式全为零. 我们要证明 $\boldsymbol{A}$ 的秩为 r.

首先，由行列式按行展开的公式可知，如果 $\boldsymbol{A}$ 的 $r+1$ 阶子式全为零，那么 $\boldsymbol{A}$ 的 $r+2$ 阶子式也全为零，从而 $\boldsymbol{A}$ 的所有大于 r 阶子式全为零.

设 $\boldsymbol{A}$ 的秩为 t. t 不能小于 r，否则 $\boldsymbol{A}$ 的所有 r 阶子式全为零. 同样，t 也不能大于 r，否则 $\boldsymbol{A}$ 就有一个 $t(\geqslant r+1)$ 阶子式不为零，与已知矛盾. 因此 $t=r$. 充分性得证.

由定理 5.10，矩阵的秩具有下列性质：

(1) 若矩阵 $\boldsymbol{A}$ 中有某个 s 阶子式不为 0，则 $\mathrm{R}(\boldsymbol{A})\geqslant s$；

(2) 若 $\boldsymbol{A}$ 中所有 t 阶子式全为 0，则 $\mathrm{R}(\boldsymbol{A})<t$；

(3) 若 $\boldsymbol{A}$ 为 $m\times n$ 矩阵，则 $0\leqslant\mathrm{R}(\boldsymbol{A})\leqslant\min\{m, n\}$；

(4) $\mathrm{R}(\boldsymbol{A})=\mathrm{R}(\boldsymbol{A}^{\mathrm{T}})$.

定理 5.10 的证明给出了一个求向量组的秩与极大无关组的方法：从 $\boldsymbol{A}$ 的一个非零元素出发，考察包含它的所有二阶子式中有没有不为零的. 若没有，则 $\boldsymbol{A}$ 的秩为 1；若有，考察包含它的所有三阶子式中有没有不为零的，若没有，则 $\boldsymbol{A}$ 的秩为 2；如此继续有限步，就可以确定这个矩阵的秩，并且这个 r 阶子式所在的 r 个行(列)向量就构成 $\boldsymbol{A}$ 的行向量组(列向量组)的一个极大无关组.

例 5.6　求矩阵 $\boldsymbol{A}=\begin{bmatrix}2 & 4 & 3 & 3\\ 1 & 2 & 1 & 1\\ 1 & 2 & 3 & 3\end{bmatrix}$ 的秩，并求其列向量组的一个极大无关组.

解　位于 $\boldsymbol{A}$ 中第 1，2 行和第 2，3 列的 2 阶子式

$$D=\begin{vmatrix}4 & 3\\ 2 & 1\end{vmatrix}=-2\neq 0$$

而 4 个三阶子式

$$\begin{vmatrix}2 & 4 & 3\\ 1 & 2 & 1\\ 1 & 2 & 3\end{vmatrix}=0,\quad \begin{vmatrix}2 & 4 & 3\\ 1 & 2 & 1\\ 1 & 2 & 3\end{vmatrix}=0,\quad \begin{vmatrix}2 & 3 & 3\\ 1 & 1 & 1\\ 1 & 3 & 3\end{vmatrix}=0,\quad \begin{vmatrix}4 & 3 & 3\\ 2 & 1 & 1\\ 2 & 3 & 3\end{vmatrix}=0$$

因此 $\mathrm{R}(\boldsymbol{A})=2$，$\boldsymbol{A}$ 的列向量组的一个极大无关组为 $\boldsymbol{\alpha}_1=(4, 2, 2)^{\mathrm{T}}$，$\boldsymbol{\alpha}_2=(3, 1, 3)^{\mathrm{T}}$.

例 5.7　求行阶梯形矩阵 $\boldsymbol{A}=\begin{bmatrix}1 & 0 & -1 & -1 & 2\\ 0 & 2 & 1 & 0 & 3\\ 0 & 0 & -1 & 1 & 1\\ 0 & 0 & 0 & 0 & 0\end{bmatrix}$ 的秩.

解　由于 $\boldsymbol{A}$ 的非零行有 3 行，故 $\boldsymbol{A}$ 的所有 4 阶子式全为零，而以前三个非零行的第一个非零元为对角元的三阶行列式

$$\begin{vmatrix}1 & 0 & -1\\ 0 & 2 & 1\\ 0 & 0 & -1\end{vmatrix}$$

是一个上三角行列式，其值不等于零. 因此 $R(\boldsymbol{A})=3$.

一般地，可验证任何一个行阶梯形矩阵的秩等于其非零行的个数.

用初等行变换可把矩阵化为行阶梯形矩阵. 但它们的秩是否相等呢？即若 $\boldsymbol{A}\sim\boldsymbol{B}$，$R(\boldsymbol{A})$ 与 $R(\boldsymbol{B})$ 是否相等呢？下面的定理对此作出了肯定的回答.

定理 5.11 若 $\boldsymbol{A}\sim\boldsymbol{B}$，则 $R(\boldsymbol{A})=R(\boldsymbol{B})$.

证明 先证明：若 $\boldsymbol{A}$ 经一次初等行变换变为 $\boldsymbol{B}$，则 $R(\boldsymbol{A})\leqslant R(\boldsymbol{B})$.

设 $R(\boldsymbol{A})=r$，且 $\boldsymbol{A}$ 的某个 r 阶子式 $D_r\neq 0$.

当 $\boldsymbol{A}\xrightarrow{r_i\leftrightarrow r_j}\boldsymbol{B}$ 或 $\boldsymbol{A}\xrightarrow{r_i\times k}\boldsymbol{B}$ 时，在 $\boldsymbol{B}$ 中总能找到与 D_r 相对应的子式 $\overline{D}_r$，由于 $\overline{D}_r=D_r$ 或 $\overline{D}_r=-D_r$ 或 $\overline{D}_r=kD_r$，因此 $\overline{D}_r\neq 0$，从而 $R(\boldsymbol{B})\geqslant r$.

当 $\boldsymbol{A}\xrightarrow{r_i+kr_j}\boldsymbol{B}$ 时，分三种情形讨论：

① D_r 中不含第 i 行；

② D_r 中同时含第 i 行和第 j 行；

③ D_r 中含第 i 行但不含第 j 行.

对①、②两种情形，显然 $\boldsymbol{B}$ 中与 D_r 对应的子式 $\overline{D}_r=D_r\neq 0$，故 $R(\boldsymbol{B})\geqslant r$；

对情形③，由

$$\overline{D}_r=\begin{vmatrix}\vdots & & \vdots\\ a_{i1}+ka_{j1} & \cdots & a_{in}+ka_{jn}\\ \vdots & & \vdots\end{vmatrix}=\begin{vmatrix}\vdots & & \vdots\\ a_{i1} & \cdots & a_{in}\\ \vdots & & \vdots\end{vmatrix}+k\begin{vmatrix}\vdots & & \vdots\\ a_{j1} & \cdots & a_{jn}\\ \vdots & & \vdots\end{vmatrix}$$

$$=D_r+k\widetilde{D}_r$$

若 $\widetilde{D}_r\neq 0$，则因 $\widetilde{D}_r$ 中不含第 i 行知 $\boldsymbol{A}$ 中有不含第 i 行的 r 阶非零子式，从而根据情形①知 $R(\boldsymbol{B})\geqslant r$；

若 $\widetilde{D}_r=0$，则 $\overline{D}_r=D_r\neq 0$，也有 $R(\boldsymbol{B})\geqslant r$.

以上证明了若 $\boldsymbol{A}$ 经一次初等行变换变为 $\boldsymbol{B}$，则 $R(\boldsymbol{A})\leqslant R(\boldsymbol{B})$. 由于 $\boldsymbol{B}$ 亦可经一次初等行变换变为 $\boldsymbol{A}$，故也有 $R(\boldsymbol{B})\leqslant R(\boldsymbol{A})$. 因此 $R(\boldsymbol{A})=R(\boldsymbol{B})$.

经一次初等行变换矩阵的秩不变，即可知经有限次初等行变换矩阵的秩仍不变.

设 $\boldsymbol{A}$ 经初等列变换变为 $\boldsymbol{B}$，则 $\boldsymbol{A}^{\mathrm{T}}$ 经初等行变换变为 $\boldsymbol{B}^{\mathrm{T}}$，由上段证明知 $R(\boldsymbol{A}^{\mathrm{T}})=R(\boldsymbol{B}^{\mathrm{T}})$，又 $R(\boldsymbol{A})=R(\boldsymbol{A}^{\mathrm{T}})$，$R(\boldsymbol{B})=R(\boldsymbol{B}^{\mathrm{T}})$，因此 $R(\boldsymbol{A})=R(\boldsymbol{B})$.

总之，若 $\boldsymbol{A}$ 经有限次初等变换变为 $\boldsymbol{B}$（即 $\boldsymbol{A}\sim\boldsymbol{B}$），则 $R(\boldsymbol{A})=R(\boldsymbol{B})$.

根据定理 5.11，为求矩阵的秩，只要把矩阵用初等行变换化成行阶梯形矩阵，行阶梯形矩阵中非零行的个数即是该矩阵的秩.

例 5.8 设 $\boldsymbol{A}=\begin{bmatrix}2 & -1 & 1 & 0 & 3\\ -2 & 4 & -2 & 1 & -1\\ 1 & 1 & -1 & 1 & 1\\ 1 & 4 & -2 & 2 & 0\end{bmatrix}$，求矩阵 $\boldsymbol{A}$ 的秩.

解 对 $\boldsymbol{A}$ 作初等行变换化成行阶梯形矩阵

$$\boldsymbol{A}=\begin{bmatrix}2 & -1 & 1 & 0 & 3\\ -2 & 4 & -2 & 1 & -1\\ 1 & 1 & -1 & 1 & 1\\ 1 & 4 & -2 & 2 & 0\end{bmatrix}\xrightarrow[r_4-r_2]{r_1+r_2,\ r_4-r_3}\begin{bmatrix}2 & -1 & 1 & 0 & 3\\ 0 & 3 & -1 & 1 & 2\\ 1 & 1 & -1 & 1 & 1\\ 0 & 0 & 0 & 0 & -3\end{bmatrix}$$

$$\xrightarrow[r_1\leftrightarrow r_3]{r_1-2r_3}\begin{bmatrix}1&1&-1&1&1\\0&3&-1&1&2\\0&-3&3&-2&1\\0&0&0&0&-3\end{bmatrix}\xrightarrow{r_3+r_2}\begin{bmatrix}1&1&-1&1&1\\0&3&-1&1&2\\0&0&2&-1&3\\0&0&0&0&-3\end{bmatrix}$$

因为行阶梯形矩阵有 4 个非零行，所以 $R(\boldsymbol{A})=4$.

对于 n 阶可逆矩阵 $\boldsymbol{A}$，由于 $|\boldsymbol{A}|\neq 0$，$\boldsymbol{A}\sim\boldsymbol{E}$，故 $R(\boldsymbol{A})=n$，即可逆矩阵的秩等于矩阵的阶数，故可逆矩阵又称满秩矩阵. 不可逆矩阵(奇异矩阵)又称降秩矩阵.

设矩阵 $\boldsymbol{A}$ 经初等行变换化成 $\boldsymbol{B}$，则有可逆矩阵 $\boldsymbol{P}$，使 $\boldsymbol{PA}=\boldsymbol{B}$，于是 $\boldsymbol{AX}=\boldsymbol{0}$ 与 $\boldsymbol{BX}=\boldsymbol{0}$ 是同解方程组. 于是 $\boldsymbol{A}$ 的列向量组与 $\boldsymbol{B}$ 的列向量组具有相同的线性相关性，因此，可得求向量组的极大无关组的一个方法. 即将向量组中向量看成矩阵 $\boldsymbol{A}$ 的列向量，把该矩阵 $\boldsymbol{A}$ 用初等行变换化成行阶梯形，则行阶梯形矩阵的列向量组的极大无关组中向量所在的列就是原向量组的极大无关组中向量在 $\boldsymbol{A}$ 中所在的列.

例 5.9 求矩阵 $\boldsymbol{A}=\begin{bmatrix}-1&1&0&1&2\\-1&2&1&3&6\\0&1&1&2&4\\0&-1&-1&1&-1\end{bmatrix}$ 的列向量组的一个极大无关组.

解 记 $\boldsymbol{A}=(\boldsymbol{\alpha}_1,\boldsymbol{\alpha}_2,\boldsymbol{\alpha}_3,\boldsymbol{\alpha}_4,\boldsymbol{\alpha}_5)$

$$\boldsymbol{A}\xrightarrow[(-1)\times r_1]{r_2-r_1}\begin{bmatrix}1&-1&0&-1&-2\\0&1&1&2&4\\0&1&1&2&4\\0&-1&-1&1&-1\end{bmatrix}\xrightarrow[r_4+r_2]{r_3-r_2}\begin{bmatrix}1&-1&0&-1&-2\\0&1&1&2&4\\0&0&0&0&0\\0&0&0&3&3\end{bmatrix}$$

$$\xrightarrow{r_3\leftrightarrow r_4}\begin{bmatrix}1&-1&0&-1&-2\\0&1&1&2&4\\0&0&0&3&3\\0&0&0&0&0\end{bmatrix}$$

故 $R(\boldsymbol{A})=3$，且列向量组的极大无关组含 3 个向量，由于

$$\begin{vmatrix}1&-1&-1\\0&1&2\\0&0&3\end{vmatrix}\neq 0$$

则 $\boldsymbol{A}$ 的第 1，2，4 列线性无关，故 $\boldsymbol{\alpha}_1$，$\boldsymbol{\alpha}_2$，$\boldsymbol{\alpha}_4$ 为 $\boldsymbol{A}$ 的列向量组的一个极大无关组.

容易看到，$\boldsymbol{A}$ 的列向量组的极大无关组并不唯一. 例如，$\boldsymbol{\alpha}_1$，$\boldsymbol{\alpha}_3$，$\boldsymbol{\alpha}_4$ 及 $\boldsymbol{\alpha}_1$，$\boldsymbol{\alpha}_2$，$\boldsymbol{\alpha}_5$ 均为 $\boldsymbol{A}$ 的列向量组的极大无关组.

例 5.10 求向量组

$$\boldsymbol{\alpha}_1=(1,2,-1,1)^{\mathrm{T}}$$
$$\boldsymbol{\alpha}_2=(2,0,t,0)^{\mathrm{T}}$$
$$\boldsymbol{\alpha}_3=(0,-4,5,-2)^{\mathrm{T}}$$
$$\boldsymbol{\alpha}_4=(3,-2,t+4,-1)^{\mathrm{T}}$$

的秩和一个极大无关组.

解 向量的分量中含参数 t，求向量组的秩和一个极大无关组与 t 的取值有关. 对下列

矩阵做初等行变换

$$(\boldsymbol{\alpha}_1,\boldsymbol{\alpha}_2,\boldsymbol{\alpha}_3,\boldsymbol{\alpha}_4)=\begin{bmatrix}1&2&0&3\\2&0&-4&-2\\-1&t&5&t+4\\1&0&-2&-1\end{bmatrix}$$

$$\xrightarrow[r_4-r_1]{\substack{r_2-2r_1\\r_3+r_1}}\begin{bmatrix}1&2&0&3\\0&-4&-4&-8\\0&t+2&5&t+7\\0&-2&-2&-4\end{bmatrix}\xrightarrow{r_2\div(-4)}\begin{bmatrix}1&2&0&3\\0&1&1&2\\0&t+2&5&t+7\\0&-2&-2&-4\end{bmatrix}$$

$$\xrightarrow[r_4+2r_2]{r_3-(t+2)r_2}\begin{bmatrix}1&2&0&3\\0&1&1&2\\0&0&3-t&3-t\\0&0&0&0\end{bmatrix}$$

故：(1) 当 $t=3$ 时，$\mathrm{R}(\boldsymbol{\alpha}_1,\boldsymbol{\alpha}_2,\boldsymbol{\alpha}_3,\boldsymbol{\alpha}_4)=2$，且 $\boldsymbol{\alpha}_1,\boldsymbol{\alpha}_2$ 是一个极大无关组；

(2) 当 $t\neq3$ 时，$\mathrm{R}(\boldsymbol{\alpha}_1,\boldsymbol{\alpha}_2,\boldsymbol{\alpha}_3,\boldsymbol{\alpha}_4)=3$，且 $\boldsymbol{\alpha}_1,\boldsymbol{\alpha}_2,\boldsymbol{\alpha}_3$ 是一个极大无关组.

例 5.11 设 $\boldsymbol{C}=\boldsymbol{AB}$，证明 $\mathrm{R}(\boldsymbol{C})\leqslant\min\{\mathrm{R}(\boldsymbol{A}),\mathrm{R}(\boldsymbol{B})\}$.

解 由于 $\boldsymbol{C}=\boldsymbol{AB}$，故 $\boldsymbol{C}$ 的列向量组能由 $\boldsymbol{A}$ 的列向量组线性表示，因此由推论 5.3，$\mathrm{R}(\boldsymbol{C})\leqslant\mathrm{R}(\boldsymbol{A})$. 同理，$\boldsymbol{C}$ 的行向量组能由 $\boldsymbol{B}$ 的行向量组线性表示，故 $\mathrm{R}(\boldsymbol{C})\leqslant\mathrm{R}(\boldsymbol{B})$. 所以 $\mathrm{R}(\boldsymbol{C})\leqslant\min\{\mathrm{R}(\boldsymbol{A}),\mathrm{R}(\boldsymbol{B})\}$.

5.5 线性方程组解的结构

1. 线性方程组有解的判别定理

设有线性方程组

$$\begin{cases}a_{11}x_1+a_{12}x_2+\cdots+a_{1n}x_n=b_1\\a_{21}x_1+a_{22}x_2+\cdots+a_{2n}x_n=b_2\\\qquad\vdots\\a_{m1}x_1+a_{m2}x_2+\cdots+a_{mn}x_n=b_m\end{cases}\tag{5-1}$$

其矩阵形式为

$$\boldsymbol{Ax}=\boldsymbol{b}\tag{5-2}$$

其中

$$\boldsymbol{A}=\begin{bmatrix}a_{11}&a_{12}&\cdots&a_{1n}\\a_{21}&a_{22}&\cdots&a_{2n}\\\vdots&\vdots&&\vdots\\a_{m1}&a_{m2}&\cdots&a_{mn}\end{bmatrix},\ \boldsymbol{x}=\begin{bmatrix}x_1\\x_2\\\vdots\\x_n\end{bmatrix},\ \boldsymbol{b}=\begin{bmatrix}b_1\\b_2\\\vdots\\b_m\end{bmatrix}$$

$\boldsymbol{A}$ 称为方程组(5-1)的系数矩阵，$\boldsymbol{B}=[\boldsymbol{A}\,\vdots\,\boldsymbol{b}]$称为方程组(5-1)的增广矩阵. 当 $\boldsymbol{b}=0$ 时，称为齐次线性方程组，否则，称为非齐次线性方程组.

若记 $\boldsymbol{A}$ 的列向量依次为 $\boldsymbol{\alpha}_1,\boldsymbol{\alpha}_2\cdots,\boldsymbol{\alpha}_n$，则 $x_1\boldsymbol{\alpha}_1+x_2\boldsymbol{\alpha}_2+\cdots+x_n\boldsymbol{\alpha}_n=\boldsymbol{b}$，故方程组(5-1)

有解等价于 $\boldsymbol{b}$ 可由 $\boldsymbol{\alpha}_1$，$\boldsymbol{\alpha}_2$，…，$\boldsymbol{\alpha}_n$ 线性表示，于是由定理 5.7，可得线性方程组有解的判别定理.

定理 5.12　线性方程组(5-1)有解的充分必要条件是它的系数矩阵 $\boldsymbol{A}$ 的秩与增广矩阵 $\boldsymbol{B}$ 的秩相等.

证明　(必要性) 设线性方程组(5-1)有解，即 $\boldsymbol{b}$ 可由 $\boldsymbol{\alpha}_1$，$\boldsymbol{\alpha}_2$，…，$\boldsymbol{\alpha}_n$ 线性表示. 由此立即推出 $\boldsymbol{\alpha}_1$，$\boldsymbol{\alpha}_2$，…，$\boldsymbol{\alpha}_n$ 与 $\boldsymbol{\alpha}_1$，$\boldsymbol{\alpha}_2$，…，$\boldsymbol{\alpha}_n$，$\boldsymbol{b}$ 等价，因而有相同的秩. 这两个向量组分别是矩阵 $\boldsymbol{A}$ 与 $\boldsymbol{B}$ 的列向量组，因此，矩阵 $\boldsymbol{A}$ 与 $\boldsymbol{B}$ 的秩相等.

(充分性) 设矩阵 $\boldsymbol{A}$ 与 $\boldsymbol{B}$ 的秩相等，即它们的列向量组 $\boldsymbol{\alpha}_1$，$\boldsymbol{\alpha}_2$，…，$\boldsymbol{\alpha}_n$ 与 $\boldsymbol{\alpha}_1$，$\boldsymbol{\alpha}_2$，…，$\boldsymbol{\alpha}_n$，$\boldsymbol{b}$ 有相同的秩，令它们的秩为 r，$\boldsymbol{\alpha}_1$，$\boldsymbol{\alpha}_2$，…，$\boldsymbol{\alpha}_n$ 中的极大无关组是由 r 个向量组成，不妨设 $\boldsymbol{\alpha}_1$，$\boldsymbol{\alpha}_2$，…，$\boldsymbol{\alpha}_r$ 是它的一个极大无关组，显然 $\boldsymbol{\alpha}_1$，$\boldsymbol{\alpha}_2$，…，$\boldsymbol{\alpha}_r$ 也是 $\boldsymbol{\alpha}_1$，$\boldsymbol{\alpha}_2$，…，$\boldsymbol{\alpha}_n$，$\boldsymbol{b}$ 的一个极大无关组，因此 $\boldsymbol{b}$ 可由 $\boldsymbol{\alpha}_1$，$\boldsymbol{\alpha}_2$，…，$\boldsymbol{\alpha}_r$ 线性表示，当然它可由 $\boldsymbol{\alpha}_1$，$\boldsymbol{\alpha}_2$，…，$\boldsymbol{\alpha}_n$ 线性表示. 因此，线性方程组(5-1)有解.

应该指出，这个判别条件与以前的消元法是一致的. 用消元法解线性方程组(5-1)的第一步就是用初等行变换把增广矩阵 $\boldsymbol{B}$ 化成阶梯形，这个阶梯形矩阵在适当调动前 n 列的顺序之后可能有两种情形：

$$\begin{bmatrix} c_{11} & c_{12} & \cdots & c_{1r} & \cdots & c_{1n} & d_1 \\ 0 & c_{22} & \cdots & c_{2r} & \cdots & c_{2n} & d_2 \\ \vdots & \vdots & & \vdots & & \vdots & \vdots \\ 0 & 0 & \cdots & c_{rr} & \cdots & c_{rn} & d_n \\ 0 & 0 & \cdots & 0 & \cdots & 0 & d_{n+1} \\ 0 & 0 & \cdots & 0 & \cdots & 0 & 0 \\ \vdots & \vdots & & \vdots & & \vdots & \vdots \\ 0 & 0 & \cdots & 0 & \cdots & 0 & 0 \end{bmatrix}$$

或者

$$\begin{bmatrix} c_{11} & c_{12} & \cdots & c_{1r} & \cdots & c_{1n} & d_1 \\ 0 & c_{22} & \cdots & c_{2r} & \cdots & c_{2n} & d_2 \\ \vdots & \vdots & & \vdots & & \vdots & \vdots \\ 0 & 0 & \cdots & c_{rr} & \cdots & c_{rn} & d_n \\ 0 & 0 & \cdots & 0 & \cdots & 0 & 0 \\ 0 & 0 & \cdots & 0 & \cdots & 0 & 0 \\ \vdots & \vdots & & \vdots & & \vdots & \vdots \\ 0 & 0 & \cdots & 0 & \cdots & 0 & 0 \end{bmatrix}$$

其中 $c_{ii}\neq 0(i=1, 2, \cdots, r)$，$d_{r+1}\neq 0$.

在前一种情形，原方程组无解，而在后一种情形方程组有解. 实际上，把这个阶梯形矩阵最后一列去掉，那就是线性方程组(5-1)的系数矩阵 $\boldsymbol{A}$ 经过初等行变换化成的阶梯形. 这就是说，当系数矩阵与增广矩阵的秩相等时，方程组有解；当增广矩阵的秩等于系数矩阵的秩加 1 时，方程组无解.

以上的说明也可以认为是定理 5.12 的另一个证明.

例 5.12　当 λ 取何值时，非齐次线性方称组

$$\begin{cases} x_1 + x_2 - x_3 = 1 \\ 2x_1 + 3x_2 + \lambda x_3 = 3 \\ x_1 + \lambda x_2 + 3x_3 = 2 \end{cases}$$

(1) 有唯一解；(2) 无解；(3) 有无穷多解？

解 对非齐次线性方称组的增广矩阵进行初等行变换，则

$$\boldsymbol{B} = \begin{bmatrix} 1 & 1 & -1 & 1 \\ 2 & 3 & \lambda & 3 \\ 1 & \lambda & 3 & 2 \end{bmatrix} \xrightarrow[r_3 - r_1]{r_2 + (-2)r_1} \begin{bmatrix} 1 & 1 & -1 & 1 \\ 0 & 1 & \lambda+2 & 1 \\ 0 & \lambda-1 & 4 & 1 \end{bmatrix}$$

$$\xrightarrow[r_3 - (k-1)r_2]{r_1 - r_2} \begin{bmatrix} 1 & 0 & -\lambda-3 & 0 \\ 0 & 1 & \lambda+2 & 1 \\ 0 & 0 & \lambda^2+\lambda-6 & \lambda-2 \end{bmatrix}$$

当 $\lambda=-3$ 时，$\mathrm{R}(\boldsymbol{B})=3$，$\mathrm{R}(\boldsymbol{A})=2$，方程组无解；

当 $\lambda=2$ 时，$\mathrm{R}(\boldsymbol{B})=2$，$\mathrm{R}(\boldsymbol{A})=2$，方程组有无穷多解，此时原方程组的所有解为 $\begin{cases} x_1 = 5x_3 \\ x_2 = -4x_3 + 1 \end{cases}$，其中 x_3 为任意数；

当 $\lambda \neq -3$ 且 $\lambda \neq 2$ 时，原方程组有唯一解

$$\begin{cases} x_1 = 1 \\ x_2 = \dfrac{1}{\lambda+3} \\ x_3 = \dfrac{1}{\lambda+3} \end{cases}$$

故

(1) 当 $\lambda \neq -3$ 且 $\lambda \neq 2$ 时，方程组有唯一解；

(2) 当 $\lambda = -3$ 时，方程组无解；

(3) 当 $\lambda = 2$ 时，方程组有无穷多解.

2. 齐次线性方程组解的结构

设有齐次线性方程组

$$\begin{cases} a_{11}x_1 + a_{12}x_2 + \cdots + a_{1n}x_n = 0 \\ a_{21}x_1 + a_{22}x_2 + \cdots + a_{2n}x_n = 0 \\ \qquad \vdots \\ a_{m1}x_1 + a_{m2}x_2 + \cdots + a_{mn}x_n = 0 \end{cases} \tag{5-3}$$

上式可写成矩阵方程

$$\boldsymbol{A}\boldsymbol{x} = \boldsymbol{0} \tag{5-4}$$

其中

$$\boldsymbol{A} = \begin{bmatrix} a_{11} & a_{12} & \cdots & a_{1n} \\ a_{21} & a_{22} & \cdots & a_{2n} \\ \vdots & \vdots & & \vdots \\ a_{m1} & a_{m2} & \cdots & a_{mn} \end{bmatrix}, \quad \boldsymbol{x} = \begin{bmatrix} x_1 \\ x_2 \\ \vdots \\ x_n \end{bmatrix}$$

$\boldsymbol{A}$ 称为齐次线性方程组(5-3)的系数矩阵.

若用 $\boldsymbol{\alpha}_1$，$\boldsymbol{\alpha}_2$，…，$\boldsymbol{\alpha}_n$ 表示 $\boldsymbol{A}$ 的列向量组，则齐次线性方程组(5－3)可表示成向量形式

$$x_1\boldsymbol{\alpha}_1 + x_2\boldsymbol{\alpha}_2 + \cdots + x_n\boldsymbol{\alpha}_n = \boldsymbol{0}$$

显然，$\boldsymbol{x}=\boldsymbol{0}$ 是矩阵方程(5－4)的解．容易验证，矩阵方程(5－4)的解具有如下性质．

性质 5.1 若 $\boldsymbol{x}=\boldsymbol{\xi}_1$，$\boldsymbol{x}=\boldsymbol{\xi}_2$ 为矩阵方程(5－4)的解，则 $\boldsymbol{x}=\boldsymbol{\xi}_1+\boldsymbol{\xi}_2$ 也是矩阵方程(5－4)的解．

证明 若 $\boldsymbol{x}=\boldsymbol{\xi}_1$，$\boldsymbol{x}=\boldsymbol{\xi}_2$ 为矩阵方程(5－4)的解，即 $\boldsymbol{A\xi}_1=\boldsymbol{0}$，$\boldsymbol{A\xi}_2=\boldsymbol{0}$，则

$$\boldsymbol{A}(\boldsymbol{\xi}_1+\boldsymbol{\xi}_2)=\boldsymbol{A\xi}_1+\boldsymbol{A\xi}_2=\boldsymbol{0}$$

故 $\boldsymbol{x}=\boldsymbol{\xi}_1+\boldsymbol{\xi}_2$ 是矩阵方程(5－4)的解．

性质 5.2 若 $\boldsymbol{\xi}$ 是矩阵方程(5－4)的解，则 $k\boldsymbol{\xi}$(k 为实数)也是矩阵方程(5－4)的解．

证明 若 $\boldsymbol{x}=\boldsymbol{\xi}$ 为矩阵方程(5－4)的解，即 $\boldsymbol{A\xi}=\boldsymbol{0}$，则

$$\boldsymbol{A}(k\boldsymbol{\xi})=k(\boldsymbol{A\xi})=\boldsymbol{0}$$

故 $\boldsymbol{x}=k\boldsymbol{\xi}$ 是矩阵方程(5－4)的解．

定义 5.12 齐次线性方程组(5－3)的一组解 $\boldsymbol{\xi}_1$，$\boldsymbol{\xi}_2$，…，$\boldsymbol{\xi}_t$ 如果满足下列条件：

(1) 齐次线性方程组(5－3)的任意一个解都能表成 $\boldsymbol{\xi}_1$，$\boldsymbol{\xi}_2$，…，$\boldsymbol{\xi}_t$ 的线性组合；

(2) $\boldsymbol{\xi}_1$，$\boldsymbol{\xi}_2$，…，$\boldsymbol{\xi}_t$ 是线性无关的，则 $\boldsymbol{\xi}_1$，$\boldsymbol{\xi}_2$，…，$\boldsymbol{\xi}_t$ 称为齐次线性方程组(5－3)的一个基础解系．

设 $\mathrm{R}(\boldsymbol{A})=r$，不妨设 $\boldsymbol{A}$ 的前 r 个列向量线性无关，于是 $\boldsymbol{A}$ 的行最简形矩阵为

$$\boldsymbol{I}=\begin{bmatrix} 1 & \cdots & 0 & b_{11} & \cdots & b_{1,n-r} \\ \vdots & & \vdots & \vdots & & \vdots \\ 0 & \cdots & 1 & b_{r1} & \cdots & b_{r,n-r} \\ 0 & \cdots & 0 & 0 & \cdots & 0 \\ \vdots & & \vdots & \vdots & & \vdots \\ 0 & \cdots & 0 & 0 & \cdots & 0 \end{bmatrix} \tag{5-5}$$

与 $\boldsymbol{I}$ 对应，即有方程组

$$\begin{cases} x_1 = -b_{11}x_{r+1} - \cdots - b_{1,n-r}x_n \\ \qquad \vdots \\ x_r = -b_{r1}x_{r+1} - \cdots - b_{r,n-r}x_n \end{cases} \tag{5-6}$$

由于 $\boldsymbol{I}$ 是 $\boldsymbol{A}$ 经初等行变换得到的，故 $\boldsymbol{A}$ 与 $\boldsymbol{I}$ 的列向量组等价，故方程组(5－6)与齐次线性方程组(5－3)同解．在方程组(5－6)中，任给 x_{r+1}，…，x_n 的一组值，就得方程组(5－6)的一个解，也就是齐次线性方程组(5－3)的解．现令 x_{r+1}，…，x_n 取下列 $n-r$ 组数

$$\begin{bmatrix} x_{r+1} \\ x_{r+2} \\ \vdots \\ x_n \end{bmatrix} = \begin{bmatrix} 1 \\ 0 \\ \vdots \\ 0 \end{bmatrix}, \begin{bmatrix} 0 \\ 1 \\ \vdots \\ 0 \end{bmatrix}, \cdots, \begin{bmatrix} 0 \\ 0 \\ \vdots \\ 1 \end{bmatrix} \tag{5-7}$$

由方程组(5－6)依次可得

$$\begin{bmatrix} x_1 \\ x_2 \\ \vdots \\ x_r \end{bmatrix} = \begin{bmatrix} -b_{11} \\ -b_{21} \\ \vdots \\ -b_{r1} \end{bmatrix}, \begin{bmatrix} -b_{12} \\ -b_{22} \\ \vdots \\ -b_{r2} \end{bmatrix}, \cdots, \begin{bmatrix} -b_{1,n-r} \\ -b_{2,n-r} \\ \vdots \\ -b_{r,n-r} \end{bmatrix} \tag{5-8}$$

从而可得齐次线性方程组(5-3)的$n-r$个解

$$\boldsymbol{\xi}_1=\begin{bmatrix}-b_{11}\\ \vdots\\ -b_{r1}\\ 1\\ 0\\ \vdots\\ 0\end{bmatrix},\ \boldsymbol{\xi}_2=\begin{bmatrix}-b_{11}\\ \vdots\\ -b_{r2}\\ 0\\ 1\\ \vdots\\ 0\end{bmatrix},\ \cdots,\ \boldsymbol{\xi}_{n-r}=\begin{bmatrix}-b_{1,n-r}\\ \vdots\\ -b_{r,n-r}\\ 0\\ 0\\ \vdots\\ 1\end{bmatrix} \tag{5-9}$$

实际上，$\boldsymbol{\xi}_1$，$\boldsymbol{\xi}_2$，…，$\boldsymbol{\xi}_{n-r}$就是齐次线性方程组(5-3)的一个基础解系. 首先($\boldsymbol{\xi}_1$，$\boldsymbol{\xi}_2$，…，$\boldsymbol{\xi}_{n-r}$)中有一个$n-r$阶子式$|\boldsymbol{E}_{n-r}|\neq 0$，故$\boldsymbol{\xi}_1$，$\boldsymbol{\xi}_2$，…，$\boldsymbol{\xi}_{n-r}$线性无关.

其次，齐次线性方程组(5-3)的任一解

$$\boldsymbol{x}=\boldsymbol{\xi}=\begin{bmatrix}\lambda_1\\ \vdots\\ \lambda_r\\ \lambda_{r+1}\\ \vdots\\ \lambda_n\end{bmatrix} \tag{5-10}$$

都可由$\boldsymbol{\xi}_1$，$\boldsymbol{\xi}_2$，…，$\boldsymbol{\xi}_{n-r}$线性表示，因为若令

$$\boldsymbol{\eta}=\lambda_{r+1}\boldsymbol{\xi}_1+\lambda_{r+2}\boldsymbol{\xi}_2+\cdots+\lambda_n\boldsymbol{\xi}_{n-r}$$

则由$\boldsymbol{\xi}_1$，$\boldsymbol{\xi}_2$，…，$\boldsymbol{\xi}_{n-r}$是齐次线性方程组(5-3)的解，所以$\boldsymbol{\eta}$也是齐次线性方程组(5-3)的解. 比较η与ξ知它们后面$n-r$个分量相等，由于它们都满足方程组(5-6)，从而它们的前r个分量必也对应相等，因此$\boldsymbol{\eta}=\boldsymbol{\xi}$. 即

$$\boldsymbol{\xi}=\lambda_{r+1}\boldsymbol{\xi}_1+\lambda_{r+2}\boldsymbol{\xi}_2+\cdots+\lambda_n\boldsymbol{\xi}_{n-r}$$

因此，当$\mathrm{R}(\boldsymbol{A})<n$时，$\boldsymbol{\xi}_1$，$\boldsymbol{\xi}_2$，…，$\boldsymbol{\xi}_{n-r}$是齐次线性方程组(5-3)的一个基础解系.

于是得到

定理 5.13 当$\mathrm{R}(\boldsymbol{A})=r<n$时，齐次线性方程组(5-3)有基础解系，并且基础解系所含解向量的个数等于$n-r$.

上面求得了齐次线性方程组(5-3)的基础解系，但是基础解系并不唯一. 事实上，齐次线性方程组(5-3)的任意$n-r$个线性无关的解向量，都可作为齐次线性方程组(5-3)的基础解系.

由上述讨论，可得到齐次线性方程组解的结构：

设求得$\boldsymbol{\xi}_1$，$\boldsymbol{\xi}_2$，…，$\boldsymbol{\xi}_{n-r}$为齐次线性方程组的一个基础解系，则齐次线性方程组(5-3)的解可表示为

$$\boldsymbol{x}=k_1\boldsymbol{\xi}_1+k_2\boldsymbol{\xi}_2+\cdots+k_{n-r}\boldsymbol{\xi}_{n-r}$$

其中k_1，k_2，…，k_{n-r}为任意常数. 上式称为齐次线性方程组(5-3)的通解.

例 5.13 求齐次线性方程组

$$\begin{cases}2x_1-4x_2+5x_3+3x_4=0\\ 3x_1-6x_2+4x_3+2x_4=0\\ 4x_1-8x_2+17x_3+11x_4=0\end{cases}$$

的一个基础解系和通解.

解　设原方程组的系数矩阵为 $\boldsymbol{A}$，对 $\boldsymbol{A}$ 进行初等行变换，则

$$\boldsymbol{A}=\begin{bmatrix}2&-4&5&3\\3&-6&4&2\\4&-8&17&11\end{bmatrix}\xrightarrow[r_4-2r_1]{r_2-r_1}\begin{bmatrix}2&-4&5&3\\1&-2&-1&-1\\0&0&7&5\end{bmatrix}$$

$$\xrightarrow{r_1-2r_3}\begin{bmatrix}0&0&7&5\\1&-2&-1&-1\\0&0&7&5\end{bmatrix}\xrightarrow[r_1\leftrightarrow r_2]{r_3-r_1}\begin{bmatrix}1&-2&-1&-1\\0&0&7&5\\0&0&0&0\end{bmatrix}$$

$$\xrightarrow[r_1+r_2]{\frac{1}{7}r_2}\begin{bmatrix}1&-2&0&-\frac{2}{7}\\0&0&1&\frac{5}{7}\\0&0&0&0\end{bmatrix}$$

故与原方程组同解的方程组为

$$\begin{cases}x_1=2x_2+\dfrac{2}{7}x_4\\x_3=-\dfrac{5}{7}x_4\end{cases}$$

其中 x_2，x_4 为自由变量.

取 $x_2=1$，$x_4=0$ 及 $x_2=0$，$x_4=7$，则得解向量

$$\boldsymbol{\xi}_1=(2,1,0,0)^{\mathrm{T}},\ \boldsymbol{\xi}_2=(2,0,-5,7)^{\mathrm{T}}$$

因此原方程组的一个基础解系为 $\boldsymbol{\xi}_1$，$\boldsymbol{\xi}_2$，通解为 $\boldsymbol{x}=k_1\boldsymbol{\xi}_1+k_2\boldsymbol{\xi}_2$，其中 k_1，k_2 为任意常数.

例 5.14　设 $\boldsymbol{A}$，$\boldsymbol{B}$ 分别是 $m\times n$ 和 $n\times s$ 矩阵，且 $\boldsymbol{AB}=\boldsymbol{O}$，证明：$R(\boldsymbol{A})+R(\boldsymbol{B})\leqslant n$.

证明　若 $R(\boldsymbol{A})=0$，则因 $R(\boldsymbol{B})\leqslant n$，故结论成立. 若 $R(\boldsymbol{A})=r\neq 0$，则齐次线性方程组 $\boldsymbol{Ax}=\boldsymbol{0}$ 的基础解系中含有 $n-r$ 个解，将 $\boldsymbol{B}$ 按列分块为 $\boldsymbol{B}=[\boldsymbol{b}_1,\boldsymbol{b}_2,\cdots,\boldsymbol{b}_s]$，则由 $\boldsymbol{AB}=\boldsymbol{O}$ 得 $\boldsymbol{Ab}_j=\boldsymbol{0}(j=1,2,\cdots,s)$，即 $\boldsymbol{B}$ 的每一列都是 $\boldsymbol{Ax}=\boldsymbol{0}$ 的解，而 $\boldsymbol{Ax}=\boldsymbol{0}$ 的任一组解中至多含 $n-r$ 个线性无关的解，因此

$$R(\boldsymbol{B})-R(\boldsymbol{b}_1,\boldsymbol{b}_2,\cdots,\boldsymbol{b}_s)\leqslant n-r$$

故 $R(\boldsymbol{A})+R(\boldsymbol{B})\leqslant r+n-r=n$.

3. 非齐次线性方程组解的结构

非齐次线性方程组的解具有如下的性质：

性质 5.3　设 $\boldsymbol{x}=\boldsymbol{\eta}_1$ 及 $\boldsymbol{x}=\boldsymbol{\eta}_2$ 都是线性方程组(5-1)的解，则 $\boldsymbol{x}=\boldsymbol{\eta}_1-\boldsymbol{\eta}_2$ 为对应的齐次方程组(5-4)的解.

证明　设 $\boldsymbol{x}=\boldsymbol{\eta}_1$ 及 $\boldsymbol{x}=\boldsymbol{\eta}_2$ 都是线性方程组(5-1)的解，即 $\boldsymbol{A\eta}_1=\boldsymbol{b}$，$\boldsymbol{A\eta}_2=\boldsymbol{b}$，则

$$\boldsymbol{A}(\boldsymbol{\eta}_1-\boldsymbol{\eta}_2)=\boldsymbol{A\eta}_1-\boldsymbol{A\eta}_2=\boldsymbol{b}-\boldsymbol{b}=\boldsymbol{0}$$

故 $\boldsymbol{x}=\boldsymbol{\eta}_1-\boldsymbol{\eta}_2$ 为对应的齐次线性方程组 $\boldsymbol{Ax}=\boldsymbol{0}$ 的解.

性质 5.4　设 $\boldsymbol{x}=\boldsymbol{\eta}$ 是线性方程组(5-1)的解，$\boldsymbol{x}=\boldsymbol{\xi}$ 是矩阵方程(5-4)的解，则 $\boldsymbol{x}=\boldsymbol{\xi}+\boldsymbol{\eta}$ 仍是线性方程组(5-1)的解.

证明　设 $\boldsymbol{x}=\boldsymbol{\eta}$ 是线性方程组(5-1)的解，$\boldsymbol{x}=\boldsymbol{\xi}$ 是矩阵方程(5-4)的解，即 $\boldsymbol{A\xi}=\boldsymbol{0}$，$\boldsymbol{A\eta}=\boldsymbol{b}$，则

$$A(\boldsymbol{\xi}+\boldsymbol{\eta})=A\boldsymbol{\xi}+A\boldsymbol{\eta}=\mathbf{0}+\boldsymbol{b}=\boldsymbol{b}$$

故 $\boldsymbol{x}=\boldsymbol{\xi}+\boldsymbol{\eta}$ 是线性方程组(5-1)的解.

由上述性质，可得到非齐次线性方程组通解的结构：

设 $\boldsymbol{x}=k_1\boldsymbol{\xi}_1+k_2\boldsymbol{\xi}_2+\cdots+k_{n-r}\boldsymbol{\xi}_{n-r}$ 是矩阵方程(5-4)的通解，$\boldsymbol{\eta}^*$ 是线性方程组(5-1)的一个解，则线性方程组(5-1)的通解为

$$\boldsymbol{x}=k_1\boldsymbol{\xi}_1+k_2\boldsymbol{\xi}_2+\cdots+k_{n-r}\boldsymbol{\xi}_{n-r}+\boldsymbol{\eta}^* \qquad (k_1,\cdots,k_{n-r}\in\mathbb{R})$$

总结对非齐次线性方程组的解的讨论，我们有

(1) 如果 $\mathrm{R}(\boldsymbol{A})\neq\mathrm{R}(\boldsymbol{B})=\mathrm{R}[\boldsymbol{A}\vdots\boldsymbol{b}]$，则线性方程组(5-1)无解；

(2) 如果 $\mathrm{R}(\boldsymbol{A})=\mathrm{R}[\boldsymbol{A}\vdots\boldsymbol{b}]$，则线性方程组(5-1)有解，且

① 当 $\mathrm{R}(\boldsymbol{A})<n$ 时，线性方程组(5-1)有无穷多解；

② 当 $\mathrm{R}(\boldsymbol{A})=n$ 时，线性方程组(5-1)有唯一解.

例 5.15 求解线性方程组

$$\begin{cases}x_1+5x_2-x_3-x_4=-1\\x_1-2x_2+x_3+3x_4=3\\3x_1+8x_2-x_3+x_4=1\\x_1-9x_2+3x_3+7x_4=7\end{cases}$$

解 对线性方程组的增广矩阵进行初等行变换，则

$$[\boldsymbol{A}\vdots\boldsymbol{b}]=\begin{bmatrix}1&5&-1&-1&-1\\1&-2&1&3&3\\3&8&-1&1&1\\1&-9&3&7&7\end{bmatrix}\xrightarrow[r_4-r_1]{\substack{r_2-r_1\\r_3-3r_1}}\begin{bmatrix}1&5&-1&-1&-1\\0&-7&2&4&4\\0&-7&2&4&4\\0&-14&4&8&8\end{bmatrix}$$

$$\xrightarrow[r_4-2r_2]{r_3-r_2}\begin{bmatrix}1&5&-1&-1&-1\\0&-7&2&4&4\\0&0&0&0&0\\0&0&0&0&0\end{bmatrix}\xrightarrow{r_2\times\left(-\frac{1}{7}\right)}\begin{bmatrix}1&5&-1&-1&-1\\0&1&-\frac{2}{7}&-\frac{4}{7}&-\frac{4}{7}\\0&0&0&0&0\\0&0&0&0&0\end{bmatrix}$$

$$\xrightarrow{r_1-5r_2}\begin{bmatrix}1&0&\frac{3}{7}&\frac{13}{7}&\frac{13}{7}\\0&1&-\frac{2}{7}&-\frac{4}{7}&-\frac{4}{7}\\0&0&0&0&0\\0&0&0&0&0\end{bmatrix}$$

故与原方程组同解的方程组为

$$\begin{cases}x_1=-\dfrac{3}{7}x_3-\dfrac{13}{7}x_4+\dfrac{13}{7}\\[2mm]x_2=\dfrac{2}{7}x_3+\dfrac{4}{7}x_4-\dfrac{4}{7}\end{cases}$$

其中 x_3，x_4 为自由变量.

令 $x_3=x_4=0$，得特解 $\boldsymbol{\eta}^*=\left(\dfrac{13}{7},-\dfrac{4}{7},0,0\right)^{\mathrm{T}}$，在对应的齐次线性方程组

$$\begin{cases} x_1 = -\dfrac{3}{7}x_3 - \dfrac{13}{7}x_4 \\ x_2 = \dfrac{2}{7}x_3 + \dfrac{4}{7}x_4 \end{cases}$$

中令 $x_3=1$，$x_4=0$ 及 $x_3=0$，$x_4=1$，得对应的齐次线性方程组的一个基础解系为

$$\boldsymbol{\xi}_1 = \left(-\frac{3}{7},\ \frac{2}{7},\ 1,\ 0\right)^{\mathrm{T}},\quad \boldsymbol{\xi}_2 = \left(-\frac{13}{7},\ \frac{4}{7},\ 0,\ 1\right)^{\mathrm{T}}$$

故所求方程组的通解为

$$\boldsymbol{x} = k_1\boldsymbol{\xi}_1 + k_2\boldsymbol{\xi}_2 + \boldsymbol{\eta}^* = k_1\begin{pmatrix} -\dfrac{3}{7} \\ \dfrac{2}{7} \\ 1 \\ 0 \end{pmatrix} + k_2\begin{pmatrix} -\dfrac{13}{7} \\ \dfrac{4}{7} \\ 0 \\ 1 \end{pmatrix} + \begin{pmatrix} \dfrac{13}{7} \\ -\dfrac{4}{7} \\ 0 \\ 0 \end{pmatrix}$$

其中 k_1，k_2 为任意常数.

例 5.16　设四元非齐次线性方程组的系数矩阵的秩为 3，已知 $\boldsymbol{\eta}_1$，$\boldsymbol{\eta}_2$，$\boldsymbol{\eta}_3$ 是它的三个解向量，且

$$\boldsymbol{\eta}_1 = \begin{pmatrix} 2 \\ 3 \\ 4 \\ 5 \end{pmatrix},\quad \boldsymbol{\eta}_2 + 2\boldsymbol{\eta}_3 = \begin{pmatrix} 1 \\ 1 \\ 1 \\ 2 \end{pmatrix}$$

求该线性方程组的通解.

解　设四元非齐次线性方程组为 $\boldsymbol{Ax}=\boldsymbol{b}$，则

$$\boldsymbol{A}[3\boldsymbol{\eta}_1 - (\boldsymbol{\eta}_2 + 2\boldsymbol{\eta}_3)] = 3\boldsymbol{A\eta}_1 - \boldsymbol{A\eta}_2 - 2\boldsymbol{A\eta}_3 = 3\boldsymbol{b} - \boldsymbol{b} - 2\boldsymbol{b} = 0$$

$$3\boldsymbol{\eta}_1 - (\boldsymbol{\eta}_2 + 2\boldsymbol{\eta}_3) = \begin{pmatrix} 6 \\ 9 \\ 12 \\ 15 \end{pmatrix} - \begin{pmatrix} 1 \\ 1 \\ 1 \\ 2 \end{pmatrix} = \begin{pmatrix} 5 \\ 8 \\ 11 \\ 13 \end{pmatrix}$$

为对应的齐次线性方程组的解，它是线性无关的. 而系数矩阵的秩为 3，故对应的齐次线性方程组的基础解系中所含向量的个数为 $4-3=1$. 因此，对应的齐次线性方程组的通解为

$$k[3\eta_1 - (\eta_2 + 2\eta_3)]\quad (k\ \text{为任意常数})$$

由非齐次线性方程组解的结构知，所求通解为

$$\boldsymbol{x} = k[3\boldsymbol{\eta}_1 - (\boldsymbol{\eta}_2 + 2\boldsymbol{\eta}_3)] + \eta_1 = k\begin{pmatrix} 5 \\ 8 \\ 11 \\ 13 \end{pmatrix} + \begin{pmatrix} 2 \\ 3 \\ 4 \\ 5 \end{pmatrix}\quad (k\ \text{为任意常数})$$

5.6 应用举例

例 5.17　某兽医推荐狗的每天食谱应该包括 100 个单位的蛋白质，200 个单位的卡路

里，50 个单位的脂肪. 一个宠物食品店有四种食品 **A**、**B**、**C**、**D**，每千克的这四种食品所包含的蛋白质、卡路里及脂肪的量(个单位)如表 5-1 所示.

表 5-1　宠物食品店四种食品中所含蛋白质、卡路里及脂肪的量

宠物食品	蛋白质/个单位	卡路里/个单位	脂肪/个单位
A	5	20	2
B	4	25	2
C	7	10	10
D	10	5	6

如果可能，请找出狗一天食谱 **A**、**B**、**C**、**D** 的量分别为多少? 使得狗的食谱满足兽医的推荐.

解　设狗的食谱中食物 **A**、**B**、**C**、**D** 的量分别为 x_1, x_2, x_3, x_4(kg)，使得狗的食谱满足兽医的推荐. 于是建立下面的线性方程组

$$\begin{cases} 5x_1+4x_2+7x_3+10x_4=100 \\ 20x_1+25x_2+10x_3+5x_4=200 \\ 2x_1+2x_2+10x_3+6x_4=50 \end{cases}$$

对该线性方程组的增广矩阵进行初等行变换，使之化为行最简形矩阵

$$\begin{bmatrix} 5 & 4 & 7 & 10 & 100 \\ 20 & 25 & 10 & 5 & 200 \\ 2 & 2 & 10 & 6 & 50 \end{bmatrix} \xrightarrow[r_1\leftrightarrow r_3]{r_3\times\frac{1}{2},\ r_2\times\frac{1}{5}} \begin{bmatrix} 1 & 1 & 5 & 3 & 25 \\ 4 & 5 & 2 & 1 & 40 \\ 5 & 4 & 7 & 10 & 100 \end{bmatrix}$$

$$\xrightarrow[r_3-5r_1]{r_2-4r_1} \begin{bmatrix} 1 & 1 & 5 & 3 & 25 \\ 0 & 1 & -18 & -1 & -60 \\ 0 & -1 & -18 & -5 & -25 \end{bmatrix} \xrightarrow[r_3\times(-1)]{r_3+r_1,\ r_1-r_2} \begin{bmatrix} 1 & 0 & 23 & 14 & 85 \\ 0 & 1 & -18 & -11 & -60 \\ 0 & 0 & 36 & 16 & 85 \end{bmatrix}$$

$$\xrightarrow[r_3\div 36,\ r_1-23r_3]{r_2+\frac{1}{2}r_3} \begin{bmatrix} 1 & 0 & 0 & \frac{8}{3} & \frac{1105}{36} \\ 0 & 1 & 0 & -3 & -\frac{35}{2} \\ 0 & 0 & 1 & \frac{4}{9} & \frac{85}{36} \end{bmatrix}$$

令 $x_4=t$，得

$$\begin{cases} x_1=-\frac{8}{3}t+\frac{1105}{36} \\ x_2=3t-\frac{35}{2} \\ x_3=-\frac{4}{9}t+\frac{85}{36} \end{cases}$$

由题意知 $x_i\geqslant 0\ (i=1, 2, 3, 4)$.

由 $x_4\geqslant 0$，得 $t\geqslant 0$　①

由 $x_3 \geqslant 0$，得 $-\frac{4}{9}t+\frac{85}{36} \geqslant 0$，即 $t \leqslant \frac{85}{16}$；　②

由 $x_2 \geqslant 0$，得 $3t-\frac{35}{2} \geqslant 0$，即 $t \geqslant \frac{35}{6}$.　③

由于式②、③要同时成立，即 $\frac{35}{6} \leqslant t \leqslant \frac{85}{16}$，亦即 t 必须满足 $\frac{280}{48} \leqslant t \leqslant \frac{255}{48}$，此不等式显然无解，也就是说不可能找到该方程组的非负解. 换句话说，不可能找到狗一天食谱中食物 **A**、**B**、**C**、**D** 的量，使得狗的食谱满足兽医的推荐. 但是应该强调一点，此问题中的线性方程组有无穷多解，只是没有非负解.

例 5.18　如图 5-1 中表示某城市的两组单行道，构成了一个包含四个节点 A、B、C、D 的交通网络图，图中的数字表示在高峰期，每小时车辆流进流出的平均值. 试计算每两个节点之间路段上的交通流量 x_1，x_2，x_3，x_4.

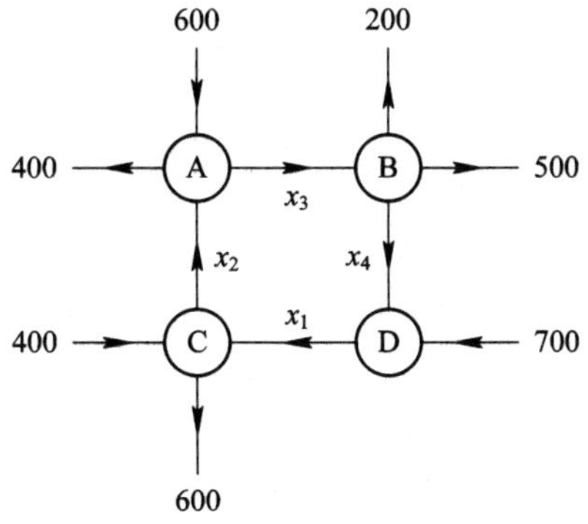

图 5-1　某城市交通网络图

解　在每个节点上，进入和离开的车辆数应该相等，依次考虑 A、B、C、D 四个节点，得线性方程组

$$\begin{cases} x_3 - x_2 = 200 \\ x_3 - x_4 = 700 \\ x_1 - x_2 = 200 \\ x_1 - x_4 = 700 \end{cases}$$

解此线性方程组，得

$$\begin{cases} x_1 = x_4 + 700 \\ x_2 = x_4 + 500 \\ x_3 = x_4 + 700 \end{cases}$$

其中 x_4 为自由未知量，且 x_1，x_2，x_3，x_4 为非负整数.

例 5.19　化学实验的结果表明，丙烷燃烧时将消耗氧气并产生二氧化碳和水，该化学反应具有如下的化学反应式 $x_1 C_3H_8 + x_2 O_2 \rightarrow x_3 CO_2 + x_4 H_2O$，为使该化学方程式平衡，求出 x_1，x_2，x_3，x_4.

解　为使得该方程式平衡，需要适当的选择 x_1，x_2，x_3，x_4，使得方程两边的碳、氢和氧原子的数量分别相等. 依此化学方程式，可得出

$$\begin{cases}3x_1 = x_3\\8x_1 = 2x_4\\2x_2 = 2x_3 + x_4\end{cases}$$

将所有未知量移到等式的左端，可得到一个齐次线性方程组

$$\begin{cases}3x_1 - x_3 = 0\\8x_1 - 2x_4 = 0\\2x_2 - 2x_3 - x_4 = 0\end{cases}$$

求解上述齐次线性方程组，可得 $x_2=5x_1$，$x_3=3x_1$，$x_4=4x_1$ 为平衡化学方程式. 我们需找出一组非负整数解 x_1，x_2，x_3，x_4. 令 $x_1=1$，则 $x_2=5$，$x_3=3$，$x_4=4$，且化学反应方程式为

$$C_3H_8 + 5O_2 = 3\,CO_2 + 4H_2O$$

习　题

1. 设 $\boldsymbol{\alpha}_1=(1, 0, 1)^T$，$\boldsymbol{\alpha}_2=(1, 2, 1)^T$，求 $\boldsymbol{\alpha}_1-2\boldsymbol{\alpha}_2$.

2. 设 $3(\boldsymbol{\alpha}_1-\boldsymbol{\alpha})+2(\boldsymbol{\alpha}_2+\boldsymbol{\alpha})=\boldsymbol{\alpha}$，其中 $\boldsymbol{\alpha}_1=(1, 0, 1, 2)^T$，$\boldsymbol{\alpha}_2=(1, 2, 3, 0)^T$，求 $\boldsymbol{\alpha}$.

3. 若向量组 $\boldsymbol{\alpha}_1$，$\boldsymbol{\alpha}_2$，$\boldsymbol{\alpha}_3$ 线性无关，$\boldsymbol{\beta}_1=\boldsymbol{\alpha}_1+\boldsymbol{\alpha}_2$，$\boldsymbol{\beta}_2=\boldsymbol{\alpha}_2+2\boldsymbol{\alpha}_3$，$\boldsymbol{\beta}_3=\boldsymbol{\alpha}_3+2\boldsymbol{\alpha}_1$，证明：向量组 $\boldsymbol{\beta}_1$，$\boldsymbol{\beta}_2$，$\boldsymbol{\beta}_3$ 也线性无关.

4. 设 $\boldsymbol{\alpha}_1$，$\boldsymbol{\alpha}_2$，$\boldsymbol{\alpha}_3$，$\boldsymbol{\alpha}_4$ 线性无关，证明：

$$\boldsymbol{\beta}_1 = \boldsymbol{\alpha}_2 + \boldsymbol{\alpha}_3 + \boldsymbol{\alpha}_4,\ \boldsymbol{\beta}_2 = \boldsymbol{\alpha}_1 + \boldsymbol{\alpha}_3 + \boldsymbol{\alpha}_4,\ \boldsymbol{\beta}_3 = \boldsymbol{\alpha}_1 + \boldsymbol{\alpha}_2 + \boldsymbol{\alpha}_4,\ \boldsymbol{\beta}_4 = \boldsymbol{\alpha}_1 + \boldsymbol{\alpha}_2 + \boldsymbol{\alpha}_3$$

也线性无关.

5. 设 $\boldsymbol{\alpha}_1$，$\boldsymbol{\alpha}_2$，…，$\boldsymbol{\alpha}_n$ 是一组 n 维向量，已知 n 维单位向量 $\boldsymbol{\varepsilon}_1$，$\boldsymbol{\varepsilon}_2$，…，$\boldsymbol{\varepsilon}_n$ 能由它们线性表示，证明：$\boldsymbol{\alpha}_1$，$\boldsymbol{\alpha}_2$，…，$\boldsymbol{\alpha}_n$ 线性无关.

6. 证明：若向量组 $\boldsymbol{\alpha}_1$，$\boldsymbol{\alpha}_2$，…，$\boldsymbol{\alpha}_n$ 的一个部分向量组 $\boldsymbol{\alpha}_1$，$\boldsymbol{\alpha}_2$，…，$\boldsymbol{\alpha}_s$ $(s<n)$ 线性相关，则该向量组也线性相关.

7. 讨论下列向量组的线性相关性：

(1) $\boldsymbol{\alpha}_1=(1, 2, -1)^T$，$\boldsymbol{\alpha}_2=(2, -3, 1)^T$，$\boldsymbol{\alpha}_3=(4, 1, -1)^T$；

(2) $\boldsymbol{\alpha}_1=(1, 1, 1)^T$，$\boldsymbol{\alpha}_2=(0, 2, 5)^T$，$\boldsymbol{\alpha}_3=(1, 3, 6)^T$；

(3) $\boldsymbol{\alpha}_1=(-1, 2, 1, 1)^T$，$\boldsymbol{\alpha}_2=(-2, 3, -4, 1)^T$，$\boldsymbol{\alpha}_3=(1, -4, 2, -3)^T$，$\boldsymbol{\alpha}_4=(4, -5, 15, -1)^T$；

(4) $\boldsymbol{\alpha}_1=(3, 2, -5, 4)^T$，$\boldsymbol{\alpha}_2=(3, -1, 5, 0)^T$，$\boldsymbol{\alpha}_3=(3, -1, 3, -3)^T$，$\boldsymbol{\alpha}_4=(3, 5, -13, 12)^T$.

8. 已知向量组：$\boldsymbol{\alpha}_1=(1, 2, 3)^T$，$\boldsymbol{\alpha}_2=(3, -1, 2)^T$，$\boldsymbol{\alpha}_3=(2, 3, c)^T$，问

(1) c 为何值时，$\boldsymbol{\alpha}_1$，$\boldsymbol{\alpha}_2$，$\boldsymbol{\alpha}_3$ 线性无关；

(2) c 为何值时，$\boldsymbol{\alpha}_1$，$\boldsymbol{\alpha}_2$，$\boldsymbol{\alpha}_3$ 线性相关.

9. 求下列各向量组的秩，并求它的一个极大无关组：

(1) $\boldsymbol{\alpha}_1=(0, 1, 1)^T$，$\boldsymbol{\alpha}_2=(1, 0, 1)^T$，$\boldsymbol{\alpha}_3=(1, 1, 0)^T$；

(2) $\boldsymbol{\alpha}_1=(1, 1, 1)^T$，$\boldsymbol{\alpha}_2=(0, 4, 10)^T$，$\boldsymbol{\alpha}_3=(2, 6, 12)^T$；

(3) $\boldsymbol{\alpha}_1=(2, -3, 8, 2)^T$，$\boldsymbol{\alpha}_2=(2, 12, -2, 12)^T$，$\boldsymbol{\alpha}_3=(1, 3, 1, 4)^T$；

(4) $\boldsymbol{\alpha}_1=(1, 2, 1, 3)^{\mathrm{T}}$, $\boldsymbol{\alpha}_2=(4, -1, -5, -6)^{\mathrm{T}}$, $\boldsymbol{\alpha}_3=(1, -3, -4, -7)^{\mathrm{T}}$.

10. 求矩阵 $\boldsymbol{A}=\begin{bmatrix}1 & 1 & 2\\0 & 2 & 1\\2 & 0 & 3\\1 & 1 & 0\end{bmatrix}$ 的秩，并求它的行向量组的一个极大无关组.

11. 求矩阵 $\boldsymbol{A}=\begin{bmatrix}3 & 1 & 0 & 2\\1 & -1 & 2 & -1\\1 & 3 & -4 & 4\end{bmatrix}$ 的秩，并求它的列向量组的一个极大无关组.

12. 设向量组 A：$\boldsymbol{\alpha}_1, \cdots, \boldsymbol{\alpha}_s$ 的秩为 r_1，向量组 B：$\boldsymbol{\beta}_1, \cdots, \boldsymbol{\beta}_t$ 的秩为 r_2，向量组 C：$\boldsymbol{\alpha}_1, \cdots, \boldsymbol{\alpha}_s, \boldsymbol{\beta}_1, \cdots, \boldsymbol{\beta}_t$ 的秩为 r_3，证明：$\max\{r_1, r_2\}\leqslant r_3\leqslant r_1+r_2$.

13. 证明：$\mathrm{R}(\boldsymbol{A}+\boldsymbol{B})\leqslant\mathrm{R}(\boldsymbol{A})+\mathrm{R}(\boldsymbol{B})$.

14. 求下列齐次线性方程组的一个基础解系及通解：

(1) $\begin{cases}x_1+2x_2+x_3-x_4=0\\3x_1+6x_2-x_3-3x_4=0\\5x_1+10x_2+x_3-5x_4=0\end{cases}$；　(2) $\begin{cases}x_1-x_2-x_3+x_4=0\\x_1+x_2-x_3-3x_4=0\\x_1-2x_2-x_3+3x_4=0\end{cases}$；

(3) $\begin{cases}x_1-2x_2+3x_3-4x_4=0\\x_2-x_3+x_4=0\\x_1+3x_2-3x_4=0\\x_1-4x_2+3x_3-2x_4=0\end{cases}$；　(4) $\begin{cases}x_1-x_2+4x_3-2x_4=0\\x_1-x_2-x_3+2x_4=0\\3x_1+x_2+7x_3-2x_4=0\\x_1-3x_2-12x_3+6x_4=0\end{cases}$.

15. 求解下列非齐次线性方程组：

(1) $\begin{cases}3x_1+7x_2+7x_3+2x_4=12\\x_1+2x_2+3x_3+x_4=3\\x_1+4x_2+5x_3+2x_4=2\\2x_1+9x_2+8x_3+3x_4=7\end{cases}$；　(2) $\begin{cases}2x+y+3z=1\\4x+2y-z=-3\\2x+y-4z=-4\\10x+5y-6z=-10\end{cases}$；

(3) $\begin{cases}x_1+x_2+x_3+x_4+x_5=4\\2x_1+5x_2-x_3+2x_5=-6\\-x_1-4x_2+2x_3-2x_4+x_5=2\\2x_1+2x_2+x_3-x_4+4x_5=0\end{cases}$；　(4) $\begin{cases}2x_1+x_2-x_3+x_4=1\\x_1+2x_2+x_3-x_4=2\\x_1+x_2+2x_3+x_4=3\end{cases}$.

16. 判断齐次线性方程组

$$\begin{cases}x_1+3x_2-4x_3+2x_4=0\\3x_1-x_2+2x_3-x_4=0\\-2x_1+4x_2-x_3+3x_4=0\\3x_1+9x_2-7x_3+6x_4=0\end{cases}$$

有无非零解？如果有非零解，求出它的通解及一个基础解系.

17. λ 为何值时，方程组有解，并求其解

$$\begin{cases}x_1+x_3=\lambda\\4x_1+x_2+2x_3=\lambda+2\\6x_1+x_2+4x_3=2\lambda+3\end{cases}$$

18. 当 a，b 为何值时，方程组(1) 有无穷多解；(2) 无解；(3) 有唯一解？当方程组有无穷多解时，求它的全部解.

(1) $\begin{cases} x_1+2x_2+3x_3=1 \\ x_1+3x_2+6x_3=2 \\ 2x_1+3x_2+ax_3=b \end{cases}$；　(2) $\begin{cases} x_1+2x_2+3x_3-x_4=1 \\ x_1+x_2+2x_3+3x_4=1 \\ 3x_1-x_2-x_3-2x_4=a \\ 2x_1+3x_2-x_3+bx_4=-6 \end{cases}$.

19. 设 $\boldsymbol{\eta}^*$ 是非齐次线性方程组 $\boldsymbol{Ax}=\boldsymbol{b}$ 的一个解，$\boldsymbol{\xi}_1$，$\boldsymbol{\xi}_2$，…，$\boldsymbol{\xi}_{n-r}$是对应的齐次线性方程组的一个基础解系. 证明：

(1) $\boldsymbol{\eta}^*$，$\boldsymbol{\xi}_1$，$\boldsymbol{\xi}_2$，…，$\boldsymbol{\xi}_{n-r}$线性无关；

(2) $\boldsymbol{\eta}^*$，$\boldsymbol{\eta}^*+\boldsymbol{\xi}_1$，…，$\boldsymbol{\eta}^*+\boldsymbol{\xi}_{n-r}$线性无关.

20. 设 $\boldsymbol{\eta}_1$，…，$\boldsymbol{\eta}_s$ 是非齐次线性方程组 $\boldsymbol{Ax}=\boldsymbol{b}$ 的 s 个解，k_1，…，k_s 为实数，满足 $k_1+k_2+\cdots+k_s=1$，证明：$\boldsymbol{x}=k_1\boldsymbol{\eta}_1+k_2\boldsymbol{\eta}_2+\cdots+k_s\boldsymbol{\eta}_s$ 也是它的解.

21. 证明：线性方程组

$$\begin{cases} x_1-x_2 & =a_1 \\ \quad x_2-x_3 & =a_2 \\ \quad\quad x_3-x_4 & =a_3 \\ \quad\quad\quad x_4-x_5 & =a_4 \\ -x_1 \qquad\quad +x_5 & =a_5 \end{cases}$$

有解的充要条件是 $\sum\limits_{i=1}^{5}a_i=0$，并在有解的情况下求出通解.

22. 设四元非齐次线性方程组的系数矩阵的秩为 3，已知 $\boldsymbol{\eta}_1$，$\boldsymbol{\eta}_2$，$\boldsymbol{\eta}_3$ 是它的三个解向量，且

$$\boldsymbol{\eta}_1=\begin{pmatrix}2\\3\\4\\5\end{pmatrix},\ \boldsymbol{\eta}_2+\boldsymbol{\eta}_3=\begin{pmatrix}1\\2\\3\\4\end{pmatrix}$$

求该方程组的通解.

23. 设四元非齐次线性方程组的系数矩阵的秩为 2，已知 $\boldsymbol{\eta}_1$，$\boldsymbol{\eta}_2$，$\boldsymbol{\eta}_3$ 是它的三个解向量，且

$$\boldsymbol{\eta}_1=\begin{pmatrix}2\\3\\4\\5\end{pmatrix},\ \boldsymbol{\eta}_2=\begin{pmatrix}1\\2\\3\\4\end{pmatrix},\ \boldsymbol{\eta}_3=\begin{pmatrix}1\\1\\1\\2\end{pmatrix}$$

求该线性方程组的通解.

24. 设 n 阶矩阵 $\boldsymbol{A}$ 满足 $\boldsymbol{A}^2=\boldsymbol{A}$，$\boldsymbol{E}$ 为 n 阶单位矩阵，证明：

$$\mathrm{R}(\boldsymbol{A})+\mathrm{R}(\boldsymbol{A}-\boldsymbol{E})=n$$

第 6 章　线 性 空 间

从本章开始讨论抽象的线性空间. 线性空间的研究方法与本书的前 5 章所使用的方法有所不同，本书的前 5 章研究对象都是具体的，例如多项式、矩阵、行列式、线性方程组等，而从本章开始不考虑元素具体是什么，只考虑元素的代数运算和满足的运算律. 我们将从许多例子中抽象出代数学中的一个基本概念——线性空间，然后从它的基本性质出发逐步深入研究它的结构.

6.1　线性空间的定义与简单性质

线性空间是一个比较抽象的概念. 本节介绍它的定义，并讨论它的一些最基本的性质. 为了说明它的由来，在引入定义之前，先看几个例子.

例 6.1　第 3 章我们已经学习了矩阵，定义了矩阵的加法与数量乘法，且这两种运算满足：

(1) $\boldsymbol{A}+\boldsymbol{B}=\boldsymbol{B}+\boldsymbol{A}$；

(2) $(\boldsymbol{A}+\boldsymbol{B})+\boldsymbol{C}=\boldsymbol{A}+(\boldsymbol{B}+\boldsymbol{C})$；

(3) $\boldsymbol{A}+\boldsymbol{O}=\boldsymbol{A}$ (零矩阵的存在性)；

(4) $\boldsymbol{A}+(-\boldsymbol{A})=\boldsymbol{O}$(负矩阵的存在性)；

(5) $1\boldsymbol{A}=\boldsymbol{A}$；

(6) $k(l\boldsymbol{A})=(kl)\boldsymbol{A}$；

(7) $(k+l)\boldsymbol{A}=k\boldsymbol{A}+l\boldsymbol{A}$；

(8) $k(\boldsymbol{A}+\boldsymbol{B})=k\boldsymbol{A}+k\boldsymbol{B}$.

例 6.2　在第 4 章空间解析几何里，一切向量构成的集合对于向量的加法和数与向量的乘法满足上述运算规律.

例 6.3　第 5 章线性方程组，讨论了系数在数域$\mathbb{F}$上的齐次线性方程组，此方程组的所有解向量构成的集合关于解向量的加法与数域$\mathbb{F}$中数与解向量的乘法也满足上述 8 条性质.

当然我们还可以举出许多类似的例子. 从这些例子可以看到，虽然考虑的对象完全不同，但是它们都有加法和数量乘法这两种运算，而且这两种运算满足上述 8 条运算规律. 当然，随着对象的不同，这两种运算的定义也不同，特别是数量乘法，它依赖于所确定的数域. 例 6.1 是以数域$\mathbb{P}$作为基础，例 6.2 是以实数域作为基础，例 6.3 中的数域$\mathbb{P}$可以取有理数域也可以取复数域. 因此，当引入抽象的线性空间概念时，必须选定一个确定的数域作为基础.

定义 6.1　设 V 是一个非空集合，$\mathbb{F}$是一个数域. 在集合 V 的元素之间定义了一种叫作加法的代数运算：即对于 V 中任意两个元素 $\boldsymbol{\alpha}$ 与 $\boldsymbol{\beta}$，按照定义的法则，在 V 中都有唯一的一个元素 $\boldsymbol{\gamma}$ 与它们对应，称为 $\boldsymbol{\alpha}$ 与 $\boldsymbol{\beta}$ 的和，记为 $\boldsymbol{\gamma}=\boldsymbol{\alpha}+\boldsymbol{\beta}$.

在数域$\mathbb{F}$与集合 V 的元素之间还定义了一种叫做数量乘法的运算：即对于数域$\mathbb{F}$中任一个数 k 与 V 中任一个元素 $\boldsymbol{\alpha}$，按照定义的法则，在 V 中都有唯一的一个元素 $\boldsymbol{\delta}$ 与它们对应，称为 k 与 $\boldsymbol{\alpha}$ 的数量乘积，记为 $\boldsymbol{\delta}=k\boldsymbol{\alpha}$. 如果加法与数量乘法满足下述运算规律，那么 V 称为数域$\mathbb{F}$上的线性空间.

(1) $\boldsymbol{\alpha}+\boldsymbol{\beta}=\boldsymbol{\beta}+\boldsymbol{\alpha}$；

(2) $(\boldsymbol{\alpha}+\boldsymbol{\beta})+\gamma=\boldsymbol{\alpha}+(\boldsymbol{\beta}+\gamma)$；

(3) 在 V 中有一个元素 $\mathbf{0}$，对 $\forall\boldsymbol{\alpha}\in V$，都有 $\boldsymbol{\alpha}+\mathbf{0}=\boldsymbol{\alpha}$(具有这个性质的元素 $\mathbf{0}$ 称为 V 的零元素)；

(4) 对 $\forall\boldsymbol{\alpha}\in V$，$\exists\boldsymbol{\beta}\in V$，使得 $\boldsymbol{\alpha}+\boldsymbol{\beta}=\mathbf{0}$($\boldsymbol{\beta}$ 称为 $\boldsymbol{\alpha}$ 的负元素)；

(5) $1\boldsymbol{\alpha}=\boldsymbol{\alpha}$；

(6) $k(l\boldsymbol{\alpha})=(kl)\boldsymbol{\alpha}$；

(7) $(k+l)\boldsymbol{\alpha}=k\boldsymbol{\alpha}+l\boldsymbol{\alpha}$；

(8) $k(\boldsymbol{\alpha}+\boldsymbol{\beta})=k\boldsymbol{\alpha}+k\boldsymbol{\beta}$.

在以上规则中，k，l 等表示数域$\mathbb{F}$中的任意数；$\boldsymbol{\alpha}$，$\boldsymbol{\beta}$，γ 等表示集合 V 中的任意元素. 我们也常把线性空间 V 中的元素称为向量，因此线性空间也称为向量空间. 要注意的是这里的向量与第 4 章中的向量不一样. 通常把数域$\mathbb{F}$上的线性空间 V 中的加法与数乘统称为线性运算.

由定义 6.1，在例 6.1 中，数域$\mathbb{F}$上 $m\times n$ 矩阵所成的集合对于矩阵的加法和数与矩阵的乘法是一个线性空间，用 $\boldsymbol{M}_{m\times n}(\mathbb{F})$表示，有时也用$\mathbb{F}^{m\times n}$表示；在例 6.2 中，全部向量组成的集合关于向量的加法与数乘是一个实数域上的线性空间，我们用$\mathbb{R}^n$ 来表示；更一般地，分量属于数域$\mathbb{F}$的 n 元数组构成数域$\mathbb{F}$上的一个线性空间，用$\mathbb{F}^n$表示. 在例 6.3 中，数域$\mathbb{F}$上的齐次线性方程组的解向量构成的集合关于解向量的加法与数域$\mathbb{F}$中数与解向量的乘法是一个线性空间，称为解空间.

下面再举几个例子：

例 6.4 数域$\mathbb{F}$上所有一元多项式构成的集合，按通常的多项式加法和数与多项式的乘法，构成一个数域$\mathbb{F}$上的线性空间，记为$\mathbb{F}[x]$. 其中次数小于 n 的多项式，再添上零多项式也构成数域$\mathbb{F}$上的一个线性空间，记为$\mathbb{F}[x]_n$.

例 6.5 数域$\mathbb{F}$按照本身的加法与乘法，构成一个自身上的线性空间.

例 6.6 在数学分析里，闭区间$[a,b]$上的全体实函数，按函数加法和数与函数的数量乘法，构成一个实数域上的线性空间.

例 6.7 集合 V 只包含一个元素 a，对任意一个数域$\mathbb{F}$，定义加法与数量乘法：$a\oplus a=a$，$k\cdot a=a$，则按照定义的运算可构成线性空间. 事实上，集合 V 对定义的加法和数量乘法封闭，且这两种运算满足 8 条运算律，其中 a 是 V 的零元素也是 a 的负元素.

例 6.8 设 V 是正实数集，$\mathbb{R}$ 为实数域. 定义加法与数量乘法：

$$a\oplus b=ab,\ k\cdot a=a^k$$

则 V 对于定义的加法和数乘构成$\mathbb{R}$上的线性空间.

事实上，集合 V 对定义的加法和数量乘法封闭，且这两种运算满足 8 条运算律，其中 1 是零元素，a^{-1}是 a 的负元素.

下面直接从定义 6.1 出发证明线性空间的简单性质.

性质 6.1 线性空间 V 的零元素是唯一的.

证明 假设$\mathbf{0}_1$，$\mathbf{0}_2$ 是线性空间 V 中的两个零元素，那么

$$\mathbf{0}_1 = \mathbf{0}_1 + \mathbf{0}_2 = \mathbf{0}_2$$

这就证明了线性空间 V 的零元素是唯一的.

性质 6.2 线性空间 V 的每一个元素的负元素是唯一的.

证明 假设 $\boldsymbol{\alpha}$ 有两个负元素 $\boldsymbol{\beta}$ 和 $\boldsymbol{\gamma}$，那么

$$\boldsymbol{\beta} = \boldsymbol{\beta} + \mathbf{0} = \boldsymbol{\beta} + (\boldsymbol{\alpha} + \boldsymbol{\gamma}) = (\boldsymbol{\beta} + \boldsymbol{\alpha}) + \boldsymbol{\gamma} = \mathbf{0} + \boldsymbol{\gamma} = \boldsymbol{\gamma}$$

向量 $\boldsymbol{\alpha}$ 的负元素记为$-\boldsymbol{\alpha}$.

利用负元素，可以定义线性空间 V 的减法：

$$\boldsymbol{\alpha} - \boldsymbol{\beta} = \boldsymbol{\alpha} + (-\boldsymbol{\beta})$$

性质 6.3 $0\boldsymbol{\alpha}=\mathbf{0}$；$k\mathbf{0}=\mathbf{0}$；$(-1)\boldsymbol{\alpha}=-\boldsymbol{\alpha}$.

证明 先证 $0\boldsymbol{\alpha}=\mathbf{0}$. 因为

$$\boldsymbol{\alpha} + 0\boldsymbol{\alpha} = 1\boldsymbol{\alpha} + 0\boldsymbol{\alpha} = (1+0)\boldsymbol{\alpha} = 1\boldsymbol{\alpha} = \boldsymbol{\alpha}$$

两边加上$-\boldsymbol{\alpha}$，所以 $0\boldsymbol{\alpha}=\mathbf{0}$.

再证 $k\mathbf{0}=\mathbf{0}$. 因为

$$k(0\boldsymbol{\alpha}) = (k0)\boldsymbol{\alpha} = 0\boldsymbol{\alpha}$$

上面已证 $0\boldsymbol{\alpha}=\mathbf{0}$，所以

$$k\mathbf{0} = k(0\boldsymbol{\alpha}) = 0\boldsymbol{\alpha} = \mathbf{0}$$

最后证$(-1)\boldsymbol{\alpha}=-\boldsymbol{\alpha}$. 由于

$$\boldsymbol{\alpha} + (-1)\cdot\boldsymbol{\alpha} = (1-1)\cdot\boldsymbol{\alpha} = 0\cdot\boldsymbol{\alpha} = \mathbf{0}$$

由性质 6.2 得$(-1)\boldsymbol{\alpha}=-\boldsymbol{\alpha}$.

此性质需要注意的是前两个等式左右两边的零代表不同的对象.

性质 6.4 如果 $k\boldsymbol{\alpha}=\mathbf{0}$，那么 $k=0$ 或者 $\boldsymbol{\alpha}=\mathbf{0}$.

证明 假设 $k\neq 0$，则

$$\boldsymbol{\alpha} = 1\boldsymbol{\alpha} = (k^{-1}k)\boldsymbol{\alpha} = k^{-1}(k\boldsymbol{\alpha}) = k^{-1}\mathbf{0} = \mathbf{0}$$

从线性空间的定义可以看出，线性空间是在非空集合的基础上定义的，由此自然会想到是否有线性子空间存在，这就是下一节的研究内容.

6.2 线性子空间

有时一个线性空间的子集合也是一个线性空间，例如数域$\mathbb{P}$上的 $m\times n$ 矩阵，按矩阵的加法和数与矩阵的数量乘法构成数域$\mathbb{F}$上的一个线性空间 $\boldsymbol{M}_{m\times n}(\mathbb{F})$，其中全体对称矩阵按矩阵的加法和数与矩阵的数量乘法又构成一个线性空间，它是 $\boldsymbol{M}_{m\times n}(\mathbb{F})$的子集. 还有很多例子能够说明线性空间的一个非空子集关于线性空间定义的加法和数乘也构成一个线性空间. 这个事实很重要，因此，我们给出线性子空间的定义.

定义 6.2 设数域$\mathbb{F}$上的线性空间 V 的一个非空子集合 W 对于 V 的两种运算也构成数域$\mathbb{F}$上的线性空间，则 W 称为 V 的一个线性子空间，简称为子空间.

由子空间的定义，线性空间 V 自身是 V 的子空间，这是 V 的最大子空间. V 中零向量的集合$\{\mathbf{0}\}$显然也是 V 的子空间，这是 V 的最小的子空间. V 的这两个子空间有时叫做 V

的平凡子空间，而其他的线性子空间叫作非平凡子空间.

如何判断一个非空子集合是线性子空间呢？

定理 6.1 数域$\mathbb{F}$上线性空间 V 的一个非空子集合 W 是 V 的线性子空间的充分必要条件是

(1) 若 $\boldsymbol{\alpha}$，$\boldsymbol{\beta}\in W$，则 $\boldsymbol{\alpha}+\boldsymbol{\beta}\in W$；

(2) 若 $\boldsymbol{\alpha}\in W(\forall k\in\mathbb{F})$，则 $k\boldsymbol{\alpha}\in W$.

证明 （必要性）可由定义 6.2 直接得到.

（充分性）由已知条件 W 是 V 的子集合，V 的两种运算都是 W 的运算，因此 W 中的向量满足线性空间 V 定义中的规则(1)，(2)，(5)，(6)，(7)，(8)，再结合已知和定义以及取 $k=0$ 和 $k=-1$ 可得非空子集合 W 是 V 的线性子空间.

把上面的两个条件合并可得下面的推论.

推论 6.1 设 W 是数域$\mathbb{F}$上的线性空间 V 的非空子集，则 W 是 V 的子空间的充分必要条件是对 $\forall\boldsymbol{\alpha}$，$\boldsymbol{\beta}\in W$，$\forall k$，$l\in\mathbb{F}$，均有 $k\boldsymbol{\alpha}+l\boldsymbol{\beta}\in W$.

下面来看几个例子.

例 6.9 设 V 是所有实函数关于函数的加法与实数和函数的数量乘法组成的实数域上的线性空间，所有的实系数多项式 $\mathbb{R}[x]$组成 V 的子空间.

例 6.10 $\mathbb{F}[x]_n$ 是线性空间$\mathbb{F}[x]$的子空间.

例 6.11 n 元齐次线性方程组

$$\begin{cases} a_{11}x_1+a_{12}x_2+\cdots+a_{1n}x_n=0 \\ a_{21}x_1+a_{22}x_2+\cdots+a_{2n}x_n=0 \\ \qquad\qquad\vdots \\ a_{s1}x_1+a_{s2}x_2+\cdots+a_{sn}x_n=0 \end{cases}$$

的全部解向量组成的集合对于通常的向量加法和数量乘法构成的线性空间是线性空间$\mathbb{F}^n$的一个子空间，这个子空间叫做齐次线性方程组的解空间.

例 6.12 所有反对称矩阵关于矩阵的加法与数乘构成的线性空间是线性空间$\boldsymbol{M}_{n\times n}(\mathbb{F})$的子空间.

非空集合是线性空间的基础，而集合是可以进行运算的. 下面介绍子空间的两种运算：交与和.

1. 线性子空间的交

定理 6.2 如果 V_1，V_2 是数域$\mathbb{F}$上的线性空间 V 的两个子空间，那么它们的交 $V_1\cap V_2$ 也是 V 的子空间，$V_1\cap V_2$ 称为 V_1，V_2 的交空间，其中

$$V_1\cap V_2=\{\boldsymbol{\alpha}\,|\,\boldsymbol{\alpha}\in V_1,\boldsymbol{\alpha}\in V_2\}$$

证明 首先，由于 $\mathbf{0}\in V_1$，$\mathbf{0}\in V_2$，可知 $\mathbf{0}\in V_1\cap V_2$，因而 $V_1\cap V_2$ 是非空的. 其次，如果 $\boldsymbol{\alpha}$，$\boldsymbol{\beta}\in V_1\cap V_2$，那么 $k\boldsymbol{\alpha}+l\boldsymbol{\beta}\in V_1$，$k\boldsymbol{\alpha}+l\boldsymbol{\beta}\in V_2$，因此 $k\boldsymbol{\alpha}+l\boldsymbol{\beta}\in V_1\cap V_2$，故 $V_1\cap V_2$ 也是 V 的子空间.

由集合的交的定义，子空间的交满足下列运算规律：

(1) $V_1\cap V_2=V_2\cap V_1$（交换律），

(2) $(V_1\cap V_2)\cap V_3=V_1\cap(V_2\cap V_3)$（结合律）.

由结合律，可以定义多个子空间的交：

$$V_1 \cap V_2 \cap \cdots \cap V_s = \bigcap_{i=1}^{s} V_i$$

它也是线性空间 V 的子空间，称为 $V_1, V_2, \cdots, V_s$ 的交空间.

例 6.13　设 W_1 是 $\boldsymbol{M}_{n\times n}(\mathbb{F})$ 上由上三角(或下三角)矩阵组成的子空间，W_2 是 $\boldsymbol{M}_{n\times n}(\mathbb{F})$ 中的全部对称矩阵组成的子空间，则 $W_1 \cap W_2$ 是由全部对角矩阵组成的子空间. 若 W_3 是由全部反对称矩阵组成的子空间，则 $W_1 \cap W_3 = W_2 \cap W_3 = \{\boldsymbol{0}\}$.

例 6.14　在线性空间 $\mathbb{F}^n$ 中，用 W_1 与 W_2 分别表示两个齐次线性方程组

$$\begin{cases} a_{11}x_1 + a_{12}x_2 + \cdots + a_{1n}x_n = 0 \\ a_{21}x_1 + a_{22}x_2 + \cdots + a_{2n}x_n = 0 \\ \quad\vdots \\ a_{s1}x_1 + a_{s2}x_2 + \cdots + a_{sn}x_n = 0 \end{cases} \tag{6-1}$$

$$\begin{cases} b_{11}x_1 + b_{12}x_2 + \cdots + b_{1n}x_n = 0 \\ b_{21}x_1 + b_{22}x_2 + \cdots + b_{2n}x_n = 0 \\ \quad\vdots \\ b_{t1}x_1 + b_{t2}x_2 + \cdots + b_{tn}x_n = 0 \end{cases} \tag{6-2}$$

的解空间，则 $W_1 \cap W_2$ 就是这两个方程组中方程合起来构成的新方程组

$$\begin{cases} a_{11}x_1 + a_{12}x_2 + \cdots + a_{1n}x_n = 0 \\ \quad\vdots \\ a_{s1}x_1 + a_{s2}x_2 + \cdots + a_{sn}x_n = 0 \\ b_{11}x_1 + b_{12}x_2 + \cdots + b_{1n}x_n = 0 \\ \quad\vdots \\ b_{t1}x_1 + b_{t2}x_2 + \cdots + b_{tn}x_n = 0 \end{cases} \tag{6-3}$$

的解空间.

证明　设方程组(6-1)、(6-2)、(6-3)的系数矩阵分别为

$$\boldsymbol{A},\ \boldsymbol{B},\ \begin{bmatrix} \boldsymbol{A} \\ \boldsymbol{B} \end{bmatrix}$$

则方程组(6-1)、(6-2)、(6-3)分别为

$$\boldsymbol{AX} = \boldsymbol{0},\ \boldsymbol{BX} = \boldsymbol{0},\ \begin{bmatrix} \boldsymbol{A} \\ \boldsymbol{B} \end{bmatrix}\boldsymbol{X} = \boldsymbol{0}$$

设 W 为方程组(6-3)的解空间，任取 $\boldsymbol{X}_0 \in W$，有 $\begin{bmatrix} \boldsymbol{A} \\ \boldsymbol{B} \end{bmatrix}\boldsymbol{X}_0 = \boldsymbol{0}$，从而 $\begin{bmatrix} \boldsymbol{AX}_0 \\ \boldsymbol{BX}_0 \end{bmatrix} = \boldsymbol{0}$，即 $\boldsymbol{AX}_0 = \boldsymbol{0}$，$\boldsymbol{BX}_0 = \boldsymbol{0}$. 故 $\boldsymbol{X}_0 \in W_1 \cap W_2$.

反之，任取 $\boldsymbol{X}_0 \in W_1 \cap W_2$，则有 $\boldsymbol{AX}_0 = \boldsymbol{0}$，$\boldsymbol{BX}_0 = \boldsymbol{0}$，从而 $\begin{bmatrix} \boldsymbol{AX}_0 \\ \boldsymbol{BX}_0 \end{bmatrix} = \begin{bmatrix} \boldsymbol{A} \\ \boldsymbol{B} \end{bmatrix}\boldsymbol{X}_0 = \boldsymbol{0}$，则 $\boldsymbol{X}_0 \in W$，故 $W = W_1 \cap W_2$.

一般来说，线性空间 V 的两个子空间的并集不是 V 的子空间. 例如 $\boldsymbol{V}_1 = \{(a,0,0) \mid a \in \mathbb{R}\}$，$\boldsymbol{V}_2 = \{(0,b,0) \mid b \in \mathbb{R}\}$ 都是 $\mathbb{R}^3$ 的子空间. 而

$\boldsymbol{V}_1 \cup \boldsymbol{V}_2 = \{(a,0,0),(0,b,0) \mid a, b \in \mathbb{R}\} = \{(a,b,0) \mid a, b \in \mathbb{R}$ 且 a, b 中至少一个为 $0\}$

取(1, 0, 0), (0, 1, 0)$\in V_1\cup V_2$，但(1, 0, 0)+(0, 1, 0)=(1, 1, 0)$\notin V_1\cup V_2$，于是$V_1\cup V_2$对$\mathbb{R}^3$的加法运算不封闭，从而$V_1\cup V_2$不是$\mathbb{R}^3$的子空间.

如果我们想构造一个包含$V_1\cup V_2$的子空间，那么这个子空间应该包含V_1中任一元素与V_2中任一元素之和. 为此给出下面的运算.

2. 线性子空间的和

定义 6.3 设V_1，V_2是数域$\mathbb{F}$上的线性空间V的子空间，V_1与V_2的和是由形如$\boldsymbol{\alpha}_1+\boldsymbol{\alpha}_2$的向量组成的集合，其中$\boldsymbol{\alpha}_1\in V_1$，$\boldsymbol{\alpha}_2\in V_2$，记作$V_1+V_2$，即

$$V_1+V_2=\{\boldsymbol{\alpha}_1+\boldsymbol{\alpha}_2\,|\,\boldsymbol{\alpha}_1\in V_1,\ \boldsymbol{\alpha}_2\in V_2\}$$

定理 6.3 如果V_1，V_2是线性空间V的子空间，那么它们的和V_1+V_2也是V的子空间.

证明 首先V_1+V_2是非空的. 由于$\mathbf{0}\in V_1$，$\mathbf{0}\in V_2$，因此$\mathbf{0}\in V_1+V_2$. 其次，如果$\boldsymbol{\alpha}$，$\boldsymbol{\beta}\in V_1+V_2$，那么

$$\boldsymbol{\alpha}=\boldsymbol{\alpha}_1+\boldsymbol{\alpha}_2,\ \boldsymbol{\beta}=\boldsymbol{\beta}_1+\boldsymbol{\beta}_2$$

其中$\boldsymbol{\alpha}_1\in V_1$，$\boldsymbol{\alpha}_2\in V_2$，$\boldsymbol{\beta}_1\in V_1$，$\boldsymbol{\beta}_2\in V_2$，那么

$$k\boldsymbol{\alpha}+l\boldsymbol{\beta}=(k\boldsymbol{\alpha}_1+l\boldsymbol{\beta}_1)+(k\boldsymbol{\alpha}_2+l\boldsymbol{\beta}_2)$$

由V_1，V_2是子空间可知

$$k\boldsymbol{\alpha}_1+l\boldsymbol{\beta}_1\in V_1,\ k\boldsymbol{\alpha}_2+l\boldsymbol{\beta}_2\in V_2$$

因此

$$k\boldsymbol{\alpha}+l\boldsymbol{\beta}\in V_1+V_2$$

从而V_1+V_2是V的子空间.

由定义可知，子空间的和满足下列运算规律：

(1) $V_1+V_2=V_2+V_1$(交换律)，

(2) $(V_1+V_2)+V_3=V_1+(V_2+V_3)$(结合律).

由结合律，可以定义多个子空间的和.

设V_1，V_2，…，V_s是线性空间V的子空间，则集合

$$\sum_{i=1}^{s}V_i=V_1+V_2+\cdots+V_s=\{\boldsymbol{\alpha}_1+\boldsymbol{\alpha}_2+\cdots+\boldsymbol{\alpha}_s\,|\,\boldsymbol{\alpha}_i\in V_i,\ i=1,2,\cdots,s\}$$

也是V的子空间，称为V_1，V_2，…，V_s的和子空间.

容易验证子空间的交与和有以下性质：

性质 6.5 设V_1，V_2，W都是线性空间V的子空间，那么

(1) 若$W\subset V_1$，$W\subset V_2$，则$W\subset V_1\cap V_2$；

(2) 若$W\supset V_1$，$W\supset V_2$，则$W\supset V_1+V_2$.

性质 6.6 设V_1，V_2都是线性空间V的子空间，则下列命题等价：

(1) $V_1\subset V_2$；

(2) $V_1\cap V_2=V_1$；

(3) $V_1+V_2=V_2$.

下面再看两个例子.

例 6.15 在三维几何空间中，用V_1表示一条通过原点的直线，V_2表示一张通过原点而且与V_1垂直的平面，那么，V_1与V_2的交是$\{\mathbf{0}\}$，而V_1与V_2的和是整个空间.

例 6.16　设 W_1，W_2，W_3 如例 6.13 中的定义，则

$$\boldsymbol{W}_2+\boldsymbol{W}_3=\boldsymbol{M}_{n\times n}(\mathbb{F}),\ \boldsymbol{W}_1+\boldsymbol{W}_2=\boldsymbol{M}_{n\times n}(\mathbb{F}),\ \boldsymbol{W}_1+\boldsymbol{W}_3=\boldsymbol{M}_{n\times n}(\mathbb{F})$$

6.3　线性相关性、基与维数

第 5 章关于 n 维向量线性相关的一系列概念和性质，并没有用到 n 维向量本身的特别属性，而仅仅运用了向量的加法和数量乘法所满足的运算律. 在抽象的线性空间中这些运算及运算律都成立，因而有关 n 维向量的一系列概念和结论，都可以照搬到抽象的线性空间中来. 为了后续讨论方便，先给出生成元集的概念.

定义 6.4　设 S 是数域$\mathbb{F}$上线性空间 V 的一个非空子集，如果对于 V 中的向量 $\boldsymbol{\alpha}$，存在 S 中的有限多个向量 $\boldsymbol{\beta}_1$，$\boldsymbol{\beta}_2$，…，$\boldsymbol{\beta}_k$ 以及 c_1，c_2，…，$c_k\in\mathbb{F}$，使

$$\boldsymbol{\alpha}=c_1\boldsymbol{\beta}_1+c_2\boldsymbol{\beta}_2+\cdots+c_k\boldsymbol{\beta}_k$$

则称 $\boldsymbol{\alpha}$ 是 S 中元素的线性组合，或者称 $\boldsymbol{\alpha}$ 可由 S 中的元素线性表示.

不难看出，这组向量所有可能的线性组合 $l_1\boldsymbol{\beta}_1+l_2\boldsymbol{\beta}_2+\cdots+l_k\boldsymbol{\beta}_k$ 所成的集合是非空的，而且对两种运算封闭，因而是 V 的一个子空间.

定理 6.4　设 V 是数域$\mathbb{F}$上的一个线性空间，S 是 V 的一个非空子集，W 是 S 中元素的所有可能的线性组合所形成的集合，则 W 是 V 的一个子空间，且 W 是 V 中包含 S 的最小子空间.

证明　显然 $\emptyset\neq S\subset W$.

设 $\boldsymbol{\alpha}=c_1\boldsymbol{\alpha}_1+c_2\boldsymbol{\alpha}_2+\cdots+c_k\boldsymbol{\alpha}_k\in W$，其中 $c_i\in\mathbb{F}$，$\boldsymbol{\alpha}_i\in S\subseteq V$，又由于 V 是 V 的子空间，故 $\alpha\in V$，从而 $W\subseteq V$.

对任意的 $\boldsymbol{\alpha}$，$\boldsymbol{\beta}\in W$，设 $\boldsymbol{\alpha}=c_1\boldsymbol{\alpha}_1+c_2\boldsymbol{\alpha}_2+\cdots+c_k\boldsymbol{\alpha}_k$，$\boldsymbol{\beta}=d_1\boldsymbol{\beta}_1+d_2\boldsymbol{\beta}_2+\cdots+d_l\boldsymbol{\beta}_l$，其中 c_i，$d_i\in\mathbb{F}$，$\boldsymbol{\alpha}_i$，$\boldsymbol{\beta}_i\in S$，$i=1$，2，…，$k$，$j=1$，2，…，$l$. 则

$$\boldsymbol{\alpha}+\boldsymbol{\beta}=c_1\boldsymbol{\alpha}_1+c_2\boldsymbol{\alpha}_2+\cdots+c_k\boldsymbol{\alpha}_k+d_1\boldsymbol{\beta}_1+d_2\boldsymbol{\beta}_2+\cdots+d_l\boldsymbol{\beta}_l\in W$$

$\forall\, t\in\mathbb{F}$，$t\boldsymbol{\alpha}=tc_1\boldsymbol{\alpha}_1+tc_2\boldsymbol{\alpha}_2+\cdots+tc_k\boldsymbol{\alpha}_k\in W$，故 W 是 V 的一个子空间.

若 W'是 V 中包含 S 的任一子空间，对任意的 $\boldsymbol{\alpha}\in W$，设

$$\boldsymbol{\alpha}=c_1\boldsymbol{\alpha}_1+c_2\boldsymbol{\alpha}_2+\cdots+c_k\boldsymbol{\alpha}_k\in W$$

其中 $c_i\in\mathbb{F}$，$\boldsymbol{\alpha}_i\in S$，$i=1$，2，…，$k$. 由于 W'是 V 中包含 S 的任一子空间，从而 $\boldsymbol{\alpha}_i\in S\subseteq W'$，又由于 $c_i\boldsymbol{\alpha}_i\in W'$，故 $\boldsymbol{\alpha}=\sum\limits_{i=1}^{k}c_i\boldsymbol{\alpha}_i\in W'$，于是 $W\subseteq W'$，因此 W 是 V 中包含 S 的最小子空间.

定义 6.5　上述定理中子空间 W 称为由 S 所张成的子空间，记作 $W=\mathrm{span}(S)$；S 称为 W 的生成元集.

注　(1) W 也称为由 S 所生成的子空间；

(2) 当 S 为有限集时，即 $S=\{\boldsymbol{\alpha}_1,\boldsymbol{\alpha}_2,\cdots,\boldsymbol{\alpha}_k\}$，则由 S 所生成的子空间为

$$W=\{c_1\boldsymbol{\alpha}_1+c_2\boldsymbol{\alpha}_2+\cdots+c_k\boldsymbol{\alpha}_k\,|\,c_i\in\mathbb{F},\ \boldsymbol{\alpha}_i\in S,\ i=1,2,\cdots,k\}$$

也称为由 $\boldsymbol{\alpha}_1$，$\boldsymbol{\alpha}_2$，…，$\boldsymbol{\alpha}_k$ 生成的子空间，记作 $\mathrm{L}(\boldsymbol{\alpha}_1,\boldsymbol{\alpha}_2,\cdots,\boldsymbol{\alpha}_k)$或 $\mathrm{span}(\boldsymbol{\alpha}_1,\boldsymbol{\alpha}_2,\cdots,\boldsymbol{\alpha}_k)$.

下面给出线性空间中向量的线性相关性的基本概念和结论.

定义 6.6　设$\boldsymbol{\alpha}_1$，$\boldsymbol{\alpha}_2$，…，$\boldsymbol{\alpha}_r(r\geqslant 1)$是数域$\mathbb{F}$上线性空间 V 中的一组向量，k_1，k_2，…，

k_r 是数域$\mathbb{F}$中的数，那么向量

$$\boldsymbol{\alpha}=k_1\boldsymbol{\alpha}_1+k_2\boldsymbol{\alpha}_2+\cdots+k_r\boldsymbol{\alpha}_r$$

称为向量组$\boldsymbol{\alpha}_1$，$\boldsymbol{\alpha}_2$，…，$\boldsymbol{\alpha}_r$ 的一个线性组合，也可表述为向量 $\boldsymbol{\alpha}$ 可以由向量组$\boldsymbol{\alpha}_1$，$\boldsymbol{\alpha}_2$，…，$\boldsymbol{\alpha}_r$ 线性表示.

定义 6.7　设线性空间 V 中的两个向量组是

$$\boldsymbol{\alpha}_1,\ \boldsymbol{\alpha}_2,\ \cdots,\ \boldsymbol{\alpha}_r \tag{6-4}$$

$$\boldsymbol{\beta}_1,\ \boldsymbol{\beta}_2,\ \cdots,\ \boldsymbol{\beta}_s \tag{6-5}$$

如果向量组(6-4)中任意向量都可以由向量组(6-5)线性表示，那么称向量组(6-4)可以由向量组(6-5)线性表示. 如果向量组(6-4)与向量组(6-5)可以互相线性表示，那么向量组(6-4)与向量组(6-5)称为是等价的.

定义 6.8　设$\boldsymbol{\alpha}_1$，$\boldsymbol{\alpha}_2$，…，$\boldsymbol{\alpha}_r$($r\geqslant 1$)是线性空间 V 中的一组向量，如果在数域$\mathbb{F}$中存在 r 个不全为零的数 k_1，k_2，…，k_r，使

$$k_1\boldsymbol{\alpha}_1+k_2\boldsymbol{\alpha}_2+\cdots+k_r\boldsymbol{\alpha}_r=\mathbf{0} \tag{6-6}$$

那么称$\boldsymbol{\alpha}_1$，$\boldsymbol{\alpha}_2$，…，$\boldsymbol{\alpha}_r$ 是线性相关，否则就称$\boldsymbol{\alpha}_1$，$\boldsymbol{\alpha}_2$，…，$\boldsymbol{\alpha}_r$ 线性无关. 换句话说，如果等式(6-6)只有当 $k_1=k_2=\cdots k_r=0$ 时才成立，则向量组$\boldsymbol{\alpha}_1$，$\boldsymbol{\alpha}_2$，…，$\boldsymbol{\alpha}_r$ 称为线性无关.

与第 5 章中讨论向量组线性相关性一样，可以得到以下几个常用的性质：

性质 6.7　单个向量 $\boldsymbol{\alpha}$ 线性相关的充要条件是 $\boldsymbol{\alpha}=0$. 一组向量$\boldsymbol{\alpha}_1$，$\boldsymbol{\alpha}_2$，…，$\boldsymbol{\alpha}_r$ 线性相关的充要条件是至少有一个向量是其余向量的线性组合.

性质 6.8　如果向量组$\boldsymbol{\alpha}_1$，$\boldsymbol{\alpha}_2$，…，$\boldsymbol{\alpha}_r$ 线性无关，而且可被$\boldsymbol{\beta}_1$，$\boldsymbol{\beta}_2$，…，$\boldsymbol{\beta}_s$ 线性表示，那么 $r\leqslant s$. 进而，两个等价的线性无关的向量组，必含有相同个数的向量.

性质 6.9　如果向量组$\boldsymbol{\alpha}_1$，$\boldsymbol{\alpha}_2$，…，$\boldsymbol{\alpha}_r$ 线性无关，但$\boldsymbol{\alpha}_1$，$\boldsymbol{\alpha}_2$，…，$\boldsymbol{\alpha}_r$，$\boldsymbol{\beta}$线性相关，那么$\boldsymbol{\beta}$可以由$\boldsymbol{\alpha}_1$，$\boldsymbol{\alpha}_2$，…，$\boldsymbol{\alpha}_r$ 线性表示，而且表示法是唯一的.

性质 6.10　在线性空间 V 中，由 k 个向量的 $k+1$ 个线性组合所得的向量组必线性相关.

例 6.17　在$\mathbb{F}[x]_n$ 中，1，x，…，x^{n-1}线性无关，再增加一个多项式则线性相关.

在一个线性空间中究竟最多能有几个线性无关的向量，显然是线性空间的一个重要属性. 如何把线性空间的全体元素表示出来？这些元素之间的关系如何？即线性空间如何构造？为此引入基与维数的概念.

定义 6.9　设 B 是数域$\mathbb{F}$上的线性空间 V 的非空子集，如果 B 是 V 的线性无关子集，且 V 中的每一个向量都可以由 B 中的向量线性表出，即 $\mathrm{span}(B)=V$，则称 B 是 V 的一个基. 如果 B 是有限集，则称 V 是有限生成的. 这时 B 中的向量称为 V 的基向量.

由定义 6.9 容易得到判定基的一个充要条件.

定理 6.5　设 V 是数域$\mathbb{F}$上的线性空间，$B=\{\boldsymbol{\varepsilon}_1,\ \boldsymbol{\varepsilon}_2,\ \cdots,\ \boldsymbol{\varepsilon}_n\}$是 V 的非空子集，则 B 是 V 的一个基的充分必要条件是 V 中任一向量 $\boldsymbol{\alpha}$ 可以表示成 $\boldsymbol{\varepsilon}_1$，$\boldsymbol{\varepsilon}_2$，…，$\boldsymbol{\varepsilon}_n$ 的线性组合，且表示法唯一.

证明　(必要性) 设任意的 $\boldsymbol{\alpha}\in V$，而 B 是 V 的一个基，即 $\boldsymbol{\alpha}\in V=\mathrm{span}(B)$，从而

$$\boldsymbol{\alpha}=a_1\boldsymbol{\varepsilon}_1+a_2\boldsymbol{\varepsilon}_2+\cdots+a_n\boldsymbol{\varepsilon}_n$$

又设 $\boldsymbol{\alpha}=b_1\boldsymbol{\varepsilon}_1+b_2\boldsymbol{\varepsilon}_2+\cdots+b_n\boldsymbol{\varepsilon}_n$，于是

$$a_1\boldsymbol{\varepsilon}_1+a_2\boldsymbol{\varepsilon}_2+\cdots+a_n\boldsymbol{\varepsilon}_n=b_1\boldsymbol{\varepsilon}_1+b_2\boldsymbol{\varepsilon}_2+\cdots+b_n\boldsymbol{\varepsilon}_n$$

即 $(a_1-b_1)\boldsymbol{\varepsilon}_1+(a_2-b_2)\boldsymbol{\varepsilon}_2+\cdots+(a_n-b_n)\boldsymbol{\varepsilon}_n=\mathbf{0}$，又由于 $\boldsymbol{\varepsilon}_1$，$\boldsymbol{\varepsilon}_2$，…，$\boldsymbol{\varepsilon}_n$ 线性无关，故 $a_i=b_i$ $(i=1, 2, \cdots, n)$，从而 $\boldsymbol{\alpha}$ 可唯一地表示成 $\boldsymbol{\varepsilon}_1$，$\boldsymbol{\varepsilon}_2$，…，$\boldsymbol{\varepsilon}_n$ 的线性组合.

（充分性）设 $\mathrm{span}(B)=W$，显然 $W\subseteq V$. 对任意的 $\boldsymbol{\alpha}\in V$，$\boldsymbol{\alpha}$ 可唯一地表示成 $\boldsymbol{\varepsilon}_1$，$\boldsymbol{\varepsilon}_2$，…，$\boldsymbol{\varepsilon}_n$ 的线性组合，即 $\boldsymbol{\alpha}=a_1\boldsymbol{\varepsilon}_1+a_2\boldsymbol{\varepsilon}_2+\cdots+a_n\boldsymbol{\varepsilon}_n$. 从而 $\boldsymbol{\alpha}\in W$，于是

$$V=W=\mathrm{span}(B)$$

下面证明 B 是线性无关的.（反证法）假设 B 是线性相关的，即存在不全为零的数 a_1，a_2，…，a_n，使得 $a_1\boldsymbol{\varepsilon}_1+a_2\boldsymbol{\varepsilon}_2+\cdots+a_n\boldsymbol{\varepsilon}_n=\mathbf{0}$. 不妨设 $a_k\neq0$，则

$$\boldsymbol{\varepsilon}_k=-\frac{a_1}{a_k}\boldsymbol{\varepsilon}_1-\cdots-\frac{a_{k-1}}{a_k}\boldsymbol{\varepsilon}_{k-1}-\frac{a_{k+1}}{a_k}\boldsymbol{\varepsilon}_{k+1}-\cdots-\frac{a_n}{a_k}\boldsymbol{\varepsilon}_n$$

又由于 $\boldsymbol{\varepsilon}_k$ 可由本身来线性表示，即 $\boldsymbol{\varepsilon}_k=0\cdot\boldsymbol{\varepsilon}_1+\cdots+0\cdot\boldsymbol{\varepsilon}_{k-1}+1\cdot\boldsymbol{\varepsilon}_k+0\cdot\boldsymbol{\varepsilon}_{k+1}+\cdots+0\cdot\boldsymbol{\varepsilon}_n$，因此 $\boldsymbol{\varepsilon}_k$ 有两种表示法，这与 V 中任一向量表示法唯一产生矛盾，即假设错误，于是 B 是线性无关的.

由定理知，设 $\boldsymbol{\alpha}$ 是 V 中任一向量，于是 $\boldsymbol{\varepsilon}_1$，$\boldsymbol{\varepsilon}_2$，…，$\boldsymbol{\varepsilon}_n$，$\boldsymbol{\alpha}$ 线性相关，因此 $\boldsymbol{\alpha}$ 可以被基 $\boldsymbol{\varepsilon}_1$，$\boldsymbol{\varepsilon}_2$，…，$\boldsymbol{\varepsilon}_n$ 唯一的线性表示：

$$\boldsymbol{\alpha}=a_1\boldsymbol{\varepsilon}_1+a_2\boldsymbol{\varepsilon}_2+\cdots+a_n\boldsymbol{\varepsilon}_n$$

其中系数 a_1，a_2，…，a_n 是被向量 $\boldsymbol{\alpha}$ 和基 $\boldsymbol{\varepsilon}_1$，$\boldsymbol{\varepsilon}_2$，…，$\boldsymbol{\varepsilon}_n$ 唯一确定的，这组数称为 $\boldsymbol{\alpha}$ 在基 $\boldsymbol{\varepsilon}_1$，$\boldsymbol{\varepsilon}_2$，…，$\boldsymbol{\varepsilon}_n$ 下的坐标，记为 $(a_1, a_2, \cdots, a_n)^{\mathrm{T}}$.

由基的定义，基首先要线性无关，而线性无关的子集又是不唯一的，自然想到是否还存在一个线性无关的子集 C，它所含向量的个数和 B 不同，但是仍能使 $\mathrm{span}(C)=V$?

定理 6.6　设 V 是数域 $\mathbb{F}$ 上的线性空间，则 V 的任意两个基是等价的.

证明　设 B 和 C 都是线性空间 V 的基，由定理 6.5 可知，B 和 C 可以互相线性表示，进而 B 和 C 等价.

由性质 6.8 知，等价的线性无关的子集含有相同个数的向量. 如果线性空间 V 是有限生成的，则 V 的任意一组基所含向量的个数是由 V 所确定的. 下面给出维数的定义.

定义 6.10　在线性空间 V 中，一个基所含向量的个数称为 V 的维数，记作 $\dim V$. 如果在 V 中可以找到任意多个线性无关的向量，那么 V 称为无限维的.

例如，所有实系数多项式形成的集合关于多项式的加法和数乘多项式的运算构成的线性空间 $\mathbb{R}[x]$ 是无限维的. 这是因为对任意的正整数 n，都有 n 个线性无关的向量 1，x，x^2，…，x^{n-1}.

我们只讨论有限维线性空间. 由上面基与维数的定义和基本结论可以得到下面的结论.

推论 6.2　n 维线性空间 V 中任意 n 个线性无关的向量都是 V 的一组基，进而，线性空间 V 的基不唯一.

推论 6.3　n 维线性空间 V 中任意 $n+1$ 个向量线性相关.

推论 6.4　设 V 是数域 $\mathbb{F}$ 上的线性空间，B 是 V 的非空子集，则 B 是 V 的一个基的充分必要条件是 B 是 V 的一个极大线性无关子集，即 B 是线性无关的且 V 中任意向量都可由 B 中的元素线性表示.

下面来看几个例子.

例 6.18　在线性空间 $\mathbb{F}[x]_n$ 中，分别求出它的一组基以及任意一个多项式在此基下的坐标.

解　因为 $1, x, x^2, \cdots, x^{n-1}$ 是 n 个线性无关的向量，而且每一个次数小于 n 的数域 $\mathbb{F}$ 上的多项式都可被它们线性表示，所以 $1, x, x^2, \cdots, x^{n-1}$ 就是 $\mathbb{F}[x]_n$ 的一组基，因此 $\mathbb{F}[x]_n$ 是 n 维的，而在这组基下，多项式 $f(x)=a_0+a_1x+\cdots+a_{n-1}x^{n-1}$ 的坐标就是它的系数形成的 n 维向量 $(a_0, a_1, \cdots, a_{n-1})^{\mathrm{T}}$.

例 6.19　对于几何空间 $\mathbb{R}^3=\{(x, y, z) \mid x, y, z\in\mathbb{R}\}$，显然向量组

$$\boldsymbol{\varepsilon}_1=(1, 0, 0), \boldsymbol{\varepsilon}_2=(0, 1, 0), \boldsymbol{\varepsilon}_3=(0, 0, 1)$$

是 $\mathbb{R}^3$ 一组基. 向量组

$$\boldsymbol{\alpha}_1=(1, 1, 1), \boldsymbol{\alpha}_2=(1, 1, 0), \boldsymbol{\alpha}_3=(1, 0, 0)$$

也是 $\mathbb{R}^3$ 一组基.

更一般地，$\mathbb{R}^n=\{(a_1, a_2, \cdots, a_n) \mid a_i\in\mathbb{R}\}$ 的一组基为

$$\boldsymbol{\varepsilon}_1=(1, 0, \cdots, 0), \boldsymbol{\varepsilon}_2=(0, 1, \cdots, 0), \cdots, \boldsymbol{\varepsilon}_n=(0, 0, \cdots, 1)$$

称这组基为 $\mathbb{R}^n$ 的标准基或自然基，因此 $\mathbb{R}^n$ 的维数是 n.

对于每一个向量 $\boldsymbol{\alpha}=(a_1, a_2, \cdots, a_n)$，都有

$$\boldsymbol{\alpha}=a_1\boldsymbol{\varepsilon}_1+a_2\boldsymbol{\varepsilon}_2+\cdots+a_n\boldsymbol{\varepsilon}_n$$

因此 $(a_1, a_2, \cdots, a_n)^{\mathrm{T}}$ 就是向量 $\boldsymbol{\alpha}$ 在这组基下的坐标.

又 $\boldsymbol{\eta}_1=(1, 1, \cdots, 1)$，$\boldsymbol{\eta}_2=(0, 1, \cdots, 1)$，$\cdots$，$\boldsymbol{\eta}_n=(0, 0, \cdots, 1)$ 也是 $\mathbb{R}^n$ 的一组基. 经简单计算可知，$(a_1, a_2-a_1, \cdots, a_n-a_{n-1})^{\mathrm{T}}$ 是向量 $\boldsymbol{\alpha}=(a_1, a_2, \cdots, a_n)$ 在此基下的坐标. 此例说明同一个向量在不同基下的坐标是不同的.

例 6.20　复数集 $\mathbb{C}$ 关于数的加法和乘法构成复数域上的线性空间，$\{1\}$ 是一组基，因此它是一维的；复数集 $\mathbb{C}$ 关于数的加法和实数与复数的乘法构成实数域上的线性空间，$\{1, \mathrm{i}\}$ 是一组基，因此它是二维的. 这个例子告诉我们，维数与所考虑的数域是有关的.

例 6.21　求数域 $\mathbb{F}$ 上的线性空间 $\boldsymbol{M}_{2\times 2}(\mathbb{F})$ 的一组基和维数.

解　只需寻找 $\boldsymbol{M}_{2\times 2}(\mathbb{F})$ 的一个极大无关子集即为它的一组基，进而可求得它的维数.

令 $\boldsymbol{E}_{11}=\begin{bmatrix}1 & 0\\0 & 0\end{bmatrix}$，$\boldsymbol{E}_{12}=\begin{bmatrix}0 & 1\\0 & 0\end{bmatrix}$，$\boldsymbol{E}_{21}=\begin{bmatrix}0 & 0\\1 & 0\end{bmatrix}$，$\boldsymbol{E}_{22}=\begin{bmatrix}0 & 0\\0 & 1\end{bmatrix}$，通过简单计算可得 $\boldsymbol{E}_{11}$，$\boldsymbol{E}_{12}$，$\boldsymbol{E}_{21}$，$\boldsymbol{E}_{22}$ 线性无关.

对任意的 $\boldsymbol{A}=\begin{bmatrix}a_{11} & a_{12}\\a_{21} & a_{22}\end{bmatrix}\in\mathbb{F}^{2\times 2}$，显然有

$$\boldsymbol{A}=a_{11}\boldsymbol{E}_{11}+a_{12}\boldsymbol{E}_{12}+a_{21}\boldsymbol{E}_{21}+a_{22}\boldsymbol{E}_{22}$$

因此 $\boldsymbol{E}_{11}$，$\boldsymbol{E}_{12}$，$\boldsymbol{E}_{21}$，$\boldsymbol{E}_{22}$ 是 $\mathbb{F}^{2\times 2}$ 的一组基，其维数是 4.

注　任意的 $\boldsymbol{A}=\begin{bmatrix}a_{11} & a_{12}\\a_{21} & a_{22}\end{bmatrix}$ 在基 $\boldsymbol{E}_{11}$，$\boldsymbol{E}_{12}$，$\boldsymbol{E}_{21}$，$\boldsymbol{E}_{22}$ 下的坐标就是 $(a_{11}, a_{12}, a_{21}, a_{22})^{\mathrm{T}}$.

一般地，数域 $\mathbb{F}$ 的全体 $m\times n$ 矩阵构成的线性空间 $\boldsymbol{M}_{m\times n}(\mathbb{F})$ 的维数为 $m\times n$，一组基为 $\boldsymbol{E}_{11}, \cdots, \boldsymbol{E}_{mn}$，其中 $\boldsymbol{E}_{ij}$ 的 (i, j) 元为 1，其余元素均为 0.

由上面例子，我们得到了本书前面涉及的多项式、向量、矩阵按照各自的运算构成的线性空间的一组基和维数. 那么第 5 章涉及的齐次线性方程组，它的所有解构成的线性空间的基和维数是怎样的？以及本节开始介绍的生成子空间的基与维数怎么求？

1. 齐次线性方程组解空间的一个基和维数

由第 5 章齐次线性方程组的基础解系的定义以及本节基的定义可知：在线性空间 $\mathbb{F}^n$

中，齐次线性方程组 $\boldsymbol{AX}=\boldsymbol{0}$(其中 $\boldsymbol{A}_{s\times n}=(a_{ij})_{s\times n}$)的解空间的一组基是解集的极大无关组，即为该方程组的一个基础解系，因此，解空间的维数等于 $n-r$，其中 $r=\mathrm{R}(\boldsymbol{A})$，$n$ 为未知量的个数.

当 $\mathrm{R}(\boldsymbol{A})=n$ 时，原方程组只有零解，不存在基础解系；

当 $\mathrm{R}(\boldsymbol{A})=r<n$ 时，原方程组有非零解，求出该方程组的一个基础解系即为此方程组的解空间的一个基，维数为 $n-r$.

例 6.22　在线性空间 $\mathbb{F}^4$ 中，求由齐次线性方程组

$$\begin{cases}3x_1+2x_2-5x_3+4x_4=0\\3x_1-x_2+3x_3-3x_4=0\\3x_1+5x_2-13x_3+11x_4=0\end{cases}$$

确定的解空间的一个基与维数.

解　设此方程组的系数矩阵为 $\boldsymbol{A}$，由于

$$\boldsymbol{A}=\begin{bmatrix}3&2&-5&4\\3&-1&3&-3\\3&5&-13&11\end{bmatrix}\xrightarrow[r_3-r_1]{r_2-r_1}\begin{bmatrix}3&2&-5&4\\0&-3&8&-7\\0&3&-8&7\end{bmatrix}\xrightarrow[r_2\times(-1)]{r_3+r_2}\begin{bmatrix}3&2&-5&4\\0&3&-8&7\\0&0&0&0\end{bmatrix}$$

因为 $\mathrm{R}(\boldsymbol{A})=2<4$，所以该方程组有非零解. 下面求它的一个基础解系，由于

$$\begin{bmatrix}3&2&-5&4\\0&3&-8&7\\0&0&0&0\end{bmatrix}\xrightarrow[r_1-2r_2]{r_2\times(1/3)}\begin{bmatrix}3&0&\dfrac{1}{3}&-\dfrac{2}{3}\\0&1&-\dfrac{8}{3}&\dfrac{7}{3}\\0&0&0&0\end{bmatrix}\xrightarrow{r_1\times(1/3)}\begin{bmatrix}1&0&\dfrac{1}{9}&-\dfrac{2}{9}\\0&1&-\dfrac{8}{3}&\dfrac{7}{3}\\0&0&0&0\end{bmatrix}$$

从而与原方程组同解的方程组为

$$\begin{cases}x_1=-\dfrac{1}{9}x_3+\dfrac{2}{9}x_4\\x_2=\dfrac{8}{3}x_3-\dfrac{7}{3}x_4\end{cases}$$

其中 x_3，x_4 为自由未知数.

令 $(x_3, x_4)=(1, 0)$，则 $(x_1, x_2)=\left(-\dfrac{1}{9}, \dfrac{8}{3}\right)$；令 $(x_3, x_4)=(0, 1)$，则 $(x_1, x_2)=\left(\dfrac{2}{9}, -\dfrac{7}{3}\right)$. 于是 $\boldsymbol{\eta}_1=\left(-\dfrac{1}{9}, \dfrac{8}{3}, 1, 0\right)^{\mathrm{T}}$，$\boldsymbol{\eta}_2=\left(\dfrac{2}{9}, -\dfrac{7}{3}, 0, 1\right)^{\mathrm{T}}$ 是该方程组的一个基础解系，故 $\boldsymbol{\eta}_1$，$\boldsymbol{\eta}_2$ 是该方程组的解空间的一个基，此解空间是 2 维的.

2. 由向量组生成子空间的一个基和维数

在有限维线性空间中，设 W 是 V 的一个子空间，W 当然也是有限维的. 设 $\boldsymbol{\alpha}_1$，$\boldsymbol{\alpha}_2$，…，$\boldsymbol{\alpha}_r$ 是 W 的一个基，从而 $W=\mathrm{span}(\boldsymbol{\alpha}_1, \boldsymbol{\alpha}_2, \cdots, \boldsymbol{\alpha}_r)$，即有限维线性空间的任一子空间可以看作是由它的一个基所生成的子空间.

关于生成子空间有下面常用的结果. 这些结果告诉我们如何求生成子空间的基与维数.

定理 6.7　(1) $\mathrm{span}(\boldsymbol{\alpha}_1, \boldsymbol{\alpha}_2, \cdots, \boldsymbol{\alpha}_r)$ 的基是向量组 $\boldsymbol{\alpha}_1$，$\boldsymbol{\alpha}_2$，…，$\boldsymbol{\alpha}_r$ 的一个极大无关组；

(2) $\mathrm{span}(\boldsymbol{\alpha}_1, \boldsymbol{\alpha}_2, \cdots, \boldsymbol{\alpha}_r)$ 的维数等于向量组的秩 $\mathrm{R}(\boldsymbol{\alpha}_1, \boldsymbol{\alpha}_2, \cdots, \boldsymbol{\alpha}_r)$；

(3) 设 $I_1=\{\boldsymbol{\alpha}_1, \boldsymbol{\alpha}_2, \cdots, \boldsymbol{\alpha}_r\}$, $I_2=\{\boldsymbol{\beta}_1, \boldsymbol{\beta}_2, \cdots, \boldsymbol{\beta}_s\}$是两个 n 维向量组，则 I_1 与 I_2 等价的充分必要条件是 $\text{span}(I_1)=\text{span}(I_2)$.

证明 (1) 对任意的 $\boldsymbol{\alpha}\in\text{span}(\boldsymbol{\alpha}_1, \boldsymbol{\alpha}_2, \cdots, \boldsymbol{\alpha}_r)$，即 $\boldsymbol{\alpha}$ 可由 $I:\{\boldsymbol{\alpha}_1, \boldsymbol{\alpha}_2, \cdots, \boldsymbol{\alpha}_r\}$线性表示. 设 I_0 是 I 的一个极大无关组，而 I 可由 I_0 线性表示，于是 $\boldsymbol{\alpha}$ 可由 I_0 线性表示，故 I_0 是 $\text{span}(\boldsymbol{\alpha}_1, \boldsymbol{\alpha}_2, \cdots, \boldsymbol{\alpha}_r)$的极大无关组，从而 I_0 是 $\text{span}(\boldsymbol{\alpha}_1, \boldsymbol{\alpha}_2, \cdots, \boldsymbol{\alpha}_r)$的一组基，即(1)成立. 进而(2)也成立.

(3)（必要性）对任意的 $\boldsymbol{\alpha}\in\text{span}(\boldsymbol{\alpha}_1, \boldsymbol{\alpha}_2, \cdots, \boldsymbol{\alpha}_r)$，即 $\boldsymbol{\alpha}$ 可由 I_1 线性表示. 又 I_1 可由 I_2 线性表示，则 $\boldsymbol{\alpha}$ 可由 I_2 线性表示，即 $\boldsymbol{\alpha}\in\text{span}(I_2)$，于是 $\text{span}(I_1)\subseteq\text{span}(I_2)$，同理可得 $\text{span}(I_1)\supseteq\text{span}(I_2)$，因此 $\text{span}(I_1)=\text{span}(I_2)$.

（充分性）对任意的 $\boldsymbol{\alpha}_i\in I_1\subseteq\text{span}(I_1)=\text{span}(I_2)$，即 $\boldsymbol{\alpha}_i$ 可由 I_2 线性表示，则 I_1 可由 I_2 线性表示；对任意的 $\boldsymbol{\beta}_j\in I_2\subseteq\text{span}(I_2)=\text{span}(I_1)$，即 $\boldsymbol{\beta}_j$ 可由 I_1 线性表示，则 I_2 可由 I_1 线性表示，于是 I_1 与 I_2 等价.

例 6.23 求 $\text{span}(\boldsymbol{\alpha}_1, \boldsymbol{\alpha}_2, \boldsymbol{\alpha}_3, \boldsymbol{\alpha}_4, \boldsymbol{\alpha}_5)$的维数与一组基，其中

$$\boldsymbol{\alpha}_1=(1, -1, 2, 4), \boldsymbol{\alpha}_2=(0, 3, 1, 2), \boldsymbol{\alpha}_3=(3, 0, 7, 14)$$
$$\boldsymbol{\alpha}_4=(1, -1, 2, 0), \boldsymbol{\alpha}_5=(2, 1, 5, 6)$$

解 将 $\boldsymbol{\alpha}_1, \boldsymbol{\alpha}_2, \boldsymbol{\alpha}_3, \boldsymbol{\alpha}_4, \boldsymbol{\alpha}_5$ 按列放置构造矩阵 $\boldsymbol{A}$，对 $\boldsymbol{A}$ 作初等行变换，

$$\boldsymbol{A}=\begin{bmatrix}1 & 0 & 3 & 1 & 2\\ -1 & 3 & 0 & -1 & 1\\ 2 & 1 & 7 & 2 & 5\\ 4 & 2 & 14 & 0 & 6\end{bmatrix}\rightarrow\begin{bmatrix}1 & 0 & 3 & 1 & 2\\ 0 & 1 & 1 & 0 & 1\\ 0 & 0 & 0 & 1 & 1\\ 0 & 0 & 0 & 0 & 0\end{bmatrix}=\boldsymbol{B}$$

由于 $\boldsymbol{B}$ 的首元出现在第 1, 2, 4 列，则 $\boldsymbol{\alpha}_1, \boldsymbol{\alpha}_2, \boldsymbol{\alpha}_4$ 是 $\boldsymbol{\alpha}_1, \boldsymbol{\alpha}_2, \boldsymbol{\alpha}_3, \boldsymbol{\alpha}_4, \boldsymbol{\alpha}_5$ 的一个极大无关组，因此 $\boldsymbol{\alpha}_1, \boldsymbol{\alpha}_2, \boldsymbol{\alpha}_4$ 是 $\text{span}(\boldsymbol{\alpha}_1, \boldsymbol{\alpha}_2, \boldsymbol{\alpha}_3, \boldsymbol{\alpha}_4, \boldsymbol{\alpha}_5)$的一组基，$\text{dimspan}(\boldsymbol{\alpha}_1, \boldsymbol{\alpha}_2, \boldsymbol{\alpha}_3, \boldsymbol{\alpha}_4, \boldsymbol{\alpha}_5)=3$.

定理 6.8 设 $\boldsymbol{\alpha}_1, \boldsymbol{\alpha}_2, \cdots, \boldsymbol{\alpha}_n$ 是数域 $\mathbb{P}$ 上线性空间 V 的一个基，$\boldsymbol{A}\in M_{n\times s}(\mathbb{P})$. 若 $(\boldsymbol{\beta}_1, \boldsymbol{\beta}_2, \cdots, \boldsymbol{\beta}_s)=(\boldsymbol{\alpha}_1, \boldsymbol{\alpha}_2, \cdots, \boldsymbol{\alpha}_n)\boldsymbol{A}$，则 $\text{dimspan}(\boldsymbol{\beta}_1, \boldsymbol{\beta}_2, \cdots, \boldsymbol{\beta}_s)=\text{R}(\boldsymbol{A})$.

证明 设 $\text{R}(\boldsymbol{A})=r$，不失一般性，设 $\boldsymbol{A}$ 的前 r 列线性无关，并将这 r 列构成的矩阵记为 $\boldsymbol{A}_1$，其余 $s-r$ 列构成的矩阵记为 $\boldsymbol{A}_2$，则 $\boldsymbol{A}=(\boldsymbol{A}_1, \boldsymbol{A}_2)$且

$$\text{R}(\boldsymbol{A}_1)=\text{R}(\boldsymbol{A})=r, (\boldsymbol{\beta}_1, \boldsymbol{\beta}_2, \cdots, \boldsymbol{\beta}_r)=(\boldsymbol{\alpha}_1, \boldsymbol{\alpha}_2, \cdots, \boldsymbol{\alpha}_n)\boldsymbol{A}_1$$

下面证明 $\boldsymbol{\beta}_1, \boldsymbol{\beta}_2, \cdots, \boldsymbol{\beta}_r$ 线性无关.

设 $k_1\boldsymbol{\beta}_1+k_2\boldsymbol{\beta}_2+\cdots+k_r\boldsymbol{\beta}_r=\boldsymbol{0}$，即 $(\boldsymbol{\beta}_1, \boldsymbol{\beta}_2, \cdots, \boldsymbol{\beta}_r)\begin{pmatrix}k_1\\ k_2\\ \vdots\\ k_r\end{pmatrix}=\boldsymbol{0}$，从而

$$(\boldsymbol{\alpha}_1, \boldsymbol{\alpha}_2, \cdots, \boldsymbol{\alpha}_n)\boldsymbol{A}_1\begin{pmatrix}k_1\\ k_2\\ \vdots\\ k_r\end{pmatrix}=\boldsymbol{0}$$

由于 $\boldsymbol{\alpha}_1, \boldsymbol{\alpha}_2, \cdots, \boldsymbol{\alpha}_n$ 是 V 的一个基，因此

$$\boldsymbol{A}_1\begin{pmatrix}k_1\\k_2\\\vdots\\k_r\end{pmatrix}=\mathbf{0} \tag{6-7}$$

又由于 $R(\boldsymbol{A}_1)=r$，则齐次线性方程组(6-7)只有零解，即 $k_1=k_2=\cdots=k_r=0$，于是 $\boldsymbol{\beta}_1$，$\boldsymbol{\beta}_2$，…，$\boldsymbol{\beta}_r$ 线性无关.

任取 $\boldsymbol{\beta}_j(j=1, 2, \cdots, s)$，将 $\boldsymbol{A}$ 的第 j 列添在 $\boldsymbol{A}_1$ 的右边构成的矩阵记为 $\boldsymbol{B}_j$，则

$$(\boldsymbol{\beta}_1, \boldsymbol{\beta}_2, \cdots, \boldsymbol{\beta}_r, \boldsymbol{\beta}_j)=(\boldsymbol{\alpha}_1, \boldsymbol{\alpha}_2, \cdots, \boldsymbol{\alpha}_n)\boldsymbol{B}_j$$

设 $l_1\boldsymbol{\beta}_1+l_2\boldsymbol{\beta}_2+\cdots+l_r\boldsymbol{\beta}_r+l_{r+1}\boldsymbol{\beta}_j=\mathbf{0}$，即

$$(\boldsymbol{\beta}_1, \boldsymbol{\beta}_2, \cdots, \boldsymbol{\beta}_r, \boldsymbol{\beta}_j)\begin{pmatrix}l_1\\\vdots\\l_r\\l_{r+1}\end{pmatrix}=\mathbf{0}$$

则
$$(\boldsymbol{\alpha}_1, \boldsymbol{\alpha}_2, \cdots, \boldsymbol{\alpha}_n)\boldsymbol{B}_j\begin{pmatrix}l_1\\\vdots\\l_r\\l_{r+1}\end{pmatrix}=\mathbf{0}$$

由于 $\boldsymbol{\alpha}_1$，$\boldsymbol{\alpha}_2$，…，$\boldsymbol{\alpha}_n$ 是 V 的一个基，因此

$$\boldsymbol{B}_j\begin{pmatrix}l_1\\\vdots\\l_r\\l_{r+1}\end{pmatrix}=\mathbf{0} \tag{6-8}$$

又由于 $R(\boldsymbol{B}_j)=r$，则齐次线性方程组(6-8)有非零解，即存在不全为零的数 l_1，l_2，…l_r，l_{r+1}，使得 $l_1\boldsymbol{\beta}_1+l_2\boldsymbol{\beta}_2+\cdots+l_r\boldsymbol{\beta}_r+l_{r+1}\boldsymbol{\beta}_j=\mathbf{0}$，于是 $\boldsymbol{\beta}_1$，$\boldsymbol{\beta}_2$，…，$\boldsymbol{\beta}_r$，$\boldsymbol{\beta}_j$ 线性相关. 故 $\boldsymbol{\beta}_1$，$\boldsymbol{\beta}_2$，…，$\boldsymbol{\beta}_r$ 为 $\boldsymbol{\beta}_1$，$\boldsymbol{\beta}_2$，…，$\boldsymbol{\beta}_s$ 的一个极大无关组，因此 $\mathrm{span}(\boldsymbol{\beta}_1, \boldsymbol{\beta}_2, \cdots, \boldsymbol{\beta}_s)$ 的维数等于 $R(\boldsymbol{A})$.

注 由证明过程可知，若 $\boldsymbol{\alpha}_1$，$\boldsymbol{\alpha}_2$，…，$\boldsymbol{\alpha}_n$ 是 V 的一个基，且

$$(\boldsymbol{\beta}_1, \boldsymbol{\beta}_2, \cdots, \boldsymbol{\beta}_s)=(\boldsymbol{\alpha}_1, \boldsymbol{\alpha}_2, \cdots, \boldsymbol{\alpha}_n)\boldsymbol{A}$$

则向量组 $\boldsymbol{\beta}_1$，$\boldsymbol{\beta}_2$，…，$\boldsymbol{\beta}_s$ 与矩阵 $\boldsymbol{A}$ 的列向量组具有相同的线性相关性，因此可对矩阵 $\boldsymbol{A}$ 作初等行变换将其化为行阶梯形矩阵来求向量组 $\boldsymbol{\beta}_1$，$\boldsymbol{\beta}_2$，…，$\boldsymbol{\beta}_s$ 的一个极大无关组，从而求出子空间 $\mathrm{span}(\boldsymbol{\beta}_1, \boldsymbol{\beta}_2, \cdots, \boldsymbol{\beta}_s)$ 的一组基和维数.

例 6.24 设 $f_1(x)=6x^4+4x^3+x^2-x+2$，$f_2(x)=x^4+2x^3+3x-4$，

$f_3(x)=x^4+4x^3-9x^2-16x+22$，$f_4(x)=7x^4+x^3-x+3$.

求 $\mathrm{span}(f_1, f_2, f_3, f_4)$ 的一组基并确定其维数.

解 由 $f_i(x)\in\mathbb{F}[x]_5$，取 $\mathbb{F}[x]_5$ 的一组基 $1, x, x^2, x^3, x^4$，则

$$(f_1, f_2, f_3, f_4)=(1, x, x^2, x^3, x^4)\begin{bmatrix}2&-4&22&3\\-1&3&-16&-1\\1&0&-9&0\\4&2&4&1\\6&1&1&7\end{bmatrix}$$

设上式右边矩阵列向量依次为$\boldsymbol{\alpha}_1$，$\boldsymbol{\alpha}_2$，$\boldsymbol{\alpha}_3$，$\boldsymbol{\alpha}_4$，由初等行变换可以求出它的极大线性无关组为$\boldsymbol{\alpha}_1$，$\boldsymbol{\alpha}_2$，$\boldsymbol{\alpha}_3$，$\boldsymbol{\alpha}_4$. 因此，f_1，f_2，f_3，f_4 为 $\mathrm{span}(f_1, f_2, f_3, f_4)$的一个基，并且其维数为 4.

线性子空间也是数域$\mathbb{P}$上的线性空间，当然有基与维数，那么线性空间的基与维数与其子空间的基与维数有何关系？

定理 6.9　在 n 维线性空间 V 中，任意一个线性无关的向量组$\boldsymbol{\alpha}_1$，$\boldsymbol{\alpha}_2$，…，$\boldsymbol{\alpha}_m$ $(m\leqslant n)$都可以扩充成为 V 的一个基.

证明　设 $B_1=\{\boldsymbol{\alpha}_1, \boldsymbol{\alpha}_2, \cdots, \boldsymbol{\alpha}_m\}$，$W=\mathrm{span}(\boldsymbol{\alpha}_1, \boldsymbol{\alpha}_2, \cdots, \boldsymbol{\alpha}_m)$，由于向量组$\boldsymbol{\alpha}_1$，$\boldsymbol{\alpha}_2$，…，$\boldsymbol{\alpha}_m$ 线性无关，因此 W 是 n 维线性空间 V 的一个 m 维子空间. 那么需要证明的是，在 V 中找到一个由 $n-m$ 个向量组成的子集 $\boldsymbol{B}_2=\{\boldsymbol{\alpha}_{m+1}, \cdots, \boldsymbol{\alpha}_n\}$使 $\boldsymbol{B}=\boldsymbol{B}_1\cup\boldsymbol{B}_2$ 是 V 的一个基. 下面对维数差 $n-m=k$ 用数学归纳法.

当 $n-m=0$ 时，因为 B_1 已是 V 的一个基，所以定理显然成立.

现在假定 $n-m=k>0$ 时成立，考虑 $n-m=k+1$ 的情形. 由于 B_1 不是 V 的一个基，但它是 W 的(从而也是 V 的)一个线性无关的子集，因此在 V 中必定有一个向量$\boldsymbol{\alpha}_{m+1}$不能由 $\boldsymbol{B}_1$ 中的向量线性表示，由线性相关的性质，$B_1\cup\{\boldsymbol{\alpha}_{m+1}\}$是 V 的一个线性无关子集. 由定理 6.7 知，$\mathrm{dimspan}(B_1\cup\{\boldsymbol{\alpha}_{m+1}\})=m+1$. 因为 $n-(m+1)=(n-m)-1=k+1-1=k$，所以由归纳假设，V 的子空间 $\mathrm{span}(B_1\cup\{\boldsymbol{\alpha}_{m+1}\})$的一个基 $B_1\cup\{\alpha_{m+1}\}$可以扩充为 V 的基.

例 6.25　将 $\mathrm{span}(\boldsymbol{\alpha}_1, \boldsymbol{\alpha}_2, \boldsymbol{\alpha}_3, \boldsymbol{\alpha}_4, \boldsymbol{\alpha}_5)$的一组基扩充为$\mathbb{F}^4$的一组基，其中

$$\boldsymbol{\alpha}_1=(1, -1, 2, 4), \boldsymbol{\alpha}_2=(0, 3, 1, 2), \boldsymbol{\alpha}_3=(3, 0, 7, 14)$$
$$\boldsymbol{\alpha}_4=(1, -1, 2, 0), \boldsymbol{\alpha}_5=(2, 1, 5, 6)$$

解　由例 6.23 知，$\boldsymbol{\alpha}_1$，$\boldsymbol{\alpha}_2$，$\boldsymbol{\alpha}_4$ 是 $\mathrm{span}(\boldsymbol{\alpha}_1, \boldsymbol{\alpha}_2, \boldsymbol{\alpha}_3, \boldsymbol{\alpha}_4, \boldsymbol{\alpha}_5)$的一组基.

由于$\begin{vmatrix} 1 & 0 & 1 \\ -1 & 3 & -1 \\ 4 & 2 & 0 \end{vmatrix}=-12\neq 0$，则$\boldsymbol{C}=\begin{bmatrix} 1 & 0 & 1 & 0 \\ -1 & 3 & -1 & 0 \\ 2 & 1 & 2 & 1 \\ 4 & 2 & 0 & 0 \end{bmatrix}$可逆. 令 $\boldsymbol{\gamma}=(0, 0, 1, 0)$，则 $\boldsymbol{\alpha}_1$，$\boldsymbol{\alpha}_2$，$\boldsymbol{\alpha}_4$，γ 线性无关，从而是$\mathbb{P}^4$ 的一组基.

如果 V_1，V_2 是线性空间 V 的子空间，显然子空间 $\boldsymbol{V}_1$，$\boldsymbol{V}_2$ 的和 V_1+V_2 与交 $V_1\cap V_2$ 也是 V 的子空间，那么 V_1，V_2，V_1+V_2 与 $V_1\cap V_2$ 这四个子空间的维数之间有什么关系？

命题 6.1　设 $\boldsymbol{\alpha}_1$，$\boldsymbol{\alpha}_2$，…，$\boldsymbol{\alpha}_s$；$\boldsymbol{\beta}_1$，$\boldsymbol{\beta}_2$，…，$\boldsymbol{\beta}_t$ 为线性空间 V 中两向量组，则

$$\mathrm{span}(\boldsymbol{\alpha}_1, \boldsymbol{\alpha}_2, \cdots, \boldsymbol{\alpha}_s)+\mathrm{span}(\boldsymbol{\beta}_1, \boldsymbol{\beta}_2, \cdots, \boldsymbol{\beta}_t)=\mathrm{span}(\boldsymbol{\alpha}_1, \boldsymbol{\alpha}_2, \cdots, \boldsymbol{\alpha}_s, \boldsymbol{\beta}_1, \boldsymbol{\beta}_2, \cdots, \boldsymbol{\beta}_t)$$

此命题容易得到，请读者自行完成证明.

定理 6.10　设 W_1 与 W_2 是数域$\mathbb{F}$上 n 维线性空间 V 的子空间，则

$$\dim(W_1+W_2)=\dim W_1+\dim W_2-\dim(W_1\cap W_2)$$

证明　设 $\dim W_1=n_1$，$\dim W_2=n_2$，$\dim(W_1\cap W_2)=m$，取 $W_1\cap W_2$ 的一个基为 $B_0=\{\boldsymbol{\alpha}_1, \cdots, \boldsymbol{\alpha}_m\}$. 如果 $m=0$，这个基是空集，下面的讨论中$\boldsymbol{\alpha}_1$，…，$\boldsymbol{\alpha}_m$ 不出现，但是讨论同样可以进行.

由于 $W_1\cap W_2$ 是 W_1 与 W_2 的子空间，由基扩充定理，$B_0=\{\boldsymbol{\alpha}_1, \cdots, \boldsymbol{\alpha}_m\}$可以扩充成为 W_1 的一组基 $B_1=\{\boldsymbol{\alpha}_1, \boldsymbol{\alpha}_2, \cdots, \boldsymbol{\alpha}_m, \cdots, \boldsymbol{\beta}_1, \boldsymbol{\beta}_2, \cdots, \boldsymbol{\beta}_{n_1-m}\}$；同样，它也可以扩充成为 W_2 的一组基 $B_2=\{\boldsymbol{\alpha}_1, \boldsymbol{\alpha}_2, \cdots, \boldsymbol{\alpha}_m, \cdots, \boldsymbol{\gamma}_1, \boldsymbol{\gamma}_2, \cdots, \boldsymbol{\gamma}_{n_2-m}\}$. 下面欲证 $B_1\cup B_2$ 是 W_1+W_2 的一个基.

首先，因为 $W_1=\mathrm{span}(B_1)$，$W_2=\mathrm{span}(B_2)$，由命题 6.1，所以

$$W_1+W_2=\mathrm{span}(B_1)+\mathrm{span}(B_2)=\mathrm{span}(B_1\cup B_2)$$

其次，只用证明 $B_1\cup B_2$ 线性无关即可.

设 $k_1\boldsymbol{\alpha}_1+k_2\boldsymbol{\alpha}_2+\cdots+k_m\boldsymbol{\alpha}_m+p_1\boldsymbol{\beta}_1+p_2\boldsymbol{\beta}_2+\cdots+p_{n_1-m}\boldsymbol{\beta}_{n_1-m}+q_1\boldsymbol{\gamma}_1+\cdots+q_{n_2-m}\boldsymbol{\gamma}_{n_2-m}=\mathbf{0}$. 令

$$\boldsymbol{\alpha}=k_1\boldsymbol{\alpha}_1+\cdots+k_m\boldsymbol{\alpha}_m+p_1\boldsymbol{\beta}_1+\cdots+p_{n_1-m}\boldsymbol{\beta}_{n_1-m} \tag{6-9}$$

$$\boldsymbol{\alpha}=-q_1\boldsymbol{\gamma}_1-q_2\boldsymbol{\gamma}_2\cdots-q_{n_2-m}\boldsymbol{\gamma}_{n_2-m} \tag{6-10}$$

由式(6-9)和式(6-10)知，$\boldsymbol{\alpha}\in W_1\cap W_2$. 即 $\boldsymbol{\alpha}$ 可由$\boldsymbol{\alpha}_1$，$\boldsymbol{\alpha}_2$，…，$\boldsymbol{\alpha}_m$ 线性表示，则

$$\boldsymbol{\alpha}=l_1\boldsymbol{\alpha}_1+l_2\boldsymbol{\alpha}_2+\cdots+l_m\boldsymbol{\alpha}_m \tag{6-11}$$

结合式(6-10)和式(6-11)知，$l_1\boldsymbol{\alpha}_1+l_2\boldsymbol{\alpha}_2+\cdots+l_m\boldsymbol{\alpha}_m+q_1\boldsymbol{\gamma}_1+\cdots+q_{n_2-m}\boldsymbol{\gamma}_{n_2-m}=\mathbf{0}$. 由于向量组 B_2 是 W_2 的一组基，从而 B_2 线性无关，因此 $l_1=l_2=\cdots=l_m=q_1=q_2\cdots=q_{n_2-m}=0$.

由式(6-11)知 $\boldsymbol{\alpha}=0$，结合式(6-9)得，

$$k_1\boldsymbol{\alpha}_1+k_2\boldsymbol{\alpha}_2\cdots+k_m\boldsymbol{\alpha}_m+p_1\boldsymbol{\beta}_1+p_2\boldsymbol{\beta}_2\cdots+p_{n_1-m}\boldsymbol{\beta}_{n_1-m}=\mathbf{0}$$

而向量组 B_1 是 W_1 的一组基，从而 B_1 线性无关，因此 $k_1=\cdots=k_m=p_1=\cdots=p_{n_1-m}=0$，故 $B_1\cup B_2$ 线性无关. 因此，$B_1\cup B_2$ 是 W_1+W_2 的一个基. 则

$$\begin{aligned}\dim(W_1+W_2)&=m+(n_1-m)+(n_2-m)=n_1+n_2-m\\&=\dim W_1+\dim W_2-\dim(W_1\cap W_2)\end{aligned}$$

例 6.26　求由向量$\boldsymbol{\alpha}_1=(1,2,1,0)$，$\boldsymbol{\alpha}_2=(-1,1,1,1)$生成的子空间与由向量$\boldsymbol{\beta}_1=(2,-1,0,1)$，$\boldsymbol{\beta}_2=(1,-1,3,7)$生成的子空间的交与和的一个基与维数.

解　令 $W_1=\mathrm{span}(\boldsymbol{\alpha}_1,\boldsymbol{\alpha}_2)$，$W_2=\mathrm{span}(\boldsymbol{\beta}_1,\boldsymbol{\beta}_2)$.

(1) 求 W_1+W_2 的一个基与维数.

由于 $W_1+W_2=\mathrm{span}(\boldsymbol{\alpha}_1,\boldsymbol{\alpha}_2,\boldsymbol{\beta}_1,\boldsymbol{\beta}_2)$，从而 W_1+W_2 的一个基为向量组$\boldsymbol{\alpha}_1$，$\boldsymbol{\alpha}_2$，$\boldsymbol{\beta}_1$，$\boldsymbol{\beta}_2$ 的一个极大无关组，维数为 $\mathrm{R}(\boldsymbol{\alpha}_1,\boldsymbol{\alpha}_2,\boldsymbol{\beta}_1,\boldsymbol{\beta}_2)$.

以$\boldsymbol{\alpha}_1$，$\boldsymbol{\alpha}_2$，$\boldsymbol{\beta}_1$，$\boldsymbol{\beta}_2$ 为列构造矩阵 $\mathbf{A}$，则

$$\mathbf{A}=\begin{bmatrix}1&-1&2&1\\2&1&-1&-1\\1&1&0&3\\0&1&1&7\end{bmatrix}$$

将矩阵 $\mathbf{A}$ 通过初等行变换化为阶梯形矩阵为

$$\begin{bmatrix}1&-1&2&1\\0&1&-1&1\\0&0&1&3\\0&0&0&0\end{bmatrix}$$

于是$\boldsymbol{\alpha}_1$，$\boldsymbol{\alpha}_2$，$\boldsymbol{\beta}_1$ 是$\boldsymbol{\alpha}_1$，$\boldsymbol{\alpha}_2$，$\boldsymbol{\beta}_1$，$\boldsymbol{\beta}_2$ 的极大无关组，从而$\{\boldsymbol{\alpha}_1,\boldsymbol{\alpha}_2,\boldsymbol{\beta}_1\}$是 W_1+W_2 的一个基，W_1+W_2 的维数是 3.

(2) 求 $W_1\cap W_2$ 的一个基与维数.

由于 W_1，W_2 的一个基分别为$\{\boldsymbol{\alpha}_1,\boldsymbol{\alpha}_2\}$，$\{\boldsymbol{\beta}_1,\boldsymbol{\beta}_2\}$，从而 W_1，W_2 的维数均为 2，因此利用维数公式得 $W_1\cap W_2$ 的维数为 1.

对任意 $\boldsymbol{\alpha}\in W_1\cap W_2$，则 $\boldsymbol{\alpha}\in W_1$，$\boldsymbol{\alpha}\in W_2$. 将矩阵 $\mathbf{A}$ 化为简化阶梯形为

$$\begin{bmatrix}1 & 0 & 0 & -1\\0 & 1 & 0 & 4\\0 & 0 & 1 & 3\\0 & 0 & 0 & 0\end{bmatrix}$$

即$\boldsymbol{\beta}_2=-\boldsymbol{\alpha}_1+4\boldsymbol{\alpha}_2+3\boldsymbol{\beta}_1$，从而$-\boldsymbol{\alpha}_1+4\boldsymbol{\alpha}_2=-3\boldsymbol{\beta}_1+\boldsymbol{\beta}_2\in W_1\cap W_2$. 因此可取

$$\boldsymbol{\alpha}=-\boldsymbol{\alpha}_1+4\boldsymbol{\alpha}_2=(-5,2,3,4)$$

则$\{(-5,2,3,4)\}$是$W_1\cap W_2$的一个基，其维数是1.

本节告诉我们，在有限维线性空间V中，只要找到V的一组基，则V中每一个向量的形式就清楚了，从而V的结构也就清楚了.

6.4 基变换与坐标变换

在n维线性空间中，任意n个线性无关的向量都可以取作线性空间的基. 也就是说，基是不唯一的. 那么不同基之间有什么关系？下面具体来讨论这个问题.

为了使后面推导简洁，我们首先介绍一些记法. 设V为数域$\mathbb{F}$上的n维线性空间，$\boldsymbol{\alpha}_1$，$\boldsymbol{\alpha}_2$，…，$\boldsymbol{\alpha}_n$为V中的一组向量，若

$$\boldsymbol{\beta}=x_1\boldsymbol{\alpha}_1+x_2\boldsymbol{\alpha}_2+\cdots+x_n\boldsymbol{\alpha}_n$$

则记作$\boldsymbol{\beta}=(\boldsymbol{\alpha}_1,\boldsymbol{\alpha}_2,\cdots,\boldsymbol{\alpha}_n)\begin{pmatrix}x_1\\x_2\\\vdots\\x_n\end{pmatrix}$.

设V为数域$\mathbb{F}$上的n维线性空间，$\boldsymbol{\alpha}_1$，$\boldsymbol{\alpha}_2$，…，$\boldsymbol{\alpha}_n$和$\boldsymbol{\beta}_1$，$\boldsymbol{\beta}_2$，…，$\boldsymbol{\beta}_n$是V中两个向量组，若

$$\begin{cases}\boldsymbol{\beta}_1=a_{11}\boldsymbol{\alpha}_1+a_{21}\boldsymbol{\alpha}_2+\cdots+a_{n1}\boldsymbol{\alpha}_n\\\boldsymbol{\beta}_2=a_{12}\boldsymbol{\alpha}_1+a_{22}\boldsymbol{\alpha}_2+\cdots+a_{n2}\boldsymbol{\alpha}_n\\\qquad\vdots\\\boldsymbol{\beta}_n=a_{1n}\boldsymbol{\alpha}_1+a_{2n}\boldsymbol{\alpha}_2+\cdots+a_{nn}\boldsymbol{\alpha}_n\end{cases}$$

则记作

$$(\boldsymbol{\beta}_1,\boldsymbol{\beta}_2,\cdots,\boldsymbol{\beta}_n)=(\boldsymbol{\alpha}_1,\boldsymbol{\alpha}_2,\cdots,\boldsymbol{\alpha}_n)\begin{bmatrix}a_{11} & a_{12} & \cdots & a_{1n}\\a_{21} & a_{22} & \cdots & a_{2n}\\\vdots & \vdots & & \vdots\\a_{n1} & a_{n2} & \cdots & a_{nn}\end{bmatrix}$$

在这种记法下，有以下运算规律：

(1) 设$\boldsymbol{\alpha}_1$，$\boldsymbol{\alpha}_2$，…，$\boldsymbol{\alpha}_n\in V$，$a_i$，$b_j\in\mathbb{F}$，$1\leqslant i$，$j\leqslant n$，

$$(\boldsymbol{\alpha}_1,\boldsymbol{\alpha}_2,\cdots,\boldsymbol{\alpha}_n)\begin{pmatrix}a_1\\a_2\\\vdots\\a_n\end{pmatrix}+(\boldsymbol{\alpha}_1,\boldsymbol{\alpha}_2,\cdots,\boldsymbol{\alpha}_n)\begin{pmatrix}b_1\\b_2\\\vdots\\b_n\end{pmatrix}=(\boldsymbol{\alpha}_1,\boldsymbol{\alpha}_2,\cdots,\boldsymbol{\alpha}_n)\begin{pmatrix}a_1+b_1\\a_2+b_2\\\vdots\\a_n+b_n\end{pmatrix}$$

若$\boldsymbol{\alpha}_1, \boldsymbol{\alpha}_2, \cdots, \boldsymbol{\alpha}_n$线性无关，则

$$(\boldsymbol{\alpha}_1, \boldsymbol{\alpha}_2, \cdots, \boldsymbol{\alpha}_n)\begin{pmatrix} a_1 \\ a_2 \\ \vdots \\ a_n \end{pmatrix} = (\boldsymbol{\alpha}_1, \boldsymbol{\alpha}_2, \cdots, \boldsymbol{\alpha}_n)\begin{pmatrix} b_1 \\ b_2 \\ \vdots \\ b_n \end{pmatrix} \Rightarrow \begin{pmatrix} a_1 \\ a_2 \\ \vdots \\ a_n \end{pmatrix} = \begin{pmatrix} b_1 \\ b_2 \\ \vdots \\ b_n \end{pmatrix}$$

(2) 设$\boldsymbol{\alpha}_1, \boldsymbol{\alpha}_2, \cdots, \boldsymbol{\alpha}_n$和$\boldsymbol{\beta}_1, \boldsymbol{\beta}_2, \cdots, \boldsymbol{\beta}_n$是$V$中两个向量组，$\boldsymbol{A}=(a_{ij})$，$\boldsymbol{B}=(b_{ij})$是两个$n\times n$矩阵，那么

$$((\boldsymbol{\alpha}_1, \boldsymbol{\alpha}_2, \cdots, \boldsymbol{\alpha}_n)\boldsymbol{A})\boldsymbol{B} = (\boldsymbol{\alpha}_1, \boldsymbol{\alpha}_2, \cdots, \boldsymbol{\alpha}_n)(\boldsymbol{AB})$$

$$(\boldsymbol{\alpha}_1, \boldsymbol{\alpha}_2, \cdots, \boldsymbol{\alpha}_n)\boldsymbol{A} + (\boldsymbol{\alpha}_1, \boldsymbol{\alpha}_2, \cdots, \boldsymbol{\alpha}_n)\boldsymbol{B} = (\boldsymbol{\alpha}_1, \boldsymbol{\alpha}_2, \cdots, \boldsymbol{\alpha}_n)(\boldsymbol{A}+\boldsymbol{B});$$

$$(\boldsymbol{\alpha}_1, \boldsymbol{\alpha}_2, \cdots, \boldsymbol{\alpha}_n)\boldsymbol{A} + (\boldsymbol{\beta}_1, \boldsymbol{\beta}_2, \cdots, \boldsymbol{\beta}_n)\boldsymbol{A} = (\boldsymbol{\alpha}_1+\boldsymbol{\beta}_1, \boldsymbol{\alpha}_2+\boldsymbol{\beta}_2, \cdots, \boldsymbol{\alpha}_n+\boldsymbol{\beta}_n)\boldsymbol{A}$$

若$\boldsymbol{\alpha}_1, \boldsymbol{\alpha}_2, \cdots, \boldsymbol{\alpha}_n$线性无关，则$(\boldsymbol{\alpha}_1, \boldsymbol{\alpha}_2, \cdots, \boldsymbol{\alpha}_n)\boldsymbol{A}=(\boldsymbol{\alpha}_1, \boldsymbol{\alpha}_2, \cdots, \boldsymbol{\alpha}_n)\boldsymbol{B}\Leftrightarrow\boldsymbol{A}=\boldsymbol{B}$.

我们已经知道线性空间的任意两个基是等价的，即它们可以互相线性表示. 设$\boldsymbol{\varepsilon}_1, \boldsymbol{\varepsilon}_2, \cdots, \boldsymbol{\varepsilon}_n$与$\boldsymbol{\varepsilon}_1', \boldsymbol{\varepsilon}_2', \cdots, \boldsymbol{\varepsilon}_n'$是$n$维线性空间$V$中两组基，它们的关系是

$$\begin{cases} \boldsymbol{\varepsilon}_1' = a_{11}\boldsymbol{\varepsilon}_1 + a_{21}\boldsymbol{\varepsilon}_2 + \cdots + a_{n1}\boldsymbol{\varepsilon}_n \\ \boldsymbol{\varepsilon}_2' = a_{12}\boldsymbol{\varepsilon}_1 + a_{22}\boldsymbol{\varepsilon}_2 + \cdots + a_{n2}\boldsymbol{\varepsilon}_n \\ \qquad\vdots \\ \boldsymbol{\varepsilon}_n' = a_{1n}\boldsymbol{\varepsilon}_1 + a_{2n}\boldsymbol{\varepsilon}_2 + \cdots + a_{nn}\boldsymbol{\varepsilon}_n \end{cases} \tag{6-12}$$

则方程组(6-12)可以写成

$$(\boldsymbol{\varepsilon}_1', \boldsymbol{\varepsilon}_2', \cdots, \boldsymbol{\varepsilon}_n') = (\boldsymbol{\varepsilon}_1, \boldsymbol{\varepsilon}_2, \cdots, \boldsymbol{\varepsilon}_n)\begin{bmatrix} a_{11} & a_{12} & \cdots & a_{1n} \\ a_{21} & a_{22} & \cdots & a_{2n} \\ \vdots & \vdots & & \vdots \\ a_{n1} & a_{n2} & \cdots & a_{nn} \end{bmatrix} \tag{6-13}$$

式(6-12)与式(6-13)称为基变换公式. 矩阵

$$\boldsymbol{A} = \begin{bmatrix} a_{11} & a_{12} & \cdots & a_{1n} \\ a_{21} & a_{22} & \cdots & a_{2n} \\ \vdots & \vdots & & \vdots \\ a_{n1} & a_{n2} & \cdots & a_{nn} \end{bmatrix}$$

称为由基$\boldsymbol{\varepsilon}_1, \boldsymbol{\varepsilon}_2, \cdots, \boldsymbol{\varepsilon}_n$到$\boldsymbol{\varepsilon}_1', \boldsymbol{\varepsilon}_2', \cdots, \boldsymbol{\varepsilon}_n'$的过渡矩阵.

可以看出，式(6-12)中各式的系数$(a_{1j}, a_{2j}, \cdots, a_{nj})$ $(j=1, 2, \cdots, n)$，实际上就是第二组基向量$\boldsymbol{\varepsilon}_j'(j=1, 2, \cdots, n)$在第一组基下的坐标. 向量$\boldsymbol{\varepsilon}_1', \boldsymbol{\varepsilon}_2', \cdots, \boldsymbol{\varepsilon}_n'$的线性无关性保证了式(6-12)中系数矩阵的行列式不为零. 换句话说，过渡矩阵是可逆的. 反过来，任一可逆矩阵都可看成是两组基之间的过渡矩阵.

定理 6.11　设$\boldsymbol{\alpha}_1, \boldsymbol{\alpha}_2, \cdots, \boldsymbol{\alpha}_n$与$\boldsymbol{\beta}_1, \boldsymbol{\beta}_2, \cdots, \boldsymbol{\beta}_n$是$n$维线性空间$V$中的两组向量，已知$\boldsymbol{\beta}_1, \boldsymbol{\beta}_2, \cdots, \boldsymbol{\beta}_n$可由$\boldsymbol{\alpha}_1, \boldsymbol{\alpha}_2, \cdots, \boldsymbol{\alpha}_n$线性表示

$$\begin{cases} \boldsymbol{\beta}_1 = a_{11}\boldsymbol{\alpha}_1 + a_{21}\boldsymbol{\alpha}_2 + \cdots + a_{n1}\boldsymbol{\alpha}_n \\ \boldsymbol{\beta}_2 = a_{12}\boldsymbol{\alpha}_1 + a_{22}\boldsymbol{\alpha}_2 + \cdots + a_{n2}\boldsymbol{\alpha}_n \\ \qquad\vdots \\ \boldsymbol{\beta}_n = a_{1n}\boldsymbol{\alpha}_1 + a_{2n}\boldsymbol{\alpha}_2 + \cdots + a_{nn}\boldsymbol{\alpha}_n \end{cases}$$

则

(1) 如果$\boldsymbol{\alpha}_1, \boldsymbol{\alpha}_2, \cdots, \boldsymbol{\alpha}_n$ 是 V 的一组基，那么矩阵

$$\boldsymbol{A}=\begin{bmatrix} a_{11} & a_{12} & \cdots & a_{1n} \\ a_{21} & a_{22} & \cdots & a_{2n} \\ \vdots & \vdots & & \vdots \\ a_{n1} & a_{n2} & \cdots & a_{nn} \end{bmatrix}$$

可逆的充分必要条件是$\boldsymbol{\beta}_1, \boldsymbol{\beta}_2, \cdots, \boldsymbol{\beta}_n$ 也是 V 的一组基.

(2) 如果矩阵 $\boldsymbol{A}$ 可逆，那么或者$\boldsymbol{\alpha}_1, \boldsymbol{\alpha}_2, \cdots, \boldsymbol{\alpha}_n$ 与$\boldsymbol{\beta}_1, \boldsymbol{\beta}_2, \cdots, \boldsymbol{\beta}_n$ 都是 V 的基或者都不是.

证明 (1)(充分性) 若$\boldsymbol{\beta}_1, \boldsymbol{\beta}_2, \cdots, \boldsymbol{\beta}_n$ 也是 V 的一组基，设

$$(\boldsymbol{\alpha}_1, \boldsymbol{\alpha}_2, \cdots, \boldsymbol{\alpha}_n)=(\boldsymbol{\beta}_1, \boldsymbol{\beta}_2, \cdots, \boldsymbol{\beta}_n)\boldsymbol{B}$$

则$(\boldsymbol{\beta}_1, \boldsymbol{\beta}_2, \cdots, \boldsymbol{\beta}_n)=((\boldsymbol{\beta}_1, \boldsymbol{\beta}_2, \cdots, \boldsymbol{\beta}_n)\boldsymbol{B})\boldsymbol{A}=(\boldsymbol{\beta}_1, \boldsymbol{\beta}_2, \cdots, \boldsymbol{\beta}_n)(\boldsymbol{BA})$，由基到自身的过渡矩阵是单位矩阵知 $\boldsymbol{BA}=\boldsymbol{E}$，故 $\boldsymbol{A}$ 可逆.

(必要性) 由于$(\boldsymbol{\beta}_1, \boldsymbol{\beta}_2, \cdots, \boldsymbol{\beta}_n)=(\boldsymbol{\alpha}_1, \boldsymbol{\alpha}_2, \cdots, \boldsymbol{\alpha}_n)\boldsymbol{A}$，$\boldsymbol{A}$ 可逆，从而

$$(\boldsymbol{\alpha}_1, \boldsymbol{\alpha}_2, \cdots, \boldsymbol{\alpha}_n)=(\boldsymbol{\beta}_1, \boldsymbol{\beta}_2, \cdots, \boldsymbol{\beta}_n)\boldsymbol{A}^{-1}$$

则这两组向量等价，而$\boldsymbol{\alpha}_1, \boldsymbol{\alpha}_2, \cdots, \boldsymbol{\alpha}_n$ 是 V 的一组基，即它线性无关，于是$\mathrm{R}(\boldsymbol{\beta}_1, \boldsymbol{\beta}_2, \cdots, \boldsymbol{\beta}_n)=\mathrm{R}(\boldsymbol{\alpha}_1, \boldsymbol{\alpha}_2, \cdots, \boldsymbol{\alpha}_n)=n$，故$\boldsymbol{\beta}_1, \boldsymbol{\beta}_2, \cdots, \boldsymbol{\beta}_n$ 线性无关. 又由于 $\dim V=n$，故$\boldsymbol{\beta}_1, \boldsymbol{\beta}_2, \cdots, \boldsymbol{\beta}_n$ 也是 V 的一组基.

(2) 由于$(\boldsymbol{\beta}_1, \boldsymbol{\beta}_2, \cdots, \boldsymbol{\beta}_n)=(\boldsymbol{\alpha}_1, \boldsymbol{\alpha}_2, \cdots, \boldsymbol{\alpha}_n)\boldsymbol{A}$，$\boldsymbol{A}$ 可逆，则这两组向量等价，因此 $\mathrm{R}(\boldsymbol{\beta}_1, \boldsymbol{\beta}_2, \cdots, \boldsymbol{\beta}_n)=\mathrm{R}(\boldsymbol{\alpha}_1, \boldsymbol{\alpha}_2, \cdots, \boldsymbol{\alpha}_n)$.

当 $\mathrm{R}(\boldsymbol{\beta}_1, \boldsymbol{\beta}_2, \cdots, \boldsymbol{\beta}_n)=\mathrm{R}(\boldsymbol{\alpha}_1, \boldsymbol{\alpha}_2, \cdots, \boldsymbol{\alpha}_n)=n$ 时，这两组向量线性无关，故都是 V 的基；

当 $\mathrm{R}(\boldsymbol{\beta}_1, \boldsymbol{\beta}_2, \cdots, \boldsymbol{\beta}_n)=\mathrm{R}(\boldsymbol{\alpha}_1, \boldsymbol{\alpha}_2, \cdots, \boldsymbol{\alpha}_n)<n$ 时，这两组向量线性相关，故都不是 V 的基.

由过渡矩阵的定义容易得到下面的命题.

命题 6.2 设$\boldsymbol{\varepsilon}_1, \boldsymbol{\varepsilon}_2, \cdots, \boldsymbol{\varepsilon}_n, \boldsymbol{\eta}_1, \boldsymbol{\eta}_2, \cdots, \boldsymbol{\eta}_n, \boldsymbol{\gamma}_1, \boldsymbol{\gamma}_2, \cdots, \boldsymbol{\gamma}_n$ 都是线性空间 V 的基.

(1) 如果由$\boldsymbol{\varepsilon}_1, \boldsymbol{\varepsilon}_2, \cdots, \boldsymbol{\varepsilon}_n$ 到$\boldsymbol{\eta}_1, \boldsymbol{\eta}_2, \cdots, \boldsymbol{\eta}_n$ 的过渡矩阵是$\boldsymbol{A}$，那么$\boldsymbol{\eta}_1, \boldsymbol{\eta}_2, \cdots, \boldsymbol{\eta}_n$ 到$\boldsymbol{\varepsilon}_1, \boldsymbol{\varepsilon}_2, \cdots, \boldsymbol{\varepsilon}_n$ 的过渡矩阵是$\boldsymbol{A}^{-1}$.

(2) 如果由$\boldsymbol{\varepsilon}_1, \boldsymbol{\varepsilon}_2, \cdots, \boldsymbol{\varepsilon}_n$ 到$\boldsymbol{\eta}_1, \boldsymbol{\eta}_2, \cdots, \boldsymbol{\eta}_n$ 的过渡矩阵是$\boldsymbol{A}$，$\boldsymbol{\eta}_1, \boldsymbol{\eta}_2, \cdots, \boldsymbol{\eta}_n$ 到$\boldsymbol{\gamma}_1, \boldsymbol{\gamma}_2, \cdots, \boldsymbol{\gamma}_n$ 的过渡矩阵是$\boldsymbol{B}$，则由$\boldsymbol{\varepsilon}_1, \boldsymbol{\varepsilon}_2, \cdots, \boldsymbol{\varepsilon}_n$ 到$\boldsymbol{\gamma}_1, \boldsymbol{\gamma}_2, \cdots, \boldsymbol{\gamma}_n$ 的过渡矩阵是$\boldsymbol{AB}$.

例 6.27 设 $I_0:\{\boldsymbol{\alpha}_1, \boldsymbol{\alpha}_2, \boldsymbol{\alpha}_3\}$是线性空间 V 的一组基，且向量组 $I_1:\{\boldsymbol{\beta}_1, \boldsymbol{\beta}_2, \boldsymbol{\beta}_3\}$满足

$$\begin{cases} \boldsymbol{\beta}_1+\boldsymbol{\beta}_3=\boldsymbol{\alpha}_1+\boldsymbol{\alpha}_2+\boldsymbol{\alpha}_3 \\ \boldsymbol{\beta}_1+\boldsymbol{\beta}_2=\boldsymbol{\alpha}_2+\boldsymbol{\alpha}_3 \\ \boldsymbol{\beta}_2+\boldsymbol{\beta}_3=\boldsymbol{\alpha}_1+\boldsymbol{\alpha}_3 \end{cases}$$

(1) 证明 $I_1:\{\boldsymbol{\beta}_1, \boldsymbol{\beta}_2, \boldsymbol{\beta}_3\}$也是 V 的基.

(2) 求由 $I_1:\{\boldsymbol{\beta}_1, \boldsymbol{\beta}_2, \boldsymbol{\beta}_3\}$到 $I_0:\{\boldsymbol{\alpha}_1, \boldsymbol{\alpha}_2, \boldsymbol{\alpha}_3\}$的过渡矩阵.

解 (1) 由已知

$$(\boldsymbol{\beta}_1, \boldsymbol{\beta}_2, \boldsymbol{\beta}_3)\begin{bmatrix} 1 & 1 & 0 \\ 0 & 1 & 1 \\ 1 & 0 & 1 \end{bmatrix}=(\boldsymbol{\alpha}_1, \boldsymbol{\alpha}_2, \boldsymbol{\alpha}_3)\begin{bmatrix} 1 & 0 & 1 \\ 1 & 1 & 0 \\ 1 & 1 & 1 \end{bmatrix}$$

令 $A=\begin{bmatrix}1&0&1\\1&1&0\\1&1&1\end{bmatrix}$，$B=\begin{bmatrix}1&1&0\\0&1&1\\1&0&1\end{bmatrix}$，由于 $|A|=1$，$|B|=2$，因此 A，B 可逆. 于是

$$(\boldsymbol{\beta}_1,\boldsymbol{\beta}_2,\boldsymbol{\beta}_3)=(\boldsymbol{\alpha}_1,\boldsymbol{\alpha}_2,\boldsymbol{\alpha}_3)AB^{-1}$$

又由于 AB^{-1} 可逆，因此 I_1：$\{\boldsymbol{\beta}_1,\boldsymbol{\beta}_2,\boldsymbol{\beta}_3\}$ 也是 V 的基.

(2) 由 $(\boldsymbol{\beta}_1,\boldsymbol{\beta}_2,\boldsymbol{\beta}_3)=(\boldsymbol{\alpha}_1,\boldsymbol{\alpha}_2,\boldsymbol{\alpha}_3)AB^{-1}$ 知 $(\boldsymbol{\alpha}_1,\boldsymbol{\alpha}_2,\boldsymbol{\alpha}_3)=(\boldsymbol{\beta}_1,\boldsymbol{\beta}_2,\boldsymbol{\beta}_3)BA^{-1}$，于是 I_1 到 I_0 的过渡矩阵为

$$C=BA^{-1}=\begin{bmatrix}0&1&0\\-1&-1&2\\1&0&0\end{bmatrix}$$

对于不同的基，同一个向量的坐标一般是不同的. 那么随着基的改变，向量的坐标又是怎样变化的呢？下面就来回答这个问题.

设 $\boldsymbol{\varepsilon}_1,\boldsymbol{\varepsilon}_2,\cdots,\boldsymbol{\varepsilon}_n$ 与 $\boldsymbol{\varepsilon}_1',\boldsymbol{\varepsilon}_2',\cdots,\boldsymbol{\varepsilon}_n'$ 是 n 维线性空间 V 中两组基，$\boldsymbol{\xi}\in V$ 在两组基下的坐标分别是 $(x_1,x_2,\cdots,x_n)^{\mathrm{T}}$，$(y_1,y_2,\cdots,y_n)^{\mathrm{T}}$，即

$$\boldsymbol{\xi}=(\boldsymbol{\varepsilon}_1,\boldsymbol{\varepsilon}_2,\cdots,\boldsymbol{\varepsilon}_n)\begin{pmatrix}x_1\\x_2\\\vdots\\x_n\end{pmatrix},\ \boldsymbol{\xi}=(\boldsymbol{\varepsilon}_1',\boldsymbol{\varepsilon}_2',\cdots,\boldsymbol{\varepsilon}_n')\begin{pmatrix}y_1\\y_2\\\vdots\\y_n\end{pmatrix}$$

用式(6-13)代入后一个式子，得

$$\boldsymbol{\xi}=(\boldsymbol{\varepsilon}_1,\boldsymbol{\varepsilon}_2,\cdots,\boldsymbol{\varepsilon}_n)\begin{bmatrix}a_{11}&a_{12}&\cdots&a_{1n}\\a_{21}&a_{22}&\cdots&a_{2n}\\\vdots&\vdots&&\vdots\\a_{n1}&a_{n2}&\cdots&a_{nn}\end{bmatrix}\begin{pmatrix}y_1\\y_2\\\vdots\\y_n\end{pmatrix}$$

由基向量的线性无关性，得

$$\begin{pmatrix}x_1\\x_2\\\vdots\\x_n\end{pmatrix}=\begin{bmatrix}a_{11}&a_{12}&\cdots&a_{1n}\\a_{21}&a_{22}&\cdots&a_{2n}\\\vdots&\vdots&&\vdots\\a_{n1}&a_{n2}&\cdots&a_{nn}\end{bmatrix}\begin{pmatrix}y_1\\y_2\\\vdots\\y_n\end{pmatrix}\tag{6-14}$$

或者

$$\begin{pmatrix}y_1\\y_2\\\vdots\\y_n\end{pmatrix}=\begin{bmatrix}a_{11}&a_{12}&\cdots&a_{1n}\\a_{21}&a_{22}&\cdots&a_{2n}\\\vdots&\vdots&&\vdots\\a_{n1}&a_{n2}&\cdots&a_{nn}\end{bmatrix}^{-1}\begin{pmatrix}x_1\\x_2\\\vdots\\x_n\end{pmatrix}\tag{6-15}$$

等式(6-14)与等式(6-15)给出了在基变换(6-12)下，向量的坐标变换公式.

例 6.28 设 $\boldsymbol{\varepsilon}_1,\boldsymbol{\varepsilon}_2,\boldsymbol{\varepsilon}_3,\boldsymbol{\varepsilon}_4$ 是线性空间的一组基. 向量组 $\boldsymbol{\alpha}_1,\boldsymbol{\alpha}_2,\boldsymbol{\alpha}_3,\boldsymbol{\alpha}_4$ 与 $\boldsymbol{\beta}_1,\boldsymbol{\beta}_2,\boldsymbol{\beta}_3,\boldsymbol{\beta}_4$ 满足

$$\begin{cases}\boldsymbol{\alpha}_1=\boldsymbol{\varepsilon}_1+\boldsymbol{\varepsilon}_2+\boldsymbol{\varepsilon}_3+\boldsymbol{\varepsilon}_4\\ \boldsymbol{\alpha}_2=\boldsymbol{\varepsilon}_1+\boldsymbol{\varepsilon}_2-\boldsymbol{\varepsilon}_3-\boldsymbol{\varepsilon}_4\\ \boldsymbol{\alpha}_3=\boldsymbol{\varepsilon}_1-\boldsymbol{\varepsilon}_2+\boldsymbol{\varepsilon}_3-\boldsymbol{\varepsilon}_4\\ \boldsymbol{\alpha}_4=\boldsymbol{\varepsilon}_1-\boldsymbol{\varepsilon}_2-\boldsymbol{\varepsilon}_3+\boldsymbol{\varepsilon}_4\end{cases}\qquad \begin{cases}\boldsymbol{\beta}_1=\boldsymbol{\varepsilon}_1-\boldsymbol{\varepsilon}_2+2\boldsymbol{\varepsilon}_3+\boldsymbol{\varepsilon}_4\\ \boldsymbol{\beta}_2=\boldsymbol{\varepsilon}_1-2\boldsymbol{\varepsilon}_3-\boldsymbol{\varepsilon}_4\\ \boldsymbol{\beta}_3=\boldsymbol{\varepsilon}_1+2\boldsymbol{\varepsilon}_2-\boldsymbol{\varepsilon}_3\\ \boldsymbol{\beta}_4=\boldsymbol{\varepsilon}_1+\boldsymbol{\varepsilon}_2+\boldsymbol{\varepsilon}_3+2\boldsymbol{\varepsilon}_4\end{cases}$$

(1) 证明$\boldsymbol{\alpha}_1, \boldsymbol{\alpha}_2, \boldsymbol{\alpha}_3, \boldsymbol{\alpha}_4$ 与$\boldsymbol{\beta}_1, \boldsymbol{\beta}_2, \boldsymbol{\beta}_3, \boldsymbol{\beta}_4$ 都是 V 的基.

(2) 求由$\boldsymbol{\alpha}_1, \boldsymbol{\alpha}_2, \boldsymbol{\alpha}_3, \boldsymbol{\alpha}_4$ 到$\boldsymbol{\beta}_1, \boldsymbol{\beta}_2, \boldsymbol{\beta}_3, \boldsymbol{\beta}_4$ 的过渡矩阵.

(3) 求由$\boldsymbol{\alpha}_1, \boldsymbol{\alpha}_2, \boldsymbol{\alpha}_3, \boldsymbol{\alpha}_4$ 到$\boldsymbol{\beta}_1, \boldsymbol{\beta}_2, \boldsymbol{\beta}_3, \boldsymbol{\beta}_4$ 的坐标变换公式.

解　(1) 由已知$(\boldsymbol{\alpha}_1, \boldsymbol{\alpha}_2, \boldsymbol{\alpha}_3, \boldsymbol{\alpha}_4)=(\boldsymbol{\varepsilon}_1, \boldsymbol{\varepsilon}_2, \boldsymbol{\varepsilon}_3, \boldsymbol{\varepsilon}_4)\boldsymbol{A}$, 其中

$$\boldsymbol{A}=\begin{bmatrix}1&1&1&1\\1&1&-1&-1\\1&-1&1&-1\\1&-1&-1&1\end{bmatrix}$$

经计算$|\boldsymbol{A}|=-16\neq0$, 因此$\boldsymbol{\alpha}_1, \boldsymbol{\alpha}_2, \boldsymbol{\alpha}_3, \boldsymbol{\alpha}_4$ 是一组基.

同理, 因为$(\boldsymbol{\beta}_1, \boldsymbol{\beta}_2, \boldsymbol{\beta}_3, \boldsymbol{\beta}_4)=(\boldsymbol{\varepsilon}_1, \boldsymbol{\varepsilon}_2, \boldsymbol{\varepsilon}_3, \boldsymbol{\varepsilon}_4)\boldsymbol{B}$, 其中

$$\boldsymbol{B}=\begin{bmatrix}1&1&1&1\\-1&0&2&1\\2&-2&-1&1\\1&-1&0&2\end{bmatrix}$$

而$|\boldsymbol{B}|=10\neq0$, 所以$\boldsymbol{\beta}_1, \boldsymbol{\beta}_2, \boldsymbol{\beta}_3, \boldsymbol{\beta}_4$ 也为基.

(2) 设$(\boldsymbol{\beta}_1, \boldsymbol{\beta}_2, \boldsymbol{\beta}_3, \boldsymbol{\beta}_4)=(\boldsymbol{\alpha}_1, \boldsymbol{\alpha}_2, \boldsymbol{\alpha}_3, \boldsymbol{\alpha}_4)\boldsymbol{C}$, 即$(\boldsymbol{\varepsilon}_1, \boldsymbol{\varepsilon}_2, \boldsymbol{\varepsilon}_3, \boldsymbol{\varepsilon}_4)\boldsymbol{B}=(\boldsymbol{\varepsilon}_1, \boldsymbol{\varepsilon}_2, \boldsymbol{\varepsilon}_3, \boldsymbol{\varepsilon}_4)\boldsymbol{AC}$, 从而 $\boldsymbol{B}=\boldsymbol{AC}$, 因此

$$\boldsymbol{C}=\boldsymbol{A}^{-1}\boldsymbol{B}=\begin{bmatrix}3/4&-1/2&1/2&5/4\\-3/4&1&1&-1/4\\3/4&0&-1/2&-1/4\\1/4&1/2&0&1/4\end{bmatrix}$$

即$\boldsymbol{\alpha}_1, \boldsymbol{\alpha}_2, \boldsymbol{\alpha}_3, \boldsymbol{\alpha}_4$ 到$\boldsymbol{\beta}_1, \boldsymbol{\beta}_2, \boldsymbol{\beta}_3, \boldsymbol{\beta}_4$ 的过渡矩阵是 $\boldsymbol{C}$.

(3) 设 $\begin{pmatrix}x_1\\x_2\\x_3\\x_4\end{pmatrix}=\boldsymbol{A}^{-1}\boldsymbol{B}\begin{pmatrix}x_1'\\x_2'\\x_3'\\x_4'\end{pmatrix}$, 其中$(x_1, x_2, x_3, x_4)^{\mathrm{T}}$ 是某向量在基$\boldsymbol{\alpha}_1, \boldsymbol{\alpha}_2, \boldsymbol{\alpha}_3, \boldsymbol{\alpha}_4$ 下的坐标, $(x_1', x_2', x_3', x_4')^{\mathrm{T}}$ 是同一向量在基$\boldsymbol{\beta}_1, \boldsymbol{\beta}_2, \boldsymbol{\beta}_3, \boldsymbol{\beta}_4$ 下的坐标.

由坐标变换公式可得

$$\begin{pmatrix}x'_1\\x'_2\\x'_3\\x'_4\end{pmatrix}=(\boldsymbol{A}^{-1}\boldsymbol{B})^{-1}\begin{pmatrix}x_1\\x_2\\x_3\\x_4\end{pmatrix}=\begin{bmatrix}1/2&1/2&3/2&-1/2\\-3/10&1/10&-1/10&3/2\\7/10&11/10&9/10&-3/2\\1/10&-7/10&-13/10&3/2\end{bmatrix}\begin{pmatrix}x_1\\x_2\\x_3\\x_4\end{pmatrix}$$

例 6.29　已知 $1, x, x^2, x^3$ 是$\mathbb{F}[x]_4$ 的一组基.

(1) 证明: $1, 1+x, (1+x)^2, (1+x)^3$ 是$\mathbb{F}[x]_4$ 的一组基;

(2) 求由 $1, x, x^2, x^3$ 到 $1, 1+x, (1+x)^2, (1+x)^3$ 的过渡矩阵；

(3) 求由 $1, 1+x, (1+x)^2, (1+x)^3$ 到 $1, x, x^2, x^3$ 的过渡矩阵；

(4) 求 $a_3x^3+a_2x^2+a_1x+a_0$ 对于基 $1, 1+x, (1+x)^2, (1+x)^3$ 的坐标.

解 (1) 因为 $(1, 1+x, (1+x)^2, (1+x)^3)=(1, x, x^2, x^3)\boldsymbol{A}$，其中

$$\boldsymbol{A}=\begin{bmatrix}1&1&1&1\\0&1&2&3\\0&0&1&3\\0&0&0&1\end{bmatrix}$$

而 $|\boldsymbol{A}|=1\neq0$，故 $\boldsymbol{A}$ 是可逆矩阵，所以 $1, 1+x, (1+x)^2, (1+x)^3$ 是 $\mathbb{F}[x]_4$ 的一组基.

(2) 因为 $(1, 1+x, (1+x)^2, (1+x)^3)=(1, x, x^2, x^3)\boldsymbol{A}$，所以 $\boldsymbol{A}$ 是 $1, x, x^2, x^3$ 到 $1, 1+x, (1+x)^2, (1+x)^3$ 的过渡矩阵.

(3) 由(2)可得 $1, 1+x, (1+x)^2, (1+x)^3$ 到 $1, x, x^2, x^3$ 的过渡矩阵为 $\boldsymbol{A}^{-1}$，即

$$\boldsymbol{A}^{-1}=\begin{bmatrix}1&-1&1&-1\\0&1&-2&3\\0&0&1&-3\\0&0&0&1\end{bmatrix}$$

(4) 由坐标变换公式可得，$a_3x^3+a_2x^2+a_1x+a_0$ 对于基 $1, 1+x, (1+x)^2, (1+x)^3$ 的坐标为

$$\boldsymbol{A}^{-1}\begin{pmatrix}a_0\\a_1\\a_2\\a_3\end{pmatrix}=\begin{pmatrix}a_0-a_1+a_2-a_3\\a_1-2a_2+3a_3\\a_2-3a_3\\a_3\end{pmatrix}$$

例 6.30 设 $\mathbb{F}[t]_4$ 的两组基为

$$I_1:\begin{cases}f_1(t)=1+t+t^2+t^3\\f_2(t)=-t+t^2\\f_3(t)=1-t\\f_4(t)=1\end{cases}\qquad I_2:\begin{cases}g_1(t)=t+t^2+t^3\\g_2(t)=1+t^2+t^3\\g_3(t)=1+t+t^3\\g_4(t)=1+t+t^2\end{cases}$$

(1) 求由基 I_1 到 I_2 的过渡矩阵 $\boldsymbol{C}$；

(2) 求在两组基下有相同坐标的多项式 $f(t)$.

解 (1) 取 $\mathbb{F}[t_1]_4$ 的基 I_0：$1, t, t^2, t^3$，则有 $(f_1(t), f_2(t), f_3(t), f_4(t))=(1, t, t^2, t^3)\boldsymbol{C}_1$，$(g_1(t), g_2(t), g_3(t), g_4(t))=(1, t, t^2, t^3)\boldsymbol{C}_2$，其中

$$\boldsymbol{C}_1=\begin{bmatrix}1&0&1&1\\1&-1&-1&0\\1&1&0&0\\1&0&0&0\end{bmatrix},\ \boldsymbol{C}_2=\begin{bmatrix}0&1&1&1\\1&0&1&1\\1&1&0&1\\1&1&1&0\end{bmatrix}$$

且它们可逆，于是 $(g_1(t), g_2(t), g_3(t), g_4(t))=(f_1(t), f_2(t), f_3(t), f_4(t))\boldsymbol{C}_1^{-1}\boldsymbol{C}_2$，即求得由基 I_1 到 I_2 的过渡矩阵

$$C = C_1^{-1}C_2 = \begin{bmatrix} 1 & 1 & 1 & 0 \\ 0 & 0 & -1 & 1 \\ 0 & 1 & 1 & -2 \\ -1 & -1 & -1 & 3 \end{bmatrix}$$

(2) 设 $f(t)$ 在两组基下的坐标均为 $\boldsymbol{x}=(x_1, x_2, x_3, x_4)^{\mathrm{T}}$，由坐标变换公式得 $\boldsymbol{x}=\boldsymbol{C}\boldsymbol{x}$，即 $(\boldsymbol{E}-\boldsymbol{C})\boldsymbol{x}=\boldsymbol{0}$ 可求得该齐次线性方程组只有零解 $x_1=x_2=x_3=x_4=0$，故在两组基下有相同坐标的多项式为 $f(t)=0\cdot 1+0\cdot t+0\cdot t^2+0\cdot t^3=0$.

6.5 子空间的直和

设 V_1，V_2 为线性空间 V 的两个子空间，由维数公式

$$\dim V_1+\dim V_2=\dim(V_1+V_2)+\dim(V_1\cap V_2)$$

可得

(1) $\dim(V_1+V_2)<\dim V_1+\dim V_2$，此时 $\dim(V_1\cap V_2)>0$，即 $V_1\cap V_2$ 中必含非零向量.

(2) $\dim(V_1+V_2)=\dim V_1+\dim V_2$，此时 $\dim(V_1\cap V_2)=0$，即 $V_1\cap V_2$ 只含零向量.

情形(2)是子空间和的一种特殊情况，下面就来仔细讨论这种情况.

定义 6.11　设 V_1，V_2 是线性空间 V 的两个子空间，如果和 V_1+V_2 中每个向量 $\boldsymbol{\alpha}$ 能被唯一的分解成

$$\boldsymbol{\alpha}=\boldsymbol{\alpha}_1+\boldsymbol{\alpha}_2,\ \boldsymbol{\alpha}_1\in V_1,\ \boldsymbol{\alpha}_2\in V_2$$

那么这个和就称为直和，记为 $V_1\oplus V_2$.

在 6.2 节例 6.15 中子空间的和就是直和.

要注意的是子空间的和 V_1+V_2 不一定是直和. 例如，在线性空间 $\mathbb{R}^3$ 中，取它的三个子空间为

$$V_1=L(\boldsymbol{\varepsilon}_1, \boldsymbol{\varepsilon}_2),\ V_2=L(\boldsymbol{\varepsilon}_2, \boldsymbol{\varepsilon}_3),\ V_3=L(\boldsymbol{\varepsilon}_3)$$

这里，$\boldsymbol{\varepsilon}_1=(1, 0, 0)$，$\boldsymbol{\varepsilon}_2=(0, 1, 0)$，$\boldsymbol{\varepsilon}_3=(0, 0, 1)$.

在和 V_1+V_2 中，向量的分解式不唯一. 因为

$$(2, 2, 2)=(2, 3, 0)+(0, -1, 2)=(2, 1, 0)+(0, 1, 2)$$

所以和 V_1+V_2 不是直和.

但是在和 V_1+V_3 中，任意向量的分解式唯一. 事实上，对任意的 $\boldsymbol{\alpha}=(a_1, a_2, a_3)\in V_1+V_3$ 都只有唯一分解式：$\boldsymbol{\alpha}=(a_1, a_2, 0)+(0, 0, a_3)$，因此和 V_1+V_3 是直和.

由直和的概念可以判别子空间的和是不是直和，有时候用定义不容易判别，为此给出下面的定理.

定理 6.12　设 V_1，V_2 为数域 $\mathbb{P}$ 上线性空间 V 的两个有限维线性子空间，则下列命题等价：

(1) 和 V_1+V_2 是直和；

(2) 零向量的分解式是唯一的；

(3) $V_1\cap V_2=\{\boldsymbol{0}\}$；

(4) 设 $\{\boldsymbol{\varepsilon}_1, \boldsymbol{\varepsilon}_2, \cdots, \boldsymbol{\varepsilon}_r\}$ 是 V_1 的一个基，$\{\boldsymbol{\eta}_1, \boldsymbol{\eta}_2, \cdots, \boldsymbol{\eta}_s\}$ 是 V_2 的一个基，则 $\{\boldsymbol{\varepsilon}_1, \boldsymbol{\varepsilon}_2,$

$\cdots$，$\boldsymbol{\varepsilon}_r$；$\boldsymbol{\eta}_1$，$\boldsymbol{\eta}_2$，$\cdots$，$\boldsymbol{\eta}_s$}构成 V_1+V_2 的一个基；

(5) $\dim(V_1+V_2)=\dim V_1+\dim V_2$.

证明　(1)⇒(2)显然成立.

(2) ⇒(3) 显然$\{\mathbf{0}\}\subseteq V_1\cap V_2$；任取 $\boldsymbol{\alpha}\in V_1\cap V_2$，$\mathbf{0}=\boldsymbol{\alpha}+(-\boldsymbol{\alpha})$，$\boldsymbol{\alpha}\in V_1$，$-\boldsymbol{\alpha}\in V_2$，又 $\mathbf{0}=\mathbf{0}+\mathbf{0}$，由于零向量的分解式唯一，从而 $\boldsymbol{\alpha}=-\boldsymbol{\alpha}=\mathbf{0}$，即 $\boldsymbol{\alpha}\in\{\mathbf{0}\}$，故$\{\mathbf{0}\}\supseteq V_1\cap V_2$，于是$V_1\cap V_2=\{\mathbf{0}\}$.

(3) ⇒(4) 由于 $V_1=\mathrm{span}(\boldsymbol{\varepsilon}_1, \boldsymbol{\varepsilon}_2, \cdots, \boldsymbol{\varepsilon}_r)$，$V_2=\mathrm{span}(\boldsymbol{\eta}_1, \boldsymbol{\eta}_2, \cdots, \boldsymbol{\eta}_s)$，则

$$\begin{aligned}V_1+V_2&=\mathrm{span}(\boldsymbol{\varepsilon}_1, \boldsymbol{\varepsilon}_2, \cdots, \boldsymbol{\varepsilon}_r)+\mathrm{span}(\boldsymbol{\eta}_1, \boldsymbol{\eta}_2, \cdots, \boldsymbol{\eta}_s)\\&=\mathrm{span}(\boldsymbol{\varepsilon}_1, \boldsymbol{\varepsilon}_2, \cdots, \boldsymbol{\varepsilon}_r, \boldsymbol{\eta}_1, \boldsymbol{\eta}_2, \cdots, \boldsymbol{\eta}_s)\end{aligned}$$

下面证明 $\boldsymbol{\varepsilon}_1$，$\boldsymbol{\varepsilon}_2$，$\cdots$，$\boldsymbol{\varepsilon}_r$ 与 $\boldsymbol{\eta}_1$，$\boldsymbol{\eta}_2$，$\cdots$，$\boldsymbol{\eta}_s$ 线性无关.

设 $k_1\boldsymbol{\varepsilon}_1+k_2\boldsymbol{\varepsilon}_2+\cdots+k_r\boldsymbol{\varepsilon}_r+l_1\boldsymbol{\eta}_1+l_2\boldsymbol{\eta}_2+\cdots+l_s\boldsymbol{\eta}_s=\mathbf{0}$，则 $k_1\boldsymbol{\varepsilon}_1+k_2\boldsymbol{\varepsilon}_2+\cdots+k_r\boldsymbol{\varepsilon}_r=-l_1\boldsymbol{\eta}_1-l_2\boldsymbol{\eta}_2-\cdots-l_s\boldsymbol{\eta}_s\in V_1\cap V_2$，因此

$$k_1\boldsymbol{\varepsilon}_1+k_2\boldsymbol{\varepsilon}_2+\cdots+k_r\boldsymbol{\varepsilon}_r=\mathbf{0},\ -l_1\boldsymbol{\eta}_1-l_2\boldsymbol{\eta}_2-\cdots-l_s\boldsymbol{\eta}_s=\mathbf{0}$$

而 $\boldsymbol{\varepsilon}_1$，$\boldsymbol{\varepsilon}_2$，$\cdots$，$\boldsymbol{\varepsilon}_r$ 与 $\boldsymbol{\eta}_1$，$\boldsymbol{\eta}_2$，$\cdots$，$\boldsymbol{\eta}_s$ 线性无关，故

$$k_1=\cdots=k_r=l_1=\cdots=l_s=0$$

从而 $\boldsymbol{\varepsilon}_1$，$\boldsymbol{\varepsilon}_2$，$\cdots$，$\boldsymbol{\varepsilon}_r$与 $\boldsymbol{\eta}_1$，$\boldsymbol{\eta}_2\cdots$，$\boldsymbol{\eta}_s$ 线性无关.

(4) ⇒(5) 由于 $\dim V_1=r$，$\dim V_2=s$，$\dim(V_1+V_2)=r+s$，从而

$$\dim(V_1+V_2)=r+s=\dim V_1+\dim V_2$$

(5) ⇒(1) 设 $\boldsymbol{\alpha}\in V_1+V_2$，假设 $\boldsymbol{\alpha}$ 的分解式不唯一，即 $\boldsymbol{\alpha}$ 有两种分解式

$$\boldsymbol{\alpha}=\boldsymbol{\alpha}_1+\boldsymbol{\alpha}_2=\boldsymbol{\beta}_1+\boldsymbol{\beta}_2$$

其中 $\boldsymbol{\alpha}_1$，$\boldsymbol{\beta}_1\in V_1$，$\boldsymbol{\alpha}_2$，$\boldsymbol{\beta}_2\in V_2$，则 $\boldsymbol{\alpha}_1-\boldsymbol{\beta}_1=\boldsymbol{\beta}_2-\boldsymbol{\alpha}_2\in V_1\cap V_2$. 由已知再结合维数公式知 $\dim(V_1\cap V_2)=\mathbf{0}$，从而 $V_1\cap V_2=\{\mathbf{0}\}$，于是 $\boldsymbol{\alpha}_1=\boldsymbol{\beta}_1$，$\boldsymbol{\alpha}_2=\boldsymbol{\beta}_2$，故 $\boldsymbol{\alpha}$ 的分解式唯一，即 V_1+V_2 是直和.

例 6.31　设 W_1 和 W_2 分别是齐次线性方程组 $x_1+x_2+\cdots+x_n=0$ 与 $x_1=x_2=\cdots=x_n$ 的解空间. 证明：$\mathbb{R}^n=\boldsymbol{W}_1\oplus\boldsymbol{W}_2$，这里$\mathbb{R}$是实数域.

证明　由于 $x_1+x_2+\cdots+x_n=0$ 的解空间 W_1 是 $n-1$ 维的，一个基为

$$\begin{cases}\boldsymbol{\alpha}_1=(-1, 1, 0, \cdots, 0)\\\boldsymbol{\alpha}_2=(-1, 0, 1, \cdots, 0)\\\quad\vdots\\\boldsymbol{\alpha}_{n-1}=(-1, 0, 0, \cdots, 1)\end{cases}$$

由 $x_1=x_2=\cdots=x_n$ 得

$$\begin{cases}x_1-x_2=0\\x_2-x_3=0\\\quad\vdots\\x_{n-1}-x_n=0\end{cases}$$

则 W_2 是 1 维的，一个基为 $\boldsymbol{\beta}=(1, 1, \cdots, 1)$. 于是

$$W_1=\mathrm{span}(\boldsymbol{\alpha}_1, \boldsymbol{\alpha}_2, \cdots, \boldsymbol{\alpha}_{n-1}),\ W_2=\mathrm{span}(\boldsymbol{\beta})$$

于是

$$W_1+W_2=\mathrm{span}(\boldsymbol{\alpha}_1, \boldsymbol{\alpha}_2, \cdots, \boldsymbol{\alpha}_{n-1})+\mathrm{span}(\boldsymbol{\beta})=\mathrm{span}(\boldsymbol{\alpha}_1, \boldsymbol{\alpha}_2, \cdots, \boldsymbol{\alpha}_{n-1}, \boldsymbol{\beta})$$

下面只需证明 $\boldsymbol{\alpha}_1, \boldsymbol{\alpha}_2, \cdots, \boldsymbol{\alpha}_{n-1}, \boldsymbol{\beta}$ 线性无关.

以 $\boldsymbol{\alpha}_1, \boldsymbol{\alpha}_2, \cdots, \boldsymbol{\alpha}_{n-1}, \boldsymbol{\beta}$ 为行构造矩阵 $\boldsymbol{A}$ 并取行列式,

$$|\boldsymbol{A}|=\begin{vmatrix}-1 & 1 & 0 & \cdots & 0\\ -1 & 0 & 1 & \cdots & 0\\ \vdots & \vdots & \vdots & & \vdots\\ -1 & 0 & 0 & \cdots & 1\\ 1 & 1 & 1 & \cdots & 1\end{vmatrix}=\begin{vmatrix}0 & 1 & 0 & \cdots & 0\\ 0 & 0 & 1 & \cdots & 0\\ \vdots & \vdots & \vdots & & \vdots\\ 0 & 0 & 0 & \cdots & 1\\ n & 1 & 1 & \cdots & 1\end{vmatrix}=(-1)^{n+1}n\neq 0$$

因此矩阵 $\boldsymbol{A}$ 可逆，即 $\boldsymbol{\alpha}_1, \boldsymbol{\alpha}_2, \cdots, \boldsymbol{\alpha}_{n-1}, \boldsymbol{\beta}$ 线性无关. 又由于 $\dim\mathbb{R}^n=\boldsymbol{n}$，则 $\boldsymbol{\alpha}_1, \boldsymbol{\alpha}_2, \cdots, \boldsymbol{\alpha}_{n-1}, \boldsymbol{\beta}$ 构成 $\mathbb{R}^n$ 的一组基，于是 $\mathbb{R}^n=\mathrm{span}(\boldsymbol{\alpha}_1, \boldsymbol{\alpha}_2, \cdots, \boldsymbol{\alpha}_{n-1}, \boldsymbol{\beta})=\boldsymbol{W}_1+\boldsymbol{W}_2$. 又因为

$$\dim(\boldsymbol{W}_1+\boldsymbol{W}_2)=\dim\mathbb{R}^n=\boldsymbol{n}=(\boldsymbol{n}-1)+1=\dim\boldsymbol{W}_1+\dim\boldsymbol{W}_2$$

所以和 $\mathbb{R}^n=\boldsymbol{W}_1+\boldsymbol{W}_2$ 是直和，故 $\mathbb{R}^n=\boldsymbol{W}_1\oplus\boldsymbol{W}_2$.

我们已经知道 V 的子空间的和不一定都是直和，那么，V 是否一定存在一个子空间使得 V 可以直和分解?

定理 6.13 设 V 是数域 $\mathbb{F}$ 上有限维线性空间，U 是 V 的一个子空间，那么一定存在一个子空间 W 使 $V=U\oplus W$，W 称为 U 在 V 中的直和补.

证明 因为 V 是有限维线性空间，其维数可设为 n，所以子空间 U 也是有限维的，其维数可设为 m. 取 U 的一个基 $B=\{\boldsymbol{\alpha}_1, \boldsymbol{\alpha}_2, \cdots, \boldsymbol{\alpha}_m\}$，它可以扩充为 V 的一个基 $\{\boldsymbol{\alpha}_1, \boldsymbol{\alpha}_2, \cdots, \boldsymbol{\alpha}_m, \boldsymbol{\alpha}_{m+1}, \cdots, \boldsymbol{\alpha}_n\}$. 令 $W=\mathrm{span}(\boldsymbol{\alpha}_{m+1}, \cdots, \boldsymbol{\alpha}_n)$ 即可满足要求.

注 直和补一般是不唯一的(除非 U 是平凡子空间). 例如，在线性空间 $\mathbb{R}^3$ 中，设 $\boldsymbol{\alpha}_1=(1, 1, 0)$，$\boldsymbol{\alpha}_2=(1, 0, 0)$，$\boldsymbol{\beta}_1=(0, 1, 1)$，$\boldsymbol{\beta}_2=(0, 0, 1)$，令

$$U=\mathrm{span}(\boldsymbol{\alpha}_1, \boldsymbol{\alpha}_2),\ W_1=\mathrm{span}(\boldsymbol{\beta}_1),\ W_2=\mathrm{span}(\boldsymbol{\beta}_2)$$

通过简单验证可知 $\mathbb{R}^3=\boldsymbol{U}\oplus\boldsymbol{W}_1$，$\mathbb{R}^3=\boldsymbol{U}\oplus\boldsymbol{W}_2$.

子空间的直和的概念可以推广到多个子空间的情形.

定义 6.12 设 $V_1, V_2, \cdots, V_s$ 都是线性空间 V 的子空间，如果和 $V_1+V_2+\cdots+V_s$ 中每个向量 $\boldsymbol{\alpha}$ 被唯一的分解为

$$\boldsymbol{\alpha}=\boldsymbol{\alpha}_1+\boldsymbol{\alpha}_2+\cdots+\boldsymbol{\alpha}_s,\ \boldsymbol{\alpha}_i\in V_i\quad(i=1, 2, \cdots, s)$$

那么这个和称为直和，记为 $V_1\oplus V_2\oplus\cdots\oplus V_s$.

对于多个子空间的直和判定与两个子空间的直和判定一样也有类似的结论.

定理 6.14 设 $V_1, V_2, \cdots, V_s$ 是线性空间 V 的一些子空间，则下列条件是等价的:

(1) $W=\sum_{i=1}^{s}V_i$ 是直和;

(2) 零向量的分解式唯一，即 $\boldsymbol{\alpha}_1+\boldsymbol{\alpha}_2+\cdots+\boldsymbol{\alpha}_s=\boldsymbol{0}$，$\boldsymbol{\alpha}_i\in V_i$，必有 $\boldsymbol{\alpha}_i=\boldsymbol{0}$;

(3) $V_i\cap\sum_{j\neq i}V_j=\{\boldsymbol{0}\}(i=1, 2, \cdots, s)$;

(4) 设 V_i 的一个基 $\boldsymbol{B}_i=\{\boldsymbol{\alpha}_{i1}, \boldsymbol{\alpha}_{i2}, \cdots, \boldsymbol{\alpha}_{ij_i}\}$ $(1\leqslant i\leqslant s)$，则 $\bigcup_{i=1}^{s}\boldsymbol{B}_i$ 是 $V_1+V_2+\cdots+V_s$ 的一个基;

(5) $\dim W=\sum_{i=1}^{s}\dim V_i$.

这个定理的证明与 $s=2$ 的情形基本一样，这里不再重复.

例 6.32　设$\boldsymbol{\alpha}_1$，$\boldsymbol{\alpha}_2$，…，$\boldsymbol{\alpha}_n$ 是 n 维线性空间 V 中 n 个线性无关的向量. 令

$$V_i=\operatorname{span}(\boldsymbol{\alpha}_i)\quad(i=1,2,\cdots,n)$$

则 $V=V_1\oplus\cdots\oplus V_n$.

解　显然$\boldsymbol{\alpha}_1$，$\boldsymbol{\alpha}_2$，…，$\boldsymbol{\alpha}_n$ 是线性空间 V 的一组基，$\operatorname{span}(\boldsymbol{\alpha}_i)$ $(i=1,2,\cdots,n)$都是 V 的一维子空间，且

$$\operatorname{span}(\boldsymbol{\alpha}_1)+\operatorname{span}(\boldsymbol{\alpha}_2)+\cdots+\operatorname{span}(\boldsymbol{\alpha}_n)=\operatorname{span}(\boldsymbol{\alpha}_1,\boldsymbol{\alpha}_2,\cdots,\boldsymbol{\alpha}_n)=V$$

又由于 $\dim\operatorname{span}(\boldsymbol{\alpha}_1)+\dim\operatorname{span}(\boldsymbol{\alpha}_2)+\cdots+\dim\operatorname{span}(\boldsymbol{\alpha}_n)=n=\dim V$，故

$$V=\operatorname{span}(\boldsymbol{\alpha}_1)\oplus\operatorname{span}(\boldsymbol{\alpha}_2)\oplus\cdots\oplus\operatorname{span}(\boldsymbol{\alpha}_n)$$

这个例子也可以叙述成：每一个 n 维线性空间都可以分解成 n 个 1 维子空间的直和.

6.6　线性空间的同构

通过前面几节的学习可以看出，数域$\mathbb{F}$上的线性空间有很多，那么，数域$\mathbb{F}$上的众多线性空间中哪些本质上是一样的?

定义 6.13　设 V 与 V'都是数域$\mathbb{F}$上两个线性空间，如果 V 到 V'有一个映射σ，具有以下性质：

(1) σ 是双射；

(2) $\forall\,\boldsymbol{\alpha},\boldsymbol{\beta}\in V$，$\sigma(\boldsymbol{\alpha}+\boldsymbol{\beta})=\sigma(\boldsymbol{\alpha})+\boldsymbol{\sigma}(\boldsymbol{\beta})$；

(3) $\forall\,\boldsymbol{\alpha}\in V$，$k\in\mathbb{P}$，$\sigma(k\boldsymbol{\alpha})=k\sigma(\boldsymbol{\alpha})$.

则 σ 称为 V 到 V'的同构映射，并称线性空间 V 与 V'同构，记作 $V\cong V'$.

由定义，所谓本质一样就是，虽然这些线性空间的元素不同，定义的线性运算也不同，但是它们的元素之间存在一一对应，使得对应的元素关于线性运算的性质一样，或者说从代数运算的角度看它们的结构一样.

例 6.33　设 V 是数域$\mathbb{F}$上的 n 维线性空间，$\boldsymbol{\varepsilon}_1$，$\boldsymbol{\varepsilon}_2$，…，$\boldsymbol{\varepsilon}_n$ 是线性空间 V 的一组基，在这组基下，V 中每个向量都有确定的坐标，而向量的坐标可以看成$\mathbb{F}^n$元素. 因此，V 中的向量与它的坐标之间的对应实质上就是 V 到$\mathbb{F}^n$的一个映射. 显然，这个映射既是单射又是满射，换句话说，坐标给出了线性空间 V 与$\mathbb{F}^n$的一个双射. 即

$$\forall\,\boldsymbol{\alpha}\in V,\ \sigma:V\to\mathbb{F}^n,\ \alpha\mapsto(a_1,a_2,\cdots,a_n)$$

是双射，其中$(a_1,a_2,\cdots,a_n)$是 $\boldsymbol{\alpha}$ 在$\boldsymbol{\varepsilon}_1$，$\boldsymbol{\varepsilon}_2$，…，$\boldsymbol{\varepsilon}_n$ 下的坐标. 并且

$$\begin{aligned}\forall\,\boldsymbol{\alpha},\boldsymbol{\beta}\in V,\ \sigma(\boldsymbol{\alpha}+\boldsymbol{\beta})&=\sigma((a_1+b_1)\boldsymbol{\varepsilon}_1+(a_2+b_2)\boldsymbol{\varepsilon}_2+\cdots+(a_n+b_n)\boldsymbol{\varepsilon}_n)\\&=(a_1+b_1,a_2+b_2,\cdots,a_n+b_n)\\&=(a_1,a_2,\cdots,a_n)+(b_1,b_2,\cdots,b_n)\\&=\sigma(\boldsymbol{\alpha})+\sigma(\boldsymbol{\beta})\end{aligned}$$

$$\begin{aligned}\forall\,\boldsymbol{\alpha}\in V,\ k\in\boldsymbol{P},\ \sigma(k\boldsymbol{\alpha})&=\sigma(ka_1\boldsymbol{\varepsilon}_1+ka_2\boldsymbol{\varepsilon}_2+\cdots+ka_n\boldsymbol{\varepsilon}_n)=(ka_1,ka_2,\cdots,ka_n)\\&=k(a_1,a_2,\cdots,a_n)=k\sigma(\boldsymbol{\alpha})\end{aligned}$$

因此 σ 是 V 到$\mathbb{F}^n$的同构映射，即 $V\cong\mathbb{F}^n$.

命题 6.3　数域$\mathbb{F}$上的任一 n 维线性空间都与$\mathbb{F}^n$同构.

由定义 6.13 可以看出，同构映射具有下列性质：

命题 6.4　设 V 与 V'都是数域$\mathbb{F}$上两个有限维线性空间，σ 是 V 到 V'的同构映射，则

(1) $\sigma(\mathbf{0})=\mathbf{0}$，$\sigma(-\boldsymbol{\alpha})=-\sigma(\boldsymbol{\alpha})$；

(2) $\sigma(k_1\boldsymbol{\alpha}_1+k_2\boldsymbol{\alpha}_2+\cdots+k_r\boldsymbol{\alpha}_r)=k_1\sigma(\boldsymbol{\alpha}_1)+k_2\sigma(\boldsymbol{\alpha}_2)+\cdots+k_r\sigma(\boldsymbol{\alpha}_r)$；

(3) V 中向量组$\boldsymbol{\alpha}_1$，$\boldsymbol{\alpha}_2$，…，$\boldsymbol{\alpha}_r$ 线性相关当且仅当它们的象$\sigma(\boldsymbol{\alpha}_1)$，$\sigma(\boldsymbol{\alpha}_2)$，…，$\sigma(\boldsymbol{\alpha}_r)$线性相关；

(4) $\dim V=\dim V'$；

(5) 如果 V_1 是 V 的一个线性子空间，那么 V_1 在 σ 下的象集合 $\sigma(V_1)=\{\sigma(\boldsymbol{\alpha})\mid\boldsymbol{\alpha}\in V_1\}$是$V'$的子空间，并且 V_1 与 $\sigma(V_1)$维数相同；

(6) 同构映射的逆映射以及两个同构映射的乘积还是同构映射.

证明 (1) 在定义 6.13 的(3)中分别取 $k=0$，-1 即得.

(2) 这是定义 6.13 中(2)与(3)的结合.

(3)（必要性）因为向量组$\boldsymbol{\alpha}_1$，$\boldsymbol{\alpha}_2$，…，$\boldsymbol{\alpha}_r$ 线性相关，所以存在不全为零的数 k_1，k_2，…，k_r，使得 $k_1\boldsymbol{\alpha}_1+k_2\boldsymbol{\alpha}_2+\cdots+k_r\boldsymbol{\alpha}_r=\mathbf{0}$，从而 $k_1\sigma(\boldsymbol{\alpha}_1)+k_2\sigma(\boldsymbol{\alpha}_2)+\cdots+k_r\sigma(\boldsymbol{\alpha}_r)=\mathbf{0}$，即象$\sigma(\boldsymbol{\alpha}_1)$，$\sigma(\boldsymbol{\alpha}_2)$，…，$\sigma(\boldsymbol{\alpha}_r)$线性相关.

（充分性）设存在不全为零的数 k_1，k_2，…，k_r，使得

$$k_1\sigma(\boldsymbol{\alpha}_1)+k_2\sigma(\boldsymbol{\alpha}_2)+\cdots+k_r\sigma(\boldsymbol{\alpha}_r)=\mathbf{0}$$

可得$\sigma(k_1\boldsymbol{\alpha}_1+k_2\boldsymbol{\alpha}_2+\cdots+k_r\boldsymbol{\alpha}_r)=\mathbf{0}$. 又由于$\sigma(\mathbf{0})=\mathbf{0}$，根据同构映射的定义知$\sigma$是双射，当然是单射，则

$$k_1\boldsymbol{\alpha}_1+k_2\boldsymbol{\alpha}_2+\cdots+k_r\boldsymbol{\alpha}_r=\mathbf{0}$$

因此，向量组$\boldsymbol{\alpha}_1$，$\boldsymbol{\alpha}_2$，…，$\boldsymbol{\alpha}_r$ 线性相关.

(4) 设 $\dim V=s$，$\dim V'=t$，$\boldsymbol{\varepsilon}_1$，$\boldsymbol{\varepsilon}_2$，…，$\boldsymbol{\varepsilon}_s$ 为 V 的任意一组基，由(3)知，$\sigma(\boldsymbol{\varepsilon}_1)$，$\sigma(\boldsymbol{\varepsilon}_2)$，…，$\sigma(\boldsymbol{\varepsilon}_s)\in V'$是线性无关的，于是 $s\leqslant t$.

设 $\boldsymbol{\eta}_1=\sigma(\boldsymbol{\varepsilon}_1)$，$\boldsymbol{\eta}_2=\sigma(\boldsymbol{\varepsilon}_2)$，…，$\boldsymbol{\eta}_t=\sigma(\boldsymbol{\varepsilon}_t)$为 V'的任意一组基，由(3)知，$\boldsymbol{\varepsilon}_1$，$\boldsymbol{\varepsilon}_2$，…，$\boldsymbol{\varepsilon}_t\in V$ 是线性无关的，于是 $s\geqslant t$. 故 $s=t$. 因此 $\dim V=\dim V'$.

(5) 首先，$\sigma(V_1)\subseteq\sigma(V)=V'$；因为 $\mathbf{0}=\sigma(\mathbf{0})\in\sigma(V_1)$，所以 $\sigma(V_1)\neq\varnothing$. 其次，对$\forall\boldsymbol{\alpha}'$，$\boldsymbol{\beta}'\in\sigma(V_1)$，有 V_1 中的向量 $\boldsymbol{\alpha}$，$\boldsymbol{\beta}$ 使得$\sigma(\boldsymbol{\alpha})=\boldsymbol{\alpha}'$，$\sigma(\boldsymbol{\beta})=\boldsymbol{\beta}'$. 于是

$$\boldsymbol{\alpha}'+\boldsymbol{\beta}'=\sigma(\boldsymbol{\alpha})+\sigma(\boldsymbol{\beta})=\sigma(\boldsymbol{\alpha}+\boldsymbol{\beta})$$

$$\forall k\in\mathbb{F},\ k\boldsymbol{\alpha}'=k\sigma(\boldsymbol{\alpha})=\sigma(k\boldsymbol{\alpha})$$

由于 V_1 为子空间，因此 $\boldsymbol{\alpha}+\boldsymbol{\beta}\in V_1$，$k\boldsymbol{\alpha}\in V_1$. 从而 $\boldsymbol{\alpha}'+\boldsymbol{\beta}'\in\sigma(V_1)$，$k\boldsymbol{\alpha}'\in\sigma(V_1)$. 故$\sigma(V_1)$是 V'的子空间. 显然σ也为 V_1 到 $\sigma(V_1)$的同构映射，即 $V_1\cong\sigma(V_1)$. 因此 $\dim V_1=\dim\sigma(V_1)$.

(6) 先证同构映射的逆映射还是同构映射.

显然，$\sigma^{-1}:V'\to V$ 是一一对应. 任取 $\boldsymbol{\alpha}'$，$\boldsymbol{\beta}'\in V'$. 由于$\sigma$是同构映射，故

$$\begin{aligned}\sigma(\sigma^{-1}(\boldsymbol{\alpha}'+\boldsymbol{\beta}'))&=(\sigma\circ\sigma^{-1})(\boldsymbol{\alpha}'+\boldsymbol{\beta}')=\boldsymbol{\alpha}'+\boldsymbol{\beta}'\\&=(\sigma\circ\sigma^{-1})(\boldsymbol{\alpha}')+(\sigma\circ\sigma^{-1})(\boldsymbol{\beta}')\\&=\sigma(\sigma^{-1}(\boldsymbol{\alpha}'))+\sigma(\sigma^{-1}(\boldsymbol{\beta}'))\\&=\sigma(\sigma^{-1}(\boldsymbol{\alpha}')+\sigma^{-1}(\boldsymbol{\beta}'))\end{aligned}$$

由于σ是单射，故$\sigma^{-1}(\boldsymbol{\alpha}'+\boldsymbol{\beta}')=\sigma^{-1}(\boldsymbol{\alpha}')+\sigma^{-1}(\boldsymbol{\beta}')$. 对任意的 $k\in\mathbb{P}$，

$$\sigma(\sigma^{-1}(k\boldsymbol{\alpha}'))=(\sigma\circ\sigma^{-1})(k\boldsymbol{\alpha}')=k\boldsymbol{\alpha}'=k(\sigma\circ\sigma^{-1})(\boldsymbol{\alpha}')=\sigma(k\sigma^{-1})(\boldsymbol{\alpha}')$$

因为σ是单射，则$\sigma^{-1}(k\boldsymbol{\alpha}')=k\sigma^{-1}(\boldsymbol{\alpha}')$. 所以$\sigma^{-1}$是 V'到 V 的同构映射.

其次证明两个同构映射的乘积还是同构映射.

设 $\sigma: V \to V'$，$\tau: V' \to V''$ 为线性空间的同构映射，则乘积 $\tau \circ \sigma: V \to V''$ 是一一对应. 任取 $\boldsymbol{\alpha}, \boldsymbol{\beta} \in V$，$k \in \mathbb{P}$，有

$$(\tau \circ \sigma)(\boldsymbol{\alpha}+\boldsymbol{\beta}) = \tau(\sigma(\boldsymbol{\alpha})+\sigma(\boldsymbol{\beta})) = \tau(\sigma(\boldsymbol{\alpha}))+\tau(\sigma(\boldsymbol{\beta})) = \tau \circ \sigma(\boldsymbol{\alpha})+\tau \circ \sigma(\boldsymbol{\beta})$$

$$(\tau \circ \sigma)(k\boldsymbol{\alpha}) = \tau(\sigma(k\boldsymbol{\alpha})) = \tau(k\sigma(\boldsymbol{\alpha})) = k\tau(\sigma(\boldsymbol{\alpha})) = k\tau \circ \sigma(\boldsymbol{\alpha})$$

所以乘积 $\tau \circ \sigma: V \to V''$ 是同构映射.

注　同构作为线性空间之间的一种关系，具有反身性、对称性与传递性.

命题 6.4 的(4)和(5)进一步说明，同构的线性空间确实有相同的结构. 那么如何判别两个线性空间同构？由定义 6.13，需要找到一个双射并且保持线性运算. 但是对于有限维线性空间，有更简单的办法来判别.

定理 6.15　设 V_1 与 V_2 都是数域 $\mathbb{F}$ 上两个有限维线性空间，则 V_1 与 V_2 同构的充分必要条件是 $\dim V_1 = \dim V_2$.

证明　必要性上面已有，下证充分性.

若 $\dim V_1 = \dim V_2 = n$. 由命题 6.3 知 $V_1 \cong \mathbb{F}^n$，$V_2 \cong \mathbb{F}^n$. 又因为同构关系具有对称性和传递性，所以 $V_1 \cong V_2$.

例 6.34　把复数域看成实数域 $\mathbb{R}$ 上的线性空间，证明：$\mathbb{C} \cong \mathbb{R}^2$.

证明　**(证法一)** 只需证明它们的维数相等即可.

首先，$\forall c \in \mathbb{C}$，c 可表示成 $c = a \cdot 1 + b \cdot \mathrm{i} (a, b \in \mathbb{R})$.

其次，若 $a \cdot 1 + b \cdot \mathrm{i} = 0$，则 $a = b = 0$. 因此，$\{1, \mathrm{i}\}$ 为 $\mathbb{C}$ 的一组基，于是 $\dim \mathbb{C} = 2$. 又由于 $\dim \mathbb{R}^2 = 2$. 故 $\mathbb{C} \cong \mathbb{R}^2$.

(证法二) 在两个线性空间之间构造同构映射.

作映射 $\boldsymbol{\sigma}: \mathbb{C} \to \mathbb{R}^2$，$a + b\mathrm{i} \mapsto (a, b)$. 容易验证 σ 为 $\mathbb{C}$ 到 $\mathbb{R}^2$ 的一个同构映射. 故 $\mathbb{C} \cong \mathbb{R}^2$.

在线性空间的抽象讨论中，并没有考虑线性空间的元素是什么，也没有考虑其中运算是怎样定义的，而只涉及线性空间在所定义的运算下的代数性质. 因而可以把同构的线性空间看成是同一个线性空间. 由定理 6.15，维数是有限维线性空间的唯一的本质特征.

特别地，由命题 6.3，数域 $\mathbb{F}$ 上 n 维线性空间都与 n 元数组所成的空间 $\mathbb{F}^n$ 同构，而同构的线性空间有相同的性质. 因此，本书第 5 章关于 n 元数组的一些结论可以照搬到一般的线性空间中，而不必一一重新证明.

习　题

1. 填空题.

(1) 设 V_1 和 V_2 是线性空间 V 的子空间，则包含 V_1 和 V_2 的最小子空间是________，包含在 V_1，V_2 中的最大子空间是________.

(2) n 维线性空间($n \geqslant 2$)中两个 $n-1$ 维子空间的交空间的最大维数是________，最小维数是________.

(3) 设 W_1，W_2 是线性空间 V 的两个子空间，$\dim(W_1) = r_1$，$\dim(W_2) = r_2$，如果有非零向量 $\boldsymbol{\alpha}_1 \in W_1$，$\boldsymbol{\alpha}_2 \in W_2$ 使得 $\boldsymbol{\alpha}_1 + \boldsymbol{\alpha}_2 = 0$，则 $\dim(W_1 + W_2)$________$r_1 + r_2$.

(4) 两个同构的线性空间维数________.

2. 检验下述集合关于所规定的运算是否构成实数域上的线性空间?

(1) 次数等于 $n(n\geqslant 1)$ 的全体实系数多项式所组成的集合关于多项式的加法及实数与多项式的数量乘法.

(2) 设 $\boldsymbol{A}$ 是一个 n 级方阵，$\boldsymbol{A}$ 的实系数多项式 $f(\boldsymbol{A})$ 的全体所组成的集合，关于矩阵的加法及数量乘法.

(3) 全体实对称(反对称，上三角)矩阵，关于矩阵的加法及数量乘法.

(4) 平面上不平行于已知向量 $\boldsymbol{\alpha}$ 的所有向量所组成的集合，关于向量的加法及实数与向量的数量乘法.

(5) 所有平面向量所组成的集合，关于通常的向量加法及如下定义的数量乘法

$$k\boldsymbol{\alpha}=\boldsymbol{0}$$

(6) 所有平面向量所组成的集合，关于通常的向量加法及如下定义的数量乘法

$$k\boldsymbol{\alpha}=\boldsymbol{\alpha}$$

3. 全体 2 维实向量所组成的集合 V，对于如下定义的加法运算

$$(a,\ b)\oplus(c,\ d)=(a+c+1,\ b+d+1)$$

和通常的乘法运算是否构成线性空间? 为什么?

4. 在下列向量空间的子集合中，哪一个是所属空间的子空间?

(1) 在 $\mathbb{F}^n$ 中元素都是整数的所有向量的集合.

(2) 平面上，位于 x 轴与位于 y 轴上的向量所组成的集合.

(3) 平面上，以坐标原点为起点，终点在第一象限中的所有向量组成的集合.

(4) 在向量空间中，向量组 $\boldsymbol{\alpha}_1$，$\boldsymbol{\alpha}_2$，…，$\boldsymbol{\alpha}_n$ 的所有一切可能的线性组合组成的集合.

5. $\mathbb{F}[t]_2$ 中的多项式组 $f_1(t)=t-1$，$f_2(t)=t+2$，$f_3(t)=(t-1)(t+2)$ 是不是它的基?

6. 证明:

(1) $\{\boldsymbol{\alpha},\ \boldsymbol{\beta}\}$ 线性无关的充分必要条件是 $\{\boldsymbol{\alpha}+\boldsymbol{\beta},\ \boldsymbol{\alpha}-\boldsymbol{\beta}\}$ 线性无关.

(2) $\{\boldsymbol{\alpha},\ \boldsymbol{\beta},\ \boldsymbol{\gamma}\}$ 线性无关的充分必要条件是 $\{\boldsymbol{\alpha}+\boldsymbol{\beta},\ \boldsymbol{\beta}+\boldsymbol{\gamma},\ \boldsymbol{\alpha}+\boldsymbol{\gamma}\}$ 线性无关.

(3) 若 $\{\boldsymbol{\alpha}_1,\ \boldsymbol{\alpha}_2,\ \cdots,\ \boldsymbol{\alpha}_i,\ \cdots,\ \boldsymbol{\alpha}_k\}$ 线性相关，则 $\{\boldsymbol{\alpha}_1,\ \boldsymbol{\alpha}_2,\ \cdots,\ c\boldsymbol{\alpha}_i,\ \cdots,\ \boldsymbol{\alpha}_k\}$ 与 $\{\boldsymbol{\alpha}_1,\ \boldsymbol{\alpha}_2,\ \cdots,\ \boldsymbol{\alpha}_i+c\boldsymbol{\alpha}_j,\ \cdots,\ \boldsymbol{\alpha}_k\}(i\neq j)$ 也线性相关.

(4) 若 $\{\boldsymbol{\alpha}_1,\ \boldsymbol{\alpha}_2,\ \cdots,\ \boldsymbol{\alpha}_i,\ \cdots,\ \boldsymbol{\alpha}_k\}$ 线性无关，则 $\{\boldsymbol{\alpha}_1,\ \boldsymbol{\alpha}_2,\ \cdots,\ c\boldsymbol{\alpha}_i,\ \cdots,\ \boldsymbol{\alpha}_k\}$ 与 $\{\boldsymbol{\alpha}_1,\ \boldsymbol{\alpha}_2,\ \cdots,\ \boldsymbol{\alpha}_i+c\boldsymbol{\alpha}_j,\ \cdots,\ \boldsymbol{\alpha}_k\}(i\neq j,\ c\neq 0)$ 也线性无关.

7. 求下列线性空间的维数与一组基:

(1) 数域 $\mathbb{F}$ 上的空间 $\mathbb{F}^{n\times n}$;

(2) $\mathbb{F}^{n\times n}$ 中全体对称(反对称，上三角)矩阵作成的数域 $\mathbb{P}$ 上的空间.

8. 在 $\mathbb{R}^4$ 中，求向量 $\boldsymbol{\xi}$ 在基 $\boldsymbol{\alpha}_1$，$\boldsymbol{\alpha}_2$，$\boldsymbol{\alpha}_3$，$\boldsymbol{\alpha}_4$ 中的坐标，其中

(1) $\boldsymbol{\alpha}_1=(1,\ 1,\ 1,\ 1)$，$\boldsymbol{\alpha}_2=(1,\ 1,\ -1,\ -1)$，$\boldsymbol{\alpha}_3=(1,\ -1,\ 1,\ -1)$，$\boldsymbol{\alpha}_4=(1,\ -1,\ -1,\ 1)$，$\boldsymbol{\xi}=(1,\ 2,\ 1,\ 1)$;

(2) $\boldsymbol{\alpha}_1=(1,\ 1,\ 0,\ 1)$，$\boldsymbol{\alpha}_2=(2,\ 1,\ 3,\ 1)$，$\boldsymbol{\alpha}_3=(1,\ 1,\ 0,\ 0)$，$\boldsymbol{\alpha}_4=(0,\ 1,\ -1,\ -1)$，$\boldsymbol{\xi}=(0,\ 0,\ 0,\ 1)$.

9. 证明 $W=\{f(t)=a_0+a_1t+\cdots+a_nt^n\mid f(1)=0,\ f(t)\in\mathbb{F}[t]_{n+1}\}$ 为 $\mathbb{F}[t]_{n+1}$ 的子空间，

并求它的基与维数.

10. 在$\mathbb{F}^{2\times 2}$中，求由矩阵

$$\boldsymbol{A}_1=\begin{bmatrix}2 & 1\\ -1 & 3\end{bmatrix},\ \boldsymbol{A}_2=\begin{bmatrix}1 & 0\\ 2 & 0\end{bmatrix},\ \boldsymbol{A}_3=\begin{bmatrix}3 & 1\\ 1 & 3\end{bmatrix},\ \boldsymbol{A}_4=\begin{bmatrix}1 & 1\\ -3 & 3\end{bmatrix}$$

生成的子空间的基与维数.

11. 设$\mathbb{R}^{2\times 2}$的两个子空间为

$$W_1=\left\{\boldsymbol{A}=\begin{bmatrix}x_1 & x_2\\ x_3 & x_4\end{bmatrix}\middle| x_1-x_2+x_3-x_4=0\right\}$$

$$W_2=L(\boldsymbol{B}_1,\boldsymbol{B}_2),\ \boldsymbol{B}_1=\begin{bmatrix}1 & 0\\ 2 & 3\end{bmatrix},\ \boldsymbol{B}_2=\begin{bmatrix}1 & -1\\ 0 & 1\end{bmatrix}$$

求 W_1+W_2 与 $W_1\cap W_2$ 的基与维数.

12. 在$\mathbb{R}^4$中，求由基$\{\boldsymbol{\alpha}_1,\boldsymbol{\alpha}_2,\boldsymbol{\alpha}_3,\boldsymbol{\alpha}_4\}$到基$\{\boldsymbol{\beta}_1,\boldsymbol{\beta}_2,\boldsymbol{\beta}_3,\boldsymbol{\beta}_4\}$的过渡矩阵，并求向量$\boldsymbol{\xi}$在指定基下的坐标.

(1) $\boldsymbol{\alpha}_1=(1,2,-1,0)$，$\boldsymbol{\alpha}_2=(1,-1,1,1)$，$\boldsymbol{\alpha}_3=(-1,2,1,1)$，$\boldsymbol{\alpha}_4=(-1,-1,0,1)$，$\boldsymbol{\beta}_1=(2,1,0,1)$，$\boldsymbol{\beta}_2=(0,1,2,2)$，$\boldsymbol{\beta}_3=(-2,1,1,2)$，$\boldsymbol{\beta}_4=(1,3,1,2)$. $\boldsymbol{\xi}=(1,0,0,0)$在$\{\boldsymbol{\alpha}_1,\boldsymbol{\alpha}_2,\boldsymbol{\alpha}_3,\boldsymbol{\alpha}_4\}$下；

(2) $\boldsymbol{\alpha}_1=(1,1,1,1)$，$\boldsymbol{\alpha}_2=(1,1,-1,-1)$，$\boldsymbol{\alpha}_3=(1,-1,1,-1)$，$\boldsymbol{\alpha}_4=(1,-1,-1,1)$，$\boldsymbol{\beta}_1=(1,1,0,1)$，$\boldsymbol{\beta}_2=(2,1,3,1)$，$\boldsymbol{\beta}_3=(1,1,0,0)$，$\boldsymbol{\beta}_4=(0,1,-1,-1)$，$\boldsymbol{\xi}=(1,0,0,-1)$在$\{\boldsymbol{\beta}_1,\boldsymbol{\beta}_2,\boldsymbol{\beta}_3,\boldsymbol{\beta}_4\}$下.

13. 设$(x_1,x_2,x_3,x_4)^{\mathrm{T}}$是$\mathbb{F}[t]_4$中多项式$f(t)$在基

$$(\mathrm{I}):\begin{cases}f_1(t)=4+4t+3t^2+t^3\\ f_2(t)=7+7t+5t^2+2t^3\\ f_3(t)=2-5t-3t^2-3t^3\\ f_4(t)=-3+8t+5t^2+5t^3\end{cases}$$

下的坐标，$(y_1,y_2,y_3,y_4)^{\mathrm{T}}$是$f(t)$在基(Ⅱ)：$g_1(t)$，$g_2(t)$，$g_3(t)$，$g_4(t)$下的坐标，且

$$\begin{cases}y_1=3x_1+5x_2\\ y_2=x_1+2x_2\\ y_3=2x_3-3x_4\\ y_4=-5x_3+8x_4\end{cases}$$

(1) 求由基(Ⅱ)到基(Ⅰ)的过渡矩阵；

(2) 求基(Ⅱ)；

(3) 求多项式$g(t)=t^3-t^2+t-1$在基(Ⅱ)下的坐标.

14. 设方阵$\boldsymbol{A}$满足$\boldsymbol{A}^2=\boldsymbol{A}$，$W_1$为$\boldsymbol{AX}=\boldsymbol{0}$的解空间，$W_2$为$(\boldsymbol{A}-\boldsymbol{E})\boldsymbol{X}=\boldsymbol{0}$的解空间，证明：$\mathbb{F}^n=W_1\oplus W_2$.

15. 设V_1，V_2都是线性空间V的子空间，且$V_1\subset V_2$，证明：如果V_1的维数和V_2的维数相等，那么$V_1=V_2$.

16. 设V_1，V_2是线性空间V的两个非平凡的子空间. 证明：在V中存在$\boldsymbol{\alpha}$使得$\boldsymbol{\alpha}\notin V_1$，$\boldsymbol{\alpha}\notin V_2$同时成立.

17. 设U是n维线性空间V的非平凡的子空间. 证明：至少存在两个子空间W_1，W_2，使得$V=U\oplus W_1=U\oplus W_2$.

18. 设$W=\{(a, a+b, a-b)\mid a, b\in\mathbb{R}\}$. 证明：

(1) W是$\mathbb{R}^3$的子空间；

(2) W与$\mathbb{R}^2$同构.

第 7 章　线 性 变 换

第 6 章我们学习了数域$\mathbb{F}$上线性空间的结构. 本章我们要研究它们之间固有的内在联系，即线性空间到线性空间的映射. 这种映射在许多数学问题和实际问题中起到了重要作用，比如，几何空间中沿某一方向到一个平面上的投影，数学分析里的求微商等. 本章将深入研究这种映射的一般理论，它是代数学的主要研究对象之一.

7.1　线性变换的定义及性质

在线性空间$\mathbb{R}^n$中，用一个 n 阶方阵 $\boldsymbol{A}$ 左乘 n 维向量 $\boldsymbol{X}=(x_1, x_2, \cdots, x_n)^{\mathrm{T}}$，利用矩阵乘法就得到一个新的 n 维列向量 $\boldsymbol{Y}=(y_1, y_2, \cdots, y_n)^{\mathrm{T}}$. 从映射的角度看就是线性空间$\mathbb{R}^n$到线性空间$\mathbb{R}^n$的一个映射. 下面我们在一般的线性空间 V 中研究类似的映射.

定义 7.1　设 V 是数域$\mathbb{F}$上的线性空间，$\mathcal{A}$是 V 到 V 的映射(称为 V 上的变换)，如果对于 V 中任意的元素 $\boldsymbol{\alpha}$，$\boldsymbol{\beta}$ 和数域$\mathbb{F}$中任意的数 k，都有

(1) $\mathcal{A}(\boldsymbol{\alpha}+\boldsymbol{\beta})=\mathcal{A}(\boldsymbol{\alpha})+\mathcal{A}(\boldsymbol{\beta})$；

(2) $\mathcal{A}(k\boldsymbol{\alpha})=k\mathcal{A}(\boldsymbol{\alpha})$.

则称 $\mathcal{A}$为 V 上的线性变换. 一般用花体拉丁字母 $\mathcal{A}$, $\mathcal{B}$, …表示 V 上的线性变换. $\mathcal{A}(\boldsymbol{\alpha})$或 $\mathcal{A}\boldsymbol{\alpha}$ 代表元素 $\boldsymbol{\alpha}$ 在变换 $\mathcal{A}$ 下的像.

注：

(1) 定义 7.1 中的等式(1)和等式(2)可以说成线性变换 $\mathcal{A}$ 保持向量的加法与数量乘法.

(2) 若 $\boldsymbol{\sigma}$ 是线性空间 V 到线性空间 W 的一个映射且满足定义中的等式(1)和等式(2)，则 $\boldsymbol{\sigma}$ 称为线性空间 V 到线性空间 W 的一个线性映射. 与第 6 章同构映射的概念相比，线性映射比同构映射少了双射这个条件，因此，线性映射比同构映射的应用更广泛，有时也把线性空间 V 到线性空间 W 的线性映射称为同态映射.

下面来看几个简单的例子.

例 7.1　在线性空间 $\boldsymbol{M}_n(\mathbb{F})$中，取定矩阵 $\boldsymbol{A}$，定义 $\mathcal{A}$: $\boldsymbol{M}_n(\mathbb{F})\to\boldsymbol{M}_n(\mathbb{F})$，$\boldsymbol{X}\mapsto\boldsymbol{AX}$，则 $\mathcal{A}$ 是 $\boldsymbol{M}_n(\mathbb{F})$的一个线性变换.

例 7.2　设 V 是数域$\mathbb{F}$上的线性空间，定义 V 上的恒等变换(或称单位变换)$\mathcal{E}$为 $\mathcal{E}(\boldsymbol{\alpha})=\boldsymbol{\alpha}(\boldsymbol{\alpha}\in V)$，以及零变换 $\mathcal{O}$是 $\mathcal{O}(\boldsymbol{\alpha})=\boldsymbol{0}$，容易验证它们都是线性变换. k 是$\mathbb{F}$中的某个数，再定义 V 上的变换为：$\boldsymbol{\alpha}\to k\boldsymbol{\alpha}$，$\boldsymbol{\alpha}\in V$. 容易验证这也是一个线性变换，称为由数 k 决定的数乘变换，可用 $\mathcal{K}$ 表示. 显然当 $k=1$ 时，就得恒等变换，当 $k=0$ 时，就是零变换.

例 7.3　设数域$\mathbb{F}$上的线性空间 $V=\mathbb{F}[x]$，求微商是一个线性变换. 这个变换通常用 $\mathcal{D}$ 表示，即 $\mathcal{D}(f(x))=f'(x)(\forall f(x)\in V)$.

例 7.4　设 $C[a, b]$是闭区间$[a, b]$上的全体连续函数组成的集合在实数域上的线性

空间. 易证在这个空间上的变换 $\mathcal{I}(f(x))=\int_a^x f(t)\mathrm{d}t$ 是一个线性变换.

例 7.5 在线性空间 $\boldsymbol{M}_n(\mathbb{F})$中，取定矩阵 $\boldsymbol{A}$，定义变换 $\mathcal{B}$ 为 $\mathcal{B}(\boldsymbol{X})=\boldsymbol{X}+\boldsymbol{A}$，一般情况下，不是线性变换，除非 $\boldsymbol{A}=\boldsymbol{O}$.

由于线性映射比同构映射少了双射的要求，因此，同构映射中的性质只要证明过程中没有用到双射这个条件，在线性映射中一定成立.

性质 7.1 设 $\mathcal{A}$ 是 V 上的线性变换，则 $\mathcal{A}(\boldsymbol{0})=\boldsymbol{0}$，$\mathcal{A}(-\boldsymbol{\alpha})=-\mathcal{A}(\boldsymbol{\alpha})$. 这是因为

$$\mathcal{A}(\boldsymbol{0})=\mathcal{A}(0\cdot\boldsymbol{\alpha})=0\mathcal{A}(\boldsymbol{\alpha})=\boldsymbol{0}$$

$$\mathcal{A}(-\boldsymbol{\alpha})=\mathcal{A}((-1)\boldsymbol{\alpha})=(-1)\mathcal{A}(\boldsymbol{\alpha})=-\mathcal{A}(\boldsymbol{\alpha})$$

性质 7.2 如果 $\boldsymbol{\beta}$ 是 $\boldsymbol{\alpha}_1, \boldsymbol{\alpha}_2, \cdots, \boldsymbol{\alpha}_r$ 的线性组合，即 $\boldsymbol{\beta}=k_1\boldsymbol{\alpha}_1+k_2\boldsymbol{\alpha}_2+\cdots+k_r\boldsymbol{\alpha}_r$，那么被线性变换 $\mathcal{A}$ 作用后得 $\mathcal{A}(\boldsymbol{\beta})=k_1\mathcal{A}(\boldsymbol{\alpha}_1)+k_2\mathcal{A}(\boldsymbol{\alpha}_2)+\cdots+k_r\mathcal{A}(\boldsymbol{\alpha}_r)$. 也就是说，线性变换保持向量的线性关系.

实际上，利用定义 7.1 中的(1)和(2)可以得到 $\mathcal{A}(k_1\boldsymbol{\alpha}_1+k_2\boldsymbol{\alpha}_2)=k_1\mathcal{A}(\boldsymbol{\alpha}_1)+k_2\mathcal{A}(\boldsymbol{\alpha}_2)$. 再利用数学归纳法就可以得到 $\mathcal{A}(k_1\boldsymbol{\alpha}_1+k_2\boldsymbol{\alpha}_2+\cdots+k_r\boldsymbol{\alpha}_r)-k_1\mathcal{A}(\boldsymbol{\alpha}_1)+k_2\mathcal{A}(\boldsymbol{\alpha}_2)+\cdots+k_r\mathcal{A}(\boldsymbol{\alpha}_r)$.

性质 7.3 设 $\mathcal{A}$ 是数域$\mathbb{F}$上线性空间 V 上的线性变换，若 V 中的向量组$\boldsymbol{\alpha}_1, \boldsymbol{\alpha}_2, \cdots, \boldsymbol{\alpha}_r$ 线性相关，则 $\mathcal{A}(\boldsymbol{\alpha}_1), \mathcal{A}(\boldsymbol{\alpha}_2), \cdots, \mathcal{A}(\boldsymbol{\alpha}_r)$也是线性空间 V 中线性相关的向量组，即线性变换把线性相关的向量组变成线性相关的向量组.

注 性质 7.3 的逆命题不一定成立，即若 $\mathcal{A}(\boldsymbol{\alpha}_1), \mathcal{A}(\boldsymbol{\alpha}_2), \cdots, \mathcal{A}(\boldsymbol{\alpha}_r)$线性相关，则$\boldsymbol{\alpha}_1, \boldsymbol{\alpha}_2, \cdots, \boldsymbol{\alpha}_r$ 未必线性相关. 事实上，线性无关的向量组被线性变换作用后，可能变成线性相关的向量组. 例如：任何向量组被零变换作用后是零向量，而零向量是线性相关的.

例 7.6 在线性空间$\mathbb{P}^n$ 中，考虑线性变换 $\mathcal{A}(a_1, \cdots, a_n)=(a_2, a_3, \cdots, a_n, 0)$. 设

$$\boldsymbol{\alpha}_1=(1, 1, \cdots, 1),\ \boldsymbol{\alpha}_2=(2, 1, \cdots, 1),\ \boldsymbol{\beta}_1=(1, 1, \cdots, 1),\ \boldsymbol{\beta}_2=(1, 1, \cdots, 1, 2)$$

容易看出$\boldsymbol{\alpha}_1, \boldsymbol{\alpha}_2$ 线性无关，而向量组 $\mathcal{A}(\boldsymbol{\alpha}_1), \mathcal{A}(\boldsymbol{\alpha}_2)$线性相关. $\boldsymbol{\beta}_1, \boldsymbol{\beta}_2$ 线性无关，而向量组 $\mathcal{A}(\boldsymbol{\beta}_1), \boldsymbol{A}(\boldsymbol{\beta}_2)$也线性无关.

由性质 7.2 可以看出，如果线性空间 V 是有限维的，它的一组基是 $\boldsymbol{\varepsilon}_1, \boldsymbol{\varepsilon}_2, \cdots, \boldsymbol{\varepsilon}_n$，那么线性空间 V 中的任一向量 $\boldsymbol{\beta}$ 在 V 上的线性变换 $\mathcal{A}$ 的作用下的像就可以用基像的线性组合得到. 也就是说，如果线性空间 V 上的线性变换 $\mathcal{A}$ 与 $\mathcal{B}$ 在这组基上的作用相同，那么 $\mathcal{A}=\mathcal{B}$. 换句话说，线性空间 V 中的线性变换完全被它在 V 中的一组基上的作用所决定，而这个前提是，给定了数域$\mathbb{P}$中的有限维线性空间 V，是否存在线性空间 V 上的线性变换.

定理 7.1 设 $\boldsymbol{\varepsilon}_1, \boldsymbol{\varepsilon}_2, \cdots, \boldsymbol{\varepsilon}_n$ 是数域$\mathbb{F}$上 n 维线性空间 V 的一组基，$\boldsymbol{\alpha}_1, \boldsymbol{\alpha}_2, \cdots, \boldsymbol{\alpha}_n$ 是线性空间 V 中任意 n 个给定的向量，则存在唯一的线性变换 $\mathcal{A}$ 使 $\mathcal{A}\boldsymbol{\varepsilon}_i=\boldsymbol{\alpha}_i (i=1, 2, \cdots, n)$.

证明 （存在性）$\forall\boldsymbol{\alpha}\in V$，$\boldsymbol{\alpha}$ 可由线性空间 V 的一组基 $\boldsymbol{\varepsilon}_1, \boldsymbol{\varepsilon}_2, \cdots, \boldsymbol{\varepsilon}_n$ 线性表示，即

$$\boldsymbol{\alpha}=x_1\boldsymbol{\varepsilon}_1+x_2\boldsymbol{\varepsilon}_2+\cdots+x_n\boldsymbol{\varepsilon}_n$$

定义 V 上的变换 $\mathcal{A}$ 为 $V\to V$：$\boldsymbol{\alpha}\mapsto x_1\boldsymbol{\alpha}_1+x_2\boldsymbol{\alpha}_2+\cdots+x_n\boldsymbol{\alpha}_n$.

下面证明变换 $\mathcal{A}$ 是线性空间 V 的一个线性变换.

$\forall\boldsymbol{\beta}\in V$，设 $\boldsymbol{\beta}=y_1\boldsymbol{\varepsilon}_1+y_2\boldsymbol{\varepsilon}_2+\cdots+y_n\boldsymbol{\varepsilon}_n$，于是

$$\boldsymbol{\alpha}+\boldsymbol{\beta}=(x_1+y_1)\boldsymbol{\varepsilon}_1+(x_2+y_2)\boldsymbol{\varepsilon}_2+\cdots+(x_n+y_n)\boldsymbol{\varepsilon}_n$$

$$k\boldsymbol{\alpha}=(kx_1)\boldsymbol{\varepsilon}_1+(kx_2)\boldsymbol{\varepsilon}_2+\cdots+(kx_n)\boldsymbol{\varepsilon}_n(\forall k\in\mathbb{F})$$

从而

$$\begin{aligned}\mathcal{A}(\boldsymbol{\alpha}+\boldsymbol{\beta}) &= (x_1+y_1)\boldsymbol{\alpha}_1+(x_2+y_2)\boldsymbol{\alpha}_2+\cdots+(x_n+y_n)\boldsymbol{\alpha}_n \\ &= (x_1\boldsymbol{\alpha}_1+x_2\boldsymbol{\alpha}_2+\cdots+x_n\boldsymbol{\alpha}_n)+(y_1\boldsymbol{\alpha}_1+y_2\boldsymbol{\alpha}_2+\cdots+y_n\boldsymbol{\alpha}_n) \\ &= \mathcal{A}\boldsymbol{\alpha}+\mathcal{A}\boldsymbol{\beta}\end{aligned}$$

$$\mathcal{A}(k\boldsymbol{\alpha}) = (kx_1)\boldsymbol{\alpha}_1+(kx_2)\boldsymbol{\alpha}_2+\cdots+(kx_n)\boldsymbol{\alpha}_n = k(x_1\boldsymbol{\alpha}_1+x_2\boldsymbol{\alpha}_2+\cdots+x_n\boldsymbol{\alpha}_n) = k\mathcal{A}(\boldsymbol{\alpha})$$

故变换 $\mathcal{A}$ 是线性空间 V 的一个线性变换.

由于 $\boldsymbol{\varepsilon}_i=0\cdot\boldsymbol{\varepsilon}_1+\cdots+0\cdot\boldsymbol{\varepsilon}_{i-1}+1\cdot\boldsymbol{\varepsilon}_i+\cdots+0\cdot\boldsymbol{\varepsilon}_n(i=1,2,\cdots,n)$，因此

$$\mathcal{A}\boldsymbol{\varepsilon}_i = 0\cdot\boldsymbol{\alpha}_1+\cdots+0\cdot\boldsymbol{\alpha}_{i-1}+1\cdot\boldsymbol{\alpha}_i+\cdots+0\cdot\boldsymbol{\alpha}_n = \boldsymbol{\alpha}_i$$

（唯一性）若另有线性空间 V 的一个线性变换 $\mathcal{B}$，使得 $\mathcal{B}(\boldsymbol{\varepsilon}_i)=\boldsymbol{\alpha}_i(i=1,2,\cdots,n)$，欲证 $\mathcal{A}=\mathcal{B}$.

只要证明 $\forall\boldsymbol{\alpha}\in V$，$\mathcal{A}(\boldsymbol{\alpha})=\mathcal{B}(\boldsymbol{\alpha})$，即对线性空间 V 中任意向量 $\boldsymbol{\alpha}$，线性变换 $\mathcal{A}$ 与线性变换 $\mathcal{B}$ 作用相同即可.

由于 $\boldsymbol{\alpha}=x_1\boldsymbol{\varepsilon}_1+x_2\boldsymbol{\varepsilon}_2+\cdots+x_n\boldsymbol{\varepsilon}_n$，因此

$$\begin{aligned}\mathcal{B}(\boldsymbol{\alpha}) &= x_1\mathcal{B}(\boldsymbol{\varepsilon}_1)+x_2\mathcal{B}(\boldsymbol{\varepsilon}_2)+\cdots+x_n\mathcal{B}(\boldsymbol{\varepsilon}_n) \\ &= x_1\boldsymbol{\alpha}_1+x_2\boldsymbol{\alpha}_2+\cdots+x_n\boldsymbol{\alpha}_n = \mathcal{A}(\boldsymbol{\alpha})\end{aligned}$$

由于 $\forall\boldsymbol{\alpha}\in V$，$\mathcal{A}(\boldsymbol{\alpha})=\mathcal{B}(\boldsymbol{\alpha})$，因此 $\mathcal{A}=\mathcal{B}$.

用 $L(V,V)$ 表示线性空间 V 上所有线性变换形成的集合，下面来定义此集合中线性变换的运算.

1. 线性变换的加法

设 $\mathcal{A}$，$\mathcal{B}$ 是线性空间 V 上的两个线性变换，定义它们的和 $\mathcal{A}+\mathcal{B}$ 为

$$(\mathcal{A}+\mathcal{B})(\boldsymbol{\alpha}) = \mathcal{A}(\boldsymbol{\alpha})+\mathcal{B}(\boldsymbol{\alpha}),\ \forall\boldsymbol{\alpha}\in V$$

容易得到线性变换的和还是线性变换. 这是因为

$$\begin{aligned}(\mathcal{A}+\mathcal{B})(\boldsymbol{\alpha}+\boldsymbol{\beta}) &= \mathcal{A}(\boldsymbol{\alpha}+\boldsymbol{\beta})+\mathcal{B}(\boldsymbol{\alpha}+\boldsymbol{\beta}) \\ &= (\mathcal{A}(\boldsymbol{\alpha})+\mathcal{A}(\boldsymbol{\beta}))+(\mathcal{B}(\boldsymbol{\alpha})+\mathcal{B}(\boldsymbol{\beta})) \\ &= (\mathcal{A}(\boldsymbol{\alpha})+\mathbf{B}(\boldsymbol{\alpha}))+(\mathbf{A}(\boldsymbol{\beta})+\mathcal{B}(\boldsymbol{\beta})) \\ &= (\mathcal{A}+\mathcal{B})(\boldsymbol{\alpha})+(\mathcal{A}+\mathcal{B})(\boldsymbol{\beta})\end{aligned}$$

$$\begin{aligned}(\mathcal{A}+\mathcal{B})(k\boldsymbol{\alpha}) &= \mathcal{A}(k\boldsymbol{\alpha})+\mathcal{B}(k\boldsymbol{\alpha}) = k\mathcal{A}(\boldsymbol{\alpha})+k\mathcal{B}(\boldsymbol{\alpha}) \\ &= k(\mathcal{A}(\boldsymbol{\alpha})+\mathcal{B}(\boldsymbol{\alpha})) = k(\mathcal{A}+\mathcal{B})(\boldsymbol{\alpha})\end{aligned}$$

这说明 $\mathcal{A}+\mathcal{B}$ 是线性空间 V 上的线性变换.

线性变换的加法满足下面的运算律：

(1) $\mathcal{A}+(\mathcal{B}+\mathcal{C})=(\mathcal{A}+\mathcal{B})+\mathcal{C}$；

(2) $\mathcal{A}+\mathcal{B}=\mathcal{B}+\mathcal{A}$；

(3) 存在零变换 $\mathcal{O}$，对任意 $\mathcal{A}\in L(V,V)$，都有 $\mathcal{A}+\mathcal{O}=\mathcal{A}$；

(4) 对任意 $\mathcal{A}\in L(V,V)$，可以定义它的负变换 $-\mathcal{A}$：$(-\mathcal{A})(\boldsymbol{\alpha})=-\mathcal{A}(\boldsymbol{\alpha})(\forall\boldsymbol{\alpha}\in V)$. 容易验证负变换 $-\mathcal{A}$ 也是线性空间 V 上的线性变换，且 $\mathcal{A}+(-\mathcal{A})=\mathcal{O}$.

2. 线性变换的数量乘法

设 $\mathcal{A}$ 是线性空间 V 上的线性变换，$k\in\mathbb{F}$，定义 k 与 $\mathcal{A}$ 的数量乘积为

$$(k\mathcal{A})(\boldsymbol{\alpha}) = k\mathcal{A}(\boldsymbol{\alpha})\quad(\forall\boldsymbol{\alpha}\in V)$$

容易得到 $k\mathcal{A}$ 还是线性空间 V 上的线性变换. 线性变换的数量乘法适合以下的规律：

(1) $(kl)\mathcal{A}=k(l\mathcal{A})(k, l\in\mathbb{P})$；

(2) $(k+l)\mathcal{A}=k\mathcal{A}+l\mathcal{A}(k, l\in\mathbb{P})$；

(3) $k(\mathcal{A}+\mathcal{B})=k\mathcal{A}+k\mathcal{B}(k\in\mathbb{P})$；

(4) $1\mathcal{A}=\mathcal{A}$.

由加法和数量乘法的性质可知，线性空间 V 上全体线性变换对于如上定义的加法和数量乘法，也构成数域$\mathbb{F}$上的一个线性空间，记作 $L(V)$.

3. 线性变换的乘法

设 $\mathcal{A}$, $\mathcal{B}$ 是线性空间 V 上的两个线性变换，定义它们的乘积为

$$(\mathcal{A}\mathcal{B})(\boldsymbol{\alpha}) = \mathcal{A}(\mathcal{B}(\boldsymbol{\alpha}))(\forall\,\boldsymbol{\alpha}\in V)$$

容易验证线性变换的乘积也是线性空间 V 上的线性变换. 这是因为，对任意的 $\boldsymbol{\alpha}$, $\boldsymbol{\beta}\in V$, $k\in\mathbb{F}$)，有

$$\begin{aligned}(\mathcal{A}\mathcal{B})(\boldsymbol{\alpha}+\boldsymbol{\beta}) &= \mathcal{A}(\mathcal{B}(\boldsymbol{\alpha}+\boldsymbol{\beta})) = \mathcal{A}(\mathcal{B}(\boldsymbol{\alpha})+\mathcal{B}(\boldsymbol{\beta}))\\ &= \mathcal{A}(\mathcal{B}(\boldsymbol{\alpha}))+\mathcal{A}(\mathcal{B}(\boldsymbol{\beta}))\\ &= (\mathcal{A}\mathcal{B})(\boldsymbol{\alpha})+(\mathcal{A}\mathcal{B})(\boldsymbol{\beta})\\ (\mathcal{A}\mathcal{B})(k\boldsymbol{\alpha}) &= \mathcal{A}(\mathcal{B}(k\boldsymbol{\alpha})) = \mathcal{A}(k\mathcal{B}(\boldsymbol{\alpha}))\\ &= k\mathcal{A}(\mathcal{B}(\boldsymbol{\alpha}))\\ &= k(\mathcal{A}\mathcal{B})(\boldsymbol{\alpha})\end{aligned}$$

所以 $\mathcal{A}\mathcal{B}$ 是线性空间 V 上的线性变换.

线性变换的乘法满足以下运算规律：

(1) $(\mathcal{A}\mathcal{B})\mathcal{C}=\mathcal{A}(\mathcal{B}\mathcal{C})$；

(2) $\mathcal{A}\mathcal{E}=\mathcal{E}\mathcal{A}=\mathcal{A}$, $\mathcal{E}$ 是恒等变换；

(3) 线性变换的乘法对加法满足左右分配律，即

$$\mathcal{A}(\mathcal{B}+\mathcal{C}) = \mathcal{A}\mathcal{B}+\mathcal{A}\mathcal{C},\ (\mathcal{B}+\mathcal{C})\mathcal{A} = \mathcal{B}\mathcal{A}+\mathcal{C}\mathcal{A}$$

注：线性变换的乘法不满足交换律. 例如，在实数域$\mathbb{R}$上的线性空间$\mathbb{R}[x]$中，定义两个线性变换 $\mathcal{D}(f(x))=f'(x)$, $\mathcal{I}(f(x))=\int_0^x f(t)\mathrm{d}t$, 容易得到 $\mathcal{D}\mathcal{I}=\mathcal{E}$, 但 $\mathcal{I}\mathcal{D}\neq\mathcal{E}$.

4. 线性变换的幂

设 $\mathcal{A}$ 是线性空间 V 上的线性变换，n 是自然数，定义

$$\mathcal{A}^n = \underbrace{\mathcal{A}\cdots\mathcal{A}}_{n}$$

则 $\mathcal{A}^n$ 称为 $\mathcal{A}$ 的 n 次幂. 当 $n=0$ 时，规定 $\mathcal{A}^0=\mathcal{E}$.

根据线性变换幂的定义可以推出：$\mathcal{A}^{m+n}=\mathcal{A}^m\mathcal{A}^n$, $(\mathcal{A}^m)^n=\mathcal{A}^{mn}(m, n\geqslant 0)$. 值得注意的是，由于线性变换的乘法一般不可交换，因此在运算时，乘法公式不能随便使用. 比如，$(\mathcal{A}\mathcal{B})^n\neq\mathcal{A}^n\mathcal{B}^n$；$(\mathcal{A}+\mathcal{B})^2\neq\mathcal{A}^2+2\mathcal{A}\mathcal{B}+\mathcal{B}^2$；$\mathcal{A}^2-\mathcal{B}^2\neq(\mathcal{A}+\mathcal{B})(\mathcal{A}-\mathcal{B})$.

5. 线性变换的多项式

设 $f(x)=a_mx^m+a_{m-1}x^{m-1}+\cdots+a_0$ 是数域$\mathbb{F}$上的一个多项式，$\mathcal{A}$ 是线性空间 V 上的一个线性变换，定义 $f(\mathcal{A})=a_m\mathcal{A}^m+a_{m-1}\mathcal{A}^{m-1}+\cdots+a_0\mathcal{E}$, 容易得到 $f(\mathcal{A})$ 是线性空间 V 上的一个线性变换，称为线性变换 $\mathcal{A}$ 的多项式.

注：在线性空间$\mathbb{F}[x]$中，如果

$$h(x)=f(x)+g(x),\ p(x)=f(x)g(x)$$

那么对任意的 $\mathcal{A}\in L(V,V)$，有 $h(\mathcal{A})=f(\mathcal{A})+g(\mathcal{A})$，$p(\mathcal{A})=f(\mathcal{A})g(\mathcal{A})$.

特别地，$f(\mathcal{A})g(\mathcal{A})=g(\mathcal{A})f(\mathcal{A})$，即同一个线性变换的多项式的乘法是可交换的.

例 7.7 在$\boldsymbol{M}_{2\times 2}(\mathbb{F})$中，定义线性变换 $\mathcal{A}$，$\mathcal{B}$，$\mathcal{C}$为

$$\mathcal{A}(X)=\begin{bmatrix}1 & 0\\ 0 & 0\end{bmatrix}\boldsymbol{X},\ \mathcal{B}(\boldsymbol{X})=\begin{bmatrix}1 & 1\\ 0 & 0\end{bmatrix}\boldsymbol{X},\ \mathcal{C}(\boldsymbol{X})=\begin{bmatrix}0 & 1\\ 0 & 0\end{bmatrix}\boldsymbol{X}$$

则由线性变换的乘积容易计算出 $\mathcal{AB}=\mathcal{B}$，$\mathcal{BA}=\mathcal{A}$，$\mathcal{AC}=\mathcal{C}$，$\mathcal{CA}=\mathcal{O}$，$\mathcal{BC}=\mathcal{C}$，$\mathcal{CB}=\mathcal{O}$.

例 7.8 设 $\mathcal{A}$是$\mathbb{F}^4$上的线性变换，令 $\mathcal{A}(x_1,x_2,x_3,x_4)=(0,x_1,x_2,x_3)$，则由线性变换的幂容易计算出：

$$\mathcal{A}^2(x_1,x_2,x_3,x_4)=(0,0,x_1,x_2),\ \mathcal{A}^3(x_1,x_2,x_3,x_4)=(0,0,0,x_1)$$

$$\mathcal{A}^4(x_1,x_2,x_3,x_4)=(0,0,0,0)$$

再设 $f(x)=a_nx^n+\cdots+a_0$，则由线性变换的多项式可以得到：

$$f(\mathcal{A})(x_1,x_2,x_3,x_4)=(a_0x_1,a_0x_2+a_1x_1,a_0x_3+a_1x_2+a_2x_1,a_0x_4+a_1x_3+a_2x_2+a_3x_1)$$

6. 可逆线性变换

定义 7.2 设 V 是数域$\mathbb{F}$上一个线性空间，$\mathcal{A}$是 V 上的一个线性变换，如果存在线性空间 V 上的另一个变换 $\mathcal{B}$，使得

$$\mathcal{AB}=\mathcal{BA}=\mathcal{E}$$

则称线性变换 $\mathcal{A}$是可逆的，$\mathcal{B}$是 $\mathcal{A}$ 的逆变换.

注：当 $\mathcal{A}$是线性空间 V 上的可逆线性变换时，则它的逆变换 $\mathcal{B}$是唯一的. 这是因为：若 $\mathcal{B}$，$\mathcal{C}$都是 $\mathcal{A}$ 的逆变换，则 $\mathcal{AB}=\mathcal{BA}=\mathcal{E}$，$\mathcal{AC}=\mathcal{CA}=\mathcal{E}$，从而

$$\mathcal{B}=\mathcal{BE}=\mathcal{BAC}=\mathcal{EC}=\mathcal{C}$$

则 $\mathcal{B}=\mathcal{C}$.

当 $\mathcal{A}$可逆时，通常把 $\mathcal{A}$的逆变换记为 $\mathcal{A}^{-1}$.

定理 7.2 设 V 是数域$\mathbb{F}$上一个线性空间，$\mathcal{A}$是 V 上的一个可逆线性变换，则它的逆变换 $\mathcal{A}^{-1}$也是线性空间 V 上的线性变换.

证明 对任意的$\boldsymbol{\alpha}$，$\boldsymbol{\beta}\subset V$ 及 $k\in\mathbb{F}$，有

$$\begin{aligned}\boldsymbol{\alpha}+\boldsymbol{\beta}&=(\mathcal{AA}^{-1})(\boldsymbol{\alpha})+(\mathcal{AA}^{-1})(\boldsymbol{\beta})=\mathcal{A}(\mathcal{A}^{-1}(\boldsymbol{\alpha}))+\mathcal{A}(\mathcal{A}^{-1}(\boldsymbol{\beta}))\\&=\mathcal{A}(\mathcal{A}^{-1}(\boldsymbol{\alpha})+\mathcal{A}^{-1}(\boldsymbol{\beta}))\\k\boldsymbol{\alpha}&=k(\mathcal{AA}^{-1})(\boldsymbol{\alpha})=k\mathcal{A}(\mathcal{A}^{-1}(\boldsymbol{\alpha}))=\mathcal{A}(k\mathcal{A}^{-1}(\boldsymbol{\alpha}))\end{aligned}$$

上式等式两端分别作用 $\mathcal{A}^{-1}$，有

$$\mathcal{A}^{-1}(\boldsymbol{\alpha}+\boldsymbol{\beta})=\mathcal{A}^{-1}(\boldsymbol{\alpha})+\mathcal{A}^{-1}(\boldsymbol{\beta})$$

$$\mathcal{A}^{-1}(k\boldsymbol{\alpha})=k\mathcal{A}^{-1}(\boldsymbol{\alpha})$$

因此 $\mathcal{A}^{-1}$也是线性空间 V 上的线性变换.

那么如何判别线性变换是否可逆？

命题 7.1 线性变换 $\mathcal{A}$可逆的充分必要条件是线性变换 $\mathcal{A}$ 是双射.

证明 （必要性）设 $\mathcal{A}$ 是线性空间 V 上的可逆线性变换. 取 $\boldsymbol{\alpha}$，$\boldsymbol{\beta}\in V$，若 $\mathcal{A}(\boldsymbol{\alpha})=\mathcal{A}(\boldsymbol{\beta})$，则 $\boldsymbol{\alpha}=\mathcal{A}^{-1}(\mathcal{A}\boldsymbol{\alpha})=\mathcal{A}^{-1}(\mathcal{A}\boldsymbol{\beta})=\boldsymbol{\beta}$，即 $\mathcal{A}$是单射.

其次，对 $\forall\boldsymbol{\beta}\in V$，令 $\boldsymbol{\alpha}=\mathcal{A}^{-1}\boldsymbol{\beta}$，则 $\boldsymbol{\alpha}\in V$，且 $\mathcal{A}\boldsymbol{\alpha}=\mathcal{A}(\mathcal{A}^{-1}\boldsymbol{\beta})=\mathcal{AA}^{-1}(\boldsymbol{\beta})=\boldsymbol{\beta}$，即 $\mathbf{A}$ 是满

射，故 $\mathbf{A}$ 是双射.

（充分性）若 $\mathcal{A}$ 是双射，则 $\mathcal{A}$ 的逆映射 $\mathcal{B}$ 也为线性空间 V 上的线性变换，且 $\mathcal{AB}=\mathcal{BA}=\mathcal{E}$，故 $\mathcal{A}$ 可逆.

命题 7.2　设 $\boldsymbol{\varepsilon}_1, \boldsymbol{\varepsilon}_2, \cdots, \boldsymbol{\varepsilon}_n$ 是线性空间 V 的一组基，$\mathcal{A}$ 是线性空间 V 上的线性变换，则 $\mathcal{A}$ 可逆的充分必要条件是 $\mathcal{A}\boldsymbol{\varepsilon}_1, \mathcal{A}\boldsymbol{\varepsilon}_2, \cdots, \mathcal{A}\boldsymbol{\varepsilon}_n$ 线性无关.

证明　（必要性）设 $k_1\mathcal{A}\boldsymbol{\varepsilon}_1+k_2\mathcal{A}\boldsymbol{\varepsilon}_2+\cdots+k_n\mathcal{A}\boldsymbol{\varepsilon}_n=\mathbf{0}$，即 $\mathcal{A}(k_1\boldsymbol{\varepsilon}_1+k_2\boldsymbol{\varepsilon}_2+\cdots+k_n\boldsymbol{\varepsilon}_n)=\mathbf{0}$，又由于 $\mathcal{A}$ 可逆，因此 $\mathcal{A}$ 是单射. 又因为 $\mathcal{A}(\mathbf{0})=\mathbf{0}$，所以 $k_1\boldsymbol{\varepsilon}_1+k_2\boldsymbol{\varepsilon}_2+\cdots+k_n\boldsymbol{\varepsilon}_n=\mathbf{0}$，而 $\boldsymbol{\varepsilon}_1, \boldsymbol{\varepsilon}_2, \cdots, \boldsymbol{\varepsilon}_n$ 线性无关，则 $k_1=k_2=\cdots=k_n=0$，故 $\mathcal{A}\boldsymbol{\varepsilon}_1, \mathcal{A}\boldsymbol{\varepsilon}_2, \cdots, \mathcal{A}\boldsymbol{\varepsilon}_n$ 线性无关.

（充分性）由于 $\mathcal{A}\boldsymbol{\varepsilon}_1, \mathcal{A}\boldsymbol{\varepsilon}_2, \cdots, \mathcal{A}\boldsymbol{\varepsilon}_n$ 线性无关，因此它也是线性空间 V 的一组基. 由于 $\forall \boldsymbol{\beta}\in V$，有 $\boldsymbol{\beta}=k_1\mathcal{A}\boldsymbol{\varepsilon}_1+k_2\mathcal{A}\boldsymbol{\varepsilon}_2+\cdots+k_n\mathcal{A}\boldsymbol{\varepsilon}_n$，即 $\mathcal{A}(k_1\boldsymbol{\varepsilon}_1+k_2\boldsymbol{\varepsilon}_2+\cdots+k_n\boldsymbol{\varepsilon}_n)=\boldsymbol{\beta}$，故 $\mathcal{A}$ 是满射.

其次，$\forall \boldsymbol{\alpha}, \boldsymbol{\beta}\in V$，设 $\boldsymbol{\alpha}=\sum\limits_{i=1}^{n} a_i\boldsymbol{\varepsilon}_i$，$\boldsymbol{\beta}=\sum\limits_{i=1}^{n} b_i\boldsymbol{\varepsilon}_i$.

若 $\mathcal{A}\boldsymbol{\alpha}=\mathcal{A}\boldsymbol{\beta}$，则 $\sum\limits_{i=1}^{n} a_i\mathcal{A}\boldsymbol{\varepsilon}_i=\sum\limits_{i=1}^{n} b_i\mathcal{A}\boldsymbol{\varepsilon}_i$，即

$$\sum_{i=1}^{n}(a_i-b_i)\mathcal{A}\boldsymbol{\varepsilon}_i=\mathbf{0}$$

由于 $\mathcal{A}\boldsymbol{\varepsilon}_1, \mathcal{A}\boldsymbol{\varepsilon}_2, \cdots, \mathcal{A}\boldsymbol{\varepsilon}_n$ 线性无关，则 $a_i=b_i\,(i=1, 2, \cdots, n)$，即 $\boldsymbol{\alpha}=\boldsymbol{\beta}$. 从而 $\mathcal{A}$ 是单射，故 $\mathcal{A}$ 是双射. 由命题 7.1 知 $\mathcal{A}$ 是可逆的.

命题 7.3　设 $\mathcal{A}$ 是线性空间 V 上的可逆线性变换，若 $\boldsymbol{\alpha}_1, \boldsymbol{\alpha}_2, \cdots, \boldsymbol{\alpha}_r\in V$ 线性无关，则 $\mathcal{A}\boldsymbol{\alpha}_1, \mathcal{A}\boldsymbol{\alpha}_2, \cdots, \mathcal{A}\boldsymbol{\alpha}_r$ 也线性无关.

证明　设 $k_1\mathcal{A}\boldsymbol{\alpha}_1+k_2\mathcal{A}\boldsymbol{\alpha}_2+\cdots+k_r\mathcal{A}\boldsymbol{\alpha}_r=\mathbf{0}$，则 $\mathcal{A}(k_1\boldsymbol{\alpha}_1+k_2\boldsymbol{\alpha}_2+\cdots+k_r\boldsymbol{\alpha}_r)=\mathbf{0}$，因为 $\mathcal{A}$ 可逆，则 $\mathcal{A}$ 是双射，从而 $\mathcal{A}$ 是单射. 又因为 $\mathcal{A}(\mathbf{0})=\mathbf{0}$，所以 $k_1\boldsymbol{\alpha}_1+k_2\boldsymbol{\alpha}_2+\cdots+k_r\boldsymbol{\alpha}_r=\mathbf{0}$. 由于 $\boldsymbol{\alpha}_1, \boldsymbol{\alpha}_2, \cdots, \boldsymbol{\alpha}_r\in V$ 线性无关，则 $k_1=k_2=\cdots=k_r=0$，故 $\mathcal{A}\boldsymbol{\alpha}_1, \mathcal{A}\boldsymbol{\alpha}_2, \cdots, \mathcal{A}\boldsymbol{\alpha}_r$ 线性无关.

由命题 7.1 可知，一个变换可逆的充分必要条件为这个变换即是单射又是满射. 但是，有限维线性空间 V 上的线性变换 $\mathcal{A}$ 有一个很好的性质：$\mathcal{A}$ 是单射线性变换当且仅当 $\mathcal{A}$ 是满射线性变换. 为了证明这个结论，我们引入两个新的概念.

定义 7.3　设 $\mathcal{A}$ 是线性空间 V 上的线性变换，集合 $\mathcal{A}V=\{\mathcal{A}\boldsymbol{\alpha}\mid\boldsymbol{\alpha}\in V\}$ 称为线性变换 $\mathcal{A}$ 的值域，也记作 $\mathrm{Im}\mathcal{A}$. 集合 $\mathcal{A}^{-1}(\mathbf{0})=\{\boldsymbol{\alpha}\in V\mid\mathcal{A}\boldsymbol{\alpha}=\mathbf{0}\}$ 称为线性变换 $\mathcal{A}$ 的核，也记作 $\ker\mathcal{A}$.

容易验证 $\ker\mathcal{A}$ 与 $\mathcal{A}(V)$ 都是线性空间 V 的子空间. 证明留给读者自行完成.

定义 7.4　设 $\mathcal{A}$ 是线性空间 V 上的线性变换，$\mathcal{A}(V)$ 的维数称为 $\mathcal{A}$ 的秩；$\ker\mathcal{A}$ 的维数称为 $\mathcal{A}$ 的零度.

例 7.9　设数域 $\mathbb{F}$ 上的线性空间 $V=\mathbb{F}[x]_n$，令 $\mathcal{D}(f(x))=f'(x)$ $(\forall f(x)\in V)$. 则

$$\mathcal{D}(\mathbb{F}[x]_n)=\mathbb{F}[x]_{n-1},\ \mathcal{D}^{-1}(0)=\mathbb{F}$$

因此 $\mathcal{D}$ 的秩是 $n-1$，$\mathcal{D}$ 的零度是 1.

对于值域和核有如下三条性质.

定理 7.3　设 $\mathcal{A}$ 是 n 维线性空间 V 上的线性变换，$\boldsymbol{\varepsilon}_1, \boldsymbol{\varepsilon}_2, \cdots, \boldsymbol{\varepsilon}_n$ 是线性空间 V 的一组基，则 $\mathcal{A}$ 的值域 $\mathcal{A}(V)$ 是由基像组生成的子空间，即

$$\mathcal{A}(V)=\mathrm{span}(\mathcal{A}(\boldsymbol{\varepsilon}_1), \mathcal{A}(\boldsymbol{\varepsilon}_2), \cdots, \mathcal{A}(\boldsymbol{\varepsilon}_n))$$

证明 设 $\boldsymbol{\xi}$ 是线性空间 V 中任一向量，则 $\boldsymbol{\xi}$ 可由线性空间 V 的基 $\boldsymbol{\varepsilon}_1$，$\boldsymbol{\varepsilon}_2$，…，$\boldsymbol{\varepsilon}_n$ 线性表示，即

$$\boldsymbol{\xi}=x_1\boldsymbol{\varepsilon}_1+x_2\boldsymbol{\varepsilon}_2+\cdots+x_n\boldsymbol{\varepsilon}_n$$

于是 $\mathcal{A}\boldsymbol{\xi}=x_1\mathcal{A}\boldsymbol{\varepsilon}_1+x_2\mathcal{A}\boldsymbol{\varepsilon}_2+\cdots+x_n\mathcal{A}\boldsymbol{\varepsilon}_n$，此式说明 $\mathcal{A}\boldsymbol{\xi}\in \mathrm{span}(\mathcal{A}\boldsymbol{\varepsilon}_1, \mathcal{A}\boldsymbol{\varepsilon}_2, \cdots, \mathcal{A}\boldsymbol{\varepsilon}_n)$，于是 $\mathcal{A}V\subseteq \mathrm{span}(\mathcal{A}\boldsymbol{\varepsilon}_1, \mathcal{A}\boldsymbol{\varepsilon}_2, \cdots, \mathcal{A}\boldsymbol{\varepsilon}_n)$. $\mathcal{A}\boldsymbol{\xi}=x_1\mathcal{A}\boldsymbol{\varepsilon}_1+x_2\mathcal{A}\boldsymbol{\varepsilon}_2+\cdots+x_n\mathcal{A}\boldsymbol{\varepsilon}_n$ 还说明基像组的线性组合还是 $\boldsymbol{\xi}$ 的一个像，因此 $\mathcal{A}V\supseteq \mathrm{span}(\mathcal{A}\boldsymbol{\varepsilon}_1, \mathcal{A}\boldsymbol{\varepsilon}_2, \cdots, \mathcal{A}\boldsymbol{\varepsilon}_n)$. 故

$$\mathcal{A}(V)=\mathrm{span}(\mathcal{A}(\boldsymbol{\varepsilon}_1), \mathcal{A}(\boldsymbol{\varepsilon}_2), \cdots, \mathcal{A}(\boldsymbol{\varepsilon}_n))$$

定理 7.4 设 $\mathcal{A}$ 是 n 维线性空间 V 上的线性变换，则 $\mathcal{A}(V)$ 的一个基的原像及 $\mathcal{A}^{-1}(0)$ 的一个基合起来就是线性空间 V 的一个基，从而 $\dim\ker\mathcal{A}+\dim\mathcal{A}(V)=n$.

证明 设 $\mathcal{A}(V)$ 的一个基为 $\boldsymbol{\eta}_1$，$\boldsymbol{\eta}_2$，…，η_r，其原像为 $\boldsymbol{\varepsilon}_1$，$\boldsymbol{\varepsilon}_2$，…，$\boldsymbol{\varepsilon}_r$，即 $\mathcal{A}(\boldsymbol{\varepsilon}_i)=\boldsymbol{\eta}_i$. 取 $\mathcal{A}^{-1}(\mathbf{0})$ 的一个基为 $\boldsymbol{\varepsilon}_{r+1}$，$\boldsymbol{\varepsilon}_{r+2}$，…，$\boldsymbol{\varepsilon}_s$.

下面证明 I：$\boldsymbol{\varepsilon}_1$，$\boldsymbol{\varepsilon}_2$，…，$\boldsymbol{\varepsilon}_r$，$\boldsymbol{\varepsilon}_{r+1}$，$\boldsymbol{\varepsilon}_{r+2}$，…，$\boldsymbol{\varepsilon}_s$ 为线性空间 V 的一组基. 设

$$l_1\boldsymbol{\varepsilon}_1+l_2\boldsymbol{\varepsilon}_2+\cdots+l_r\boldsymbol{\varepsilon}_r+l_{r+1}\boldsymbol{\varepsilon}_{r+1}+l_{r+2}\boldsymbol{\varepsilon}_{r+2}+\cdots+l_s\boldsymbol{\varepsilon}_s=\mathbf{0} \tag{7-1}$$

用 $\mathcal{A}$ 作用上式得

$$l_1\mathcal{A}\boldsymbol{\varepsilon}_1+l_2\mathcal{A}\boldsymbol{\varepsilon}_2+\cdots+l_r\mathcal{A}\boldsymbol{\varepsilon}_r+l_{r+1}\mathcal{A}\boldsymbol{\varepsilon}_{r+1}+l_{r+2}\mathcal{A}\boldsymbol{\varepsilon}_{r+2}+\cdots+l_s\mathcal{A}\boldsymbol{\varepsilon}_s=\mathbf{0}$$

由于 $\boldsymbol{\varepsilon}_{r+1}$，$\boldsymbol{\varepsilon}_{r+2}$，…，$\boldsymbol{\varepsilon}_s\in\mathcal{A}^{-1}(0)$，即 $\mathcal{A}\boldsymbol{\varepsilon}_{r+1}=\mathcal{A}\boldsymbol{\varepsilon}_{r+2}=\cdots=\mathcal{A}\boldsymbol{\varepsilon}_s=\mathbf{0}$，又因为 $\mathcal{A}(\boldsymbol{\varepsilon}_i)=\boldsymbol{\eta}_i$ $(i=1, 2, \cdots, r)$，所以 $l_1\boldsymbol{\eta}_1+l_2\boldsymbol{\eta}_2+\cdots+l_r\boldsymbol{\eta}_r=\mathbf{0}$，而 $\boldsymbol{\eta}_1$，$\boldsymbol{\eta}_2$，…，$\boldsymbol{\eta}_r$ 线性无关，故 $l_1=l_2=\cdots=l_r=0$. 将其代入式(7-1)得 $l_{r+1}\boldsymbol{\varepsilon}_{r+1}+l_{r+2}\boldsymbol{\varepsilon}_{r+2}+\cdots+l_s\boldsymbol{\varepsilon}_s=\mathbf{0}$，而 $\boldsymbol{\varepsilon}_{r+1}$，$\boldsymbol{\varepsilon}_{r+2}$，…，$\boldsymbol{\varepsilon}_s$ 线性无关，故 $l_{r+1}=l_{r+2}=\cdots=l_s=0$. 因此向量组 I：$\boldsymbol{\varepsilon}_1$，$\boldsymbol{\varepsilon}_2$，…，$\boldsymbol{\varepsilon}_r$，$\boldsymbol{\varepsilon}_{r+1}$，$\boldsymbol{\varepsilon}_{r+2}$，…，$\boldsymbol{\varepsilon}_s$ 线性无关.

$\forall\boldsymbol{\alpha}\in V$，$\mathcal{A}\boldsymbol{\alpha}$ 可由 $\mathcal{A}(V)$ 的一个基线性表示，即

$$\mathcal{A}\boldsymbol{\alpha}=l_1\mathcal{A}(\boldsymbol{\varepsilon}_1)+l_2\mathcal{A}(\boldsymbol{\varepsilon}_2)+\cdots+l_r\mathcal{A}(\boldsymbol{\varepsilon}_r)$$

于是 $\mathcal{A}(\boldsymbol{\alpha}-l_1\boldsymbol{\varepsilon}_1-l_2\boldsymbol{\varepsilon}_2-\cdots-l_r\boldsymbol{\varepsilon}_r)=\mathbf{0}$，即 $\boldsymbol{\alpha}-l_1\boldsymbol{\varepsilon}_1-l_2\boldsymbol{\varepsilon}_2-\cdots-l_r\boldsymbol{\varepsilon}_r\in\mathcal{A}^{-1}(\mathbf{0})$. 故它可由 $\mathcal{A}^{-1}(\mathbf{0})$ 的一个基 $\boldsymbol{\varepsilon}_{r+1}$，$\boldsymbol{\varepsilon}_{r+2}$，…，$\boldsymbol{\varepsilon}_s$ 线性表示，即

$$\boldsymbol{\alpha}-l_1\boldsymbol{\varepsilon}_1-l_2\boldsymbol{\varepsilon}_2-\cdots-l_r\boldsymbol{\varepsilon}_r=l_{r+1}\boldsymbol{\varepsilon}_{r+1}+l_{r+2}\boldsymbol{\varepsilon}_{r+2}+\cdots+l_s\boldsymbol{\varepsilon}_s$$

故

$$\boldsymbol{\alpha}=l_1\boldsymbol{\varepsilon}_1+l_2\boldsymbol{\varepsilon}_2+\cdots+l_r\boldsymbol{\varepsilon}_r l_{r+1}\boldsymbol{\varepsilon}_{r+1}+l_{r+2}\boldsymbol{\varepsilon}_{r+2}+\cdots+l_s\boldsymbol{\varepsilon}_s$$

因此 I：$\boldsymbol{\varepsilon}_1$，$\boldsymbol{\varepsilon}_2$，…，$\boldsymbol{\varepsilon}_r$，$\boldsymbol{\varepsilon}_{r+1}$，$\boldsymbol{\varepsilon}_{r+2}$，…，$\boldsymbol{\varepsilon}_s$ 为线性空间 V 的一组基. 由于 $\dim V=n$，从而 $s=n$. 又 $\dim\mathcal{A}(V)=r$，$\dim\mathcal{A}^{-1}(\mathbf{0})=s-r=n-r$，于是 $\dim\ker\mathcal{A}+\dim\mathcal{A}(V)=n$.

需要注意的是，虽然 $\mathcal{A}(V)$ 与 $\mathcal{A}^{-1}(\mathbf{0})$ 的维数之和等于 n，但是 $\mathcal{A}(V)+\mathcal{A}^{-1}(0)$ 未必等于 V. 比如例 7.10，$\mathcal{D}(\mathbb{F}[x]_n)+\mathcal{D}^{-1}(\mathbf{0})=\mathbb{F}[x]_{n-1}\neq\mathbb{F}[x]_n$.

命题 7.4 设 $\mathcal{A}$ 是 n 维线性空间 V 上的线性变换，则

(1) $\mathcal{A}$ 是单射的充分必要条件为 $\ker\mathbf{A}=\{\mathbf{0}\}$；

(2) $\mathcal{A}$ 是满射的充分必要条件为 $\mathcal{A}(V)=V$.

证明 (1)(必要性) $\forall\boldsymbol{\alpha}\in\mathcal{A}^{-1}(\mathbf{0})$，$\mathcal{A}(\boldsymbol{\alpha})=\mathbf{0}$，又因为 $\mathcal{A}(\mathbf{0})=\mathbf{0}$，$\mathcal{A}$ 是单射，所以 $\boldsymbol{\alpha}=\mathbf{0}$，因此 $\ker\mathcal{A}=\{\mathbf{0}\}$.

(充分性) 若 $\mathcal{A}\boldsymbol{\alpha}=\mathcal{A}\boldsymbol{\beta}$，则 $\mathcal{A}(\boldsymbol{\alpha}-\boldsymbol{\beta})=\mathbf{0}$，即 $\boldsymbol{\alpha}-\boldsymbol{\beta}\in\mathcal{A}^{-1}(\mathbf{0})$. 又由于 $\ker\mathcal{A}=\{\mathbf{0}\}$，则 $\boldsymbol{\alpha}=\boldsymbol{\beta}$. 故 $\mathcal{A}$ 是单射.

(2)(必要性) 显然 $\mathcal{A}(V)\subseteq V$，$\forall\boldsymbol{\alpha}\in V$，由于 $\mathcal{A}$ 是满射，则 $\exists\boldsymbol{\beta}\in V$，使得 $\boldsymbol{\alpha}=\mathcal{A}\boldsymbol{\beta}\in$

$\mathcal{A}(V)$，即 $\mathcal{A}(V)\supseteq V$，故 $\mathcal{A}(V)=V$.

（充分性）$\forall \boldsymbol{\alpha}\in V$，由于 $\mathcal{A}(V)=V$，从而 $\exists \boldsymbol{\beta}\in V$，使得 $\mathcal{A}\boldsymbol{\beta}=\boldsymbol{\alpha}$，于是 $\mathcal{A}$ 是满射.

由定理 7.4 和命题 7.4 可以证明线性变换 $\mathcal{A}$ 的一个很好的性质.

推论 7.1 设 $\mathcal{A}$ 是 n 维线性空间 V 上的线性变换，则 $\mathcal{A}$ 是单射的充分必要条件是 $\mathcal{A}$ 是满射.

证明 $\mathcal{A}$ 是单射 $\Leftrightarrow \ker\mathcal{A}=\{\mathbf{0}\}\Leftrightarrow \dim\ker\mathcal{A}=\mathbf{0}\Leftrightarrow \dim\mathcal{A}(V)=n\Leftrightarrow\mathcal{A}(V)=V\Leftrightarrow\mathcal{A}$ 是满射.

注：由推论 7.1 知，$\mathcal{A}$ 是 n 维线性空间 V 上的线性变换，则 $\mathcal{A}$ 可逆 $\Leftrightarrow\mathcal{A}$ 是双射 $\Leftrightarrow\mathcal{A}$ 是单射 $\Leftrightarrow\mathcal{A}$ 是满射.

7.2 线性变换的矩阵与相似矩阵

对有限维线性空间 V 取定一组基 $\boldsymbol{\alpha}_1, \boldsymbol{\alpha}_2, \cdots, \boldsymbol{\alpha}_n$ 后，线性空间 V 中的每一个向量就可以由它在这组基下的坐标唯一确定；由定理 7.1 知，线性空间 V 上的线性变换完全由它在一组基上的作用唯一确定. 结合这两点，当线性空间 V 是有限维线性空间时，线性空间 V 上的线性变换就和矩阵形式几乎一样. 下面具体建立线性变换与矩阵的关系.

定义 7.5 设 V 是数域 $\mathbb{F}$ 上的 n 维线性空间，$\boldsymbol{\varepsilon}_1, \boldsymbol{\varepsilon}_2, \cdots, \boldsymbol{\varepsilon}_n$ 是线性空间 V 的一组基，$\mathcal{A}$ 是线性空间 V 上的线性变换. 基向量的像可以由基唯一地线性表示：

$$\begin{cases}\mathcal{A}\boldsymbol{\varepsilon}_1 = a_{11}\boldsymbol{\varepsilon}_1 + a_{21}\boldsymbol{\varepsilon}_2 + \cdots + a_{n1}\boldsymbol{\varepsilon}_n \\ \mathcal{A}\boldsymbol{\varepsilon}_2 = a_{12}\boldsymbol{\varepsilon}_1 + a_{22}\boldsymbol{\varepsilon}_2 + \cdots + a_{n2}\boldsymbol{\varepsilon}_n \\ \qquad\vdots \\ \mathcal{A}\boldsymbol{\varepsilon}_n = a_{1n}\boldsymbol{\varepsilon}_1 + a_{2n}\boldsymbol{\varepsilon}_2 + \cdots + a_{nn}\boldsymbol{\varepsilon}_n\end{cases}$$

按照矩阵形式写法，上式可写成：

$$\mathcal{A}(\boldsymbol{\varepsilon}_1, \boldsymbol{\varepsilon}_2, \cdots, \boldsymbol{\varepsilon}_n) = (\mathcal{A}(\boldsymbol{\varepsilon}_1), \mathcal{A}(\boldsymbol{\varepsilon}_2), \cdots, \mathcal{A}(\boldsymbol{\varepsilon}_n)) = (\boldsymbol{\varepsilon}_1, \boldsymbol{\varepsilon}_2, \cdots, \boldsymbol{\varepsilon}_n)\mathbf{A} \quad (7-2)$$

其中

$$\mathbf{A} = \begin{bmatrix} a_{11} & a_{12} & \cdots & a_{1n} \\ a_{21} & a_{22} & \cdots & a_{2n} \\ \vdots & \vdots & & \vdots \\ a_{n1} & a_{n2} & \cdots & a_{nn} \end{bmatrix}$$

将矩阵 $\mathbf{A}$ 称为线性变换 $\mathcal{A}$ 在基 $\boldsymbol{\varepsilon}_1, \boldsymbol{\varepsilon}_2, \cdots, \boldsymbol{\varepsilon}_n$ 下的矩阵.

注：(1) 矩阵 $\mathbf{A}$ 的第 i 列是 $\mathcal{A}(\boldsymbol{\varepsilon}_i)$ 在基 $\boldsymbol{\varepsilon}_1, \boldsymbol{\varepsilon}_2, \cdots, \boldsymbol{\varepsilon}_n$ 下的坐标，它是唯一的，故线性变换 $\mathcal{A}$ 在取定基下的矩阵是唯一的.

(2) 恒等变换在任意一组基下的矩阵都是单位矩阵；零变换在任意一组基下的矩阵都是零矩阵；数乘变换在任意一组基下的矩阵都是数乘矩阵.

例 7.10 设数域 $\mathbb{F}^3$ 上的线性变换为 $\mathcal{A}(x_1, x_2, x_3)=(x_1, x_2, x_1+x_2)$，取 $\mathbb{F}^3$ 的一组基 $\boldsymbol{\varepsilon}_1=(1, 0, 0)$，$\boldsymbol{\varepsilon}_2=(0, 1, 0)$，$\boldsymbol{\varepsilon}_3=(0, 0, 1)$，求线性变换 $\mathcal{A}$ 在此基下的矩阵.

解 因为

$$\mathcal{A}(\boldsymbol{\varepsilon}_1) = \mathcal{A}(1, 0, 0) = (1, 0, 1)$$
$$\mathcal{A}(\boldsymbol{\varepsilon}_2) = \mathcal{A}(0, 1, 0) = (0, 1, 1)$$
$$\mathcal{A}(\boldsymbol{\varepsilon}_3) = \mathcal{A}(0, 0, 1) = (0, 0, 0)$$

所以 $\mathcal{A}(\boldsymbol{\varepsilon}_1, \boldsymbol{\varepsilon}_2, \boldsymbol{\varepsilon}_3)=(\mathcal{A}\boldsymbol{\varepsilon}_1, \mathcal{A}\boldsymbol{\varepsilon}_2, \mathcal{A}\boldsymbol{\varepsilon}_3)=(\boldsymbol{\varepsilon}_1, \boldsymbol{\varepsilon}_2, \boldsymbol{\varepsilon}_3)\begin{bmatrix}1 & 0 & 0\\0 & 1 & 0\\1 & 1 & 0\end{bmatrix}$. 因此线性变换 $\mathcal{A}$ 在此基下的矩阵为

$$\boldsymbol{A}=\begin{bmatrix}1 & 0 & 0\\0 & 1 & 0\\1 & 1 & 0\end{bmatrix}$$

例 7.11　在 $\mathbb{F}[x]_n$ 上取定一组基为 $\boldsymbol{\varepsilon}_1=1$，$\boldsymbol{\varepsilon}_2=x$，…，$\boldsymbol{\varepsilon}_n=x^{n-1}$，则微分变换 $\mathcal{D}$ 在此基下的矩阵为

$$\begin{bmatrix}0 & 1 & 0 & \cdots & 0\\0 & 0 & 2 & \cdots & 0\\\vdots & \vdots & \vdots & & \vdots\\0 & 0 & 0 & \cdots & n-1\\0 & 0 & 0 & \cdots & 0\end{bmatrix}$$

因此，在取定一组基后，就建立了由数域 $\mathbb{F}$ 上的 n 维线性空间 V 上的线性变换到数域 $\mathbb{P}$ 上的 $n\times n$ 矩阵的一个映射 φ，这里的矩阵是线性变换在取定基下的矩阵. 由定理 7.1 证明过程中的唯一性和存在性说明这个映射 φ 是双射. 这里的双射很重要，结合下面将要讨论的线性变换的运算与矩阵的运算可知，这个映射 φ 是 $L(V)$ 到 $\mathbb{F}^{n\times n}$ 的同构映射. 因此，它可以将线性变换的问题与矩阵问题相互转化.

定理 7.5　设 $\boldsymbol{\varepsilon}_1, \boldsymbol{\varepsilon}_2, \cdots, \boldsymbol{\varepsilon}_n$ 是数域 $\mathbb{F}$ 上 n 维线性空间 V 的一组基，$\varphi: L(V)\to\mathbb{F}^{n\times n}$，$\mathcal{A}\to\boldsymbol{A}$，这里矩阵 $\boldsymbol{A}$ 为线性变换 $\mathcal{A}$ 在基 $\boldsymbol{\varepsilon}_1, \boldsymbol{\varepsilon}_2, \cdots, \boldsymbol{\varepsilon}_n$ 下的矩阵，则 φ 具有以下性质：设 $\varphi(\mathcal{A}_1)=\boldsymbol{A}_1$，$\varphi(\mathcal{A}_2)=\boldsymbol{A}_2$，$k\in\mathbb{F}$，

(1) 线性变换的加法对应矩阵的加法，即 $\varphi(\mathcal{A}_1+\mathcal{A}_2)=\boldsymbol{A}_1+\boldsymbol{A}_2$；

(2) 线性变换的乘法对应矩阵的乘法，即 $\varphi(\mathcal{A}_1\mathcal{A}_2)=\boldsymbol{A}_1\boldsymbol{A}_2$；

(3) 线性变换的数量乘积对应矩阵的数量乘积，即 $\varphi(k\mathcal{A}_1)=k\boldsymbol{A}_1$；

(4) 可逆线性变换与可逆矩阵对应，且逆变换对应逆矩阵，即，若 $\mathcal{A}_1$ 可逆，则 $\boldsymbol{A}_1$ 可逆，且 $\varphi(\mathcal{A}_1^{-1})=\boldsymbol{A}_1^{-1}$.

证明　(1) 由于 $\varphi(\mathcal{A}_1)=\boldsymbol{A}_1$，$\varphi(\mathcal{A}_2)=\boldsymbol{A}_2$，即

$$\mathcal{A}_1(\boldsymbol{\varepsilon}_1, \boldsymbol{\varepsilon}_2, \cdots, \boldsymbol{\varepsilon}_n)=(\boldsymbol{\varepsilon}_1, \boldsymbol{\varepsilon}_2, \cdots, \boldsymbol{\varepsilon}_n)\boldsymbol{A}_1$$
$$\mathcal{A}_2(\boldsymbol{\varepsilon}_1, \boldsymbol{\varepsilon}_2, \cdots, \boldsymbol{\varepsilon}_n)=(\boldsymbol{\varepsilon}_1, \boldsymbol{\varepsilon}_2, \cdots, \boldsymbol{\varepsilon}_n)\boldsymbol{A}_2$$

于是

$$\begin{aligned}(\mathcal{A}_1+\mathcal{A}_2)(\boldsymbol{\varepsilon}_1, \boldsymbol{\varepsilon}_2, \cdots, \boldsymbol{\varepsilon}_n)&=\mathcal{A}_1(\boldsymbol{\varepsilon}_1, \boldsymbol{\varepsilon}_2, \cdots, \boldsymbol{\varepsilon}_n)+\mathcal{A}_2(\boldsymbol{\varepsilon}_1, \boldsymbol{\varepsilon}_2, \cdots, \boldsymbol{\varepsilon}_n)\\&=(\boldsymbol{\varepsilon}_1, \boldsymbol{\varepsilon}_2, \cdots, \boldsymbol{\varepsilon}_n)\boldsymbol{A}_1+(\boldsymbol{\varepsilon}_1, \boldsymbol{\varepsilon}_2, \cdots, \boldsymbol{\varepsilon}_n)\boldsymbol{A}_2\\&=(\boldsymbol{\varepsilon}_1, \boldsymbol{\varepsilon}_2, \cdots, \boldsymbol{\varepsilon}_n)(\boldsymbol{A}_1+\boldsymbol{A}_2)\end{aligned}$$

因此 $\varphi(\mathcal{A}_1+\mathcal{A}_2)=\boldsymbol{A}_1+\boldsymbol{A}_2$.

(2) 因为

$$\begin{aligned}(\mathcal{A}_1\mathcal{A}_2)(\boldsymbol{\varepsilon}_1, \boldsymbol{\varepsilon}_2, \cdots, \boldsymbol{\varepsilon}_n)&=\mathcal{A}_1(\mathcal{A}_2(\boldsymbol{\varepsilon}_1, \boldsymbol{\varepsilon}_2, \cdots, \boldsymbol{\varepsilon}_n))=\mathcal{A}_1((\boldsymbol{\varepsilon}_1, \boldsymbol{\varepsilon}_2, \cdots, \boldsymbol{\varepsilon}_n)\boldsymbol{A}_2)\\&=(\mathcal{A}_1(\boldsymbol{\varepsilon}_1, \boldsymbol{\varepsilon}_2, \cdots, \boldsymbol{\varepsilon}_n))\boldsymbol{A}_2=((\boldsymbol{\varepsilon}_1, \boldsymbol{\varepsilon}_2, \cdots, \boldsymbol{\varepsilon}_n)\boldsymbol{A}_1)\boldsymbol{A}_2\\&=(\boldsymbol{\varepsilon}_1, \boldsymbol{\varepsilon}_2, \cdots, \boldsymbol{\varepsilon}_n)(\boldsymbol{A}_1\boldsymbol{A}_2)\end{aligned}$$

所以 $\varphi(\mathcal{A}_1\mathcal{A}_2)=\boldsymbol{A}_1\boldsymbol{A}_2$.

(3) 因为

$$(k\boldsymbol{\varepsilon}_1, k\boldsymbol{\varepsilon}_2, \cdots, k\boldsymbol{\varepsilon}_n)=(\boldsymbol{\varepsilon}_1, \boldsymbol{\varepsilon}_2, \cdots, \boldsymbol{\varepsilon}_n)k\boldsymbol{E}$$

所以数乘变换 $\mathcal{K}$ 在任何一组基下的矩阵为 kE.

又由于 $\forall \boldsymbol{\alpha}\in V$, $(k\mathcal{A}_1)(\boldsymbol{\alpha})=k\mathcal{A}_1(\boldsymbol{\alpha})=\mathcal{K}(\mathcal{A}_1(\boldsymbol{\alpha}))=(\mathcal{K}\mathcal{A}_1)(\boldsymbol{\alpha})$, 因此 $k\mathcal{A}_1=\mathcal{K}\mathcal{A}_1$.

由性质(2)知, $k\mathcal{A}_1=\mathcal{K}\mathcal{A}_1$ 在基 $\boldsymbol{\varepsilon}_1, \boldsymbol{\varepsilon}_2, \cdots, \boldsymbol{\varepsilon}_n$ 下的矩阵为 $k\boldsymbol{E}\boldsymbol{A}_1=k\boldsymbol{A}_1$, 即 $\varphi(k\mathcal{A}_1)=k\boldsymbol{A}_1$.

(4) 由于 $\mathcal{A}_1$ 可逆, 即存在 τ, 使得 $\mathcal{A}_1\tau=\tau\mathcal{A}_1=\mathcal{E}$. 设 $\varphi(\tau)=\boldsymbol{B}$, 则 $\varphi(\mathcal{A}_1\tau)=\varphi(\tau\mathcal{A}_1)=\varphi(\mathcal{E})$, 于是 $\boldsymbol{A}_1\boldsymbol{B}=\boldsymbol{B}\boldsymbol{A}_1=\boldsymbol{E}$, 故 $\boldsymbol{A}_1$ 可逆, 且 $\boldsymbol{A}_1^{-1}=\boldsymbol{B}=\varphi(\tau)=\varphi(\mathcal{A}_1^{-1})$.

因此, 可逆线性变换 $\mathcal{A}_1$ 与可逆矩阵 $\boldsymbol{A}_1$ 对应, 且逆变换 $\mathcal{A}_1^{-1}$ 对应逆矩阵 $\boldsymbol{A}_1^{-1}$.

定理 7.5 性质(1)和(3)说明 φ 保持加法与数量乘法, 再结合 φ 是双射可知, φ 是 $L(V)$ 到 $\mathbb{F}^{n\times n}$ 的同构映射. 因此, $L(V)$ 与数域 $\mathbb{P}$ 上 n 阶方阵构成的线性空间 $\mathbb{F}^{n\times n}$ 同构. 进而, $\dim L(V)=n^2$.

例 7.12 设数域 $\mathbb{F}^4$ 上的线性变换为 $\mathcal{A}(x_1, x_2, x_3, x_4)=(x_1+x_2, x_1-x_2, x_3+x_4, x_3-x_4)$, 求线性变换 $\mathcal{A}$ 在基 $\boldsymbol{\varepsilon}_1=(1, 0, 0, 0)$, $\boldsymbol{\varepsilon}_2=(0, 1, 0, 0)$, $\boldsymbol{\varepsilon}_3=(0, 0, 1, 0)$, $\boldsymbol{\varepsilon}_4=(0, 0, 0, 1)$ 下的矩阵, 并判别线性变换 $\mathcal{A}$ 是否可逆.

解 线性变换 $\mathcal{A}$ 在基 $\boldsymbol{\varepsilon}_1, \boldsymbol{\varepsilon}_2, \boldsymbol{\varepsilon}_3, \boldsymbol{\varepsilon}_4$ 下的矩阵为

$$\boldsymbol{A}=\begin{bmatrix}1 & 1 & 0 & 0\\ 1 & -1 & 0 & 0\\ 0 & 0 & 1 & 1\\ 0 & 0 & 1 & -1\end{bmatrix}$$

经计算得

$$\boldsymbol{A}^{-1}=\begin{bmatrix}1/2 & 1/2 & 0 & 0\\ 1/2 & -1/2 & 0 & 0\\ 0 & 0 & 1/2 & 1/2\\ 0 & 0 & 1/2 & -1/2\end{bmatrix}$$

因此, 由定理 7.5(4)知线性变换 $\mathcal{A}$ 是可逆的.

知道了线性变换在取定基下的矩阵, 使得求线性空间中的任一向量被线性变换作用后的像就比较容易.

定理 7.6 设 V 是数域 $\mathbb{F}$ 上的线性空间, $\mathcal{A}$ 是线性空间 V 上的线性变换, 且 $\mathcal{A}$ 在基 $\boldsymbol{\varepsilon}_1, \boldsymbol{\varepsilon}_2, \cdots, \boldsymbol{\varepsilon}_n$ 下的矩阵是 $\boldsymbol{A}$, 线性空间 V 中任一向量 $\boldsymbol{\xi}$ 在基 $\boldsymbol{\varepsilon}_1, \boldsymbol{\varepsilon}_2, \cdots, \boldsymbol{\varepsilon}_n$ 下的坐标是 $X=(x_1, x_2, \cdots, x_n)^{\mathrm{T}}$, $\mathcal{A}\boldsymbol{\xi}$ 在基 $\boldsymbol{\varepsilon}_1, \boldsymbol{\varepsilon}_2, \cdots, \boldsymbol{\varepsilon}_n$ 下的坐标是 $\boldsymbol{Y}=(y_1, y_2, \cdots, y_n)^{\mathrm{T}}$, 则 $Y=\boldsymbol{A}X$.

证明 已知

$$\boldsymbol{\xi}=(\boldsymbol{\varepsilon}_1, \boldsymbol{\varepsilon}_2, \cdots, \boldsymbol{\varepsilon}_n)\begin{pmatrix}x_1\\ x_2\\ \vdots\\ x_n\end{pmatrix}$$

于是

$$\mathcal{A}\xi=(\mathcal{A}\boldsymbol{\varepsilon}_1,\mathcal{A}\boldsymbol{\varepsilon}_2,\cdots,\mathcal{A}\boldsymbol{\varepsilon}_n)\begin{pmatrix}x_1\\x_2\\\vdots\\x_n\end{pmatrix}=(\boldsymbol{\varepsilon}_1,\boldsymbol{\varepsilon}_2,\cdots,\boldsymbol{\varepsilon}_n)\boldsymbol{A}\begin{pmatrix}x_1\\x_2\\\vdots\\x_n\end{pmatrix}$$

另一方面，已知

$$\mathcal{A}\xi=(\boldsymbol{\varepsilon}_1,\boldsymbol{\varepsilon}_2,\cdots,\boldsymbol{\varepsilon}_n)\begin{pmatrix}y_1\\y_2\\\vdots\\y_n\end{pmatrix}$$

由于$\boldsymbol{\varepsilon}_1,\boldsymbol{\varepsilon}_2,\cdots,\boldsymbol{\varepsilon}_n$线性无关，因此

$$\begin{pmatrix}y_1\\y_2\\\vdots\\y_n\end{pmatrix}=\boldsymbol{A}\begin{pmatrix}x_1\\x_2\\\vdots\\x_n\end{pmatrix}$$

线性变换的矩阵是与线性空间中取定的基紧密相关的．一般来说，随着基的改变，同一个线性变换就有不同的矩阵．为了利用矩阵来研究线性变换，有必要弄清楚线性变换的矩阵是如何随着基的改变而改变的．

定理 7.7 设V是数域$\mathbb{F}$上的线性空间，$\mathcal{A}$是线性空间V上的线性变换，且$\mathcal{A}$在两组基

$$\boldsymbol{\varepsilon}_1,\boldsymbol{\varepsilon}_2,\cdots,\boldsymbol{\varepsilon}_n \tag{7-3}$$

$$\boldsymbol{\eta}_1,\boldsymbol{\eta}_2,\cdots,\boldsymbol{\eta}_n \tag{7-4}$$

下的矩阵分别为$\boldsymbol{A}$和$\boldsymbol{B}$，从基$\boldsymbol{\varepsilon}_1,\boldsymbol{\varepsilon}_2,\cdots,\boldsymbol{\varepsilon}_n$到基$\boldsymbol{\eta}_1,\boldsymbol{\eta}_2,\cdots,\boldsymbol{\eta}_n$的过渡矩阵是$\boldsymbol{X}$，于是$\boldsymbol{B}=\boldsymbol{X}^{-1}\boldsymbol{A}\boldsymbol{X}$.

证明 已知

$$(\mathcal{A}\boldsymbol{\varepsilon}_1,\mathcal{A}\boldsymbol{\varepsilon}_2,\cdots,\mathcal{A}\boldsymbol{\varepsilon}_n)=(\boldsymbol{\varepsilon}_1,\boldsymbol{\varepsilon}_2,\cdots,\boldsymbol{\varepsilon}_n)\boldsymbol{A}$$
$$(\mathcal{A}\boldsymbol{\eta}_1,\mathcal{A}\boldsymbol{\eta}_2,\cdots,\mathcal{A}\boldsymbol{\eta}_n)=(\boldsymbol{\eta}_1,\boldsymbol{\eta}_2,\cdots,\boldsymbol{\eta}_n)\boldsymbol{B}$$
$$(\boldsymbol{\eta}_1,\boldsymbol{\eta}_2,\cdots,\boldsymbol{\eta}_n)=(\boldsymbol{\varepsilon}_1,\boldsymbol{\varepsilon}_2,\cdots,\boldsymbol{\varepsilon}_n)\boldsymbol{X}$$

则

$$\begin{aligned}(\mathcal{A}\boldsymbol{\eta}_1,\mathcal{A}\boldsymbol{\eta}_2,\cdots,\mathcal{A}\boldsymbol{\eta}_n)&=\mathcal{A}(\boldsymbol{\eta}_1,\boldsymbol{\eta}_2,\cdots,\boldsymbol{\eta}_n)\\&=\mathcal{A}((\boldsymbol{\varepsilon}_1,\boldsymbol{\varepsilon}_2,\cdots,\boldsymbol{\varepsilon}_n)\boldsymbol{X})=[\mathcal{A}(\boldsymbol{\varepsilon}_1,\boldsymbol{\varepsilon}_2,\cdots,\boldsymbol{\varepsilon}_n)]\boldsymbol{X}\\&=(\mathcal{A}\boldsymbol{\varepsilon}_1,\mathcal{A}\boldsymbol{\varepsilon}_2,\cdots,\mathcal{A}\boldsymbol{\varepsilon}_n)\boldsymbol{X}=(\boldsymbol{\varepsilon}_1,\boldsymbol{\varepsilon}_2,\cdots,\boldsymbol{\varepsilon}_n)\boldsymbol{A}\boldsymbol{X}\\&=(\boldsymbol{\eta}_1,\boldsymbol{\eta}_2,\cdots,\boldsymbol{\eta}_n)\boldsymbol{X}^{-1}\boldsymbol{A}\boldsymbol{X}\end{aligned}$$

于是$\boldsymbol{B}=\boldsymbol{X}^{-1}\boldsymbol{A}\boldsymbol{X}$.

由定理7.7可知，同一个线性变换$\mathcal{A}$在不同基下的矩阵之间有一种关系，为了方便，引入下面概念.

定义 7.6 设数域$\mathbb{F}$上两个n阶方阵$\boldsymbol{A}$，$\boldsymbol{B}$，如果存在数域$\mathbb{F}$上的n阶可逆方阵$\boldsymbol{X}$，使得$\boldsymbol{B}=\boldsymbol{X}^{-1}\boldsymbol{A}\boldsymbol{X}$，就称方阵$\boldsymbol{A}$相似于$\boldsymbol{B}$，记作$\boldsymbol{A}\sim\boldsymbol{B}$.

相似是矩阵之间的一种关系，这种关系具有下面三个性质：

性质 7.4 矩阵的相似关系是等价关系.

证明 矩阵的相似关系满足下面三条：

(1) 因为 $\boldsymbol{A}=\boldsymbol{E}^{-1}\boldsymbol{A}\boldsymbol{E}$，所以自反性成立.

(2) 如果矩阵 $\boldsymbol{A}\sim\boldsymbol{B}$，那么有 $\boldsymbol{X}$ 使 $\boldsymbol{B}=\boldsymbol{X}^{-1}\boldsymbol{A}\boldsymbol{X}$. 令 $\boldsymbol{Y}=\boldsymbol{X}^{-1}$，就有 $\boldsymbol{A}=\boldsymbol{X}\boldsymbol{B}\boldsymbol{X}^{-1}=\boldsymbol{Y}^{-1}\boldsymbol{B}\boldsymbol{Y}$，因此 $\boldsymbol{B}\sim\boldsymbol{A}$，于是对称性成立.

(3) 已知有 $\boldsymbol{X},\boldsymbol{Y}$ 使 $\boldsymbol{B}=\boldsymbol{X}^{-1}\boldsymbol{A}\boldsymbol{X}$，$\boldsymbol{C}=\boldsymbol{Y}^{-1}\boldsymbol{B}\boldsymbol{Y}$. 令 $\boldsymbol{Z}=\boldsymbol{X}\boldsymbol{Y}$，则

$$\boldsymbol{C}=\boldsymbol{Y}^{-1}\boldsymbol{X}^{-1}\boldsymbol{A}\boldsymbol{X}\boldsymbol{Y}=\boldsymbol{Z}^{-1}\boldsymbol{A}\boldsymbol{Z}$$

因此 $\boldsymbol{A}\sim\boldsymbol{C}$，于是传递性成立.

注：若矩阵 $\boldsymbol{A}\sim\boldsymbol{B}$，则 $\boldsymbol{A}$ 与 $\boldsymbol{B}$ 等价. 但是反之不成立. 例如，$\boldsymbol{A}=\begin{bmatrix}1&0\\0&0\end{bmatrix}$，$\boldsymbol{B}=\begin{bmatrix}0&0\\1&0\end{bmatrix}$是等价的，但它们不相似. 这是因为，如果 $\boldsymbol{B}=\boldsymbol{P}^{-1}\boldsymbol{A}\boldsymbol{P}$，则 $\boldsymbol{A}\boldsymbol{P}=\boldsymbol{P}\boldsymbol{A}$.

设 $\boldsymbol{P}=\begin{bmatrix}a&b\\c&d\end{bmatrix}$，得

$$\boldsymbol{A}\boldsymbol{P}=\begin{bmatrix}a&b\\0&0\end{bmatrix}=\begin{bmatrix}b&0\\d&0\end{bmatrix}=\boldsymbol{P}\boldsymbol{B}$$

于是 $a=b=d=0$，即

$$\boldsymbol{P}=\begin{bmatrix}0&0\\c&0\end{bmatrix}$$

不可逆.

性质 7.5 如果矩阵 $\boldsymbol{A}\sim\boldsymbol{B}$，则 $\mathrm{R}(\boldsymbol{A})=\mathrm{R}(\boldsymbol{B})$ 且 $|\boldsymbol{A}|=|\boldsymbol{B}|$.

证明 因为矩阵 $\boldsymbol{A}\sim\boldsymbol{B}$，所以 $\boldsymbol{A}$ 与 $\boldsymbol{B}$ 等价，而等价矩阵有相同的秩，即 $\mathrm{R}(\boldsymbol{A})=\mathrm{R}(\boldsymbol{B})$. 又由定义 7.6 可知 $\boldsymbol{B}=\boldsymbol{X}^{-1}\boldsymbol{A}\boldsymbol{X}$，取行列式得 $|\boldsymbol{B}|=|\boldsymbol{X}^{-1}\boldsymbol{A}\boldsymbol{X}|=|\boldsymbol{X}^{-1}||\boldsymbol{A}||\boldsymbol{X}|=|\boldsymbol{A}|$.

性质 7.6 如果 $\boldsymbol{B}_1=\boldsymbol{X}^{-1}\boldsymbol{A}_1\boldsymbol{X}$，$\boldsymbol{B}_2=\boldsymbol{X}^{-1}\boldsymbol{A}_2\boldsymbol{X}$，那么

$$\boldsymbol{B}_1+\boldsymbol{B}_2=\boldsymbol{X}^{-1}(\boldsymbol{A}_1+\boldsymbol{A}_2)\boldsymbol{X}$$

$$\boldsymbol{B}_1\boldsymbol{B}_2=\boldsymbol{X}^{-1}(\boldsymbol{A}_1\boldsymbol{A}_2)\boldsymbol{X}$$

由此可知，如果 $\boldsymbol{B}=\boldsymbol{X}^{-1}\boldsymbol{A}\boldsymbol{X}$ 且 $f(x)$ 是数域 $\mathbb{P}$ 上一元多项式，那么 $f(\boldsymbol{B})=\boldsymbol{X}^{-1}f(\boldsymbol{A})\boldsymbol{X}$.

由相似的定义，定理 7.7 可以叙述为：

定理 7.8 n 维线性空间上的同一线性变换在不同基下的矩阵是相似的；反过来，如果两个 n 阶方阵 $\boldsymbol{A}$，$\boldsymbol{B}$ 相似，那么它们可以看成是同一线性变换在不同基下的矩阵.

证明 前一部分就是定理 7.7 的证明. 下面证后一部分. 设 n 阶矩阵 $\boldsymbol{A}$ 相似于 $\boldsymbol{B}$，$\boldsymbol{A}$ 可以看作是 n 维线性空间 V 上的一个线性变换 $\mathcal{A}$ 在基 $\boldsymbol{\varepsilon}_1,\boldsymbol{\varepsilon}_2,\cdots,\boldsymbol{\varepsilon}_n$ 下的矩阵. 由于 $\boldsymbol{B}=\boldsymbol{X}^{-1}\boldsymbol{A}\boldsymbol{X}$，令

$$(\boldsymbol{\eta}_1,\boldsymbol{\eta}_2,\cdots,\boldsymbol{\eta}_n)=(\boldsymbol{\varepsilon}_1,\boldsymbol{\varepsilon}_2,\cdots,\boldsymbol{\varepsilon}_n)\boldsymbol{X}$$

因为 $\boldsymbol{X}$ 可逆，所以 $\boldsymbol{\eta}_1,\boldsymbol{\eta}_2,\cdots,\boldsymbol{\eta}_n$ 也是一组基，于是

$$\begin{aligned}\mathcal{A}(\boldsymbol{\eta}_1,\boldsymbol{\eta}_2,\cdots,\boldsymbol{\eta}_n)&=\mathcal{A}((\boldsymbol{\varepsilon}_1,\boldsymbol{\varepsilon}_2,\cdots,\boldsymbol{\varepsilon}_n)\boldsymbol{X})=(\mathcal{A}(\boldsymbol{\varepsilon}_1,\boldsymbol{\varepsilon}_2,\cdots,\boldsymbol{\varepsilon}_n))\boldsymbol{X}\\&=((\boldsymbol{\varepsilon}_1,\boldsymbol{\varepsilon}_2,\cdots,\boldsymbol{\varepsilon}_n)\boldsymbol{A})\boldsymbol{X}=(\boldsymbol{\varepsilon}_1,\boldsymbol{\varepsilon}_2,\cdots,\boldsymbol{\varepsilon}_n)(\boldsymbol{A}\boldsymbol{X})\\&=(\boldsymbol{\eta}_1,\boldsymbol{\eta}_2,\cdots,\boldsymbol{\eta}_n)(\boldsymbol{X}^{-1}\boldsymbol{A}\boldsymbol{X})=(\boldsymbol{\eta}_1,\boldsymbol{\eta}_2,\cdots,\boldsymbol{\eta}_n)\boldsymbol{B}\end{aligned}$$

这说明 $\mathcal{A}$ 在这组基下的矩阵是 $\boldsymbol{B}$. 从而 $\boldsymbol{A}$，$\boldsymbol{B}$ 可以看成是同一线性变换 $\mathcal{A}$ 在不同基下的矩阵.

本节的最后介绍一下如何求值域与核的基和维数.

命题 7.5 设$\boldsymbol{\varepsilon}_1, \boldsymbol{\varepsilon}_2, \cdots, \boldsymbol{\varepsilon}_n$ 是线性空间 V 中的一组基，线性变换 $\mathcal{A}$ 在这组基下的矩阵为 $\boldsymbol{A}$，则

(1) $\dim\mathcal{A}(V)=\mathrm{R}(\boldsymbol{A})$；

(2) $\dim\mathcal{A}^{-1}(\mathbf{0})=n-\mathrm{R}(\boldsymbol{A})$.

证明 (1) 由于 $\mathcal{A}(V)=\mathrm{span}(\mathcal{A}\boldsymbol{\varepsilon}_1, \mathcal{A}\boldsymbol{\varepsilon}_2, \cdots, \mathcal{A}\boldsymbol{\varepsilon}_n)$，从而 $\dim\mathcal{A}(V)$ 即为基像组 $\mathcal{A}\boldsymbol{\varepsilon}_1, \mathcal{A}\boldsymbol{\varepsilon}_2, \cdots, \mathcal{A}\boldsymbol{\varepsilon}_n$ 的秩.

又由于$(\mathcal{A}\boldsymbol{\varepsilon}_1, \mathcal{A}\boldsymbol{\varepsilon}_2, \cdots, \mathcal{A}\boldsymbol{\varepsilon}_n)=(\boldsymbol{\varepsilon}_1, \boldsymbol{\varepsilon}_2, \cdots, \boldsymbol{\varepsilon}_n)\boldsymbol{A}$，其中 $\boldsymbol{A}=(\boldsymbol{\alpha}_1, \boldsymbol{\alpha}_2, \cdots, \boldsymbol{\alpha}_n)$的第 j 列元素 $\boldsymbol{\alpha}_j$ 是 $\mathcal{A}\boldsymbol{\varepsilon}_j$ 在基$\boldsymbol{\varepsilon}_1, \boldsymbol{\varepsilon}_2, \cdots, \boldsymbol{\varepsilon}_n$ 下的坐标. φ: $V\to\mathbb{F}^n$，$\boldsymbol{\alpha}\to\boldsymbol{\alpha}$ 在基$\boldsymbol{\varepsilon}_1, \boldsymbol{\varepsilon}_2, \cdots, \boldsymbol{\varepsilon}_n$ 下的坐标，它是同构映射，而同构映射保持向量组的线性关系，故 $\mathcal{A}\boldsymbol{\varepsilon}_1, \mathcal{A}\boldsymbol{\varepsilon}_2, \cdots, \mathcal{A}\boldsymbol{\varepsilon}_n$ 与 $\boldsymbol{\alpha}_1, \boldsymbol{\alpha}_2, \cdots, \boldsymbol{\alpha}_n$ 具有相同的线性相关性，从而

$$\dim\mathcal{A}(V)=\mathrm{R}(\mathcal{A}\boldsymbol{\varepsilon}_1, \mathcal{A}\boldsymbol{\varepsilon}_2, \cdots, \mathcal{A}\boldsymbol{\varepsilon}_n)=\mathrm{R}(\boldsymbol{\alpha}_1, \boldsymbol{\alpha}_2, \cdots, \boldsymbol{\alpha}_n)=\mathrm{R}(\boldsymbol{A})$$

故 $\dim\mathcal{A}(V)=\mathrm{R}(\boldsymbol{A})$.

(2) 由于 $\dim\mathcal{A}^{-1}(\mathbf{0})+\dim\mathcal{A}(V)=n$，因此 $\dim\mathcal{A}^{-1}(\mathbf{0})=n-\mathrm{R}(\boldsymbol{A})$.

注：由命题的证明过程知，$\mathcal{A}\boldsymbol{\varepsilon}_1, \mathcal{A}\boldsymbol{\varepsilon}_2, \cdots, \mathcal{A}\boldsymbol{\varepsilon}_n$ 与$\boldsymbol{\alpha}_1, \boldsymbol{\alpha}_2, \cdots, \boldsymbol{\alpha}_n$ 具有相同的线性相关性，可以求得 $\boldsymbol{\alpha}_1, \boldsymbol{\alpha}_2, \cdots, \boldsymbol{\alpha}_n$ 的一个极大无关组，即可得 $\mathcal{A}\boldsymbol{\varepsilon}_1, \mathcal{A}\boldsymbol{\varepsilon}_2, \cdots, \mathcal{A}\boldsymbol{\varepsilon}_n$ 的一个极大无关组，它们就是 $\mathcal{A}(V)$的一组基.

设 $\boldsymbol{\alpha}\in\mathcal{A}^{-1}(\mathbf{0})$在基$\boldsymbol{\varepsilon}_1, \boldsymbol{\varepsilon}_2, \cdots, \boldsymbol{\varepsilon}_n$ 下的坐标为 $\boldsymbol{x}$，则

$$\mathbf{0}=\mathcal{A}\boldsymbol{\alpha}=\mathcal{A}((\boldsymbol{\varepsilon}_1, \boldsymbol{\varepsilon}_2, \cdots, \boldsymbol{\varepsilon}_n)\boldsymbol{x})=(\mathcal{A}(\boldsymbol{\varepsilon}_1, \boldsymbol{\varepsilon}_2, \cdots, \boldsymbol{\varepsilon}_n))\boldsymbol{x}=(\boldsymbol{\varepsilon}_1, \boldsymbol{\varepsilon}_2, \cdots, \boldsymbol{\varepsilon}_n)(\boldsymbol{A}\boldsymbol{x})$$

又因为$\boldsymbol{\varepsilon}_1, \boldsymbol{\varepsilon}_2, \cdots, \boldsymbol{\varepsilon}_n$ 线性无关，则 $A\boldsymbol{x}=\mathbf{0}$，所以

$$\mathcal{A}^{-1}(\mathbf{0})=\{\boldsymbol{\alpha}\in V \mid \mathcal{A}\boldsymbol{\alpha}=\mathbf{0}\}=\{\boldsymbol{\alpha}\in V \mid \boldsymbol{A}\boldsymbol{x}=\mathbf{0},\ \boldsymbol{\alpha}=(\boldsymbol{\varepsilon}_1, \boldsymbol{\varepsilon}_2, \cdots, \boldsymbol{\varepsilon}_n)\boldsymbol{x}\}$$

而 $\varphi: V\to\mathbb{F}^n$，$\boldsymbol{\alpha}\to\boldsymbol{\alpha}$ 在基$\boldsymbol{\varepsilon}_1, \boldsymbol{\varepsilon}_2, \cdots, \boldsymbol{\varepsilon}_n$ 下的坐标，它是同构映射，而同构映射保持向量组的线性关系，故 $\boldsymbol{\alpha}_1, \boldsymbol{\alpha}_2, \cdots, \boldsymbol{\alpha}_m\in\mathcal{A}^{-1}(\mathbf{0})$与 $\varphi(\boldsymbol{\alpha}_1)=\boldsymbol{x}_1, \varphi(\boldsymbol{\alpha}_2)=\boldsymbol{x}_2, \cdots, \varphi(\boldsymbol{\alpha}_m)=\boldsymbol{x}_m\in\mathbb{F}^n$具有相同的线性相关性. 从而 $\boldsymbol{A}\boldsymbol{x}=\mathbf{0}$ 的一个基础解系 $\boldsymbol{x}_1, \boldsymbol{x}_2, \cdots, \boldsymbol{x}_{n-r}$对应的向量

$$\boldsymbol{\alpha}_1=(\boldsymbol{\varepsilon}_1, \boldsymbol{\varepsilon}_2, \cdots, \boldsymbol{\varepsilon}_n)\boldsymbol{x}_1,\ \boldsymbol{\alpha}_2=(\boldsymbol{\varepsilon}_1, \boldsymbol{\varepsilon}_2, \cdots, \boldsymbol{\varepsilon}_n)\boldsymbol{x}_2,\ \cdots,\ \boldsymbol{\alpha}_{n-r}=(\boldsymbol{\varepsilon}_1, \boldsymbol{\varepsilon}_2, \cdots, \boldsymbol{\varepsilon}_n)\boldsymbol{x}_{n-r}$$

为 $\mathcal{A}^{-1}(\mathbf{0})$的一组基.

例 7.13 设 $\boldsymbol{\varepsilon}_1, \boldsymbol{\varepsilon}_2, \boldsymbol{\varepsilon}_3, \boldsymbol{\varepsilon}_4$ 是线性空间 V 的一组基，已知线性变换 $\mathcal{A}$ 在此基下的矩阵为

$$\boldsymbol{A}=\begin{bmatrix} 1 & 0 & 2 & 1 \\ -1 & 2 & 1 & 3 \\ 1 & 2 & 5 & 5 \\ 2 & -2 & 1 & -2 \end{bmatrix}$$

(1) 求 $\mathcal{A}(V)$及 $\mathcal{A}^{-1}(\mathbf{0})$；

(2) 在 $\mathcal{A}^{-1}(\mathbf{0})$中选一组基，把它扩充为线性空间 V 的一组基，并求 $\mathcal{A}$ 在这组基下的矩阵；

(3) 在 $\mathcal{A}(V)$中选一组基，把它扩充为线性空间 V 的一组基，并求 $\mathcal{A}$ 在这组基下的矩阵.

解 (1) 先求 $\mathcal{A}^{-1}(\mathbf{0})$.

设 $\boldsymbol{\xi}\in\mathcal{A}^{-1}(\mathbf{0})$在基 $\boldsymbol{\varepsilon}_1, \boldsymbol{\varepsilon}_2, \boldsymbol{\varepsilon}_3, \boldsymbol{\varepsilon}_4$ 下的坐标为 $\boldsymbol{x}=(x_1, x_2, x_3, x_4)^{\mathrm{T}}$. 根据上面的分析，需要求解 $\boldsymbol{A}\boldsymbol{x}=\mathbf{0}$ 的一个基础解系. 经计算，它的一个基础解系为

$$x_1 = \left(-2, -\frac{3}{2}, 1, 0\right)^{\mathrm{T}}, \ x_2 = (-1, -2, 0, 1)^{\mathrm{T}}$$

于是 $\mathcal{A}^{-1}(\mathbf{0})$的一组基为 $\boldsymbol{\alpha}_1=-2\boldsymbol{\varepsilon}_1-\frac{2}{3}\boldsymbol{\varepsilon}_2+\boldsymbol{\varepsilon}_3$，$\boldsymbol{\alpha}_2=-\boldsymbol{\varepsilon}_1-2\boldsymbol{\varepsilon}_2+\boldsymbol{\varepsilon}_4$，故 $\mathcal{A}^{-1}(\mathbf{0})=\mathrm{span}(\boldsymbol{\alpha}_1, \boldsymbol{\alpha}_2)$.

再求 $\mathcal{A}(V)$.

由于线性变换 $\mathcal{A}$ 的零度为 2，因此 $\mathcal{A}$ 的秩为 2. 即 $\mathcal{A}(V)$是 2 维的. 由题意得

$$\mathcal{A}(\boldsymbol{\varepsilon}_1) = \boldsymbol{\varepsilon}_1 - \boldsymbol{\varepsilon}_2 + \boldsymbol{\varepsilon}_3 + 2\boldsymbol{\varepsilon}_4, \ \mathcal{A}(\boldsymbol{\varepsilon}_2) = 2\boldsymbol{\varepsilon}_2 + 2\boldsymbol{\varepsilon}_3 - 2\boldsymbol{\varepsilon}_4$$

由于矩阵 $\boldsymbol{A}$ 的前两列构成 $\boldsymbol{A}$ 的列向量组的一个极大无关组，因此 $\mathcal{A}(\boldsymbol{\varepsilon}_1)$，$\mathcal{A}(\boldsymbol{\varepsilon}_2)$为 $\mathcal{A}(V)$的一组基. 于是

$$\mathcal{A}(V) = \mathrm{span}(\mathcal{A}\boldsymbol{\varepsilon}_1, \mathcal{A}\boldsymbol{\varepsilon}_2, \mathcal{A}\boldsymbol{\varepsilon}_3, \mathcal{A}\boldsymbol{\varepsilon}_4) = \mathrm{span}(\mathcal{A}\boldsymbol{\varepsilon}_1, \mathcal{A}\boldsymbol{\varepsilon}_2)$$

(2) 因为

$$(\boldsymbol{\varepsilon}_1, \boldsymbol{\varepsilon}_2, \boldsymbol{\alpha}_1, \boldsymbol{\alpha}_2) = (\boldsymbol{\varepsilon}_1, \boldsymbol{\varepsilon}_2, \boldsymbol{\varepsilon}_3, \boldsymbol{\varepsilon}_4)\begin{bmatrix}1 & 0 & -2 & -1\\0 & 1 & -3/2 & -2\\0 & 0 & 1 & 0\\0 & 0 & 0 & 1\end{bmatrix}$$

记 $\boldsymbol{D}_1=\begin{bmatrix}1 & 0 & -2 & -1\\0 & 1 & -3/2 & -2\\0 & 0 & 1 & 0\\0 & 0 & 0 & 1\end{bmatrix}$，而$|\boldsymbol{D}_1|\neq 0$，所以 $\boldsymbol{D}_1$ 可逆，从而 $\boldsymbol{\varepsilon}_1$，$\boldsymbol{\varepsilon}_2$，$\boldsymbol{\alpha}_1$，$\boldsymbol{\alpha}_2$ 线性无关，可以作为线性空间 V 的一组基. 线性变换 $\mathcal{A}$ 在此基下的矩阵为

$$\boldsymbol{D}_1^{-1}\boldsymbol{A}\boldsymbol{D}_1 = \begin{bmatrix}5 & 2 & 0 & 0\\9/2 & 1 & 0 & 0\\1 & 2 & 0 & 0\\2 & -2 & 0 & 0\end{bmatrix}$$

(3) 因为

$$(\mathcal{A}\boldsymbol{\varepsilon}_1, \mathcal{A}\boldsymbol{\varepsilon}_2, \boldsymbol{\varepsilon}_3, \boldsymbol{\varepsilon}_4) = (\boldsymbol{\varepsilon}_1, \boldsymbol{\varepsilon}_2, \boldsymbol{\varepsilon}_3, \boldsymbol{\varepsilon}_4)\begin{bmatrix}1 & 0 & 0 & 0\\-1 & 2 & 0 & 0\\1 & 2 & 1 & 0\\2 & -2 & 0 & 1\end{bmatrix}$$

记 $\boldsymbol{D}_2=\begin{bmatrix}1 & 0 & 0 & 0\\-1 & 2 & 0 & 0\\1 & 2 & 1 & 0\\2 & -2 & 0 & 1\end{bmatrix}$，而$|\boldsymbol{D}_2|\neq 0$，所以 $\boldsymbol{D}_2$ 可逆，从而 $\mathcal{A}\boldsymbol{\varepsilon}_1$，$\mathcal{A}\boldsymbol{\varepsilon}_2$，$\boldsymbol{\varepsilon}_3$，$\boldsymbol{\varepsilon}_4$ 线性无关，可以作为线性空间 V 的一组基. 线性变换 $\mathcal{A}$ 在此基下的矩阵为

$$\boldsymbol{D}_2^{-1}\boldsymbol{A}\boldsymbol{D}_2 = \begin{bmatrix}5 & 2 & 2 & 1\\9/2 & 1 & 3/2 & 2\\0 & 0 & 0 & 0\\0 & 0 & 0 & 0\end{bmatrix}$$

利用矩阵相似的这个性质可以简化矩阵的计算.

例 7.14 设

$$\boldsymbol{A}=\begin{bmatrix}2 & -2 & 2\\ -2 & -1 & 4\\ 2 & 4 & -1\end{bmatrix}$$

求 $\boldsymbol{A}^{100}$ 和 $\boldsymbol{A}^{k}$.

解 可以找到一个可逆矩阵(具体求法见 7.3 节例 7.17)

$$\boldsymbol{P}=\begin{bmatrix}-2 & 2 & 1\\ 1 & 0 & 2\\ 0 & 1 & -2\end{bmatrix}$$

使

$$\boldsymbol{P}^{-1}\boldsymbol{A}\boldsymbol{P}=\begin{bmatrix}3 & 0 & 0\\ 0 & 3 & 0\\ 0 & 0 & -6\end{bmatrix}=\boldsymbol{D}$$

这样

$$\boldsymbol{A}^{100}=(\boldsymbol{P}\boldsymbol{D}\boldsymbol{P}^{-1})^{100}=\boldsymbol{P}\boldsymbol{D}^{100}\boldsymbol{P}^{-1}=\boldsymbol{P}\begin{bmatrix}3^{100} & 0 & 0\\ 0 & 3^{100} & 0\\ 0 & 0 & (-6)^{100}\end{bmatrix}\boldsymbol{P}^{-1}$$

进而

$$\boldsymbol{A}^{k}=\boldsymbol{P}\boldsymbol{D}^{k}\boldsymbol{P}^{-1}=\boldsymbol{P}\begin{bmatrix}3^{k} & 0 & 0\\ 0 & 3^{k} & 0\\ 0 & 0 & (-6)^{k}\end{bmatrix}\boldsymbol{P}^{-1}$$

此例的思路是找一个可逆矩阵 $\boldsymbol{P}$，使得矩阵 $\boldsymbol{A}$ 和对角矩阵 $\boldsymbol{D}$ 相似，利用对角矩阵的幂易求得 $\boldsymbol{A}^{k}$. 因此此例的关键是如何找到一个可逆矩阵 $\boldsymbol{P}$ 和对角矩阵 $\boldsymbol{D}$？这是本章要讨论的一个重要问题.

7.3 方阵的特征值与特征向量

由 7.2 节的讨论可知，在有限维线性空间中，选取一组基后，线性空间上的线性变换就可以用矩阵来表示，因此就希望在线性空间中找到一组基使得它的矩阵越简单越好. 本节主要讨论，如何选择一组适当的基，使线性空间上的线性变换在这组基下的矩阵具有简单的形式. 为了这个目的，先介绍特征值与特征向量的概念，它们是研究线性变换最基本的概念.

定义 7.7 设 $\mathcal{A}$ 是数域$\mathbb{F}$上线性空间 V 的一个线性变换，如果对于数域$\mathbb{F}$中的数 λ_0，存在一个非零向量 $\boldsymbol{\xi}$，使得

$$\mathcal{A}\boldsymbol{\xi}=\lambda_0\boldsymbol{\xi} \tag{7-5}$$

那么 λ_0 称为线性变换 $\mathcal{A}$ 的一个特征值，而 $\boldsymbol{\xi}$ 称为线性变换 $\mathcal{A}$ 的属于特征值 λ_0 的一个特征向量.

注：

(1) 线性变换在它的特征向量上作用的几何意义十分明确. 特征向量被线性变换作用

后，它的方向保持在同一条直线上，这时或者方向不变($\lambda_0>0$)或者方向相反($\lambda_0<0$)，或者变成零向量($\lambda_0=0$).

(2) 如果 $\boldsymbol{\xi}$ 是线性变换 $\mathcal{A}$ 的属于特征值 λ_0 的特征向量，那么 $\boldsymbol{\xi}$ 的任何一个非零倍数 $k\boldsymbol{\xi}$ 也是 $\mathcal{A}$ 的属于特征值 λ_0 的特征向量. 这说明特征向量不是被特征值所唯一决定的，相反，特征值却是被特征向量所唯一决定的. 这是因为，$\boldsymbol{\xi}$ 是线性变换 $\mathcal{A}$ 的属于特征值 λ_1，λ_2 的特征向量，即

$$\mathcal{A}\boldsymbol{\xi}=\lambda_1\boldsymbol{\xi},\ \mathcal{A}\boldsymbol{\xi}=\lambda_2\boldsymbol{\xi}$$

则$(\lambda_1-\lambda_2)\boldsymbol{\xi}=\mathbf{0}$，但是 $\boldsymbol{\xi}\neq\mathbf{0}$，因此 $\lambda_1=\lambda_2$. 即一个特征向量只能属于一个特征值.

例 7.15 任何非零向量既是恒等变换 $\mathcal{E}$ 属于特征值 1 的特征向量，又是零变换属于特征值 0 的特征向量.

上面的(2)说明，如果 λ_0 是线性空间 V 上的线性变换 $\mathcal{A}$ 的特征值，则属于 λ_0 的特征向量有无穷多个，由属于 λ_0 的无穷多个特征向量再加上零向量构成的集合按照 V 的线性运算可构成 V 的一个子空间.

命题 7.6 线性空间 V 上的线性变换 $\mathcal{A}$ 属于确定的特征值 λ_0 的特征向量(添加上零向量)构成的集合是线性空间 V 的一个子空间.

证明 记 $V_{\lambda_0}=\{\boldsymbol{\alpha}\in V\mid\mathcal{A}\boldsymbol{\alpha}=\lambda_0\boldsymbol{\alpha}\}$. 因为 $\mathbf{0}\in V_{\lambda_0}$，所以 V_{λ_0} 非空. 又对任意的 $\boldsymbol{\alpha}_1$，$\boldsymbol{\alpha}_2\in V_{\lambda_0}$ 以及任意的 $k\in\mathbb{F}$，都有

$$\mathcal{A}(\boldsymbol{\alpha}_1+\boldsymbol{\alpha}_2)=\mathcal{A}\boldsymbol{\alpha}_1+\mathcal{A}\boldsymbol{\alpha}_2=\lambda_0\boldsymbol{\alpha}_1+\lambda_0\boldsymbol{\alpha}_2=\lambda_0(\boldsymbol{\alpha}_1+\boldsymbol{\alpha}_2)$$

$$\mathcal{A}(k\boldsymbol{\alpha})=k\mathcal{A}\boldsymbol{\alpha}=k\lambda_0\boldsymbol{\alpha}=\boldsymbol{\lambda}_0(k\boldsymbol{\alpha})$$

即 $\boldsymbol{\alpha}_1+\boldsymbol{\alpha}_2$，$k\boldsymbol{\alpha}\in V$. 于是 V_{λ_0} 是线性空间 V 的一个子空间.

定义 7.8 线性空间 V 上的线性变换 $\mathcal{A}$ 中属于确定的特征值 λ_0 的特征向量(添加上零向量)构成的子空间称为属于特征值 λ_0 的特征子空间.

注：如何求特征子空间的基与维数？

因为 $V_{\lambda_0}=\{\boldsymbol{\alpha}\mid\mathcal{A}\boldsymbol{\alpha}=\lambda_0\boldsymbol{\alpha}\}=\{\boldsymbol{\alpha}\mid(\mathcal{A}-\lambda_0\mathcal{E})\boldsymbol{\alpha}=\mathbf{0}\}=(\mathcal{A}-\lambda_0\mathcal{E})^{-1}(\mathbf{0})$，所以可以利用命题 7.5，若 $\mathcal{A}$ 在 n 维线性空间 V 的某组基下的矩阵 $\mathbf{A}$，则 $\dim V_{\lambda_0}=n-\mathrm{R}(\lambda_0\boldsymbol{E}-\mathbf{A})$. 若求得齐次线性方程组$(\lambda_0\boldsymbol{E}-\mathbf{A})\boldsymbol{X}=\mathbf{0}$ 的一个基础解系，从而可得属于 λ_0 的全部线性无关的特征向量，它们就是 V_{λ_0} 的一组基.

用定义不容易求出线性变换的特征值和特征向量. 下面来分析如何求线性变换的特征值与特征向量？

设 V 是数域 $\mathbb{F}$ 上的 n 维线性空间，它的一组基可设为 $\boldsymbol{\varepsilon}_1$，$\boldsymbol{\varepsilon}_2$，…，$\boldsymbol{\varepsilon}_n$，线性变换 $\mathcal{A}$ 在这组基下的矩阵是 $\mathbf{A}$. 设 λ_0 是线性变换 $\mathcal{A}$ 的特征值，属于 λ_0 的一个特征向量是 $\boldsymbol{\xi}$，它在基 $\boldsymbol{\varepsilon}_1$，$\boldsymbol{\varepsilon}_2$，…，$\boldsymbol{\varepsilon}_n$ 下的坐标是$(x_{01},x_{02},\cdots,x_{0n})^{\mathrm{T}}$，则由定理 7.6 知，$\mathcal{A}\boldsymbol{\xi}$ 的坐标为

$$\mathbf{A}\begin{pmatrix}x_{01}\\x_{02}\\\vdots\\x_{0n}\end{pmatrix}$$

而 $\lambda_0\boldsymbol{\xi}$ 的坐标为

$$\lambda_0\begin{pmatrix}x_{01}\\x_{02}\\\vdots\\x_{0n}\end{pmatrix}$$

由式(7-5)得

$$A\begin{pmatrix}x_{01}\\x_{02}\\\vdots\\x_{0n}\end{pmatrix}=\lambda_0\begin{pmatrix}x_{01}\\x_{02}\\\vdots\\x_{0n}\end{pmatrix}\tag{7-6}$$

化简整理得

$$(\lambda_0\boldsymbol{E}-\boldsymbol{A})\begin{pmatrix}x_{01}\\x_{02}\\\vdots\\x_{0n}\end{pmatrix}=\boldsymbol{0}$$

即$(x_{01}, x_{02}, \cdots, x_{0n})^{\mathrm{T}}$是齐次线性方程组$(\lambda_0\boldsymbol{E}-\boldsymbol{A})\boldsymbol{X}=\boldsymbol{0}$的解.

因为$\boldsymbol{\xi}\neq\boldsymbol{0}$，所以它的坐标$(x_{01}, x_{02}, \cdots, x_{0n})^{\mathrm{T}}$不全为零，即齐次线性方程组$(\lambda_0\boldsymbol{E}-\boldsymbol{A})\boldsymbol{X}=\boldsymbol{0}$有非零解. 而齐次线性方程组有非零解的充分必要条件是它的系数行列式$|\lambda_0\boldsymbol{E}-\boldsymbol{A}|=0$.

以上分析说明：若λ_0是线性变换$\mathcal{A}$的特征值，则$|\lambda_0\boldsymbol{E}-\boldsymbol{A}|=0$. 那么逆命题是否成立?

若$\lambda_0\in\mathbb{F}$满足$|\lambda_0\boldsymbol{E}-\boldsymbol{A}|=0$，则齐次线性方程组$(\lambda_0\boldsymbol{E}-\boldsymbol{A})\boldsymbol{X}=\boldsymbol{0}$有非零解. 若$(x_{01}, x_{02}, \cdots, x_{0n})^{\mathrm{T}}$是$(\lambda_0\boldsymbol{E}-\boldsymbol{A})\boldsymbol{X}=\boldsymbol{0}$的一个非零解，则$(\boldsymbol{\varepsilon}_1, \boldsymbol{\varepsilon}_2, \cdots, \boldsymbol{\varepsilon}_n)\lambda_0\boldsymbol{X}=(\boldsymbol{\varepsilon}_1, \boldsymbol{\varepsilon}_2, \cdots, \boldsymbol{\varepsilon}_n)\boldsymbol{A}\boldsymbol{X}$，令$\boldsymbol{\xi}=x_{01}\boldsymbol{\varepsilon}_1+x_{02}\boldsymbol{\varepsilon}_2+\cdots+x_{0n}\boldsymbol{\varepsilon}_n$，则$\mathcal{A}\boldsymbol{\xi}=\lambda\cdot\boldsymbol{\xi}$即$\lambda_0$是线性变换$\mathcal{A}$的一个特征值，$\boldsymbol{\xi}$就是属于特征值$\lambda_0$的一个特征向量.

综上，λ_0是线性变换$\mathcal{A}$的一个特征值的充分必要条件是$|\lambda_0\boldsymbol{E}-\boldsymbol{A}|=0$，其中$\boldsymbol{A}$是线性变换$\mathcal{A}$在基$\boldsymbol{\varepsilon}_1, \boldsymbol{\varepsilon}_2, \cdots, \boldsymbol{\varepsilon}_n$下的矩阵. 根据上面分析的过程，引入一个新的概念：

定义 7.9　设$\boldsymbol{A}=a_{ij}\in\mathbb{F}^{n\times n}$，$\lambda$是$\mathbb{F}^{n\times n}$中任一数，矩阵$\lambda\boldsymbol{E}-\boldsymbol{A}$称为$\boldsymbol{A}$的特征矩阵，它的行列式

$$|\lambda\boldsymbol{E}-\boldsymbol{A}|=\begin{vmatrix}\lambda-a_{11} & -a_{12} & \cdots & -a_{1n}\\-a_{21} & \lambda-a_{22} & \cdots & -a_{2n}\\\vdots & \vdots & & \vdots\\-a_{n1} & -a_{n2} & \cdots & \lambda-a_{nn}\end{vmatrix}\tag{7-7}$$

称为矩阵$\boldsymbol{A}$的特征多项式，记为$\Delta_{\boldsymbol{A}}(\lambda)$，这是数域$\mathbb{P}$上的一个$n$次多项式. $\Delta_{\boldsymbol{A}}(\lambda)$的根称为$\boldsymbol{A}$的特征值.

若矩阵$\boldsymbol{A}$是线性变换$\mathcal{A}$在基$\boldsymbol{\varepsilon}_1, \boldsymbol{\varepsilon}_2, \cdots, \boldsymbol{\varepsilon}_n$下的矩阵，而$\lambda_0$是线性变换$\mathcal{A}$的一个特征值，则$\lambda_0$是特征多项式$\Delta_{\boldsymbol{A}}(\lambda)$的根，即$\Delta_{\boldsymbol{A}}(\lambda)=0$. 反之，若$\lambda_0$是$\boldsymbol{A}$的特征多项式$\Delta_{\boldsymbol{A}}(\lambda)$的根，则$\lambda_0$是线性变换$\mathcal{A}$的一个特征值，因此，特征值也称为特征根.

综上确定一个线性变换$\mathcal{A}$的特征值与特征向量的方法可以分成以下几步：

(1) 在线性空间 V 中取一组基 $\boldsymbol{\varepsilon}_1, \boldsymbol{\varepsilon}_2, \cdots, \boldsymbol{\varepsilon}_n$，写出 $\mathcal{A}$ 在这组基下的矩阵 $\boldsymbol{A}$；

(2) 求出 $\boldsymbol{A}$ 的特征多项式 $|\lambda_0\boldsymbol{E}-\boldsymbol{A}|=0$ 在数域 $\mathbb{F}$ 中全部的根，它们就是线性变换 $\mathcal{A}$ 的全部特征值；

(3) 把所求得的特征值逐个地代入方程组 $(\lambda_0\boldsymbol{E}-\boldsymbol{A})\boldsymbol{X}=\boldsymbol{0}$，求出它的一个基础解系，它们就是属于这个特征值的全部线性无关的特征向量在基 $\boldsymbol{\varepsilon}_1, \boldsymbol{\varepsilon}_2, \cdots, \boldsymbol{\varepsilon}_n$ 下的坐标. 若特征值 λ_0 对应的线性方程组的基础解系为

$$(c_{11}, c_{12}, \cdots, c_{1n})^{\mathrm{T}}, (c_{21}, c_{22}, \cdots, c_{2n})^{\mathrm{T}}, \cdots, (c_{r1}, c_{r2}, \cdots, c_{rn})^{\mathrm{T}}$$

令 $\boldsymbol{\eta}_i=\sum\limits_{j=1}^{n} c_{ij}\boldsymbol{\varepsilon}_j\,(i=1, 2, \cdots, r)$，则 $\boldsymbol{\eta}_1, \boldsymbol{\eta}_2, \cdots, \boldsymbol{\eta}_r$ 就是属于特征值 λ_0 的全部线性无关的特征向量. 而 $k_1\boldsymbol{\eta}_1+k_2\boldsymbol{\eta}_2+\cdots+k_r\boldsymbol{\eta}_r\,(k_1, k_2, \cdots, k_r\in\mathbb{F})$ 是属于特征值 λ_0 的全部特征向量 ($k_1, k_2, \cdots, k_r$ 不全为零).

例 7.16 在 n 维线性空间中，求数乘变换 $\mathcal{K}$ 的特征值和对应的特征向量.

解 数乘变换 $\mathcal{K}$ 在任意一组基下的矩阵都是 $k\boldsymbol{E}$，它的特征多项式是

$$|\lambda\boldsymbol{E}-k\boldsymbol{E}|=(\lambda-k)^n$$

因此，数乘变换 $\mathcal{K}$ 的特征值只有 k. 由数乘变换的定义可知，每个非零向量都是属于数乘变换 $\mathcal{K}$ 的特征向量.

例 7.17 设线性变换 $\mathcal{A}$ 在基 $\boldsymbol{\varepsilon}_1, \boldsymbol{\varepsilon}_2, \boldsymbol{\varepsilon}_3$ 下的矩阵为

$$\boldsymbol{A}=\begin{bmatrix} 2 & -2 & 2 \\ -2 & -1 & 4 \\ 2 & 4 & -1 \end{bmatrix}$$

求 $\mathcal{A}$ 的特征值与特征向量.

解 因为 $\mathcal{A}$ 的特征多项式为 $|\lambda\boldsymbol{E}-\boldsymbol{A}|=\begin{vmatrix} \lambda-2 & 2 & -2 \\ 2 & \lambda+1 & -4 \\ -2 & -4 & \lambda+1 \end{vmatrix}=(\lambda-3)^2(\lambda+6)$，所以 $\mathcal{A}$ 的特征值为 $\lambda_1=\lambda_2=3$，$\lambda_3=-6$.

当 $\lambda_1=3$ 时，解方程组

$$\begin{cases} x_1+2x_2-2x_3=0 \\ 2x_1+4x_2-4x_3=0 \\ -2x_1-4x_2+4x_3=0 \end{cases}$$

它的一个基础解系是 $(-2, 1, 0)^{\mathrm{T}}, (2, 0, 1)^{\mathrm{T}}$，因此对应特征值 3 的两个线性无关的特征向量为

$$\boldsymbol{\xi}_1=-2\boldsymbol{\varepsilon}_1+\boldsymbol{\varepsilon}_2, \quad \boldsymbol{\xi}_2=2\boldsymbol{\varepsilon}_1+\boldsymbol{\varepsilon}_3$$

而属于 3 的全部特征向量就是 $k_1\boldsymbol{\xi}_1+k_2\boldsymbol{\xi}_2$，$k_1, k_2$ 取遍数域 $\mathbb{P}$ 中不全为零的数.

当 $\lambda_3=-6$ 时，解方程组

$$\begin{cases} -8x_1+2x_2-2x_3=0 \\ 2x_1-5x_2-4x_3=0 \\ -2x_1-4x_2-5x_3=0 \end{cases}$$

它的一个基础解系是 $(1, 2, -2)^{\mathrm{T}}$. 因此对应特征值 -6 的线性无关的特征向量为

$$\boldsymbol{\xi}_3=\boldsymbol{\varepsilon}_1+2\boldsymbol{\varepsilon}_2-2\boldsymbol{\varepsilon}_3$$

而属于-6的全部特征向量为$k_3\boldsymbol{\xi}_3$，k_3是数域$\mathbb{F}$中不为零的数.

例 7.14 的补充解释：

由于$(\boldsymbol{\xi}_1, \boldsymbol{\xi}_2, \boldsymbol{\xi}_3)=(\boldsymbol{\varepsilon}_1, \boldsymbol{\varepsilon}_2, \boldsymbol{\varepsilon}_3)\begin{bmatrix}-2 & 2 & 1\\ 1 & 0 & 2\\ 0 & 1 & -2\end{bmatrix}$，令$\boldsymbol{P}=\begin{bmatrix}-2 & 2 & 1\\ 1 & 0 & 2\\ 0 & 1 & -2\end{bmatrix}$，有$|\boldsymbol{P}|\neq 0$，则$\boldsymbol{P}$可逆，从而$\boldsymbol{\xi}_1, \boldsymbol{\xi}_2, \boldsymbol{\xi}_3$是$V$的一个基，$\boldsymbol{P}$是基$\boldsymbol{\varepsilon}_1, \boldsymbol{\varepsilon}_2, \boldsymbol{\varepsilon}_3$到基$\boldsymbol{\xi}_1, \boldsymbol{\xi}_2, \boldsymbol{\xi}_3$的过渡矩阵.

又

$$\mathcal{A}(\boldsymbol{\xi}_1, \boldsymbol{\xi}_2, \boldsymbol{\xi}_3)=(\boldsymbol{\xi}_1, \boldsymbol{\xi}_2, \boldsymbol{\xi}_3)\begin{bmatrix}3 & 0 & 0\\ 0 & 3 & 0\\ 0 & 0 & -6\end{bmatrix}$$

记$\boldsymbol{D}=\begin{bmatrix}3 & 0 & 0\\ 0 & 3 & 0\\ 0 & 0 & -6\end{bmatrix}$，则$\boldsymbol{A}$与$\boldsymbol{D}$相似，即$\boldsymbol{D}=\boldsymbol{P}^{-1}\boldsymbol{AP}$.

此例需要注意的是：$\boldsymbol{D}$的主对角线上的元素的次序与其对应的特征向量的次序相一致，而且可逆矩阵$\boldsymbol{P}$和对角矩阵$\boldsymbol{D}$不唯一. 在线性空间V中可以找到了一组基使得线性变换$\mathcal{A}$在此基下的矩阵为形式最简单的矩阵——对角矩阵，其中这组基是由特征向量组成的.

在线性变换的研究中，矩阵的特征多项式是重要的概念之一. 下面来看一下特征多项式的有关性质.

命题 7.7　设n阶方阵$\boldsymbol{A}$的特征多项式为

$$|\lambda\boldsymbol{E}-\boldsymbol{A}|=\lambda^n+c_1\lambda^{n-1}+\cdots+c_{n-1}\lambda+c_n=(\lambda-\lambda_1)\cdots(\lambda-\lambda_n)$$

其中$\lambda_1, \lambda_2, \cdots, \lambda_n$是$|\lambda\boldsymbol{E}-\boldsymbol{A}|=0$在复数域中的$n$个根(可能有重根)，则

(1) $-c_1=\lambda_1+\lambda_2+\cdots+\lambda_n=a_{11}+a_{22}+\cdots+a_{nn}$，其中$a_{11}+a_{22}+\cdots+a_{nn}$是矩阵$\boldsymbol{A}$的主对角线元素之和，称为$\boldsymbol{A}$的迹，记为$\mathrm{Tr}(\boldsymbol{A})$.

(2) $(-1)^n c_n=\lambda_1\lambda_2\cdots\lambda_n=|\boldsymbol{A}|$.

证明　在

$$|\lambda\boldsymbol{E}-\boldsymbol{A}|=\begin{vmatrix}\lambda-a_{11} & -a_{12} & \cdots & -a_{1n}\\ -a_{21} & \lambda-a_{22} & \cdots & -a_{2n}\\ \vdots & \vdots & & \vdots\\ -a_{n1} & -a_{n2} & \cdots & \lambda-a_{nn}\end{vmatrix}$$

的展开式中，有一项是主对角线上元素的连乘积

$$(\lambda-a_{11})(\lambda-a_{22})\cdots(\lambda-a_{nn})$$

而展开式中的其余项，至多包含$n-2$个主对角线上的元素，且λ的次数最多是$n-2$. 因此特征多项式中含λ的n次与$n-1$次的项只能在主对角线上元素的连乘积中出现，它们为

$$\lambda^n-(a_{11}+a_{22}+\cdots+a_{nn})\lambda^{n-1}$$

在特征多项式中，令$\lambda=0$，即得常数项$|-\boldsymbol{A}|=(-1)^n|\boldsymbol{A}|$. 因此，如果只写特征多项式的前两项与常数项，就有

$$|\lambda\boldsymbol{E}-\boldsymbol{A}|=\lambda^n-(a_{11}+a_{22}+\cdots+a_{nn})\lambda^{n-1}+\cdots+(-1)^n|\boldsymbol{A}|$$

由根与系数的关系可得上面的两个结论.

线性变换在不同基下的矩阵是相似的，对于相似矩阵有相同的特征多项式.

命题 7.8 相似矩阵有相同的特征多项式.

证明 设 $\boldsymbol{A}\sim\boldsymbol{B}$，即有可逆矩阵 $\boldsymbol{X}$，使 $\boldsymbol{B}=\boldsymbol{X}^{-1}\boldsymbol{A}\boldsymbol{X}$. 于是

$$|\lambda\boldsymbol{E}-\boldsymbol{B}|=|\lambda\boldsymbol{E}-\boldsymbol{X}^{-1}\boldsymbol{A}\boldsymbol{X}|=|\boldsymbol{X}^{-1}(\lambda\boldsymbol{E}-\boldsymbol{A})\boldsymbol{X}|=|\lambda\boldsymbol{E}-\boldsymbol{A}|$$

注：

(1) 由命题 7.8 可知，线性变换的矩阵的特征多项式与基的选取无关，它由线性变换所决定，因此，线性变换 $\mathcal{A}$ 的特征多项式就是线性变换在线性空间的任意一组基下的矩阵 $\boldsymbol{A}$ 的特征多项式.

(2) 命题 7.8 的逆命题是不正确的，即特征多项式相同的矩阵不一定是相似的. 例如

$$\boldsymbol{A}=\begin{bmatrix}1&0\\0&1\end{bmatrix},\ \boldsymbol{B}=\begin{bmatrix}1&1\\0&1\end{bmatrix}$$

它们的特征多项式都是 $(\lambda-1)^2$，但是 $\boldsymbol{A}$ 和 $\boldsymbol{B}$ 不相似，这是因为 $\boldsymbol{A}$ 是单位矩阵，和单位矩阵相似的矩阵只能是 $\boldsymbol{A}$ 本身.

例 7.18 已知矩阵 $\boldsymbol{A}=\begin{bmatrix}1&b&1\\b&a&1\\1&1&1\end{bmatrix}$，$\boldsymbol{B}=\begin{bmatrix}0&0&0\\0&1&0\\0&0&4\end{bmatrix}$ 相似，求 a，b.

解 利用命题 7.7 和命题 7.8 可得：

$$\begin{cases}1+a+1=0+1+4\\|\boldsymbol{A}|=-(b-1)^2=0\times1\times4\end{cases}$$

解得 $a=3$，$b=1$.

设 $\boldsymbol{A}$ 为 n 阶方阵，如例 7.2，可在线性空间 $\mathbb{F}^n$ 上定义一个线性变换 $\mathcal{A}$：$\mathcal{A}\boldsymbol{X}=\boldsymbol{A}\boldsymbol{X}$，$\forall\,\boldsymbol{X}\in\mathbb{F}^n$. 若存在 n 维非零列向量 $\boldsymbol{X}$ 和数 $\lambda\in\mathbb{F}$ 使得 $\boldsymbol{A}\boldsymbol{X}=\lambda\boldsymbol{X}$，则 $\boldsymbol{X}$ 称为线性变换 $\mathcal{A}$ 的对应于特征值 λ 的特征向量，也称为矩阵 $\boldsymbol{A}$ 的对应于特征值 λ 的特征向量.

应注意线性变换的特征值与特征向量和矩阵的特征值与特征向量的区别.

命题 7.9 设 $\mathcal{A}$ 是数域 $\mathbb{F}$ 上线性空间 V 的一个线性变换，$\boldsymbol{\varepsilon}_1$，$\boldsymbol{\varepsilon}_2$，…，$\boldsymbol{\varepsilon}_n$ 是 V 的一组基，$\mathcal{A}$ 在此基下的矩阵为 $\boldsymbol{A}$，则 $\mathcal{A}(\boldsymbol{\xi})=\lambda\boldsymbol{\xi}\,(\boldsymbol{\xi}\neq0)\Leftrightarrow\boldsymbol{A}\boldsymbol{X}=\lambda\boldsymbol{X}\,(\boldsymbol{X}\neq\boldsymbol{0})$，其中 $\boldsymbol{X}$ 为 $\boldsymbol{\xi}$ 在 $\boldsymbol{\varepsilon}_1$，$\boldsymbol{\varepsilon}_2$，…，$\boldsymbol{\varepsilon}_n$ 下的坐标.

对于矩阵的特征值与特征向量还有下面的性质.

命题 7.10 设 $\boldsymbol{X}$ 为 $\boldsymbol{A}$ 的对应于特征值 λ 的特征向量，即 $\boldsymbol{A}\boldsymbol{X}=\lambda\boldsymbol{X}\,(\boldsymbol{X}\neq\boldsymbol{0})$，则

(1) $k\lambda$ 是 $k\boldsymbol{A}\,(k\in\mathbb{F})$ 的特征值，即 $(k\boldsymbol{A})\boldsymbol{X}=(k\lambda)\boldsymbol{X}$；

(2) λ^k 是 $\boldsymbol{A}^k\,(k\in\mathbb{Z}^+)$ 的特征值，即 $\boldsymbol{A}^k\boldsymbol{X}=\lambda^k\boldsymbol{X}$；

(3) 设 $f(x)=a_mx^m+a_{m-1}x^{m-1}+\cdots+a_1x+a_0\in\mathbb{F}[x]$，则 $f(\lambda)$ 是 $f(\boldsymbol{A})$ 的特征值，即 $f(\boldsymbol{A})\boldsymbol{X}=f(\lambda)\boldsymbol{X}$；

(4) 当 $\boldsymbol{A}$ 可逆时，$\dfrac{1}{\lambda}$ 是 $\boldsymbol{A}^{-1}$ 的特征值，即 $\boldsymbol{A}^{-1}\boldsymbol{X}=\dfrac{1}{\lambda}\boldsymbol{X}$；

(5) 当 $\boldsymbol{A}$ 可逆时，$\dfrac{|\boldsymbol{A}|}{\lambda}$ 是 $\boldsymbol{A}^*$ 的特征值，即 $\boldsymbol{A}^*\boldsymbol{X}=\dfrac{|\boldsymbol{A}|}{\lambda}\boldsymbol{X}$.

以上两个命题的证明很简单，请读者自行完成证明.

例 7.19 已知 3 阶方阵 $\boldsymbol{A}$ 的特征值为 1，-1，2，求矩阵 $\boldsymbol{B}=\boldsymbol{A}^3-2\boldsymbol{A}^2$ 的特征值以及 $|\boldsymbol{B}|$.

解　利用命题 7.10(3)得：$\boldsymbol{B}=\boldsymbol{A}^3-2\boldsymbol{A}^2$ 的特征值为 -1，-3，0，再利用命题 7.7 得 $|\boldsymbol{B}|=0$.

7.4　可对角化条件

根据例 7.17，在线性空间 V 中找到一个由特征向量组成的基，使得线性变换 $\mathcal{A}$ 在这个基下的矩阵为对角阵. 我们把具有这种性质的线性变换 $\mathcal{A}$ 称为可对角化.

定义 7.10　设 $\mathcal{A}$ 是 n 维线性空间 V 上的一个线性变换，如果在线性空间 V 中存在一个基，使 $\mathcal{A}$ 在这个基下的矩阵为对角阵，则 $\mathcal{A}$ 称为可对角化的. 用矩阵的语言来叙述：矩阵 $\mathbf{A}$ 是数域 $\mathbb{F}$ 上的 n 阶方阵，如果存在数域 $\mathbb{F}$ 上的可逆矩阵 $\boldsymbol{P}$，使 $\boldsymbol{P}^{-1}\boldsymbol{AP}$ 为对角阵，则 $\mathbf{A}$ 称为可对角化的.

从定义可以看出，并不是线性空间 V 上的每一个线性变换都可以对角化，也就是说，并不是数域 $\mathbb{F}$ 上的每一个矩阵都可以对角化. 那么如何判断线性空间 V 上的线性变换(或一个 n 阶方阵 $\mathbf{A}$)是否可以对角化，是本节要讨论的问题. 下面给出一个有用的判别定理.

定理 7.9　设 $\mathcal{A}$ 是 n 维线性空间 V 上的一个线性变换，$\mathcal{A}$ 可以对角化的充分必要条件是 $\mathcal{A}$ 有 n 个线性无关的特征向量.

证明　(必要性) 设 $\boldsymbol{\beta}_1, \boldsymbol{\beta}_2, \cdots, \boldsymbol{\beta}_n$ 是线性空间 V 中的一组基，使

$$\mathcal{A}(\boldsymbol{\beta}_1, \boldsymbol{\beta}_2, \cdots, \boldsymbol{\beta}_n)=(\boldsymbol{\beta}_1, \boldsymbol{\beta}_2, \cdots, \boldsymbol{\beta}_n)\begin{bmatrix}\lambda_1 & 0 & 0 & \cdots & 0\\ 0 & \lambda_2 & 0 & \cdots & 0\\ \vdots & \vdots & \vdots & & \vdots\\ 0 & 0 & 0 & \cdots & \lambda_n\end{bmatrix}$$

即 $\mathcal{A}\boldsymbol{\beta}_i=\lambda_i\boldsymbol{\beta}_i(i=1, 2, \cdots, n)$. 由于基向量 $\boldsymbol{\beta}_i$ 是非零向量，因此，$\boldsymbol{\beta}_i$ 是 $\mathcal{A}$ 的属于特征值 λ_i 的特征向量，是线性无关的. 故 $\boldsymbol{\beta}_1, \boldsymbol{\beta}_2, \cdots, \boldsymbol{\beta}_n$ 就是 $\mathcal{A}$ 的 n 个线性无关的特征向量.

(充分性) 设 $\mathcal{A}$ 有 n 个线性无关的特征向量 $\boldsymbol{\alpha}_1, \boldsymbol{\alpha}_2, \cdots, \boldsymbol{\alpha}_n$ 且 $\mathcal{A}\boldsymbol{\alpha}_i=\lambda_i\boldsymbol{\alpha}_i(i=1, 2, \cdots, n)$，那么取这 n 个向量可作为 V 的一组基，显然 $\mathcal{A}$ 在这组基下的矩阵为对角阵.

用此定理判别线性变换可否对角化的关键是要先计算出特征多项式，然后通过解齐次线性方程组求出特征向量，因此此方法比较麻烦. 下面给出几个不需要具体计算特征向量来判别线性变换是否可对角化的命题.

定义 7.11　设 V 是数域 $\mathbb{F}$ 上的 n 维线性空间，$\mathcal{A}$ 是线性空间 V 上的一个线性变换，$\mathcal{A}$ 的特征多项式 $\Delta_{\mathcal{A}}(\lambda)$ 在数域 $\mathbb{F}$ 上可分解成一次因式的乘积

$$\Delta_{\mathcal{A}}(\lambda)=(\lambda-\lambda_1)^{c_1}(\lambda-\lambda_2)^{c_2}\cdots(\lambda-\lambda_s)^{c_s}$$

则 c_i 称为特征值 λ_i 的代数重数，其中 $c_1+c_2+\cdots+c_s=n$；$d_i=\dim V_{\lambda_i}$ 称为特征值 λ_i 的几何重数.

关于特征值的代数重数和几何重数有下面的性质.

引理 7.1　设 V 是数域 $\mathbb{F}$ 上的 n 维线性空间，$\mathcal{A}$ 是线性空间 V 上的一个线性变换，λ_i 是线性变换 $\mathcal{A}$ 的任一特征值，则 $c_i\geqslant d_i$.

证明　在 λ_i 的特征子空间 V_{λ_i} 中取一组基为 $\boldsymbol{\alpha}_1, \boldsymbol{\alpha}_2, \cdots, \boldsymbol{\alpha}_{d_i}$，由基扩充定理将它扩充为线性空间 V 的一个基 $\boldsymbol{\alpha}_1, \boldsymbol{\alpha}_2, \cdots, \boldsymbol{\alpha}_{d_i}, \boldsymbol{\alpha}_{d_i+1}, \cdots, \boldsymbol{\alpha}_n$.

由于 V_{λ_i} 中非零向量都是属于特征值 λ_i 的特征向量，即 $\mathcal{A}\boldsymbol{\alpha}_j=\lambda_i\boldsymbol{\alpha}_j(1\leqslant j\leqslant d_i)$，因此，

线性变换 $\mathcal{A}$ 在基 $\boldsymbol{\alpha}_1, \boldsymbol{\alpha}_2, \cdots, \boldsymbol{\alpha}_{d_i}, \boldsymbol{\alpha}_{d_i+1}, \cdots, \boldsymbol{\alpha}_n$ 下的矩阵为一个上三角矩阵，即

$$\mathcal{A}(\boldsymbol{\alpha}_1, \boldsymbol{\alpha}_2, \cdots, \boldsymbol{\alpha}_{d_i}, \boldsymbol{\alpha}_{d_i+1}, \cdots, \boldsymbol{\alpha}_n) = (\boldsymbol{\alpha}_1, \boldsymbol{\alpha}_2, \cdots, \boldsymbol{\alpha}_{d_i}, \boldsymbol{\alpha}_{d_i+1}, \cdots, \boldsymbol{\alpha}_n)\begin{bmatrix} \boldsymbol{D} & * \\ 0 & \boldsymbol{B} \end{bmatrix}$$

其中

$$\boldsymbol{D} = \begin{bmatrix} \lambda_i & 0 & 0 & \cdots & 0 \\ 0 & \lambda_i & 0 & \cdots & 0 \\ \vdots & \vdots & \vdots & & \vdots \\ 0 & 0 & 0 & \cdots & \lambda_i \end{bmatrix}_{d_i \times d_i}$$

$\boldsymbol{B}$ 是 $n-d_i$ 阶方阵，$*$ 是 $d_i \times (n-d_i)$ 阶矩阵. 于是 $\mathcal{A}$ 的特征多项式为

$$\Delta_{\mathcal{A}}(\lambda) = (\lambda - \lambda_i)^{d_i} \mid \lambda \boldsymbol{E}_{n-d_i} - \boldsymbol{B} \mid$$

上式说明特征值 λ_i 在 $\Delta_{\mathcal{A}}(\lambda)$ 中的重数 c_i 至少为 d_i，即 $c_i \geqslant d_i$.

下面给出一个线性变换可对角化的充分条件.

命题 7.11 设 V 是数域 $\mathbb{F}$ 上的 n 维线性空间，$\mathcal{A}$ 是线性空间 V 上的一个线性变换，如果 $\mathcal{A}$ 的特征多项式 $\Delta_{\mathcal{A}}(\lambda)$ 有 n 个不同的根(即 $\mathcal{A}$ 有 n 个不同特征值)，则 $\mathcal{A}$ 必可对角化.

证明 首先证明下面两个结论.

(1) 设线性变换 $\mathcal{A}$ 的全部两两不同的特征值是 $\lambda_1, \lambda_2, \cdots, \lambda_s$，属于特征值的特征向量 $\boldsymbol{\alpha}_i \in V_{\lambda_i}(i=1, 2, \cdots, s)$，则当 $\boldsymbol{\alpha}_1 + \boldsymbol{\alpha}_2 + \cdots + \boldsymbol{\alpha}_s = \boldsymbol{0}$ 时，必有 $\boldsymbol{\alpha}_1 = \boldsymbol{\alpha}_2 = \cdots = \boldsymbol{\alpha}_s = \boldsymbol{0}$.

(2) 设线性变换 $\mathcal{A}$ 的全部两两不同的特征值是 $\lambda_1, \lambda_2, \cdots, \lambda_s$，属于特征值 λ_i 的一组线性无关的特征向量是 $B_i = \{\boldsymbol{\alpha}_{i1}, \boldsymbol{\alpha}_{i2}, \cdots, \boldsymbol{\alpha}_{ir_i}\}(i=1, 2, \cdots, s)$，则向量组 $B_1 \cup B_2 \cup \cdots \cup B_s$ 也线性无关.

首先证明(1) 由已知 $\mathcal{A}\boldsymbol{\alpha}_i = \lambda_i \boldsymbol{\alpha}_i (1 \leqslant i \leqslant s)$，对等式 $\boldsymbol{\alpha}_1 + \boldsymbol{\alpha}_2 + \cdots + \boldsymbol{\alpha}_s = \boldsymbol{0}$ 两边同时作用 $\mathcal{A}$，得

$$\lambda_1 \boldsymbol{\alpha}_1 + \lambda_2 \boldsymbol{\alpha}_2 + \cdots + \lambda_s \boldsymbol{\alpha}_s = \boldsymbol{0}$$

再逐次作用 $\mathcal{A}$，得到如下一组等式

$$\begin{cases} \lambda_1 \boldsymbol{\alpha}_1 + \lambda_2 \boldsymbol{\alpha}_2 + \cdots + \lambda_s \boldsymbol{\alpha}_s = \boldsymbol{0} \\ \lambda_1^2 \boldsymbol{\alpha}_1 + \lambda_2^2 \boldsymbol{\alpha}_2 + \cdots + \lambda_s^2 \boldsymbol{\alpha}_s = \boldsymbol{0} \\ \qquad \vdots \\ \lambda_1^{s-1} \boldsymbol{\alpha}_1 + \lambda_2^{s-1} \boldsymbol{\alpha}_2 + \cdots + \lambda_s^{s-1} \boldsymbol{\alpha}_s = \boldsymbol{0} \end{cases}$$

用矩阵表示可写为

$$(\boldsymbol{\alpha}_1, \boldsymbol{\alpha}_2, \cdots, \boldsymbol{\alpha}_s)\begin{bmatrix} 1 & \lambda_1 & \cdots & \lambda_1^{s-1} \\ 1 & \lambda_2 & \cdots & \lambda_2^{s-1} \\ \vdots & \vdots & & \vdots \\ 1 & \lambda_s & \cdots & \lambda_s^{s-1} \end{bmatrix} = (\boldsymbol{0}, \boldsymbol{0}, \cdots, \boldsymbol{0}) \tag{7-8}$$

其中矩阵

$$\boldsymbol{B} = \begin{bmatrix} 1 & \lambda_1 & \cdots & \lambda_1^{s-1} \\ 1 & \lambda_2 & \cdots & \lambda_2^{s-1} \\ \vdots & & & \vdots \\ 1 & \lambda_s & \cdots & \lambda_s^{s-1} \end{bmatrix}$$

的行列式是范德蒙行列式，由于 λ_1，λ_2，…，λ_s 两两不同，其行列式的值不等于零，从而 $\boldsymbol{B}$ 是可逆矩阵. 在式(7-8)两边右乘 $\boldsymbol{B}^{-1}$，就有

$$(\boldsymbol{\alpha}_1, \boldsymbol{\alpha}_2, \cdots, \boldsymbol{\alpha}_s) = (\mathbf{0}, \mathbf{0}, \cdots, \mathbf{0})\boldsymbol{B}^{-1} = (\mathbf{0}, \mathbf{0}, \cdots, \mathbf{0})$$

即 $\boldsymbol{\alpha}_1 = \boldsymbol{\alpha}_2 = \cdots = \boldsymbol{\alpha}_s = \mathbf{0}$.

其次证明(2) 设

$$\Sigma_{j=1}^{r_1} a_{1j}\boldsymbol{\alpha}_{1j} + \Sigma_{j=1}^{r_2} a_{2j}\boldsymbol{\alpha}_{2j} + \cdots + \Sigma_{j=1}^{r_s} a_{sj}\boldsymbol{\alpha}_{sj} = \mathbf{0}$$

令 $\boldsymbol{\beta}_i = \Sigma_{j=1}^{r_i} a_{ij}\boldsymbol{\alpha}_{ij} \in V_i (i=1, 2, \cdots, s)$，则 $\boldsymbol{\beta}_1 + \boldsymbol{\beta}_2 + \cdots + \boldsymbol{\beta}_s = \mathbf{0}$.

由(1)可知

$$\boldsymbol{\beta}_1 = \boldsymbol{\beta}_2 = \cdots = \boldsymbol{\beta}_s = \mathbf{0}$$

从而 $\boldsymbol{\beta}_i = \Sigma_{j=1}^{r_i} a_{ij}\boldsymbol{\alpha}_{ij} = \mathbf{0}$. 又由于向量组 $\boldsymbol{B}_i$ 线性无关，得 $a_{i1} = a_{i2} = \cdots = a_{ir_i} = 0 (i=1, 2, \cdots, s)$，即向量组 $B_1 \cup B_2 \cup \cdots \cup B_s$ 线性无关.

由(2)可得：如果 λ_1，λ_2，…，λ_s 是线性变换 $\mathcal{A}$ 的全部两两不同的特征值，$\boldsymbol{\alpha}_1$，$\boldsymbol{\alpha}_2$，…，$\boldsymbol{\alpha}_s$ 是 $\mathcal{A}$ 的分别属于特征值 λ_1，λ_2，…，λ_s 的一组线性无关的特征向量，则向量组 $\boldsymbol{\alpha}_1$，$\boldsymbol{\alpha}_2$，…，$\boldsymbol{\alpha}_s$ 线性无关.

最后，因为 $\mathcal{A}$ 有 n 个不同特征值 λ_1，λ_2，…，λ_n，则分别属于每一个不同特征值的 n 个特征向量 $\boldsymbol{\xi}_1$，$\boldsymbol{\xi}_2$，…，$\boldsymbol{\xi}_n$ 线性无关，所以由定理 7.9 可知，$\mathcal{A}$ 可对角化.

需要注意的是命题 7.11 的逆命题不一定成立. 如例 7.17，线性变换 $\mathcal{A}$ 可对角化，但是 $\mathcal{A}$ 有两个不同的特征值.

命题 7.11 的条件指出了线性变换 $\mathcal{A}$ 的特征值是单根的情况，那么当线性变换 $\mathcal{A}$ 的特征值有重根时，如何判别线性变换 $\mathcal{A}$ 是否可对角化?

定理 7.10　设 V 是数域 $\mathbb{F}$ 上的 n 维线性空间，$\mathcal{A}$ 是线性空间 V 上的一个线性变换，$\mathcal{A}$ 的不同特征值为 λ_1，λ_2，…，λ_s，λ_i 的代数重数为 c_i，几何重数为 d_i，则 $\mathcal{A}$ 可对角化的充分必要条件是 $c_i = d_i (i=1, 2\cdots, s)$.

证明　(必要性) 因为 $\mathcal{A}$ 可对角化，所以由定理 7.9 得 $\mathcal{A}$ 有 n 个线性无关的特征向量. 可将这 n 个线性无关的特征向量适当排序，总可设 $\boldsymbol{\alpha}_{k1}$，$\boldsymbol{\alpha}_{k2}$，$\cdots \boldsymbol{\alpha}_{ki_k}$ 是属于特征值 λ_k 的特征向量，且 $i_1 + i_1 + \cdots + i_s = n$. 由引理 7.1，有

$$i_k = \dim V_k \leqslant d_k \leqslant c_k \tag{7-9}$$

$$n = i_1 + i_2 + \cdots + i_s \leqslant c_1 + c_1 + \cdots + c_s = n \tag{7-10}$$

比较式(7-9)和式(7-10)，得 $i_k = c_k = d_k (k=1, 2, \cdots, s)$.

(充分性) 由于 $\dim V_k = d_k = c_k$，因此分别在每个特征子空间 V_{λ_k} 中取基 $\boldsymbol{\alpha}_{k1}$，$\boldsymbol{\alpha}_{k2}$，…，$\boldsymbol{\alpha}_{kd_k} (k=1, 2, \cdots, s)$，由命题 7.11 的(2)可得向量组

$$\{\boldsymbol{\alpha}_{11}, \boldsymbol{\alpha}_{12}, \cdots, \boldsymbol{\alpha}_{1d_1}, \boldsymbol{\alpha}_{21}, \boldsymbol{\alpha}_{22}, \cdots, \boldsymbol{\alpha}_{2d_2}, \cdots, \boldsymbol{\alpha}_{s1}, \boldsymbol{\alpha}_{s2}, \cdots, \boldsymbol{\alpha}_{sd_s}\}$$

线性无关，它恰好包含 $d_1 + d_2 + \cdots + d_s = c_1 + c_2 + \cdots + c_s = n$ 个向量. 这样得到了 $\mathcal{A}$ 有 n 个线性无关的特征向量. 由定理 7.9 可知，$\mathcal{A}$ 可对角化.

例 7.20　设矩阵

$$\mathbf{A} = \begin{bmatrix} 4 & 6 & 0 \\ -3 & -5 & 0 \\ -3 & -6 & 1 \end{bmatrix}$$

判断矩阵 $\mathbf{A}$ 是否可以对角化.

解 由于

$$\Delta_A(\lambda)=\begin{vmatrix}\lambda-4 & -6 & 0\\ 3 & \lambda+5 & 0\\ 3 & 6 & \lambda-1\end{vmatrix}=(\lambda-1)^2(\lambda+2)$$

从而矩阵 $\boldsymbol{A}$ 有两个不同特征值 $\lambda_1=1$，$\lambda_2=-2$，因此它们的代数重数分别为 $c_1=2$，$c_2=1$. 下面求它们的几何重数.

由于 V_{λ_1} 是齐次线性方程组 $(\boldsymbol{E}-\boldsymbol{A})\boldsymbol{X}=\boldsymbol{0}$ 的解空间，而

$$\boldsymbol{E}-\boldsymbol{A}=\begin{bmatrix}-3 & -6 & 0\\ 3 & 6 & 0\\ 3 & 6 & 0\end{bmatrix}$$

则 $\mathrm{R}(\boldsymbol{E}-\boldsymbol{A})=1$，因此 由定义 7.8 的注可知 $d_1=3-1=2=c_1$. 又由于 $1\leqslant d_2\leqslant c_2=1$，则 $d_2=1=c_2$. 由定理 7.10 可知，矩阵 $\boldsymbol{A}$ 可以对角化.

上面给出的方法都是要先计算特征多项式，但是有些线性变换的特征多项式不易计算，为此给出另一种方法来判别线性变换可否对角化. 首先给出特征多项式的一个重要性质.

定理 7.11(哈密顿-凯莱定理) 设 $\boldsymbol{A}$ 为数域 $\mathbb{F}$ 上 n 阶方阵，$\Delta_A(\lambda)=|\lambda\boldsymbol{E}-\boldsymbol{A}|$ 为 $\boldsymbol{A}$ 的特征多项式，则 $\Delta_A(\boldsymbol{A})=\boldsymbol{O}_n$.

这个定理的证明留在下一节. 这个定理给出了方阵 $\boldsymbol{A}$ 与它的特征多项式之间的一种关系. 由此关系的启发引入最小多项式的概念.

定义 7.12 设 $\boldsymbol{A}$ 为数域 $\mathbb{F}$ 上 n 阶方阵，若多项式 $f(\lambda)=a_0\lambda^n+a_1\lambda^{n-1}+\cdots+a_{n-1}\lambda+a_n$ 使 $f(\boldsymbol{A})=\boldsymbol{O}$，则称多项式 $f(\lambda)$ 为 $\boldsymbol{A}$ 的零化多项式.

由哈密顿-凯莱定理，对于任意的 n 阶方阵 $\boldsymbol{A}$，总存在一个 n 次多项式 $\Delta_A(\lambda)=|\lambda\boldsymbol{E}-\boldsymbol{A}|$，使 $f(\boldsymbol{A})=\boldsymbol{O}$，即 $\Delta_A(\lambda)$ 是 $\boldsymbol{A}$ 的一个零化多项式.

定义 7.13 设 $\boldsymbol{A}$ 为数域 $\mathbb{F}$ 上 n 阶方阵，如果多项式 $m_A(\lambda)$ 是 $\boldsymbol{A}$ 的零化多项式中的次数最低的首 1 多项式，则 $m_A(\lambda)$ 称为方阵 $\boldsymbol{A}$ 的最小多项式.

下面介绍方阵 $\boldsymbol{A}$ 的最小多项式的求法.

由定义知，寻找一个使方阵 $\boldsymbol{A}$ 零化的首项系数为 1 的多项式

$$g(\lambda)=\lambda^m+a_1\lambda^{m-1}+\cdots+a_{m-1}\lambda+a_m$$

即 $g(\boldsymbol{A})=\boldsymbol{A}^m+a_1\boldsymbol{A}^{m-1}+\cdots+a_{m-1}\boldsymbol{A}+a_m\boldsymbol{E}=\boldsymbol{O}$，即寻找 $\boldsymbol{A}^m$，$\boldsymbol{A}^{m-1}$，…，$\boldsymbol{A}$，$\boldsymbol{E}$ 之间的线性关系，再由次数最低的要求找出方阵 $\boldsymbol{A}$ 的最小多项式.

下面给出最小多项式的一些性质.

命题 7.12 (1) 方阵 $\boldsymbol{A}$ 的最小多项式是唯一确定的.

(2) 设 $m_A(\lambda)$ 为 $\boldsymbol{A}$ 的最小多项式，则 $f(\lambda)$ 是 $\boldsymbol{A}$ 的零化多项式的充分必要条件为 $m_A(\lambda)\,|\,f(\lambda)$. 特别地，$m_A(\lambda)\,|\,\Delta_A(\lambda)$.

(3) 相似矩阵必有相同的最小多项式.

证明 (1) 假设 $m_1(\lambda)$，$m_2(\lambda)$ 都是方阵 $\boldsymbol{A}$ 的最小多项式，则它们有相同的次数(设为 r)，且首项系数都是 1，于是多项式

$$g(\lambda)=m_1(\lambda)-m_2(\lambda)\neq 0$$

且 $g(\lambda)$ 是次数 $<r$ 的多项式，而且

$$g(\boldsymbol{A})=m_1(\boldsymbol{A})-m_2(\boldsymbol{A})=\boldsymbol{O}$$

这与使 $\boldsymbol{A}$ 零化的首 1 多项式的次数最低为 r 的假设矛盾，从而 $m_1(\lambda)=m_2(\lambda)$.

(2)（必要性）设 $f(\lambda)$是 $\boldsymbol{A}$ 的任意零化多项式，即 $f(\boldsymbol{A})=\boldsymbol{O}$. 显然 $f(\lambda)$的次数大于等于 $m_{\boldsymbol{A}}(\lambda)$的次数. 由带余除法知

$$f(\lambda) = q(\lambda)m_A(\lambda) + r(\lambda)$$

其中 $r(\lambda)=0$ 或 $r(\lambda)$的次数小于 $m_{\boldsymbol{A}}(\lambda)$的次数. 于是

$$f(\boldsymbol{A}) = q(\boldsymbol{A})m_{\boldsymbol{A}}(\boldsymbol{A}) + r(\boldsymbol{A})$$

又由 $f(\boldsymbol{A})=\boldsymbol{O}$ 和 $m_{\boldsymbol{A}}(\boldsymbol{A})=\boldsymbol{O}$，得 $r(\boldsymbol{A})=\boldsymbol{O}$，即 $r(\lambda)$是 $\boldsymbol{A}$ 的零化多项式. 假设 $r(\lambda)\neq 0$，它的次数小于 $m_{\boldsymbol{A}}(\lambda)$的次数，这与 $m_{\boldsymbol{A}}(\lambda)$为 $\boldsymbol{A}$ 的最小多项式产生矛盾，从而假设错误，即 $r(\lambda)=0$，于是 $f(\lambda)=q(\lambda)m_A(\lambda)$，即 $m_A(\lambda)\mid f(\lambda)$.

（充分性）如果 $m_A(\lambda)\mid f(\lambda)$，不妨设 $f(\lambda)=q(\lambda)m_{\boldsymbol{A}}(\lambda)$，则 $f(\boldsymbol{A})=q(\boldsymbol{A})m_{\boldsymbol{A}}(\boldsymbol{A})=\boldsymbol{O}$，即 $f(\lambda)$是 $\boldsymbol{A}$ 的零化多项式. 显然 $\Delta_{\boldsymbol{A}}(\boldsymbol{A})=\boldsymbol{O}$，即 $\Delta_{\boldsymbol{A}}(\lambda)$是 $\boldsymbol{A}$ 的零化多项式，从而 $m_A(\lambda)\mid\Delta_{\boldsymbol{A}}(\lambda)$.

(3) 设矩阵 $\boldsymbol{A}$ 和 $\boldsymbol{B}$ 相似，即存在可逆矩阵 $\boldsymbol{P}$ 使得 $\boldsymbol{B}=\boldsymbol{P}^{-1}\boldsymbol{AP}$，而 $\boldsymbol{A}$ 和 $\boldsymbol{B}$ 的最小多项式分别为 $m_{\boldsymbol{A}}(\lambda)$，$m_{\boldsymbol{B}}(\lambda)$. 不妨设

$$m_A(\lambda) = \lambda^s + d_1\lambda^{s-1} + \cdots + d_{s-1}\lambda + d_s$$

即

$$m_{\boldsymbol{A}}(\boldsymbol{A}) = \boldsymbol{A}^s + d_1\boldsymbol{A}^{s-1} + \cdots + d_{s-1}\boldsymbol{A} + d_s\boldsymbol{E} = \boldsymbol{O}$$

于是 $m_{\boldsymbol{A}}(\boldsymbol{B})=\boldsymbol{P}^{-1}m_{\boldsymbol{A}}(\boldsymbol{A})\boldsymbol{P}=\boldsymbol{O}$，即 $m_{\boldsymbol{A}}(\lambda)$也是矩阵 $\boldsymbol{B}$ 的零化多项式. 由(2)可得 $m_B(\lambda)\mid m_A(\lambda)$. 同理可证 $m_A(\lambda)\mid m_B(\lambda)$.

从而存在 $c\neq 0$ 使得 $m_A(\lambda)=cm_B(\lambda)$. 又由于 $m_A(\lambda)$，$m_B(\lambda)$是首项系数为 1 多项式，从而 $c=1$，即 $m_A(\lambda)=m_B(\lambda)$.

这一命题(2)告诉我们矩阵 $\boldsymbol{A}$ 的最小多项式是零化多项式的因式，也是特征多项式的因式. 此命题(3)需要注意的是最小多项式相同的矩阵不一定是相似的. 例如，设

$$\boldsymbol{A} = \begin{bmatrix} 1 & 1 & 0 & 0 \\ 0 & 1 & 0 & 0 \\ 0 & 0 & 1 & 0 \\ 0 & 0 & 0 & 2 \end{bmatrix}, \boldsymbol{B} = \begin{bmatrix} 1 & 1 & 0 & 0 \\ 0 & 1 & 0 & 0 \\ 0 & 0 & 2 & 0 \\ 0 & 0 & 0 & 2 \end{bmatrix}$$

矩阵 $\boldsymbol{A}$ 与 $\boldsymbol{B}$ 的最小多项式都等于$(x-1)^2(x-2)$，但是它们的特征多项式不同，因此矩阵 $\boldsymbol{A}$ 与 $\boldsymbol{B}$ 不相似.

例 7.21　数量矩阵 $k\boldsymbol{E}$ 的最小多项式是一次多项式 $x-k$；特别地，单位矩阵的最小多项式是 $x-1$；零矩阵的最小多项式是 x. 反之，若矩阵 $\boldsymbol{A}$ 的最小多项式是一次多项式，则 $\boldsymbol{A}$ 一定是数量矩阵.

例 7.22　求矩阵 $\boldsymbol{A}=\begin{bmatrix} 1 & 1 & \cdots & 1 \\ 1 & 1 & \cdots & 1 \\ \vdots & \vdots & & \vdots \\ 1 & 1 & \cdots & 1 \end{bmatrix}$的最小多项式.

解　因为矩阵 $\boldsymbol{A}$ 的特征多项式为 $|x\boldsymbol{E}-\boldsymbol{A}|=(x-n)x^{n-1}$，所以 $\boldsymbol{A}$ 的最小多项式为 $(x-n)x^{n-1}$的因式. 又因为 $\boldsymbol{A}\neq\boldsymbol{O}$，$\boldsymbol{A}-n\boldsymbol{E}\neq\boldsymbol{O}$，$\boldsymbol{A}^2\neq\boldsymbol{O}$，而 $\boldsymbol{A}(\boldsymbol{A}-n\boldsymbol{E})=\boldsymbol{O}$，所以 $\boldsymbol{A}$ 的最小多项式为 $x(x-n)$.

上面的命题说明最小多项式是特征多项式的因式，因此有如下结论.

命题 7.13 设矩阵 $\mathbf{A}$ 的特征多项式为

$$\Delta_{\mathbf{A}}(\lambda)=(\lambda-\lambda_1)^{c_1}(\lambda-\lambda_2)^{c_2}\cdots(\lambda-\lambda_s)^{c_s}$$

则矩阵 $\mathbf{A}$ 的最小多项式形如

$$m_{\mathbf{A}}(\lambda)=(\lambda-\lambda_1)^{e_1}(\lambda-\lambda_2)^{e_2}\cdots(\lambda-\lambda_s)^{e_s}$$

其中 $1\leqslant e_i\leqslant c_i(i=1,2,\cdots,s)$.

证明 由命题 7.12(2)得 $m_{\mathbf{B}}(\lambda)\mid m_A(\lambda)$，因此 $e_i\leqslant c_i(i=1,2,\cdots,s)$. 因此只要证明

$$e_i\geqslant 1\quad(i=1,2,\cdots,s)$$

假设有某个 $e_j=0$，不妨设 $e_1=0$，则

$$m_{\mathbf{A}}(\lambda)=(\lambda-\lambda_2)^{e_2}(\lambda-\lambda_3)^{e_3}\cdots(\lambda-\lambda_s)^{e_s}$$

设 $\boldsymbol{\alpha}_1$ 是属于特征值 λ_1 的特征向量，则

$$\begin{aligned}\mathbf{0}=\boldsymbol{O}\boldsymbol{\alpha}_1&=m_{\mathbf{A}}(\mathbf{A})\boldsymbol{\alpha}_1=(\mathbf{A}-\lambda_2\boldsymbol{E})^{e_2}(\mathbf{A}-\lambda_3\boldsymbol{E})^{e_3}\cdots(\mathbf{A}-\lambda_s\boldsymbol{E})^{e_s}\boldsymbol{\alpha}_1\\&=(\lambda_1-\lambda_2)^{e_2}(\lambda_1-\lambda_3)^{e_3}\cdots(\lambda_1-\lambda_s)^{e_s}\boldsymbol{\alpha}_1=m_{\mathbf{A}}(\lambda_1)\boldsymbol{\alpha}_1\end{aligned}$$

当 $i\geqslant 2$ 时，$\lambda_i\neq\lambda_1$，这使 $\boldsymbol{\alpha}_1=\mathbf{0}$，与特征向量非零产生矛盾，因此 $1\leqslant e_i\leqslant c_i(i=1,2,\cdots,s)$.

此命题说明每一个特征值都是最小多项式的根. 下面给出一个很有用的结论，此结论将用来证明本节的最后一个结果.

命题 7.14 设 V 是数域$\mathbb{F}$上的 n 维线性空间，$\mathcal{A}$是线性空间 V 上的一个线性变换，若$\mathcal{A}$有 s 个不同的特征值$\lambda_1,\lambda_2,\cdots,\lambda_s$，则

(1) $V_{\lambda_1}+V_{\lambda_2}+\cdots+V_{\lambda_s}$ 是直和；

(2) $\mathcal{A}$可对角化$\Leftrightarrow d_1+d_2+\cdots+d_s=n$

$\Leftrightarrow V=V_{\lambda_1}+V_{\lambda_2}+\cdots+V_{\lambda_s}$.

证明 (1) 设 $\boldsymbol{\alpha}_i\in V_{\lambda_i}$，$\boldsymbol{\alpha}_1+\boldsymbol{\alpha}_2+\cdots+\boldsymbol{\alpha}_s\in V_{\lambda_1}+V_{\lambda_2}+\cdots+V_{\lambda_s}$，当 $\boldsymbol{\alpha}_1+\boldsymbol{\alpha}_2+\cdots+\boldsymbol{\alpha}_s=\mathbf{0}$ 时，由命题 7.11 得 $\boldsymbol{\alpha}_1=\boldsymbol{\alpha}_2=\cdots=\boldsymbol{\alpha}_s=\mathbf{0}$，即零向量的分解式唯一，故和 $V_{\lambda_1}+V_{\lambda_2}+\cdots+V_{\lambda_s}$ 是直和.

(2)（第一个充要条件的必要性）由于线性变换 $\mathcal{A}$可对角化，因此 $c_i=d_i(i=1,2,\cdots,s)$. 从而 $d_1+d_2+\cdots+d_s=c_1+c_2+\cdots+c_s=n$.

（第一个充要条件的充分性）由于 $\dim V_{\lambda_k}=d_k$，分别在每个特征子空间 V_{λ_k} 中取基 $\boldsymbol{\alpha}_{k1}$，$\boldsymbol{\alpha}_{k2}$，$\cdots$，$\boldsymbol{\alpha}_{kd_k}$，由命题 7.11 得 $\boldsymbol{\alpha}_{11}$，$\boldsymbol{\alpha}_{12}$，$\cdots$，$\boldsymbol{\alpha}_{1d_1}$，$\boldsymbol{\alpha}_{21}$，$\boldsymbol{\alpha}_{22}$，$\cdots$，$\boldsymbol{\alpha}_{2d_2}$，$\cdots\boldsymbol{\alpha}_{s1}$，$\boldsymbol{\alpha}_{s2}$，$\cdots$，$\boldsymbol{\alpha}_{sd_s}$ 线性无关，并且它恰好包含 $d_1+d_2+\cdots+d_s=n$ 个向量，因此这样得到线性变换 $\mathcal{A}$有 n 个线性无关的特征向量. 故 $\mathcal{A}$可对角化.

（第二个充要条件的必要性）由于 $V_{\lambda_1}+V_{\lambda_2}+\cdots+V_{\lambda_s}$ 是 V 的子空间，且和 $V_{\lambda_1}+V_{\lambda_2}+\cdots+V_{\lambda_s}$ 是直和，因此

$$\begin{aligned}\dim V=n=d_1+d_2+\cdots+d_s&=\dim V_{\lambda_1}+\dim V_{\lambda_2}+\cdots+\dim V_{\lambda_s}\\&=\dim(V_{\lambda_1}+V_{\lambda_2}+\cdots+V_{\lambda_s})\end{aligned}$$

故 $V=V_{\lambda_1}+V_{\lambda_2}+\cdots+V_{\lambda_s}$.

（第二个充要条件的充分性）因为

$$\begin{aligned}d_1+d_2+\cdots+d_s&=\dim V_{\lambda_1}+\dim V_{\lambda_2}+\cdots+\dim V_{\lambda_s}\\&=\dim(V_{\lambda_1}+V_{\lambda_2}+\cdots+V_{\lambda_s})\\&=\dim V=n\end{aligned}$$

所以 $\mathcal{A}$可对角化.

定理 7.12　设 $A\in \mathbb{C}^{n\times n}$ 可对角化的充分必要条件是 A 的最小多项式 $m_A(\lambda)$ 无重根，即

$$m_A(\lambda)=(\lambda-\lambda_1)(\lambda-\lambda_2)\cdots(\lambda-\lambda_s)$$

其中 $\lambda_1, \lambda_2, \cdots, \lambda_s$ 是矩阵 A 的全部两两不同的特征值.

证明　(必要性) 由于矩阵 A 可对角化，即 A 相似于对角阵

$$\boldsymbol{D}=\operatorname{diag}(\underbrace{\lambda_1, \lambda_1, \cdots, \lambda_1}_{c_1}, \underbrace{\lambda_2, \lambda_2, \cdots, \lambda_2}_{c_2}, \cdots, \underbrace{\lambda_s, \lambda_s, \cdots, \lambda_s}_{c_s})$$

从而 $\Delta_{\boldsymbol{A}}(\lambda)=\Delta_{\boldsymbol{D}}(\lambda)=(\lambda-\lambda_1)^{c_1}(\lambda-\lambda_2)^{c_2}\cdots(\lambda-\lambda_s)^{c_s}$.

由于 $\boldsymbol{A}$ 与 $\boldsymbol{D}$ 相似，因此由命题 7.11(3)知，$m_{\boldsymbol{A}}(\lambda)=m_{\boldsymbol{D}}(\lambda)$. 又由命题 7.14 知，$\boldsymbol{D}$ 的最小多项式 $m_{\boldsymbol{D}}(\lambda)$ 形如 $m_{\boldsymbol{D}}(\lambda)=(\lambda-\lambda_1)^{e_1}(\lambda-\lambda_2)^{e_2}\cdots(\lambda-\lambda_s)^{e_s}$，其中 $1\leqslant e_i\leqslant c_i(i=1, 2, \cdots, s)$，则次数最低的是$(\lambda-\lambda_1)(\lambda-\lambda_2)\cdots(\lambda-\lambda_s)$.

下面欲证 $m_{\boldsymbol{A}}(\lambda)=(\lambda-\lambda_1)(\lambda-\lambda_2)\cdots(\lambda-\lambda_s)$，只要验证

$$(\boldsymbol{D}-\lambda_1\boldsymbol{E})(\boldsymbol{D}-\lambda_2\boldsymbol{E})\cdots(\boldsymbol{D}-\lambda_s\boldsymbol{E})=\boldsymbol{O}$$

即 $m_{\boldsymbol{D}}(\lambda)=(\lambda-\lambda_1)(\lambda-\lambda_2)\cdots(\lambda-\lambda_s)$.

又因为

$$(\boldsymbol{D}-\lambda_i\boldsymbol{E})=\operatorname{diag}(\underbrace{\lambda_1-\lambda_i, \cdots, \lambda_1-\lambda_i}_{c_1}, \cdots, \underbrace{0, 0, \cdots, 0}_{c_i}, \cdots, \underbrace{\lambda_s-\lambda_i, \cdots, \lambda_s-\lambda_i}_{c_s})(i=1, 2, \cdots, s)$$

从而

$$\begin{aligned}&(\boldsymbol{D}-\lambda_1\boldsymbol{E})(\boldsymbol{D}-\lambda_2\boldsymbol{E})\cdots(\boldsymbol{D}-\lambda_s\boldsymbol{E})\\=&\begin{bmatrix}\boldsymbol{O}_{c_1} & & & \\ & (\lambda_2-\lambda_1)\boldsymbol{E}_{c_2} & & \\ & & \ddots & \\ & & & (\lambda_s-\lambda_1)\boldsymbol{E}_{c_s}\end{bmatrix}\cdots\begin{bmatrix}(\lambda_1-\lambda_s)\boldsymbol{E}_{c_1} & & & \\ & (\lambda_2-\lambda_s)\boldsymbol{E}_{c_2} & & \\ & & \ddots & \\ & & & \boldsymbol{O}_{c_s}\end{bmatrix}\\=&\boldsymbol{O}_n\end{aligned}$$

于是 $m_{\boldsymbol{D}}(\lambda)=(\lambda-\lambda_1)(\lambda-\lambda_2)\cdots(\lambda-\lambda_s)$，所以 $m_{\boldsymbol{A}}(\lambda)=(\lambda-\lambda_1)(\lambda-\lambda_2)\cdots(\lambda-\lambda_s)$.

(充分性) 设 $m_{\boldsymbol{A}}(\lambda)=(\lambda-\lambda_1)(\lambda-\lambda_2)\cdots(\lambda-\lambda_s)$，其中 $\lambda_1, \lambda_2, \cdots, \lambda_s$ 是 $\boldsymbol{A}$ 的全部两两不同的特征值. 于是 $m_{\boldsymbol{A}}(\boldsymbol{A})=(\boldsymbol{A}-\lambda_1\boldsymbol{E})(\boldsymbol{A}-\lambda_2\boldsymbol{E})\cdots(\boldsymbol{A}-\lambda_s\boldsymbol{E})$.

令 $\boldsymbol{D}_j=\boldsymbol{A}-\lambda_j\boldsymbol{E}$，而

$$V_j=\{\boldsymbol{\alpha}\in\mathbb{F}^n \mid D_j\boldsymbol{\alpha}=\boldsymbol{0}\}=\{\boldsymbol{\alpha}\in\mathbb{F}^n \mid (\boldsymbol{A}-\lambda_j\boldsymbol{E})\boldsymbol{\alpha}=\boldsymbol{0}\}=\{\boldsymbol{\alpha}\in\mathbb{F}^n \mid \boldsymbol{A\alpha}=\lambda_j\boldsymbol{\alpha}\}$$

是特征值 λ_j 的特征子空间.

令 $d_j=\dim V_j(j=1, 2, \cdots, s)$，由命题 7.14 的证明，只要证明 $d_1+d_2+\cdots+d_s=n$ 即可.

令 $\mathrm{R}(\boldsymbol{D}_j)=\mathrm{R}(\boldsymbol{A}-\lambda_j\boldsymbol{E})=r_j$，则 $d_j=n-\mathrm{R}(\boldsymbol{A}-\lambda_j\boldsymbol{E})=n-r_j(j=1,2,\cdots,s)$. 另一方面，对 n 阶方阵 $\boldsymbol{B}$，$\boldsymbol{C}$，有

$$\mathrm{R}(\boldsymbol{BC})\geqslant \mathrm{R}(\boldsymbol{B})+\mathrm{R}(\boldsymbol{C})-n \tag{7-11}$$

又由于 $\boldsymbol{D}_1\boldsymbol{D}_2\cdots\boldsymbol{D}_s=\boldsymbol{O}$，反复运用式(7-11)，得

$$\begin{aligned}\boldsymbol{O}&=\mathrm{R}(\boldsymbol{D}_1\boldsymbol{D}_2\cdots\boldsymbol{D}_s)\\&\geqslant \mathrm{R}(\boldsymbol{D}_1)+\mathrm{R}(\boldsymbol{D}_2\boldsymbol{D}_3\cdots\boldsymbol{D}_s)-n\\&\ \ \vdots\\&\geqslant \mathrm{R}(\boldsymbol{D}_1)+\mathrm{R}(\boldsymbol{D}_2)+\cdots+\mathrm{R}(\boldsymbol{D}_s)-(s-1)n\end{aligned}$$

即有 $r_1+r_2+\cdots+r_s-sn+n\leqslant 0$，于是

$$\begin{aligned} n &\leqslant sn-(r_1+r_2+\cdots+r_s) \\ &=(n-r_1)+(n-r_2)+\cdots+(n-r_s) \\ &=d_1+d_2+\cdots+d_s \end{aligned}$$

又由于特征子空间的和是直和，于是

$$\begin{aligned} d_1+d_2+\cdots+d_s &= \dim V_1+\dim V_2+\cdots+\dim V_s \\ &= \dim(V_1+V_2+\cdots+V_s) \\ &\leqslant \dim \mathbb{P}^n \end{aligned}$$

因此 $d_1+d_2+\cdots+d_s=n$. 故 $\boldsymbol{A}$ 可对角化.

此定理告诉我们只要计算出最小多项式，就可以判断线性变换 $\mathcal{A}$ 或方阵 $\boldsymbol{A}$ 是否能对角化.

例 7.23 设矩阵 $\boldsymbol{A}=\begin{bmatrix}0&0&1\\0&1&0\\1&0&0\end{bmatrix}$，判别矩阵 $\boldsymbol{A}$ 是否可对角化.

解 (1) 求矩阵 $\boldsymbol{A}$ 的特征多项式

$$|\lambda\boldsymbol{E}-\boldsymbol{A}|=\begin{vmatrix}\lambda&0&-1\\0&\lambda-1&0\\-1&0&\lambda\end{vmatrix}=(\lambda-1)^2(\lambda+1)$$

(2) 验算 $\boldsymbol{M}=(\boldsymbol{A}-\boldsymbol{E})(\boldsymbol{A}+\boldsymbol{E})$ 是否为零：

$$(\boldsymbol{A}-\boldsymbol{E})(\boldsymbol{A}+\boldsymbol{E})=\begin{bmatrix}-1&0&1\\0&0&0\\1&0&-1\end{bmatrix}\begin{bmatrix}1&0&1\\0&2&0\\1&0&1\end{bmatrix}=\boldsymbol{O}$$

可得 $m_A(\lambda)=(\lambda-1)(\lambda+1)$ 无重根，因此矩阵 $\boldsymbol{A}$ 可对角化.

例 7.24 设矩阵 $\boldsymbol{A}=\begin{bmatrix}3&1&-1\\0&2&0\\1&1&1\end{bmatrix}$，判别矩阵 $\boldsymbol{A}$ 是否可对角化?

解 (1) 矩阵 $\boldsymbol{A}$ 的特征多项式

$$|\lambda\boldsymbol{E}-\boldsymbol{A}|=\begin{vmatrix}\lambda-3&1&-1\\0&\lambda-2&0\\-1&-1&\lambda-1\end{vmatrix}=(\lambda-2)^3$$

(2) 由于

$$(\boldsymbol{A}-2\boldsymbol{E})^2=\begin{bmatrix}1&1&-1\\0&0&0\\1&1&-1\end{bmatrix}\begin{bmatrix}1&1&-1\\0&0&0\\1&1&-1\end{bmatrix}=\boldsymbol{O},\ (\boldsymbol{A}-2\boldsymbol{E})\neq\boldsymbol{O}$$

可得 $m_{\boldsymbol{A}}(\lambda)=(\lambda-2)^2$ 有重根，因此矩阵 $\boldsymbol{A}$ 不可对角化.

7.5 不变子空间与根空间分解

7.4 节已经讨论了线性变换可对角化的条件. 这一节要讨论的是，对于不可对角化的

线性变换，它在某组基下最简单形式的矩阵是怎样的？即对于给定的 n 维线性空间 V，$\mathcal{A}\in L(V, V)$，如何才能选到 V 的一个基，使 $\mathcal{A}$ 关于这个基的矩阵具有尽可能简单的形式. 为此引入不变子空间的概念，用它来说明线性变换的矩阵的化简与线性变换的内在联系，进一步理解上述问题，并且利用不变子空间证明一个重要定理——哈密顿-凯莱定理.

定义 7.14　设 V 是数域$\mathbb{F}$上的 n 维线性空间，$\mathcal{A}$ 是线性空间 V 上的线性变换，W 是线性空间 V 的一个子空间. 若 $\forall \boldsymbol{\xi}\in W$，有 $\mathcal{A}\boldsymbol{\xi}\in W$，则称 W 是 $\mathcal{A}$ 的不变子空间，简称$\mathcal{A}$-子空间.

注　V 的平凡子空间(V 及零子空间)对 V 的任一线性变换 $\mathcal{A}$ 都是 $\mathcal{A}$-子空间.

例 7.25　线性变换 $\mathcal{A}$ 的值域

$$\mathcal{A}(V)=\{\mathcal{A}(\boldsymbol{\alpha})\mid \boldsymbol{\alpha}\in V\}$$

及核空间

$$\ker\mathcal{A}=\{\boldsymbol{\alpha}\in V\mid \mathcal{A}(\boldsymbol{\alpha})=\mathbf{0}\}$$

也都是 $\mathcal{A}$-子空间. 这是因为对任意的 $\boldsymbol{\beta}\in \mathcal{A}(V)\subseteq V$，显然有 $\mathcal{A}\boldsymbol{\beta}\in \mathcal{A}(V)$；又对任意的 $\boldsymbol{\beta}\in \ker\mathcal{A}$，有 $\mathcal{A}(\boldsymbol{\beta})=\mathbf{0}\in \ker\mathcal{A}$.

例 7.26　设 V 上线性变换 $\mathcal{A}$，$\mathcal{B}$ 可交换，则 $\mathcal{B}$ 的值域 $\mathcal{B}(V)$和核空间 $\ker\mathcal{B}$ 都是 $\mathcal{A}$-子空间.

证明　任取一向量 $\boldsymbol{\alpha}\in \mathcal{B}^{-1}(\mathbf{0})$，由于

$$\mathcal{B}(\mathcal{A}(\boldsymbol{\alpha}))=(\mathcal{B}\mathcal{A})(\boldsymbol{\alpha})=(\mathcal{A}\mathcal{B})(\boldsymbol{\alpha})=\mathcal{A}(\mathcal{B}(\boldsymbol{\alpha}))=\mathcal{A}(\mathbf{0})=\mathbf{0}$$

即 $\mathcal{A}\boldsymbol{\alpha}\in \mathcal{B}^{-1}(\mathbf{0})$，因此 $\ker\mathcal{B}$ 是 $\mathcal{A}$-子空间.

任取一向量 $\mathcal{B}(\boldsymbol{\alpha})\in \mathcal{B}(V)$，由于 $\mathcal{A}(\mathcal{B}(\boldsymbol{\alpha}))=(\mathcal{A}\mathcal{B})(\boldsymbol{\alpha})=(\mathcal{B}\mathcal{A})(\boldsymbol{\alpha})=\mathcal{B}(\mathcal{A}(\boldsymbol{\alpha}))\in \mathcal{B}(V)$，因此 $\mathcal{B}(V)$是 $\mathcal{A}$-子空间.

由例 7.26 可得如下结果.

命题 7.15　线性变换 $\mathcal{A}$ 的任一特征子空间 V_{λ_0} 是 $\mathcal{A}$-子空间.

证明　因为对任一多项式 $f(\lambda)\in \mathbb{P}[\lambda]$，线性变换 $\mathcal{A}$ 与线性变换多项式 $f(\mathcal{A})$可以交换，所以由例 7.26 知，$f(\mathcal{A})$的值域与核都是 $\mathcal{A}$-子空间.

若 λ 是 $\mathcal{A}$ 的任意特征值，取 $f(x)=\lambda-x$，则 $f(\mathcal{A})=\lambda\mathcal{E}-\mathcal{A}$ 的核为

$$\{\boldsymbol{\alpha}\in V\mid f(\mathcal{A})(\boldsymbol{\alpha})=\mathbf{0}\}=\{\boldsymbol{\alpha}\in V\mid \lambda\boldsymbol{\alpha}=\mathcal{A}(\boldsymbol{\alpha})\}=V_\lambda$$

从而 V_λ 是 $\mathcal{A}$-子空间，于是 $\mathcal{A}$ 的任一特征子空间是 $\mathcal{A}$-子空间.

例 7.27　直接可用定义 7.14 验证 $\mathcal{A}$-子空间的和与交还是 $\mathcal{A}$-子空间. 任何一个子空间都是数乘变换的不变子空间.

设 V 是数域$\mathbb{F}$上的 n 维线性空间，$\mathcal{A}$ 是线性空间 V 上的线性变换，W 是 $\mathcal{A}$ 的不变子空间，因此 W 中元素被 $\mathcal{A}$ 作用后仍在 W 中，这就意味着有可能不必在整个空间 V 中来考虑 $\mathcal{A}$，而可以在不变子空间 W 中考虑 $\mathcal{A}$，即把 $\mathcal{A}$ 看成是 W 的一个线性变换，此时称 $\mathcal{A}$ 为在不变子空间 W 上引起的变换，用符号 $\mathcal{A}|_W$ 来表示. 例如，设 V_{λ_i} 是 $\mathcal{A}$ 的一个特征子空间，则 $(\mathcal{A}|_{V_{\lambda_i}})\boldsymbol{\alpha}=\lambda_i\boldsymbol{\alpha}$，即任一线性变换在特征子空间 V_{λ_i} 上引起的变换是数乘变换.

必须要注意 $\mathcal{A}$ 与 $\mathcal{A}|_W$ 的异同：

(1) 符号 $\mathcal{A}$ 是线性空间 V 的线性变换，即线性空间 V 中每个向量在 $\mathcal{A}$ 下都有确定

的像；

(2) 符号 $\mathcal{A}|_W$ 是不变子空间 W 上的线性变换，即对于 W 中任一向量 $\boldsymbol{\xi}$，有$(\mathcal{A}|_W)\boldsymbol{\xi}=\mathcal{A}\boldsymbol{\xi}$. 但是若 $\boldsymbol{\eta}\in V$，而 $\eta\notin W$，则符号$(\mathcal{A}|_W)\boldsymbol{\eta}$是没有意义的.

命题 7.16 如果线性空间 V 的子空间 W 是由向量组 $\boldsymbol{\alpha}_1, \boldsymbol{\alpha}_2, \cdots, \boldsymbol{\alpha}_s$ 生成的，即 $W=\mathrm{span}(\boldsymbol{\alpha}_1, \boldsymbol{\alpha}_2, \cdots, \boldsymbol{\alpha}_s)$，则 W 是 $\mathcal{A}$-子空间的充分必要条件为 $\mathcal{A}\boldsymbol{\alpha}_1, \mathcal{A}\boldsymbol{\alpha}_2, \cdots, \mathcal{A}\boldsymbol{\alpha}_s$ 全属于 W.

证明 (必要性) 由于 W 是 $\mathcal{A}$-子空间，则 $\boldsymbol{\alpha}_1, \boldsymbol{\alpha}_2, \cdots, \boldsymbol{\alpha}_s\in W$，显然 $\mathcal{A}\boldsymbol{\alpha}_1, \mathcal{A}\boldsymbol{\alpha}_2, \cdots, \mathcal{A}\boldsymbol{\alpha}_s$ 全属于 W.

(充分性) $\forall \boldsymbol{\alpha}\in W$，即 $\boldsymbol{\xi}=k_1\boldsymbol{\alpha}_1+k_2\boldsymbol{\alpha}_2+\cdots+k_s\boldsymbol{\alpha}_s$，则

$$\mathcal{A}\boldsymbol{\xi}=k_1\mathcal{A}\boldsymbol{\alpha}_1+k_2\mathcal{A}\boldsymbol{\alpha}_2+\cdots+k_s\mathcal{A}\boldsymbol{\alpha}_s$$

由于 $\mathcal{A}\boldsymbol{\alpha}_1, \mathcal{A}\boldsymbol{\alpha}_2, \cdots, \mathcal{A}\boldsymbol{\alpha}_s$ 全属于 W，W 是线性空间 V 的子空间，从而 $\mathcal{A}\boldsymbol{\xi}\in W$，故 W 是 $\mathcal{A}$-子空间.

下面讨论不变子空间与线性变换的矩阵化简之间的关系.

(1) 如果在 V 中找到 $\mathcal{A}$-子空间，则线性变换 $\mathcal{A}$ 的矩阵就会显得更加简单. 设 V 是数域$\mathbb{P}$上的 n 维线性空间，$\mathcal{A}$ 是线性空间 V 上的线性变换，W 是 $\mathcal{A}$ 的不变子空间，W 的一个基为$\boldsymbol{\beta}_1, \boldsymbol{\beta}_2, \cdots, \boldsymbol{\beta}_s$，把它扩充为 V 上的一个基$\boldsymbol{\beta}_1, \boldsymbol{\beta}_2, \cdots, \boldsymbol{\beta}_s, \boldsymbol{\beta}_{s+1}, \cdots, \boldsymbol{\beta}_n$. 由于 $\mathcal{A}(\boldsymbol{\beta}_i)\in W$ $(i=1, 2, \cdots, s)$，则 $\mathcal{A}(\boldsymbol{\beta}_i)(i=1, 2, \cdots, s)$可由$\boldsymbol{\beta}_1, \boldsymbol{\beta}_2, \cdots, \boldsymbol{\beta}_s$ 线性表示，因此 $\mathcal{A}(\boldsymbol{\beta}_j)\in V$ $(j=s+1, s+2, \cdots, n)$可由 V 的基$\boldsymbol{\beta}_1, \boldsymbol{\beta}_2, \cdots, \boldsymbol{\beta}_s, \boldsymbol{\beta}_{s+1}, \cdots, \boldsymbol{\beta}_n$ 线性表示.

设

$$\begin{cases}\mathcal{A}(\boldsymbol{\beta}_1)=a_{11}\boldsymbol{\beta}_1+\cdots+a_{s1}\boldsymbol{\beta}_s\\ \mathcal{A}(\boldsymbol{\beta}_2)=a_{12}\boldsymbol{\beta}_1+\cdots+a_{s2}\boldsymbol{\beta}_s\\ \qquad\vdots\\ \mathcal{A}(\boldsymbol{\beta}_s)=a_{1s}\boldsymbol{\beta}_1+\cdots+a_{ss}\boldsymbol{\beta}_s\\ \mathcal{A}(\boldsymbol{\beta}_{s+1})=a_{1,1+s}\boldsymbol{\beta}_1+\cdots+a_{s,s+1}\boldsymbol{\beta}_s+a_{s+1,s+1}\boldsymbol{\beta}_{s+1}+\cdots+a_{n,s+1}\boldsymbol{\beta}_n\\ \qquad\vdots\\ \mathcal{A}(\boldsymbol{\beta}_n)=a_{1n}\boldsymbol{\beta}_1+\cdots+a_{sn}\boldsymbol{\beta}_s+a_{s+1,n}\boldsymbol{\beta}_{s+1}+\cdots+a_{nn}\boldsymbol{\beta}_n\end{cases}$$

于是

$$\begin{aligned}&\mathcal{A}(\boldsymbol{\beta}_1, \boldsymbol{\beta}_2, \cdots, \boldsymbol{\beta}_s, \boldsymbol{\beta}_{s+1}, \cdots, \boldsymbol{\beta}_n)\\ &=(\boldsymbol{\beta}_1, \boldsymbol{\beta}_2, \cdots, \boldsymbol{\beta}_s, \boldsymbol{\beta}_{s+1}, \cdots, \boldsymbol{\beta}_n)\begin{bmatrix}a_{11} & a_{12} & \cdots & a_{1s} & a_{1,s+1} & \cdots & a_{1n}\\ a_{21} & a_{22} & \cdots & a_{21} & a_{2,s+1} & \cdots & a_{2n}\\ \vdots & \vdots & & \vdots & & & \\ a_{s1} & a_{s2} & \cdots & a_{ss} & a_{s,s+1} & \cdots & a_{sn}\\ 0 & 0 & \cdots & 0 & a_{s+1,s+1} & \cdots & a_{s+1,n}\\ \vdots & \vdots & & \vdots & & & \\ 0 & 0 & \cdots & 0 & a_{n,s+1} & \cdots & a_{nn}\end{bmatrix}\\ &=(\boldsymbol{\beta}_1, \boldsymbol{\beta}_2, \cdots, \boldsymbol{\beta}_s, \boldsymbol{\beta}_{s+1}, \cdots, \boldsymbol{\beta}_n)\begin{bmatrix}\boldsymbol{A}_1 & \boldsymbol{A}_2\\ 0 & \boldsymbol{A}_3\end{bmatrix}\end{aligned}$$

且 $\mathcal{A}|_W$ 在 W 的一组基 $\boldsymbol{\beta}_1, \boldsymbol{\beta}_2, \cdots, \boldsymbol{\beta}_s$ 下的方阵是 $\boldsymbol{A}_1$.

反之，若 $\mathcal{A}(\boldsymbol{\beta}_1, \boldsymbol{\beta}_2, \cdots, \boldsymbol{\beta}_n)=(\boldsymbol{\beta}_1, \boldsymbol{\beta}_2, \cdots, \boldsymbol{\beta}_n)\begin{bmatrix}\boldsymbol{A}_1 & \boldsymbol{A}_2\\ 0 & \boldsymbol{A}_3\end{bmatrix}$，其中 $\boldsymbol{A}_1$ 是 s 阶方阵，则由 $\boldsymbol{\beta}_1, \boldsymbol{\beta}_2, \cdots, \boldsymbol{\beta}_s$ 生成的子空间 W 是线性空间 V 的 $\mathcal{A}$-子空间.

这是因为

$$(\mathcal{A}\boldsymbol{\beta}_1, \mathcal{A}\boldsymbol{\beta}_2, \cdots, \mathcal{A}\boldsymbol{\beta}_s) = (\boldsymbol{\beta}_1, \boldsymbol{\beta}_2, \cdots, \boldsymbol{\beta}_s)\boldsymbol{A}_1$$

从而 $\mathcal{A}\boldsymbol{\beta}_i \in W(i=1, 2, \cdots, s)$，由命题 7.17 知，$W$ 是线性空间 V 的 $\mathcal{A}$-子空间.

进一步可得

$$\begin{aligned}\Delta_{\boldsymbol{A}}(\lambda) = |\lambda\boldsymbol{E}-\boldsymbol{A}| &= \begin{vmatrix}\lambda\boldsymbol{E}_s-\boldsymbol{A}_1 & -\boldsymbol{A}_2\\ \boldsymbol{O} & \lambda\boldsymbol{E}_{n-s}-\boldsymbol{A}_3\end{vmatrix} = |\lambda\boldsymbol{E}_s-\boldsymbol{A}_1|\,|\lambda\boldsymbol{E}_{n-s}-\boldsymbol{A}_3|\\ &= \Delta_{\boldsymbol{A}_1}(\lambda)\,|\lambda\boldsymbol{E}_{n-s}-\boldsymbol{A}_3|\end{aligned}$$

从而

$$\Delta_{\mathcal{A}}(\lambda) = \Delta_{\mathcal{A}|_W}(\lambda)\,|\lambda\boldsymbol{E}_{n-s}-\boldsymbol{A}_3|$$

即 $\Delta_{\mathcal{A}|_W}(\lambda) \mid \Delta_{\mathcal{A}}(\lambda)$. 于是 $\Delta_{\mathcal{A}|_W}(\lambda)$ 是 $\mathcal{A}$ 的特征多项式 $\Delta_{\mathcal{A}}(\lambda)$ 的因式.

(2) 设 V 是数域 $\mathbb{F}$ 上的 n 维线性空间，$\mathcal{A}$ 是 V 上的线性变换，若线性空间 V 分解成若干个 $\mathcal{A}$-子空间的直和

$$V = W_1 \oplus W_2 \oplus \cdots \oplus W_s$$

在每一个 $\mathcal{A}$-子空间 W_i 中取基

$$\boldsymbol{\varepsilon}_{i1}, \boldsymbol{\varepsilon}_{i2}, \cdots, \boldsymbol{\varepsilon}_{in_i} \quad (i=1, 2, \cdots, s)$$

并把它们合并起来成为线性空间 V 的一组基 I，则在这组基下，$\mathcal{A}$ 的矩阵具有准对角形状

$$\begin{bmatrix}\boldsymbol{A}_1 & 0 & \cdots & 0\\ 0 & \boldsymbol{A}_2 & \cdots & 0\\ \vdots & \vdots & & \vdots\\ 0 & 0 & \cdots & \boldsymbol{A}_s\end{bmatrix} \tag{7-12}$$

其中 $\boldsymbol{A}_i(i=1, 2, \cdots, s)$ 就是 $\mathcal{A}|_W$ 在基 $\boldsymbol{\varepsilon}_{i1}, \boldsymbol{\varepsilon}_{i2}, \cdots, \boldsymbol{\varepsilon}_{in_i}$ 下的 n_i 阶矩阵.

反之，如果线性变换 $\mathcal{A}$ 在基 I 下的矩阵是准对角形(7－12)，则由基 $\boldsymbol{\varepsilon}_{i1}, \boldsymbol{\varepsilon}_{i2}, \cdots, \boldsymbol{\varepsilon}_{in_i}$ 生成的子空间 W_i 是 $\mathcal{A}$-子空间，且 $V=W_1\oplus W_2\oplus\cdots\oplus W_s$.

由此可得，V 上的线性变换 $\mathcal{A}$ 在某组基下的矩阵为准对角形的充分必要条件是线性空间 V 可分解成若干个 $\mathcal{A}$-子空间的直和.

下面利用不变子空间证明哈密顿-凯莱定理.

定义 7.15　设 $\mathcal{A}$ 是 n 维线性空间 V 的线性变换，$\boldsymbol{\alpha}\in V$ 且 $\boldsymbol{\alpha}\neq\boldsymbol{0}$，若 k 是使

$$\boldsymbol{\alpha}, \mathcal{A}\boldsymbol{\alpha}, \cdots, \mathcal{A}^k\boldsymbol{\alpha} \quad (1\leqslant k\leqslant n)$$

线性相关的最小正整数，则称 $W=\mathrm{span}(\boldsymbol{\alpha}, \mathcal{A}\boldsymbol{\alpha}, \cdots, \mathcal{A}^{k-1}\boldsymbol{\alpha})\subseteq V$ 为由 $\boldsymbol{\alpha}$ 生成的循环子空间.

注：

(1) W 是 V 的 $\mathcal{A}$-子空间.

这是因为由 k 的最小性知 $\boldsymbol{\alpha}, \mathcal{A}\boldsymbol{\alpha}, \cdots, \mathcal{A}^{k-1}\boldsymbol{\alpha}$ 线性无关，所以是 W 的一个基. 又由于 $\boldsymbol{\alpha}, \mathcal{A}\boldsymbol{\alpha}, \cdots, \mathcal{A}^k\boldsymbol{\alpha}$ 线性相关，从而 $\mathcal{A}^k\boldsymbol{\alpha}$ 可由 $\boldsymbol{\alpha}, \mathcal{A}\boldsymbol{\alpha}, \cdots, \mathcal{A}^{k-1}\boldsymbol{\alpha}$ 线性表示：

$$\mathcal{A}^k\boldsymbol{\alpha} = b_0\boldsymbol{\alpha} + b_1\mathcal{A}\boldsymbol{\alpha} + \cdots + b_{k-1}\mathcal{A}^{k-1}\boldsymbol{\alpha} \in W$$

由于 $\mathcal{A}\boldsymbol{\alpha}$，$\mathcal{A}^2\boldsymbol{\alpha}$，…，$\mathcal{A}^k\boldsymbol{\alpha}\in W$，因此 W 是 V 的 $\mathcal{A}$-子空间.

(2) 因为 $\mathcal{A}|_W$ 在 W 中的一组基 $\boldsymbol{\alpha}$，$\mathcal{A}\boldsymbol{\alpha}$，…，$\mathcal{A}^{k-1}\boldsymbol{\alpha}$ 下的矩阵为

$$\boldsymbol{A}_1=\begin{bmatrix}0&0&\cdots&0&0&b_0\\1&0&\cdots&0&0&b_1\\0&1&\cdots&0&0&b_2\\\vdots&\vdots&&\vdots&\vdots&\vdots\\0&0&\cdots&1&0&b_{k-2}\\0&0&\cdots&0&1&b_{k-1}\end{bmatrix}_{k\times k}$$

所以 $\mathcal{A}|_W$ 的特征多项式为

$$\Delta_{\mathcal{A}|_W}(\lambda)=|\lambda\boldsymbol{E}-\boldsymbol{A}_1|=\begin{vmatrix}\lambda&0&\cdots&0&0&-b_0\\-1&\lambda&\cdots&0&0&-b_1\\0&-1&\cdots&0&0&-b_2\\\vdots&\vdots&&\vdots&\vdots&\vdots\\0&0&\cdots&-1&\lambda&-b_{k-2}\\0&0&\cdots&0&-1&\lambda-b_{k-1}\end{vmatrix}$$

$$=\begin{vmatrix}0&0&\cdots&0&0&\lambda^k-b_{k-1}\lambda^{k-1}-\cdots-b_0\\-1&0&\cdots&0&0&\lambda^{k-1}-b_{k-1}\lambda^{k-2}-\cdots-b_1\\0&-1&\cdots&0&0&\lambda^{k-2}-b_{k-1}\lambda^{k-3}-\cdots-b_2\\\vdots&\vdots&&\vdots&\vdots&\vdots\\0&0&\cdots&-1&0&\lambda^2-b_{k-1}\lambda-b_{k-2}\\0&0&\cdots&0&-1&\lambda-b_{k-1}\end{vmatrix}$$

$$=(-1)^{1+k}(\lambda^k-b_{k-1}\lambda^{k-1}-\cdots-b_0)(-1)^{k-1}$$

$$=\lambda^k-b_{k-1}\lambda^{k-1}-\cdots-b_0$$

命题 7.17 设 $\mathcal{A}$ 是 n 维线性空间 V 的线性变换，则 $\Delta_{\mathcal{A}}(\mathcal{A})=\mathcal{O}$.

证明 只需证 $\forall\boldsymbol{\alpha}\in V$，$\Delta_{\mathcal{A}}(\mathcal{A})(\boldsymbol{\alpha})=\boldsymbol{0}$ 即可.

当 $\boldsymbol{\alpha}=\boldsymbol{0}$ 时，显然成立.

当 $\boldsymbol{\alpha}\neq\boldsymbol{0}$ 时，考虑由 $\boldsymbol{\alpha}$ 生成的循环子空间 $W=\mathrm{span}(\boldsymbol{\alpha},\mathcal{A}\boldsymbol{\alpha},\cdots,\mathcal{A}^{k-1}\boldsymbol{\alpha})$，由于

$$\Delta_{\mathcal{A}|_W}(\mathcal{A})=\mathcal{A}^k-(b_0\mathcal{E}+b_1\mathcal{A}+b_2\mathcal{A}^2+\cdots+b_{k-1}\mathcal{A}^{k-1})$$

从而

$$[\Delta_{\mathcal{A}|_W}(\mathcal{A})](\boldsymbol{\alpha})=\mathcal{A}^k(\boldsymbol{\alpha})-(b_0\boldsymbol{\alpha}+b_1\mathcal{A}(\boldsymbol{\alpha})+b_2\mathcal{A}^2(\boldsymbol{\alpha})+\cdots+b_{k-1}\mathcal{A}^{k-1}(\boldsymbol{\alpha}))=\boldsymbol{0}$$

而 $\Delta_{\mathcal{A}|_W}(\lambda)\,|\,\Delta_{\mathcal{A}}(\lambda)$，即存在 $q(\lambda)$，使得 $\Delta_{\mathcal{A}}(\lambda)=q(\lambda)\Delta_{\mathcal{A}|_W}(\lambda)$，于是

$$\Delta_{\mathcal{A}}(\mathcal{A})=q(\mathcal{A})\Delta_{\mathcal{A}|_W}(\mathcal{A})$$

进而

$$[\Delta_{\mathcal{A}}(\mathcal{A})](\boldsymbol{\alpha})=[q(\mathcal{A})\Delta_{\mathcal{A}|_W}(\mathcal{A})](\boldsymbol{\alpha})=q(\mathcal{A})[(\Delta_{\mathcal{A}|_W}(\mathcal{A}))(\boldsymbol{\alpha})]=q(\mathcal{A})(\boldsymbol{0})=\boldsymbol{0}$$

由 $\boldsymbol{\alpha}$ 的任意性，得 $\Delta_{\mathcal{A}}(\mathcal{A})=\mathcal{O}$.

此命题的推论就是哈密顿-凯莱定理.

推论 7.2 设 $\boldsymbol{A}$ 为 n 阶方阵，$\Delta_{\boldsymbol{A}}(\lambda)=|\lambda\boldsymbol{E}-\boldsymbol{A}|$ 为 $\boldsymbol{A}$ 的特征多项式，则 $\Delta_{\boldsymbol{A}}(\boldsymbol{A})=\boldsymbol{O}$.

例 7.28　设3维线性空间 V 的线性变换 $\mathcal{A}$ 在基 $\boldsymbol{\alpha}_1$，$\boldsymbol{\alpha}_2$，$\boldsymbol{\alpha}_3$ 下的矩阵为

$$\boldsymbol{A}=\begin{bmatrix}1&2&2\\2&1&2\\2&2&1\end{bmatrix}$$

证明：$W=\mathrm{span}(-\boldsymbol{\alpha}_1+\boldsymbol{\alpha}_2,\ -\boldsymbol{\alpha}_1+\boldsymbol{\alpha}_3)$ 是 $\mathcal{A}$ 的不变子空间.

证明　令 $\boldsymbol{\beta}_1=-\boldsymbol{\alpha}_1+\boldsymbol{\alpha}_2$，$\boldsymbol{\beta}_2=-\boldsymbol{\alpha}_1+\boldsymbol{\alpha}_3$，由 $\mathcal{A}(\boldsymbol{\alpha}_1,\boldsymbol{\alpha}_2,\boldsymbol{\alpha}_3)=(\boldsymbol{\alpha}_1,\boldsymbol{\alpha}_2,\boldsymbol{\alpha}_3)\boldsymbol{A}$，以及

$$(\boldsymbol{\beta}_1,\boldsymbol{\beta}_2)=(\boldsymbol{\alpha}_1,\boldsymbol{\alpha}_2,\boldsymbol{\alpha}_3)\begin{bmatrix}-1&-1\\1&0\\0&1\end{bmatrix}$$

则

$$\mathcal{A}(\boldsymbol{\beta}_1,\boldsymbol{\beta}_2)=\mathcal{A}\left((\boldsymbol{\alpha}_1,\boldsymbol{\alpha}_2,\boldsymbol{\alpha}_3)\begin{bmatrix}-1&-1\\1&0\\0&1\end{bmatrix}\right)=((\boldsymbol{\alpha}_1,\boldsymbol{\alpha}_2,\boldsymbol{\alpha}_3)\boldsymbol{A})\begin{bmatrix}-1&-1\\1&0\\0&1\end{bmatrix}$$

$$=(\boldsymbol{\alpha}_1,\boldsymbol{\alpha}_2,\boldsymbol{\alpha}_3)\left[\begin{bmatrix}1&2&2\\2&1&2\\2&2&1\end{bmatrix}\begin{bmatrix}-1&-1\\1&0\\0&1\end{bmatrix}\right]=(\boldsymbol{\alpha}_1,\boldsymbol{\alpha}_2,\boldsymbol{\alpha}_3)\begin{bmatrix}1&1\\-1&0\\0&-1\end{bmatrix}$$

即

$$\mathcal{A}(\boldsymbol{\beta}_1)=\boldsymbol{\alpha}_1-\boldsymbol{\alpha}_2=-\boldsymbol{\beta}_1,\ \mathcal{A}(\boldsymbol{\beta}_2)=\boldsymbol{\alpha}_1-\boldsymbol{\alpha}_3=-\boldsymbol{\beta}_2$$

因此 $\mathcal{A}(\boldsymbol{\beta}_1)$、$\mathcal{A}(\boldsymbol{\beta}_2)\in W$，故 W 是 $\mathcal{A}$ 的不变子空间.

前面的分析告诉我们线性空间 V 的线性变换 $\mathcal{A}$ 在某组基下的矩阵为准对角形的充分必要条件是线性空间 V 可分解为一些 $\mathcal{A}$ 的不变子空间的直和，而这些不变子空间就是下面要介绍的根子空间，它是特征子空间概念的推广.

定理 7.13　设 $\mathcal{A}$ 为线性空间 V 的线性变换，$\Delta_{\mathcal{A}}(\lambda)$ 是 $\mathcal{A}$ 的特征多项式，它可分解成一次因式的乘积 $\Delta_{\mathcal{A}}(\lambda)=(\lambda-\lambda_1)^{c_1}(\lambda-\lambda_2)^{c_2}\cdots(\lambda-\lambda_s)^{c_s}$，则

(1) V 具有直和分解：$V=W_1\oplus W_2\oplus\cdots\oplus W_s$；

(2) W_i 都是 $\mathcal{A}$ 的不变子空间. 其中

$$W_i=\{\boldsymbol{\alpha}\in V\mid(\lambda_i\mathcal{E}-\mathcal{A})^{c_i}(\boldsymbol{\alpha})=\boldsymbol{0}\}\quad(i=1,2,\cdots,s)$$

称为特征值 λ_i 的根子空间.

证明　令

$$f_i(\lambda)=\frac{f(\lambda)}{(\lambda-\lambda_i)^{c_i}}=(\lambda-\lambda_1)^{c_1}\cdots(\lambda-\lambda_{i-1})^{c_{i-1}}(\lambda-\lambda_{i+1})^{c_i+1}\cdots(\lambda-\lambda_s)^{c_s}$$

及

$$W_i=f_i(\mathcal{A})V$$

则 W_i 是 $f_i(\mathcal{A})$ 的值域. 由例 7.26 知 W_i 是 $\mathcal{A}$ 的不变子空间. 又由于 W_i 满足

$$(\mathcal{A}-\lambda_i\mathcal{E})^{c_i}W_i=(\mathcal{A}-\lambda_i\mathcal{E})^{c_i}f_i(\mathcal{A})V=((\mathcal{A}-\lambda_i\mathcal{E})^{c_i}f_i(\mathcal{A}))V=(\Delta_{\mathcal{A}}(\mathcal{A}))V=\mathcal{O}V=\{\boldsymbol{0}\}$$

因此 $W_i\subseteq\ker(\mathcal{A}-\lambda_i\mathcal{E})^{c_i}$.

下面证明 $V=W_1\oplus W_2\oplus\cdots\oplus W_s$. 分两步：

(1) 证明 $V=W_1+W_2+\cdots+W_s$；

(2) 证明 $W_1+W_2+\cdots+W_s$ 是直和.

(1) 由于$(f_1(\lambda), f_2(\lambda), \cdots, f_s(\lambda))=1$，因此存在多项式$u_1(\lambda), u_2(\lambda), \cdots, u_s(\lambda)$使

$$u_1(\lambda)f_1(\lambda)+u_2(\lambda)f_2(\lambda)+\cdots+u_s(\lambda)f_s(\lambda)=1$$

于是

$$u_1(\mathcal{A})f_1(\mathcal{A})+u_2(\mathcal{A})f_2(\mathcal{A})+\cdots+u_s(\mathcal{A})f_s(\mathcal{A})=\mathcal{E}$$

因此对 V 中每个向量 $\boldsymbol{\alpha}$ 都有

$$\begin{aligned}\boldsymbol{\alpha}=\mathcal{E}\boldsymbol{\alpha}&=(u_1(\mathcal{A})f_1(\mathcal{A})+u_2(\mathcal{A})f_2(\mathcal{A})+\cdots+u_s(\mathcal{A})f_s(\mathcal{A}))\boldsymbol{\alpha}\\&=u_1(\mathcal{A})f_1(\mathcal{A})\boldsymbol{\alpha}+u_2(\mathcal{A})f_2(\mathcal{A})\boldsymbol{\alpha}+\cdots+u_s(\mathcal{A})f_s(\mathcal{A})\boldsymbol{\alpha}\\&=f_1(\mathcal{A})(u_1(\mathcal{A})\boldsymbol{\alpha})+f_2(\mathcal{A})(u_2(\mathcal{A})\boldsymbol{\alpha})+\cdots+f_s(\mathcal{A})(u_s(\mathcal{A})\boldsymbol{\alpha})\end{aligned}$$

其中

$$f_i(\mathcal{A})(u_i(\mathcal{A})\boldsymbol{\alpha})\in f_i(\mathcal{A})V=W_i\quad(i=1,2,\cdots,s)$$

根据 $\boldsymbol{\alpha}$ 的任意性知 $V=W_1+W_2+\cdots+W_s$.

(2) 设

$$\boldsymbol{\beta}_1+\boldsymbol{\beta}_2+\cdots+\boldsymbol{\beta}_s=\mathbf{0}$$

其中$\boldsymbol{\beta}_i$ 满足

$$(\mathcal{A}-\lambda_i\mathcal{E})^{c_i}\boldsymbol{\beta}_i=\mathbf{0}\quad(i=1,2,\cdots,s)$$

因为$(\lambda-\lambda_j)^{c_j}\mid f_i(\lambda)(j\neq i)$，所以存在 $h(\lambda)$使得 $f_i(\lambda)=h(\lambda)(\lambda-\lambda_j)^{c_j}$. 因此

$$f_i(\mathcal{A})=h(\mathcal{A})(\mathcal{A}-\lambda_j\mathcal{E})^{c_j}$$

故

$$f_i(\mathcal{A})(\boldsymbol{\beta}_j)=h(\mathcal{A})(\mathcal{A}-\lambda_j\mathcal{E})^{c_j}(\boldsymbol{\beta}_j)=h(\mathcal{A})((\mathcal{A}-\lambda_j\mathcal{E})^{c_j}\boldsymbol{\beta}_j)=h(\mathcal{A})(\mathbf{0})=\mathbf{0}\ (j\neq i)$$

用 $f_i(\mathcal{A})$作用于$\boldsymbol{\beta}_1+\boldsymbol{\beta}_2+\cdots+\boldsymbol{\beta}_s=\mathbf{0}$ 的两边，即得

$$\begin{aligned}f_i(\mathcal{A})(\boldsymbol{\beta}_1+\boldsymbol{\beta}_2+\cdots+\boldsymbol{\beta}_s)&=f_i(\mathcal{A})(\mathbf{0})=\mathbf{0}\\&=f_i(\mathcal{A})(\boldsymbol{\beta}_1)+f_i(\mathcal{A})(\boldsymbol{\beta}_2)+\cdots+f_i(\mathcal{A})(\boldsymbol{\beta}_s)=f_i(\mathcal{A})(\boldsymbol{\beta}_i)\end{aligned}$$

即 $f_i(\mathcal{A})\boldsymbol{\beta}_i=\mathbf{0}$.

又因为

$$(f_i(\lambda),(\lambda-\lambda_i)^{c_i})=1$$

所以存在多项式 $u(\lambda), v(\lambda)$使

$$u(\lambda)f_i(\lambda)+v(\lambda)(\lambda-\lambda_i)^{c_i}=1$$

于是

$$u(\mathcal{A})f_i(\mathcal{A})+v(\mathcal{A})(\mathcal{A}-\lambda_i\mathcal{E})^{c_i}=\mathcal{E}$$

则

$$\begin{aligned}\boldsymbol{\beta}_i=\mathcal{E}(\boldsymbol{\beta}_i)&=(u(\mathcal{A})f_i(\mathcal{A})+v(\mathcal{A})(\mathcal{A}-\lambda_i\mathcal{E})^{c_i})(\boldsymbol{\beta}_i)\\&=u(\mathcal{A})(f_i(\mathcal{A})(\boldsymbol{\beta}_i))+v(\mathcal{A})((\mathcal{A}-\lambda_i\mathcal{E})^{c_i}(\boldsymbol{\beta}_i))\\&=u(\mathcal{A})(\mathbf{0})+v(\mathcal{A})(\mathbf{0})=\mathbf{0}\quad(i=1,2,\cdots,s)\end{aligned}$$

即证得 $V=W_1\oplus W_2\oplus\cdots\oplus W_s$.

最后再证 $W_i\supseteq\ker(\mathcal{A}-\lambda_i\mathcal{E})^{c_i}$.

$\forall\boldsymbol{\alpha}\in\ker(\mathcal{A}-\lambda_i\mathcal{E})^{c_i}$，$\boldsymbol{\alpha}\in V$ 表示成 $\boldsymbol{\alpha}=\boldsymbol{\alpha}_1+\boldsymbol{\alpha}_2+\cdots+\boldsymbol{\alpha}_s$，其中 $\boldsymbol{\alpha}_i\in W_i(i=1,2,\cdots,s)$，即$\boldsymbol{\alpha}_1+\boldsymbol{\alpha}_2+\cdots+(\boldsymbol{\alpha}_i-\boldsymbol{\alpha})+\cdots+\boldsymbol{\alpha}_s=\mathbf{0}$.

令 $\boldsymbol{\beta}_j=\boldsymbol{\alpha}_j(j\neq i)$，$\boldsymbol{\beta}_i=\boldsymbol{\alpha}_i-\boldsymbol{\alpha}$，则 $\boldsymbol{\beta}_1, \boldsymbol{\beta}_2, \cdots, \boldsymbol{\beta}_s$ 满足 $\boldsymbol{\beta}_1+\boldsymbol{\beta}_2+\cdots+\boldsymbol{\beta}_s=\mathbf{0}$，其中 $\boldsymbol{\beta}_j=\boldsymbol{\alpha}_j\in W_j\subseteq\ker(\mathcal{A}-\lambda_i\mathcal{E})^{c_i}(j\neq i)$，$\boldsymbol{\beta}_i=\boldsymbol{\alpha}_i-\boldsymbol{\alpha}\in\ker(\mathcal{A}-\lambda_i\mathcal{E})^{c_i}$. 这里 $\boldsymbol{\alpha}_i\in W_i\subseteq\ker(\mathcal{A}-\lambda_i\mathcal{E})^{c_i}$，于是

$\boldsymbol{\beta}_1=\boldsymbol{\beta}_2=\cdots=\boldsymbol{\beta}_s=\mathbf{0}$，故 $\boldsymbol{\alpha}=\boldsymbol{\alpha}_i\in W_i$，即 $\ker(\mathcal{A}-\lambda_i\mathcal{E})^{c_i}\subseteq W_i$. 结合证明第一段可得 $W_i=\{\boldsymbol{\alpha}\in V\mid(\lambda_i\mathcal{E}-\mathcal{A})^{c_i}(\boldsymbol{\alpha})=\mathbf{0}\}(i=1,2,\cdots,s)$.

特别地，当 n 维线性空间 V 可表示成 n 个一维 $\mathcal{A}$ 不变子空间 $W_i(i=1,2,\cdots,n)$ 的直和时，分别在 W_i 中取一个非零向量 $\boldsymbol{\alpha}_i$，这样得到的 n 个向量 $\{\boldsymbol{\alpha}_1,\boldsymbol{\alpha}_2,\cdots,\boldsymbol{\alpha}_n\}$ 组成线性空间 V 的一个基，则 $\mathcal{A}$ 在这个基下的矩阵就是对角矩阵.

例 7.29　设线性变换 $\mathcal{A}$ 在 $\mathbb{C}^3$ 的标准基 $\boldsymbol{e}_1=\begin{pmatrix}1\\0\\0\end{pmatrix}$，$\boldsymbol{e}_2=\begin{pmatrix}0\\1\\0\end{pmatrix}$，$\boldsymbol{e}_3=\begin{pmatrix}0\\0\\1\end{pmatrix}$ 下的矩阵为

$$\boldsymbol{A}=\begin{bmatrix}3&1&0\\-4&-1&0\\4&-8&-2\end{bmatrix}$$

求线性变换 $\mathcal{A}$ 的根子空间分解，并选择 $\mathbb{C}^3$ 的一组适当的基使得线性变换 $\mathcal{A}$ 在这组基下为一个较简单的矩阵.

解　因为 $|\lambda\boldsymbol{E}-\boldsymbol{A}|=(\lambda-1)^2(\lambda+2)$，而

$$(\boldsymbol{A}-\boldsymbol{E})(\boldsymbol{A}+2\boldsymbol{E})=\begin{bmatrix}2&1&0\\-4&-2&0\\4&-8&-3\end{bmatrix}\begin{bmatrix}5&1&0\\-4&1&0\\4&-8&0\end{bmatrix}\neq\boldsymbol{O}$$

所以 $m_{\boldsymbol{A}}(\lambda)=\Delta_A(\lambda)=(\lambda-1)^2(\lambda+2)$ 有重根，$\boldsymbol{A}$ 不可以对角化.

由根空间分解定理得 $V=W_1\oplus W_2$，其中 W_1 是特征值 $\lambda_1=-2$ 的根子空间，且 $\dim W_1=1$；W_2 是特征值 $\lambda_2=1$ 的根子空间，且 $\dim W_2=2$. 因此 $\boldsymbol{A}$ 相似于准对角形

$$B=\begin{bmatrix}-2&0\\0&A_1\end{bmatrix}$$

其中 $\boldsymbol{A}_1$ 是 2 阶方阵.

下面从 W_1 和 W_2 中选基，写出矩阵 $\boldsymbol{B}$.

由于 $W_1=\{\boldsymbol{\alpha}\in\mathbb{C}^3\mid(-2\boldsymbol{E}-\boldsymbol{A})\boldsymbol{\alpha}=\mathbf{0}\}$，它就是 $\lambda_1=-2$ 的特征子空间. 可求得 W_1 的一个基是 $\boldsymbol{\alpha}_1=\begin{pmatrix}0\\0\\1\end{pmatrix}$，它是属于 $\lambda_1=-2$ 的特征向量，即 $\mathcal{A}\boldsymbol{\alpha}_1=-2\boldsymbol{\alpha}_1$.

而 $W_2=\{\boldsymbol{\alpha}\in\mathbb{C}^3\mid(\boldsymbol{E}-\boldsymbol{A})^2\boldsymbol{\alpha}=\mathbf{0}\}$，可求得 W_2 的一个基是 $\boldsymbol{\alpha}_2=\begin{pmatrix}-11\\7\\0\end{pmatrix}$，$\alpha_3=\begin{pmatrix}-9\\0\\28\end{pmatrix}$.

又由于 $\lambda_2=1$ 的特征子空间是 $V_2=\{\boldsymbol{\alpha}\in\mathbb{C}^3\mid(\boldsymbol{E}-\boldsymbol{A})\boldsymbol{\alpha}=\mathbf{0}\}$，且 $\dim V_2=1$，$V_2\neq W_2$.

因此 W_2 的一个基中的向量至少有一个不在 V_2 中. 事实上，

$$(\boldsymbol{E}-\boldsymbol{A})\boldsymbol{\alpha}_2=\begin{bmatrix}-2&-1&0\\4&2&0\\-4&8&3\end{bmatrix}\begin{pmatrix}-11\\7\\0\end{pmatrix}=\begin{pmatrix}-15\\-30\\100\end{pmatrix}\neq\begin{pmatrix}0\\0\\0\end{pmatrix}$$

即 $\boldsymbol{\alpha}_2\notin V_2$. 再取

$$\boldsymbol{\beta}_3=(\boldsymbol{A}-\boldsymbol{E})\boldsymbol{\alpha}_2=\begin{pmatrix}15\\30\\-100\end{pmatrix}$$

则 $\boldsymbol{\beta}_3=\boldsymbol{A\alpha}_2-\boldsymbol{\alpha}_2$，即 $\boldsymbol{A\alpha}_2=\boldsymbol{\alpha}_2+\boldsymbol{\beta}_3$，且 $(\boldsymbol{E}-\boldsymbol{A})\boldsymbol{\beta}_3=-(\boldsymbol{E}-\boldsymbol{A})^2\boldsymbol{\alpha}_2=\boldsymbol{0}$，因此 $\boldsymbol{\beta}_3\in V_2\subset W_2$，即 $\boldsymbol{A\beta}_3=\boldsymbol{\beta}_3$.

容易看出 $\boldsymbol{\alpha}_2$，$\boldsymbol{\beta}_3$ 线性无关，它们可构成 W_2 的一个基；同时 $\boldsymbol{\alpha}_1$，$\boldsymbol{\alpha}_2$，$\boldsymbol{\beta}_3$ 线性无关，它们可构成 V 的一个基. 且

$$\mathcal{A}(\boldsymbol{\alpha}_1,\boldsymbol{\alpha}_2,\boldsymbol{\beta}_3)=(\boldsymbol{\alpha}_1,\boldsymbol{\alpha}_2,\boldsymbol{\beta}_3)\begin{bmatrix}-2&0&0\\0&1&0\\0&1&1\end{bmatrix}$$

令 $\boldsymbol{P}=(\boldsymbol{\alpha}_1,\boldsymbol{\alpha}_2,\boldsymbol{\beta}_3)=\begin{bmatrix}0&-11&15\\0&7&30\\1&0&-100\end{bmatrix}$，则

$$\boldsymbol{P}^{-1}\boldsymbol{AP}=\begin{bmatrix}-2&0&0\\0&1&0\\0&1&1\end{bmatrix}=\boldsymbol{B}$$

从此例看出，虽然矩阵 $\boldsymbol{A}$ 不能对角化，但是可以利用不变子空间的理论选取一组合适的基使得 $\boldsymbol{A}$ 相似于一个仅次于对角矩阵较为简单的矩阵.

7.6 应用举例

本节主要介绍利用矩阵的特征值与特征向量以及对角化理论解决现实生活中的实际问题.

例 7.30　某试验性生产线每年 1 月份进行熟练工与非熟练工的人数统计，然后将 1/6 熟练工支援其他生产部门，其缺额由招收新的非熟练工补齐，新、老非熟练工经过培训及实践至年终考核有 2/5 成为熟练工. 假设第一年 1 月份统计的熟练工和非熟练工各占一半，求以后每年 1 月份统计的熟练工和非熟练工所占的百分比.

分析　设第 n 年 1 月份统计的熟练工和非熟练工所占的百分比分别为 x_n 和 y_n，记为向量 $\begin{pmatrix}x_n\\y_n\end{pmatrix}$. 因为第一年统计的熟练工和非熟练工各占一半，所以 $\begin{pmatrix}x_1\\y_1\end{pmatrix}=\begin{pmatrix}1/2\\1/2\end{pmatrix}$. 为了求得以后每年 1 月份统计的熟练工和非熟练工所占的百分比，先求从第二年起，每年 1 月份统计的熟练工和非熟练工所占百分比与上一年度统计的百分比之间的关系，即求 $\begin{pmatrix}x_{n+1}\\y_{n+1}\end{pmatrix}$ 与 $\begin{pmatrix}x_n\\y_n\end{pmatrix}$ 的关系式，然后再根据这个关系式求 $\begin{pmatrix}x_{n+1}\\y_{n+1}\end{pmatrix}$.

根据已知条件可得

$$x_{n+1}=\left(1-\frac{1}{6}\right)x_n+\frac{2}{5}\left(\frac{1}{6}x_n+y_n\right)=\frac{9}{10}x_n+\frac{2}{5}y_n$$

$$y_{n+1}=\left(1-\frac{2}{5}\right)\left(\frac{1}{6}x_n+y_n\right)=\frac{1}{10}x_n+\frac{3}{5}y_n$$

即

$$\begin{pmatrix} x_{n+1} \\ y_{n+1} \end{pmatrix} = \begin{bmatrix} \frac{9}{10} & \frac{2}{5} \\ \frac{1}{10} & \frac{3}{5} \end{bmatrix} \begin{pmatrix} x_n \\ y_n \end{pmatrix}$$

令 $A=\begin{bmatrix} \frac{9}{10} & \frac{2}{5} \\ \frac{1}{10} & \frac{3}{5} \end{bmatrix}$，则

$$\begin{pmatrix} x_{n+1} \\ y_{n+1} \end{pmatrix} = A\begin{pmatrix} x_n \\ y_n \end{pmatrix} = \cdots = A^n\begin{pmatrix} x_1 \\ y_1 \end{pmatrix}$$

解 计算 A^n，可以将 A 对角化从而化简运算，因为

$$|A-\lambda E| = \begin{vmatrix} \frac{9}{10}-\lambda & \frac{2}{5} \\ \frac{1}{10} & \frac{3}{5}-\lambda \end{vmatrix} = (\lambda-1)\left(\lambda-\frac{1}{2}\right)$$

所以矩阵 A 的两个特征值为 $\lambda_1=1$，$\lambda_2=\frac{1}{2}$.

解 $(A-E)X=0$ 得对应于 $\lambda_1=1$ 的一个特征向量为 $\xi_1=(4, 1)^T$；

解 $\left(A-\frac{1}{2}E\right)X=0$ 得对应于 $\lambda_2=\frac{1}{2}$ 的一个特征向量 $\xi_2=(-1, 1)^T$.

令 $P=\begin{bmatrix} 4 & -1 \\ 1 & 1 \end{bmatrix}$，则

$$P^{-1}AP = \Lambda = \begin{bmatrix} 1 & 0 \\ 0 & \frac{1}{2} \end{bmatrix},\ A = P\Lambda P^{-1},\ A^n = P\Lambda^n P^{-1}$$

$$\begin{pmatrix} x_{n+1} \\ y_{n+1} \end{pmatrix} = A^n\begin{pmatrix} x_1 \\ y_1 \end{pmatrix} = P\Lambda^n P^{-1}\begin{pmatrix} x_1 \\ y_1 \end{pmatrix}$$

$$= \begin{bmatrix} 4 & -1 \\ 1 & 1 \end{bmatrix}\begin{bmatrix} 1 & 0 \\ 0 & \frac{1}{2^n} \end{bmatrix}\begin{bmatrix} \frac{1}{5} & \frac{1}{5} \\ -\frac{1}{5} & \frac{4}{5} \end{bmatrix}\begin{pmatrix} \frac{1}{2} \\ \frac{1}{2} \end{pmatrix} = \begin{pmatrix} \frac{4-3\times 2^{-n-1}}{5} \\ \frac{1+3\times 2^{-n-1}}{5} \end{pmatrix}$$

例 7.31 意大利数学家斐波那契(Fibonacci)提出了如下的兔子繁殖的问题：设有1对兔子，出生两个月后生下1对小兔，以后每个月生下1对；新生的小兔也是这样繁殖后代.假定每生下1对小兔必是雌雄异性，且均无死亡，那么，从1对新生兔开始，此后每个月有多少对兔?

分析 令 F_n 代表第 n 个月的兔子对数，则有

$$F_0=1,\ F_1=1,\ F_2=2,\ F_3=3,\ F_4=5,\ F_5=8,\ \cdots$$

注意到此数列满足递推关系

$$F_n = F_{n-1}+F_{n-2}\quad (n=2, 3\cdots)$$

解 根据递推关系可得

$$\begin{pmatrix} F_n \\ F_{n-1} \end{pmatrix} = \begin{bmatrix} 1 & 1 \\ 1 & 0 \end{bmatrix}\begin{pmatrix} F_{n-1} \\ F_{n-2} \end{pmatrix}$$

记

$$\boldsymbol{x}_n=\begin{pmatrix}F_n\\F_{n-1}\end{pmatrix},\ \boldsymbol{A}=\begin{bmatrix}1&1\\1&0\end{bmatrix}$$

则 $\boldsymbol{x}_n=\boldsymbol{A}x_{n-1}=\boldsymbol{A}^2\boldsymbol{x}_{n-2}=\cdots=\boldsymbol{A}^{n-1}\boldsymbol{x}_1$.

由 $|\boldsymbol{A}-\lambda\boldsymbol{E}|=\lambda^2-\lambda-1=0$，得 $\boldsymbol{A}$ 的特征值为

$$\lambda_1=\frac{1+\sqrt{5}}{2},\ \lambda_2=\frac{1-\sqrt{5}}{2}$$

对应的特征向量为

$$\boldsymbol{p}_1=\left(\frac{1+\sqrt{5}}{2},\ 1\right)^{\mathrm{T}},\ \boldsymbol{p}_2=\left(\frac{1-\sqrt{5}}{2},\ 1\right)^{\mathrm{T}}$$

令

$$\boldsymbol{P}=[\boldsymbol{p}_1,\ \boldsymbol{p}_2]=\begin{bmatrix}\frac{1+\sqrt{5}}{2}&\frac{1-\sqrt{5}}{2}\\1&1\end{bmatrix}$$

则

$$\boldsymbol{P}^{-1}\boldsymbol{A}\boldsymbol{P}=\boldsymbol{\Lambda}=\begin{bmatrix}\frac{1+\sqrt{5}}{2}&0\\0&\frac{1-\sqrt{5}}{2}\end{bmatrix}$$

即 $\boldsymbol{A}=\boldsymbol{P}\boldsymbol{\Lambda}\boldsymbol{P}^{-1}$，于是 $\boldsymbol{A}^{n-1}=\boldsymbol{P}\boldsymbol{\Lambda}^{n-1}\boldsymbol{P}^{-1}$，则

$$\begin{aligned}\boldsymbol{x}_n&=\boldsymbol{A}^{n-1}\boldsymbol{x}_1=\boldsymbol{P}\boldsymbol{\Lambda}^{n-1}\boldsymbol{P}^{-1}\boldsymbol{x}_1\\&=\frac{1}{\sqrt{5}}\begin{bmatrix}\frac{1+\sqrt{5}}{2}&\frac{1-\sqrt{5}}{2}\\1&1\end{bmatrix}\begin{bmatrix}\left(\frac{1+\sqrt{5}}{2}\right)^{n-1}&0\\0&\left(\frac{1-\sqrt{5}}{2}\right)^{n-1}\end{bmatrix}\times\begin{bmatrix}1&-\frac{1-\sqrt{5}}{2}\\-1&\frac{1+\sqrt{5}}{2}\end{bmatrix}\begin{pmatrix}1\\1\end{pmatrix}\\&=\frac{1}{\sqrt{5}}\begin{bmatrix}\left(\frac{1+\sqrt{5}}{2}\right)^{n+1}-\left(\frac{1-\sqrt{5}}{2}\right)^{n+1}\\\left(\frac{1+\sqrt{5}}{2}\right)^{n}-\left(\frac{1-\sqrt{5}}{2}\right)^{n}\end{bmatrix}\end{aligned}$$

故第 n 个月兔子的数量 F_n 为

$$F_n=\frac{1}{\sqrt{5}}\left[\left(\frac{1+\sqrt{5}}{2}\right)^{n+1}-\left(\frac{1-\sqrt{5}}{2}\right)^{n+1}\right]$$

可以得到：F_n 为一类指数增长模型，当 $n\to\infty$ 时，$F_n\to\infty$. 因此，若不对兔子的数量进行有效的控制，兔子将会泛滥成灾.

习　题

1. 填空题.

(1) 在 $\mathbb{F}[t]_n$ 中，$f(t)=a^m x^m+\cdots+a_0$，定义 $\mathcal{A}f(t)=a_m t^m$，则 $\mathcal{A}$ ________(填是或否)

$\mathbb{F}[t]_n$ 上的线性空间.

(2) 已知 0 是方阵 $\boldsymbol{A}=\begin{bmatrix}1&0&1\\0&2&0\\1&0&a\end{bmatrix}$ 的特征值，则 $a=$____________，$\boldsymbol{A}$ 的其他特征值为____________.

(3) 已知矩阵 $\boldsymbol{A}=\begin{bmatrix}1&b&1\\b&a&1\\1&1&1\end{bmatrix}$ 与 $\boldsymbol{B}=\begin{bmatrix}0&0&0\\0&1&0\\0&0&4\end{bmatrix}$ 相似，则 $a=$______，$b=$______.

(4) 设矩阵 $\boldsymbol{A}=\begin{bmatrix}-1&2&2\\2&-1&-2\\2&-2&-1\end{bmatrix}$，则 $\boldsymbol{A}$ 的特征值为____________，方阵 $\boldsymbol{E}-\boldsymbol{A}^{-1}$ 的特征值为____________.

2. 判别下列变换是否为线性变换？

(1) 设 $\boldsymbol{\beta}$ 是线性空间 V 中的一个固定向量，$\mathcal{A}\boldsymbol{\alpha}=\boldsymbol{\beta}+\boldsymbol{\alpha}$，$\forall\,\boldsymbol{\alpha}\in V$；

(2) 在 $\mathbb{R}^3$ 中，$\mathcal{A}(x_1, x_2, x_3)^{\mathrm{T}}=(x_1^2, x_2+x_3, x_3^2)^{\mathrm{T}}$；

(3) 在 $\mathbb{F}[x]$ 中，$\mathcal{A}(f(x))=f(x+1)$；

(4) 把复数域 $\mathbb{C}$ 看作复数域上的线性空间，$\mathcal{A}(z)=\bar{z}$，其中 $\bar{z}$ 是 z 的共轭复数；

(5) 在 $\boldsymbol{M}_n(\mathbb{F})$ 中，设 $\boldsymbol{P}$ 与 $\boldsymbol{Q}$ 是其中两个固定的矩阵，$\mathcal{A}(\boldsymbol{X})=\boldsymbol{PXQ}$，$\forall\,\boldsymbol{X}\in\boldsymbol{M}_n(\mathbb{F})$.

3. 证明：

(1) 若 $\mathcal{A}$ 是线性空间 V 上的可逆线性变换，则 $\mathcal{A}$ 的逆变换唯一；

(2) 若 $\mathcal{A}$, $\mathcal{B}$ 是线性空间 V 上的可逆线性变换，则 $\mathcal{AB}$ 也是可逆线性变换，且 $\mathcal{AB}^{-1}=\mathcal{B}^{-1}\mathcal{A}^{-1}$.

4. 设 $\mathcal{A}$ 是线性空间 V 上的可逆线性变换，向量 $\boldsymbol{\alpha}\in V$，且 $\boldsymbol{\alpha}$, $\mathcal{A}(\boldsymbol{\alpha})$, $\mathcal{A}^2(\boldsymbol{\alpha})$, …, $\mathcal{A}^{k-1}(\boldsymbol{\alpha})$，但 $\mathcal{A}^k(\boldsymbol{\alpha})=\boldsymbol{0}$. 证明：$\boldsymbol{\alpha}$, $\mathcal{A}(\boldsymbol{\alpha})$, $\mathcal{A}^2(\boldsymbol{\alpha})$, …, $\mathcal{A}^{k-1}(\boldsymbol{\alpha})$ 线性无关.

5. 设 $\mathcal{A}$ 是线性空间 V 上的可逆线性变换，证明：

(1) $\mathcal{A}$ 是单射线性变换的充分必要条件为 $\ker\mathcal{A}=\{\boldsymbol{0}\}$；

(2) $\mathcal{A}$ 是单射的充分必要条件为 $\mathcal{A}$ 把线性无关的向量组变为线性无关的向量组.

6. 设 $\mathcal{A}$ 是线性空间 V 上的可逆线性变换，证明：$\mathcal{A}$ 是可逆的充分必要条件为 $\mathcal{A}$ 既是单射变换又是满射线性变换，即 $\mathcal{A}$ 是一一变换.

7. 设 W_1 与 W_2 是数域 $\mathbb{P}$ 上线性空间 V 的子空间，且 $V=W_1\oplus W_2$，对任意 $\boldsymbol{\alpha}\in V$ 有唯一的分解式 $\boldsymbol{\alpha}=\boldsymbol{\alpha}_1+\boldsymbol{\alpha}_2$，$\boldsymbol{\alpha}_1\in W_1$，$\boldsymbol{\alpha}_2\in W_2$. 定义 V 的线性变换 $\mathcal{A}\boldsymbol{\alpha}=\boldsymbol{\alpha}_2$，证明：$\mathcal{A}$ 是 V 的一个线性变换.

8. 在 $\mathbb{P}^3$ 中定义两个线性变换：

$$\mathcal{A}(a, b, c)=(2a-b, b+c, a),\ \mathcal{B}(a, b, c)=(-c, b, -a),\ \forall(a, b, c)\in\mathbb{P}^3$$

求 $\mathcal{A}+\mathcal{B}$, $\mathcal{AB}$, $\mathcal{A}^{-1}$.

9. 求下列线性变换在所指定的一个基下的矩阵：

(1) $\boldsymbol{M}_n(\mathbb{F})$ 的线性变换 $\mathcal{A}_1(x)=\boldsymbol{AXA}$，$\mathcal{A}_2(x)=\boldsymbol{AX}$，其中 $\boldsymbol{A}=\begin{bmatrix}a&b\\c&c\end{bmatrix}$ 为固定矩阵，求 $\mathcal{A}_1$，$\mathcal{A}_2$ 在 $\boldsymbol{E}_{11}$，$\boldsymbol{E}_{12}$，$\boldsymbol{E}_{21}$，$\boldsymbol{E}_{22}$ 这个基下的矩阵；

(2) 设 $\mathcal{A}f(x)=f(x+1)-f(x)$是线性空间$\mathbb{F}[x]_m$的线性变换，求 $\mathcal{A}$在基

$$p_1=1,\ p_2=x,\ p_i=\frac{1}{i!}x(x-1)\cdots(x-i+1)\quad (i=3,4,\cdots,m)$$

下的矩阵；

(3) 6 个函数：

$$f_1=e^{ax}\cos bx,\ f_2=e^{ax}\sin bx,\ f_3=xe^{ax}\cos bx,\ f_4=xe^{ax}\sin bx$$

$$f_5=\frac{1}{2}x^2e^{ax}\cos bx,\ f_6=\frac{1}{2}x^2e^{ax}\sin bx$$

的所有实系数线性组合构成实数域上一个 6 维线性空间. 求微分变换在基$\{f_i\}_{i=1}^6$下的矩阵；

(4) 已知$\mathbb{F}^3$中线性变换 $\mathcal{A}$在基$\boldsymbol{\eta}_1=(-1, 1, 1)$，$\boldsymbol{\eta}_2=(1, 0, -1)$，$\boldsymbol{\eta}_3=(0, 1, 1)$下的矩阵是$\begin{bmatrix}1&0&1\\1&1&0\\-1&2&1\end{bmatrix}$，求 $\mathcal{A}$在基$\boldsymbol{\varepsilon}_1=(1, 0, 0)$，$\boldsymbol{\varepsilon}_2=(0, 1, 0)$，$\boldsymbol{\varepsilon}_3=(0, 0, 1)$下的矩阵.

10. 设数域$\mathbb{F}$中 3 维线性空间 V 的线性变换 $\mathcal{A}$在基$\boldsymbol{\alpha}_1$，$\boldsymbol{\alpha}_2$，$\boldsymbol{\alpha}_3$ 下的矩阵为

$$\begin{bmatrix}a_{11}&a_{12}&a_{13}\\a_{21}&a_{22}&a_{23}\\a_{31}&a_{32}&a_{33}\end{bmatrix}$$

(1) 求 $\mathcal{A}$在基$\boldsymbol{\alpha}_3$，$\boldsymbol{\alpha}_2$，$\boldsymbol{\alpha}_1$ 下的矩阵；

(2) 求 $\mathcal{A}$在基$\boldsymbol{\alpha}_1$，$k\boldsymbol{\alpha}_2$，$\boldsymbol{\alpha}_3$ 下的矩阵；

(3) 求 $\mathcal{A}$在基$\boldsymbol{\alpha}_1+\boldsymbol{\alpha}_2$，$\boldsymbol{\alpha}_2$，$\boldsymbol{\alpha}_3$ 下的矩阵.

11. 设 $\mathcal{A}$是四维线性空间 V 的线性变换，$\mathcal{A}$在线性空间 V 的基$\boldsymbol{\alpha}_1$，$\boldsymbol{\alpha}_2$，$\boldsymbol{\alpha}_3$，$\boldsymbol{\alpha}_4$ 下的矩阵为

$$\begin{bmatrix}-1&-2&-2&-2\\2&6&5&2\\0&0&-1&-2\\0&0&2&6\end{bmatrix}$$

求 $\mathcal{A}$在基$\boldsymbol{\beta}_1=\boldsymbol{\alpha}_1$，$\boldsymbol{\beta}_2=-\boldsymbol{\alpha}_1+\boldsymbol{\alpha}_2$，$\boldsymbol{\beta}_3=-\boldsymbol{\alpha}_2+\boldsymbol{\alpha}_3$，$\boldsymbol{\beta}_4=-\boldsymbol{\alpha}_3+\boldsymbol{\alpha}_4$ 下的矩阵.

12. 如果 $\boldsymbol{A}$ 可逆，证明：$\boldsymbol{AB}$ 与 $\boldsymbol{BA}$ 相似.

13. 已知$\mathbb{F}^{2\times 2}$中的线性变换 $\mathcal{A}\boldsymbol{X}=\boldsymbol{MXN}\ (\forall \boldsymbol{X}\in\mathbb{F}^{2\times 2})$，其中 $\boldsymbol{M}=\begin{bmatrix}1&0\\1&1\end{bmatrix}$，$\boldsymbol{N}=\begin{bmatrix}1&-1\\-1&1\end{bmatrix}$. 求 $\mathcal{A}$的特征值与特征向量.

14. 证明：λ 是矩阵 $\boldsymbol{A}$ 的特征值的充分必要条件是矩阵 $\lambda\boldsymbol{E}-\boldsymbol{A}$ 为奇异阵.

15. 设$\boldsymbol{\alpha}_1$，$\boldsymbol{\alpha}_2$，$\boldsymbol{\alpha}_3$，$\boldsymbol{\alpha}_4$ 是 4 维线性空间 V 的一个基，线性变换 $\mathcal{A}$在这个基下的矩阵为

$$\begin{bmatrix}5&-2&-4&3\\3&-1&-3&2\\-3&\frac{1}{2}&\frac{9}{2}&-\frac{5}{7}\\-10&3&11&-7\end{bmatrix}$$

(1) 求 $\mathcal{A}$ 在一个基 $\boldsymbol{\beta}_1$, $\boldsymbol{\beta}_2$, $\boldsymbol{\beta}_3$, $\boldsymbol{\beta}_4$ 下的矩阵，其中

$$\begin{cases}\boldsymbol{\beta}_1 = \boldsymbol{\alpha}_1 + 2\boldsymbol{\alpha}_2 + \boldsymbol{\alpha}_3 + \boldsymbol{\alpha}_4 \\ \boldsymbol{\beta}_2 = 2\boldsymbol{\alpha}_1 + 3\boldsymbol{\alpha}_2 + \boldsymbol{\alpha}_3 \\ \boldsymbol{\beta}_3 = \boldsymbol{\alpha}_3 \\ \boldsymbol{\beta}_4 = \boldsymbol{\alpha}_4\end{cases}$$

(2) 求 $\mathcal{A}$ 的特征值与特征向量；

(3) 求一可逆阵 $\boldsymbol{P}$，使 $\boldsymbol{P}^{-1}\boldsymbol{AP}$ 为对角阵.

16. 如果 n 阶方阵 $\mathbf{A}$ 满足 $\mathbf{A}^2+\mathbf{A}=2\boldsymbol{E}$，问 $\mathbf{A}$ 可对角化吗?

17. 证明：

(1) $\boldsymbol{A}$ 是幂零阵的充分必要条件为 $\boldsymbol{A}$ 的特征值全为零；

(2) n 阶方阵 $\mathbf{A}$，如果存在正整数 k(k 可能大于 n)使 $\mathbf{A}^k=\boldsymbol{O}$，则必有 $\mathbf{A}^n=\boldsymbol{O}$.

18. 设 $\mathcal{A}$ 是 n 维线性空间 V 的可逆线性变换，V 的子空间 W 是 $\mathcal{A}$ 的不变子空间，证明：W 也是 $\mathcal{A}^{-1}$ 的不变子空间.

第8章　内 积 空 间

几何空间是抽象线性空间的具体模型，而向量的度量性质(如长度、夹角等)则是几何空间研究的基本内容. 本章将着重研究对向量可进行度量的线性空间，给出这类线性空间特有的性质. 特别要证明：在这类线性空间中，许多常用的线性变换都是可对角化的.

本章约定数域$\mathbb{F}$总是实数域或复数域，所有线性空间也都是在这两个数域上的.

8.1　内积空间的定义与基本性质

定义 8.1　设V是数域$\mathbb{F}$上的线性空间，在V上定义一个二元函数，记作$(\cdot, \cdot)$，即对任何$\boldsymbol{\alpha}, \boldsymbol{\beta}\in V$，函数值$(\boldsymbol{\alpha}, \boldsymbol{\beta})\in\mathbb{F}$，且对任意$\boldsymbol{\alpha}, \boldsymbol{\beta}, \boldsymbol{\gamma}\in V$和$k\in\mathbb{F}$满足下列条件：

(1) $(\boldsymbol{\beta}, \boldsymbol{\alpha})=\overline{(\boldsymbol{\alpha}, \boldsymbol{\beta})}$；

(2) $(\boldsymbol{\alpha}+\boldsymbol{\beta}, \boldsymbol{\gamma})=(\boldsymbol{\alpha}, \boldsymbol{\gamma})+(\boldsymbol{\beta}, \boldsymbol{\gamma})$；

(3) $(k\boldsymbol{\alpha}, \boldsymbol{\beta})=k(\boldsymbol{\alpha}, \boldsymbol{\beta})$；

(4) $(\boldsymbol{\alpha}, \boldsymbol{\alpha})\geqslant 0$，并且$\boldsymbol{\alpha}\neq\mathbf{0}$时$(\boldsymbol{\alpha}, \boldsymbol{\alpha})>0$，

则称此二元函数为V上的一个内积，定义了内积的线性空间称为内积空间.

当$\mathbb{F}=\mathbb{C}$时，V称为酉空间；当$\mathbb{F}=\mathbb{R}$时，V称为欧几里得空间，简称欧氏空间.

注：

(1) $(\boldsymbol{\alpha}, k\boldsymbol{\beta})=\overline{(k\boldsymbol{\beta}, \boldsymbol{\alpha})}=\overline{k(\boldsymbol{\beta}, \boldsymbol{\alpha})}=\bar{k}\,\overline{(\boldsymbol{\beta}, \boldsymbol{\alpha})}=\bar{k}(\boldsymbol{\alpha}, \boldsymbol{\beta})$；

(2) $(\boldsymbol{\alpha}, \boldsymbol{\beta}+\boldsymbol{\gamma})=\overline{(\boldsymbol{\beta}+\boldsymbol{\gamma}, \boldsymbol{\alpha})}=\overline{(\boldsymbol{\beta}, \boldsymbol{\alpha})+(\boldsymbol{\gamma}, \boldsymbol{\alpha})}=\overline{(\boldsymbol{\beta}, \boldsymbol{\alpha})}+\overline{(\boldsymbol{\gamma}, \boldsymbol{\alpha})}=(\boldsymbol{\alpha}, \boldsymbol{\beta})+(\boldsymbol{\alpha}, \boldsymbol{\gamma})$.

条件(4)表明对任何$\boldsymbol{\alpha}\in V$，$(\boldsymbol{\alpha}, \boldsymbol{\alpha})$均为非负实数，且$(\boldsymbol{\alpha}, \boldsymbol{\alpha})=0\Leftrightarrow\boldsymbol{\alpha}=\mathbf{0}$.

定义 8.2　设V是内积空间，非负实数$\sqrt{(\boldsymbol{\alpha}, \boldsymbol{\alpha})}$称为向量$\boldsymbol{\alpha}$的长度，记为$\|\boldsymbol{\alpha}\|$.

长度为1的向量称为单位向量. 如果$\boldsymbol{\alpha}\neq\mathbf{0}$，则向量$\dfrac{\boldsymbol{\alpha}}{\|\boldsymbol{\alpha}\|}$是与$\boldsymbol{\alpha}$同向的单位向量.

定理 8.1　设V是内积空间，则对任意$\boldsymbol{\alpha}, \boldsymbol{\beta}\in V$及数$k\in\mathbb{F}$都有

(1) $\|k\boldsymbol{\alpha}\|=|k|\cdot\|\boldsymbol{\alpha}\|$；

(2) $|(\boldsymbol{\alpha}, \boldsymbol{\beta})|\leqslant\|\boldsymbol{\alpha}\|\cdot\|\boldsymbol{\beta}\|$ (此不等式称为柯西-布涅柯夫斯基不等式)，当且仅当$\boldsymbol{\alpha}, \boldsymbol{\beta}$线性相关时等号成立；

(3) $\|\boldsymbol{\alpha}+\boldsymbol{\beta}\|\leqslant\|\boldsymbol{\alpha}\|+\|\boldsymbol{\beta}\|$ (三角不等式).

证明

(1) $\|k\boldsymbol{\alpha}\|=\sqrt{(k\boldsymbol{\alpha}, k\boldsymbol{\alpha})}=\sqrt{k(\boldsymbol{\alpha}, k\boldsymbol{\alpha})}=\sqrt{k\bar{k}(\boldsymbol{\alpha}, \boldsymbol{\alpha})}=\sqrt{|k|^2}\sqrt{(\boldsymbol{\alpha}, \boldsymbol{\alpha})}=|k|\cdot\|\boldsymbol{\alpha}\|$.

(2) 分两种情况来证明.

① 当$\boldsymbol{\alpha}, \boldsymbol{\beta}$线性相关时，不妨设$\boldsymbol{\alpha}=k\boldsymbol{\beta}$，则

$$|(\boldsymbol{\alpha}, \boldsymbol{\beta})|=|(k\boldsymbol{\beta}, \boldsymbol{\beta})|=|k(\boldsymbol{\beta}, \boldsymbol{\beta})|=|k|(\boldsymbol{\beta}, \boldsymbol{\beta})=|k|\cdot\|\boldsymbol{\beta}\|^2$$

又由 $\|\boldsymbol{\alpha}\|\cdot\|\boldsymbol{\beta}\|=\|k\boldsymbol{\beta}\|\cdot\|\boldsymbol{\beta}\|=|k|\cdot\|\boldsymbol{\beta}\|^2$，从而 $|(\boldsymbol{\alpha},\boldsymbol{\beta})|=\|\boldsymbol{\alpha}\|\cdot\|\boldsymbol{\beta}\|$.

② 当 $\boldsymbol{\alpha},\boldsymbol{\beta}$ 线性无关时，$k\in\mathbb{F}$，作 $\boldsymbol{\gamma}=\boldsymbol{\alpha}+k\boldsymbol{\beta}$，由于 $\boldsymbol{\alpha},\boldsymbol{\beta}$ 线性无关，从而 $(\forall k\in\mathbb{F})\boldsymbol{\gamma}\neq\mathbf{0}$，于是

$$\begin{aligned}0<(\boldsymbol{\gamma},\boldsymbol{\gamma})&=(\boldsymbol{\alpha}+k\boldsymbol{\beta},\alpha+k\boldsymbol{\beta})\\&=(\boldsymbol{\alpha},\boldsymbol{\alpha})+(\boldsymbol{\alpha},k\boldsymbol{\beta})+(k\boldsymbol{\beta},\boldsymbol{\alpha})+(k\boldsymbol{\beta},k\boldsymbol{\beta})\\&=(\boldsymbol{\alpha},\boldsymbol{\alpha})+\bar{k}(\boldsymbol{\alpha},\boldsymbol{\beta})+k(\boldsymbol{\beta},\boldsymbol{\alpha})+k\bar{k}(\boldsymbol{\beta},\boldsymbol{\beta})\end{aligned}$$

由于 $\boldsymbol{\alpha},\boldsymbol{\beta}$ 线性无关，从而 $\boldsymbol{\beta}\neq\mathbf{0}$，于是 $(\boldsymbol{\beta},\boldsymbol{\beta})>0$，特别地，取 $k=-\dfrac{(\boldsymbol{\alpha},\boldsymbol{\beta})}{(\boldsymbol{\beta},\boldsymbol{\beta})}$，于是

$$(\boldsymbol{\alpha},\boldsymbol{\alpha})-\overline{\frac{(\boldsymbol{\alpha},\boldsymbol{\beta})}{(\boldsymbol{\beta},\boldsymbol{\beta})}}(\boldsymbol{\alpha},\boldsymbol{\beta})-\frac{(\boldsymbol{\alpha},\boldsymbol{\beta})}{(\boldsymbol{\beta},\boldsymbol{\beta})}(\boldsymbol{\beta},\boldsymbol{\alpha})+\frac{-(\boldsymbol{\alpha},\boldsymbol{\beta})}{(\boldsymbol{\beta},\boldsymbol{\beta})}\cdot\overline{\frac{-(\boldsymbol{\alpha},\boldsymbol{\beta})}{(\boldsymbol{\beta},\boldsymbol{\beta})}}(\boldsymbol{\beta},\boldsymbol{\beta})>0$$

即

$$\|\boldsymbol{\alpha}\|^2\cdot\|\boldsymbol{\beta}\|^2=(\boldsymbol{\alpha},\boldsymbol{\alpha})\cdot(\boldsymbol{\beta},\boldsymbol{\beta})>(\boldsymbol{\alpha},\boldsymbol{\beta})\cdot(\boldsymbol{\beta},\boldsymbol{\alpha})=(\boldsymbol{\alpha},\boldsymbol{\beta})\cdot\overline{(\boldsymbol{\alpha},\boldsymbol{\beta})}=|(\boldsymbol{\alpha},\boldsymbol{\beta})|^2$$

从而

$$|(\boldsymbol{\alpha},\boldsymbol{\beta})|<\|\boldsymbol{\alpha}\|\cdot\|\boldsymbol{\beta}\|$$

结合①、②知 $|(\boldsymbol{\alpha},\boldsymbol{\beta})|\leqslant\|\boldsymbol{\alpha}\|\cdot\|\boldsymbol{\beta}\|$.

当 $|(\boldsymbol{\alpha},\boldsymbol{\beta})|=\|\boldsymbol{\alpha}\|\cdot\|\boldsymbol{\beta}\|$ 时，由②的等价命题知 $\boldsymbol{\alpha},\boldsymbol{\beta}$ 线性相关.

(3)

$$\begin{aligned}\|\boldsymbol{\alpha}+\boldsymbol{\beta}\|^2&=(\boldsymbol{\alpha}+\boldsymbol{\beta},\boldsymbol{\alpha}+\boldsymbol{\beta})=(\boldsymbol{\alpha},\boldsymbol{\alpha})+(\boldsymbol{\alpha},\boldsymbol{\beta})+(\boldsymbol{\beta},\boldsymbol{\alpha})+(\boldsymbol{\beta},\boldsymbol{\beta})\\&=\|\boldsymbol{\alpha}\|^2+(\boldsymbol{\alpha},\boldsymbol{\beta})+\overline{(\boldsymbol{\alpha},\boldsymbol{\beta})}+\|\boldsymbol{\beta}\|^2\\&=\|\boldsymbol{\alpha}\|^2+2\mathrm{Re}(\boldsymbol{\alpha},\boldsymbol{\beta})+\|\boldsymbol{\beta}\|^2\\&\leqslant\|\boldsymbol{\alpha}\|^2+2|(\boldsymbol{\alpha},\boldsymbol{\beta})|+\|\boldsymbol{\beta}\|^2\\&\leqslant\|\boldsymbol{\alpha}\|^2+2\|\boldsymbol{\alpha}\|\cdot\|\boldsymbol{\beta}\|+\|\boldsymbol{\beta}\|^2\\&=(\|\boldsymbol{\alpha}\|+\|\boldsymbol{\beta}\|)^2\end{aligned}$$

从而 $\|\boldsymbol{\alpha}+\boldsymbol{\beta}\|\leqslant\|\boldsymbol{\alpha}\|+\|\boldsymbol{\beta}\|$.

推论 8.1　设 V 是内积空间，则对任意 $\boldsymbol{\alpha},\boldsymbol{\beta}\in V$ 都有 $\|\boldsymbol{\alpha}\|-\|\boldsymbol{\beta}\|\leqslant\|\boldsymbol{\alpha}-\boldsymbol{\beta}\|$.

定义 8.3　设 V 是内积空间，$\boldsymbol{\alpha},\boldsymbol{\beta}\in V$，若 $(\boldsymbol{\alpha},\boldsymbol{\beta})=0$，则称 $\boldsymbol{\alpha},\boldsymbol{\beta}$ 正交，记为 $\boldsymbol{\alpha}\perp\boldsymbol{\beta}$.

定理 8.2　如果 $\boldsymbol{\alpha},\boldsymbol{\beta}$ 正交，则 $\|\boldsymbol{\alpha}+\boldsymbol{\beta}\|^2=\|\boldsymbol{\alpha}\|^2+\|\boldsymbol{\beta}\|^2$.

命题 8.1　设 V 是内积空间，$\boldsymbol{\xi}_1,\boldsymbol{\xi}_2,\cdots,\boldsymbol{\xi}_n$ 是 V 的一个基，向量 $\boldsymbol{\alpha},\boldsymbol{\beta}\in V$，若 $\boldsymbol{\alpha},\boldsymbol{\beta}$ 可由 V 的这个基线性表示为

$$\boldsymbol{\alpha}=x_1\boldsymbol{\xi}_1+x_2\boldsymbol{\xi}_2+\cdots+x_n\boldsymbol{\xi}_n$$
$$\boldsymbol{\beta}=y_1\boldsymbol{\xi}_1+y_2\boldsymbol{\xi}_2+\cdots+y_n\boldsymbol{\xi}_n$$

则

$$(\boldsymbol{\alpha},\boldsymbol{\beta})=\boldsymbol{X}^{\mathrm{T}}\boldsymbol{G}\overline{\boldsymbol{Y}}\tag{8-1}$$

其中 $\boldsymbol{X}=(x_1,x_2,\cdots,x_n)^{\mathrm{T}}$，$\boldsymbol{Y}=(y_1,y_2,\cdots,y_n)^{\mathrm{T}}$，$\boldsymbol{G}=(g_{ij})_{n\times n}$，此处

$$g_{ij}=(\boldsymbol{\xi}_i,\boldsymbol{\xi}_j)\quad(i,j=1,2,\cdots,n)$$

并且 $\overline{\boldsymbol{G}^{\mathrm{T}}}=\boldsymbol{G}$.

上述命题中的 $\boldsymbol{G}$ 称为基 $\boldsymbol{\xi}_1,\boldsymbol{\xi}_2,\cdots,\boldsymbol{\xi}_n$ 的度量矩阵. 上述结论表明，知道了基的度量矩阵后，任意两个向量的内积可以通过坐标由式(8-1)来计算. 因而，内积空间的一个基的度量矩阵完全确定了内积.

8.2 标准正交基与矩阵的 QR 分解

1. 标准正交基

定义 8.4 设 V 是内积空间，若非零向量组 $\boldsymbol{\alpha}_1, \boldsymbol{\alpha}_2, \cdots, \boldsymbol{\alpha}_n \in V$ 两两正交，则此向量组称为正交向量组. 单个非零向量 $\boldsymbol{\alpha}$ 组成的向量组 $\{\boldsymbol{\alpha}\}$ 也是正交向量组.

命题 8.2 正交向量组是线性无关的.

证明 设 $\boldsymbol{\alpha}_1, \boldsymbol{\alpha}_2, \cdots, \boldsymbol{\alpha}_n \in V$ 是正交向量组，存在一组数 $k_1, k_2, \cdots, k_n \in \mathbb{F}$，使得

$$k_1\boldsymbol{\alpha}_1 + k_2\boldsymbol{\alpha}_2 + \cdots + k_n\boldsymbol{\alpha}_n = \mathbf{0}$$

用 $\boldsymbol{\alpha}_i (i=1, 2, \cdots, n)$ 与上述等式两边作内积，得

$$\begin{aligned} k_i(\boldsymbol{\alpha}_i, \boldsymbol{\alpha}_i) &= k_1(\boldsymbol{\alpha}_1, \boldsymbol{\alpha}_i) + k_2(\boldsymbol{\alpha}_2, \boldsymbol{\alpha}_i) + \cdots + k_n(\boldsymbol{\alpha}_n, \boldsymbol{\alpha}_i) \\ &= (k_1\boldsymbol{\alpha}_1 + k_2\boldsymbol{\alpha}_2 + \cdots + k_n\boldsymbol{\alpha}_n, \boldsymbol{\alpha}_i) = (\mathbf{0}, \boldsymbol{\alpha}_i) = 0 \end{aligned}$$

由于 $\boldsymbol{\alpha}_i \neq \mathbf{0}$，从而 $(\boldsymbol{\alpha}_i, \boldsymbol{\alpha}_i) > 0$，于是 $k_i = 0 (i=1, 2, \cdots, n)$，即此向量组是线性无关的.

注：在 n 维内积空间中，

(1) 两两正交的非零向量不能超过 n 个；

(2) 由 n 个向量组成的正交向量组构成 V 的一个基，称为正交基；由单位向量组成的正交基称为标准正交基.

命题 8.3 (1) 设 $\boldsymbol{\xi}_1, \boldsymbol{\xi}_2, \cdots, \boldsymbol{\xi}_n$ 是 V 的一个标准正交基，即

$$(\boldsymbol{\xi}_i, \boldsymbol{\xi}_j) = \begin{cases} 1, & i = j \\ 0, & i \neq j \end{cases} \tag{8-2}$$

显然，式(8-2)完全刻画了标准正交基的性质. 换句话说，内积空间 V 的一个基为标准正交基⇔此基的度量矩阵为单位阵.

(2) 在标准正交基下，向量的坐标可以通过内积表示出来，即

$$\boldsymbol{\alpha} = (\boldsymbol{\alpha}, \boldsymbol{\xi}_1)\boldsymbol{\xi}_1 + (\boldsymbol{\alpha}, \boldsymbol{\xi}_2)\boldsymbol{\xi}_2 + \cdots + (\boldsymbol{\alpha}, \boldsymbol{\xi}_n)\boldsymbol{\xi}_n$$

(3) 在标准正交基下，内积有特别简单的表达式，即

$$\boldsymbol{\alpha} = x_1\boldsymbol{\xi}_1 + x_2\boldsymbol{\xi}_2 + \cdots + x_n\boldsymbol{\xi}_n, \quad \boldsymbol{\beta} = y_1\boldsymbol{\xi}_1 + y_2\boldsymbol{\xi}_2 + \cdots + y_n\boldsymbol{\xi}_n$$

则 $(\boldsymbol{\alpha}, \boldsymbol{\beta}) = x_1\overline{y_1} + x_2\overline{y_2} + \cdots + x_n\overline{y_n}$.

2. 矩阵的 QR 分解

定理 8.3(施密特正交化过程) 设 V 是内积空间，向量组 $\boldsymbol{\alpha}_1, \boldsymbol{\alpha}_2, \cdots, \boldsymbol{\alpha}_m$ 是线性无关的，则总可以从该组向量出发构造正交向量组 $\boldsymbol{\beta}_1, \boldsymbol{\beta}_2, \cdots, \boldsymbol{\beta}_m$，使

$$\operatorname{span}(\boldsymbol{\alpha}_1, \boldsymbol{\alpha}_2, \cdots, \boldsymbol{\alpha}_m) = \operatorname{span}(\boldsymbol{\beta}_1, \boldsymbol{\beta}_2, \cdots, \boldsymbol{\beta}_m)$$

证明 递归地定义向量组

$$\begin{cases} \boldsymbol{\beta}_1 = \boldsymbol{\alpha}_1 \\ \boldsymbol{\beta}_r = \boldsymbol{\alpha}_r - \displaystyle\sum_{i=1}^{r-1} \frac{(\boldsymbol{\alpha}_r, \boldsymbol{\beta}_i)}{(\boldsymbol{\beta}_i, \boldsymbol{\beta}_i)}\boldsymbol{\beta}_i \quad (r \geqslant 2) \end{cases} \tag{8-3}$$

由于在式(8-3)中 $(\boldsymbol{\beta}_i, \boldsymbol{\beta}_i)$ 出现在分母上，又 $(\boldsymbol{\beta}_i, \boldsymbol{\beta}_i) \neq 0 \Leftrightarrow \boldsymbol{\beta}_i \neq \mathbf{0}$，即需证明 $\forall i, \boldsymbol{\beta}_i \neq \mathbf{0}$. 由于 $\boldsymbol{\alpha}_1, \boldsymbol{\alpha}_2, \cdots, \boldsymbol{\alpha}_m$ 是线性无关的，因此 $\boldsymbol{\alpha}_i \neq \mathbf{0}$ $(i=1, 2, \cdots, m)$，于是 $\boldsymbol{\beta}_1 = \boldsymbol{\alpha}_1 \neq \mathbf{0}$. 假设由式(8-3)得到的 $\boldsymbol{\beta}_1, \boldsymbol{\beta}_2, \cdots, \boldsymbol{\beta}_{t-1}$ 都不为零向量，而 $\boldsymbol{\beta}_t = \mathbf{0}$，则式(8-3)对于 $r \leqslant t \leqslant m$ 成立，从式(8-3)得

$$\begin{cases}\boldsymbol{\alpha}_1=\boldsymbol{\beta}_1\\ \boldsymbol{\alpha}_2=\boldsymbol{\beta}_2+\dfrac{(\boldsymbol{\alpha}_2,\boldsymbol{\beta}_1)}{(\boldsymbol{\beta}_1,\boldsymbol{\beta}_1)}\boldsymbol{\beta}_1\\ \boldsymbol{\alpha}_3=\boldsymbol{\beta}_3+\dfrac{(\boldsymbol{\alpha}_3,\boldsymbol{\beta}_1)}{(\boldsymbol{\beta}_1,\boldsymbol{\beta}_1)}\boldsymbol{\beta}_1+\dfrac{(\boldsymbol{\alpha}_3,\boldsymbol{\beta}_2)}{(\boldsymbol{\beta}_2,\boldsymbol{\beta}_2)}\boldsymbol{\beta}_2\\ \quad\vdots\\ \boldsymbol{\alpha}_t=\boldsymbol{\beta}_t+\sum\limits_{i=1}^{t-1}\dfrac{(\boldsymbol{\alpha}_t,\boldsymbol{\beta}_i)}{(\boldsymbol{\beta}_i,\boldsymbol{\beta}_i)}\boldsymbol{\beta}_i\end{cases}$$

即

$$(\boldsymbol{\alpha}_1,\boldsymbol{\alpha}_2,\boldsymbol{\alpha}_3,\cdots,\boldsymbol{\alpha}_t)=(\boldsymbol{\beta}_1,\boldsymbol{\beta}_2,\boldsymbol{\beta}_3,\cdots,\boldsymbol{\beta}_t)\begin{bmatrix}1 & \dfrac{(\boldsymbol{\alpha}_2,\boldsymbol{\beta}_1)}{(\boldsymbol{\beta}_1,\boldsymbol{\beta}_1)} & \dfrac{(\boldsymbol{\alpha}_3,\boldsymbol{\beta}_1)}{(\boldsymbol{\beta}_1,\boldsymbol{\beta}_1)} & \cdots & \dfrac{(\boldsymbol{\alpha}_t,\boldsymbol{\beta}_1)}{(\boldsymbol{\beta}_1,\boldsymbol{\beta}_1)}\\ 0 & 1 & \dfrac{(\boldsymbol{\alpha}_3,\boldsymbol{\beta}_2)}{(\boldsymbol{\beta}_2,\boldsymbol{\beta}_2)} & \cdots & \dfrac{(\boldsymbol{\alpha}_t,\boldsymbol{\beta}_2)}{(\boldsymbol{\beta}_2,\boldsymbol{\beta}_2)}\\ 0 & 0 & 1 & \cdots & \dfrac{(\boldsymbol{\alpha}_t,\boldsymbol{\beta}_3)}{(\boldsymbol{\beta}_3,\boldsymbol{\beta}_3)}\\ \vdots & \vdots & \vdots & & \vdots\\ 0 & 0 & 0 & \cdots & 1\end{bmatrix}$$

于是

$$(\boldsymbol{\alpha}_1,\boldsymbol{\alpha}_2,\boldsymbol{\alpha}_3,\cdots,\boldsymbol{\alpha}_t)=(\boldsymbol{\beta}_1,\boldsymbol{\beta}_2,\boldsymbol{\beta}_3,\cdots,\boldsymbol{\beta}_t)\boldsymbol{P}$$

其中 $\boldsymbol{P}=(p_{ij})_{t\times t}$ 是一个上三角阵，它的主对角线上的元素为 1，对于 $i<j$ 时 $p_{ij}=\dfrac{(\boldsymbol{\alpha}_j,\boldsymbol{\beta}_i)}{(\boldsymbol{\beta}_i,\boldsymbol{\beta}_i)}$.

由于 $|\boldsymbol{P}|=1\neq 0$，从而 $\boldsymbol{P}$ 是可逆阵，于是向量组 $\boldsymbol{\alpha}_1,\boldsymbol{\alpha}_2,\cdots,\boldsymbol{\alpha}_t$ 与 $\boldsymbol{\beta}_1,\boldsymbol{\beta}_2,\cdots,\boldsymbol{\beta}_t$ 等价，故 $\mathrm{R}(\boldsymbol{\beta}_1,\boldsymbol{\beta}_2,\cdots,\boldsymbol{\beta}_t)=\mathrm{R}(\boldsymbol{\alpha}_1,\boldsymbol{\alpha}_2,\cdots,\boldsymbol{\alpha}_t)=t$，即向量组 $\boldsymbol{\beta}_1,\boldsymbol{\beta}_2,\cdots,\boldsymbol{\beta}_t$ 线性无关，这与 $\boldsymbol{\beta}_t=\boldsymbol{0}$ 产生矛盾，即假设错误，于是 $\forall\, i$，$\boldsymbol{\beta}_i\neq\boldsymbol{0}$.

又由于向量组 $\boldsymbol{\alpha}_1,\boldsymbol{\alpha}_2,\cdots,\boldsymbol{\alpha}_t$ 与 $\boldsymbol{\beta}_1,\boldsymbol{\beta}_2,\cdots,\boldsymbol{\beta}_t(t\leqslant m)$ 等价，因此它们生成相同的子空间，即 $\mathrm{span}(\boldsymbol{\alpha}_1,\boldsymbol{\alpha}_2,\cdots,\boldsymbol{\alpha}_t)=\mathrm{span}(\boldsymbol{\beta}_1,\boldsymbol{\beta}_2,\cdots,\boldsymbol{\beta}_t)(t=1,2,\cdots,m)$.

下面利用数学归纳法证明由式(8-3)得到的向量组 $\boldsymbol{\beta}_1,\boldsymbol{\beta}_2,\cdots,\boldsymbol{\beta}_m$ 是两两正交的.

假设 $\boldsymbol{\beta}_1,\boldsymbol{\beta}_2,\cdots,\boldsymbol{\beta}_r(r<m)$ 是两两正交的，则 $\forall\, j(1\leqslant j\leqslant r)$，

$$\begin{aligned}(\boldsymbol{\beta}_{r+1},\boldsymbol{\beta}_j)&=\left(\boldsymbol{\alpha}_{r+1}-\sum_{i=1}^{r}\frac{(\boldsymbol{\alpha}_{r+1},\boldsymbol{\beta}_i)}{(\boldsymbol{\beta}_i,\boldsymbol{\beta}_i)}\boldsymbol{\beta}_i,\boldsymbol{\beta}_j\right)\\&=(\boldsymbol{\alpha}_{r+1},\boldsymbol{\beta}_j)-\sum_{i=1}^{r}\frac{(\boldsymbol{\alpha}_{r+1},\boldsymbol{\beta}_i)}{(\boldsymbol{\beta}_i,\boldsymbol{\beta}_i)}(\boldsymbol{\beta}_i,\boldsymbol{\beta}_j)\\&=(\boldsymbol{\alpha}_{r+1},\boldsymbol{\beta}_j)-\frac{(\boldsymbol{\alpha}_{r+1},\boldsymbol{\beta}_j)}{(\boldsymbol{\beta}_j,\boldsymbol{\beta}_j)}(\boldsymbol{\beta}_j,\boldsymbol{\beta}_j)=0\end{aligned}$$

从而 $\boldsymbol{\beta}_{r+1}$ 与 $\boldsymbol{\beta}_j(1\leqslant j\leqslant r)$ 正交，由数学归纳法知向量组 $\boldsymbol{\beta}_1,\boldsymbol{\beta}_2,\cdots,\boldsymbol{\beta}_m$ 是两两正交的.

推论 8.2　在 n 维内积空间中，标准正交基一定存在(不一定唯一).

推论 8.3　在 n 维内积空间 V 中，任一正交向量组 $\boldsymbol{\beta}_1,\boldsymbol{\beta}_2,\cdots,\boldsymbol{\beta}_s$ 都可以扩充成 V 的一个正交基.

推论 8.4　设 $\boldsymbol{A}$ 是数域 $\mathbb{F}$ 上的 n 阶可逆矩阵，则必存在矩阵 $\boldsymbol{Q}$ 及可逆上三角阵 $\boldsymbol{R}$，使得 $\boldsymbol{A}=\boldsymbol{QR}$，称为 $\boldsymbol{A}$ 的 $\boldsymbol{QR}$ 分解，其中 $\boldsymbol{Q}$ 满足 $\overline{\boldsymbol{Q}}^{\mathrm{T}}\boldsymbol{Q}=\boldsymbol{E}$，$\boldsymbol{Q}$ 称为酉阵.

证明　考虑内积空间 $V=\mathbb{F}^n$，在 V 上定义二元函数如下：

对任意 $\boldsymbol{\alpha}=(x_1, x_2, \cdots, x_n)^{\mathrm{T}}$，$\boldsymbol{\beta}=(y_1, y_2, \cdots, y_n)^{\mathrm{T}}$，定义 $(\boldsymbol{\alpha}, \boldsymbol{\beta})=\sum_{i=1}^{n} x_i \overline{y_i}$，可以验证它是内积空间 $\mathbb{F}^n$ 的一个内积，称为内积空间 $\mathbb{F}^n$ 上的标准内积.

由于 $\boldsymbol{A}$ 是可逆矩阵，因此 $\boldsymbol{A}$ 的列向量组 $\boldsymbol{\alpha}_1, \boldsymbol{\alpha}_2, \cdots, \boldsymbol{\alpha}_n$ 线性无关，从而构成 V 的一个基. 用式(8-3)可以得到 V 的一个正交基 $\boldsymbol{\beta}_1, \boldsymbol{\beta}_2, \cdots, \boldsymbol{\beta}_n$，取 $\boldsymbol{\varepsilon}_i=\dfrac{\boldsymbol{\beta}_i}{\|\boldsymbol{\beta}_i\|}$ $(i=1, 2, \cdots, n)$，从而 $\boldsymbol{\varepsilon}_1, \boldsymbol{\varepsilon}_2, \cdots, \boldsymbol{\varepsilon}_n$ 是 V 的一个标准正交基，并且

$$\begin{aligned}\boldsymbol{A}&=(\boldsymbol{\alpha}_1, \boldsymbol{\alpha}_2, \cdots, \boldsymbol{\alpha}_n)=(\boldsymbol{\beta}_1, \boldsymbol{\beta}_2, \cdots, \boldsymbol{\beta}_n)\boldsymbol{P}\\&=(\boldsymbol{\varepsilon}_1, \boldsymbol{\varepsilon}_2, \cdots, \boldsymbol{\varepsilon}_n)\begin{bmatrix}\|\boldsymbol{\beta}_1\| & 0 & \cdots & 0\\ 0 & \|\boldsymbol{\beta}_2\| & \cdots & 0\\ \vdots & \vdots & & \vdots\\ 0 & 0 & \cdots & \|\boldsymbol{\beta}_n\|\end{bmatrix}\boldsymbol{P}\end{aligned}$$

令 $\boldsymbol{R}=\operatorname{diag}(\|\boldsymbol{\beta}_1\|, \|\boldsymbol{\beta}_2\|, \cdots, \|\boldsymbol{\beta}_n\|)\boldsymbol{P}$，则 $\boldsymbol{R}$ 为对角阵与上三角阵的乘积. 由于两个上三角阵的乘积仍为上三角阵，因此 $\boldsymbol{R}$ 为上三角阵. 又由于 $\operatorname{diag}(\|\boldsymbol{\beta}_1\|, \|\boldsymbol{\beta}_2\|, \cdots, \|\boldsymbol{\beta}_n\|)$ 与 $\boldsymbol{P}$ 均可逆，因此 $\boldsymbol{R}$ 是可逆阵. 令 $\boldsymbol{Q}=(\boldsymbol{\varepsilon}_1, \boldsymbol{\varepsilon}_2, \cdots, \boldsymbol{\varepsilon}_n)$，由于

$$\overline{\boldsymbol{Q}^{\mathrm{T}}}\boldsymbol{Q}=\begin{pmatrix}\overline{\boldsymbol{\varepsilon}_1^{\mathrm{T}}}\\ \overline{\boldsymbol{\varepsilon}_2^{\mathrm{T}}}\\ \vdots\\ \overline{\boldsymbol{\varepsilon}_n^{\mathrm{T}}}\end{pmatrix}(\boldsymbol{\varepsilon}_1, \boldsymbol{\varepsilon}_2, \cdots, \boldsymbol{\varepsilon}_n)=[g_{ij}]_{n\times n}$$

即 $g_{ij}=\overline{\boldsymbol{\varepsilon}_i^{\mathrm{T}}}\boldsymbol{\varepsilon}_j=(\boldsymbol{\varepsilon}_j^{\mathrm{T}}\overline{\boldsymbol{\varepsilon}_i})^{\mathrm{T}}=(\boldsymbol{\varepsilon}_j, \boldsymbol{\varepsilon}_i)$，而 $\boldsymbol{\varepsilon}_1, \boldsymbol{\varepsilon}_2, \cdots, \boldsymbol{\varepsilon}_n$ 是 V 的一个标准正交基，即

$$(\boldsymbol{\varepsilon}_j, \boldsymbol{\varepsilon}_i)=\begin{cases}1, & i=j\\ 0, & i\neq j\end{cases}$$

于是

$$g_{ij}=(\boldsymbol{\varepsilon}_j, \boldsymbol{\varepsilon}_i)=\begin{cases}1, & i=j\\ 0, & i\neq j\end{cases}$$

从而 $\overline{\boldsymbol{Q}^{\mathrm{T}}}\boldsymbol{Q}=(g_{ij})_{n\times n}=\boldsymbol{E}$，即 $\boldsymbol{Q}$ 为酉阵.

例 8.1 设 $\boldsymbol{A}=\begin{bmatrix}1 & 1 & -1 & 2\\ 1 & 0 & 0 & -1\\ 0 & 1 & 0 & -1\\ 0 & 0 & 1 & 1\end{bmatrix}$，求酉阵 $\boldsymbol{Q}$ 及上三角阵 $\boldsymbol{R}$，使 $\boldsymbol{A}=\boldsymbol{QR}$.

解 由于 $|\boldsymbol{A}|=-5\neq 0$，因此 $\boldsymbol{A}$ 可逆. 令 $\boldsymbol{A}=(\boldsymbol{\alpha}_1, \boldsymbol{\alpha}_2, \boldsymbol{\alpha}_3, \boldsymbol{\alpha}_4)$，即 $\boldsymbol{\alpha}_j\,(j=1, 2, 3, 4)$ 分别是 $\boldsymbol{A}$ 的第 j 列元素. 将 $\boldsymbol{\alpha}_1, \boldsymbol{\alpha}_2, \boldsymbol{\alpha}_3, \boldsymbol{\alpha}_4$ 正交化，得

$$\boldsymbol{\beta}_1=\boldsymbol{\alpha}_1$$

$$\boldsymbol{\beta}_2=\boldsymbol{\alpha}_2-\frac{(\boldsymbol{\alpha}_2, \boldsymbol{\beta}_1)}{(\boldsymbol{\beta}_1, \boldsymbol{\beta}_1)}\boldsymbol{\beta}_1=\begin{pmatrix}\frac{1}{2}\\ -\frac{1}{2}\\ 1\\ 0\end{pmatrix}$$

$$\boldsymbol{\beta}_3=\boldsymbol{\alpha}_3-\frac{(\boldsymbol{\alpha}_3,\boldsymbol{\beta}_2)}{(\boldsymbol{\beta}_2,\boldsymbol{\beta}_2)}\boldsymbol{\beta}_2-\frac{(\boldsymbol{\alpha}_3,\boldsymbol{\beta}_1)}{(\boldsymbol{\beta}_1,\boldsymbol{\beta}_1)}\boldsymbol{\beta}_1=\begin{pmatrix}-\frac{1}{3}\\ \frac{1}{3}\\ \frac{1}{3}\\ 1\end{pmatrix}$$

$$\boldsymbol{\beta}_4=\boldsymbol{\alpha}_4-\frac{(\boldsymbol{\alpha}_4,\boldsymbol{\beta}_3)}{(\boldsymbol{\beta}_3,\boldsymbol{\beta}_3)}\boldsymbol{\beta}_3-\frac{(\boldsymbol{\alpha}_4,\boldsymbol{\beta}_2)}{(\boldsymbol{\beta}_2,\boldsymbol{\beta}_2)}\boldsymbol{\beta}_2-\frac{(\boldsymbol{\alpha}_4,\boldsymbol{\beta}_1)}{(\boldsymbol{\beta}_1,\boldsymbol{\beta}_1)}\boldsymbol{\beta}_1=\frac{5}{4}\begin{pmatrix}1\\ -1\\ -1\\ 1\end{pmatrix}$$

于是

$$(\boldsymbol{\alpha}_1,\boldsymbol{\alpha}_2,\boldsymbol{\alpha}_3,\boldsymbol{\alpha}_4)=(\boldsymbol{\beta}_1,\boldsymbol{\beta}_2,\boldsymbol{\beta}_3,\boldsymbol{\beta}_4)\begin{bmatrix}1&\frac{1}{2}&-\frac{1}{2}&\frac{1}{2}\\ 0&1&-\frac{1}{3}&\frac{1}{3}\\ 0&0&1&-\frac{1}{4}\\ 0&0&0&1\end{bmatrix}$$

将 $\boldsymbol{\beta}_1$，$\boldsymbol{\beta}_2$，$\boldsymbol{\beta}_3$，$\boldsymbol{\beta}_4$ 单位化，得

$$\boldsymbol{\eta}_1=\frac{1}{\sqrt{2}}\boldsymbol{\beta}_1,\ \boldsymbol{\eta}_2=\frac{\sqrt{6}}{3}\boldsymbol{\beta}_2,\ \boldsymbol{\eta}_3=\frac{\sqrt{3}}{2}\boldsymbol{\beta}_3,\ \boldsymbol{\eta}_4=\frac{2}{5}\boldsymbol{\beta}_4$$

于是

$$\begin{aligned}\boldsymbol{A}&=(\boldsymbol{\alpha}_1,\boldsymbol{\alpha}_2,\boldsymbol{\alpha}_3,\boldsymbol{\alpha}_4)\\ &=(\boldsymbol{\beta}_1,\boldsymbol{\beta}_2,\boldsymbol{\beta}_3,\boldsymbol{\beta}_4)\begin{bmatrix}1&\frac{1}{2}&-\frac{1}{2}&\frac{1}{2}\\ 0&1&-\frac{1}{3}&\frac{1}{3}\\ 0&0&1&-\frac{1}{4}\\ 0&0&0&1\end{bmatrix}\\ &=(\boldsymbol{\eta}_1,\boldsymbol{\eta}_2,\boldsymbol{\eta}_3,\boldsymbol{\eta}_4)\begin{bmatrix}\sqrt{2}&0&0&0\\ 0&\sqrt{\frac{3}{2}}&0&0\\ 0&0&\frac{2}{\sqrt{3}}&0\\ 0&0&0&-\frac{5}{2}\end{bmatrix}\begin{bmatrix}1&\frac{1}{2}&-\frac{1}{2}&\frac{1}{2}\\ 0&1&-\frac{1}{3}&\frac{1}{3}\\ 0&0&1&-\frac{1}{4}\\ 0&0&0&1\end{bmatrix}\end{aligned}$$

即 $\boldsymbol{A}=\boldsymbol{QR}$，其中

$$Q=(\boldsymbol{\eta}_1,\boldsymbol{\eta}_2,\boldsymbol{\eta}_3,\boldsymbol{\eta}_4)=\begin{bmatrix}\frac{\sqrt{2}}{2} & \frac{\sqrt{6}}{6} & -\frac{1}{\sqrt{12}} & \frac{1}{2}\\ \frac{\sqrt{2}}{2} & -\frac{\sqrt{6}}{6} & \frac{1}{\sqrt{12}} & -\frac{1}{2}\\ 0 & \frac{\sqrt{6}}{3} & \frac{1}{\sqrt{12}} & -\frac{1}{2}\\ 0 & 0 & \frac{3}{\sqrt{12}} & \frac{1}{2}\end{bmatrix}$$

$$\boldsymbol{R}=\begin{bmatrix}\sqrt{2} & 0 & 0 & 0\\ 0 & \sqrt{\frac{3}{2}} & 0 & 0\\ 0 & 0 & \frac{2}{\sqrt{3}} & 0\\ 0 & 0 & 0 & \frac{5}{2}\end{bmatrix}\begin{bmatrix}1 & \frac{1}{2} & -\frac{1}{2} & \frac{1}{2}\\ 0 & 1 & -\frac{1}{3} & \frac{1}{3}\\ 0 & 0 & 1 & -\frac{1}{4}\\ 0 & 0 & 0 & 1\end{bmatrix}=\begin{bmatrix}\sqrt{2} & \frac{\sqrt{2}}{2} & -\frac{\sqrt{2}}{2} & \frac{\sqrt{2}}{2}\\ 0 & \frac{\sqrt{6}}{2} & -\frac{\sqrt{6}}{6} & \frac{\sqrt{6}}{6}\\ 0 & 0 & \frac{2\sqrt{3}}{3} & \frac{\sqrt{3}}{3}\\ 0 & 0 & 0 & \frac{5}{2}\end{bmatrix}$$

特别地，当数域$\mathbb{F}$是实数域时，即$\boldsymbol{A}$是n阶实可逆阵，则必存在矩阵$\boldsymbol{Q}$及可逆实上三角阵$\boldsymbol{R}$，使得$\boldsymbol{A}=\boldsymbol{QR}$，其中$\boldsymbol{Q}^{\mathrm{T}}\boldsymbol{Q}=\boldsymbol{E}$，则$\boldsymbol{Q}$称为正交阵.

推论 8.5 设$\boldsymbol{A}$是列向量组线性无关的m行$n(m>n)$列矩阵，则必存在列向量组正交单位化的m行n列矩阵$\boldsymbol{Q}$和可逆上三角阵$\boldsymbol{R}$，使得$\boldsymbol{A}=\boldsymbol{QR}$，其中$\overline{\boldsymbol{Q}^{\mathrm{T}}}\boldsymbol{Q}=\boldsymbol{E}$.

(1) 推论 8.5 中，设$\boldsymbol{A}=(\boldsymbol{\alpha}_1,\boldsymbol{\alpha}_2,\cdots,\boldsymbol{\alpha}_n)_{m\times n}$，

当$m<n$时，$\mathrm{R}(\boldsymbol{A})=\mathrm{R}(\boldsymbol{\alpha}_1,\boldsymbol{\alpha}_2,\cdots,\boldsymbol{\alpha}_n)\leqslant\min\{m,n\}=m<n$，即$\boldsymbol{A}$的列向量组线性相关；

当$m=n$时，$\mathrm{R}(\boldsymbol{A})=\mathrm{R}(\boldsymbol{\alpha}_1,\boldsymbol{\alpha}_2,\cdots,\boldsymbol{\alpha}_n)=n$，从而$\boldsymbol{A}$可逆，即为推论 8.4 的情形.

(2) 当$\boldsymbol{A}$的列向量组线性相关时，$\boldsymbol{A}$的$\boldsymbol{QR}$分解也存在，此时$\boldsymbol{R}$不可逆.

设$\boldsymbol{A}=(\boldsymbol{\alpha}_1,\boldsymbol{\alpha}_2,\cdots,\boldsymbol{\alpha}_n)_{m\times n}(m\geqslant n)$，不妨设$\boldsymbol{A}$的列向量组的一个极大无关组为$\boldsymbol{\alpha}_1,\boldsymbol{\alpha}_2,\cdots,\boldsymbol{\alpha}_r(r<n)$. 首先对$\boldsymbol{\alpha}_1,\boldsymbol{\alpha}_2,\cdots,\boldsymbol{\alpha}_r$进行正交化，得到$\boldsymbol{\beta}_1,\boldsymbol{\beta}_2,\cdots,\boldsymbol{\beta}_r$($\boldsymbol{\beta}_j$为$m$维列向量)，再对$\boldsymbol{\beta}_1,\boldsymbol{\beta}_2,\cdots,\boldsymbol{\beta}_r$进行单位化，得到$\boldsymbol{e}_1,\boldsymbol{e}_2,\cdots,\boldsymbol{e}_r$.

其次，求出与$\boldsymbol{\beta}_1,\boldsymbol{\beta}_2,\cdots,\boldsymbol{\beta}_r$同时正交的正交向量组$\boldsymbol{\beta}_{r+1},\boldsymbol{\beta}_{r+2},\cdots,\boldsymbol{\beta}_{r+(n-r)}$.

设$\boldsymbol{x}=(x_1,x_2,\cdots,x_m)^{\mathrm{T}}$与$\boldsymbol{\beta}_i(1\leqslant i\leqslant r)$正交，即$(\boldsymbol{x},\boldsymbol{\beta}_i)=0$，从而

$$\begin{pmatrix}\boldsymbol{\beta}_1^{\mathrm{T}}\\ \boldsymbol{\beta}_2^{\mathrm{T}}\\ \vdots\\ \boldsymbol{\beta}_r^{\mathrm{T}}\end{pmatrix}_{r\times m}\cdot\begin{pmatrix}x_1\\ x_2\\ \vdots\\ x_m\end{pmatrix}_{m\times 1}=\begin{pmatrix}0\\ 0\\ \vdots\\ 0\end{pmatrix}_{r\times 1}\tag{8-4}$$

由于$\boldsymbol{\beta}_1,\boldsymbol{\beta}_2,\cdots,\boldsymbol{\beta}_r$为正交向量组，因此线性无关，即$\mathrm{R}(\boldsymbol{\beta}_1,\boldsymbol{\beta}_2,\cdots,\boldsymbol{\beta}_r)=r$，令$\boldsymbol{B}=\begin{bmatrix}\boldsymbol{\beta}_1^{\mathrm{T}}\\ \boldsymbol{\beta}_2^{\mathrm{T}}\\ \vdots\\ \boldsymbol{\beta}_r^{\mathrm{T}}\end{bmatrix}$，

而 $\mathrm{R}(\boldsymbol{B})=r<n\leqslant m$，故 $\boldsymbol{Bx}=\boldsymbol{0}$ 有非零解，进而齐次线性方程组 $\boldsymbol{Bx}=\boldsymbol{0}$ 的一个基础解系所含向量的个数为 $m-r$. 不妨设 $\boldsymbol{\eta}_1$，$\boldsymbol{\eta}_2$，…，$\boldsymbol{\eta}_{m-r}$为 $\boldsymbol{Bx}=\boldsymbol{0}$ 的一个基础解系，又由于 $m\geqslant n$，从向量组 $\boldsymbol{\eta}_1$，$\boldsymbol{\eta}_2$，…，$\boldsymbol{\eta}_{m-r}$中任取 $n-r$ 个线性无关的向量 $\boldsymbol{\eta}_1'$，$\boldsymbol{\eta}_2'$，…，$\boldsymbol{\eta}_{n-r}'$，将它们正交化，得到正交的向量组 $\boldsymbol{\beta}_{r+1}$，$\boldsymbol{\beta}_{r+2}$，…，$\boldsymbol{\beta}_{r+(n-r)}$，因此$\{\boldsymbol{\beta}_1, \boldsymbol{\beta}_2, \cdots, \boldsymbol{\beta}_r, \boldsymbol{\beta}_{r+1}, \cdots, \boldsymbol{\beta}_{r+(n-r)}\}$为正交向量组，从而构成内积空间$\mathbb{F}^n$的一个正交基.

最后，将 $\boldsymbol{\beta}_{r+1}$，$\boldsymbol{\beta}_{r+2}$，…，$\boldsymbol{\beta}_n$ 单位化得到 $\boldsymbol{e}_{r+1}$，$\boldsymbol{e}_{r+2}$，…，$\boldsymbol{e}_n$. 令 $\boldsymbol{Q}=(\boldsymbol{e}_1, \boldsymbol{e}_2, \cdots, \boldsymbol{e}_n)$，其中 $\boldsymbol{e}_i=\dfrac{\boldsymbol{\beta}_i}{\|\boldsymbol{\beta}_i\|}$ $(i=1, 2, \cdots, n)$，由施密特正交化过程知，

$$\boldsymbol{A}=(\boldsymbol{\alpha}_1, \boldsymbol{\alpha}_2, \cdots, \boldsymbol{\alpha}_n)=(\boldsymbol{\beta}_1, \boldsymbol{\beta}_2, \cdots, \boldsymbol{\beta}_n)\boldsymbol{P}$$

其中 $\boldsymbol{P}=(p_{ij})_{n\times n}$，此时 $p_{ij}=\dfrac{(\boldsymbol{\alpha}_j, \boldsymbol{\beta}_i)}{(\boldsymbol{\beta}_i, \boldsymbol{\beta}_i)}$ $(i\leqslant j)$，$\boldsymbol{R}=\mathrm{diag}(\|\boldsymbol{\beta}_1\|, \|\boldsymbol{\beta}_2\|, \cdots, \|\boldsymbol{\beta}_n\|)\boldsymbol{P}$.

从而

$$\begin{aligned}\boldsymbol{A}&=(\boldsymbol{\alpha}_1, \boldsymbol{\alpha}_2, \cdots, \boldsymbol{\alpha}_n)=(\boldsymbol{\beta}_1, \boldsymbol{\beta}_2, \cdots, \boldsymbol{\beta}_n)\boldsymbol{P}\\&=(\boldsymbol{e}_1, \boldsymbol{e}_2, \cdots, \boldsymbol{e}_n)\begin{bmatrix}\|\boldsymbol{\beta}_1\| & 0 & \cdots & 0\\ 0 & \|\boldsymbol{\beta}_2\| & \cdots & 0\\ \vdots & \vdots & & \vdots\\ 0 & 0 & \cdots & \|\boldsymbol{\beta}_n\|\end{bmatrix}\boldsymbol{P}\\&=\boldsymbol{QR}\end{aligned}$$

例 8.2　设 $\boldsymbol{A}=\begin{bmatrix}1 & -1 & 2\\ 0 & 2 & 0\\ 1 & 1 & 2\end{bmatrix}$，求 $\boldsymbol{A}$ 的 $\boldsymbol{QR}$ 分解.

解　令 $\boldsymbol{A}=(\boldsymbol{\alpha}_1, \boldsymbol{\alpha}_2, \boldsymbol{\alpha}_3)$，求得 $\boldsymbol{\alpha}_1$，$\boldsymbol{\alpha}_2$，$\boldsymbol{\alpha}_3$ 的一个极大无关组为 $\boldsymbol{\alpha}_1$，$\boldsymbol{\alpha}_2$.

(1) 对 $\boldsymbol{\alpha}_1$，$\boldsymbol{\alpha}_2$ 进行正交化，得 $\boldsymbol{\beta}_1=\boldsymbol{\alpha}_1$，$\boldsymbol{\beta}_2=\boldsymbol{\alpha}_2-\dfrac{(\boldsymbol{\alpha}_2, \boldsymbol{\beta}_1)}{(\boldsymbol{\beta}_1, \boldsymbol{\beta}_1)}\boldsymbol{\beta}_1=\begin{pmatrix}-1\\ 2\\ 1\end{pmatrix}$. 再对 $\boldsymbol{\beta}_1$，$\boldsymbol{\beta}_2$ 进行单位化，得 $\boldsymbol{e}_1=\dfrac{1}{\sqrt{2}}\boldsymbol{\beta}_1$，$\boldsymbol{e}_2=\dfrac{1}{\sqrt{6}}\boldsymbol{\beta}_2$.

(2) 求与 $\boldsymbol{\beta}_1$，$\boldsymbol{\beta}_2$ 同时正交的向量.

设 $\boldsymbol{\beta}_3=\begin{pmatrix}x_1\\ x_2\\ x_3\end{pmatrix}$与 $\boldsymbol{\beta}_1$，$\boldsymbol{\beta}_2$ 同时正交，则

$$\begin{pmatrix}\boldsymbol{\beta}_1^{\mathrm{T}}\\ \boldsymbol{\beta}_2^{\mathrm{T}}\end{pmatrix}\begin{pmatrix}x_1\\ x_2\\ x_3\end{pmatrix}=\begin{pmatrix}0\\ 0\end{pmatrix}$$

即

$$\begin{pmatrix}1 & 0 & 1\\ -1 & 2 & 1\end{pmatrix}\begin{pmatrix}x_1\\ x_2\\ x_3\end{pmatrix}=\begin{pmatrix}0\\ 0\end{pmatrix}$$

取此齐次线性方程组的一个基础解系为 $\boldsymbol{\beta}_3=\begin{pmatrix}-1\\-1\\1\end{pmatrix}$. 将 $\boldsymbol{\beta}_3$ 单位化，得 $\boldsymbol{e}_3=\frac{1}{\sqrt{3}}\boldsymbol{\beta}_3$.

令 $\boldsymbol{Q}=(\boldsymbol{e}_1,\boldsymbol{e}_2,\boldsymbol{e}_3)=\begin{bmatrix}\frac{1}{\sqrt{2}} & -\frac{1}{\sqrt{6}} & -\frac{1}{\sqrt{3}}\\ 0 & \frac{2}{\sqrt{6}} & -\frac{1}{\sqrt{3}}\\ \frac{1}{\sqrt{2}} & \frac{1}{\sqrt{6}} & \frac{1}{\sqrt{3}}\end{bmatrix}$，于是 $\boldsymbol{A}=(\boldsymbol{\alpha}_1,\boldsymbol{\alpha}_2,\boldsymbol{\alpha}_3)=(\boldsymbol{\beta}_1,\boldsymbol{\beta}_2,\boldsymbol{\beta}_3)\boldsymbol{P}$，其中 $\boldsymbol{P}=\begin{bmatrix}1 & 0 & 2\\ 0 & 1 & 0\\ 0 & 0 & 0\end{bmatrix}$，即

$$\begin{aligned}\boldsymbol{A}=(\boldsymbol{\alpha}_1,\boldsymbol{\alpha}_2,\boldsymbol{\alpha}_3)&=(\boldsymbol{\beta}_1,\boldsymbol{\beta}_2,\boldsymbol{\beta}_3)\boldsymbol{P}\\&=(\boldsymbol{e}_1,\boldsymbol{e}_2,\boldsymbol{e}_3)\begin{bmatrix}\|\boldsymbol{\beta}_1\| & 0 & 0\\ 0 & \|\boldsymbol{\beta}_2\| & 0\\ 0 & 0 & \|\boldsymbol{\beta}_3\|\end{bmatrix}\boldsymbol{P}\end{aligned}$$

令

$$\boldsymbol{R}=\begin{bmatrix}\|\boldsymbol{\beta}_1\| & 0 & 0\\ 0 & \|\boldsymbol{\beta}_2\| & 0\\ 0 & 0 & \|\boldsymbol{\beta}_3\|\end{bmatrix}\boldsymbol{P}=\begin{bmatrix}\sqrt{2} & 0 & 0\\ 0 & \sqrt{6} & 0\\ 0 & 0 & \sqrt{3}\end{bmatrix}\begin{bmatrix}1 & 0 & 2\\ 0 & 1 & 0\\ 0 & 0 & 0\end{bmatrix}=\begin{bmatrix}\sqrt{2} & 0 & 2\sqrt{2}\\ 0 & \sqrt{6} & 0\\ 0 & 0 & 0\end{bmatrix}$$

于是 $\boldsymbol{A}=\boldsymbol{QR}$.

矩阵的 $\boldsymbol{QR}$ 分解提供了线性方程组 $\boldsymbol{AX}=\boldsymbol{\beta}$ 的一种新的数值计算方法. 事实上，由 $\boldsymbol{AX}=\boldsymbol{\beta}$ 和 $\boldsymbol{A}=\boldsymbol{QR}$，得 $\boldsymbol{RX}=\boldsymbol{Q}^{-1}\boldsymbol{\beta}$，而 $\boldsymbol{R}$ 是上三角矩阵，这样就能很方便地求出 $\boldsymbol{X}$.

8.3 正交子空间与最小二乘问题

1. 正交子空间

定义 8.5 (1) 设 V 是内积空间，W 是 V 的子空间，$\boldsymbol{\alpha}\in V$，若对任意的 $\boldsymbol{\omega}\in W$，都有 $(\boldsymbol{\alpha},\boldsymbol{\omega})=0$，则称 $\boldsymbol{\alpha}$ 与子空间 W 正交，记为 $\boldsymbol{\alpha}\perp W$.

(2) 设 V 是内积空间，V_1，V_2 是 V 的子空间，若对任意的 $\boldsymbol{\alpha}_1\in V_1$，$\boldsymbol{\alpha}_2\in V_2$，都有 $(\boldsymbol{\alpha}_1,\boldsymbol{\alpha}_2)=0$，则称子空间 V_1 与 V_2 正交，记为 $V_1\perp V_2$.

注：

(1) 若 $V_1\perp V_2$，则 $V_1\cap V_2=\{\boldsymbol{0}\}$（即两个正交子空间的和一定是直和).

(2) 若 $\boldsymbol{\alpha}\in V_1$ 且 $\boldsymbol{\alpha}\perp V_1$，则 $\boldsymbol{\alpha}=\boldsymbol{0}$.

定理 8.4 若子空间 $V_1,V_2,\cdots,V_s$ 两两正交，则和 $V_1+V_2+\cdots+V_s$ 是直和.

证明 欲证和 $V_1+V_2+\cdots+V_s$ 是直和，只需证明零向量的分解式唯一即可.

设 $\boldsymbol{\alpha}_1+\boldsymbol{\alpha}_2+\cdots+\boldsymbol{\alpha}_s=\boldsymbol{0}$，其中 $\boldsymbol{\alpha}_i\in V_i(i=1,2,\cdots,s)$，用 $\boldsymbol{\alpha}_i$ 与等式两边作内积得

$$(\boldsymbol{\alpha}_i,\boldsymbol{\alpha}_i)=(\boldsymbol{\alpha}_i,\boldsymbol{\alpha}_1+\boldsymbol{\alpha}_2+\cdots+\boldsymbol{\alpha}_s)=(\boldsymbol{\alpha}_i,\boldsymbol{0})=0$$

从而 $\boldsymbol{\alpha}_i=\mathbf{0}$，即零向量的分解式唯一.

定义 8.6 子空间 V_2 称为子空间 V_1 的一个正交补，是指 $V_1\perp V_2$ 且 $V=V_1+V_2$.

注：若 V_2 是 V_1 的正交补，则 $V=V_1\oplus V_2$. 这是因为，V_2 是 V_1 的正交补，由 $V_1\perp V_2$ 可得 $V_1\cap V_2=\{\mathbf{0}\}$，从而和 $V=V_1+V_2$ 是直和，所以 $V=V_1\oplus V_2$.

命题 8.4 (1) 设 V 是内积空间，V 的子空间 $W=\text{span}(\boldsymbol{\alpha}_1, \boldsymbol{\alpha}_2, \cdots, \boldsymbol{\alpha}_s)$，$\boldsymbol{\alpha}\in V$，则 $\boldsymbol{\alpha}\perp W\Leftrightarrow\boldsymbol{\alpha}\perp\boldsymbol{\alpha}_i(i=1, 2, \cdots, s)$；

(2) 设 V 是内积空间，V 的子空间

$$V_1=\text{span}(\boldsymbol{\alpha}_1, \boldsymbol{\alpha}_2, \cdots, \boldsymbol{\alpha}_s), V_2=\text{span}(\boldsymbol{\beta}_1, \boldsymbol{\beta}_2, \cdots, \boldsymbol{\beta}_t)$$

则 $V_1\perp V_2\Leftrightarrow\boldsymbol{\alpha}_i\perp\boldsymbol{\beta}_j(i=1, 2, \cdots, s;\ j=1, 2, \cdots, t)$.

命题 8.5 设 V 是 n 维内积空间，则 V 的每一个子空间 V_1 都有唯一的正交补.

证明 若 $V_1=\{0\}$，则它的正交补就是 V，唯一性是显然的.

设 $V_1\neq\{\mathbf{0}\}$，显然 V_1 关于 V 的内积也是一个内积空间. 在 V_1 中取一组正交基 $\boldsymbol{\varepsilon}_1, \boldsymbol{\varepsilon}_2, \cdots, \boldsymbol{\varepsilon}_m$，则它可以扩充成 V 的一组正交基 $\boldsymbol{\varepsilon}_1, \boldsymbol{\varepsilon}_2, \cdots, \boldsymbol{\varepsilon}_m, \boldsymbol{\varepsilon}_{m+1}, \cdots, \boldsymbol{\varepsilon}_n$. 令 $V_2=\text{span}(\boldsymbol{\varepsilon}_{m+1}, \boldsymbol{\varepsilon}_{m+2}, \cdots, \boldsymbol{\varepsilon}_n)$，又由于 $V_1=\text{span}(\boldsymbol{\varepsilon}_1, \boldsymbol{\varepsilon}_2, \cdots, \boldsymbol{\varepsilon}_m)$，则

$$V=\text{span}(\boldsymbol{\varepsilon}_1, \boldsymbol{\varepsilon}_2, \cdots, \boldsymbol{\varepsilon}_n)=\text{span}(\boldsymbol{\varepsilon}_1, \boldsymbol{\varepsilon}_2, \cdots, \boldsymbol{\varepsilon}_m)+\text{span}(\boldsymbol{\varepsilon}_{m+1}, \boldsymbol{\varepsilon}_{m+2}, \cdots, \boldsymbol{\varepsilon}_n)=V_1+V_2$$

而 $V_1\perp V_2$，从而 V_2 是 V_1 的正交补.

下面证明唯一性.

设 V_2，V_3 都是 V_1 的正交补，则

$$V=V_1\oplus V_2 \tag{8-5}$$

$$V=V_1\oplus V_3 \tag{8-6}$$

令 $\boldsymbol{\alpha}\in V_2$，由式(8-6)有 $\boldsymbol{\alpha}=\boldsymbol{\alpha}_1+\boldsymbol{\alpha}_3$，其中 $\boldsymbol{\alpha}_1\in V_1$，$\boldsymbol{\alpha}_3\in V_3$. 又由于 $V_1\perp V_2$，即 $\boldsymbol{\alpha}\perp\boldsymbol{\alpha}_1$，于是

$$0=(\boldsymbol{\alpha}, \boldsymbol{\alpha}_1)=(\boldsymbol{\alpha}_1+\boldsymbol{\alpha}_3, \boldsymbol{\alpha}_1)=(\boldsymbol{\alpha}_1, \boldsymbol{\alpha}_1)+(\boldsymbol{\alpha}_3, \boldsymbol{\alpha}_1)=(\boldsymbol{\alpha}_1, \boldsymbol{\alpha}_1)$$

即 $\boldsymbol{\alpha}_1=\mathbf{0}$，从而 $\boldsymbol{\alpha}=\boldsymbol{\alpha}_3\in V_3$，因此 $V_2\subseteq V_3$.

同理可证 $V_3\subseteq V_2$，因此 $V_2=V_3$，唯一性得证.

V_1 的正交补记为 $V_1^{\perp}$，即 $V=V_1\oplus V_1^{\perp}$，于是 $\dim V=\dim V_1+\dim V_1^{\perp}$.

推论 8.6 $V_1^{\perp}$ 恰由所有与 V_1 正交的向量组成，即 $V_1^{\perp}=\{\boldsymbol{\alpha}\in V\,|\,\boldsymbol{\alpha}\perp V_1\}$.

证明留给读者自行完成.

设 W 是欧氏空间 V 的子空间，由命题 8.5 知 $V=W\oplus W^{\perp}$，则 V 中任一向量 $\boldsymbol{\alpha}$ 都可以唯一地分解成 $\boldsymbol{\alpha}=\boldsymbol{\alpha}_1+\boldsymbol{\alpha}_2$，其中 $\boldsymbol{\alpha}_1\in W$，$\boldsymbol{\alpha}_2\in W^{\perp}$. 我们称 $\boldsymbol{\alpha}_1$ 为向量 $\boldsymbol{\alpha}$ 在子空间 W 上的正射影.

2. 最小二乘问题

定义 8.7 长度 $\|\boldsymbol{\alpha}-\boldsymbol{\beta}\|$ 称为向量 $\boldsymbol{\alpha}$ 和 $\boldsymbol{\beta}$ 的距离，记为 $\text{d}(\boldsymbol{\alpha}, \boldsymbol{\beta})$.

不难证明距离的 3 条基本性质：

(1) $\text{d}(\boldsymbol{\alpha}, \boldsymbol{\beta})=\text{d}(\boldsymbol{\beta}, \boldsymbol{\alpha})$；

(2) $\text{d}(\boldsymbol{\alpha}, \boldsymbol{\beta})\geqslant 0$，且 $\text{d}(\boldsymbol{\alpha}, \boldsymbol{\beta})=0\Leftrightarrow\boldsymbol{\alpha}=\boldsymbol{\beta}$；

(3) $\text{d}(\boldsymbol{\alpha}, \boldsymbol{\beta})\leqslant\text{d}(\boldsymbol{\alpha}, \boldsymbol{\gamma})+\text{d}(\boldsymbol{\gamma}, \boldsymbol{\beta})$（三角形不等式）.

证明留给读者自行完成.

在中学所学几何中知道一个点到一个平面(或一条直线)上所有点的距离以垂线最短.

下面可以证明一个固定向量和一个子空间中各向量间的距离也是以“垂线最短”.

定义 8.8　设 W 是 n 维欧式空间 V 的子空间，$\boldsymbol{\beta}\in V$，称

$$\mathrm{d}(\boldsymbol{\beta}, W) = \min\{\mathrm{d}(\boldsymbol{\beta}, \boldsymbol{\alpha}) = \|\boldsymbol{\beta}-\boldsymbol{\alpha}\| \mid \boldsymbol{\alpha}\in W\}$$

为 $\boldsymbol{\beta}$ 到 W 的距离.

定理 8.5(垂线最短定理)　设 W 是 n 维欧式空间 V 的子空间，$\boldsymbol{\beta}\in V$，若 $\boldsymbol{\beta}=\boldsymbol{\beta}_1+\boldsymbol{\beta}_2$，其中 $\boldsymbol{\beta}_1\in W$，$\boldsymbol{\beta}_2\in W^{\perp}$，则 $\mathrm{d}(\boldsymbol{\beta}, W)=\|\boldsymbol{\beta}_2\|=\mathrm{d}(\boldsymbol{\beta}, \boldsymbol{\beta}_1)$.

证明　设任意的 $\boldsymbol{\alpha}\in W$，即 $\boldsymbol{\alpha}-\boldsymbol{\beta}_1\in W$，又由于 $\boldsymbol{\beta}_2\in W^{\perp}$，则 $(\boldsymbol{\beta}_2, \boldsymbol{\alpha}-\boldsymbol{\beta}_1)=0$，因此

$$\|\boldsymbol{\beta}-\boldsymbol{\alpha}\|^2 = \|(\boldsymbol{\beta}-\boldsymbol{\beta}_1)+(\boldsymbol{\beta}_1-\boldsymbol{\alpha})\|^2 = \|\boldsymbol{\beta}-\boldsymbol{\beta}_1\|^2+\|\boldsymbol{\beta}_1-\boldsymbol{\alpha}\|^2$$

从而 $\|\boldsymbol{\beta}-\boldsymbol{\beta}_1\|\leqslant\|\boldsymbol{\beta}-\boldsymbol{\alpha}\|$，故 $\mathrm{d}(\boldsymbol{\beta}, W)=\|\boldsymbol{\beta}-\boldsymbol{\beta}_1\|=\|\boldsymbol{\beta}_2\|$.

最小二乘法问题：

线性方程组

$$\begin{cases} a_{11}x_1+a_{12}x_2+\cdots+a_{1s}x_s=b_1 \\ a_{21}x_1+a_{22}x_2+\cdots+a_{2s}x_s=b_2 \\ \qquad\vdots \\ a_{n1}x_1+a_{n2}x_2+\cdots+a_{ns}x_s=b_n \end{cases} \tag{8-7}$$

可能无解. 即任何一组数 x_1，x_2，…，x_s 都可能使

$$\sum_{i=1}^{n}(a_{i1}x_1+a_{i2}x_2+\cdots+a_{is}x_s-b_i)^2 \tag{8-8}$$

不等于零. 我们设法找一组数 x_1^0，x_2^0，…，x_s^0 使式(8-8)最小，这样的 $z=(x_1^0, x_2^0, \cdots, x_s^0)^{\mathrm{T}}$ 称为线性方程组的最小二乘解，这种问题称为最小二乘法问题.

下面利用欧氏空间的概念来表达最小二乘法，并给出最小二乘解所满足的代数条件. 令

$$\boldsymbol{A}=[a_{ij}]_{n\times s},\ \boldsymbol{B}=\begin{pmatrix}\boldsymbol{b}_1\\ \boldsymbol{b}_2\\ \vdots\\ \boldsymbol{b}_n\end{pmatrix},\ \boldsymbol{X}=\begin{pmatrix}\boldsymbol{x}_1\\ \boldsymbol{x}_2\\ \vdots\\ \boldsymbol{x}_s\end{pmatrix},\ \boldsymbol{Y}=\boldsymbol{AX}=\begin{bmatrix}\sum\limits_{j=1}^{s}a_{1j}\boldsymbol{x}_j\\ \sum\limits_{j=1}^{s}a_{2j}\boldsymbol{x}_j\\ \vdots\\ \sum\limits_{j=1}^{s}a_{nj}\boldsymbol{x}_j\end{bmatrix} \tag{8-9}$$

用距离的概念，式(8-8)就是 $\|\boldsymbol{Y}-\boldsymbol{B}\|^2$，最小二乘法就是找 x_1^0，x_2^0，…，x_s^0 使 $\boldsymbol{Y}$ 与 $\boldsymbol{B}$ 的距离最短. 令 $\boldsymbol{A}=[\boldsymbol{\alpha}_1, \boldsymbol{\alpha}_2, \cdots, \boldsymbol{\alpha}_s]$，其中 $\boldsymbol{\alpha}_1$，$\boldsymbol{\alpha}_2$，…，$\boldsymbol{\alpha}_s$ 分别是 $\boldsymbol{A}$ 的各列向量，则

$$\boldsymbol{Y}=\boldsymbol{AX}=[\boldsymbol{\alpha}_1, \boldsymbol{\alpha}_2, \cdots, \boldsymbol{\alpha}_s]\begin{pmatrix}x_1\\ x_2\\ \vdots\\ x_s\end{pmatrix}=x_1\boldsymbol{\alpha}_1+x_2\boldsymbol{\alpha}_2+\cdots+x_s\boldsymbol{\alpha}_s$$

令 $\boldsymbol{W}=\mathrm{span}(\boldsymbol{\alpha}_1, \boldsymbol{\alpha}_2, \cdots, \boldsymbol{\alpha}_s)$，显然 $\boldsymbol{Y}\in\boldsymbol{W}$. 于是最小二乘法问题可叙述成：

找 $\boldsymbol{X}$ 使式(8-8)最小，即在 W 中找一向量 $\boldsymbol{Y}$，使得 $\boldsymbol{B}$ 到它的距离比到子空间 W 中其它向量的距离都短.

设 $\boldsymbol{Y}=\boldsymbol{A}\boldsymbol{X}=x_1\boldsymbol{\alpha}_1+x_2\boldsymbol{\alpha}_2+\cdots+x_s\boldsymbol{\alpha}_s$ 就是所要求的向量，则应用垂线最短定理知 $\boldsymbol{C}=\boldsymbol{B}-\boldsymbol{Y}=\boldsymbol{B}-\boldsymbol{A}\boldsymbol{X}$ 必须垂直于子空间 $\boldsymbol{W}$，为此只需 $\boldsymbol{C}\perp\boldsymbol{\alpha}_i(i=1, 2, \cdots, s)$，即

$$(\boldsymbol{C}, \boldsymbol{\alpha}_1)=(\boldsymbol{C}, \boldsymbol{\alpha}_2)=\cdots=(\boldsymbol{C}, \boldsymbol{\alpha}_s)=0$$

于是 $\boldsymbol{\alpha}_1^{\mathrm{T}}\boldsymbol{C}=0$，$\boldsymbol{\alpha}_2^{\mathrm{T}}\boldsymbol{C}=0$，$\cdots$，$\boldsymbol{\alpha}_s^{\mathrm{T}}\boldsymbol{C}=0$，而 $\boldsymbol{\alpha}_1^{\mathrm{T}}$，$\boldsymbol{\alpha}_2^{\mathrm{T}}$，$\cdots$，$\boldsymbol{\alpha}_s^{\mathrm{T}}$ 按行正好构成 $\boldsymbol{A}^{\mathrm{T}}$，上述等式合起来就是

$$\begin{bmatrix}\boldsymbol{\alpha}_1^{\mathrm{T}}\boldsymbol{C}\\ \boldsymbol{\alpha}_2^{\mathrm{T}}\boldsymbol{C}\\ \vdots\\ \alpha_s^{\mathrm{T}}\boldsymbol{C}\end{bmatrix}=\boldsymbol{A}^{\mathrm{T}}\boldsymbol{C}=\boldsymbol{A}^{\mathrm{T}}(\boldsymbol{B}-\boldsymbol{A}\boldsymbol{X})=\boldsymbol{O}_{s\times 1}(\text{零矩阵})$$

即 $\boldsymbol{A}^{\mathrm{T}}\boldsymbol{A}\boldsymbol{X}=\boldsymbol{A}^{\mathrm{T}}\boldsymbol{B}$，这就是最小二乘解所满足的代数方程，它是一个线性方程组，系数矩阵是 $\boldsymbol{A}^{\mathrm{T}}\boldsymbol{A}$，常数项是 $\boldsymbol{A}^{\mathrm{T}}\boldsymbol{B}$. 这种线性方程组总是有解的，这是因为：

此处 $\boldsymbol{A}$ 是实矩阵，有 $\mathrm{R}(\boldsymbol{A})=\mathrm{R}(\boldsymbol{A}^{\mathrm{T}}\boldsymbol{A})$，则

$$\mathrm{R}(\boldsymbol{A})=\mathrm{R}(\boldsymbol{A}^{\mathrm{T}}\boldsymbol{A})\leqslant\mathrm{R}(\boldsymbol{A}^{\mathrm{T}}\boldsymbol{A}\,|\,\boldsymbol{A}^{\mathrm{T}}\boldsymbol{B})=\mathrm{R}(\boldsymbol{A}^{\mathrm{T}}(\boldsymbol{A}\,|\,\boldsymbol{B}))\leqslant\mathrm{R}(\boldsymbol{A}^{\mathrm{T}})=\mathrm{R}(\boldsymbol{A})$$

于是 $\mathrm{R}(\boldsymbol{A}^{\mathrm{T}}\boldsymbol{A}\,|\,\boldsymbol{A}^{\mathrm{T}}\boldsymbol{B})=\mathrm{R}(\boldsymbol{A})=\mathrm{R}(\boldsymbol{A}^{\mathrm{T}}\boldsymbol{A})$，从而 $\boldsymbol{A}^{\mathrm{T}}\boldsymbol{A}\boldsymbol{X}=\boldsymbol{A}^{\mathrm{T}}\boldsymbol{B}$ 总是有解.

例 8.3 已知某种材料在生产过程中的废品率 y 与某种化学成分 x 有关. 表 8-1 记录了某工厂生产中 y 与相应的 x 的几次数值.

表 8-1 废品率 y 与某化学成分 x 的关系表

废品率 y/%	1.00	0.9	0.9	0.81	0.60	0.56	0.35
某化学成分占比 x/%	3.6	3.7	3.8	3.9	4.0	4.1	4.2

我们想找出 y 对 x 的一个近似公式.

解 把表中数值画出图来看，发现它的变化趋势近似于一条直线，因此我们决定选取 x 的一次式 $ax+b$ 来表达，即求解齐次线性方程组

$$\begin{cases}3.6a+b-1.00=0\\ 3.7a+b-0.9=0\\ 3.8a+b-0.9=0\\ 3.9a+b-0.81=0\\ 4.0a+b-0.60=0\\ 4.1a+b-0.56=0\\ 4.2a+b-0.35=0\end{cases}$$

的最小二乘解.

令 $\boldsymbol{A}=\begin{bmatrix}3.6&1\\3.7&1\\3.8&1\\3.9&1\\4.0&1\\4.1&1\\4.2&1\end{bmatrix}$，$\boldsymbol{B}=\begin{pmatrix}1.00\\0.9\\0.9\\0.81\\0.60\\0.56\\0.35\end{pmatrix}$，则最小二乘解 a，b 所满足的方程组为 $\boldsymbol{A}^{\mathrm{T}}\boldsymbol{A}\begin{pmatrix}a\\b\end{pmatrix}=\boldsymbol{A}^{\mathrm{T}}\boldsymbol{B}$，即

$$\begin{cases}106.75a+27.3b-19.675=0\\27.3a+7b-5.12=0\end{cases}$$

解得

$$\begin{cases}a=-1.05\\b=4.81\end{cases}\quad（取三位有效数字）$$

8.4　保长同构与酉变换

1. 保长同构(内积空间的同构)

定义 8.9　设 V 与 V' 是数域 $\mathbb{F}$ 上的两个线性空间，f 是 V 到 V' 的一个映射，若任意的 $\boldsymbol{\alpha}$, $\boldsymbol{\beta}\in V$, $k\in\mathbb{F}$，满足条件：

(1) $f(\boldsymbol{\alpha}+\boldsymbol{\beta})=f(\boldsymbol{\alpha})+f(\boldsymbol{\beta})$；

(2) $f(k\boldsymbol{\alpha})=kf(\boldsymbol{\alpha})$

则 f 称为 V 到 V' 的线性映射.

设 V 与 V' 是数域 $\mathbb{F}$ 上的内积空间，内积分别记为 $(\cdot,\cdot)$ 与 $(\cdot,\cdot)'$，f 是 V 到 V' 的线性映射. 若对任意的 $\boldsymbol{\alpha}\in V$ 都有 $\|f(\boldsymbol{\alpha})\|=\|\boldsymbol{\alpha}\|$，则 f 称为保长线性映射；若对任意的 $\boldsymbol{\alpha}$, $\boldsymbol{\beta}\in V$ 都有 $(f(\boldsymbol{\alpha}), f(\boldsymbol{\beta}))'=(\boldsymbol{\alpha},\boldsymbol{\beta})$，则 f 称为保内积线性映射.

命题 8.6　设 f 是内积空间 V 到 V' 的线性映射，则 f 是保内积的充分必要条件是 f 是保长的.

证明　(必要性)由于 f 是保内积的，因此对任意的 $\boldsymbol{\alpha}\in V$ 都有

$$(f(\boldsymbol{\alpha}), f(\boldsymbol{\alpha}))'=(\boldsymbol{\alpha},\boldsymbol{\alpha})$$

从而 $\|f(\boldsymbol{\alpha})\|=\sqrt{(f(\boldsymbol{\alpha}), f(\boldsymbol{\alpha}))'}=\sqrt{(\boldsymbol{\alpha},\boldsymbol{\alpha})}=\|\boldsymbol{\alpha}\|$，即 f 是保长的.

(充分性)在内积空间中，向量的内积可以由其长度来确定，例如在酉空间中，

$$(\boldsymbol{\alpha},\boldsymbol{\beta})=\frac{1}{4}\|\boldsymbol{\alpha}+\boldsymbol{\beta}\|^2-\frac{1}{4}\|\boldsymbol{\alpha}-\boldsymbol{\beta}\|^2+\frac{\mathrm{i}}{4}\|\boldsymbol{\alpha}+\mathrm{i}\boldsymbol{\beta}\|^2-\frac{\mathrm{i}}{4}\|\boldsymbol{\alpha}-\mathrm{i}\boldsymbol{\beta}\|^2$$

又因为 f 是保长的线性映射，所以

$$\|\boldsymbol{\alpha}\pm\mathrm{i}\boldsymbol{\beta}\|=\|f(\boldsymbol{\alpha}\pm\mathrm{i}\boldsymbol{\beta})\|=\|f(\boldsymbol{\alpha})\pm\mathrm{i}f(\boldsymbol{\beta})\|$$
$$\|\boldsymbol{\alpha}\pm\boldsymbol{\beta}\|=\|f(\boldsymbol{\alpha}\pm\boldsymbol{\beta})\|=\|f(\boldsymbol{\alpha})\pm f(\boldsymbol{\beta})\|$$

于是

$$\begin{aligned}(\boldsymbol{\alpha},\boldsymbol{\beta})&=\frac{1}{4}\|\boldsymbol{\alpha}+\boldsymbol{\beta}\|^2-\frac{1}{4}\|\boldsymbol{\alpha}-\boldsymbol{\beta}\|^2+\frac{\mathrm{i}}{4}\|\boldsymbol{\alpha}+\mathrm{i}\boldsymbol{\beta}\|^2-\frac{\mathrm{i}}{4}\|\boldsymbol{\alpha}-\mathrm{i}\boldsymbol{\beta}\|^2\\&=\frac{1}{4}\|f(\boldsymbol{\alpha})+f(\boldsymbol{\beta})\|^2-\frac{1}{4}\|f(\boldsymbol{\alpha})-f(\boldsymbol{\beta})\|^2+\frac{\mathrm{i}}{4}\|f(\boldsymbol{\alpha})+\mathrm{i}f(\boldsymbol{\beta})\|^2-\frac{\mathrm{i}}{4}\|f(\boldsymbol{\alpha})-\mathrm{i}f(\boldsymbol{\beta})\|^2\\&=(f(\boldsymbol{\alpha}), f(\boldsymbol{\beta}))'\end{aligned}$$

即 $(\boldsymbol{\alpha},\boldsymbol{\beta})=(f(\boldsymbol{\alpha}), f(\boldsymbol{\beta}))'$，于是 f 是保内积的.

定义 8.10　设 V 与 V' 是数域 $\mathbb{F}$ 上的内积空间，f 是 V 到 V' 的线性映射，若 f 满足条件：

(1) f 作为线性空间 V 到 V' 的映射是同构(即 f 是双射)；

(2) f 是保内积的(或者 f 是保长的)，

则 f 称为内积空间 V 到 V' 的同构映射，或者 f 称为保长同构映射.

设 V 与 V' 是数域$\mathbb{F}$上的内积空间，若存在 V 到 V' 的一个保长同构映射，则称内积空间 V 与 V' 同构，记为 $V \cong V'$.

下面来证明，同构作为欧氏空间之间的关系具有反身性、对称性与传递性.

(1) 内积空间 V 到 V 的恒等映射显然是一个同构映射，即同构关系是反身的.

(2) 设内积空间 V 与 V' 是同构的，V 与 V' 上的内积分别记为 $(\cdot,\cdot)$ 与 $(\cdot,\cdot)'$，即存在 V 到 V' 的保长同构映射 σ，显然 σ^{-1} 作为线性空间 V' 到 V 的映射是同构，且对任意的 $\boldsymbol{\alpha}, \boldsymbol{\beta} \in V'$，则

$$(\boldsymbol{\alpha}, \boldsymbol{\beta})' = (\sigma\sigma^{-1}(\boldsymbol{\alpha}), \sigma\sigma^{-1}(\boldsymbol{\beta}))' = (\sigma^{-1}(\boldsymbol{\alpha}), \sigma^{-1}(\boldsymbol{\beta}))$$

从而 σ^{-1} 是内积空间 V' 到 V 的保长同构映射，即 V' 与 V 同构，因而同构关系是对称的.

(3) 设 V_1, V_2, V_3 是数域$\mathbb{F}$上的内积空间，其上的内积分别记为 $(\cdot,\cdot)$，$(\cdot,\cdot)'$ 和 $(\cdot,\cdot)''$，若 V_1, V_2 同构，V_2, V_3 同构，即存在保长同构映射 $\sigma: V_1 \to V_2$，$\tau: V_2 \to V_3$，显然 $\tau\sigma: V_1 \to V_3$ 是线性空间 V_1 到 V_3 的同构映射，且对任意的 $\boldsymbol{\alpha}, \boldsymbol{\beta} \in V_1$，则

$$(\boldsymbol{\alpha}, \boldsymbol{\beta}) = (\sigma(\boldsymbol{\alpha}), \sigma(\boldsymbol{\beta}))' = (\tau(\sigma(\boldsymbol{\alpha})), \tau(\sigma(\boldsymbol{\beta})))'' = (\tau\sigma(\boldsymbol{\alpha}), \tau\sigma(\boldsymbol{\beta}))''$$

从而 $\tau\sigma$ 是保内积的，于是 V_1 与 V_3 同构，因而同构关系是传递的.

设 V 是数域$\mathbb{F}$上的 n 维线性空间，则 V 与$\mathbb{F}^n$同构. 若 V 是数域$\mathbb{F}$上的 n 维内积空间，$\mathbb{F}^n$ 关于标准内积也是内积空间，那么 V 与$\mathbb{F}^n$是否保长同构呢？

定理 8.6　设 V 是数域$\mathbb{F}$上的 n 维内积空间，则 V 与$\mathbb{F}^n$保长同构.

证明　设 $\boldsymbol{e}_1, \boldsymbol{e}_2, \cdots, \boldsymbol{e}_n$ 是 V 的一个标准正交基，对任意的 $\boldsymbol{\alpha} \in V$，$\boldsymbol{\alpha}$ 可由 $\boldsymbol{e}_1, \boldsymbol{e}_2, \cdots, \boldsymbol{e}_n$ 线性表示为 $\boldsymbol{\alpha} = x_1\boldsymbol{e}_1 + x_2\boldsymbol{e}_2 + \cdots + x_n\boldsymbol{e}_n$，定义映射 $\sigma: V \to \mathbb{F}^n$，$\boldsymbol{\alpha} \mapsto \boldsymbol{\alpha}$ 在 $\boldsymbol{e}_1, \boldsymbol{e}_2, \cdots, \boldsymbol{e}_n$ 下的坐标 $\begin{pmatrix} x_1 \\ x_2 \\ \vdots \\ x_n \end{pmatrix}$，显然 σ 是线性空间 V 到$\mathbb{F}^n$的同构映射.

下面欲证 σ 是保长的.

由于

$$(\boldsymbol{\alpha}, \boldsymbol{\alpha}) = \left(\sum_{i=1}^{n} x_i\boldsymbol{e}_i, \sum_{i=1}^{n} x_i\boldsymbol{e}_i\right) = \sum_{i=1}^{n} x_i\,\overline{x_i},\ (\sigma(\boldsymbol{\alpha}), \sigma(\boldsymbol{\alpha})) = \sum_{i=1}^{n} x_i\,\overline{x_i}$$

于是 $(\boldsymbol{\alpha}, \boldsymbol{\alpha}) = (\sigma(\boldsymbol{\alpha}), \sigma(\boldsymbol{\alpha}))$，进而 $\|\boldsymbol{\alpha}\| = \sqrt{(\boldsymbol{\alpha}, \boldsymbol{\alpha})} = \sqrt{(\sigma(\boldsymbol{\alpha}), \sigma(\boldsymbol{\alpha}))} = \|\sigma(\boldsymbol{\alpha})\|$，即 σ 是保长的，从而 σ 是保长同构映射，故内积空间 V 与$\mathbb{F}^n$是同构的.

推论 8.7　设 V_1, V_2 是数域$\mathbb{F}$上的有限维内积空间，则 V_1 与 V_2 保长同构的充分必要条件是 V_1 与 V_2 具有相同的维数.

证明　(必要性) 设 V_1 与 V_2 保长同构，则 V_1 与 V_2 作为线性空间是同构的，则 $\dim V_1 = \dim V_2$.

(充分性) 设 V_1 与 V_2 均为 n 维内积空间，由定理 8.6 知，V_1 与$\mathbb{F}^n$同构，V_2 与$\mathbb{F}^n$同构，又同构关系具有对称性、传递性，$\mathbb{F}^n$与 V_2 同构，于是 V_1 与 V_2 同构.

这个定理说明，从抽象的观点看，欧氏空间的结构完全被它的维数决定.

2. 酉变换

定义 8.11　设 V 是数域$\mathbb{F}$上的内积空间，f 是内积空间 V 上的保长线性变换，当数域

$\mathbb{F}$是复数域时，则 f 称为酉变换；当数域$\mathbb{F}$是实数域时，则 f 称为正交变换.

命题 8.7 设 V 是数域$\mathbb{F}$上的内积空间，f 是内积空间 V 上的保长线性变换，则 f 是单射. 当 V 是有限维时，则 f 是双射，从而 f 是保长自同构.

证明 对任意的 $\boldsymbol{\alpha}\in V$，若 $f(\boldsymbol{\alpha})=\mathbf{0}$，则$(\boldsymbol{\alpha},\boldsymbol{\alpha})=(f(\boldsymbol{\alpha}),f(\boldsymbol{\alpha}))=(\mathbf{0},\mathbf{0})=0$，从而 $\boldsymbol{\alpha}=\mathbf{0}$. 对任意的 $\boldsymbol{\alpha},\boldsymbol{\beta}\in V$，若 $f(\boldsymbol{\alpha})=f(\boldsymbol{\beta})$，即 $f(\boldsymbol{\alpha}-\boldsymbol{\beta})=f(\boldsymbol{\alpha})-f(\boldsymbol{\beta})=\mathbf{0}$，从而 $\boldsymbol{\alpha}-\boldsymbol{\beta}=\mathbf{0}$，即 $\boldsymbol{\alpha}=\boldsymbol{\beta}$，从而 f 是单射.

当 V 是有限维时，f 为单射的充分必要条件是 f 满射，于是 f 是双射，进而 f 是保长自同构.

命题 8.8 设 μ 是 n 维酉空间 V 上的一个线性变换，则下列命题等价：

(1) μ 为酉变换，即对任意的 $\boldsymbol{\alpha}\in V$，都有 $\|\mu(\boldsymbol{\alpha})\|=\|\boldsymbol{\alpha}\|$；

(2) μ 是保内积的，即对任意的 $\boldsymbol{\alpha},\boldsymbol{\beta}\in V$，都有$(\mu(\boldsymbol{\alpha}),\mu(\boldsymbol{\beta}))=(\boldsymbol{\alpha},\boldsymbol{\beta})$；

(3) 若 $\boldsymbol{e}_1,\boldsymbol{e}_2,\cdots,\boldsymbol{e}_n$ 是内积空间 V 的一个标准正交基，则 $\mu\boldsymbol{e}_1,\mu\boldsymbol{e}_2,\cdots,\mu\boldsymbol{e}_n$ 也是 V 的一个标准正交基；

(4) μ 在内积空间 V 的任一个标准正交基下的矩阵 $\boldsymbol{U}$ 是酉阵，即满足$\overline{\boldsymbol{U}}^{\mathrm{T}}\boldsymbol{U}=\boldsymbol{E}$.

证明 (1)⇒(2) 由命题 8.6 知.

(2)⇒(3) 若 $\boldsymbol{e}_1,\boldsymbol{e}_2,\cdots,\boldsymbol{e}_n$ 是内积空间 V 的一个标准正交基，则

$$(\mu\boldsymbol{e}_i,\mu\boldsymbol{e}_j)=(\boldsymbol{e}_i,\boldsymbol{e}_j)=\begin{cases}1, & i=j\\0, & i\neq j\end{cases}$$

由于 $\mu\boldsymbol{e}_1,\mu\boldsymbol{e}_2,\cdots,\mu\boldsymbol{e}_n$ 两两正交，从而线性无关，故 $\mu\boldsymbol{e}_1,\mu\boldsymbol{e}_2,\cdots,\mu\boldsymbol{e}_n$ 是内积空间 V 上的正交基；又由于 $\mu\boldsymbol{e}_1,\mu\boldsymbol{e}_2,\cdots,\mu\boldsymbol{e}_n$ 是单位向量组，因此 $\mu\boldsymbol{e}_1,\mu\boldsymbol{e}_2,\cdots,\mu\boldsymbol{e}_n$ 是内积空间 V 的一个标准正交基.

(3)⇒(4) 设 $\boldsymbol{e}_1,\boldsymbol{e}_2,\cdots,\boldsymbol{e}_n$ 是内积空间 V 的任一个标准正交基，μ 在此基下的矩阵为 $\boldsymbol{U}=(a_{ij})_{n\times n}$，即

$$\mu(\boldsymbol{e}_1,\boldsymbol{e}_2,\cdots,\boldsymbol{e}_n)=(\mu\boldsymbol{e}_1,\mu\boldsymbol{e}_2,\cdots,\mu\boldsymbol{e}_n)=(\boldsymbol{e}_1,\boldsymbol{e}_2,\cdots,\boldsymbol{e}_n)\boldsymbol{U}$$

即 $\mu\boldsymbol{e}_i=a_{1i}\boldsymbol{e}_1+a_{2i}\boldsymbol{e}_2+\cdots+a_{ni}\boldsymbol{e}_n=\sum\limits_{k=1}^{n}a_{ki}\boldsymbol{e}_k(i=1,2,\cdots,n)$.

由(3)知 $\mu\boldsymbol{e}_1,\mu\boldsymbol{e}_2,\cdots,\mu\boldsymbol{e}_n$ 也是 V 的一个标准正交基，于是

$$\sum_{k=1}^{n}a_{kj}\overline{a_{ki}}=\sum_{t,k=1}^{n}a_{kj}\overline{a_{ki}}(\boldsymbol{e}_k,\boldsymbol{e}_t)=(\sum_{k=1}^{n}a_{kj}\boldsymbol{e}_k,\sum_{t=1}^{n}a_{ti}\boldsymbol{e}_t)=(\mu\boldsymbol{e}_j,\mu\boldsymbol{e}_i)=\begin{cases}1, & i=j\\0, & i\neq j\end{cases}$$

令$\overline{\boldsymbol{U}}^{\mathrm{T}}\boldsymbol{U}=(c_{ij})_{n\times n}$，其中 $c_{ij}=a_{1j}\overline{a_{1i}}+a_{2j}\overline{a_{2i}}+\cdots+a_{nj}\overline{a_{ni}}=(\mu\boldsymbol{e}_j,\mu\boldsymbol{e}_i)$，即$\overline{\boldsymbol{U}}^{\mathrm{T}}\boldsymbol{U}=\boldsymbol{E}$，从而 $\boldsymbol{U}$ 是酉阵.

(4)⇒(1) 取内积空间 V 的一个标准正交基 $\boldsymbol{e}_1,\boldsymbol{e}_2,\cdots,\boldsymbol{e}_n$，设 μ 在此基下的矩阵为 $\boldsymbol{U}=(a_{ij})_{n\times n}$，$\boldsymbol{U}$ 是酉阵，即$\overline{\boldsymbol{U}}^{\mathrm{T}}\boldsymbol{U}=\boldsymbol{E}$，令$\overline{\boldsymbol{U}}^{\mathrm{T}}\boldsymbol{U}=(c_{ij})_{n\times n}$，其中

$$(\mu\boldsymbol{e}_j,\mu\boldsymbol{e}_i)=(\sum_{k=1}^{n}a_{kj}\boldsymbol{e}_k,\sum_{t=1}^{n}a_{ti}\boldsymbol{e}_t)=\sum_{t,k=1}^{n}a_{kj}\overline{a_{ti}}(\boldsymbol{e}_k,\boldsymbol{e}_t)=\sum_{k=1}^{n}a_{kj}\overline{a_{ki}}=c_{ij}=\begin{cases}1, & i=j\\0, & i\neq j\end{cases}$$

从而 $\mu\boldsymbol{e}_1,\mu\boldsymbol{e}_2,\cdots,\mu\boldsymbol{e}_n$ 也是内积空间 V 的一个标准正交基.

对任意的 $\boldsymbol{\alpha}\in \boldsymbol{V}$，$\boldsymbol{\alpha}$ 可由 $\boldsymbol{e}_1,\boldsymbol{e}_2,\cdots,\boldsymbol{e}_n$ 线性表示为 $\boldsymbol{\alpha}=x_1\boldsymbol{e}_1+x_2\boldsymbol{e}_2+\cdots+x_n\boldsymbol{e}_{1n}$，于是

$$(\mu\boldsymbol{\alpha},\mu\boldsymbol{\alpha})=(\sum_{i=1}^{n}x_i\mu\boldsymbol{e}_i,\sum_{j=1}^{n}x_j\mu\boldsymbol{e}_j)=\sum_{i,j=1}^{n}x_i\overline{x_j}(\mu\boldsymbol{e}_i,\mu\boldsymbol{e}_j)=\sum_{i=1}^{n}x_i\overline{x_i}=(\boldsymbol{\alpha},\boldsymbol{\alpha})$$

从而 $\|\mu\boldsymbol{\alpha}\|=\sqrt{(\mu\boldsymbol{\alpha},\mu\boldsymbol{\alpha})}=\sqrt{(\boldsymbol{\alpha},\boldsymbol{\alpha})}=\|\boldsymbol{\alpha}\|$，即 μ 是酉变换.

推论 8.8　设 $\boldsymbol{U}$ 为 n 阶方阵，则下列条件等价：

(1) $\boldsymbol{U}$ 是酉阵，即 $\overline{\boldsymbol{U}}^{\mathrm{T}}\boldsymbol{U}=\boldsymbol{E}$；

(2) $\boldsymbol{U}\overline{\boldsymbol{U}}^{\mathrm{T}}=\boldsymbol{E}$；

(3) $\boldsymbol{U}^{-1}=\overline{\boldsymbol{U}}^{\mathrm{T}}$；

(4) $\boldsymbol{U}$ 是 n 维内积空间中标准正交基与标准正交基之间的过渡矩阵.

推论 8.9　(1) 酉变换是有限维内积空间到自身的同构映射，因而酉变换是可逆的，且酉变换的乘积与酉变换的逆变换还是酉变换.

(2) 在标准正交基下，酉变换与酉阵一一对应，因此，酉阵的乘积与酉阵的逆矩阵也是酉阵.

性质 8.1　酉阵行列式的模为 1.

证明　因为 $\overline{\boldsymbol{U}}^{\mathrm{T}}\boldsymbol{U}=\boldsymbol{E}$，所以 $|\overline{\boldsymbol{U}}^{\mathrm{T}}\boldsymbol{U}|=|\overline{\boldsymbol{U}}^{\mathrm{T}}|\,|\boldsymbol{U}|=1$，即 $|\boldsymbol{U}|^2=1$.

对于正交矩阵 $\boldsymbol{Q}$，如果 $|\boldsymbol{Q}|=1$，则称 $\boldsymbol{Q}$ 决定的正交变换为旋转的或第一类的；如果 $|\boldsymbol{Q}|=-1$，则称 $\boldsymbol{Q}$ 决定的正交变换为第二类的.

性质 8.2　酉变换的特征值都是模为 1 的，酉变换的不同特征值的特征向量必正交.

证明　(1) 设 $\boldsymbol{\alpha}\in V$ 是 μ 的属于特征值 λ 的特征向量，即 $\mu\boldsymbol{\alpha}=\lambda\boldsymbol{\alpha}$. 由于

$$(\boldsymbol{\alpha},\boldsymbol{\alpha})=(\mu\boldsymbol{\alpha},\mu\boldsymbol{\alpha})=\lambda\bar{\lambda}(\boldsymbol{\alpha},\boldsymbol{\alpha})$$

且特征向量总是非零的，因此 $(\boldsymbol{\alpha},\boldsymbol{\alpha})\neq 0$，故 $|\lambda|^2=\lambda\bar{\lambda}=1$.

(2) 设 $\lambda_1\neq\lambda_2$ 是 μ 的两个不同特征值，$\boldsymbol{\alpha}$，$\boldsymbol{\beta}$ 是相应的特征向量. 因为

$$(\boldsymbol{\alpha},\boldsymbol{\beta})=(\mu\boldsymbol{\alpha},\mu\boldsymbol{\beta})=(\lambda_1\boldsymbol{\alpha},\lambda_2\boldsymbol{\beta})=\lambda_1\overline{\lambda_2}(\boldsymbol{\alpha},\boldsymbol{\beta})$$

所以 $(1-\lambda_1\overline{\lambda_2})(\boldsymbol{\alpha},\boldsymbol{\beta})=0$. 又因为 $\lambda_1\neq\lambda_2$ 且它们的模是 1，所以必须 $\lambda_1\overline{\lambda_2}\neq 1$. 事实上，$1-\lambda_1\overline{\lambda_2}=\lambda_2\overline{\lambda_2}-\lambda_1\overline{\lambda_2}=(\lambda_2-\lambda_1)\overline{\lambda_2}\neq 0$，于是 $(\boldsymbol{\alpha},\boldsymbol{\beta})=0$.

8.5　埃尔米特矩阵与酉相似标准形

1. 埃尔米特变换与埃尔米特矩阵

定义 8.12　数域 $\mathbb{F}$ 上 n 阶方阵 $\boldsymbol{A}$ 与 $\boldsymbol{B}$ 称为酉相似(正交相似)，若存在酉阵(正交阵)$\boldsymbol{U}$，使得 $\boldsymbol{U}^{-1}\boldsymbol{A}\boldsymbol{U}=\boldsymbol{B}$.

定义 8.13　设复矩阵 $\boldsymbol{H}=(h_{ij})_{n\times n}$ 满足 $\overline{\boldsymbol{H}}^{\mathrm{T}}=\boldsymbol{H}$，则 $\boldsymbol{H}$ 称为埃尔米特矩阵；设实矩阵 $\boldsymbol{H}=(h_{ij})_{n\times n}$ 满足 $\boldsymbol{H}^{\mathrm{T}}=\boldsymbol{H}$，即 $\boldsymbol{H}$ 是实对称矩阵(实的埃尔米特阵为实对称矩阵).

定义 8.14　设 V 是数域 $\mathbb{F}$ 上的内积空间，σ 是内积空间 V 上的一个线性变换，若对任意的 $\boldsymbol{\alpha}$，$\boldsymbol{\beta}\in \boldsymbol{V}$，$(\sigma\boldsymbol{\alpha},\boldsymbol{\beta})=(\boldsymbol{\alpha},\sigma\boldsymbol{\beta})$，则 σ 称为 V 上的埃尔米特变换(或者对称变换).

命题 8.9　设 σ 是数域 $\mathbb{F}$ 上内积空间的一个线性变换，$\boldsymbol{e}_1$，$\boldsymbol{e}_2$，…，$\boldsymbol{e}_n$ 是 V 的一个标准正交基，σ 在此基下的矩阵为 $\boldsymbol{H}$，则 σ 为埃尔米特变换的充分必要条件是 $\boldsymbol{H}$ 为埃尔米特阵.

证明　由题设知，$\sigma(\boldsymbol{e}_1,\boldsymbol{e}_2,\cdots,\boldsymbol{e}_n)=(\sigma\boldsymbol{e}_1,\sigma\boldsymbol{e}_2,\cdots,\sigma\boldsymbol{e}_n)=(\boldsymbol{e}_1,\boldsymbol{e}_2,\cdots,\boldsymbol{e}_n)\boldsymbol{H}$，于是

$$\sigma\boldsymbol{e}_i=h_{1i}\boldsymbol{e}_1+h_{2i}\boldsymbol{e}_2+\cdots+h_{ni}\boldsymbol{e}_n=\sum_{k=1}^{n}h_{ki}\boldsymbol{e}_k\quad(i=1,2,\cdots,n)$$

$$(\sigma\boldsymbol{e}_j,\boldsymbol{e}_i)=(\sum_{k=1}^{n}h_{kj}\boldsymbol{e}_k,\boldsymbol{e}_i)=\sum_{k=1}^{n}h_{kj}(\boldsymbol{e}_k,\boldsymbol{e}_i)=h_{ij}$$

$$(\boldsymbol{e}_j, \sigma\boldsymbol{e}_i) = (\boldsymbol{e}_j, \sum_{k=1}^{n} h_{ki}\boldsymbol{e}_k) = \sum_{k=1}^{n} \overline{h_{ki}}(\boldsymbol{e}_j, \boldsymbol{e}_k) = \overline{h_{ji}}$$

进而，对任意的 $i, j=1, 2, \cdots, n$，$(\sigma\boldsymbol{e}_j, \boldsymbol{e}_i)=(\boldsymbol{e}_j, \sigma\boldsymbol{e}_i)$成立的充分必要条件是对任意的 $i, j=1, 2, \cdots, n$，$h_{ij}=\overline{h_{ji}}$即$\boldsymbol{H}=\overline{\boldsymbol{H}}^{\mathrm{T}}$，从而$\boldsymbol{H}$为埃尔米特阵.

对任意向量$\boldsymbol{\alpha}, \boldsymbol{\beta}\in V$，不妨设$\boldsymbol{\alpha}=\sum_{j=1}^{n} x_j\boldsymbol{e}_j$，$\boldsymbol{\beta}=\sum_{i=1}^{n} y_i\boldsymbol{e}_i$，于是

$$(\sigma\boldsymbol{\alpha}, \boldsymbol{\beta}) = (\sum_{j=1}^{n} x_j\sigma\boldsymbol{e}_j, \sum_{i=1}^{n} y_i\boldsymbol{e}_i) = \sum_{i, j=1}^{n} x_j\overline{y_i}(\sigma\boldsymbol{e}_j, \boldsymbol{e}_i)$$

$$(\boldsymbol{\alpha}, \sigma\boldsymbol{\beta}) = (\sum_{j=1}^{n} x_j\boldsymbol{e}_j, \sum_{i=1}^{n} y_i\sigma\boldsymbol{e}_i) = \sum_{i, j=1}^{n} x_j\overline{y_i}(\boldsymbol{e}_j, \sigma\boldsymbol{e}_i)$$

故$\boldsymbol{H}$为埃尔米特阵$\Leftrightarrow$对任意的 $i, j=1, 2, \cdots, n$，$(\sigma\boldsymbol{e}_j, \boldsymbol{e}_i)=(\boldsymbol{e}_j, \sigma\boldsymbol{e}_i)$.

$\Leftrightarrow$对任意向量$\boldsymbol{\alpha}, \boldsymbol{\beta}\in V$，$(\sigma\boldsymbol{\alpha}, \boldsymbol{\beta})=(\boldsymbol{\alpha}, \sigma\boldsymbol{\beta})$，$\sigma$为埃尔米特变换.

下面介绍埃尔米特变换的一些性质.

设σ为内积空间V上的埃尔米特变换，则

性质 8.3 对任意的$\boldsymbol{\alpha}\in V$，$(\sigma\boldsymbol{\alpha}, \boldsymbol{\alpha})$是实数.

性质 8.4 埃尔米特变换的特征值都是实数.

性质 8.5 埃尔米特变换的不同特征值的特征向量必正交.

性质 8.6 设W是σ的不变子空间，则$W^{\perp}$也是σ的不变子空间.

证明 由于$W^{\perp}=\{\boldsymbol{\alpha}\in V | \boldsymbol{\alpha}\in W\}$，因此对任意的$\boldsymbol{\alpha}\in W^{\perp}$，则对任意的$\boldsymbol{\beta}\in W$都有$(\boldsymbol{\alpha}, \boldsymbol{\beta})=0$. 又由于$W$是$\sigma$的不变子空间，$\sigma\boldsymbol{\beta}\in W$，进而$(\boldsymbol{\alpha}, \sigma\boldsymbol{\beta})=0$，而$\sigma$是埃尔米特变换，故$(\sigma\boldsymbol{\alpha}, \boldsymbol{\beta})=(\boldsymbol{\alpha}, \sigma\boldsymbol{\beta})=0$，即$\sigma\boldsymbol{\alpha}\perp W$，因此$\sigma\boldsymbol{\alpha}\in W^{\perp}$，即$W^{\perp}$是$\sigma$的不变子空间.

2. 实对称矩阵的正交化

定理 8.7 设$\boldsymbol{A}$是n阶复矩阵，则存在酉阵$\boldsymbol{U}$，使得

$$\boldsymbol{U}^{-1}\boldsymbol{A}\boldsymbol{U} = \begin{bmatrix} \lambda_1 & * & \cdots & * \\ 0 & \lambda_2 & \cdots & * \\ \vdots & \vdots & & \vdots \\ 0 & 0 & \cdots & \lambda_n \end{bmatrix} = \boldsymbol{T}$$

其中$\boldsymbol{T}$是上三角阵，对角线上的元素$\lambda_1, \lambda_2, \cdots, \lambda_n$恰是$\boldsymbol{A}$的全部特征值，即任一复矩阵酉相似于上三角阵.

证明 对$\boldsymbol{A}$的阶数n用数学归纳法.

当$n=1$时，$\boldsymbol{A}$是复数，定理当然成立.

假设定理对$n-1$阶复矩阵成立. 设$\boldsymbol{A}$是n阶矩阵，在复数域$\mathbb{C}$中，$\boldsymbol{A}$总有特征值，设为λ_1，相应的特征向量设为$\boldsymbol{\alpha}_1$. 于是在复数域$\mathbb{C}$中，由$\boldsymbol{\alpha}_1$出发，可以获得一个标准正交基$\{\boldsymbol{u}_1, \boldsymbol{u}_2, \cdots, \boldsymbol{u}_n\}$，其中$\boldsymbol{u}_1=\dfrac{\boldsymbol{\alpha}_1}{\|\boldsymbol{\alpha}_1\|}$，且$\boldsymbol{A}\boldsymbol{u}_1=\lambda_1\boldsymbol{u}_1$. 设

$$\boldsymbol{A}\boldsymbol{u}_i = \sum_{k=1}^{n} t_{ki}\boldsymbol{u}_k \quad (i=2, 3, \cdots, n)$$

写成矩阵形式即得

$$A(\boldsymbol{u}_1, \boldsymbol{u}_2, \cdots, \boldsymbol{u}_n) = (\boldsymbol{u}_1, \boldsymbol{u}_2, \cdots, \boldsymbol{u}_n)\begin{bmatrix} \lambda_1 & t_{12} & \cdots & t_{1n} \\ 0 & t_{22} & \cdots & t_{2n} \\ \vdots & \vdots & & \vdots \\ 0 & t_{n2} & \cdots & t_{nn} \end{bmatrix}$$

记 $\boldsymbol{U}_1=[\boldsymbol{u}_1, \boldsymbol{u}_2, \cdots, \boldsymbol{u}_n]$，它是酉矩阵，而且 $\boldsymbol{U}_1^{-1}\boldsymbol{A}\boldsymbol{U}_1=\begin{bmatrix} \lambda_1 & \boldsymbol{t} \\ \boldsymbol{0} & \boldsymbol{B} \end{bmatrix}$，其中 $\boldsymbol{B}$ 是 $n-1$ 阶复矩阵，$\boldsymbol{t}=(t_{12}, t_{13}, \cdots, t_{1n})$. 用归纳法假设，存在 $n-1$ 阶酉矩阵 $\boldsymbol{V}_1$，使得

$$\boldsymbol{V}_1^{-1}\boldsymbol{B}\boldsymbol{V}_1 = \begin{bmatrix} \lambda_2 & * & \cdots & * \\ 0 & \lambda_3 & \cdots & * \\ \vdots & \vdots & & \vdots \\ 0 & 0 & \cdots & \lambda_n \end{bmatrix}$$

令 $\boldsymbol{V}=\begin{bmatrix} 1 & \boldsymbol{0} \\ \boldsymbol{0} & \boldsymbol{V}_1 \end{bmatrix}$，它是 n 阶酉矩阵，显然

$$\boldsymbol{V}^{-1}\begin{bmatrix} \lambda_1 & \boldsymbol{t} \\ \boldsymbol{0} & \boldsymbol{B} \end{bmatrix}\boldsymbol{V} = \begin{bmatrix} \lambda_1 & * & \cdots & * \\ 0 & \lambda_2 & \cdots & * \\ \vdots & \vdots & & \vdots \\ 0 & 0 & \cdots & \lambda_n \end{bmatrix} = \boldsymbol{T}$$

即 $\boldsymbol{V}^{-1}\boldsymbol{P}\boldsymbol{V}=\boldsymbol{V}^{-1}\boldsymbol{U}_1^{-1}\boldsymbol{A}\boldsymbol{U}_1\boldsymbol{V}=\boldsymbol{T}$.

令 $\boldsymbol{U}=\boldsymbol{U}_1\boldsymbol{V}$，作为酉矩阵之积仍为酉矩阵，且 $\boldsymbol{U}^{-1}\boldsymbol{A}\boldsymbol{U}=\boldsymbol{T}$. 因为 $\boldsymbol{A}$ 与上三角形矩阵 $\boldsymbol{T}$ 酉相似，它们有相同的特征值，所以 $\boldsymbol{T}$ 的主对角线元素皆为 $\boldsymbol{A}$ 的特征值.

定理 8.8　设 $\boldsymbol{H}$ 是 n 阶复矩阵，则 $\boldsymbol{H}$ 是埃尔米特阵的充分必要条件是在 n 维内积空间 $\mathbb{C}^n$ 中存在一个标准正交基 $\boldsymbol{\eta}_1, \boldsymbol{\eta}_2, \cdots, \boldsymbol{\eta}_n$，它们是 $\boldsymbol{H}$ 的特征向量，即 $\boldsymbol{H}\boldsymbol{\eta}_i=\lambda_i\boldsymbol{\eta}_i(i=1, 2, \cdots, n)$，且 λ_i 为实数.

证明　（必要性）取 n 维内积空间 $\mathbb{C}^n$ 的一个标准正交基 $\boldsymbol{\varepsilon}_1, \boldsymbol{\varepsilon}_2, \cdots, \boldsymbol{\varepsilon}_n$，由命题 8.9 知 $\boldsymbol{H}$ 可看作是埃尔米特变换 σ 在此基下的矩阵，欲证明 σ 有 n 个特征向量 $\boldsymbol{\eta}_1, \boldsymbol{\eta}_2, \cdots, \boldsymbol{\eta}_n$ 作成 n 维内积空间 $\mathbb{C}^n$ 的一个标准正交基.

（对内积空间的维数 n 利用数学归纳法）

当 $n=1$ 时，结论显然成立.

假设维数为 $n-1$ 时命题成立. 现在考虑 n 维内积空间 $\mathbb{C}^n$，线性变换 σ 总有特征值，设为 λ_1，其特征向量为 $\boldsymbol{\alpha}_1$，将 $\boldsymbol{\alpha}_1$ 单位化，令 $\boldsymbol{\eta}_1=\dfrac{\boldsymbol{\alpha}_1}{\|\boldsymbol{\alpha}_1\|}$，从而 $\boldsymbol{\eta}_1$ 也是 σ 的对应于特征值 λ_1 的特征向量，即 $\sigma\boldsymbol{\eta}_1=\lambda_1\boldsymbol{\eta}_1$.

作 $W=\mathrm{span}(\boldsymbol{\eta}_1)=\{k\boldsymbol{\eta}_1 \mid k\in\mathbb{C}\}$，任取 $\boldsymbol{\beta}=k\boldsymbol{\eta}_1$，则 $\sigma\boldsymbol{\beta}\in W$，从而 W 是 $\mathbb{C}^n$ 的 σ-不变子空间. 显然 $\dim W=1$. 又由于 $\mathbb{C}^n=W\oplus W^{\perp}$，从而 $\dim W^{\perp}=n-1$，由性质 8.6 知 $W^{\perp}$ 也是 σ 的不变子空间. 显然 $\sigma|_{W^{\perp}}$ 也是埃尔米特变换，由归纳假设知 $\sigma|_{W^{\perp}}$ 有 $n-1$ 个特征向量 $\boldsymbol{\eta}_2, \cdots, \boldsymbol{\eta}_n$ 作成 $W^{\perp}$ 的一个标准正交基，于是 $\boldsymbol{\eta}_1, \boldsymbol{\eta}_2, \cdots, \boldsymbol{\eta}_n$ 是 $\mathbb{C}^n$ 的一个标准正交基，且它们都是 σ 的特征向量.

（充分性）由标准正交基构成的矩阵 $\boldsymbol{T}=(\boldsymbol{\eta}_1, \boldsymbol{\eta}_2, \cdots, \boldsymbol{\eta}_n)$是酉阵.

由于

$$H\boldsymbol{\eta}_i = \lambda_i \boldsymbol{\eta}_i$$

从而

$$\begin{aligned} HT &= H(\boldsymbol{\eta}_1, \boldsymbol{\eta}_2, \cdots, \boldsymbol{\eta}_n) = (H\boldsymbol{\eta}_1, H\boldsymbol{\eta}_2, \cdots, H\boldsymbol{\eta}_n) \\ &= (\lambda_1\boldsymbol{\eta}_1, \lambda_2\boldsymbol{\eta}_2, \cdots, \lambda_n\boldsymbol{\eta}_n) = (\boldsymbol{\eta}_1, \boldsymbol{\eta}_2, \cdots, \boldsymbol{\eta}_n)\begin{bmatrix} \lambda_1 & 0 & \cdots & 0 \\ 0 & \lambda_2 & \cdots & 0 \\ \vdots & \vdots & & \vdots \\ 0 & 0 & \cdots & \lambda_n \end{bmatrix} \\ &= T\mathrm{diag}(\boldsymbol{\lambda}_1, \boldsymbol{\lambda}_2, \cdots, \boldsymbol{\lambda}_n) \end{aligned}$$

又由于 T 是可逆矩阵，因此 $H=T\mathrm{diag}(\boldsymbol{\lambda}_1, \boldsymbol{\lambda}_2, \cdots, \boldsymbol{\lambda}_n)T^{-1}$，其中 $\lambda_i(i=1, 2, \cdots, n)$为实数. 于是

$$\begin{aligned} \overline{H}^{\mathrm{T}} &= \overline{H = T\mathrm{diag}(\boldsymbol{\lambda}_1, \boldsymbol{\lambda}_2, \cdots, \boldsymbol{\lambda}_n)T^{-1}}^{\mathrm{T}} = (\overline{T}\mathrm{diag}(\boldsymbol{\lambda}_1, \boldsymbol{\lambda}_2, \cdots, \boldsymbol{\lambda}_n)\overline{T^{-1}})^{\mathrm{T}} \\ &= \overline{T^{-1}}^{\mathrm{T}}\mathrm{diag}(\boldsymbol{\lambda}_1, \boldsymbol{\lambda}_2, \cdots, \boldsymbol{\lambda}_n)\overline{T}^{\mathrm{T}} = T\mathrm{diag}(\boldsymbol{\lambda}_1, \boldsymbol{\lambda}_2, \cdots, \boldsymbol{\lambda}_n)T^{-1} = H \end{aligned}$$

则 H 是埃尔米特阵.

推论 8.10 若 H 是埃尔米特阵，则存在酉阵 U 使得

$$\overline{U}^{\mathrm{T}}HU = U^{-1}HU = \mathrm{diag}(\lambda_1, \lambda_2, \cdots, \lambda_n)$$

其中 $\lambda_1, \lambda_2, \cdots, \lambda_n$ 是 H 的特征值(全为实数)，即任一埃尔米特阵酉相似于实对角阵.

证明 由定理 8.8 知，H 是埃尔米特阵，则在 n 维内积空间 $\mathbb{C}^n$ 中存在一个标准正交基 $\boldsymbol{\eta}_1, \boldsymbol{\eta}_2, \cdots, \boldsymbol{\eta}_n$，它们是 H 的特征向量，即 $H\boldsymbol{\eta}_i=\lambda_i\boldsymbol{\eta}_i(i=1, 2, \cdots, n)$，且 λ_i 为实数. 令 $U=(\boldsymbol{\eta}_1, \boldsymbol{\eta}_2, \cdots, \boldsymbol{\eta}_n)$，则 U 是酉阵，且

$$\begin{aligned} HU &= H(\boldsymbol{\eta}_1, \boldsymbol{\eta}_2, \cdots, \boldsymbol{\eta}_n) = (H\boldsymbol{\eta}_1, H\boldsymbol{\eta}_2, \cdots, H\boldsymbol{\eta}_n) \\ &= (\lambda_1\boldsymbol{\eta}_1, \lambda_2\boldsymbol{\eta}_2, \cdots, \lambda_n\boldsymbol{\eta}_n) = (\boldsymbol{\eta}_1, \boldsymbol{\eta}_2, \cdots, \boldsymbol{\eta}_n)\begin{bmatrix} \lambda_1 & 0 & \cdots & 0 \\ 0 & \lambda_2 & \cdots & 0 \\ \vdots & \vdots & & \vdots \\ 0 & 0 & \cdots & \lambda_n \end{bmatrix} \\ &= U\mathrm{diag}(\boldsymbol{\lambda}_1, \boldsymbol{\lambda}_2, \cdots, \boldsymbol{\lambda}_n) \end{aligned}$$

又由于 U 可逆，因此 $U^{-1}HU=\mathrm{diag}(\lambda_1, \lambda_2, \cdots, \lambda_n)$，$H$ 是埃尔米特阵，其特征值 $\lambda_1, \lambda_2, \cdots, \lambda_n$ 全为实数.

推论 8.11 若 A 是 n 阶实对称阵，则存在正交阵 O 使得

$$O^{\mathrm{T}}AO = O^{-1}AO = \mathrm{diag}(\lambda_1, \lambda_2, \cdots, \lambda_n)$$

其中 $\lambda_1, \lambda_2, \cdots, \lambda_n$ 是 A 的特征值(全为实数)，即任一实对称阵正交相似于实对角阵.

设 A 是 n 阶实对称阵，求正交阵 O 使 $O^{-1}AO$ 为对角阵的问题等价于在 n 维内积空间 $\mathbb{R}^n$ 中求一组由 A 的特征向量构成的标准正交基. 设 $\boldsymbol{\eta}_1, \boldsymbol{\eta}_2, \cdots, \boldsymbol{\eta}_n$ 是 n 维内积空间 $\mathbb{R}^n$ 的一个标准正交基，都是 A 的特征向量，令 $O=(\boldsymbol{\eta}_1, \boldsymbol{\eta}_2, \cdots, \boldsymbol{\eta}_n)$，则 O 是正交阵，且

$$O^{\mathrm{T}}AO = O^{-1}AO = \mathrm{diag}(\lambda_1, \lambda_2, \cdots, \lambda_n)$$

为对角阵，其中 $\lambda_1, \lambda_2, \cdots, \lambda_n$ 是 A 的全部特征值. 于是，求正交阵 O 按以下步骤进行：

(1) 求出 $|\Delta_A(\lambda)|=|\lambda E-A|$ 的全部根，可得 A 的两两不同的特征值 $\lambda_1, \lambda_2, \cdots, \lambda_n$；

(2) 对于每个特征值 λ_i，求齐次线性方程组 $(\lambda_i E-A)x=0$ 的一个基础解系，即为 A 的特征子空间 V_{λ_i} 的一个基 $\boldsymbol{\alpha}_{i1}, \boldsymbol{\alpha}_{i2}, \cdots, \boldsymbol{\alpha}_{id_i}$，其中 d_i 为 λ_i 的几何重数. 从这组基出发，利用

施密特标准正交化过程，求得 V_{λ_i} 的一个标准正交基 $\boldsymbol{\eta}_{i1}, \boldsymbol{\eta}_{i2}, \cdots, \boldsymbol{\eta}_{id_i}$；

(3) 由于 $\lambda_1, \lambda_2, \cdots, \lambda_s$ 两两不同，则向量组

$$\boldsymbol{\eta}_{11}, \boldsymbol{\eta}_{12}, \cdots, \boldsymbol{\eta}_{1d_1}, \boldsymbol{\eta}_{21}, \boldsymbol{\eta}_{22}, \cdots, \boldsymbol{\eta}_{2d_2}, \cdots, \boldsymbol{\eta}_{s1}, \boldsymbol{\eta}_{s2}, \cdots, \boldsymbol{\eta}_{sd_s} \qquad (*)$$

是两两正交的. 由于实对称阵 $\boldsymbol{A}$ 可对角化，于是 $d_1+d_2+\cdots+d_s=n$，因此向量组($*$)构成了内积空间 $\mathbb{R}^n$ 的一个标准正交基，且它们都是 $\boldsymbol{A}$ 的特征向量. 构造

$$\boldsymbol{O}=[\boldsymbol{\eta}_{11}, \boldsymbol{\eta}_{12}, \cdots, \boldsymbol{\eta}_{1d_1}, \cdots, \boldsymbol{\eta}_{s1}, \boldsymbol{\eta}_{s2}, \cdots, \boldsymbol{\eta}_{sd_s}]$$

则 $\boldsymbol{O}$ 是正交阵. 由于 $\boldsymbol{A\eta}_i=\lambda_i\boldsymbol{\eta}_i$，即 $\boldsymbol{AO}=\boldsymbol{O}\mathrm{diag}(\lambda_1, \lambda_2, \cdots, \lambda_s)$，因此

$$\boldsymbol{O}^{\mathrm{T}}\boldsymbol{AO}=\boldsymbol{O}^{-1}\boldsymbol{AO}=\mathrm{diag}(\lambda_1, \lambda_2, \cdots, \lambda_s)$$

其中 $\lambda_1, \lambda_2, \cdots, \lambda_s$ 为 $\boldsymbol{A}$ 的不同特征值.

例 8.4　设 $\boldsymbol{A}=\begin{bmatrix} 0 & 1 & -1 & -1 \\ 1 & 0 & -1 & -1 \\ -1 & -1 & 0 & 1 \\ -1 & -1 & 1 & 0 \end{bmatrix}$，求正交阵 $\boldsymbol{O}$，使得 $\boldsymbol{O}^{-1}\boldsymbol{AO}$ 为对角阵，并求此对角阵.

解　先求 $\boldsymbol{A}$ 的特征值. 由

$$|\lambda\boldsymbol{E}-\boldsymbol{A}|=\begin{vmatrix} \lambda & -1 & 1 & 1 \\ -1 & \lambda & 1 & 1 \\ 1 & 1 & \lambda & -1 \\ 1 & 1 & -1 & \lambda \end{vmatrix}=(\lambda-3)(\lambda+1)^3$$

令 $|\lambda\boldsymbol{E}-\boldsymbol{A}|=0$，则 $\boldsymbol{A}$ 的不同特征值为 $\lambda_1=-1$(三重)，$\lambda_2=3$.

其次，求属于 $\lambda_1=-1$ 的特征向量.

把 $\lambda_1=-1$ 代入齐次线性方程组 $(\lambda\boldsymbol{E}-\boldsymbol{A})\boldsymbol{x}=\boldsymbol{0}$，得

$$\begin{bmatrix} -1 & -1 & 1 & 1 \\ -1 & -1 & 1 & 1 \\ 1 & 1 & -1 & -1 \\ 1 & 1 & -1 & -1 \end{bmatrix}\begin{pmatrix} x_1 \\ x_2 \\ x_3 \\ x_4 \end{pmatrix}=\boldsymbol{0}$$

求得此方程组的一个基础解系为

$$\boldsymbol{\alpha}_1=(-1, 1, 0, 0)^{\mathrm{T}}, \boldsymbol{\alpha}_2=(1, 0, 1, 0)^{\mathrm{T}}, \boldsymbol{\alpha}_3=(1, 0, 0, 1)^{\mathrm{T}}$$

将它们进行正交化，得

$$\boldsymbol{\beta}_1=(-1, 1, 0, 0)^{\mathrm{T}}, \boldsymbol{\beta}_2=\left(\frac{1}{2}, \frac{1}{2}, 1, 0\right)^{\mathrm{T}}, \boldsymbol{\beta}_3=\frac{1}{3}(1, 1, -1, 3)^{\mathrm{T}}$$

再将 $\boldsymbol{\beta}_1, \boldsymbol{\beta}_2, \boldsymbol{\beta}_3$ 单位化，得

$$\boldsymbol{\eta}_1=\frac{1}{\sqrt{2}}(-1, 1, 0, 0)^{\mathrm{T}}, \boldsymbol{\eta}_2=\frac{1}{\sqrt{6}}(1, 1, 2, 0)^{\mathrm{T}}, \boldsymbol{\eta}_3=\frac{\sqrt{3}}{6}(1, 1, -1, 3)^{\mathrm{T}}$$

这是属于三重特征值 -1 的三个标准正交的特征向量.

再求属于 $\lambda_2=3$ 的特征向量. 将 $\lambda_2=3$ 代入齐次线性方程组 $(\lambda\boldsymbol{E}-\boldsymbol{A})\boldsymbol{x}=\boldsymbol{0}$，求得此方程组的一个基础解系为 $\boldsymbol{\alpha}_4=(-1, -1, 1, 1)^{\mathrm{T}}$，将其单位化，得 $\boldsymbol{\eta}_4=\frac{1}{2}(-1, -1, 1, 1)^{\mathrm{T}}$. 于是 $\boldsymbol{A}$ 的特征向量 $\boldsymbol{\eta}_1, \boldsymbol{\eta}_2, \boldsymbol{\eta}_3, \boldsymbol{\eta}_4$ 构成内积空间 $\mathbb{R}^n$ 的一组标准正交基，所求的正交矩阵为

$$\boldsymbol{O}=(\boldsymbol{\eta}_1,\boldsymbol{\eta}_2,\boldsymbol{\eta}_3,\boldsymbol{\eta}_4)=\begin{bmatrix}-\frac{1}{\sqrt{2}} & \frac{1}{\sqrt{6}} & \frac{\sqrt{3}}{6} & -\frac{1}{2}\\ \frac{1}{\sqrt{2}} & \frac{1}{\sqrt{6}} & \frac{\sqrt{3}}{6} & -\frac{1}{2}\\ 0 & \frac{2}{\sqrt{6}} & -\frac{\sqrt{3}}{6} & \frac{1}{2}\\ 0 & 0 & \frac{3\sqrt{3}}{6} & \frac{1}{2}\end{bmatrix}$$

且 $\boldsymbol{O}^{\mathrm{T}}\boldsymbol{A}\boldsymbol{O}=\begin{bmatrix}-1 & 0 & 0 & 0\\ 0 & -1 & 0 & 0\\ 0 & 0 & -1 & 0\\ 0 & 0 & 0 & 3\end{bmatrix}$.

应该指出，在推论 8.11 中，对于正交矩阵 $\boldsymbol{O}$，还可以进一步要求 $|\boldsymbol{O}|=1$. 这是因为：不妨设 $\boldsymbol{O}^{\mathrm{T}}\boldsymbol{A}\boldsymbol{O}=\mathrm{diag}(\lambda_1,\lambda_2,\cdots,\lambda_n)$. 若求得的正交矩阵 $\boldsymbol{O}$ 的行列式为 $|\boldsymbol{O}|=-1$，那么取 $\boldsymbol{S}=\begin{bmatrix}-1 & \boldsymbol{0}\\ \boldsymbol{0} & \boldsymbol{E}_{n-1}\end{bmatrix}$，则 $\boldsymbol{S}^{\mathrm{T}}\boldsymbol{S}=\begin{bmatrix}-1 & \boldsymbol{0}\\ \boldsymbol{0} & \boldsymbol{E}_{n-1}\end{bmatrix}\begin{bmatrix}-1 & \boldsymbol{0}\\ \boldsymbol{0} & \boldsymbol{E}_{n-1}\end{bmatrix}=\boldsymbol{E}_n$，即 $\boldsymbol{S}$ 是正交阵，取 $\boldsymbol{Q}=\boldsymbol{O}\boldsymbol{S}$，则 $\boldsymbol{Q}$ 也是正交阵，且 $|\boldsymbol{Q}|=|\boldsymbol{O}\boldsymbol{S}|=|\boldsymbol{O}|\,|\boldsymbol{S}|=(-1)\cdot(-1)=1$，显然

$$\boldsymbol{Q}^{-1}\boldsymbol{A}\boldsymbol{Q}=(\boldsymbol{O}\boldsymbol{S})^{-1}\boldsymbol{A}(\boldsymbol{O}\boldsymbol{S})=\mathrm{diag}(\lambda_1,\lambda_2,\cdots,\lambda_n)=\boldsymbol{O}^{-1}\boldsymbol{A}\boldsymbol{O}$$

8.6 在解析几何中的应用

1. 空间直角坐标变换

空间点的坐标依赖于坐标系的选取，同一个点在不同的坐标系下有不同的坐标. 二次曲面作为空间图形，在不同的坐标系下，其方程也不同. 如果能选取适当的坐标系，使二次曲面的方程变得简洁，这样既便于识别曲面的类型，讨论它的几何性质，又便于确定其空间位置，绘出它的图形. 下面先讨论同一个点在两个不同的坐标系下的坐标之间的关系，这样的关系式称为变换公式.

设 Ⅰ$=\{O;\boldsymbol{i},\boldsymbol{j},\boldsymbol{k}\}$ 及 Ⅱ$=\{O';\boldsymbol{i}',\boldsymbol{j}',\boldsymbol{k}'\}$ 是空间的两个右手直角坐标系，点 O' 在 Ⅰ 下的坐标为 (x_0,y_0,z_0)，$\boldsymbol{i}',\boldsymbol{j}',\boldsymbol{k}'$ 在 Ⅰ 下的坐标分别为 (c_{11},c_{21},c_{31})，(c_{12},c_{22},c_{32})，(c_{13},c_{23},c_{33})，那么形式上有

$$(\boldsymbol{i}',\boldsymbol{j}',\boldsymbol{k}')=(\boldsymbol{i},\boldsymbol{j},\boldsymbol{k})\begin{bmatrix}c_{11} & c_{12} & c_{13}\\ c_{21} & c_{22} & c_{23}\\ c_{31} & c_{32} & c_{33}\end{bmatrix}$$

其中 $T=(c_{ij})_{3\times 3}$ 称为从 Ⅰ 到 Ⅱ 的过渡矩阵.

注：由于 $\{\boldsymbol{i},\boldsymbol{j},\boldsymbol{k}\}$ 与 $\{\boldsymbol{i}',\boldsymbol{j}',\boldsymbol{k}'\}$ 都是 3 维欧式空间 $\mathbb{R}^3$ 的标准正交基，从而从 $\{\boldsymbol{i},\boldsymbol{j},\boldsymbol{k}\}$ 到 $\{\boldsymbol{i}',\boldsymbol{j}',\boldsymbol{k}'\}$ 的过渡矩阵 $\boldsymbol{T}$ 一定是正交阵. 又由于 $|\boldsymbol{i},\boldsymbol{j},\boldsymbol{k}|=|\boldsymbol{i}',\boldsymbol{j}',\boldsymbol{k}'|=1$，从而 $|\boldsymbol{T}|=1$，即 $\boldsymbol{T}$ 为第一类的正交阵.

设空间中任一点 P 在 Ⅰ 与 Ⅱ 下的坐标分别为 (x,y,z)，(x',y',z')，如图 8-1 所示，

则有

$$\begin{aligned} x\boldsymbol{i}+y\boldsymbol{j}+z\boldsymbol{k} &= \overrightarrow{OP} = \overrightarrow{OO'}+\overrightarrow{O'P} = (x_0\boldsymbol{i}+y_0\boldsymbol{j}+z_0\boldsymbol{k})+(x'\boldsymbol{i}'+y'\boldsymbol{j}'+z'\boldsymbol{k}') \\ &= (x_0\boldsymbol{i}+y_0\boldsymbol{j}+z_0\boldsymbol{k})+x'(c_{11}\boldsymbol{i}+c_{21}\boldsymbol{j}+c_{31}\boldsymbol{k})+y'(c_{12}\boldsymbol{i}+c_{22}\boldsymbol{j}+c_{32}\boldsymbol{k})+z'(c_{13}\boldsymbol{i}+c_{23}\boldsymbol{j}+c_{33}\boldsymbol{k}) \\ &= (x_0+c_{11}x'+c_{12}y'+c_{13}z')\boldsymbol{i}+(y_0+c_{21}x'+c_{22}y'+c_{23}z')\boldsymbol{j}+(z_0+c_{31}x'+c_{32}y'+c_{33}z')\boldsymbol{k} \end{aligned}$$

从而

$$\begin{cases} x = x_0+c_{11}x'+c_{12}y'+c_{13}z' \\ y = y_0+c_{21}x'+c_{22}y'+c_{23}z' \\ z = z_0+c_{31}x'+c_{32}y'+c_{33}z' \end{cases} \tag{8-10}$$

记 $\boldsymbol{x}=(x, y, z)^{\mathrm{T}}$，$\boldsymbol{x}'=(x', y', z')^{\mathrm{T}}$，$\boldsymbol{x}_0=(x_0, y_0, z_0)^{\mathrm{T}}$，则式(8－10)可以写成矩阵形式

$$\boldsymbol{x} = \boldsymbol{T}\boldsymbol{x}'+\boldsymbol{x}_0 \tag{8-11}$$

则公式(8－10)与公式(8－11)称为点的直角坐标变换公式.

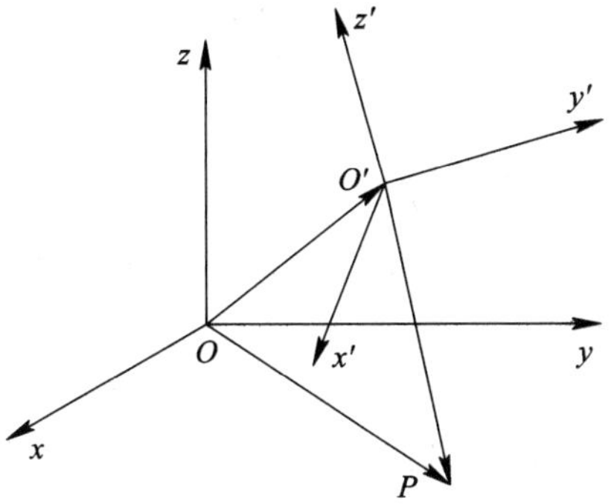

图 8－1

下面讨论两种特殊的坐标变换.

(1) 移轴. 设坐标系Ⅰ与Ⅱ的原点 O 与 O' 不同，但是坐标向量

$$\boldsymbol{i}'=\boldsymbol{i},\ \boldsymbol{j}'=\boldsymbol{j},\ \boldsymbol{k}'=\boldsymbol{k}$$

此时，坐标系Ⅱ可以看作由坐标系Ⅰ通过平行移动使 O 与 O' 重合而得到，这种坐标变换称为平移变换，简称移轴. 此时的过渡矩阵 $\boldsymbol{T}=\boldsymbol{E}_3$，公式(8－10)与公式(8－11)分别变为

$$\begin{cases} x = x_0+x' \\ y = y_0+y' \\ z = z_0+z' \end{cases} \tag{8-12}$$

或

$$\boldsymbol{x} = \boldsymbol{x}'+\boldsymbol{x}_0 \tag{8-13}$$

则公式(8－12)与公式(8－13)称为空间坐标变换的移轴公式.

(2) 转轴. 设坐标系Ⅰ与Ⅱ具有相同的坐标原点 O，但是坐标向量不同. 此时，坐标系Ⅱ可以看作由坐标系Ⅰ绕原点旋转，使得 $\boldsymbol{i}, \boldsymbol{j}, \boldsymbol{k}$ 分别与 $\boldsymbol{i}', \boldsymbol{j}', \boldsymbol{k}'$ 重合而得到的，这种坐标变换称为旋转变换，简称转轴. 公式(8－10)与公式(8－11)分别变为

$$\begin{cases}x = c_{11}x' + c_{12}y' + c_{13}z' \\ y = c_{21}x' + c_{22}y' + c_{23}z' \\ z = c_{31}x' + c_{32}y' + c_{33}z'\end{cases} \tag{8-14}$$

或

$$\boldsymbol{x} = \boldsymbol{T}\boldsymbol{x}' \tag{8-15}$$

则公式(8-14)与公式(8-15)称为空间坐标变换的转轴公式.

设$\boldsymbol{i}'$在坐标系Ⅰ中的方向角为α_1，β_1，γ_1，$\boldsymbol{j}'$在坐标系Ⅰ中的方向角为α_2，β_2，γ_2，$\boldsymbol{k}'$在坐标系Ⅰ中的方向角为α_3，β_3，γ_3. 因为单位向量的坐标就是它的方向余弦，所以

$$\begin{cases}\boldsymbol{i}' = \boldsymbol{i}\cos\alpha_1 + \boldsymbol{j}\cos\beta_1 + \boldsymbol{k}\cos\gamma_1 \\ \boldsymbol{j}' = \boldsymbol{i}\cos\alpha_2 + \boldsymbol{j}\cos\beta_2 + \boldsymbol{k}\cos\gamma_2 \\ \boldsymbol{k}' = \boldsymbol{i}\cos\alpha_3 + \boldsymbol{j}\cos\beta_3 + \boldsymbol{k}\cos\gamma_3\end{cases}$$

即

$$(\boldsymbol{i}', \boldsymbol{j}', \boldsymbol{z}') = (\boldsymbol{i}, \boldsymbol{j}, \boldsymbol{k})\begin{bmatrix}\cos\alpha_1 & \cos\alpha_2 & \cos\alpha_3 \\ \cos\beta_1 & \cos\beta_2 & \cos\beta_3 \\ \cos\gamma_1 & \cos\gamma_2 & \cos\gamma_3\end{bmatrix}$$

此时公式(8-14)可以写成

$$\begin{cases}x = x'\cos\alpha_1 + y'\cos\alpha_2 + z'\cos\alpha_3 \\ y = x'\cos\beta_1 + y'\cos\beta_2 + z'\cos\beta_3 \\ z = x'\cos\gamma_1 + y'\cos\gamma_2 + z'\cos\gamma_3\end{cases} \tag{8-16}$$

称为空间直角坐标变换的转轴公式，其中 $\boldsymbol{T}=\begin{bmatrix}\cos\alpha_1 & \cos\alpha_2 & \cos\alpha_3 \\ \cos\beta_1 & \cos\beta_2 & \cos\beta_3 \\ \cos\gamma_1 & \cos\gamma_2 & \cos\gamma_3\end{bmatrix}$，满足$|\boldsymbol{T}|=1$，即满足右手系.

在空间坐标旋转变换中，有一种特殊情形，即绕轴旋转，即它保持一个坐标轴不动，另两个坐标轴在其所在平面内绕原点旋转. 例如，保持z轴不变，x、y轴在xOy平面内绕原点旋转θ(如图8-2所示)，此时$\boldsymbol{i}'$，$\boldsymbol{j}'$，$\boldsymbol{k}'$在坐标系Ⅰ中的方向角分别为

$$\theta,\ \frac{\pi}{2}-\theta,\ \frac{\pi}{2};\ \frac{\pi}{2}+\theta;\ \theta,\ \frac{\pi}{2};\ \frac{\pi}{2},\ \frac{\pi}{2},\ 0$$

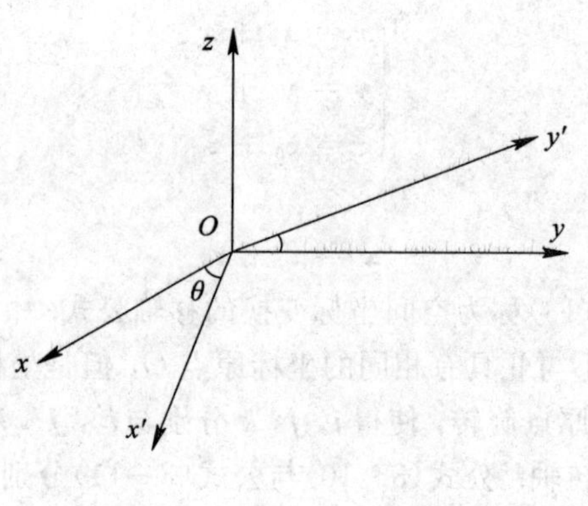

图 8-2

则

$$\boldsymbol{T}=\begin{bmatrix}\cos\theta & \cos\left(\frac{\pi}{2}+\theta\right) & \cos\frac{\pi}{2}\\ \cos\left(\frac{\pi}{2}-\theta\right) & \cos\theta & \cos\frac{\pi}{2}\\ \cos\frac{\pi}{2} & \cos\frac{\pi}{2} & \cos 0\end{bmatrix}=\begin{bmatrix}\cos\theta & -\sin\theta & 0\\ \sin\theta & \cos\theta & 0\\ 0 & 0 & 1\end{bmatrix}$$

即 $\boldsymbol{x}=\boldsymbol{T}\boldsymbol{x}'$，于是在此情形下，转轴公式为

$$\begin{cases}x=x'\cos\theta-y'\sin\theta\\ y=x'\sin\theta+y'\cos\theta\\ z=z'\end{cases}\tag{8-17}$$

比较公式(8-10)、(8-12)、(8-14)可知，一般的坐标变换可以通过先移轴再转轴或者先转轴再移轴得到.

例 8.5　利用移轴化简曲面方程 $x^2+z^2-5xy-2x+5y+2z+2=0$，并判别该方程表示的曲面.

解　原方程化简为 $(x-1)^2+(z+1)^2-5(x-1)y=0$. 令 $x=x'+1$，$y=y'$，$z=z'-1$，则在新坐标系中，曲面方程为 $x'^2+z'^2-5x'y'=0$，这是关于 x'，y'，z' 的二次齐次方程，从而它表示顶点为(1，0，−1)的二次锥面.

例 8.6　利用绕轴判别方程 $z=xy$ 所表示的曲面.

解　将公式(8-17)代入方程 $z=xy$，得

$$\begin{aligned}z'&=(x'^2-y'^2)\sin\theta\cos\theta+x'y'(\cos'\theta-\sin^2\theta)\\&=\frac{1}{2}(x'^2-y'^2)\sin2\theta+x'y'\cos2\theta\end{aligned}$$

为消去交叉项 $x'y'$，取 $\theta=\frac{\pi}{4}$，作绕轴旋转

$$\begin{cases}x=\dfrac{1}{\sqrt{2}}(x'-y')\\ y=\dfrac{1}{\sqrt{2}}(x'+y')\\ z=z'\end{cases}$$

此时原方程变为

$$z'=\frac{1}{2}x'^2-\frac{1}{2}y'^2$$

它表示双曲抛物面.

2. 利用移轴、转轴化简二次曲面的方程

二次曲面方程可以经过转轴消去交叉项，这样就能利用配方法将方程化为较简单的形式. 本节主要讨论一般的二次曲面方程的化简.

设二次曲面的方程为

$$F(x,y,z)=a_{11}x^2+a_{22}y^2+a_{33}z^2+2a_{12}xy+2a_{13}xz+2a_{23}yz+2a_{14}x+2a_{24}y+2a_{34}z+a_{44}=0\tag{8-18}$$

为方便起见，引进如下一些记号，将 $F(x, y, z)$的二次项部分

$$a_{11}x^2 + a_{22}y^2 + a_{33}z^2 + 2a_{12}xy + 2a_{13}xz + 2a_{23}yz$$

简记为 $\Phi(x, y, z)$. 利用矩阵乘法将 $\Phi(x, y, z)$、$F(x, y, z)$分别写成下列形式：

$$\Phi(x, y, z) = (x, y, z)\begin{bmatrix} a_{11} & a_{12} & a_{13} \\ a_{12} & a_{22} & a_{23} \\ a_{13} & a_{23} & a_{33} \end{bmatrix}\begin{pmatrix} x \\ y \\ z \end{pmatrix}$$

$$F(x, y, z) = (x, y, z, 1)\begin{bmatrix} a_{11} & a_{12} & a_{13} & a_{14} \\ a_{12} & a_{22} & a_{23} & a_{24} \\ a_{13} & a_{23} & a_{33} & a_{34} \\ a_{14} & a_{24} & a_{34} & a_{44} \end{bmatrix}\begin{pmatrix} x \\ y \\ z \\ 1 \end{pmatrix}$$

记 $\boldsymbol{A}=\begin{bmatrix} a_{11} & a_{12} & a_{13} & a_{14} \\ a_{21} & a_{22} & a_{23} & a_{24} \\ a_{31} & a_{32} & a_{33} & a_{34} \\ a_{41} & a_{42} & a_{43} & a_{44} \end{bmatrix}$，$\boldsymbol{A}^{\Delta}=\begin{bmatrix} a_{11} & a_{12} & a_{13} \\ a_{21} & a_{22} & a_{23} \\ a_{31} & a_{32} & a_{33} \end{bmatrix}$分别称为二次曲面 $F(x, y, z)=0$ 和 $\Phi(x, y, z)$的矩阵，它们都是实对称阵.

令 $\boldsymbol{a}=\begin{pmatrix} a_{14} \\ a_{24} \\ a_{34} \end{pmatrix}$，则 $\boldsymbol{A}$ 可以分块为 $\boldsymbol{A}=\begin{bmatrix} \boldsymbol{A}^{\Delta} & \boldsymbol{a} \\ \boldsymbol{a}^{\mathrm{T}} & a_{44} \end{bmatrix}$；

令 $\boldsymbol{x}=\begin{pmatrix} x \\ y \\ z \end{pmatrix}$，则 $F(x, y, z)$可以表示为

$$F(x, y, z) = (\boldsymbol{x}^{\mathrm{T}} \quad 1)\begin{bmatrix} \boldsymbol{A}^{\Delta} & \boldsymbol{a} \\ \boldsymbol{a}^{\mathrm{T}} & a_{44} \end{bmatrix}\begin{pmatrix} \boldsymbol{x} \\ 1 \end{pmatrix}$$

并且 $\Phi(x, y, z)=\boldsymbol{x}^{\mathrm{T}}\boldsymbol{A}^{\Delta}\boldsymbol{x}$.

对二次方程(8－18)实施旋转变换. 令 $\boldsymbol{x}=\boldsymbol{T}\boldsymbol{x}'$，其中 $\boldsymbol{T}=\begin{bmatrix} \cos\alpha_1 & \cos\alpha_2 & \cos\alpha_3 \\ \cos\beta_1 & \cos\beta_2 & \cos\beta_3 \\ \cos\gamma_1 & \cos\gamma_2 & \cos\gamma_3 \end{bmatrix}$是从旧坐标系$\{O; \boldsymbol{i}, \boldsymbol{j}, \boldsymbol{k}\}$到新坐标系$\{O'; \boldsymbol{i}', \boldsymbol{j}', \boldsymbol{k}'\}$的过渡矩阵，可将 $F(x, y, z)=0$ 变为$F'(x', y', z')=0$.

将$\begin{pmatrix} \boldsymbol{x} \\ 1 \end{pmatrix}=\begin{pmatrix} \boldsymbol{T}\boldsymbol{x}' \\ 1 \end{pmatrix}=\begin{bmatrix} \boldsymbol{T} & 0 \\ 0 & 1 \end{bmatrix}\begin{pmatrix} \boldsymbol{x}' \\ 1 \end{pmatrix}$代入式 $F(x, y, z)$的表达式，得

$$\begin{aligned} \boldsymbol{F}(x, y, z) &= (\boldsymbol{x}^{\mathrm{T}} \quad 1)\begin{bmatrix} \boldsymbol{A}^{\Delta} & \boldsymbol{a} \\ \boldsymbol{a}^{\Delta} & a_{44} \end{bmatrix}\begin{pmatrix} \boldsymbol{x} \\ 1 \end{pmatrix} \\ &= (\boldsymbol{x}'^{\mathrm{T}} \quad 1)\begin{bmatrix} \boldsymbol{T}^{\mathrm{T}} & 0 \\ 0 & 1 \end{bmatrix}\begin{bmatrix} \boldsymbol{A}^{\Delta} & \boldsymbol{a} \\ \boldsymbol{a}^{\mathrm{T}} & a_{44} \end{bmatrix}\begin{bmatrix} \boldsymbol{T} & 0 \\ 0 & 1 \end{bmatrix}\begin{pmatrix} \boldsymbol{x}' \\ 1 \end{pmatrix} \\ &= (\boldsymbol{x}'^{\mathrm{T}} \quad 1)\begin{bmatrix} \boldsymbol{T}^{\mathrm{T}}\boldsymbol{A}^{\Delta}\boldsymbol{T} & \boldsymbol{T}^{\mathrm{T}}\boldsymbol{a} \\ \boldsymbol{a}^{\mathrm{T}}\boldsymbol{T} & a_{44} \end{bmatrix}\begin{pmatrix} \boldsymbol{x}' \\ 1 \end{pmatrix} = \boldsymbol{F}'(x', y', z') \end{aligned}$$

于是，$F'(x', y', z')$的二次项部分 $\Phi'(x', y', z')=\boldsymbol{x}'^{\mathrm{T}}\boldsymbol{A}'^{\Delta}\boldsymbol{x}'$，其中 $\boldsymbol{A}'^{\mathrm{T}}=\boldsymbol{T}^{\mathrm{T}}\boldsymbol{A}^{\Delta}\boldsymbol{T}$ 仍是实对

称阵，并且新方程 $F'(x', y', z')=0$ 的二次项系数仅与原方程 $F(x, y, z)=0$ 的二次项系数及旋转角有关，一次项系数 $(a'_{14}, a'_{24}, a'_{34})=\boldsymbol{a}^{\mathrm{T}}\boldsymbol{T}$ 也只与原方程的一次项系数及旋转角有关，常数项 a_{44} 则保持不变.

定理 8.9　在直角坐标系 $\{O; \boldsymbol{i}, \boldsymbol{j}, \boldsymbol{k}\}$ 中，给定二次曲面的方程(8-18)，令

$$\boldsymbol{A}^{\Delta}=\begin{bmatrix} a_{11} & a_{12} & a_{13} \\ a_{21} & a_{22} & a_{23} \\ a_{31} & a_{32} & a_{33} \end{bmatrix}$$

若选取 $\boldsymbol{A}^{\Delta}$ 的三个两两正交的单位特征向量作为新坐标系 $\{O'; \boldsymbol{i}', \boldsymbol{j}', \boldsymbol{k}'\}$ 的坐标向量，则二次曲面在新坐标系中的方程具有如下形式：

$$\lambda_1 x'^2+\lambda_2 y'^2+\lambda_3 z'^2+2a'_{14}x'+2a'_{24}y'+2a'_{34}z'+a_{44}=0$$

其中 λ_1，λ_2，λ_3 为 $\boldsymbol{A}^{\Delta}$ 的特征值.

证明　由于 $\boldsymbol{A}^{\Delta}$ 是实对称阵，因此存在正交阵 $\boldsymbol{T}$，使得 $\boldsymbol{T}^{\mathrm{T}}\boldsymbol{A}^{\Delta}\boldsymbol{T}=\boldsymbol{T}^{-1}\boldsymbol{A}^{\Delta}\boldsymbol{T}$ 为对角阵. 取 $\boldsymbol{T}=(\boldsymbol{i}', \boldsymbol{j}', \boldsymbol{k}')$，其中 $\boldsymbol{i}'$，$\boldsymbol{j}'$，$\boldsymbol{k}'$ 是 $\boldsymbol{A}^{\Delta}$ 的两两正交的单位特征向量，即

$$\boldsymbol{A}^{\Delta}\boldsymbol{i}'=\lambda_1\boldsymbol{i}',\ \boldsymbol{A}^{\Delta}\boldsymbol{j}'=\lambda_2\boldsymbol{j}',\ \boldsymbol{A}^{\Delta}\boldsymbol{k}'=\lambda_3\boldsymbol{k}'$$

于是

$$\begin{aligned}\boldsymbol{A}^{\Delta}\boldsymbol{T}&=\boldsymbol{A}^{\Delta}(\boldsymbol{i}', \boldsymbol{j}', \boldsymbol{k}')=(\boldsymbol{A}^{\Delta}\boldsymbol{i}', \boldsymbol{A}^{\Delta}\boldsymbol{j}', \boldsymbol{A}^{\Delta}\boldsymbol{k}')\\&=(\lambda_1\boldsymbol{i}', \lambda_2\boldsymbol{j}', \lambda_3\boldsymbol{k}')=(\boldsymbol{i}', \boldsymbol{j}', \boldsymbol{k}')\begin{bmatrix} \lambda_1 & 0 & 0 \\ 0 & \lambda_2 & 0 \\ 0 & 0 & \lambda_3 \end{bmatrix}\\&=\boldsymbol{T}\mathrm{diag}(\lambda_1, \lambda_2, \lambda_3)\end{aligned}$$

由于 $\boldsymbol{T}$ 是正交阵，则 $\boldsymbol{T}$ 可逆，从而 $\boldsymbol{T}^{\mathrm{T}}A^{\Delta}\boldsymbol{T}=\boldsymbol{T}^{-1}\boldsymbol{A}^{\Delta}\boldsymbol{T}=\boldsymbol{T}\mathrm{diag}(\lambda_1, \lambda_2, \lambda_3)$. 作旋转变换 $\boldsymbol{x}=\boldsymbol{T}\boldsymbol{x}'$，则在新坐标系 $\{O'; \boldsymbol{i}', \boldsymbol{j}', \boldsymbol{k}'\}$ 下，方程(8-18)化简为

$$\begin{aligned}F'(x', y', z')&=(\boldsymbol{x}'^{\mathrm{T}}\quad 1)\begin{bmatrix} \boldsymbol{T}^{\mathrm{T}}\boldsymbol{A}^{\Delta}\boldsymbol{T} & \boldsymbol{T}^{\mathrm{T}}\boldsymbol{a} \\ \boldsymbol{a}^{\mathrm{T}}\boldsymbol{T} & a_{44} \end{bmatrix}\begin{pmatrix} \boldsymbol{x}' \\ 1 \end{pmatrix}\\&=\boldsymbol{x}'^{\mathrm{T}}(\boldsymbol{T}^{\mathrm{T}}\boldsymbol{A}^{\Delta}\boldsymbol{T})\boldsymbol{x}'+2a'_{14}x'+2a'_{24}y'+2a'_{34}z'+a_{44}\\&=\lambda_1 x'^2+\lambda_2 y'^2+\lambda_3 z'^3+2a'_{14}x'+2a'_{24}y'+2a'_{34}z'+a_{44}=0\end{aligned}$$

其中 $(a'_{14}, a'_{24}, a'_{34})=\boldsymbol{a}^{\mathrm{T}}T$，$\lambda_1$，$\lambda_2$，$\lambda_3$ 为 $\boldsymbol{A}^{\Delta}$ 的特征值.

例 8.7　利用旋转变换化简二次曲面方程 $4x^2-y^2-z^2+2yz-2y+4z+1=0$.

解　二次曲面的矩阵为

$$\boldsymbol{A}=\begin{bmatrix} 4 & 0 & 0 & 0 \\ 0 & -1 & 1 & -1 \\ 0 & 1 & -1 & 2 \\ 0 & -1 & 2 & 1 \end{bmatrix}$$

二次项部分的矩阵为

$$\boldsymbol{A}^{\Delta}=\begin{bmatrix} 4 & 0 & 0 \\ 0 & -1 & 1 \\ 0 & 1 & -1 \end{bmatrix}$$

A^{Δ} 的特征方程为 $|\lambda E-A^{\Delta}|=\begin{vmatrix}\lambda-4 & 0 & 0\\ 0 & \lambda+1 & -1\\ 0 & -1 & \lambda+1\end{vmatrix}=\lambda(\lambda-4)(\lambda+2)$，从而 A^{Δ} 的特征值为 4，−2，0，它们对应的特征向量分别为

$$\boldsymbol{\alpha}_1=(1,0,0)^{\mathrm T},\ \boldsymbol{\alpha}_2=(0,-1,1)^{\mathrm T},\ \boldsymbol{\alpha}_3=(0,-1,-1)^{\mathrm T}$$

由于 $|\boldsymbol{\alpha}_1,\boldsymbol{\alpha}_2,\boldsymbol{\alpha}_3|=\begin{vmatrix}1 & 0 & 0\\ 0 & -1 & -1\\ 0 & 1 & -1\end{vmatrix}=2>0$，因此 $\boldsymbol{\alpha}_1$，$\boldsymbol{\alpha}_2$，$\boldsymbol{\alpha}_3$ 构成右手系，且两两正交. 将它们单位化，得 $\boldsymbol{i}'=(1,0,0)^{\mathrm T}$，$\boldsymbol{j}'=\frac{1}{\sqrt{2}}(0,-1,1)^{\mathrm T}$，$\boldsymbol{k}'=\frac{1}{\sqrt{2}}(0,-1,-1)^{\mathrm T}$，取它们为新坐标系的坐标向量.

令 $\boldsymbol{T}=(\boldsymbol{i}',\boldsymbol{j}',\boldsymbol{k}')=\begin{bmatrix}1 & 0 & 0\\ 0 & -\frac{1}{\sqrt{2}} & -\frac{1}{\sqrt{2}}\\ 0 & \frac{1}{\sqrt{2}} & -\frac{1}{\sqrt{2}}\end{bmatrix}$，作旋转变换 $\boldsymbol{x}=\boldsymbol{T}\boldsymbol{x}'$，则在新坐标系 $\{O';\boldsymbol{i}',\boldsymbol{j}',\boldsymbol{k}'\}$ 中原方程化简为

$$\lambda_1x'^2+\lambda_2y'^2+\lambda_3z'^2+2a'_{14}x'+2a'_{24}y'+2a'_{34}z'+1=0$$

其中

$$\lambda_1=4,\ \lambda_2=-2,\ \lambda_3=0,\ (a'_{14},a'_{24},a'_{34})=\boldsymbol{a}^{\mathrm T}\boldsymbol{T}=\left(0,\frac{3}{\sqrt{2}},-\frac{1}{\sqrt{2}}\right)$$

即原方程变形为

$$4x'^2-2y'^2+3\sqrt{2}y'-\sqrt{2}z'+1=0$$

3. 二次曲面的分类

接下来进一步化简不含交叉项的二次曲面方程，得到二次曲面的简化方程及标准方程，并将二次曲面进行分类，这样可以清楚地了解二次曲面的全貌.

定理 8.10 对于不含交叉项的二次曲面方程

$$\lambda_1x^2+\lambda_2y^2+\lambda_3z^2+2a_{14}x+2a_{24}y+2a_{34}z+a_{44}=0 \tag{8-19}$$

通过坐标变换可化为下列 5 个简化方程之一：

(1) $\lambda_1x^2+\lambda_2y^2+\lambda_3z^2+d=0$，$\lambda_1\lambda_2\lambda_3\neq0$；

(2) $\lambda_1x^2+\lambda_2y^2+2qz=0$，$\lambda_1\lambda_2q\neq0$；

(3) $\lambda_1x^2+\lambda_2y^2+d=0$，$\lambda_1\lambda_2\neq0$；

(4) $\lambda_1x^2+2py=0$，$\lambda_1p\neq0$；

(5) $\lambda_1x^2+d=0$，$\lambda_1\neq0$.

其中各方程中出现的诸 λ_i 为二次曲面的非零特征值.

证明 二次曲面的三个特征值不全为零，因此可按它们全不为零、有一个为零和有两个为零这三种情形分别讨论.

1) $\lambda_1\lambda_2\lambda_3\neq0$

利用配方法，将方程(8-19)改写成

$$\lambda_1\left(x+\frac{a_{14}}{\lambda_1}\right)^2+\lambda_2\left(y+\frac{a_{24}}{\lambda_2}\right)^2+\lambda_3\left(z+\frac{a_{34}}{\lambda_3}\right)^2+a_{44}-\left(\frac{a_{14}^2}{\lambda_1}+\frac{a_{24}^2}{\lambda_2}+\frac{a_{34}^2}{\lambda_3}\right)=0$$

作平移变换 $\begin{cases} x'=x+\dfrac{a_{14}}{\lambda_1} \\ y'=y+\dfrac{a_{24}}{\lambda_2} \\ z'=z+\dfrac{a_{34}}{\lambda_3} \end{cases}$，令 $d'=a_{14}-\left(\dfrac{a_{14}^2}{\lambda_1}+\dfrac{a_{24}^2}{\lambda_2}+\dfrac{a_{34}^2}{\lambda_3}\right)$，则方程变为

$$\lambda_1 x'^2+\lambda_2 y'^2+\lambda_3 z'^2+d'=0 \tag{8-20}$$

即为定理 8.10 中的简化方程(1).

现依据方程系数的各种不同情况讨论如下：

(1) 当 $d'\neq 0$ 时.

① 当 λ_1，λ_2，λ_3 同号，但与 d' 异号时，则

$$\frac{\lambda_1}{-d'}x'^2+\frac{\lambda_2}{-d'}y'^2+\frac{\lambda_3}{-d'}z'^2=1$$

令 $\dfrac{\lambda_1}{-d'}=\dfrac{1}{a^2}$，$\dfrac{\lambda_2}{-d'}=\dfrac{1}{b^2}$，$\dfrac{\lambda_3}{-d'}=\dfrac{1}{c^2}$，于是方程(8－20)变为

$$\frac{x'^2}{a^2}+\frac{y'^2}{b^2}+\frac{z'^2}{c^2}=1$$

它是椭球面的标准方程.

② 当 λ_1，λ_2，λ_3，d' 同号时，则

$$\frac{\lambda_1}{d'}x'^2+\frac{\lambda_2}{d'}y'^2+\frac{\lambda_3}{d'}z'^2=-1$$

令 $\dfrac{\lambda_1}{d'}=\dfrac{1}{a^2}$，$\dfrac{\lambda_2}{d'}=\dfrac{1}{b^2}$，$\dfrac{\lambda_3}{d'}=\dfrac{1}{c^2}$，于是方程(8－20)变为

$$\frac{x'^2}{a^2}+\frac{y'^2}{b^2}+\frac{z'^2}{c^2}=-1$$

它是虚椭球面.

③ 当 d' 与 λ_1，λ_2，λ_3 中的一个同号时，例如 d' 与 λ_3 同号，则

$$\frac{\lambda_1}{-d'}x'^2+\frac{\lambda_2}{-d'}y'^2-\frac{\lambda_3}{d'}z'^2=1$$

令 $\dfrac{\lambda_1}{-d'}=\dfrac{1}{a^2}$，$\dfrac{\lambda_2}{-d'}=\dfrac{1}{b^2}$，$\dfrac{\lambda_3}{d'}=\dfrac{1}{c^2}$，于是方程(8－20)变为

$$\frac{x'^2}{a^2}+\frac{y'^2}{b^2}-\frac{z'^2}{c^2}=1$$

它是单叶双曲面的标准方程.

④ 当 d' 与 λ_1，λ_2，λ_3 中的两个同号时，例如 d' 与 λ_1，λ_2 同号，则

$$\frac{\lambda_1}{d'}x'^2+\frac{\lambda_2}{d'}y'^2-\frac{\lambda_3}{-d'}z'^2=-1$$

令 $\dfrac{\lambda_1}{d'}=\dfrac{1}{a^2}$，$\dfrac{\lambda_2}{d'}=\dfrac{1}{b^2}$，$\dfrac{\lambda_3}{-d'}=\dfrac{1}{c^2}$，于是方程(8－20)变为

$$\frac{x'^2}{a^2}+\frac{y'^2}{b^2}-\frac{z'^2}{c^2}=-1$$

它是双叶双曲面的标准方程.

(2) 当 $d'=0$ 时

① 当 $\lambda_1, \lambda_2, \lambda_3$ 同号时,令 $|\lambda_1|=\frac{1}{a^2}$, $|\lambda_2|=\frac{1}{b^2}$, $|\lambda_3|=\frac{1}{c^2}$, 则方程(8-20)变为 $\frac{x'^2}{a^2}+\frac{y'^2}{b^2}+\frac{z'^2}{c^2}=0$, 这时它退化为一个点.

② 当 $\lambda_1, \lambda_2, \lambda_3$ 不全同号时, 例如 λ_1, λ_2 同号, 但与 λ_3 异号,则令 $|\lambda_1|=\frac{1}{a^2}$, $|\lambda_2|=\frac{1}{b^2}$, $|\lambda_3|=\frac{1}{c^2}$, 则方程(8-20)变为 $\frac{x'^2}{a^2}+\frac{y'^2}{b^2}-\frac{z'^2}{c^2}=0$, 这是二次锥面的标准方程.

2) $\lambda_1, \lambda_2, \lambda_3$ 中只有一个为零

不妨设 $\lambda_3=0$, $\lambda_1\lambda_2\neq 0$, 那么方程(8-19)改写成

$$\lambda_1\left(x+\frac{a_{14}}{\lambda_1}\right)^2+\lambda_2\left(y+\frac{a_{24}}{\lambda_2}\right)^2+2a_{34}z+a_{44}-\left(\frac{a_{14}^2}{\lambda_1}+\frac{a_{24}^2}{\lambda_2}\right)=0$$

作平移变换 $\begin{cases} x'=x+\dfrac{a_{14}}{\lambda_1} \\ y'=y+\dfrac{a_{24}}{\lambda_2} \\ z'=z \end{cases}$, 令 $d'=a_{44}-\left(\frac{a_{14}^2}{\lambda_1}+\frac{a_{24}^2}{\lambda_2}\right)$, 于是方程(8-19)变为

$$\lambda_1 x'^2+\lambda_2 y'^2+2a_{34}z'+d'=0 \tag{8-21}$$

(1) 当 $a_{34}\neq 0$ 时, 则方程(8-21)变为

$$\lambda_1 x'^2+\lambda_2 y'^2+2a_{34}\left(z'+\frac{d'}{2a_{34}}\right)=0 \tag{8-22}$$

再作平移变换 $\begin{cases} x''=x' \\ y''=y' \\ z''=z'+\dfrac{d'}{2a_{34}} \end{cases}$, 于是方程(8-22)化简为

$$\lambda_1 x''^2+\lambda_2 y''^2+2a_{34}z''=0 \tag{8-23}$$

这是定理 8.10 中的简化方程(2).

① 当 λ_1, λ_2 同号, 但与 a_{34} 异号时, 则

$$\frac{\lambda_1}{-a_{34}}x''^2+\frac{\lambda_2}{-a_{34}}y''^2=2z''$$

令 $\frac{\lambda_1}{-a_{34}}=\frac{1}{a^2}$, $\frac{\lambda_2}{-a_{34}}=\frac{1}{b^2}$, 于是方程(8-23)变为

$$\frac{x''^2}{a^2}+\frac{y''^2}{b^2}=2z''$$

它是椭圆抛物面的标准方程.

② 当 λ_1, λ_2 异号, λ_1 与 a_{34} 同号时, 则

$$\frac{\lambda_1}{a_{34}}x''^2-\frac{\lambda_2}{-a_{34}}y''^2=-2z''$$

令$\dfrac{\lambda_1}{a_{34}}=\dfrac{1}{a^2}$，$\dfrac{\lambda_2}{-a_{34}}=\dfrac{1}{b^2}$，于是方程(8-23)变为

$$\frac{x''^2}{a^2}-\frac{y''^2}{b^2}=-2z''$$

它是双曲抛物面的标准方程.

(2) 当 $a_{34}=0$ 时. 方程(8-21)变为

$$\lambda_1 x'^2+\lambda_2 y'^2+d'=0 \tag{8-24}$$

即为定理 8.10 中的简化方程(3).

① 当 λ_1，λ_2 同号，但与 d' 异号时，则方程(8-24)可化为

$$\frac{x''^2}{a^2}+\frac{y''^2}{b^2}=1$$

它是椭圆柱面的标准方程.

② 当 λ_1，λ_2，d' 同号时，则方程(8-24)可化为

$$\frac{x''^2}{a^2}+\frac{y''^2}{b^2}=-1$$

它表示虚椭圆柱面.

③ 当 λ_1，λ_2 同号，$d'=0$ 时，则方程(8-24)可化为

$$\frac{x''^2}{a^2}+\frac{y''^2}{b^2}=0$$

它表示一对相交于一条实直线的虚平面.

④ 当 λ_1，λ_2 异号，$d'\neq 0$ 时，则方程(8-24)可化为

$$\frac{x''^2}{a^2}-\frac{y''^2}{b^2}=\pm 1$$

它是双曲柱面的标准方程.

⑤ 当 λ_1，λ_2 异号，$d'=0$，则方程(8-24)可化为

$$\frac{x''^2}{a^2}-\frac{y''^2}{b^2}=0$$

它表示一对相交平面.

3) λ_1，λ_2，λ_3 中有两个为零

不妨设 $\lambda_1\neq 0$. 那么方程(8-19)改写成

$$\lambda_1\left(x+\frac{a_{14}}{\lambda_1}\right)^2+2a_{24}y+2a_{34}z+a_{44}-\frac{a_{14}^2}{\lambda_1}=0$$

作平移变换$\begin{cases}x'=x+\dfrac{a_{14}}{\lambda_1}\\ y'=y\\ z'=z\end{cases}$，令 $d'=a_{44}-\dfrac{a_{14}^2}{\lambda_1}$，于是方程(8-19)变为

$$\lambda_1 x'^2+2a_{24}y'+2a_{34}z'+d'=0 \tag{8-25}$$

(1) 当 a_{24}，a_{34} 中至少有一个不为零时，作绕 x' 轴的坐标变换

$$\begin{cases} x'' = x' \\ y'' = \dfrac{2a_{24}y' + 2a_{34}z' + d'}{2\sqrt{a_{24}^2 + a_{34}^2}} \\ z'' = \dfrac{-a_{34}y' + 2a_{24}z'}{\sqrt{a_{24}^2 + a_{34}^2}} \end{cases}$$

则方程(8-25)化简为 $\lambda_1 x''^2 + 2\sqrt{a_{24}^2 + a_{34}^2}\, y'' = 0$ 即为定理 8.10 中的简化方程(4)，它是抛物柱面的标准方程.

(2) 当 $a_{24} = a_{34} = 0$ 时，方程(8-25)变为

$$\lambda_1 x'^2 + d' = 0 \tag{8-26}$$

即为定理 8.10 中的简化方程(5).

① 当 λ_1 与 d' 异号时，令 $a^2 = \dfrac{-d'}{\lambda_1}$，则方程(8-26)可写成

$$x'^2 = a^2$$

它表示一对平行平面.

② 当 λ_1 与 d' 同号时，令 $a^2 = \dfrac{d'}{\lambda_1}$，则方程(8-26)可写成

$$x'^2 = -a^2$$

它表示一对虚的平行平面.

③ 当 $d' = 0$，即 $x'^2 = 0$ 时，它表示一对重合平面.

总结 由定理 8.9 与定理 8.10 知，通过适当的直角坐标变换，二次曲面方程总可以化简为 5 个简化方程中的一个，并且可以写成 17 种标准方程的一种形式，因此二次曲面共有 17 种，而非退化的二次曲面共有 9 种.

例 8.8 将二次曲面方程 $4x^2 - y^2 - z^2 + 2yz - 2y + 4z + 1 = 0$ 化简为标准方程，并指出曲面的形状.

解 由例 8.7 知，经旋转变换原方程可化简为 $4x'^2 - 2y'^2 + 3\sqrt{2}\,y' - \sqrt{2}\,z' + 1 = 0$，配方并整理得 $4x'^2 - 2\left(y' - \dfrac{3\sqrt{2}}{4}\right)^2 - \sqrt{2}\left(z' - \dfrac{13\sqrt{2}}{8}\right) = 0$. 作平移变换

$$\begin{cases} x'' = x' \\ y'' = y' - \dfrac{3\sqrt{2}}{4} \\ z'' = z' - \dfrac{13\sqrt{2}}{8} \end{cases}$$

则原方程可化简为 $4x''^2 - 2y''^2 = \sqrt{2}\,z''$，即 $\dfrac{x''^2}{1} - \dfrac{y''^2}{2} = \dfrac{\sqrt{2}}{4} z''$，它表示的是双曲抛物面.

例 8.9 将二次曲面方程 $4x^2 + y^2 + 4z^2 - 4xy + 8xz - 4yz - 12x - 12y + 6z = 0$ 化简为标准方程，并指出曲面的形状.

解 二次曲面的矩阵为 $\boldsymbol{A} = \begin{bmatrix} 4 & -2 & 4 & -6 \\ -2 & 1 & -2 & -6 \\ 4 & -2 & 4 & 3 \\ -6 & -6 & 3 & 0 \end{bmatrix}$，二次项部分的矩阵为

$$A^{\Delta}=\begin{bmatrix}4 & -2 & 4\\ -2 & 1 & -2\\ 4 & -2 & 4\end{bmatrix}$$

A^{Δ} 的特征方程为 $|\lambda E-A^{\Delta}|=\lambda^2(\lambda-9)$，从而 A^{Δ} 的特征值为 9，0，0，它们对应的线性无关特征向量分别为

$$\alpha_1=(2,-1,2)^T,\ \alpha_2=(1,0,-1)^T,\ \alpha_3=(1,4,1)^T$$

由于 $|\alpha_1, \alpha_2, \alpha_3|>0$，则 $\alpha_1, \alpha_2, \alpha_3$ 构成右手系，且两两正交. 将它们单位化，得

$$i'=\frac{1}{3}(2,-1,2)^T,\ j'=\frac{1}{\sqrt{2}}(1,0,-1)^T,\ k'=\frac{1}{3\sqrt{2}}(1,4,1)^T$$

取它们为新坐标系的坐标向量.

令 $T=(i', j', k')=\begin{bmatrix}\frac{2}{3} & \frac{1}{\sqrt{2}} & \frac{1}{3\sqrt{2}}\\ -\frac{1}{3} & 0 & \frac{4}{3\sqrt{2}}\\ \frac{2}{3} & -\frac{1}{\sqrt{2}} & \frac{1}{3\sqrt{2}}\end{bmatrix}$，作旋转变换 $x=Tx'$，则在新坐标系 $\{O'; i', j', k'\}$ 中原方程化简为

$$9x'^2-9\sqrt{2}y'-9\sqrt{2}z'=0 \text{ 或 } x'^2-\sqrt{2}y'-\sqrt{2}z'=0$$

再作绕 x' 轴的坐标变换

$$\begin{cases}x'=x''\\ y'=\dfrac{\sqrt{2}}{2}(y''-z'')\\ z'=\dfrac{\sqrt{2}}{2}(y''+z'')\end{cases}$$

则上述方程化简为 $x''^2-2y''=0$，即为所求的标准方程，它表示的是抛物柱面.

习　题

1. 设 V 是内积空间，V 上的内积为 $(\alpha, \beta)=\mathrm{Re}(\alpha, \beta)+\mathrm{Im}(\alpha, \beta)\mathrm{i}$，其中 $\mathrm{Re}(\alpha, \beta)$ 是复数 (α, β) 的实部，$\mathrm{Im}(\alpha, \beta)$ 是复数 (α, β) 的虚部. 证明：

(1) $\mathrm{Im}(\alpha, \beta)=\mathrm{Re}(\alpha, \mathrm{i}\beta)$（可见内积完全由实部确定），即

$$(\alpha, \beta)=\mathrm{Re}(\alpha, \beta)+\mathrm{i}\mathrm{Re}(\alpha, \mathrm{i}\beta)(\alpha, \beta))$$

(2) 在酉空间中，

$$(\alpha, \beta)=\frac{1}{4}\|\alpha+\beta\|^2-\frac{1}{4}\|\alpha-\beta\|^2+\frac{\mathrm{i}}{4}\|\alpha+\mathrm{i}\beta\|^2-\frac{\mathrm{i}}{4}\|\alpha-\mathrm{i}\beta\|^2$$

(3) 在欧氏空间中，

$$(\alpha, \beta)=\frac{1}{4}\|\alpha+\beta\|^2-\frac{1}{4}\|\alpha-\beta\|^2$$

2. 设 $\{\alpha_1, \alpha_2, \cdots, \alpha_n\}$ 是欧氏空间 V 的一个有序基，对向量 $\alpha, \beta\in V$，其中

$$\boldsymbol{\alpha}=\sum_{i=1}^{n}x_i\boldsymbol{\alpha}_i=(\boldsymbol{\alpha}_1,\boldsymbol{\alpha}_2,\cdots,\boldsymbol{\alpha}_n)\begin{pmatrix}x_1\\x_2\\\vdots\\x_n\end{pmatrix},\ \boldsymbol{\beta}=\sum_{i=1}^{n}y_i\boldsymbol{\alpha}_i=(\boldsymbol{\alpha}_1,\boldsymbol{\alpha}_2,\cdots,\boldsymbol{\alpha}_n)\begin{pmatrix}y_1\\y_2\\\vdots\\y_n\end{pmatrix}$$

矩阵 $\boldsymbol{G}=(g_{ij})_{n\times n}$，其中 $g_{ij}=(\boldsymbol{\alpha}_i,\boldsymbol{\alpha}_j)$ $(i,j=1,2,\cdots,n)$. 证明：

(1) $(\boldsymbol{\alpha},\boldsymbol{\beta})=\boldsymbol{X}^{\mathrm{T}}\boldsymbol{G}\boldsymbol{Y}$，其中

$$\boldsymbol{X}=\begin{pmatrix}x_1\\x_2\\\vdots\\x_n\end{pmatrix},\boldsymbol{Y}=\begin{pmatrix}y_1\\y_2\\\vdots\\y_n\end{pmatrix}$$

(本题说明：V 上的内积由它在一个基上的取值完全确定).

(2) $\boldsymbol{G}$ 为可逆矩阵($\boldsymbol{G}$ 称为关于基$\{\boldsymbol{\alpha}_1,\boldsymbol{\alpha}_2,\cdots,\boldsymbol{\alpha}_n\}$的度量矩阵).

3. 在 $\mathbb{R}^4$ 中求一单位向量与 $(1,1,-1,1)^{\mathrm{T}}$，$(1,-1,-1,1)^{\mathrm{T}}$，$(2,1,1,3)^{\mathrm{T}}$ 正交.

4. 设$\{\boldsymbol{e}_1,\boldsymbol{e}_2,\boldsymbol{e}_3\}$是 3 维欧氏空间中一个标准正交基，证明：

$$\boldsymbol{\alpha}_1=\frac{1}{3}(2\boldsymbol{e}_1+2\boldsymbol{e}_2-\boldsymbol{e}_3),\ \boldsymbol{\alpha}_2=\frac{1}{3}(2\boldsymbol{e}_1-\boldsymbol{e}_2+2\boldsymbol{e}_3),\ \boldsymbol{\alpha}_3=\frac{1}{3}(\boldsymbol{e}_1-2\boldsymbol{e}_2-2\boldsymbol{e}_3)$$

也是一个标准正交基.

5. 设$\{\boldsymbol{e}_1,\boldsymbol{e}_2,\boldsymbol{e}_3,\boldsymbol{e}_4,\boldsymbol{e}_5\}$是 5 维欧氏空间的一个标准正交基，$V_1=\mathrm{span}(\boldsymbol{\alpha}_1,\boldsymbol{\alpha}_2,\boldsymbol{\alpha}_3)$，其中

$$\boldsymbol{\alpha}_1=\boldsymbol{e}_1+\boldsymbol{e}_3,\ \boldsymbol{\alpha}_2=\boldsymbol{e}_1-\boldsymbol{e}_2+\boldsymbol{e}_4,\ \boldsymbol{\alpha}_3=2\boldsymbol{e}_1+\boldsymbol{e}_2+\boldsymbol{e}_3$$

求 V_1 的一个标准正交基.

6. 在 $\mathbb{R}[x]$ 中定义内积为 $(f(x),g(x))=\int_{-1}^{1}f(t)g(t)\mathrm{d}t$，求 $\mathbb{R}[x]$ 的一个标准正交基(由基 $1,x,x^2,x^3$ 出发作正交化).

7. 设 $\boldsymbol{A}=\begin{bmatrix}1&0&2\\2&1&1\\1&1&0\end{bmatrix}$，求 $\boldsymbol{A}$ 的 $\boldsymbol{QR}$ 分解.

8. 设 $\boldsymbol{A}=\begin{bmatrix}1&-1&2\\0&2&0\\1&1&2\end{bmatrix}$，求正交矩阵 $\boldsymbol{Q}$ 和上三角形矩阵 $\boldsymbol{R}$，使 $\boldsymbol{A}=\boldsymbol{QR}$.

9. 设 V 是 n 维欧氏空间，$\boldsymbol{\alpha}\neq\boldsymbol{0}$ 是 V 中的固定向量. 证明：

(1) $V_1=\{\boldsymbol{x}\in V\mid(\boldsymbol{x},\boldsymbol{\alpha})=0\}$是 V 的一个子空间；

(2) $\dim V_1=n-1$.

10. 求齐次线性方程组

$$\begin{cases}2x_1+x_2-x_3+x_4-3x_5=0\\x_1+x_2-x_3+x_5=0\end{cases}$$

的解空间 W 的一个标准正交基，再求 W 在 $\mathbb{R}^5$ 中的正交补子空间 $W^{\perp}$ 的一个标准正交基($\mathbb{R}^5$ 中的内积为标准内积).

11. 证明：线性方程组 $\boldsymbol{A}^{\mathrm{T}}\boldsymbol{A}\boldsymbol{X}=\boldsymbol{A}^{\mathrm{T}}\boldsymbol{\beta}$ 必相容.

12. 如果 σ 是正交变换，证明：σ 的不变子空间的正交补也是 σ 的不变子空间.

13. 如果 λ 是正交矩阵 $\boldsymbol{Q}$ 的特征值，证明：λ^{-1} 也是它的特征值.

14. 设 σ 是欧氏空间 V 的一个变换，如果 σ 是保持内积不变的，即对于

$$\boldsymbol{\alpha},\ \boldsymbol{\beta} \in V,\ (\sigma\boldsymbol{\alpha},\ \sigma\boldsymbol{\beta}) = (\boldsymbol{\alpha},\ \boldsymbol{\beta})$$

证明：σ 一定线性的，因而它是正交变换.

15. 设 $\{\boldsymbol{\alpha}_1, \boldsymbol{\alpha}_2, \cdots, \boldsymbol{\alpha}_m\}$ 和 $\{\boldsymbol{\beta}_1, \boldsymbol{\beta}_2, \cdots, \boldsymbol{\beta}_m\}$ 是 n 维欧氏空间中两个向量组，证明：存在一个正交变换 σ，使得 $\sigma\boldsymbol{\alpha}_i = \boldsymbol{\beta}_i$，$i=1, 2, \cdots, m$ 的充分必要条件是

$$(\boldsymbol{\alpha}_i,\ \boldsymbol{\alpha}_j) = (\boldsymbol{\beta}_i,\ \boldsymbol{\beta}_j) \quad (i,\ j = 1,\ 2,\ \cdots,\ m)$$

16. 求正交矩阵 $\boldsymbol{Q}$，使得 $\boldsymbol{Q}^{-1}\boldsymbol{A}\boldsymbol{Q}$ 成为对角矩阵：

(1) $\boldsymbol{A}=\begin{bmatrix} 2 & -2 & 0 \\ -2 & 1 & -2 \\ 0 & -2 & 0 \end{bmatrix}$；　(2) $\boldsymbol{A}=\begin{bmatrix} 1 & 1 & 1 & 1 \\ 1 & 1 & 1 & 1 \\ 1 & 1 & 1 & 1 \\ 1 & 1 & 1 & 1 \end{bmatrix}$.

17. 设 $\boldsymbol{A}$、$\boldsymbol{B}$ 都是实对称矩阵，证明：存在正交矩阵 $\boldsymbol{Q}$，使 $\boldsymbol{Q}^{-1}\boldsymbol{A}\boldsymbol{Q}=\boldsymbol{B}$ 的充分必要条件是 $\boldsymbol{A}$、$\boldsymbol{B}$ 的特征多项式的根全部相同.

18. 设 $\boldsymbol{A}$ 是 n 阶实对称矩阵，且 $\boldsymbol{A}^2=\boldsymbol{A}$. 证明：存在正交矩阵 $\boldsymbol{Q}$，使得

$$\boldsymbol{Q}^{-1}\boldsymbol{A}\boldsymbol{Q} = \begin{bmatrix} 1 & & & & & & & \\ & 1 & & & & & & \\ & & \ddots & & & & & \\ & & & 1 & & & & \\ & & & & 0 & & & \\ & & & & & 0 & & \\ & & & & & & \ddots & \\ & & & & & & & 0 \end{bmatrix}$$

19. 欧氏空间中的线性变换 σ 称为反对称的，如果对任意的

$$\boldsymbol{\alpha},\ \boldsymbol{\beta} \in V,\ (\sigma\boldsymbol{\alpha},\ \boldsymbol{\beta}) = -(\boldsymbol{\alpha},\ \sigma\boldsymbol{\beta})$$

证明：

(1) σ 为反对称的充分必要条件是 σ 在一个标准正交基下的矩阵为反对称矩阵；

(2) 如果 V_1 是反对称线性变换的不变子空间，则 $V_1^{\perp}$ 也是它的不变子空间.

20. 设 $\boldsymbol{\eta}$ 是欧氏空间中的一个单位向量，定义一个线性变换 $\mathcal{A}(\boldsymbol{\alpha})=\boldsymbol{\alpha}-2(\boldsymbol{\eta},\ \boldsymbol{\alpha})\boldsymbol{\eta}$. 证明：

(1) $\mathcal{A}$ 是正交变换，这样的正交变换称为镜面反射；

(2) $\mathcal{A}$ 是第二类的；

(3) 如果 n 维欧氏空间中，正交变换 $\mathcal{A}$ 以 1 作为一个特征值，且属于特征值 1 的特征子空间 V_1 的维数为 $n-1$，那么 $\mathcal{A}$ 是镜面反射.

21. (1) 证明：第二类正交变换一定以 -1 作为它的一个特征值；

(2) 证明：奇数维欧氏空间中的旋转一定以 1 作为它的一个特征值.

第9章　二　次　型

在解析几何中，为了便于研究二次曲线

$$ax^2+bxy+cy^2=1\quad(a,\ b,\ c\ \text{不全为零})\tag{9-1}$$

的几何性质，可以选择适当的坐标旋转变换

$$\begin{cases}x=x'\cos\theta-y'\sin\theta\\y=x'\sin\theta+y'\cos\theta\end{cases}$$

将方程化为标准形式 $mx'^2+ny'^2=1$.

式 (9-1)左边是一个齐次多项式，从代数学的观点看，化标准形的过程就是通过变量的线性变换化简一个二次齐次多项式，使它只含有平方项. 这类问题具有普遍性，在求多元函数极值问题、运动稳定性问题、数理统计、网络理论及物理等许多理论问题和实际问题中常会遇到. 本章将这类问题一般化，主要讨论二次型及其标准形、化二次型为标准形及正定二次型等问题.

9.1　二次型及其矩阵表示

定义 9.1　数域$\mathbb{F}$上含有 n 个变量 $x_1,\ x_2,\ \cdots,\ x_n$ 的二次齐次多项式

$$\begin{aligned}f(x_1,\ x_2,\ \cdots,\ x_n)=&\ a_{11}x_1^2+2a_{12}x_1x_2+2a_{13}x_1x_3+\cdots+2a_{1n}x_1x_n\\&+a_{22}x_2^2+2a_{23}x_2x_3+\cdots+2a_{2n}x_2x_n+\cdots+a_{nn}x_n^2\end{aligned}\tag{9-2}$$

称为数域$\mathbb{F}$上的一个 n 元二次型(简称二次型). 当$\mathbb{F}=\mathbb{C}$时，f 叫做复二次型，当$\mathbb{F}=\mathbb{R}$时，f 叫做实二次型.

在式(9-2)中，令 $a_{ij}=a_{ji}$，则 $2a_{ij}x_ix_j=a_{ij}x_ix_j+a_{ji}x_jx_i$，于是式(9-2)可以写成

$$f(x_1,\ x_2,\ \cdots,\ x_n)=\sum_{i=1}^{n}\sum_{j=1}^{n}a_{ij}x_ix_j$$

也可以用矩阵表示二次型

$$f(x_1,\ x_2,\ \cdots,\ x_n)=(x_1,\ x_2,\ \cdots,\ x_n)\begin{bmatrix}a_{11}&a_{12}&\cdots&a_{1n}\\a_{21}&a_{22}&\cdots&a_{2n}\\\vdots&\vdots&&\vdots\\a_{n1}&a_{n2}&\cdots&a_{nn}\end{bmatrix}\begin{pmatrix}x_1\\x_2\\\vdots\\x_n\end{pmatrix}$$

令

$$\boldsymbol{A}=\begin{bmatrix}a_{11}&a_{12}&\cdots&a_{1n}\\a_{21}&a_{22}&\cdots&a_{2n}\\\vdots&\vdots&&\vdots\\a_{n1}&a_{n2}&\cdots&a_{nn}\end{bmatrix},\ \boldsymbol{x}=\begin{pmatrix}x_1\\x_2\\\vdots\\x_n\end{pmatrix}$$

于是二次型 $f(x_1,\ x_2,\ \cdots,\ x_n)$用矩阵表示成 $f=\boldsymbol{x}^{\mathrm{T}}\boldsymbol{A}\boldsymbol{x}$，其中 $\boldsymbol{A}$ 为 n 阶对称矩阵.

任给一个二次型，就唯一地确定一个对称矩阵；反之，任给一个对称矩阵，也可唯一地确定一个二次型. 这样，二次型 f 与对称矩阵 $\boldsymbol{A}$ 是一一对应的，因此，把对称阵 $\boldsymbol{A}$ 叫做二次型 f 的矩阵，二次型 f 叫做对称矩阵 $\boldsymbol{A}$ 的二次型. 对称矩阵 $\boldsymbol{A}$ 的秩叫做二次型 f 的秩.

例 9.1　将下列实二次型

$$f(x_1, x_2, x_3)=x_1^2-2x_2^2+x_3^2-4x_1x_2+2x_1x_3$$

用矩阵形式表示，并求二次型的秩.

解　二次型 $f(x_1, x_2, x_3)$ 用矩阵形式表示为

$$f=(x_1, x_2, x_3)\begin{bmatrix}1 & -2 & 1\\ -2 & -2 & 0\\ 1 & 0 & 1\end{bmatrix}\begin{pmatrix}x_1\\ x_2\\ x_3\end{pmatrix}$$

由于二次型的矩阵为 $\boldsymbol{A}=\begin{bmatrix}1 & -2 & 1\\ -2 & -2 & 0\\ 1 & 0 & 1\end{bmatrix}\xrightarrow{r}\begin{bmatrix}1 & 1 & 0\\ 0 & -1 & 1\\ 0 & 0 & -2\end{bmatrix}$，即 $\mathrm{R}(\boldsymbol{A})=3$，因此二次型 f 的秩为 3.

定义 9.2　设 $x_1, x_2, \cdots, x_n$ 和 $y_1, y_2, \cdots, y_n$ 是两组变量，关系式

$$\begin{cases}x_1=c_{11}y_1+c_{12}y_2+\cdots+c_{1n}y_n\\ x_2=c_{21}y_1+c_{22}y_2+\cdots+c_{2n}y_n\\ \qquad\vdots\\ x_n=c_{n1}y_1+c_{n2}y_2+\cdots+c_{nn}y_n\end{cases}\tag{9-3}$$

称为由变量 $y_1, y_2, \cdots, y_n$ 到变量 $x_1, x_2, \cdots, x_n$ 的线性变换.

令 $\boldsymbol{C}=\begin{bmatrix}c_{11} & c_{12} & \cdots & c_{1n}\\ c_{21} & c_{22} & \cdots & c_{2n}\\ \vdots & \vdots & & \vdots\\ c_{n1} & c_{n2} & \cdots & c_{nn}\end{bmatrix}$，$\boldsymbol{x}=\begin{pmatrix}x_1\\ x_2\\ \vdots\\ x_n\end{pmatrix}$，$\boldsymbol{y}=\begin{pmatrix}y_1\\ y_2\\ \vdots\\ y_n\end{pmatrix}$，线性变换(9-3)可用矩阵表示为

$$\boldsymbol{x}=\boldsymbol{C}\boldsymbol{y}\tag{9-4}$$

若 $\boldsymbol{C}$ 可逆，即 $|\boldsymbol{C}|\neq 0$，则线性变换(9-3)称为可逆的线性变换.

对于任意二次型 $f=\boldsymbol{x}^{\mathrm{T}}\boldsymbol{A}\boldsymbol{x}$，作可逆的线性变换 $\boldsymbol{x}=\boldsymbol{C}\boldsymbol{y}$（$|\boldsymbol{C}|\neq 0$），则

$$f=\boldsymbol{x}^{\mathrm{T}}\boldsymbol{A}\boldsymbol{x}=(\boldsymbol{C}\boldsymbol{y})^{\mathrm{T}}\boldsymbol{A}(\boldsymbol{C}\boldsymbol{y})=\boldsymbol{y}^{\mathrm{T}}(\boldsymbol{C}^{\mathrm{T}}\boldsymbol{A}\boldsymbol{C})\boldsymbol{y}=\boldsymbol{y}^{\mathrm{T}}\boldsymbol{B}\boldsymbol{y}$$

其中 $\boldsymbol{B}=\boldsymbol{C}^{\mathrm{T}}\boldsymbol{A}\boldsymbol{C}$ 为对称矩阵. 由此引入下面的定义.

定义 9.3　设 $\boldsymbol{A}$，$\boldsymbol{B}$ 均为 n 阶方阵，若存在 n 阶可逆矩阵 $\boldsymbol{C}$，使得 $\boldsymbol{C}^{\mathrm{T}}\boldsymbol{A}\boldsymbol{C}=\boldsymbol{B}$，则称 $\boldsymbol{A}$ 与 $\boldsymbol{B}$ 合同.

合同是矩阵之间的一个二元关系，具有下列性质：

(1) 自身性　对任意方阵 $\boldsymbol{A}$，$\boldsymbol{A}$ 与 $\boldsymbol{A}$ 合同；

(2) 对称性　若 $\boldsymbol{A}$ 与 $\boldsymbol{B}$ 合同，则 $\boldsymbol{B}$ 与 $\boldsymbol{A}$ 合同；

(3) 传递性　若 $\boldsymbol{A}$ 与 $\boldsymbol{B}$ 合同，$\boldsymbol{B}$ 与 $\boldsymbol{C}$ 合同，则 $\boldsymbol{A}$ 与 $\boldsymbol{C}$ 合同.

注：

(1) 若 n 阶方阵 $\boldsymbol{A}$ 与 $\boldsymbol{B}$ 合同，则 $\boldsymbol{A}$ 与 $\boldsymbol{B}$ 等价，从而 $\mathrm{R}(\boldsymbol{A})=\mathrm{R}(\boldsymbol{B})$，但是，$\boldsymbol{A}$ 与 $\boldsymbol{B}$ 等价时，$\boldsymbol{A}$ 与 $\boldsymbol{B}$ 不一定合同.

(2) 矩阵的合同与矩阵相似是两种不同的关系. 如，$\boldsymbol{A}=\begin{bmatrix}1 & 0\\0 & 1\end{bmatrix}$，$\boldsymbol{B}=\begin{bmatrix}1 & 0\\0 & 4\end{bmatrix}$，存在可逆矩阵 $\boldsymbol{C}=\begin{bmatrix}1 & 0\\0 & 2\end{bmatrix}$，使得 $\boldsymbol{C}^{\mathrm{T}}\boldsymbol{AC}=\boldsymbol{B}$，即 $\boldsymbol{A}$ 与 $\boldsymbol{B}$ 合同. 但是，$\boldsymbol{A}$ 与 $\boldsymbol{B}$ 的特征值并不相等，故 $\boldsymbol{A}$ 与 $\boldsymbol{B}$ 不相似.

由以上的分析知，经可逆的线性变换 $\boldsymbol{x}=\boldsymbol{Cy}(|\boldsymbol{C}|\neq 0)$，二次型 $f=\boldsymbol{x}^{\mathrm{T}}\boldsymbol{Ax}$ 的矩阵 $\boldsymbol{A}$ 与新二次型 $\varphi=\boldsymbol{y}^{\mathrm{T}}\boldsymbol{By}$ 的矩阵 $\boldsymbol{B}$ 是合同的，且二次型的秩不变.

9.2 化二次型为标准形

定义 9.4 若二次型 $f=\boldsymbol{x}^{\mathrm{T}}\boldsymbol{Ax}$ 经可逆的线性变换 $\boldsymbol{x}=\boldsymbol{Cy}(|\boldsymbol{C}|\neq 0)$ 化为只含平方项的形式

$$f=k_1y_1^2+k_2y_2^2+\cdots+k_ny_n^2 \tag{9-5}$$

则此二次型称为 f 的标准形.

要使二次型 $f=\boldsymbol{x}^{\mathrm{T}}\boldsymbol{Ax}$ 经可逆线性变换 $\boldsymbol{x}=\boldsymbol{Cy}$ 化为标准形，就是要使

$$\begin{aligned}\varphi&=\boldsymbol{y}^{\mathrm{T}}(\boldsymbol{C}^{\mathrm{T}}\boldsymbol{AC})\boldsymbol{y}=k_1y_1^2+k_2y_2^2+\cdots+k_ny_n^2\\&=(y_1,\ y_2,\ \cdots,\ y_n)\begin{bmatrix}k_1 & 0 & \cdots & 0\\0 & k_2 & \cdots & 0\\\vdots & \vdots & & \vdots\\0 & 0 & \cdots & k_n\end{bmatrix}\begin{bmatrix}y_1\\y_2\\\vdots\\y_n\end{bmatrix}\end{aligned}$$

用矩阵的语言叙述，即要使 $\boldsymbol{B}=\boldsymbol{C}^{\mathrm{T}}\boldsymbol{AC}$ 为对角阵. 于是，问题转化成对于对称阵 $\boldsymbol{A}$，求可逆矩阵 $\boldsymbol{C}$ 使 $\boldsymbol{C}^{\mathrm{T}}\boldsymbol{AC}=\boldsymbol{\Lambda}$ 为对角阵.

下面主要讨论用可逆线性变换化二次型为标准形的方法.

1. 正交变换法

由第 8 章知，任给实对称阵 $\boldsymbol{A}$，则存在正交阵 $\boldsymbol{P}$，使得 $\boldsymbol{P}^{\mathrm{T}}\boldsymbol{AP}=\boldsymbol{\Lambda}$ 为对角阵. 将此结论用二次型的语言叙述，便有下列结论.

定理 9.1 任给实二次型 $f=\boldsymbol{x}^{\mathrm{T}}\boldsymbol{Ax}$，$\boldsymbol{A}$ 为实对称阵，则存在正交变换 $\boldsymbol{x}=\boldsymbol{Py}$，使 f 化为标准形 $f=\lambda_1y_1^2+\lambda_2y_2^2+\cdots+\lambda_ny_n^2$，其中 λ_1，λ_2，$\cdots$，λ_n 为 $\boldsymbol{A}$ 的特征值.

例 9.2 求正交变换 $\boldsymbol{x}=\boldsymbol{Py}$，将二次型

$$f(x_1,\ x_2,\ x_3)=3x_1^2+2x_2^2+x_3^2-4x_1x_2-4x_2x_3$$

化为标准形.

解 (1) 写出二次型 f 的矩阵 $\boldsymbol{A}$

$$\boldsymbol{A}=\begin{bmatrix}3 & -2 & 0\\-2 & 2 & -2\\0 & -2 & 1\end{bmatrix}$$

(2) 求 $\boldsymbol{A}$ 的特征值.

$\boldsymbol{A}$ 的特征多项式为

$$|\lambda \boldsymbol{E}-\boldsymbol{A}|=\begin{vmatrix}\lambda-3 & 2 & 0\\ 2 & \lambda-2 & 2\\ 0 & 2 & \lambda-1\end{vmatrix}=(1+\lambda)(\lambda-2)(\lambda-5)$$

令 $|\boldsymbol{A}-\lambda\boldsymbol{E}|=0$，则 $\boldsymbol{A}$ 的全部特征值为 $\lambda_1=-1$，$\lambda_2=2$，$\lambda_3=5$.

(3) 求 $\boldsymbol{A}$ 的两两正交的单位特征向量.

对于 $\lambda_1=-1$，求解齐次线性方程组 $(-\boldsymbol{E}-\boldsymbol{A})\boldsymbol{x}=\boldsymbol{0}$，得 $\boldsymbol{A}$ 的对应于特征值 $\lambda_1=-1$ 的一个线性无关的特征向量为 $\boldsymbol{\alpha}_1=\begin{pmatrix}1\\2\\2\end{pmatrix}$；

对于 $\lambda_2=2$，求解齐次线性方程组 $(2\boldsymbol{E}-\boldsymbol{A})\boldsymbol{x}=\boldsymbol{0}$，得 $\boldsymbol{A}$ 的对应于特征值 $\lambda_2=2$ 的一个线性无关的特征向量为 $\boldsymbol{\alpha}_2=\begin{pmatrix}2\\1\\-2\end{pmatrix}$；

对于 $\lambda_3=5$，求解齐次线性方程组 $(5\boldsymbol{E}-\boldsymbol{A})\boldsymbol{x}=\boldsymbol{0}$，得 $\boldsymbol{A}$ 的对应于特征值 $\lambda_3=5$ 的一个线性无关的特征向量为 $\boldsymbol{\alpha}_3=\begin{pmatrix}2\\-2\\1\end{pmatrix}$.

由于实对称矩阵 $\boldsymbol{A}$ 的不同特征值的特征向量正交，因此 $\boldsymbol{\alpha}_1$，$\boldsymbol{\alpha}_2$，$\boldsymbol{\alpha}_3$ 是正交向量组，只需将它们进行单位化，令

$$\boldsymbol{p}_1=\frac{1}{\|\boldsymbol{\alpha}_1\|}\boldsymbol{\alpha}_1=\frac{1}{3}(1,2,2)^{\mathrm{T}}$$

$$\boldsymbol{p}_2=\frac{1}{\|\boldsymbol{\alpha}_2\|}\boldsymbol{\alpha}_2=\frac{1}{3}(2,1,-2)^{\mathrm{T}}$$

$$\boldsymbol{p}_3=\frac{1}{\|\boldsymbol{\alpha}_3\|}\boldsymbol{\alpha}_3=\frac{1}{3}(2,-2,1)^{\mathrm{T}}$$

(4) 给出正交变换.

令 $\boldsymbol{P}=[\boldsymbol{p}_1,\boldsymbol{p}_2,\boldsymbol{p}_3]=\frac{1}{3}\begin{bmatrix}1 & 2 & 2\\ 2 & 1 & -2\\ 2 & -2 & 1\end{bmatrix}$，则 $\boldsymbol{P}$ 是正交阵，于是经正交变换 $\boldsymbol{x}=\boldsymbol{P}\boldsymbol{y}$，二次型 f 可化为标准形 $f=-y_1^2+2y_2^2+5y_3^2$.

以上方法称为用正交变换法化二次型为标准形. 其一般步骤为：

(1) 写出二次型 $f=\boldsymbol{x}^{\mathrm{T}}\boldsymbol{A}\boldsymbol{x}$ 的矩阵 $\boldsymbol{A}$；

(2) 对实对称矩阵 $\boldsymbol{A}$，求正交矩阵 $\boldsymbol{P}$，使得 $\boldsymbol{P}^{-1}\boldsymbol{A}\boldsymbol{P}=\boldsymbol{P}^{\mathrm{T}}\boldsymbol{A}\boldsymbol{P}=\boldsymbol{\Lambda}$ 为对角阵；

(3) 作正交变换 $\boldsymbol{x}=\boldsymbol{P}\boldsymbol{y}$，则二次型 f 化为标准形 $f=\lambda_1y_1^2+\lambda_2y_2^2+\cdots+\lambda_ny_n^2$，其中 λ_1，λ_2，…，λ_n 为 $\boldsymbol{A}$ 的特征值.

这时可以看出，所用线性变换不仅可逆，而且是正交变换. 若不限于正交变换，还有多种方法可将二次型化为标准形. 下面做详细介绍.

2. 配方法

定理 9.2　数域 $\mathbb{F}$ 上的任意二次型 $f(x_1,x_2,\cdots,x_n)$ 都可经过非退化的线性变换化成

标准形 $\psi(y_1, y_2, \cdots, y_n)=d_1y_1^2+d_2y_2^2+\cdots+d_ny_n^2$.

证明 下面的证明实际上是具体地把二次型化成标准形的方法，即配方法.

对变量的个数 n 作数学归纳法.

令 $f(x_1, x_2, \cdots, x_n)=\sum_{i=1}^{n}\sum_{j=1}^{n}a_{ij}x_ix_j$，其中 $a_{ij}=a_{ji}$.

当 $n=1$ 时，二次型 $f(x_1)=a_{11}x_1^2$，已经是标准形.

假设对 $n-1$ 元的二次型，定理的结论成立，下面来看 n 元二次型的情形. 对 $f(x_1, x_2, \cdots, x_n)$分 3 种情况讨论：

(1) $a_{ii}(i=1, 2, \cdots, n)$中至少有一个不为零. 假设 $a_{11}\neq 0$，这时

$$
\begin{aligned}
f(x_1, x_2, \cdots, x_n) &= a_{11}x_1^2+\sum_{j=2}^{n}a_{1j}x_1x_j+\sum_{i=2}^{n}a_{i1}x_ix_1+\sum_{i=2}^{n}\sum_{j=2}^{n}a_{ij}x_ix_j \\
&= a_{11}x_1^2+2\sum_{j=2}^{n}a_{1j}x_1x_j+\sum_{i=2}^{n}\sum_{j=2}^{n}a_{ij}x_ix_j \\
&= a_{11}\left(x_1+\sum_{j=2}^{n}\frac{a_{1j}}{a_{11}}x_j\right)^2-\frac{1}{a_{11}}\left(\sum_{j=2}^{n}a_{1j}x_j\right)^2+\sum_{i=2}^{n}\sum_{j=2}^{n}a_{ij}x_ix_j \\
&= a_{11}\left(x_1+\sum_{j=2}^{n}\frac{a_{1j}}{a_{11}}x_j\right)^2+\sum_{i=2}^{n}\sum_{j=2}^{n}b_{ij}x_ix_j
\end{aligned}
$$

其中 $\sum_{i=2}^{n}\sum_{j=2}^{n}b_{ij}x_ix_j=-\frac{1}{a_{11}}\left(\sum_{j=2}^{n}a_{1j}x_j\right)^2+\sum_{i=2}^{n}\sum_{j=2}^{n}a_{ij}x_ix_j$ 是一个关于 $x_2, x_3, \cdots, x_n$ 的二次型.

令

$$
\begin{cases}
y_1 = x_1+\sum_{j=2}^{n}\frac{a_{1j}}{a_{11}}x_j \\
y_2 = x_2 \\
\quad\vdots \\
y_n = x_n
\end{cases}
$$

即

$$
\begin{cases}
x_1 = y_1-\sum_{j=2}^{n}\frac{a_{1j}}{a_{11}}y_j \\
x_2 = y_2 \\
\quad\vdots \\
x_n = y_n
\end{cases}
$$

用矩阵的形式写成

$$
\boldsymbol{X}=\begin{bmatrix}
1 & -\frac{a_{12}}{a_{11}} & \cdots & -\frac{a_{1n}}{a_{11}} \\
0 & 1 & \cdots & 0 \\
\vdots & \vdots & & \vdots \\
0 & 0 & \cdots & 1
\end{bmatrix}\boldsymbol{Y}
$$

记作

$$
\boldsymbol{X}=\boldsymbol{QY} \tag{9-6}
$$

它是一个非退化的线性替换，使得 $f(x_1, x_2, \cdots, x_n) = a_{11}y_1^2 + \sum_{i=2}^{n}\sum_{j=2}^{n} b_{ij}y_iy_j$. 由归纳假设，对 $\sum_{i=2}^{n}\sum_{j=2}^{n} b_{ij}y_iy_j$ 存在非退化的线性替换

$$\begin{cases} z_2 = c_{22}y_2 + c_{23}y_3 + \cdots + c_{2n}y_n \\ z_3 = c_{32}y_2 + c_{33}y_3 + \cdots + c_{3n}y_n \\ \qquad\qquad \vdots \\ z_n = c_{n2}y_2 + c_{n3}y_3 + \cdots + c_{nn}y_n \end{cases}$$

用矩阵的形式写成 $\begin{pmatrix} y_2 \\ \vdots \\ y_n \end{pmatrix} = \boldsymbol{P}_1 \begin{pmatrix} z_2 \\ \vdots \\ z_n \end{pmatrix}$，其中 $\boldsymbol{P}_1$ 为 $n-1$ 阶方阵，使得 $\sum_{i=2}^{n}\sum_{j=2}^{n} b_{ij}y_iy_j$ 变成标准形，即

$$\sum_{i=2}^{n}\sum_{j=2}^{n} b_{ij}y_iy_j = d_2z_2^2 + d_3z_3^2 + \cdots + d_nz_n^2$$

于是，作非退化线性替换

$$\begin{cases} z_1 = y_1 \\ z_2 = c_{22}y_2 + c_{23}y_3 + \cdots + c_{2n}y_n \\ \quad \vdots \\ z_n = c_{n2}y_2 + c_{n3}y_3 + \cdots + c_{nn}y_n \end{cases}$$

即 $\begin{pmatrix} y_1 \\ y_2 \\ \vdots \\ y_n \end{pmatrix} = \begin{bmatrix} 1 & \boldsymbol{0} \\ \boldsymbol{0} & \boldsymbol{P}_1 \end{bmatrix} \begin{pmatrix} z_1 \\ z_2 \\ \vdots \\ z_n \end{pmatrix}$. 记作

$$\boldsymbol{Y} = \boldsymbol{PZ} \tag{9-7}$$

使得 $f(x_1, x_2, \cdots, x_n)$ 变成

$$\begin{aligned} f(x_1, x_2, \cdots, x_n) &= a_{11}y_1^2 + \sum_{i=2}^{n}\sum_{j=2}^{n} b_{ij}y_iy_j \\ &= a_{11}z_1^2 + d_2z_2^2 + d_3z_3^2 + \cdots + d_nz_n^2 \end{aligned}$$

结合式(9-6)与式(9-7)，经非退化线性替换 $\boldsymbol{X}=\boldsymbol{QY}=(\boldsymbol{QP})\boldsymbol{Z}$，二次型 $f(x_1, x_2, \cdots, x_n)$ 化成标准形，根据数学归纳法原理，即定理得证.

(2) 所有 $a_{ii}=0(1\leqslant i\leqslant n)$，但是至少有一个 $a_{1j}\neq 0(j>1)$，不失普遍性，设 $a_{12}\neq 0$. 令

$$\begin{cases} x_1 = y_1 + y_2 \\ x_2 = y_1 - y_2 \\ x_3 = y_3 \\ \quad \vdots \\ x_n = y_n \end{cases}$$

它是一个非退化的线性替换，使得

$$\begin{aligned} f(x_1, x_2, \cdots, x_n) &= 2a_{12}x_1x_2 + \cdots \\ &= 2a_{12}(y_1 + y_2)(y_1 - y_2) + \cdots \\ &= 2a_{12}y_1^2 - 2a_{12}y_2^2 + \cdots \end{aligned}$$

这时上式右端是一个关于 y_1，y_2，…，y_n 的二次型，且 y_1^2 的系数不为 0，属于情形(1)，即定理成立.

(3) $a_{11}=a_{12}=\cdots=a_{1n}=0$. 由对称性知，$a_{21}=a_{31}=\cdots=a_{n1}=0$，此时

$$f(x_1, x_2, \cdots, x_n)=\sum_{i=2}^{n}\sum_{j=2}^{n}a_{ij}x_ix_j$$

是一个 $n-1$ 元二次型，由归纳假设，它可经非退化的线性替换变成标准形. 定理得证.

下面举例介绍用配方法化二次型为标准形.

例 9.3 求可逆线性变换，将二次型 $f=x_1^2+2x_2^2-x_3^2+2x_1x_2+2x_1x_3+4x_2x_3$ 化为标准形.

解

$$\begin{aligned}f&=[x_1^2+2x_1(x_2+x_3)+(x_2+x_3)^2]-(x_2+x_3)^2+2x_2^2-x_3^2+4x_2x_3\\&=(x_1+x_2+x_3)^2+x_2^2+2x_2x_3-2x_3^2\\&=(x_1+x_2+x_3)^2+(x_2+x_3)^2-3x_3^2\end{aligned}$$

令 $\begin{cases}y_1=x_1+x_2+x_3\\y_2=x_2+x_3\\y_3=x_3\end{cases}$，则二次型 f 可化为标准形 $f=y_1^2+y_2^2-3y_3^2$.

由于 $\begin{pmatrix}y_1\\y_2\\y_3\end{pmatrix}=\begin{bmatrix}1&1&1\\0&1&1\\0&0&1\end{bmatrix}\begin{pmatrix}x_1\\x_2\\x_3\end{pmatrix}$，显然 $\boldsymbol{C}=\begin{bmatrix}1&1&1\\0&1&1\\0&0&1\end{bmatrix}$ 可逆，故所作的可逆线性变换为

$$\begin{pmatrix}x_1\\x_2\\x_3\end{pmatrix}=\boldsymbol{C}^{-1}\begin{pmatrix}y_1\\y_2\\y_3\end{pmatrix}=\begin{bmatrix}1&-1&0\\0&1&-1\\0&0&1\end{bmatrix}\begin{pmatrix}y_1\\y_2\\y_3\end{pmatrix}$$

例 9.4 求可逆的线性变换，将二次型

$$f=2x_1x_2+2x_1x_3-4x_2x_3$$

化成标准形.

解 由于 f 中只含交叉项不含平方项，令

$$\begin{cases}x_1=y_1+y_2\\x_2=y_1-y_2\\x_3=y_3\end{cases}\tag{9-8}$$

代入原二次型，可得

$$\begin{aligned}f&=2y_1^2-2y_2^2-2y_1y_3+6y_2y_3\\&=2\left(y_1^2-y_1y_3+\frac{1}{4}y_3^2\right)-\frac{1}{2}y_3^2-2y_2^2+6y_2y_3\\&=2\left(y_1-\frac{1}{2}y_3\right)^2-2\left(y_2-\frac{3}{2}y_3\right)^2+4y_3^2\end{aligned}$$

令

$$\begin{cases}z_1=y_1-\dfrac{1}{2}y_3\\z_2=y_2-\dfrac{3}{2}y_3\\z_3=y_3\end{cases}\tag{9-9}$$

则二次型 f 可化为标准形 $f=2z_1^2-2z_2^2+4z_3^2$. 由式(9-8)，式(9-9)得

$$\begin{pmatrix}x_1\\x_2\\x_3\end{pmatrix}=\begin{bmatrix}1&1&0\\1&-1&0\\0&0&1\end{bmatrix}\begin{pmatrix}y_1\\y_2\\y_3\end{pmatrix}=\boldsymbol{C}_1\begin{pmatrix}y_1\\y_2\\y_3\end{pmatrix},\quad \begin{pmatrix}z_1\\z_2\\z_3\end{pmatrix}=\begin{bmatrix}1&0&-\dfrac{1}{2}\\0&1&-\dfrac{3}{2}\\0&0&1\end{bmatrix}\begin{pmatrix}y_1\\y_2\\y_3\end{pmatrix}=\boldsymbol{C}_2\begin{pmatrix}y_1\\y_2\\y_3\end{pmatrix}$$

显然 $\boldsymbol{C}_1$、$\boldsymbol{C}_2$ 可逆，结合以上两式，则所作的可逆线性变换为

$$\begin{pmatrix}x_1\\x_2\\x_3\end{pmatrix}=\boldsymbol{C}_1\begin{pmatrix}y_1\\y_2\\y_3\end{pmatrix}=\boldsymbol{C}_1\boldsymbol{C}_2^{-1}\begin{pmatrix}z_1\\z_2\\z_3\end{pmatrix}=\begin{bmatrix}1&1&0\\1&-1&0\\0&0&1\end{bmatrix}\begin{bmatrix}1&0&\dfrac{1}{2}\\0&1&\dfrac{3}{2}\\0&0&1\end{bmatrix}\begin{pmatrix}z_1\\z_2\\z_3\end{pmatrix}$$

$$=\begin{bmatrix}1&1&2\\1&-1&-1\\0&0&1\end{bmatrix}\begin{pmatrix}z_1\\z_2\\z_3\end{pmatrix}$$

用配方法化二次型为标准形的一般步骤为：

(1) 若二次型含有 x_i(一般取尽可能小的 i)的平方项，则先将含 x_i 的项集中，然后配方，再对其余的变量重复上述过程，直到所有项都配成平方项为止，经过可逆的线性变换，二次型可化为标准形.

(2) 若二次型中不含平方项，但是 $a_{ij}\neq 0(i\neq j)$，作可逆线性变换

$$\begin{cases}x_i=y_i-y_j\\x_j=y_i+y_j\quad(k=1,2,\cdots,n;\ k\neq i,j)\\x_k=y_k\end{cases}$$

将二次型化为含有平方项，然后再按(1)中的方法进行配方.

3. 初等变换法

定理 9.3　任给 n 阶实对称矩阵 $\boldsymbol{A}$，则存在一系列初等矩阵 $\boldsymbol{P}_1$，$\boldsymbol{P}_2$，…，$\boldsymbol{P}_s$，使得

$$\boldsymbol{P}_s^{\mathrm{T}}\cdots\boldsymbol{P}_2^{\mathrm{T}}\boldsymbol{P}_1^{\mathrm{T}}\boldsymbol{A}\boldsymbol{P}_2\cdots\boldsymbol{P}_s=\begin{bmatrix}d_1&0&\cdots&0\\0&d_2&\cdots&0\\\vdots&\vdots&&\vdots\\0&0&\cdots&d_n\end{bmatrix}$$

证明　用数学归纳法.

当 $n=1$ 时，结论显然成立. 假设结论对于 $n-1$ 阶实对称矩阵成立，现考虑 n 阶实对称矩阵的情形.

设 $\boldsymbol{A}=\begin{bmatrix}a_{11}&a_{12}&\cdots&a_{1n}\\a_{21}&a_{22}&\cdots&a_{2n}\\\vdots&\vdots&&\vdots\\a_{n1}&a_{n2}&\cdots&a_{nn}\end{bmatrix}$，其中 $a_{ij}=a_{ji}(i,j=1,2,\cdots,n)$. 分别讨论以下 3 种情形：

(1) 若 $a_{11}\neq 0$，对 $\boldsymbol{A}$ 作初等行变换 $r_i-\dfrac{a_{i1}}{a_{11}}r_1(i=2,3,\cdots,n)$，可将 a_{21}，a_{31}，…，a_{n1} 化为零；同时再对 $\boldsymbol{A}$ 作对称的初等列变换 $c_j-\dfrac{a_{1j}}{a_{11}}c_1(j=2,3,\cdots,n)$，可将 a_{12}，a_{13}，…，a_{1n}

化为零，即

$$A \xrightarrow[c_j - \frac{a_{1j}}{a_{11}}c_1]{r_i - \frac{a_{i1}}{a_{11}}r_1} \begin{bmatrix} a_{11} & \mathbf{0} \\ \mathbf{0} & \boldsymbol{A}_1 \end{bmatrix}$$

其中，$\boldsymbol{A}_1$ 为 $n-1$ 阶实对称矩阵. 由归纳假设知，对 $\boldsymbol{A}_1$ 作一系列初等行变换和对称的初等列变换可将其化为对角阵.

(2) 若 $a_{11}=0$，存在 $a_{ii}\neq 0(2\leqslant i\leqslant n)$，对 $\boldsymbol{A}$ 作初等行变换 $r_i\leftrightarrow r_1$，同时对 $\boldsymbol{A}$ 作对称的初等列变换 $c_i\leftrightarrow c_1$，则可化为(1)的情形.

(3) 若 $a_{ii}=0(i=1, 2, \cdots, n)$，存在 $a_{ij}=a_{ji}\neq 0$，此时，对 $\boldsymbol{A}$ 作初等行变换 r_i+r_j，同时对 $\boldsymbol{A}$ 作对称的初等列变换 c_i+c_j，则可化为(2)的情形. 得证.

令 $\boldsymbol{C}=\boldsymbol{P}_1\boldsymbol{P}_2\cdots\boldsymbol{P}_s=\boldsymbol{E}\boldsymbol{P}_1\boldsymbol{P}_2\cdots\boldsymbol{P}_s$，由推论 3.2 知，对 $\boldsymbol{A}$ 作一系列初等列变换和对称的初等行变换将 $\boldsymbol{A}$ 化为对角阵 $\boldsymbol{\Lambda}$ 时，则完全相同的一系列初等列变换就将单位矩阵 $\boldsymbol{E}$ 化成了可逆线性变换矩阵 $\boldsymbol{C}$，使得 $\boldsymbol{C}^{\mathrm{T}}\boldsymbol{A}\boldsymbol{C}=\boldsymbol{\Lambda}$.

用初等变换法将二次型化为标准形的具体步骤为：

(1) 写出二次型 $f=\boldsymbol{x}^{\mathrm{T}}\boldsymbol{A}\boldsymbol{x}$ 的矩阵 $\boldsymbol{A}$；

(2) 构造分块矩阵 $\begin{bmatrix}\boldsymbol{A}\\ \boldsymbol{E}\end{bmatrix}_{2n\times n}$，对其作一系列初等列变换和对称的初等行变换，将 $\boldsymbol{A}$ 化为对角阵 $\boldsymbol{\Lambda}$ 时，单位阵 $\boldsymbol{E}$ 就化成了可逆矩阵 $\boldsymbol{C}$；

(3) 作可逆线性变换 $\boldsymbol{x}=\boldsymbol{C}\boldsymbol{y}$，则二次型 f 可化为标准形

$$f=\boldsymbol{y}^{\mathrm{T}}\boldsymbol{\Lambda}\boldsymbol{y}=d_1y_1^2+d_2y_2^2+\cdots+d_ny_n^2$$

其中 $\boldsymbol{\Lambda}=\mathrm{diag}(d_1, d_2, \cdots, d_n)$为对角阵.

例 9.5　求可逆的线性变换，将二次型

$$f=x_1^2+2x_2^2+x_3^2+2x_1x_2+2x_1x_3-4x_2x_3$$

化为标准形.

解　二次型 f 的矩阵为 $\boldsymbol{A}=\begin{bmatrix}1&1&1\\1&2&-2\\1&-2&1\end{bmatrix}$，构造分块矩阵 $\begin{bmatrix}\boldsymbol{A}\\ \boldsymbol{E}_3\end{bmatrix}$，由于

$$\begin{bmatrix}\boldsymbol{A}\\ \boldsymbol{E}_3\end{bmatrix}=\begin{bmatrix}1&1&1\\1&2&-2\\1&-2&1\\1&0&0\\0&1&0\\0&0&1\end{bmatrix}\xrightarrow[c_3-c_1]{c_2-c_1}\begin{bmatrix}1&0&0\\1&1&-3\\1&-3&0\\1&-1&-1\\0&1&0\\0&0&1\end{bmatrix}\xrightarrow[r_3-r_1]{r_2-r_1}\begin{bmatrix}1&0&0\\0&1&-3\\0&-3&0\\1&-1&-1\\0&1&0\\0&0&1\end{bmatrix}$$

$$\xrightarrow[r_3+3r_2]{c_3+3c_2}\begin{bmatrix}1&0&0\\0&1&0\\0&0&-9\\1&-1&-4\\0&1&3\\0&0&1\end{bmatrix}=\begin{bmatrix}\boldsymbol{\Lambda}\\ \boldsymbol{C}\end{bmatrix}$$

则 f 可化为标准形 $f=y_1^2+y_2^2-9y_3^2$，且所作的可逆线性变换为

$$\boldsymbol{x}=\begin{bmatrix}1 & -1 & -4\\ 0 & 1 & 3\\ 0 & 0 & 1\end{bmatrix}\boldsymbol{y}$$

例 9.6 用初等变换方法，求可逆线性变换，将例 9.2 中的二次型化为标准形.

解 二次型 f 的矩阵为 $\boldsymbol{A}=\begin{bmatrix}3 & -2 & 0\\ -2 & 2 & -2\\ 0 & -2 & 1\end{bmatrix}$，构造分块矩阵 $\begin{bmatrix}\boldsymbol{A}\\ \boldsymbol{E}_3\end{bmatrix}$，由于

$$\begin{bmatrix}\boldsymbol{A}\\ \boldsymbol{E}_3\end{bmatrix}=\begin{bmatrix}3 & -2 & 0\\ -2 & 2 & -2\\ 0 & -2 & 1\\ 1 & 0 & 0\\ 0 & 1 & 0\\ 0 & 0 & 1\end{bmatrix}\xrightarrow{c_1\leftrightarrow c_3}\begin{bmatrix}0 & -2 & 3\\ -2 & 2 & -2\\ 1 & -2 & 0\\ 0 & 0 & 1\\ 0 & 1 & 0\\ 1 & 0 & 0\end{bmatrix}\xrightarrow{r_1\leftrightarrow r_3}\begin{bmatrix}1 & -2 & 0\\ -2 & 2 & -2\\ 0 & -2 & 3\\ 0 & 0 & 1\\ 0 & 1 & 0\\ 1 & 0 & 0\end{bmatrix}$$

$$\xrightarrow[r_2+2r_1]{c_2+2c_1}\begin{bmatrix}1 & 0 & 0\\ 0 & -2 & -2\\ 0 & -2 & 3\\ 0 & 0 & 1\\ 0 & 1 & 0\\ 1 & 2 & 0\end{bmatrix}\xrightarrow[r_3-r_2]{c_3-c_2}\begin{bmatrix}1 & 0 & 0\\ 0 & -2 & 0\\ 0 & 0 & 5\\ 0 & 0 & 1\\ 0 & 1 & -1\\ 1 & 2 & -2\end{bmatrix}=\begin{bmatrix}\boldsymbol{A}\\ \boldsymbol{C}\end{bmatrix}$$

则 f 可化为标准形 $f=y_1^2-2y_2^2+5y_3^2$，且所作的可逆线性变换为

$$\boldsymbol{x}=\begin{bmatrix}0 & 0 & 1\\ 0 & 1 & -1\\ 1 & 2 & -2\end{bmatrix}\boldsymbol{y}$$

以上介绍了三种化二次型为标准形的方法. 一般来说，矩阵的初等变换法比较简单而实用；配方法运算易于接受，但当变形较多时，运算较繁；正交变换法的最大优点是保持几何图形不变，尽管运算复杂，仍是常用的方法. 读者一定要掌握.

关于二次型的标准形，下面作几点说明.

(1) 二次型的标准形不唯一，与所作的可逆线性变换有关. 例如，设

$$\begin{aligned}f&=x_1^2+3x_2^2+6x_3^2-4x_1x_2-4x_1x_3+10x_2x_3\\ &=(x_1-2x_2-2x_3)^2-(x_2-x_3)^2+3x_3^2\end{aligned}$$

令 $\begin{cases}y_1=x_1-2x_2-2x_3\\ y_2=x_2-x_3\\ y_3=x_3\end{cases}$，则二次型 f 可化为标准形 $f=y_1^2-y_2^2+3y_3^2$.

若令 $\begin{cases}y_1=x_1-2x_2-2x_3\\ y_2=x_2-x_3\\ y_3=\sqrt{3}x_3\end{cases}$，则二次型 f 可化为标准形 $f=y_1^2-y_2^2+y_3^2$.

(2) 虽然二次型的标准形不唯一，但是，在正交变换下二次型的标准形的系数是确定的，就是二次型矩阵的特征值.

9.3 规范性与惯性定理

二次型的标准形不唯一，但是，二次型的标准形中所含非零平方项的个数是确定的.

定理 9.4 任意的实二次型 $f=\boldsymbol{x}^{\mathrm{T}}\boldsymbol{A}\boldsymbol{x}$，经可逆的线性变换 $\boldsymbol{x}=\boldsymbol{C}\boldsymbol{y}$ 可化为标准形，则标准形中所含非零平方项的个数等于 $\mathrm{R}(\boldsymbol{A})$.

证明 二次型 $f=\boldsymbol{x}^{\mathrm{T}}\boldsymbol{A}\boldsymbol{x}$ 经可逆线性变换 $\boldsymbol{x}=\boldsymbol{C}\boldsymbol{y}$ 化为标准形，即

$$\begin{aligned}\varphi &= \boldsymbol{y}^{\mathrm{T}}(\boldsymbol{C}^{\mathrm{T}}\boldsymbol{A}\boldsymbol{C})\boldsymbol{y} = k_1y_1^2+k_2y_2^2+\cdots+k_ny_n^2\\ &= (y_1,\ y_2,\ \cdots,\ y_n)\begin{bmatrix}k_1 & 0 & \cdots & 0\\ 0 & k_2 & \cdots & 0\\ \vdots & \vdots & & \vdots\\ 0 & 0 & \cdots & k_n\end{bmatrix}\begin{bmatrix}y_1\\ y_2\\ \vdots\\ y_n\end{bmatrix} = \boldsymbol{y}^{\mathrm{T}}\boldsymbol{B}\boldsymbol{y}\end{aligned}$$

即 $\boldsymbol{B}=\mathrm{diag}(k_1,\ k_2,\ \cdots,\ k_n)=\boldsymbol{C}^{\mathrm{T}}\boldsymbol{A}\boldsymbol{C}$，故 $\boldsymbol{A}$ 与 $\boldsymbol{B}$ 合同，从而 $\mathrm{R}(\boldsymbol{A})=\mathrm{R}(\boldsymbol{B})$. 又由于 f 的标准形中非零平方项的个数等于 $\mathrm{R}(\boldsymbol{B})$，因此标准形中非零平方项的个数等于 $\mathrm{R}(\boldsymbol{A})$.

注： 在一个二次型的标准形中，系数不为零的平方项的个数是唯一确定的，与所作的非退化线性替换无关.

1. 复二次型的规范形

设 $f=\boldsymbol{x}^{\mathrm{T}}\boldsymbol{A}\boldsymbol{x}$ 是复二次型，作可逆线性变换 $\boldsymbol{x}=\boldsymbol{C}\boldsymbol{y}$，则二次型 f 可化为标准形

$$\varphi = \boldsymbol{y}^{\mathrm{T}}(\boldsymbol{C}^{\mathrm{T}}\boldsymbol{A}\boldsymbol{C})\boldsymbol{y} = d_1y_1^2+d_2y_2^2+\cdots+d_ry_r^2$$

其中 $d_i\neq 0\ (1\leqslant i\leqslant r)$，$r=\mathrm{R}(\boldsymbol{A})$. 再作可逆的线性变换

$$\begin{cases}y_1 = \dfrac{1}{\sqrt{d_1}}z_1\\ \quad\vdots\\ y_r = \dfrac{1}{\sqrt{d_r}}z_r\\ y_{r+1} = z_{r+1}\\ \quad\vdots\\ y_n = z_n\end{cases}$$

则二次型 f 可进一步化为 $\boldsymbol{\Psi}=z_1^2+z_2^2+\cdots+z_r^2$，称为复二次型 f 的规范形，它是由二次型的秩所唯一确定的.

于是有下面的结论.

定理 9.5 任一复系数的二次型，经过适当的非退化线性替换可以变成规范形，且规范形是唯一的.

推论 9.1 (1) 任一复对称阵 $\boldsymbol{A}$ 都合同于对角阵 $\boldsymbol{\Lambda}=\mathrm{diag}(1,\ 1,\ \cdots,\ 1,\ 0,\ 0,\ \cdots 0)$，其中主对角线上 1 的个数等于 $\mathrm{R}(\boldsymbol{A})$；

(2) 设 $\boldsymbol{A}$，$\boldsymbol{B}$ 为 n 阶复对称阵，则 $\boldsymbol{A}$ 与 $\boldsymbol{B}$ 合同的充要条件是 $\mathrm{R}(\boldsymbol{A})=\mathrm{R}(\boldsymbol{B})$.

2. 实二次型的规范形

设 $f=\boldsymbol{x}^{\mathrm{T}}\boldsymbol{A}\boldsymbol{x}$ 是实二次型，作可逆线性变换 $\boldsymbol{x}=\boldsymbol{C}\boldsymbol{y}$，则二次型 f 可化为标准形

$$\varphi = \boldsymbol{y}^{\mathrm{T}}(\boldsymbol{C}^{\mathrm{T}}\boldsymbol{A}\boldsymbol{C})\boldsymbol{y} = d_1y_1^2 + d_2y_2^2 + \cdots + d_py_p^2 - d_{p+1}y_{p+1}^2 - \cdots - d_ry_r^2$$

其中 $d_i>0(1\leqslant i\leqslant r)$，$r=\mathrm{R}(\boldsymbol{A})$.

再作可逆的线性变换

$$\begin{cases} y_1 = \dfrac{1}{\sqrt{d_1}}z_1 \\ \vdots \\ y_r = \dfrac{1}{\sqrt{d_r}}z_r \\ y_{r+1} = z_{r+1} \\ \vdots \\ y_n = z_n \end{cases}$$

则二次型 f 可进一步化为 $\Psi=z_1^2+z_2^2+\cdots+z_p^2-z_{p+1}^2-\cdots-z_r^2$，称为实二次型 f 的规范形，它是由二次型的秩 r 和 p 这两个数所确定的.

于是有下面的结论.

定理 9.6 （惯性定理）任一实系数的二次型，经适当的非退化线性替换可以变成规范形，且规范形是唯一的.

证明　实二次型规范形的存在性上面已证，下面证唯一性.

设实二次型 f 经过两个不同的非退化线性变换 $\boldsymbol{x}=\boldsymbol{B}\boldsymbol{y}$，$\boldsymbol{x}=\boldsymbol{C}\boldsymbol{z}$，分别将 f 化为规范形

$$f = y_1^2 + y_2^2 + \cdots + y_p^2 - y_{p+1}^2 - \cdots - y_r^2 \tag{9-10}$$

$$f = z_1^2 + z_2^2 + \cdots + z_q^2 - z_{q+1}^2 - \cdots - z_r^2 \tag{9-11}$$

其中 $1\leqslant p$，$q\leqslant r\leqslant n$.

现在欲证 $p=q$，我们利用反证法. 假设 $p>q$，式(9－10)、式(9－11)是同一二次型 f 的规范形，从而

$$y_1^2 + y_2^2 + \cdots + y_p^2 - y_{p+1}^2 - \cdots - y_r^2 = z_1^2 + z_2^2 + \cdots + z_q^2 - z_{q+1}^2 - \cdots - z_r^2 \tag{9-12}$$

$\boldsymbol{z}=\boldsymbol{C}^{-1}x=\boldsymbol{C}^{-1}\boldsymbol{B}\boldsymbol{y}$，令 $\boldsymbol{C}^{-1}\boldsymbol{B}=\boldsymbol{G}=(g_{ij})_{n\times n}$，于是 $\boldsymbol{z}=\boldsymbol{G}\boldsymbol{y}$ 明确写出来就是

$$\begin{cases} z_1 = g_{11}y_1 + g_{12}y_2 + \cdots + g_{1n}y_n \\ z_2 = g_{21}y_1 + g_{22}y_2 + \cdots + g_{2n}y_n \\ \vdots \\ z_n = g_{n1}y_1 + g_{n2}y_2 + \cdots + g_{nn}y_n \end{cases} \tag{9-13}$$

考虑齐次线性方程组

$$\begin{cases} g_{11}y_1 + g_{12}y_2 + \cdots + g_{1n}y_n = 0 \\ \vdots \\ g_{q1}y_1 + g_{q2}y_2 + \cdots + g_{qn}y_n = 0 \\ y_{p+1} = 0 \\ \vdots \\ y_n = 0 \end{cases} \tag{9-14}$$

方程组(9－14)含有 n 个未知量，而含 $q+(n-p)=n-(p-q)<n$ 个方程，从而方程组(9－14)有非零解. 令 $(y_1, \cdots, y_p, y_{p+1}, \cdots, y_n)^{\mathrm{T}}=(k_1, \cdots, k_p, k_{p+1}, \cdots, k_n)^{\mathrm{T}}$ 是方程

组(9－14)的一个非零解，显然 $k_{p+1}=\cdots=k_n=0$. 把它代入式(9－12)的左端，得

$$y_1^2+y_2^2+\cdots+y_p^2=k_1^2+k_2^2+\cdots k_p^2>0\quad(k_1,k_2,\cdots,k_p\text{ 不全为零})$$

由于 $k_1, k_2, \cdots, k_n$ 是方程组(9－14)的一个解，代入方程组(9－13)知

$$z_1=\cdots=z_q=0$$

于是由式(9－12)的右端，得

$$z_1^2+z_2^2+\cdots+z_q^2-z_{q+1}^2-\cdots-z_r^2=-z_{q+1}^2-\cdots-z_r^2\leqslant 0$$

产生矛盾，从而 $p\leqslant q$；同理可证 $p\geqslant q$，故 $p=q$.

定义 9.5　在实二次型 f 的规范形中，正平方项的个数 p 称为 f 的正惯性指数；负平方项的个数 $r-p$ 称为 f 的负惯性指数；它们的差 $2p-r$ 称为二次型 f 的符号差.

注：虽然实二次型的标准形不是唯一的，但由上面化规范形的过程可以看出，标准形中系数为正的平方项个数与规范形中正平方项个数是一致的. 因此，惯性定理也可叙述为：

实二次型的标准形中系数为正的平方项的个数是唯一确定的，它等于正惯性指数，而系数为负的平方项的个数等于负惯性指数.

推论 9.2　任一实对称阵 $\boldsymbol{A}$ 都合同于下述形式的对角阵

$$\Lambda=\mathrm{diag}(1,\cdots,1,-1,\cdots,-1,0,\cdots,0)$$

其中主对角线上 1 的个数 p，-1 的个数 $r-p(r=\mathrm{R}(\boldsymbol{A}))$都是唯一确定的，分别称为 $\boldsymbol{A}$ 的正、负惯性指数，它们的差 $2p-r$ 称为 $\boldsymbol{A}$ 的符号差.

例 9.7　化二次型 $f=2x_1x_2+2x_1x_3-4x_2x_3$ 为规范形，并求其正惯性指数.

解　由例 9.4 可以看出，f 经线性变换 $\boldsymbol{x}=\begin{bmatrix}1&1&2\\1&-1&-1\\0&0&1\end{bmatrix}\boldsymbol{y}$ 化为标准形

$$f=2y_1^2-2y_2^2+4y_3^2$$

令 $\begin{cases}z_1=\sqrt{2}\,y_1\\z_2=2y_3\\z_3=\sqrt{2}\,y_2\end{cases}$，则可将 f 化成规范形 $f=z_1^2+z_2^2-z_3^2$，其正惯性指数为 2.

例 9.8　若实对称阵 $\boldsymbol{A}$ 与 $\boldsymbol{B}=\begin{bmatrix}1&0&0\\0&0&2\\0&2&0\end{bmatrix}$ 合同，求实二次型 $\boldsymbol{X}^{\mathrm{T}}\boldsymbol{A}\boldsymbol{X}$ 的规范形.

解　由于 $\boldsymbol{A}$ 与 $\boldsymbol{B}$ 合同，由此 $\mathrm{R}(\boldsymbol{A})=\mathrm{R}(\boldsymbol{B})$，且 $\boldsymbol{A}$ 与 $\boldsymbol{B}$ 的正惯性指数相同. 又由于 $\boldsymbol{X}^{\mathrm{T}}\boldsymbol{B}\boldsymbol{X}=x_1^2+4x_2x_3$，作可逆的线性变换

$$\begin{cases}x_1=y_1\\x_2=y_2+y_3\\x_3=y_2-y_3\end{cases}$$

则二次型 $\boldsymbol{X}^{\mathrm{T}}\boldsymbol{B}\boldsymbol{X}$ 可化为标准形 $y_1^2+4y_2^2-4y_3^2$，即 $\mathrm{R}(\boldsymbol{B})=3$，且正惯性指数为 2，从而二次型 $\boldsymbol{X}^{\mathrm{T}}\boldsymbol{A}\boldsymbol{X}$ 的规范形为 $y_1^2+y_2^2-y_3^2$.

9.4 正定二次型

1. 正定二次型的概念与判别

定义 9.6 设有 n 元二次型 $f=\boldsymbol{x}^{\mathrm{T}}\boldsymbol{A}\boldsymbol{x}$，

若对任意 n 维非零列向量 $\boldsymbol{x}$，都有 $f(\boldsymbol{x})>0$，则 f 称为正定二次型，此时，$\boldsymbol{A}$ 称为正定矩阵；

若对任意 n 维非零列向量 $\boldsymbol{x}$，都有 $f(\boldsymbol{x})<0$，则 f 称为负定二次型，此时，$\boldsymbol{A}$ 称为负定矩阵；

若对任意 n 维非零列向量 $\boldsymbol{x}$，都有 $f(\boldsymbol{x})\geqslant 0$，则 f 称为半正定二次型，此时，$\boldsymbol{A}$ 称为半正定矩阵；

若对任意 n 维非零列向量 $\boldsymbol{x}$，都有 $f(\boldsymbol{x})\leqslant 0$，则 f 称为半负定二次型，此时，$\boldsymbol{A}$ 称为半负定矩阵；

既不是半正定，也不是半负定的二次型称为不定二次型.

二次型 $f(x_1, x_2, \cdots, x_n)=x_1^2+x_2^2+\cdots+x_n^2$，当 n 维列向量 $\boldsymbol{x}\neq\boldsymbol{0}$ 时，显然 $f(\boldsymbol{x})>0$，因此此二次型是正定的，其矩阵 $\boldsymbol{E}_n$ 是正定矩阵.

定理 9.7 二次型 $f=\boldsymbol{x}^{\mathrm{T}}\boldsymbol{A}\boldsymbol{x}$ 正定(负定)的充分必要条件为 f 的标准形的系数全大于零(全小于零). 即它的正(负)惯性指数为 n.

证明 设有可逆线性变换 $\boldsymbol{x}=\boldsymbol{C}\boldsymbol{y}$，将二次型 f 化为标准形

$$f=k_1y_1^2+k_2y_2^2+\cdots+k_ny_n^2$$

(充分性) 设 $k_i>0(i=1, 2, \cdots, n)$，若 $\boldsymbol{x}=(x_1, x_2, \cdots, x_n)^{\mathrm{T}}\neq\boldsymbol{0}$，则 $\boldsymbol{y}=\boldsymbol{C}^{-1}\boldsymbol{x}\neq\boldsymbol{0}$，即 $y_1, y_2, \cdots, y_n$ 不全为零，从而 $f=k_1y_1^2+k_2y_2^2+\cdots+k_ny_n^2>0$，于是 f 为正定二次型.

(必要性) 用反证法. 若存在 $k_s\leqslant 0$，则取

$$y_1=0, \cdots, y_{s-1}=0, y_{s+1}=0, \cdots, y_n=0$$

记 $\boldsymbol{y}_0=(0, \cdots, 0, 1, 0, \cdots, 0)^{\mathrm{T}}$，由于 $\boldsymbol{C}$ 可逆，因此 $\boldsymbol{x}_0=\boldsymbol{C}\boldsymbol{y}_0=(c_{1s}, c_{2s}, \cdots, c_{ns})^{\mathrm{T}}\neq\boldsymbol{0}$，而

$$f(c_{1s}, c_{2s}, \cdots, c_{ns})=k_1\cdot 0^2+\cdots+k_s\cdot 1^2+\cdots+k_n\cdot 0^2=k_s\leqslant 0$$

与 f 为正定二次型产生矛盾，故 $k_i>0(i=1, 2, \cdots, n)$.

因此任意的实二次型 $f=\boldsymbol{x}^{\mathrm{T}}\boldsymbol{A}\boldsymbol{x}$ 都可经正交变换 $\boldsymbol{x}=\boldsymbol{C}\boldsymbol{y}$ 化为标准形

$$f=\lambda_1y_1^2+\lambda_2y_2^2+\cdots+\lambda_ny_n^2$$

其中 $\lambda_1, \lambda_2, \cdots, \lambda_n$ 为 $\boldsymbol{A}$ 的特征值.

定理 9.8 二次型 $f=\boldsymbol{x}^{\mathrm{T}}\boldsymbol{A}\boldsymbol{x}$ 正定(负定)的充分必要条件是 $\boldsymbol{A}$ 的特征值全部大（小）于零.

由此可以得到

(1) 对称矩阵 $\boldsymbol{A}$ 正定的充分必要条件是 $\boldsymbol{A}$ 与单位矩阵 $\boldsymbol{E}_n$ 合同，即存在可逆阵 $\boldsymbol{C}$，使得 $\boldsymbol{A}=\boldsymbol{C}^{\mathrm{T}}\boldsymbol{C}$；

(2) 正定矩阵 $\boldsymbol{A}$ 的行列式 $|\boldsymbol{A}|>0$.

例 9.9 判定二次型 $f=x_1^2+3x_2^2+3x_3^2+4x_2x_3$ 的正定性.

解 二次型 f 的矩阵为 $\boldsymbol{A}=\begin{bmatrix}1&0&0\\0&3&2\\0&2&3\end{bmatrix}$，它的特征多项式为

$$|\boldsymbol{A}-\lambda\boldsymbol{E}|=\begin{vmatrix}1-\lambda&0&0\\0&3-\lambda&2\\0&2&3-\lambda\end{vmatrix}=-(\lambda-1)^2(\lambda-5)$$

令 $|\boldsymbol{A}-\lambda\boldsymbol{E}|=0$，则 $\boldsymbol{A}$ 的全部特征值为 $\lambda_1=\lambda_2=1$，$\lambda_3=5$，由于 $\boldsymbol{A}$ 的特征值全部大于零，因此 f 为正定二次型.

定义 9.7 设 $\boldsymbol{A}=(a_{ij})_{n\times n}$，$\boldsymbol{A}$ 的 i 阶子式

$$D_i=\begin{vmatrix}a_{11}&a_{12}&\cdots&a_{1i}\\a_{21}&a_{22}&\cdots&a_{2i}\\\vdots&\vdots&&\vdots\\a_{i1}&a_{i2}&\cdots&a_{ii}\end{vmatrix}\quad(i=1,2,\cdots,n)$$

则 D_i 称为 $\boldsymbol{A}$ 的第 i 阶顺序主子式.

定理 9.10 实对称矩阵 $\boldsymbol{A}$ 正定的充分必要条件是 $\boldsymbol{A}$ 的各阶顺序主子式都为正；实对称矩阵 $\boldsymbol{A}$ 负定的充分必要条件是 $\boldsymbol{A}$ 的奇数阶顺序主子式为负，而偶数阶顺序主子式为正，即

$$(-1)^r\begin{vmatrix}a_{11}&\cdots&a_{1r}\\\vdots&&\vdots\\a_{r1}&\cdots&a_{rr}\end{vmatrix}>0\quad(r=1,2,\cdots,n)$$

例 9.10 判定二次型 $f(x_1,x_2,x_3)=x_1^2+3x_2^2+2x_3^2-2x_1x_2+2x_2x_3$ 的正定性.

解 下面用三种方法解决此问题.

方法一 配方法.

$$\begin{aligned}f(x_1,x_2,x_3)&=(x_1^2-2x_1x_2+x_2^2)+2\left[x_2^2-2x_2\left(\frac{1}{2}x_3\right)+\left(\frac{1}{4}x_3^2\right)\right]+\frac{3}{2}x_3^2\\&=(x_1-x_2)^2+2\left(x_2-\frac{1}{2}x_3\right)^2+\frac{3}{2}x_3^2\end{aligned}$$

令 $\begin{cases}y_1=x_1-x_2\\y_2=x_2-\dfrac{1}{2}x_3\\y_3=x_3\end{cases}$，则 f 可化为标准形 $f=y_1^2+2y_2^2+\dfrac{3}{2}y_3^2$，故 f 为正定二次型.

方法二 特征值法.

二次型 f 的矩阵为 $\boldsymbol{A}=\begin{bmatrix}1&-1&0\\-1&3&1\\0&1&2\end{bmatrix}$，它的特征多项式为

$$|\lambda\boldsymbol{E}-\boldsymbol{A}|=\begin{vmatrix}\lambda-1&1&0\\1&\lambda-3&-1\\0&-1&\lambda-2\end{vmatrix}=(\lambda-2)(\lambda^2-3\lambda+1)$$

令 $|\lambda\boldsymbol{E}-\boldsymbol{A}|=0$，则 $\boldsymbol{A}$ 的特征值为 $\lambda_1=2$，$\lambda_2=\dfrac{3+\sqrt{5}}{2}$，$\lambda_3=\dfrac{3-\sqrt{5}}{2}$，由于 λ_1，λ_2，λ_3 全大

于零，故 f 为正定二次型.

方法三　顺序主子式法.

二次型 f 的矩阵为 $\boldsymbol{A}=\begin{bmatrix}1 & -1 & 0\\-1 & 3 & 1\\0 & 1 & 2\end{bmatrix}$，它的各阶顺序主子式为

$$1>0,\ \begin{vmatrix}1 & -1\\-1 & 3\end{vmatrix}=2>0,\ \begin{vmatrix}1 & -1 & 0\\-1 & 3 & 1\\0 & 1 & 2\end{vmatrix}=3>0$$

故 f 为正定二次型.

例 9.11　判定矩阵 $\boldsymbol{A}=\begin{bmatrix}-5 & 2 & 1\\2 & -2 & 0\\1 & 0 & -1\end{bmatrix}$，$\boldsymbol{B}=\begin{bmatrix}1 & 1 & 0\\1 & 2 & -2\\0 & -2 & 7\end{bmatrix}$ 的正定性.

解　对于矩阵 $\boldsymbol{A}$，它的各阶顺序主子式为

$$D_1=-5<0,\ D_2=\begin{vmatrix}-5 & 2\\2 & -2\end{vmatrix}=6>0,\ D_3=\begin{vmatrix}-5 & 2 & 1\\2 & -2 & 0\\1 & 0 & -1\end{vmatrix}=-4<0$$

故 $\boldsymbol{A}$ 为负定矩阵.

对于矩阵 $\boldsymbol{B}$，它的各阶顺序主子式为

$$D_1=1>0,\ D_2=\begin{vmatrix}1 & 1\\1 & 2\end{vmatrix}=1>0,\ D_3=\begin{vmatrix}1 & 1 & 0\\1 & 2 & -2\\0 & -2 & 7\end{vmatrix}=3>0$$

故 $\boldsymbol{B}$ 为正定矩阵.

例 9.12　设二次型 $f=tx_1^2+tx_2^2+tx_3^2+2x_1x_2+2x_1x_3-2x_2x_3$，问 t 取何值时，f 为正定二次型.

解　二次型 f 的矩阵为 $\boldsymbol{A}=\begin{bmatrix}t & 1 & 1\\1 & t & -1\\1 & -1 & t\end{bmatrix}$，它的各阶顺序主子式为

$$D_1=t,\ D_2=\begin{vmatrix}t & 1\\1 & t\end{vmatrix}=t^2-1,\ D_3=\begin{vmatrix}t & 1 & 1\\1 & t & -1\\1 & -1 & t\end{vmatrix}=(t+1)^2(t-2)$$

当 $\boldsymbol{A}$ 的各阶顺序主子式均大于零时，二次型 f 正定，由

$$D_1=t>0,\ D_2=t^2-1>0,\ D_3=(t+1)^2(t-2)>0$$

解得 $t>2$. 于是，当 $t>2$ 时，二次型 f 是正定的.

例 9.13　设实对称矩阵 $\boldsymbol{A}$ 满足 $\boldsymbol{A}^3-5\boldsymbol{A}^2+8\boldsymbol{A}-4\boldsymbol{E}=\boldsymbol{0}$，证明：$\boldsymbol{A}$ 为正定矩阵.

证明　设 λ 是 $\boldsymbol{A}$ 的特征值，$\boldsymbol{\alpha}$ 是 $\boldsymbol{A}$ 的对应于特征值 λ 的特征向量，即 $\boldsymbol{A\alpha}=\lambda\boldsymbol{\alpha}$.

令 $f(x)=x^3-5x^2+8x-4$，则 $f(\lambda)$ 是 $f(\boldsymbol{A})$ 的特征值，且 $f(\boldsymbol{A})=\boldsymbol{O}$. 而 $f(\lambda)\boldsymbol{\alpha}=f(\boldsymbol{A})\boldsymbol{\alpha}=\boldsymbol{O\alpha}=\boldsymbol{0}(\boldsymbol{\alpha}\neq\boldsymbol{0})$，则 $f(\lambda)=0$. 即

$$\lambda^3-5\lambda^2+8\lambda-4=(\lambda-1)(\lambda-2)^2=0$$

故 $\boldsymbol{A}$ 的特征值只能为 1 或 2，即 $\boldsymbol{A}$ 的特征值皆大于 0，因此 $\boldsymbol{A}$ 为正定矩阵.

9.5 应用举例

我们可以利用正定、负定二次型的结论研究多元函数的极值问题.

设 n 元函数 $f(x_1, x_2, \cdots, x_n)$ 在 $\boldsymbol{x}_0=(x_1^0, x_2^0, \cdots, x_n^0)$ 的某邻域内有一阶、二阶连续偏导数，$\boldsymbol{x}_0+\boldsymbol{h}=(x_1^0+h_1, x_2^0+h_2, \cdots, x_n^0+h_n)$ 为该邻域中的任意一点.

由多元函数的泰勒公式知

$$f(\boldsymbol{x}_0+\boldsymbol{h})=f(\boldsymbol{x}_0)+\sum_{i=1}^{n} f_i(\boldsymbol{x}_0)\boldsymbol{h}+\frac{1}{2}\sum_{i=1}^{n}\sum_{j=1}^{n} f_{ij}(\boldsymbol{x}_0+\theta\boldsymbol{h})h_ih_j$$

其中

$$0<\theta<1,\ \boldsymbol{x}_0=(x_1^0, x_2^0, \cdots, x_n^0),\ \boldsymbol{h}=(h_1, h_2, \cdots, h_n)$$

$$f_i(\boldsymbol{x}_0)=\left.\frac{\partial f(\boldsymbol{x})}{\partial x_i}\right|_{x=x_0} \quad (i=1, 2, \cdots, n)$$

$$f_{ij}(\boldsymbol{x}_0+\theta\boldsymbol{h})=f_{ji}(\boldsymbol{x}_0+\theta\boldsymbol{h})=\left.\frac{\partial^2 f(\boldsymbol{x})}{\partial x_i\partial x_j}\right|_{x=x_0+\theta h}$$

$$=\left.\frac{\partial^2 f(\boldsymbol{x})}{\partial x_j\partial x_i}\right|_{x=x_0+\theta h} \quad (i, j=1, 2, \cdots, n)$$

当 $\boldsymbol{x}_0=(x_1^0, x_2^0, \cdots, x_n^0)$ 是 $f(\boldsymbol{x})$ 的驻点时，$f(\boldsymbol{x}_0)=0(i=1, 2, \cdots, n)$，于是 $f(\boldsymbol{x}_0)$ 是否为 $f(\boldsymbol{x})$ 的极值取决于 $\sum_{i=1}^{n}\sum_{j=1}^{n} f_{ij}(\boldsymbol{x}_0+\theta\boldsymbol{h})h_ih_j$ 的符号. 由 $f_{ij}(\boldsymbol{x}_0)$ 在 $\boldsymbol{x}_0=(x_1^0, x_2^0, \cdots, x_n^0)$ 的某邻域内连续可知，在该邻域内 $\sum_{i=1}^{n}\sum_{j=1}^{n} f_{ij}(\boldsymbol{x}_0+\theta\boldsymbol{h})h_ih_j$ 的符号可由 $\sum_{i=1}^{n}\sum_{j=1}^{n} f_{ij}(\boldsymbol{x}_0)h_ih_j$ 的符号决定. 而 $\sum_{i=1}^{n}\sum_{j=1}^{n} f_{ij}(\boldsymbol{x}_0)h_ih_j$ 是关于 $h_1, h_2, \cdots, h_n$ 的一个 n 元二次型，它的符号取决于对称矩阵

$$\boldsymbol{H}(\boldsymbol{x}_0)=\begin{bmatrix} f_{11}(\boldsymbol{x}_0) & f_{12}(\boldsymbol{x}_0) & \cdots & f_{1n}(\boldsymbol{x}_0) \\ f_{21}(\boldsymbol{x}_0) & f_{22}(\boldsymbol{x}_0) & \cdots & f_{2n}(\boldsymbol{x}_0) \\ \vdots & \vdots & & \vdots \\ f_{n1}(\boldsymbol{x}_0) & f_{n2}(\boldsymbol{x}_0) & \cdots & f_{nn}(\boldsymbol{x}_0) \end{bmatrix}$$

的正定性. 我们称这个矩阵为 $f(\boldsymbol{x})$ 在 $\boldsymbol{x}_0=(x_1^0, x_2^0, \cdots, x_n^0)$ 处的 n 阶黑塞矩阵.

因此，有以下结论：

(1) 当 $\boldsymbol{H}(\boldsymbol{x}_0)$ 是正定矩阵时，$f(\boldsymbol{x}_0)$ 为 $f(\boldsymbol{x})$ 的极小值；

(2) 当 $\boldsymbol{H}(\boldsymbol{x}_0)$ 是负定矩阵时，$f(\boldsymbol{x}_0)$ 为 $f(\boldsymbol{x})$ 的极大值；

(3) 当 $\boldsymbol{H}(\boldsymbol{x}_0)$ 是不定矩阵时，$f(\boldsymbol{x}_0)$ 不是 $f(\boldsymbol{x})$ 的极值；

(4) 当 $\boldsymbol{H}(\boldsymbol{x}_0)$ 是半正定矩阵或半负定矩阵时，$f(\boldsymbol{x}_0)$ 可能是 $f(\boldsymbol{x})$ 的极值，也可能不是 $f(\boldsymbol{x})$ 的极值，需要用其他方法来判定.

例 9.14 求函数 $f(x, y, z)=x^2+xz-4\cos y+z^2$ 的极值.

解 $f(x, y, z)$ 的一阶偏导数为 $f_x=2x+z$，$f_y=4\sin y$，$f_z=x+2z$. 由此可得，$(0, n\pi, 0)$ 为 $f(x, y, z)$ 的驻点，其中 n 为一整数. $f(x, y, z)$ 的二阶偏导数为

$$f_{xx}=2,\ f_{xy}=f_{yx}=0,\ f_{xz}=f_{zx}=1,\ f_{yy}=4\cos y,\ f_{yz}=f_{zy}=0,\ f_{zz}=2$$

令 $\boldsymbol{x}_0=(0,2k\pi,0)$，则 $f(x,y,z)$在$(0,2k\pi,0)$的黑塞矩阵为

$$\boldsymbol{H}(\boldsymbol{x}_0)=\begin{bmatrix}2&0&1\\0&4&0\\1&0&2\end{bmatrix}$$

由此可得，$\boldsymbol{H}(x_0)$是正定矩阵，因此 $f(x,y,z)$在 $\boldsymbol{x}_0=(0,2k\pi,0)$处有极小值

$$f(0,2k\pi,0)=-4$$

另一方面，在驻点 $\boldsymbol{x}_1=(0,(2k+1)\pi,0)$处，其黑塞矩阵为

$$\boldsymbol{H}(\boldsymbol{x}_1)=\begin{bmatrix}2&0&1\\0&-4&0\\1&0&2\end{bmatrix}$$

由此可得，$\boldsymbol{H}(\boldsymbol{x}_1)$是不定的，因而 $\boldsymbol{x}_1=(0,(2k+1)\pi,0)$不是 $f(x,y,z)$的极值点.

习　题

1. 求下列二次型的矩阵和秩.

(1) $f(x_1,x_2,x_3)=x_1^2+2x_2^2-4x_1x_2-4x_2x_3$；

(2) $f(x_1,x_2,x_3)=2x_1^2+4x_2^2+x_3^2-4x_1x_2+4x_2x_3$；

(3) $f(x_1,x_2,x_3,x_4)=x_1x_2-2x_2x_3+3x_3x_4$.

2. 用正交变换法化下列二次型为标准形，并求所用的正交变换.

(1) $f(x_1,x_2,x_3)=2x_1^2+x_2^2+2x_3^2-4x_1x_3$；

(2) $f(x_1,x_2,x_3)=2x_1x_2-2x_1x_3+2x_2x_3$；

(3) $f(x_1,x_2,x_3)=x_1^2+4x_2^2+4x_3^2-4x_1x_2+4x_1x_3-8x_2x_3$.

3. 用配方法化下列二次型为标准形，并求所用的可逆线性替换.

(1) $f(x_1,x_2,x_3)=x_1^2-3x_2^2-2x_1x_2+2x_1x_3-6x_2x_3$；

(2) $f(x_1,x_2,x_3)=x_1x_2-2x_1x_3+3x_2x_3$.

4. 用初等变换法化下列二次型为标准形，并求所用的可逆线性替换.

(1) $f(x_1,x_2,x_3)=x_1^2+2x_2^2+4x_3^2+2x_1x_2+4x_2x_3$；

(2) $f(x_1,x_2,x_3)=-x_2^2+4x_3^2+2x_1x_2+4x_1x_3+6x_2x_3$；

(3) $f(x_1,x_2,x_3)=2x_1x_2+2x_1x_3-6x_2x_3$.

5. 已知 $f(x_1,x_2,x_3)=2x_1^2+3x_2^2+3x_3^2+2ax_2x_3(a>0)$通过正交变换化成标准形

$$f=y_1^2+2y_2^2+5y_3^2$$

求参数 a 及所用正交变换的矩阵.

6. 已知二次型 $f(x_1,x_2,x_3)=x_1^2+x_2^2+x_3^2+2ax_1x_2+2bx_2x_3+2x_1x_3$ 经正交变换化为标准形 $f=y_2^2+2y_3^2$，试求参数 a、b 及所用的正交变换.

7. 判断下列二次型的正定性.

(1) $f(x_1,x_2,x_3,x_4)=x_1^2+3x_2^2+9x_3^2+19x_4^2-2x_1x_2+4x_1x_3+2x_1x_4-6x_2x_4-12x_3x_4$；

(2) $f(x_1,x_2,x_3)=-3x_1^2-3x_2^2-3x_3^2+19x_4^2+4x_1x_2+2x_1x_3$.

8. (1) 问 t 取何值时，矩阵 $\boldsymbol{A}=\begin{bmatrix}1 & t & 1\\ t & 2 & 0\\ 1 & 0 & 1-t\end{bmatrix}$ 是正定的；

(2) 问 t 取何值时，$f(x_1, x_2, x_3)=x_1^2+x_2^2+5x_3^2+2tx_1x_2-2x_1x_3+4x_2x_3$ 为正定二次型.

9. 设 $\boldsymbol{A}$ 为 n 阶正定矩阵，证明：$\boldsymbol{A}^{-1}$，$\boldsymbol{A}^*$，$\boldsymbol{A}^m$(m 为整数)均为正定矩阵.

10. 设 $\boldsymbol{A}$ 为 n 阶正定矩阵，证明：$|\boldsymbol{A}+\boldsymbol{E}|>1$.

11. 设 $\boldsymbol{A}$ 为 $m\times n$ 实矩阵，$\mathrm{R}(\boldsymbol{A})=n$，证明：$\boldsymbol{A}^{\mathrm{T}}\boldsymbol{A}$ 是正定矩阵.

12. 设 $\boldsymbol{A}$ 是一个 n 阶实对称矩阵，证明：如果对任何 n 维列向量 $\boldsymbol{x}$ 都有 $\boldsymbol{x}^{\mathrm{T}}\boldsymbol{A}\boldsymbol{x}=0$，则 $\boldsymbol{A}=\boldsymbol{O}$.

13. 设 $f(x_1, x_2, \cdots, x_n)=\boldsymbol{x}^{\mathrm{T}}\boldsymbol{A}\boldsymbol{x}$ 是一实二次型，$\lambda_1, \lambda_2, \cdots, \lambda_n$ 是 $\boldsymbol{A}$ 的特征值，且 $\lambda_1\leqslant\lambda_2\leqslant\cdots\leqslant\lambda_n$. 证明：对任一非零 n 维列向量 $\boldsymbol{x}$ 有

$$\lambda_1\leqslant\frac{\boldsymbol{x}^{\mathrm{T}}\boldsymbol{A}\boldsymbol{x}}{\boldsymbol{x}^{\mathrm{T}}\boldsymbol{x}}\leqslant\lambda_n$$

14. 求函数 $f(x, y)=4(x-y)-x^2-y^2+2$ 的极值.

15. 设 $\boldsymbol{A}$ 为 m 阶正定矩阵，$\boldsymbol{B}$ 为 $m\times n$ 实矩阵，证明：$\boldsymbol{B}^{\mathrm{T}}\boldsymbol{A}\boldsymbol{B}$ 为正定矩阵的充要条件是 $\mathrm{R}(\boldsymbol{B})=n$.

16. 设 $\boldsymbol{A}$ 为 $m\times n$ 实矩阵，$\boldsymbol{B}=\lambda\boldsymbol{E}+\boldsymbol{A}^{\mathrm{T}}\boldsymbol{A}$，证明：当 $\lambda>0$ 时，$\boldsymbol{B}$ 为正定矩阵.

17. 将下列二次曲面方程化为最简形式，并判断它们所表示曲面的类型.

(1) $2x_1^2+x_2^2-4x_1x_2-4x_2x_3=1$；

(2) $-x_1^2+x_3^2+4x_1x_2-4x_2x_3+6x_1+6x_2=3$.

18. 设 $\boldsymbol{A}$ 和 $\boldsymbol{B}$ 为同阶正定矩阵，证明：$\boldsymbol{A}\boldsymbol{B}$ 是正定矩阵的充要条件是 $\boldsymbol{A}\boldsymbol{B}=\boldsymbol{B}\boldsymbol{A}$.

19. 设 $\boldsymbol{A}$ 为 n 阶正定矩阵，$\boldsymbol{x}=(x_1, x_2, \cdots, x_n)^{\mathrm{T}}$，证明：$f(\boldsymbol{x})=\begin{vmatrix}\boldsymbol{A} & \boldsymbol{x}\\ \boldsymbol{x}^{\mathrm{T}} & 0\end{vmatrix}$ 是负定二次形.

20. 设 $\boldsymbol{A}$ 为实对称矩阵，且满足 $\boldsymbol{A}^2-4\boldsymbol{A}+3\boldsymbol{E}=\boldsymbol{O}$，证明：$\boldsymbol{A}$ 是正定矩阵.

第 10 章　高等代数与解析几何实验(运用 MATLAB 软件)

MATLAB 是应用非常广泛的数学软件之一. 它不仅可以进行各种数值运算，而且还可以进行数值计算、数据分析和图像处理等. 本章将介绍运用 MATLAB 软件进行高等代数与解析几何实验的内容，并通过举例详细地说明如何运用 MATLAB 软件解决高等代数与解析几何相关的问题.

10.1　多项式 MATLAB 实验

1. 实验目的

掌握利用 MATLAB(6.5 以上版本)对多项式的运算，包括加法、减法、乘法、除法，在某点的值、求根、判断重根，求导、求商、求余式，求最大公因式、最小公倍式等.

2. 基本命令

(1) 一个 n 阶的多项式可以用一个含有 $n+1$ 个元素的向量表示，称为系数向量. 多项式的加、减法运算就是其所对应的系数向量的加法、减法运算. 对于次数相同的两个多项式，可直接对多项式进行加法、减法运算. 如果多项式次数不同，则应把低次的多项式次数不足的高次项用 0 补足，使各多项式具有相同的次数.

(2) 多项式的基本命令.

多项式的基本命令如表 10-1 所示.

表 10-1　多项式的基本命令

命　令	说　明
poly2sym(n, 'x')	把系数向量转换为符号多项式，**n** 为多项式的系数向量，x 为其变量
conv(p1, p2)	多项式 p_1 与 p_2 的乘积
[q, r]=deconv(p1, p2)	多项式 p_1 与 p_2 的除法，q 返回商式，r 返回余式
expand(p1)	多项式 p_1 展开
factor(p1)	多项式 p_1 因式分解
polyder(p1)	多项式 p_1 的导函数
polyder(p1, p2)	多项式 p_1 与 p_2 乘积的导函数
[p, q]=polyder(p1, p2)	多项式 p_1 与 p_2 商的导函数，p、q 分别是导函数的分子、分母
polyval(p, x)	计算 $p(x)$的值

续表

命令	说明
poly2str(n, 'x')	把系数向量转换为字符形式的多项式，n 为多项式的系数向量，x 为其变量
roots(p1)	求多项式 p_1 的根
lcm(p1, p2)	求多项式 p_1 与 p_2 的最小公倍式
gcd(p1, p2)	求多项式 p_1 与 p_2 的最大公因式
[d, u, v]=gcd(p1, p2)	求多项式 p_1 与 p_2 的最大公因式的组合
polyfit(x, y, n)	用多项式求过已知点的表达式，其中 x 为源数据点对应的横坐标，y 为源数据点对应的纵坐标，n 为要拟合的阶数

3. 实验举例

例 10.1 已知多项式 $f(x)=x^2+x$，$g(x)=x^4-x-2$，计算 $2f+g$，$f\cdot g$，f^3.

解 输入程序：

```
>> clear
a=[1 1 0];
b=[1 0 0 -1 -2];
f=poly2str(a, 'x')
g=poly2str(b, 'x')
c=2*[0, 0, a]+b;      % 2f+g
d=poly2str(c, 'x')
e=conv(a, b);         % fg
fg=poly2str(e, 'x')
h=conv(a, conv(a, a)); %f^3
f3=poly2str(h, 'x')
```

程序运行结果：

```
f=
  x^2 + x
g =
  x^4 -1 x -2
d =
  x^4 + 2 x^2 +  x -2
fg =
  x^6 +  x^5 -1 x^3 -3 x^2 -2 x
f3 =
  x^6 + 3 x^5 + 3 x^4 +  x^3
```

例 10.2 用 $g(x)$除 $f(x)$，求商 $q(x)$与余式 $r(x)$，其中 $f(x)=x^5-2x^2+5$，$g(x)=x^2-x+1$.

解　输入程序：

```
>> clear
a=[1 0 0 -2 0 5];
b=[1 -1 1];
[q1, r1]=deconv(a, b);
q=poly2str(q1, 'x')
r=poly2str(r1, 'x')
```

程序运行结果：

```
q =
   x^3 +   x^2 - 3
r =
   -3 x + 8
```

例 10.3　设 $f(x)=x^4+x^3-3x^2-4x-1$，$g(x)=x^3+x^2-x-1$，求 $u(x)$、$v(x)$ 使得 $u(x)f(x)+v(x)g(x)=(f(x),\ g(x))$ 及 $f(x)$，$g(x)$ 最大公因式.

解　输入程序：

```
>> clear
f=sym('x^4+x^3-3*x^2-4*x-1');
g=sym('x^3+x^2-x-1');
[d, u, v]=gcd(f, g)
```

程序运行结果：

```
d =
     x + 1
u =
     1/3-(2*x)/3
v =
     (2*x^2)/3-x/3-4/3
```

例 10.4　求多项式 $f(x)=x^3+2$ 的根，并在有理数、实数、复数域上进行因式分解.

解　输入程序：

```
>> clear
a=[1 0 0 2];
roots(a)
syms x
roots(x^3 + 2)
factor(x^3 + 2, x)
factor(x^3 + 2, x, 'FactorMode', 'real')
factor(x^3 + 2, x, 'FactorMode', 'complex')
```

程序运行结果：

```
ans =
  -1.2599 + 0.0000i
```

```
    0.6300 + 1.0911i
    0.6300 -1.0911i
ans =
    x^3 + 2
ans =
    [x + 1.2599, x^2 - 1.2599 * x + 1.5874]
ans =
    [ x + 1.2599, x - 0.6300 + 1.0911i, x -0.6300 -1.0911i]
```

例 10.5 判断−1是否为多项式 $f(x)=x^4-6x^2+8x-3$ 的根，若是，再判断是否为重根.

解 输入程序：

```
>> clear
clear all
a=[1 0 -6 8 -3];
polyval(a, 1)
b=polyder(a);
polyval(b, 1)
```

程序运行结果：

```
ans =
    0
ans =
    0
```

因为结果为0，所以1是 $f(x)$ 的导函数的根，进而为重根.

例 10.6 设 $x=[0:0.1:1]$；$y=[-0.447\ 1.978\ 3.28\ 6.16\ 7.08\ 7.34\ 7.66\ 9.56\ 9.48\ 9.30\ 11.2]$；用二次多项式拟合数据并画图.

解 输入程序：

```
>>clear
x=0:0.1:1;
y=[-0.447 1.978 3.28 6.16 7.08 7.34 7.66 9.56 9.48 9.30 11.2];
n=2;
p=polyfit(x, y, n)
xi=linspace(0, 1, 100);%change it later
z=polyval(p, xi);
plot(x, y, 'o', x, y, xi, z, '+')%change it later
xlabel x, ylabel y=f(x), title {second order fitting}
```

程序运行结果，如图 10-1 所示.

```
p =
    -9.8108    20.1293    -0.0317
```

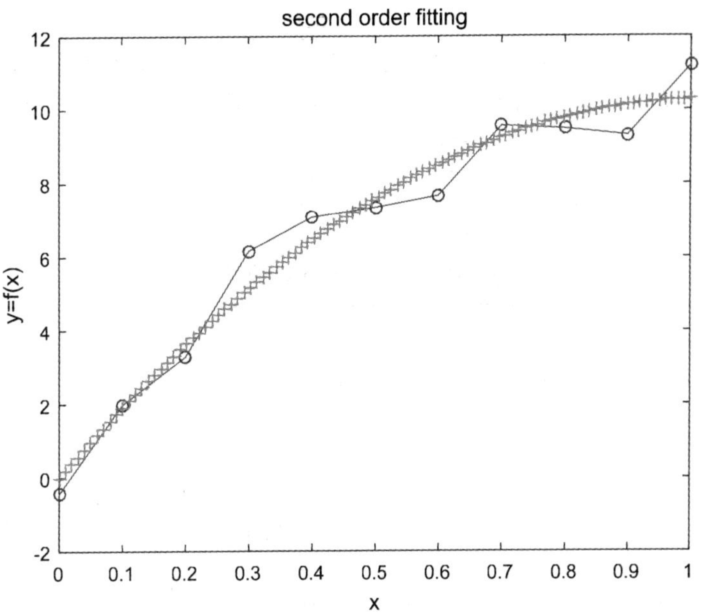

图 10－1

4. 实验习题

(1) 求 $g(x)$除 $f(x)$的商 $q(x)$与余式 $r(x)$.

① $f(x)=4x^5-4x^4-8x$，$g(x)=2x+3$；

② $f(x)=2x^3-3x^2-1$，$g(x)=x-2$.

(2) 求 $f(x)$和 $g(x)$的最大公因式和最小公倍式.

① $f(x)=2x^5+x^3-3x^2-4x-1$，$g(x)=4x^3+x^2-x-1$；

② $f(x)=x^4-10x^2+1$，$g(x)=x^4-x^3+6x^2+2x+1$.

(3) 求 $u(x)$与 $v(x)$使 $u(x)f(x)+v(x)g(x)=(f(x), g(x))$.

① $f(x)=2x^3+x^2-4x-2$，$g(x)=x^4+2x^3-x^2-x-2$；

② $f(x)=x^4-x^3-4x^2+1$，$g(x)=x^2-x-1$.

(4) 判别多项式 $f(x)=x^4+4x^2-4x-3$ 有无重根.

(5) 求下列多项式的根.

① $x^3-6x^2+15x-14$；

② x^6+x^3+1.

10.2 矩阵计算 MATLAB 实验

1. 实验目的

掌握利用 MATLAB(6.5 以上版本)对矩阵的输入方法，对矩阵进行转置、加法、减法、数乘、相乘、乘方等运算，并能提取矩阵中的元素，掌握方阵的行列式、逆矩阵、矩阵的迹等的计算.

2. 基本命令

(1) 矩阵的输入方法：从键盘上直接输入是最常用的创建矩阵的方法．输入矩阵时要以“[ ]”为其标识符号，矩阵的所有元素必须都在方括号中，矩阵同行元素之间由空格或者逗号分隔，行与行之间用分号或者回车键分隔．

(2) 特殊矩阵的输入．

特殊矩阵的输入如表 10－2 所示．

表 10－2　特殊矩阵的输入

命　令	说　明
zeros(m, n)	生成矩阵维数为 $m\times n$，元素全为 0 的矩阵
ones(m, n)	生成矩阵维数为 $m\times n$，元素全为 1 的矩阵
eye(n)	生成 $n\times n$ 阶单位矩阵
rand(n)	生成 $n\times n$ 阶标准均匀分布伪随机数方阵
rand(m, n)	生成 $m\times n$ 阶标准均匀分布伪随机数方阵
magic(n)	生成 $n\times n$ 阶魔方阵
diag(V)	已知向量 $\boldsymbol{V}$ 生成对角矩阵

(3) 矩阵中元素的提取：在矩阵 $\boldsymbol{A}$ 中，位于第 i 行、第 j 列的元素可表示为 $\boldsymbol{A}(i, j)$，其中 i 与 j 即是此元素的下标．另外，在 MATLAB 中，所有矩阵内部表示法都是以列为主的一维向量，因此 $\boldsymbol{A}(i, j)$ 和 $\boldsymbol{A}(i+(j-1)m)$ 是完全一致的，其中 m 代表矩阵 $\boldsymbol{A}$ 的行数．若要取出一整行或一整列，可以用冒号(:)来代表所有的行数或列数．

(4) 矩阵的基本运算．

矩阵的基本运算如表 10－3 所示．

表 10－3　矩阵的基本运算

命　令	说　明
B=A′	矩阵的转置
C=A+B	矩阵相加
C=A-B	矩阵相减
C=A*B	矩阵相乘
C=A^k	矩阵的幂
C=A.*B	矩阵点乘，即两维数相同的矩阵各对应元素相乘
C=A\B	矩阵左除，即为方程 $\boldsymbol{AX}=\boldsymbol{B}$ 的解 $\boldsymbol{X}$
C=A/B	矩阵右除，即为方程 $\boldsymbol{XA}=\boldsymbol{B}$ 的解 $\boldsymbol{X}$
det(A)	矩阵行列式的值
inv(A)	矩阵的逆矩阵
trace(A)	矩阵 $\boldsymbol{A}$ 的迹

3. 实验举例

例 10.7 创建一个 4×3 矩阵 $\boldsymbol{A}=\begin{bmatrix}1 & 2 & 3\\4 & 5 & 6\\7 & 8 & 9\\10 & 11 & 12\end{bmatrix}$.

解 输入程序:

```
>> clear
A=[1 2 3; 4 5 6; 7 8 9; 10 11 12]
```

程序运行结果:

```
A=
      1      2      3
      4      5      6
      7      8      9
      10     11     12
```

例 10.8 生成 5 阶魔方阵.

解 输入程序:

```
>> clear
magic(5)
```

程序运行结果:

```
ans =
      17     24     1      8      15
      23     5      7      14     16
      4      6      13     20     22
      10     12     19     21     3
      11     18     25     2      9
```

例 10.9 创建 5 阶元素为服从均匀分布的随机数的矩阵，并给每个元素乘以 10.

解 输入程序.

```
>> clear
A=rand(5) * 10
```

程序运行结果:

```
A=
      1.9343    6.9790    4.9655    6.6023    7.2711
      6.8222    3.7837    8.9977    3.4197    3.0929
      3.0276    8.6001    8.2163    2.8973    8.3850
      5.4167    8.5366    6.4491    3.4119    5.6807
      1.5087    5.9356    8.1797    5.3408    3.7041
```

例 10.10 提取矩阵中的元素.

解 输入程序:

```
>> clear
A=[1 2 3; 4 5 6; 7 8 9; 10 11 12]
A(2, 3)              %提取矩阵 A 第 2 行、第 3 列位置上的元素
B=A(2:3, 1:2)        % 提取矩阵 A 第 2、3 行与第 1、2 列位置上元素
C=A(:, 2)            %提取 A 第 2 列元素
```

程序运行结果：

```
A =
     1     2     3
     4     5     6
     7     8     9
    10    11    12

ans=
     6

B =
     4     5
     7     8

C =
     2
     5
     8
    11
```

例 10.11 设 $\boldsymbol{A}=\begin{bmatrix}1 & -1 & 2\\ -1 & 1 & 3\end{bmatrix}$，$\boldsymbol{B}=\begin{bmatrix}1\\2\\3\end{bmatrix}$，求 $\boldsymbol{A}^{\mathrm{T}}$，$\boldsymbol{AB}$.

解 输入程序：

```
>> clear
A=[1 -1 2;-1 1 3]
B=[1;2;3]
C=A'
D=A*B
```

程序运行结果：

```
A =
     1    -1     2
    -1     1     3
```

```
B =
     1
     2
     3
C =
     1    -1
    -1     1
     2     3
D =
     5
    10
```

例 10.12　计算$\begin{bmatrix}1 & 1\\0 & 1\end{bmatrix}^{100}$.

解　输入程序:

```
>> clear
B=[1 1; 0 1]^100
```

程序运行结果:

```
B =
     1   100
     0     1
```

例 10.13　设$\boldsymbol{A}=\begin{bmatrix}1 & 5 & 1\\0 & 6 & 3\\0 & 0 & 8\end{bmatrix}$, $\boldsymbol{B}=\begin{bmatrix}1 & 0 & 0\\9 & 8 & 0\\4 & 2 & 1\end{bmatrix}$, 计算 $\boldsymbol{C}=\boldsymbol{A}+2\boldsymbol{B}$, $\boldsymbol{D}=\boldsymbol{B}-\boldsymbol{A}$, $\boldsymbol{E}=\boldsymbol{AB}$, $\boldsymbol{F}=\boldsymbol{AB}-\boldsymbol{BA}$, $\boldsymbol{G}=\boldsymbol{A}/\boldsymbol{B}$, $\boldsymbol{H}=\boldsymbol{A}\backslash\boldsymbol{B}$, $\boldsymbol{K}=\boldsymbol{A}*\boldsymbol{B}$, $\boldsymbol{L}=\boldsymbol{A}^3$, $\boldsymbol{M}=\boldsymbol{B}^{\mathrm{T}}$.

解　输入程序:

```
>> clear
A=[1 5 1; 0 6 3; 0 0 8]
B=[1 0 0; 9 8 0; 4 2 1]
C=A+2*B
D=B-A
E=A*B
F=A*B-B*A
G=A/B
H=A\B
K=A.*B
L=A^3
M=B^T
```

程序运行结果:

```
A =
     1     5     1
     0     6     3
     0     0     8
B =
     1     0     0
     9     8     0
     4     2     1
C =
     3     5     1
    18    22     3
     8     4    10
D =
     0    -5    -1
     9     2    -3
     4     2    -7
E =
    50    42     1
    66    54     3
    32    16     8
F =
    49    37     0
    57   -39   -30
    28   -16   -10
G =
    -6.3750      0.3750     -1.0000
   -12.0000           0     -3.0000
   -14.0000     -2.0000      8.0000
H =
    -5.7500     -6.2917      0.1875
     1.2500      1.2083     -0.0625
     0.5000      0.2500      0.1250
K =
     1     0     0
     0    48     0
     0     0     8
L =
     1   215   298
     0   216   444
     0     0   512
```

```
M =
      1     9     4
      0     8     2
      0     0     1
```

例 10.14　计算矩阵 $\boldsymbol{A}=\begin{bmatrix}1 & 5 & 1\\3 & 6 & 3\\5 & 2 & 8\end{bmatrix}$ 的行列式、逆矩阵.

解　输入程序：

```
A=[1 5 1; 3 6 3; 5 2 8]
det(A)
inv(A)
sym(inv(A))
```

程序运行结果：

```
A =
      1     5     1
      3     6     3
      5     2     8
ans =
   -27
ans =
   -1.5556    1.4074   -0.3333
    0.3333   -0.1111   -0.0000
    0.8889   -0.8519    0.3333
ans =
   [-14/9,          38/27,                             -1/3]
   [1/3,            -1/9,     -6106687580667904 * 2^(-108)]
   [8/9,            -23/27,                             1/3]
```

例 10.15　计算行列式 $c=\begin{vmatrix}x & y & x+y\\y & x+y & x\\x+y & x & y\end{vmatrix}$.

解　输入程序：

```
>> clear
syms x y   %定义符号变量
A=[x y x+y; y x+y x; x+y x y]
c=det(A)
```

程序运行结果：

```
A =
   [   x,     y, x+y]
   [   y, x+y,     x]
```

```
    [ x+y,    x,    y]
c =
    -2*x^3-2*y^3
```

例 10.16 设 $\boldsymbol{A}=\begin{bmatrix}1&1&1\\8&-1&0\\1&0&1\end{bmatrix}$，求 $\boldsymbol{A}$ 的伴随矩阵 $\boldsymbol{J}$ 及 $\boldsymbol{A}$ 的迹 $\mathrm{tr}(\boldsymbol{A})$.

解 输入程序：

```
>> clear
A=[1 1 1; 8 -1 0; 1 0 1];
J=det(A)*inv(A)
tr=trace(A)
```

程序运行结果：

```
J =

    -1    -1     1
    -8     0     8
     1     1    -9


tr =

     1
```

4. 实验习题

(1) 生成 4×4 阶标准均匀分布伪随机数方阵，并提取其中第 1 行、第 3 列的元素及第 2 行的所有元素.

(2) 设 $\boldsymbol{A}=\begin{bmatrix}1&1&1\\1&1&3\\1&2&1\end{bmatrix}$，$\boldsymbol{B}=\begin{bmatrix}1&2&3\\5&1&4\\0&5&1\end{bmatrix}$，求 $3\boldsymbol{AB}-2\boldsymbol{A}$ 及 $\boldsymbol{A}^{\mathrm{T}}\boldsymbol{B}$.

(3) 设 $\boldsymbol{A}=\begin{bmatrix}2&1&2\\1&2&3\\3&1&1\end{bmatrix}$，$\boldsymbol{B}=\begin{bmatrix}0&1&2\\1&1&1\\3&1&-1\end{bmatrix}$，求 $\boldsymbol{A}+\boldsymbol{B}$，$\boldsymbol{A}-\boldsymbol{B}$ 及 $2\boldsymbol{A}+3\boldsymbol{B}$.

(4) 设 $\boldsymbol{A}=\begin{bmatrix}3&1&1\\2&1&2\\1&2&3\end{bmatrix}$，$\boldsymbol{B}=\begin{bmatrix}1&1&-1\\2&-1&0\\1&0&1\end{bmatrix}$，求 $\boldsymbol{AB}$，$\boldsymbol{BA}$ 及 $\boldsymbol{AB}-\boldsymbol{BA}$.

(5) 设 $\boldsymbol{A}=\begin{bmatrix}1&0\\k&1\end{bmatrix}$，求 $\boldsymbol{A}^{20}$.

(6) 已知 $\boldsymbol{B}=\begin{bmatrix}0&3&0\\5&1&4\\0&0&6\end{bmatrix}$，$\boldsymbol{C}=\begin{bmatrix}1&0&1\\2&3&2\\1&1&1\end{bmatrix}$，求矩阵 $\boldsymbol{X}$、$\boldsymbol{Y}$，使 $\begin{cases}\boldsymbol{X}-\boldsymbol{Y}=\boldsymbol{B},\\2\boldsymbol{X}+\boldsymbol{Y}=3\boldsymbol{C}.\end{cases}$

(7) 计算下列各行列式：

① $\begin{vmatrix} 4 & 1 & 2 & 4 \\ 1 & 2 & 0 & 2 \\ 10 & 5 & 2 & 0 \\ 0 & 1 & 1 & 7 \end{vmatrix}$；② $\begin{vmatrix} -ab & ac & ae \\ bd & -cd & de \\ bf & cf & -ef \end{vmatrix}$.

(8) 设 $\boldsymbol{A}=\begin{bmatrix} 1 & 2 & 0 & 0 \\ -1 & -3 & 1 & 3 \\ 0 & 0 & 1 & 2 \\ 0 & 0 & 1 & 1 \end{bmatrix}$，求 $\boldsymbol{A}^{-1}$.

(9) 已知 $\begin{bmatrix} a & b \\ c & d \end{bmatrix}\begin{bmatrix} 2 & 1 \\ 5 & 3 \end{bmatrix}+\begin{bmatrix} 2 & 2 \\ 1 & 1 \end{bmatrix}=2\begin{bmatrix} 3 & 4 \\ 1 & 2 \end{bmatrix}$，求 $\begin{bmatrix} a & b \\ c & d \end{bmatrix}$.

(10) 解下列矩阵方程：

① $\begin{bmatrix} 0 & 1 & 0 \\ 1 & 0 & 0 \\ 0 & 0 & 1 \end{bmatrix}\boldsymbol{X}=\begin{bmatrix} 1 & 0 \\ 0 & 1 \\ 2 & 3 \end{bmatrix}$；② $\begin{bmatrix} 0 & 1 & 0 \\ 1 & 0 & 0 \\ 0 & 0 & 1 \end{bmatrix}\boldsymbol{X}\begin{bmatrix} 1 & 0 & 0 \\ 0 & 0 & 1 \\ 0 & 1 & 0 \end{bmatrix}=\begin{bmatrix} 1 & -4 & 3 \\ 2 & 0 & -1 \\ 1 & -2 & 0 \end{bmatrix}$.

(11) 设 $\boldsymbol{A}=\begin{bmatrix} 1 & 2 & 1 \\ 0 & 2 & 2 \\ 0 & 0 & 1 \end{bmatrix}$，求 $\boldsymbol{A}$ 的伴随矩阵 $\boldsymbol{J}$ 及 $\boldsymbol{A}$ 的迹 $\mathrm{tr}(\boldsymbol{A})$.

10.3　线性方程组 MATLAB 实验

1. 实验目的

掌握利用 MATLAB(6.5 以上版本)对矩阵秩的计算，矩阵的初等行变换，向量组秩与极大线性无关组的求法以及线性方程组的求解.

2. 基本命令

线性方程组的基本命令如表 10-4.

表 10-4　线性方程组的基本命令

命　令	说　　明
rank(A)	矩阵 $\boldsymbol{A}$ 的秩
rref(A)	矩阵 $\boldsymbol{A}$ 的行最简形
rrefmovie(A)	矩阵 $\boldsymbol{A}$ 的行最简形计算的每一个步骤
[R, 1b]=rref(A)	矩阵 $\boldsymbol{A}$ 的行最简形 $\boldsymbol{R}$，jb 是一个列向量，表示列向量组基所在的列数，$r=$ length(1b)给出矩阵的秩；$\boldsymbol{A}$(:,1b)给出矩阵 $\boldsymbol{A}$ 的一个列向量基
X=A\B	求解方程 $\boldsymbol{AX}=\boldsymbol{B}$，当 $\boldsymbol{B}$ 为列向量，$\boldsymbol{A}$ 可逆时给出 $\boldsymbol{AX}=\boldsymbol{B}$ 的一个特解
linsolve(A, B)	求解方程 $\boldsymbol{AX}=\boldsymbol{B}$
null(A)	给出齐次线性方程组 $\boldsymbol{AX}=0$ 的解空间的正交基
null(A, 'r')	给出齐次线性方程组 $\boldsymbol{AX}=0$ 的一组基础解系

3. 实验举例

例 10.17 求 $\boldsymbol{A}=\begin{bmatrix}1 & 5 & 1\\0 & 6 & 3\\0 & 0 & 8\end{bmatrix}$的秩.

解 输入程序：

```
>>clear
A=[1 5 1; 0 6 3; 0 0 8];
rank(A)
```

程序运行结果：

```
ans =
     3
```

例 10.18 设 $\boldsymbol{A}=\begin{bmatrix}1 & 5 & 1\\0 & 6 & 3\\0 & 0 & 8\end{bmatrix}$，求 $\boldsymbol{A}$ 的行最简形、秩、矩阵 $\boldsymbol{A}$ 的列向量组的基.

解 输入程序：

```
>> clear
A=[1 5 1; 0 6 3; 0 0 8];
R=rref(A)
[R, lb]=rref(A)
r=length(lb)
A(:, lb)
```

程序运行结果：

```
R =
     1     0     0
     0     1     0
     0     0     1
R =
     1     0     0
     0     1     0
     0     0     1
lb =
     1     2     3
r =
     3
ans =
     1     5     1
     0     6     3
```

```
      0     0     8
```

例 10.19　求向量组 $\boldsymbol{\alpha}_1=(1, 1, 1)$，$\boldsymbol{\alpha}_2=(1, 2, 3)$，$\boldsymbol{\alpha}_3=(0, 2, 4)$的秩及极大线性无关组.

解　输入程序：

```
>>clear
a1=[1 1 1]
a2=[1 2 3]
a3=[0 2 4]
A=[a1' a2' a3']
[R, jb]=rref(A)
r=length(jb)
A(:, jb)
```

程序运行结果：

```
a1 =
      1     1     1
a2 =
      1     2     3
a3 =
      0     2     4
A =
      1     1     0
      1     2     2
      1     3     4
R =
      1     0    -2
      0     1     2
      0     0     0
jb =
      1     2
r =
      2
ans =
      1     1
      1     2
      1     3
```

可以看出 $\boldsymbol{\alpha}_1$，$\boldsymbol{\alpha}_2$ 为向量组的极大线性无关组.

例 10.20　判别线性方程组 $\begin{bmatrix}1&2&3&4\\2&2&1&1\\2&4&6&8\\4&4&2&2\end{bmatrix}\boldsymbol{X}=\begin{bmatrix}1\\2\\3\\4\end{bmatrix}$ 是否有解.

解　输入程序：

```
>> clear
A=[1 2 3 4; 2 2 1 1; 2 4 6 8; 4 4 2 2];
B=[1; 2; 3; 4];
C=[A, B];
[rank(A), rank(C)]
```

程序运行结果：

```
ans =
     2     3
```

因为 $\boldsymbol{A}$ 的秩不等于 $\boldsymbol{C}$ 的秩，所以原方程组无解.

例 10.21　求线性方程组 $\begin{bmatrix}1&2&3&4\\2&2&1&1\\2&4&6&8\\4&4&2&2\end{bmatrix}\boldsymbol{X}=\begin{bmatrix}1\\3\\2\\6\end{bmatrix}$ 的一个特解 $\boldsymbol{x}_0$ 和通解 $\boldsymbol{x}$.

解　输入程序：

```
>> clear
A=[1 2 3 4; 2 2 1 1; 2 4 6 8; 4 4 2 2];
B=[1; 3; 2; 6];
C=[A, B];
[rank(A), rank(C)]   %检验是否有解
Z=null(A, 'r')       %解出导出方程组的基础解系
x0=A\B               %求特解
syms k1 k2;
x=sym(k1*(Z(:, 1))+k2*(Z(:, 2))+x0)
```

程序运行结果：

```
ans =
     2     2
Z =
    2.0000    3.0000
   -2.5000   -3.5000
    1.0000         0
         0    1.0000
x0 =
    2.0000
   -0.5000
```

```
        0
        0
x =
      2*k1+3*k2+2
-5/2*k1-7/2*k2-1/2
                k1
                k2
```

例 10.22　求解线性方程组 $\begin{bmatrix}1 & 2 & 3 & 4\\4 & 3 & 2 & 1\\1 & 3 & 2 & 4\\4 & 1 & 3 & 2\end{bmatrix}\boldsymbol{X}=\begin{bmatrix}5 & 1\\4 & 2\\3 & 3\\2 & 4\end{bmatrix}$.

解　输入程序：

```
>> clear
A=[1 2 3 4; 4 3 2 1; 1 3 2 4; 4 1 3 2]
B=[5 1; 4 2; 3 3; 2 4]
X=A\B
norm(A*x-B)           %检验误差
sym(linsolve(A, B))   %计算符号解
A*y-B                 %验证解是否正确
```

程序运行结果：

```
A =
     1     2     3     4
     4     3     2     1
     1     3     2     4
     4     1     3     2
B =
     5     1
     4     2
     3     3
     2     4
X =
   -1.8000    2.4000
    1.8667   -1.2667
    3.8667   -3.2667
   -2.1333    2.7333
ans =
  1.7764e-015
y =
  [   -9/5,    12/5]
```

```
  [  28/15, -19/15]
  [  58/15, -49/15]
  [-32/15,   41/15]
ans =
  [ 0, 0]
  [ 0, 0]
  [ 0, 0]
  [ 0, 0]
```

例 10.23 求解线性方程组 $\begin{bmatrix} a & 1 & 1 \\ 1 & a & 1 \\ 1 & 1 & a \end{bmatrix}\begin{bmatrix} x_1 \\ x_2 \\ x_3 \end{bmatrix}=\begin{bmatrix} 1+a/2 \\ 1+a/2 \\ 1+a/2 \end{bmatrix}$ 的一个特解 $\boldsymbol{x}$.

解 输入程序：

```
>> syms a
A=[a 1 1; 1 a 1; 1 1 a]
B=[1+a/2; 1+a/2; 1+a/2]
x=sym(A)\sym(B)
```

程序运行结果：

```
A =
  [ a, 1, 1]
  [ 1, a, 1]
  [ 1, 1, a]
B =
  1+1/2*a
  1+1/2*a
  1+1/2*a
x =
  1/2
  1/2
  1/2
```

4. 实验习题

(1) 求矩阵 $\boldsymbol{A}=\begin{bmatrix} 1 & 0 & 2 \\ 1 & 1 & 1 \\ 2 & 2 & 2 \end{bmatrix}$ 的秩.

(2) 已知 $\boldsymbol{\alpha}_1=\begin{pmatrix} 1 \\ 1 \\ 1 \end{pmatrix}$，$\boldsymbol{\alpha}_2=\begin{pmatrix} 1 \\ 2 \\ 3 \end{pmatrix}$，$\boldsymbol{\alpha}_3=\begin{pmatrix} 0 \\ 2 \\ 4 \end{pmatrix}$，试讨论 $\boldsymbol{\alpha}_1$，$\boldsymbol{\alpha}_2$，$\boldsymbol{\alpha}_3$ 的线性相关性.

(3) 求矩阵 $A=\begin{bmatrix}-1 & 1 & 0 & 1 & 2\\ -1 & 2 & 1 & 3 & 6\\ 0 & 1 & 1 & 2 & 4\\ 0 & -1 & -1 & 1 & -1\end{bmatrix}$行最简形、秩、矩阵 A 的一个列向量组的基.

(4) 求矩阵 $A=\begin{bmatrix}3 & 1 & 0 & 2\\ 1 & -1 & 2 & -1\\ 1 & 3 & -4 & 4\end{bmatrix}$的秩，并求它的列向量组的一个极大无关组.

(5) 求下列各向量组的秩，并求它的一个最大无关组：

① $\boldsymbol{\alpha}_1=(1, 2, 1, 3)$，$\boldsymbol{\alpha}_2=(4, -1, -5, -6)$，$\boldsymbol{\alpha}_3=(1, -3, -4, -7)$；

② $\boldsymbol{\alpha}_1=(1, 1, 1)$，$\boldsymbol{\alpha}_2=(0, 4, 10)$，$\boldsymbol{\alpha}_3=(2, 6, 12)$.

(6) 求下列齐次线性方程组的一个基础解系及通解：

① $\begin{cases}x_1-x_2+4x_3-2x_4=0\\ x_1-x_2-x_3+2x_4=0\\ 3x_1+x_2+7x_3-2x_4=0\\ x_1-3x_2-12x_3+6x_4=0\end{cases}$　② $\begin{cases}x_1+2x_2+x_3-x_4=0\\ 3x_1+6x_2-x_3-3x_4=0\\ 5x_1+10x_2+x_3-5x_4=0\end{cases}$

(7) 求下列非齐次线性方程组：

① $\begin{cases}x_1+x_2+x_3+x_4+x_5=4\\ 2x_1+5x_2-x_3+2x_5=-6\\ -x_1-4x_2+2x_3-2x_4+x_5=2\\ 2x_1+2x_2+x_3-x_4+4x_5=0\end{cases}$

② $\begin{cases}3x_1+7x_2+7x_3+2x_4=12\\ x_1+2x_2+3x_3+x_4=3\\ x_1+4x_2+5x_3+2x_4=2\\ 2x_1+9x_2+8x_3+3x_4=7\end{cases}$

(8) 求解方程组$\begin{cases}2x_1+x_2-x_3+x_4=1\\ x_1+2x_2+x_3-x_4=2\\ x_1+x_2+2x_3+x_4=3\end{cases}$的通解.

(9) 当 λ 为何值时，方程组$\begin{cases}x_1+\quad\quad x_3=\lambda\\ 4x_1+x_2+2x_3=\lambda+2\\ 6x_1+x_2+4x_3=2\lambda+3\end{cases}$有解，并求其解.

10.4　空间曲线与曲面 MATLAB 实验

1. 实验目的

掌握利用 MATLAB(6.5 以上版本)对平面、空间图形的绘制.

2. 基本命令

图形绘制的基本命令和绘制图形的属性分别如表 10 - 5、表 10 - 6 所示.

表 10 - 5 图形绘制的基本命令

命　令	说　　明
plot(x, y, linespec)	绘制二维平面上的线性坐标曲线图，要提供一组 x 坐标和对应的 y 坐标，可以绘制分别以 x 和 y 为横、纵坐标的二维曲线，参数 LineSpec 指定曲线的曲线属性，它包括线型、标记符和颜色
[X, Y]＝meshgrid(x, y)	基于向量 x 和 y 中包含的坐标返回二维网格坐标. $\boldsymbol{X}$ 是一个矩阵，每一行是 x 的一个副本；$\boldsymbol{Y}$ 也是一个矩阵，每一列是 y 的一个副本. 坐标 $\boldsymbol{X}$ 和 $\boldsymbol{Y}$ 表示的网格有 length(y)个行和 length(x)个列
[X, Y, Z]＝meshgrid(x, y, z)	返回由向量 x、y 和 z 定义的三维网格坐标. $\boldsymbol{X}$、$\boldsymbol{Y}$ 和 $\boldsymbol{Z}$ 表示的网格的大小为 length(y)×length(x)×length(z)
Plot3(X1, Y1, Z1, LineSpec)	创建和显示 $X1$, $Y1$, $Z1$, LineSpec 四元组定义的线条
mesh(x, y, z, c)	x, y, z 是维数同样的矩阵，x, y 是网格坐标矩阵，z 是网格点上的高度矩阵，c 用于指定在不同高度下的颜色范围
surf(x, y, z, c)	x, y, z 是维数同样的矩阵，x, y 是网格坐标矩阵，z 是网格点上的高度矩阵，c 用于指定在不同高度下的颜色范围
[x, y, z]＝sphere(n)	产生 $(n+1)\times(n+1)$ 矩阵 x, y, z，用这三个矩阵绘制出圆心位于原点、半径为 1 的单位球体
[x, y, z]＝cylinder(R, n)	R 是一个向量，存放柱面各个等间隔高度上的半径，n 表示在圆柱圆周上有 n 个间隔点

表 10 - 6 绘制图形的属性

线　型	说　明	标记符	说　明	颜　色	说　明
-	实线(默认)	+	加号符	r	红色
--	双划线	o	空心圆	g	绿色
:	虚线	*	星号	b	蓝色
:.	点划线	.	实心圆	c	青绿色
		X	叉号符	m	洋红色
		s	正方形	y	黄色
		d	菱形	k	黑色
		^	上三角形	w	白色
		v	下三角形		
		>	右三角形		
		<	左三角形		
		p	五角星		
		h	六边形		

3. 实验举例

例 10.24　画出函数 $y=\sin x$，$y=\cos x$ 在$[-2\pi, 2\pi]$上的图形.

解　输入程序：

```
>> clear
x = linspace(-2 * pi, 2 * pi);
y1 = sin(x);
y2 = cos(x);

figure
plot(x, y1, x, y2)
```

程序运行结果如图 10 - 2 所示.

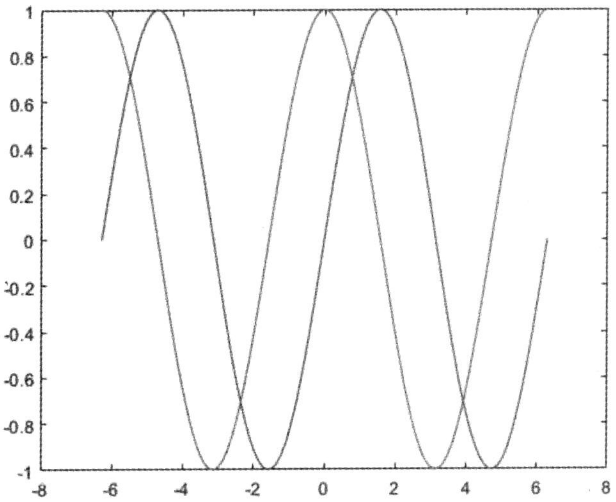

图 10 - 2

例 10.25　使用均匀分布的 x 坐标和 y 坐标在区间$[-2, 2]$内创建二维网格，并绘制曲面 $f(x, y)=xe^{-x^2-y^2}$.

解　输入程序：

```
>> clear
x = -2:0.25:2;
y = x;
[X, Y] = meshgrid(x);
F = X. * exp(-X.^2-.^2);
surf(X, Y, F)
```

程序运行结果如图 10 - 3 所示.

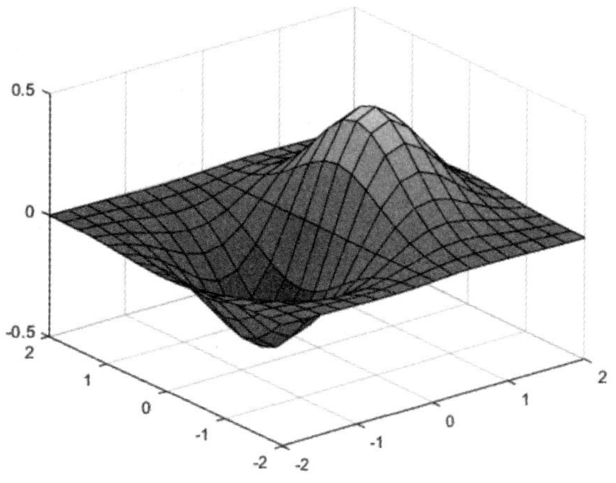

图 10 - 3

例 10.26 绘制三维螺旋线参数介于 0 和 10 π之间的部分.

解 输入程序:

```
>> clear
t = 0:pi/50:10 * pi;
st = sin(t);
ct = cos(t);

figure
plot3(st, ct, t)
```

程序运行结果如图 10-4 所示.

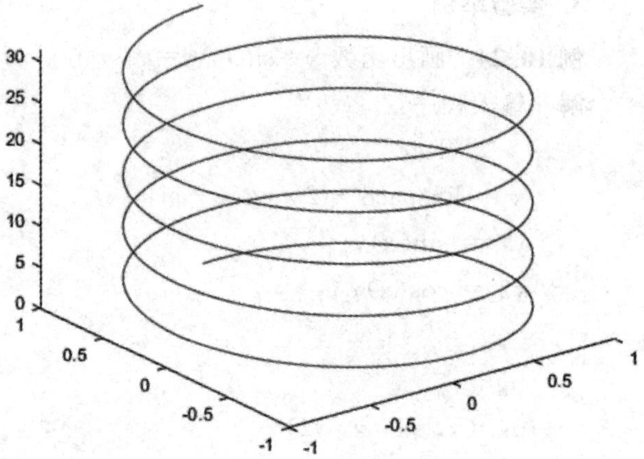

图 10-4

例 10.27 绘制马鞍面，横纵坐标在[-10，10].

解 输入程序:

```
>> clear
x =-10 : 0.3 : 10;
[X2, Y2] = meshgrid(x);              %生成格点矩阵
Z2 = X2.^2 -2 * Y2 .^2 + eps;        %eps 是一个很小的数字，避免出现此处为 0 的情况

mesh(X2, Y2, Z2);
title('马鞍面');
```

程序运行结果如图 10-5 所示.

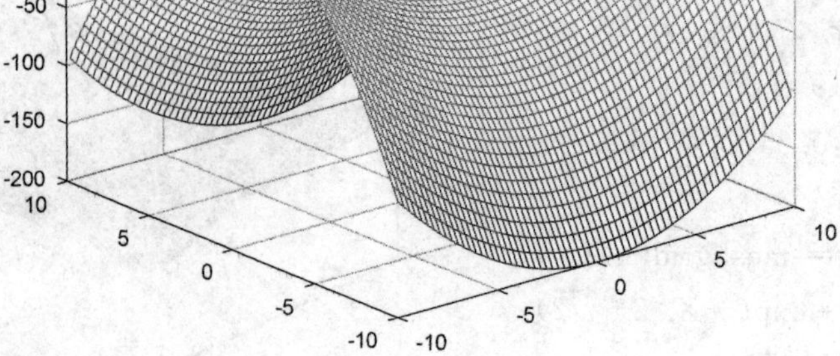

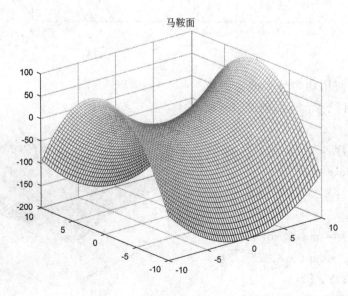

图 10-5

例 10.28　绘制球面、柱面、旋转曲面在一个图形上.

解　输入程序:

```
>> clear
v = [-2 2 -2 2 -2 2 ];
axis(v);        %控制坐标系
[x, y, z] = sphere(10);
subplot (1, 3, 1), surf( 2 * x , 2 * y , 2 * z)
title('半径为 2 的球面')
r =-1: .1: 1; subplot (1, 3, 2 ), cylinder(1, 10 ) , title('柱面')   %绘制柱面
subplot (1 , 3 , 3 ), cylinder( sqrt(abs(r)) , 10 ) , title ('旋转曲面');
```

程序运行结果如图 10-6 所示.

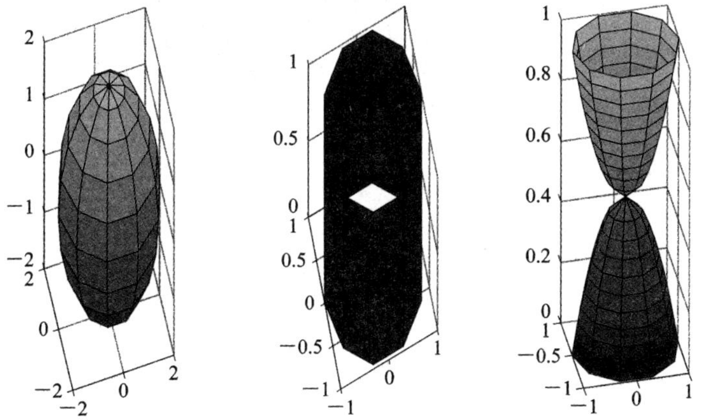

(a) 半径为 2 的球面　　(b) 柱面　　(c) 旋转曲面

图 10-6

例 10.29　求马鞍面 $z=3x^3-2y^2$ 与平面 $z=2$ 的交线.

解　输入程序:

```
>>clear
x = -10: 0.1: 10;
[x1, y1] = meshgrid(x);       %生成格点矩阵
z1 = 3 * x1 .^2 -2 * y1 .^2 + eps;
hold on
mesh(x1, y1, z1);
hold on
z2 = 2 * ones(length(x));
hold on;

mesh(x1, y1, z2);
r0 = abs(z2 - z1) <= 1;      %r0
z3 = r0 . * z2; y3 = r0 . * y1; x3 = r0 . * x1;
```

```
hold on
plot3(x3(r0 ~= 0), y3(r0 ~= 0), z3(r0 ~= 0), 'ko');
```

程序运行结果如图 10－7 所示.

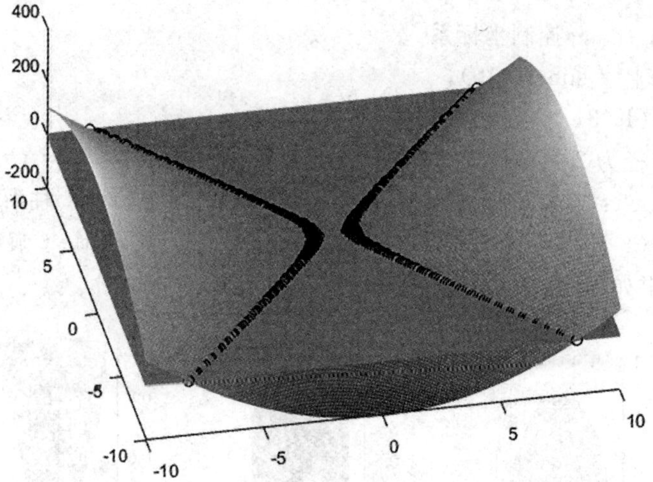

图 10－7

4. 实验习题

(1) 画出如下曲面：

① $x^2-y=0$；

② $\dfrac{x^2}{4}+\dfrac{y^2}{2}=2z$；

③ $\dfrac{x^2}{4}-\dfrac{y^2}{2}=2z$；

④ $\dfrac{x^2}{4}+y^2-z^2=1$.

(2) 画出如下曲线：

① $\begin{cases}x^2+y^2=4\\y^2+z^2=1\end{cases}$

② $\begin{cases}x^2+y^2=4\\z=2y\end{cases}$

③ $\begin{cases}x^2+y^2+z^2=5\\x^2+y^2=4z\end{cases}$

(3) 画出下列曲面或平面所围成的区域：

① $x^2+y^2=16$，$z=x+4$，$z=0$；

② $x^2+y^2=4$，$y^2+z^2=1$；

③ $x^2+y^2+z^2=5$，$x^2+y^2=4z$.

(4) 画出顶点为$(4, 0, -3)$，准线为$\begin{cases}\dfrac{x^2}{25}+\dfrac{y^2}{9}=1\\z=0\end{cases}$的锥面图形.

(5) 画出母线平行于 x 轴，准线为$\begin{cases} y^2=2z \\ x=0 \end{cases}$的柱面图形.

(6) 画出平面 $x+y-z+1=0$ 与平面 $x+y=0$ 的交线.

10.5　特征值与特征向量、二次型 MATLAB 实验

1. 实验目的

掌握利用 MATLAB(6.5 以上版本)对向量内积、外积的计算，向量组的施密特正交化、单位化，方阵的特征值、特征向量等的计算.

2. 基本命令

方阵的基本命令如表 10－7 所示.

表 10－7　方阵的基本命令

命　令	说　　明
C=dot(A, B)	向量 **A** 与 **B** 的内积
C=cross(A, B)	向量 **A** 与 **B** 的外积
norm(A)	向量 **A** 的模
orth(A)	将 **A** 的列向量组正交规范化
eig(A)	矩阵 **A** 的特征值
[v, d]=eig(A)	矩阵 **A** 的特征值、特征向量
[T, B] = balance(A)	相似变换矩阵 **T** 和平衡矩阵 **B**，满足 $\boldsymbol{B}=\boldsymbol{T}^{-1}\boldsymbol{AT}$
poly(A)	矩阵 **A** 的特征多项式的系数，以向量形式降序排列
[D, p]=chol(A)	判断实对称矩阵是否为正定矩阵，$p=0$ 时，**A** 为正定矩阵，对非正定矩阵，则返回一个正的 p 值，$p-1$ 为 **A** 矩阵中正定的子矩阵的阶数，亦即 **D** 将为 $p-1$ 阶方阵

3. 实验举例

例 10.30　设 $\boldsymbol{a}=(1\ 2\ 3)$，$\boldsymbol{b}=(2\ 3\ 4)$，求 $\boldsymbol{c}=\boldsymbol{a}\cdot\boldsymbol{b}$，$\boldsymbol{d}=\boldsymbol{a}\times\boldsymbol{b}$，$\boldsymbol{f}=\|\boldsymbol{a}\|$，$\boldsymbol{g}=\boldsymbol{a}$ 与 $\boldsymbol{b}$ 夹角，$\boldsymbol{e}=\|\boldsymbol{a}\|^0$.

解　输入程序：

```
>>a=[1 2 3]
b=[2 3 4]
c=dot(a, b)
d=cross(a, b)
f=sqrt(dot(a, a))
```

```
    g=acos(c/(f*sqrt(dot(b, b))))
    e=(1/f)*a
```

程序运行结果：

```
a =
     1     2     3

b =
     2     3     4

c =
    20

d =
    -1     2    -1

f =
    3.7417

g =
    0.1219

e =
    0.2673    0.5345    0.8018
```

例 10.31　化向量组 $\boldsymbol{\alpha}_1=(1,-1,0)$，$\boldsymbol{\alpha}_2=(1,0,1)$，$\boldsymbol{\alpha}_3=(1,-1,1)$为单位化正交向量组.

解　输入程序：

```
apha1=[1, -1, 0];
apha2=[1, 0, 1];
apha3=[1, -1, 1];
beta1=apha1;
beta2=apha2-(beta1*apha2')/(beta1*beta1')*beta1;
beta3=apha3-(beta1*apha3')/(beta1*beta1')*beta1-(beta2*apha3')/(beta2*beta2')*beta2;
yeta1=rats(beta1/norm(beta1))
yeta2=rats(beta2/norm(beta2))
```

```
yeta3=rats(beta3/norm(beta3))
```

程序运行结果：

```
yeta1 =
    408/577      -408/577         0


yeta2 =
    198/485       198/485      881/1079


yeta3 =
  -780/1351     -780/1351      780/1351
```

例 10.32　设 $A=\begin{bmatrix}1 & 2 & 3\\ 2 & 1 & 3\\ 3 & 3 & 6\end{bmatrix}$ 的特征值、特征向量及特征多项式.

解　输入程序：

```
>> clear
A=[1 2 3; 2 1 3; 3 3 6]
eig(A)
[v, d]=eig(A)
a1=v(:, 1)
a2=v(:, 2)
a3=v(:, 3)
c=poly(A);
f=poly2sym(c)
v * d * inv(v)        %验证 A=v * d * v^-1
```

程序运行结果：

```
A =
     1     2     3
     2     1     3
     3     3     6
ans =
   -1.0000
   -0.0000
    9.0000
v =
    0.7071    0.5774    0.4082
```

```
   -0.7071     0.5774     0.4082
         0    -0.5774     0.8165
d =
   -1.0000          0          0
         0    -0.0000          0
         0          0     9.0000
a1 =
    0.7071
   -0.7071
         0
a2 =
    0.5774
    0.5774
   -0.5774
a3 =
    0.4082
    0.4082
    0.8165
f =
x^3-8*x^2-9*x-6333186975989759/633825300114114700748351602688
ans =
    1.0000     2.0000     3.0000
    2.0000     1.0000     3.0000
    3.0000     3.0000     6.0000
```

例 10.33 求正交替换 $\boldsymbol{x}=\boldsymbol{P}\boldsymbol{y}$，化二次型

$$f(x_1, x_2, x_3) = x_1^2 - 2x_2^2 + x_3^2 + 2x_1x_2 - 4x_1x_3 + 2x_2x_3$$

为标准形.

解 输入程序：

```
>> clear
A=[1 1 -2; 1 -2 1; -2 1 1]
[P, d]=eig(A)
syms y1 y2 y3;
Y=[y1;y2;y3];
X=P*Y
f=Y'*d*Y
```

程序运行结果:

```
A =
      1      1     -2
      1     -2      1
     -2      1      1
P =
    0.4082    0.5774   -0.7071
   -0.8165    0.5774   -0.0000
    0.4082    0.5774    0.7071
d =
   -3.0000         0         0
         0    0.0000         0
         0         0    3.0000
X =
        1/6*6^(1/2)*y1+1/3*3^(1/2)*y2-1/2*2^(1/2)*y3
 -1/3*6^(1/2)*y1+1/3*3^(1/2)*y2-9/144115188075855872*y3
        1/6*6^(1/2)*y1+1/3*3^(1/2)*y2+1/2*2^(1/2)*y3
f =
 -3*conj(y1)*y1+9/72057594037927936*conj(y2)*y2+3*conj(y3)*y3
```

例 10.34　判别矩阵 $\boldsymbol{A}=\begin{bmatrix}-5 & 2 & 2\\ 2 & -6 & 0\\ 2 & 0 & -5\end{bmatrix}$，$\boldsymbol{B}=\begin{bmatrix}5 & -2 & -2\\ -2 & 6 & 0\\ -2 & 0 & 5\end{bmatrix}$是否正定.

解　输入程序:

```
>>  clear
A=[-5 2 2; 2 -6 0; 2 0 -5]
B=[5 -2 -2; -2 6 0; -2 0 5]
[D, p]=chol(A);
p
[D, p]=chol(B);
p
```

程序运行结果:

```
A =
    -5     2     2
     2    -6     0
     2     0    -5
```

```
B =

     5    -2    -2
    -2     6     0
    -2     0     5

p =

     1

p =

     0
```

可以看出，$\boldsymbol{A}$矩阵不正定，$\boldsymbol{B}$矩阵正定.

例 10.35　将矩阵$\boldsymbol{A}=\begin{bmatrix}4&0&0\\0&3&1\\0&1&3\end{bmatrix}$正交规范化.

解　输入程序：

```
>>clear
A=[4 0 0; 0 3 1; 0 1 3]
B=orth(A)
Q=B' * B
```

程序运行结果：

```
B =

   1.0000         0         0
        0    0.7071   -0.7071
        0    0.7071    0.7071

Q =

   1.0000         0         0
        0    1.0000         0
        0         0    1.0000
```

4. 实验习题

(1) 化向量组$\boldsymbol{\alpha}_1=(1, 1, 1)$，$\boldsymbol{\alpha}_2=(0, 1, 1)$，$\boldsymbol{\alpha}_3=(0, 0, 1)$为单位化正交向量组.

(2) 求下列矩阵的特征值与特征向量.

① $\begin{bmatrix}1&-1\\2&4\end{bmatrix}$;

② $\begin{bmatrix}1&2&3\\2&1&3\\3&3&6\end{bmatrix}$.

(3) 试求正交的相似变换矩阵，将下列对称矩阵化成对角阵.

① $\begin{bmatrix} 2 & -2 & 0 \\ -2 & 1 & -2 \\ 0 & -2 & 0 \end{bmatrix}$；

② $\begin{bmatrix} 2 & 2 & -2 \\ 2 & 5 & -4 \\ -2 & -4 & 5 \end{bmatrix}$.

(4) 求一个正交变换将二次型 $f=2x_1^2+3x_2^2+3x_3^2+4x_2x_3$ 化成标准形.

(5) 判别二次型 $f=5x_1^2+6x_2^2+4x_3^2-4x_1x_2-4x_2x_3$ 的正定性.

10.6　矩阵分解 MATLAB 实验

1. 实验目的

掌握利用 MATLAB(6.5 以上版本)对矩阵的分解运算，主要包括矩阵的 ***LU*** 分解、***QR*** 分解、***QZ*** 分解、Cholesky 分解、奇异值分解、Schur 分解等.

2. 基本命令

矩阵分解的基本命令如表 10－8.

表 10－8　矩阵分解的基本命令

命　令	说　　明
[L, U, P]=lu(A)	矩阵 ***A*** 的 ***LU*** 分解，***P*** 为置换矩阵，***U*** 是上三角矩阵，***L*** 是满秩矩阵，满足 ***L*** * ***U***=***P*** * ***X***
[Q, R, E]=qr(A)	矩阵 ***A*** 的 ***QR*** 分解，***R*** 是上三角矩阵，***Q*** 是正交矩阵，***E*** 为置换矩阵，***AE***=***QR***
R=chol(X)	***X*** 是正定矩阵，***R*** 是上三角矩阵，使得 ***X***=***R***′ * ***R***
[R, p]=chol(X)	当 ***X*** 是正定对称矩阵时，返回的上三角矩阵 ***R*** 满足 ***X***=***R***′ * ***R***，且 $p=0$；当 ***X*** 是非正定矩阵时，返回 p 是正整数，***R*** 是上三角形矩阵，其阶数为 $p-1$，并满足 ***X***=(1:$p-1$:$p-1$)=***R***′ * ***R***
[U, T] = schur(A)	返回酉矩阵 ***U*** 以使 ***A***=***U*** * ***T*** * $\boldsymbol{U}^{\mathrm{T}}$ 且 ***U***′ * ***U***=eye(size(***A***))
[AA, BB, Q, Z] = qz(A, B)	对于方阵 ***A*** 和 ***B***，生成上三角矩阵 ***AA*** 和 ***BB*** 以及单位矩阵 ***Q*** 和 ***Z***，这样 ***Q*** * ***A*** * ***Z***=***AA*** 并且 ***Q*** * ***B*** * ***Z***=***BB***. 对于复矩阵，***AA*** 和 ***BB*** 都是三角矩阵
[U, S, V] = svd(A)	矩阵 ***A*** 的奇异值分解，满足 ***A***=***U*** * ***S*** * ***V***′

3. 实验举例

例 10.36　求满秩矩阵 $\boldsymbol{A}=\begin{bmatrix} 1 & 2 \\ 3 & 4 \\ 5 & 6 \\ 7 & 8 \end{bmatrix}$ 的奇异值分解.

解 输入程序：

```
>> clear
[U, S, V] = svd(A)
```

程序运行结果：

```
U =

    -0.1525   -0.8226   -0.3945   -0.3800
    -0.3499   -0.4214    0.2428    0.8007
    -0.5474   -0.0201    0.6979   -0.4614
    -0.7448    0.3812   -0.5462    0.0407

S =

   14.2691         0
         0    0.6268
         0         0
         0         0

V =

   -0.6414    0.7672
   -0.7672   -0.6414
```

例 10.37 求矩阵 $\boldsymbol{A}=\begin{bmatrix}1 & 2 & 0\\ 2 & 5 & -1\\ 4 & 10 & -1\end{bmatrix}$ 的 $\boldsymbol{LU}$ 分解.

解 输入程序：

```
>> clear
[L, U, P]=lu([1 2 0; 2 5 -1; 4 10 -1 ])
```

程序运行结果：

```
L =

    1.0000         0         0
    0.2500    1.0000         0
    0.5000         0    1.0000

U =

    4.0000   10.0000   -1.0000
         0   -0.5000    0.2500
         0         0   -0.5000

P =

     0     0     1
     1     0     0
     0     1     0
```

例 10.38　求矩阵 $\boldsymbol{A}=\begin{bmatrix}1 & 2 & 1\\2 & 5 & -1\\4 & 2 & 3\end{bmatrix}$ 的 $\boldsymbol{QR}$ 分解.

解　输入程序：

```
>> clear
[L, U, P]=qr([1 2 0; 2 5 -1; 4 10 -1 ])
```

程序运行结果：

```
L =
   -0.3482    0.2498   -0.9035
   -0.8704   -0.4441    0.2126
   -0.3482    0.8604    0.3720
U =
   -5.7446   -0.5222   -3.4816
         0    3.2753    2.8034
         0         0    1.0098
P =
     0     0     1
     1     0     0
     0     1     0
```

例 10.39　求矩阵 $\boldsymbol{A}=\begin{bmatrix}1 & 2 & 0\\2 & 5 & -1\\4 & 10 & -1\end{bmatrix}$，$\boldsymbol{B}=\begin{bmatrix}1 & 3 & 4\\2 & 6 & 5\\3 & 2 & 4\end{bmatrix}$ 的 $\boldsymbol{QZ}$ 分解.

解　输入程序：

```
>> clear
[AA, BB, Q, Z] = qz(A, B)
```

程序运行结果：

```
AA =
  -0.1783 + 0.0000i  -1.4551 + 0.4813i  -3.0105 + 0.2715i
   0.0000 + 0.0000i   5.6957 -1.6531i    10.1589 - 1.1010i
   0.0000 + 0.0000i   0.0000 + 0.0000i   0.9081 + 0.2636i
BB =
   2.7199 + 0.0000i  -7.4009 + 0.2393i  -2.2295 + 1.2686i
   0.0000 + 0.0000i   6.9587 + 0.0000i   0.4560 - 1.1530i
   0.0000 + 0.0000i   0.0000 + 0.0000i   1.1095 + 0.0000i
Q =
  -0.5730 -0.0018i  -0.7935 - 0.0026i   0.2051 + 0.0007i
   0.0758 - 0.0217i   0.1978 + 0.0143i   0.9769 - 0.0053i
```

```
   -0.8158 + 0.0013i    0.5753 + 0.0057i   - 0.0531 + 0.0255i
Z =
    0.8670 - 0.0028i    0.4652 - 0.0196i     0.1583 - 0.0804i
  - 0.3824 + 0.0012i    0.4177 - 0.1304i     0.8099 - 0.0801i
  - 0.3196 + 0.0010i    0.7624 + 0.1027i   - 0.5396 - 0.1223i
```

例 10.40　求矩阵 $\boldsymbol{A}=\begin{bmatrix}1 & 2 & 0\\ 2 & 5 & -1\\ 4 & 10 & -1\end{bmatrix}$ 的 Schur 分解.

解　输入程序:

```
>> clear
[U, T] = schur(A)
```

程序运行结果:

```
U =
   -0.2440   -0.8797   -0.4082
   -0.3333    0.4714   -0.8165
   -0.9107    0.0632    0.4082
T =
    3.7321   -1.2247   11.5618
         0    0.2679   -1.3509
         0         0    1.0000
```

例 10.41　求矩阵 $\boldsymbol{A}=\begin{bmatrix}1 & -1 & -1 & -1 & -1\\ -1 & 2 & 0 & 0 & 0\\ -1 & 0 & 3 & 1 & 1\\ -1 & 0 & 1 & 4 & 2\\ -1 & 0 & 1 & 2 & 5\end{bmatrix}$ 的 Cholesky 分解.

解　输入程序:

```
>>clear
A=[1 -1 -1 -1 -1; -1 2 0 0 0; -1 0 3 1 1; -1 0 1 4 2; -1 0 1 2 5];
T = chol(A)
```

程序运行结果:

```
T =
     1    -1    -1    -1    -1
     0     1    -1    -1    -1
     0     0     1    -1    -1
     0     0     0     1    -1
     0     0     0     0     1
```

4. 实验习题

(1) 求满秩矩阵 $\boldsymbol{A}=\begin{bmatrix}1 & 2 & 1\\0 & 2 & 2\\0 & 0 & 1\end{bmatrix}$的奇异值分解.

(2) 求矩阵 $\boldsymbol{A}=\begin{bmatrix}2 & -2 & 0\\-2 & 1 & -2\\0 & -2 & 0\end{bmatrix}$的 $\boldsymbol{LU}$ 分解.

(3) 求矩阵 $\boldsymbol{A}=\begin{bmatrix}2 & -2 & 0\\-2 & 1 & -2\\0 & -2 & 0\end{bmatrix}$的 $\boldsymbol{QR}$ 分解.

(4) 求矩阵 $\boldsymbol{A}=\begin{bmatrix}1 & 2 & 0\\2 & 5 & -1\\4 & 10 & -1\end{bmatrix}$的 Schur 分解.

(5) 求矩阵 $\boldsymbol{A}=\begin{bmatrix}1 & 2 & 1\\0 & 2 & 2\\0 & 0 & 1\end{bmatrix}$, $\boldsymbol{B}=\begin{bmatrix}2 & -2 & 0\\-2 & 1 & -2\\0 & -2 & 0\end{bmatrix}$的 $\boldsymbol{QZ}$ 分解.

(6) 求矩阵 $\boldsymbol{A}=\begin{bmatrix}5 & -2 & -2\\-2 & 6 & 0\\-2 & 0 & 5\end{bmatrix}$的 Cholesky 分解.

参考文献

[1] 北京大学数学系前代数小组. 高等代数. 4 版. 北京：高等教育出版社，2013.
[2] 同济大学数学系. 高等代数与解析几何. 2 版. 北京：高等教育出版社，2016.
[3] 王文省，赵建立，于增海，等. 高等代数. 济南：山东大学出版社，2004.
[4] 丘维声. 高等代数. 2 版. 北京：清华大学出版社，2019.
[5] 丘维声. 解析几何. 2 版. 北京：北京大学出版社，2013.
[6] 李养成. 空间解析几何. 新版. 北京：科学出版社，2007.
[7] 刘三阳，马建荣，杨国平. 线性代数. 2 版. 北京：高等教育出版社，2009.
[8] 容跃堂，马盈仓，张娟娟. 线性代数. 北京：高等教育出版社，2014.
[9] 郭文艳，王小侠，李灿，等. 线性代数应用案例分析. 北京：科学出版社，2019.
[10] 杨子胥. 高等代数习题解. 修订版. 济南：山东科学技术出版社，2012.
[11] 徐仲，陆全，张凯院，等. 高等代数导教导学导考. 西安：西北工业大学出版社，2006.